中国北方普通玉米抗逆栽培

刘京宝　马春红　王成雨　杨晓军　孙　磊　主编

内容简介

中国北方是玉米的重要产区,产量高,种质资源丰富,在全国玉米生产中占有重要地位。编著此书,从理论上和生产实践上,可供发展玉米生产和抗逆减灾参考和应用。全书由6章组成。第一章包括中国北方玉米生产布局和种质资源两节。第二章论述了玉米栽培的生物学基础,包括生育进程、生态基础、生理基础三节。第三章包括北方一熟区的东北平原和北方一熟区玉米抗逆栽培两节。第四章以中原二熟区为代表,分常规栽培和抗逆栽培两节。第五章分两节论述了中纬度过渡地区的玉米常规栽培和抗逆栽培。第六章的三节分别论述了玉米病害与防治、玉米虫害与防治、杂草及其防除措施。此书面向广大农业科技工作者、农业管理干部和技术人员,也可作为农业院校相关专业师生的教学参考书。

图书在版编目(CIP)数据

中国北方普通玉米抗逆栽培 / 刘京宝等主编. -- 北京:气象出版社,2021.12
ISBN 978-7-5029-7592-0

Ⅰ. ①中… Ⅱ. ①刘… Ⅲ. ①玉米－栽培技术－北方地区 Ⅳ. ①S513

中国版本图书馆CIP数据核字(2021)第224561号

Zhongguo Beifang Putong Yumi Kangni Zaipei

中国北方普通玉米抗逆栽培

刘京宝　马春红　王成雨　杨晓军　孙　磊　主编

出版发行:	气象出版社			
地　　址:	北京市海淀区中关村南大街46号		邮政编码:	100081
电　　话:	010-68407112(总编室)　010-68408042(发行部)			
网　　址:	http://www.qxcbs.com		E-mail:	qxcbs@cma.gov.cn
责任编辑:	王元庆		终　审:	吴晓鹏
责任校对:	张硕杰		责任技编:	赵相宁
封面设计:	博雅锦			
印　　刷:	北京中石油彩色印刷有限责任公司			
开　　本:	787 mm×1092 mm　1/16		印　张:	22
字　　数:	563千字			
版　　次:	2021年12月第1版		印　次:	2021年12月第1次印刷
定　　价:	108.00元			

本书如存在文字不清、漏印以及缺页、倒页、脱页等,请与本社发行部联系调换。

编委会

策　划：曹广才（中国农业科学院作物科学研究所）
主　编：刘京宝（河南省农业科学院粮食作物研究所）
　　　　马春红（河北省农林科学院生物技术与食品科学研究所）
　　　　王成雨（安徽农业大学）
　　　　杨晓军（榆林市农业科学研究院）
　　　　孙　磊（黑龙江省农业科学院土壤肥料与环境资源研究所）
副主编（按作者姓名的汉语拼音排序）：
　　　　范凤翠（河北省农林科学院农业信息与经济研究所）
　　　　黄　璐（河南省农业科学院粮食作物研究所）
　　　　贾建明（河北省农林科学院农业信息与经济研究所）
　　　　贾良良（河北省农林科学院农业资源环境研究所）
　　　　李　川（河南省农业科学院粮食作物研究所）
　　　　刘胜尧（河北省农林科学院农业信息与经济研究所）
　　　　邬小春（榆林市农业科学研究院）
　　　　赵　璞（河北省农林科学院生物技术与食品科学研究所）
　　　　朱英华（安徽农业大学）
编　委（按作者姓名的汉语拼音排序）：
　　　　白银兵（榆林市农业科学研究院）
　　　　陈　飞（安徽农业大学）
　　　　陈　章（榆林市农业科学研究院）
　　　　董文琦（河北省农林科学院生物技术与食品科学研究所）
　　　　高中超（黑龙江省农业科学院土壤肥料与环境资源研究所）
　　　　何　宁（河南省农业科学院）
　　　　黑文聪（榆林市农业科学研究院）
　　　　黄　保（河南省农业科学院粮食作物研究所）

黄少辉（河北省农林科学院农业资源环境研究所）
贾建明（河北省农林科学院农业信息与经济研究所）
李　欢（安徽农业大学）
李　晶（东北农业大学）
李　霞（榆林市农业科学研究院）
李　媛（安徽农业大学）
李森郁（安徽农业大学）
李晓煜（河北省农林科学院生物技术与食品科学研究所）
刘淑霞（吉林农业大学）
刘玉强（石家庄市农林科学研究院）
陆运才（黑龙江大学）
马红霞（河北省农林科学院生物技术与食品科学研究所）
慕　丽（安徽农业大学）
孙利军（榆林市农业科学研究院）
田　玉（河北省农林科学院）
田小雨（榆林市农业科学研究院）
拓小波（榆林市农业科学研究院）
王　强（河南省农业科学院）
王　爽（黑龙江省农业科学院土壤肥料与环境资源研究所）
王丽华（黑龙江省农业科学院土壤肥料与环境资源研究所）
王延召（河南省农业科学院粮食作物研究所）
温之雨（河北省农林科学院生物技术与食品科学研究所）
吴　寅（河南省农业科学院）
晏小凤（安徽农业大学）
杨　阳（河北省农林科学院生物技术与食品科学研究所）
杨云马（河北省农林科学院农业资源环境研究所）
宇　婷（河南省农业科学院粮食作物研究所）
张　洁（榆林市农业科学研究院）
张　圆（榆林市农业科学研究院）

张继轩（榆林市农业科学研究院）
郑　飞（河南省农业科学院粮食作物研究所）
周于毅（中国农业大学）
朱卫红（河南省农业科学院粮食作物研究所）
朱彦辉（石家庄市农林科学研究院）

各章作者分工

前言 ……………………………………………………………………………… 刘京宝

第一章

第一节 ………………………………………………… 杨晓军、邬小春、孙利军
第二节 ………………………………… 杨晓军、拓小波、田小雨、白银兵、陈　章

第二章

第一节 ………………………………… 朱英华、王成雨、李森郁、幕　丽
第二节 ………………………………… 王成雨、幕　丽、李森郁、王　强
第三节 ………………… 赵　璞、马春红、温之雨、李晓煜、董文琦、马红霞

第三章

第一节 …………… 孙　磊、高中超、王　爽、王丽华、李　晶、刘淑霞、陆运才、周于毅
第二节 ………………………… 邬小春、张　圆、张继轩、李　霞、张　洁、黑文聪

第四章

第一节 ………………… 刘京宝、李　川、黄　璐、朱卫红、郑　飞、黄　保、何　宁
第二节 ………………… 赵　璞、马春红、贾建明、贾良良、刘胜尧、杨　阳

第五章

第一节 ………………………………… 王成雨、晏小凤、李　媛、王延召
第二节 ………………………………… 王成雨、李　欢、陈　飞、吴　寅、宇　婷

第六章

第一节 ………………… 马春红、赵　璞、刘胜尧、朱彦辉、刘玉强、马红霞
第二节 ………………… 马春红、赵　璞、田　玉、范凤翠、贾良良、杨云马
第三节 ………………… 马春红、田　玉、朱彦辉、刘玉强、杨　阳、黄少辉

全书统稿 ……………………………………………………………………………… 曹广才

前　言

　　玉米（Zea mays L.）是重要的粮食、饲料、工业原料作物。全世界玉米种植面积1.58亿hm^2以上，总产量6.6亿t，约占全球粮食总量的35%。玉米生产主要集中在美国、中国、巴西、欧盟国家。中国是发展中的农业大国，是世界上仅次于美国的第二大玉米生产国和消费国。玉米在中国分布很广，南至北纬18°的海南岛，北至北纬51°的黑龙江省的黑河，东起台湾和沿海省份，西到新疆及青藏高原，都有一定的种植面积。玉米在中国各地区的分布并不均衡，主要集中在东北、华北和西南地区，大致形成一个从东北到西南的斜长形玉米种植带。根据中国玉米的分布地区和种植制度的特点，结合各产区的农业自然资源状况，以及玉米在谷类作物中所占的地位、比重和发展前景，把中国玉米产区划分为6个种植区，分别为：北方春玉米区，种植面积稳定在1095万hm^2，占全国的36.7%左右；总产6654.6万t，占全国的40.1%左右。黄淮海平原夏玉米区，种植面积约1177万hm^2，约占全国的39.4%，总产约6397.6万t，占全国38.6%左右；还有西南山地丘陵玉米区、南方丘陵玉米区、西北灌溉玉米区、青藏高原玉米区。

　　中国春玉米主要分布在东北、内蒙古、西北、西南地区各个省（区）的高海拔丘陵山地和干旱地区，种植制度多为一年一熟。夏玉米主要分布在黄淮海平原广大地区，种植制度多为一年两熟。秋玉米主要分布在中国南方沿海各省及内陆地区的丘陵山地，种植制度多为一年三熟。冬玉米主要分布在云南、广西和海南等地区，种植制度多为一年四熟。

　　温度是影响玉米生长发育的重要环境因子之一。当温度降低到玉米生长发育所需温度的下限以下造成不利于玉米生长的环境称为低温胁迫，可分为冷害（0℃以上）和冻害（0℃以下）两种类型。当环境温度高于玉米生长发育的最高温度时，就会遭受热害，形成高温胁迫。玉米一生多处于高温季节，消耗水分较多，活细胞的原生质水分含量在80%以上时才能顺利进行各种生理生化活动。玉米一生总耗水量为2550～6000 m^3/hm^2，春玉米全生育期耗水量为3000～4500 m^3/hm^2，夏玉米总耗水量为1860～4440 m^3/hm^2。适宜玉米生长的全年降水量一般为500～1000 mm，生长期间最少也要有250 mm的降水量，且分布均匀，才能满足玉米不同生育期的要求。而中国大部分玉米主要生产区要么降水量不够，要么分布不均匀，在多数地区，水分亏缺对作物的影响是经常存在的，严重影响了作物的生长发育。渍涝由于降水过多，地面径流不能及时排除，农田积水超过作物耐淹能力，造成农业减产。渍涝分为湿害和涝害两类，后者受淹情况较为严重。光既是植物的能量来源，又是导致其遭受逆境伤害的重要因素。光逆境主要涉及光照强度和光谱两个方面，其中光强又包括强光和弱光。玉米是喜光C_4作物，光饱和点远远超过其他作物，全生育期都需要充足的光照。但玉米在生长发育过程中常遭遇低温阴雨、光照不足的天气，直接限制了其光合生产能力，不但使生长发育受到不同程度的影响，而且也会导致产量的降低。黄淮海地区是中国夏玉米主产区，玉米生长期常遇到阴雨寡照天气，严重影响玉米生长发育和产量形成，所以玉米光胁迫研究多集中在弱光胁迫方面。盐碱地是指土壤里面所含的盐分影响到作物正常生长的一种土壤类型。全球有各种盐渍土约9.5亿hm^2，占全球陆地面积的10%，广泛分布于100多个国家和地区。而且，由于土壤的次生盐渍化,全球土壤盐渍化面积还在迅速增加。人类在进行农业生产活动的过程中,受到自然环境的影响非常大。有利的光照、热量、水分等气象条件,可以使农业生物获得更高产量和更好的品质。但是不利的气象条件往往造成减产,甚至带来灾难性后果,从而对人类的生产、生活乃至生存造成危害。据统计,各种自然灾害中,气象灾害对农业造成的危害最重。农业气象灾害就是指在农业生产过程中导致农业生物显著减产或设施严重损坏的各种不利天气过程和天气现象的总称,如干旱、洪涝、暴雨、冷害、冻害、风灾、冰雹、干热风、雪灾等。

  玉米在整个生长发育过程,以及收获后储藏过程时刻面临着各种逆境的生物胁迫,如病害、虫害、螨害、草害、鼠害和兽害等生物因素,使玉米植株生长发育受阻、死亡,严重影响玉米的品质和产量。本书对主要的生物胁迫因子分别进行阐述。据报道,全世界玉米病害多达80多种,中国有30余种。其中叶部病害10多种,根、茎部病害6种,穗部病害3种,系统侵染性病害9种。随着全球气候变化、耕作方式改变和新品种推广,中国玉米病害的发生也有所改变,有些原来属于次要的病害上升为主要病害,如纹枯病、青枯病和矮花叶病等。

  玉米害虫在中国有近40种。玉米害虫可分为苗期害虫、生长期害虫和贮藏期害虫。中国农田杂草约有500余种,其中危害较大、发生较普遍的有120余种。农田鼠害是农业生物灾害中的主要灾种之一。玉米的播种期、长势和种植密度与害螨的发生危害程度密切相关。玉米播种越早,害螨种群数量越大,危害越重。玉米长势不同,田间小气候差异明显,长势好的一类玉米田田间郁蔽,光照强度小,玉米植株中部温度较低,湿度相对较大,害螨发生数量少,危害较轻。

  近20年来,中国玉米的科研、生产发生了巨大变化,出现了许多新品种、新成果、新经验、新问题。玉米由食用为主发展为粮食、饲料、经济兼用作物,栽培的目标已由原来的单纯追求高产转变为优质、高效、环境安全和可持续发展。生产技术上已由长期以来的精耕细作迅速发展为具有较高科技含量的轻(简)型栽培、育苗技术、配方施肥技术、精量播种技术、施肥灌溉技术、间(套)复种技术、土壤耕作技术和生长发育调控技术等,都有明显变化。中国玉米科学研究在遗传育种、栽培生理等方面取得了许多重大突破,得到了广泛而深入的发展,在若干领域达到了世界先进水平。因此,全面、系统、认真地总结玉米生产和科研的经验,重新编写一部反映占全国玉米种植面积82.3%北方玉米主产区的玉米栽培科学研究重要成果和生产实践经验的科学理论著作,是农业科学技术工作的一项基本建设和迫切需求,对于培养、提高科技人员水平,促进北方玉米生产的发展,加速实现农业现代化,以及加强国际经济合作与技术交流,都具有重要意义。经有关专家讨论、酝酿和主持拟编写《中国北方普通玉米抗逆栽培》一书。2020年4月组织全国玉米主产区有关科研单位和大专院校的知名玉米专家制订了编写计划,经过大家的共同努力,完成了本书的编写、审稿和定稿工作。

  《中国北方普通玉米抗逆栽培》是以玉米为研究对象,分析研究中国北方玉米种植区域玉米生长发育规律和生理过程,以及中国北方不同区域的种植制度和栽培技术。本书共分6章,分别对中国北方玉米生产布局和种质资源、玉米栽培的生物学基础、北方一熟区玉米抗逆栽培、中原二熟区玉米抗逆栽培、中纬度过渡地区玉米栽培、防病治虫除草等进行论述。

  此书在内容上注重有关基本知识、基本理论和基本方法与技术,同时也力求反映本领域现代科技水平。

  在编写过程中虽然尽可能收集大量资料,充分利用了现有成果,但受编者水平所限,书中错误和疏漏之处在所难免。为使本书日臻完善,恳请同仁和读者在使用和阅读中给予批评指正。

本书得到国家重点研发计划(National Key R&D Program of China)"粮食丰产增效科技创新"专项"黄淮海夏玉米减灾保产调控关键技术研究"(2017YFD0300407)资助;国家重点研发计划"粮食丰产增效科技创新"专项"东北春玉米减灾保产调控关键技术研究(2017YFD0300405)"资助;国家重点研发计划"粮食丰产增效科技创新"专项"黄淮海北部小麦-玉米种植制度优化与低平原资源高效型丰产技术模式创建(2017YFD0300908)"资助;"科技部科技伙伴计划(Science and Technology Partnership Program,Ministry of Science and Technology of China)(KY202002003)"资助;河北省农林科学院现代农业科技创新工程"玉米种质资源的收集、鉴定与抗旱基因挖掘(2019-4-1B-5)"资助;河北省创新能力提升计划项目(21556401K)和河北省重点研发计划项目(19226427D)资助。

刘京宝
2021年1月

目 录

前言

第一章 中国北方玉米生产布局和种质资源 ... 1
- 第一节 中国北方玉米生产布局 ... 1
- 第二节 中国北方玉米种质资源 ... 11
- 本章参考文献 ... 28

第二章 玉米栽培的生物学基础 ... 31
- 第一节 生育进程 ... 31
- 第二节 玉米栽培的有关生态基础 ... 38
- 第三节 玉米栽培的有关生理基础 ... 54
- 本章参考文献 ... 73

第三章 北方一熟区玉米抗逆栽培 ... 78
- 第一节 东北平原玉米抗逆栽培 ... 78
- 第二节 北方一熟区玉米抗逆栽培 ... 115
- 本章参考文献 ... 152

第四章 中原二熟区玉米抗逆栽培 ... 162
- 第一节 普通玉米常规栽培 ... 162
- 第二节 抗逆栽培 ... 217
- 本章参考文献 ... 237

第五章 中纬度过渡地区玉米栽培 ... 244
- 第一节 普通玉米常规栽培 ... 244
- 第二节 抗逆栽培 ... 268
- 本章参考文献 ... 277

第六章 防病治虫除草 ... 281
- 第一节 病害及防治 ... 281
- 第二节 虫害及防治 ... 298
- 第三节 杂草防除 ... 324
- 本章参考文献 ... 339

第一章　中国北方玉米生产布局和种质资源

第一节　中国北方玉米生产布局

一、中国玉米生产布局变迁

(一)玉米起源与发展

玉米(Zea mays L.),又名番麦、御麦、玉茭、玉蜀黍、珍珠米、棒子、苞米、苞谷等,是重要的粮食、饲料和化工原料作物。玉米原产墨西哥、秘鲁和智利一带,于16世纪传入中国,到清朝的乾隆、嘉庆年间,已在全国各地种植。嘉庆十七年(1812年),全国玉米种植面积约47.3万 hm^2,总产量63.9万 t。在中国近500年的传播历程中,逐渐形成西南陆路、西北陆路、东南海路3条入境传播路径。传播路径之一是从西班牙传到麦加,再由麦加经中亚细亚最早引种到中国西北地区;传播路径之二为先从欧洲传到印度、缅甸等地,再由印度、缅甸引种到中国的西南地区;传播路径之三为先从欧洲传到菲律宾,再由菲律宾等经海路传到中国东南沿海地区。其中,东南沿海路径完成的传播范围在国内占主导地位。到20世纪初,玉米已从丘陵山地种植发展到广大平原地区。

20世纪30年代,中国玉米种植面积为574.1万 hm^2,年总产量为810.4万 t;40年代种植面积和总产量分别为730.0万 hm^2 和927.0万 t;50年代种植面积达1441.6万 hm^2,总产量为1924.8万 t,与40年代相比年均总产量翻了一番;70年代是中国玉米生产大发展、大转折时期,种植面积比60年代增加了28.7%,70年代种植面积为1833.2万 hm^2,年均总产量达到4558.1万 t;80年代种植面积和总产量分别为1924.9万 hm^2 和6977.1万 t;90年代种植面积达2280.5万 hm^2,年均总产量为11046.0万 t。21世纪以来,玉米种植面积步入快速增长期。2000—2017年,中国玉米种植面积年均3316.41万 hm^2,每年平均增加56.04万 hm^2。2002年,玉米种植面积达到2463.37万 hm^2,超过小麦种植面积。2007年,玉米种植面积达到3002.37万 hm^2,超过水稻种植面积,成为中国种植面积最大的粮食作物。2015年,中国玉米种植面积达到峰值,为4496.84万 hm^2,占全年粮食作物总种植面积的37.80%。2016年为了缓解玉米库存压力,国家取消了玉米临时收储项目,玉米种植面积新世纪以来首次下滑,比2015年减少79.08万 hm^2。2017年,农业部加快构建"镰刀弯"地区现代农业产业体系,继续调减玉米种植面积,种植面积为4239.9万 hm^2。1990—2018年,中国玉米种植面积从2133万 hm^2 增加到4213万 hm^2;总产从988亿 kg增加到2574亿 kg,净增1586亿 kg;单产从4631 kg/hm^2 增加到6109 kg/hm^2,年均增加52.8 kg/hm^2。

随着畜牧业和玉米加工业的发展,再加上气候变暖等原因,中国玉米已进入一个大发展时期,栽培面积总体上在扩大。

(二)中国玉米种植区划

由于玉米高产稳产且适应性强,多年来种植面积不断扩大。中国玉米种植分布是从黑龙江省起,经吉林省、辽宁省、河北省、山东省、河南省、山西省、陕西省,转向四川省、贵州省、云南省,直至广西壮族自治区,形成一个弧形玉米种植带。全国玉米分为以下 6 个种植区。

1. 北方春播玉米区 该区包括黑龙江省、吉林省、辽宁省、宁夏回族自治区和内蒙古自治区的全部,山西省的大部,河北省、陕西省和甘肃省的部分地区,是中国玉米的主产区之一。种植面积稳定在 650 多万 hm^2,占全国玉米总种植面积的 36% 左右;总产 2700 多万 t,占全国玉米总产的 40% 左右。

2. 黄淮海平原夏播玉米区 以山东省和河南省为主,包括黄河、淮河、海河流域中下游的山东省、河南省全部,河北省大部,山西省中南部、陕西省关中和江苏省徐淮地区,是全国最大的玉米集中产区。种植面积超过 600 万 hm^2,约占全国玉米总种植面积的 32%,总产约 2200 万 t,约占全国玉米总产的 34%。

3. 西南山地玉米区 也是中国玉米的主要产区之一,包括四川省、云南省、贵州省的全部,陕西省南部,广西壮族自治区、湖南省、湖北省的西部丘陵山区和甘肃省的一小部分。玉米种植面积约占全国的 22%,玉米总产占 18% 左右。

4. 西北灌溉玉米区 包括新疆维吾尔自治区的全部,甘肃省的河西走廊和宁夏回族自治区的河套灌区。玉米种植面积约占全国的 3.5%,玉米总产约占 3%。

5. 南方丘陵玉米区 包括广东省、海南省、福建省、浙江省、江西省、台湾省等的全部,江苏省、安徽省的南部,广西壮族自治区、湖南省、湖北省的东部,是中国主要水稻产区,玉米种植面积较小,玉米种植面积约占全国的 6%,玉米总产不足 5%。

6. 青藏高原玉米区 以青海省和西藏自治区高海拔地区为主,玉米种植面积及总产都不足全国的 1%,但单产水平较高。

(三)中国玉米布局变迁

2000—2017 年,中国玉米年均总产量超过 1000 万 t 的省份有 7 个,均属于东北、华北地区及黄淮海地区,分别为黑龙江省、吉林省、辽宁省、内蒙古自治区、河北省、山东省、河南省。7 省、区年均产量占全国玉米总产量的 63.28%。其中,吉林省玉米年均总产量最高,达到 2118.8 万 t,之后依次为黑龙江省(2056.5 万 t)、山东省(1831.9 万 t)、河南省(1515.6 万 t)、内蒙古自治区(1454.1 万 t)、河北省(1434.7 万 t)、辽宁省(1178.2 万 t)。这 7 个玉米主产省份再加上山西省、陕西省、湖北省、贵州省、广西壮族自治区、云南省和四川省,就形成了一条从东北斜向西南的狭长玉米带。此玉米带上的玉米种植面积和总产量均占全国总量的 80% 以上。

玉米是中国主要粮食作物之一。中国北方是中国玉米的主要生产区域。近年玉米在中国粮食生产中有较大规模发展,特别是北方玉米生产在全国的优势地位进一步巩固,其种植面积与产量由 2004 年的 1945.8 万 hm^2、10.36 亿 t,增加到 2008 年的 2347.2 万 hm^2、13.63 亿 t,占全国的比重也由 76.47%、79.51% 提高到 78.60%、82.15%,都提高了两个百分点以上。南方玉米种植面积与产量也有较大幅度增加,分别由 2004 年的 598.8 万 hm^2、2669 万 t,提高至 2008 年的 635.5 万 hm^2、2961 万 t,只是占全国玉米种植面积与产量的比重由 2004 年的 23.53%、20.49% 下降到 2008 年的 21.40%、17.53%,分别下降了 2~3 个百分点。

随着种植年代的推移和其他因素的变化,中国玉米生产布局也在一定程度上发生变迁。

研究显示,气候变暖对农业生产的最直接、最明显影响是使传统作物种植区域发生变化。温度升高,现有农作物的种植界限就会向北推移。

何奇瑾(2012)发现,1961—2010年中国春玉米、夏玉米潜在可种植面积呈显著增加趋势。春玉米种植的最适宜区和适宜区明显扩大,近10年气候适宜区总面积达340万 km^2,潜在可种植界线自20世纪70年代开始经历了南移—北抬—维持的变化,最大北抬达1.4个纬度,水分逐渐成为气候变暖背景下作物种植分布的限制因素;夏玉米种植的气候最适宜区东扩、气候适宜区南扩,近10年全国总的可种植面积超过670万 km^2,可种植区的重心总体呈北移趋势,最大纬向移动达110 km。

孟立慧(2018)以2006—2015年为研究的时间尺度,以中国南北方为研究的地域尺度,系统分析五大类粮食作物(小麦、玉米、稻谷、豆类和薯类)及粮食总产量和种植面积的变化,探究中国粮食生产重心的转移趋势。研究发现,中国北方玉米总产量持续猛增,2015年相比2006年增加50%,南方玉米产量也呈现上升趋势,2015年比2006年增加了41.9%。北方玉米总产量所占比重远高于南方,2015年,北方所占比重为83.11%,南仅为16.89%。北方是中国玉米的高产重心。中国北方各省(区)的年均产量普遍高于南方,其中黑龙江省的年均产量高达2474万t,吉林省为2291万t,而南方各省、区介于2万~667万t,西藏仅为2.2万t。笔者发现,中国北方玉米种植面积的增长速度高于南方,与2006年相比,2015年,北方玉米种植面积增加了50%,南方增长了23.09%。北方种植面积所占比重由67.18%增加到了71.39%,而南方由32.82%降低到了28.61%,重心有向北方偏移的趋势。总体来说,中国玉米生产重心向北偏移。

韩国明等(2018)将研究聚焦于玉米供给侧底端——玉米种植上,从玉米种植区域比较优势角度测量改革开放以来中国玉米种植效率比较优势、规模比较优势和成本比较优势的时空变迁。文章指出,东北玉米带是中国玉米供给主力,其中吉林省自20世纪80年代以来一直位居前二,辽宁省近年来排名呈下降趋势,黑龙江省则排名一直上升,并高居第一。至于在华北地区,内蒙古自治区近20年来排名稳定上升,并在2015年排名第三;河北省、山西省排名总体比较稳定。在华东地区,山东省一直排名第二,近年排名略微下降;江苏省自20世纪90年代后期不再是玉米主产省。在华中地区,河南省作为玉米主产省份,排名在5~7名波动。在西南地区,四川省排名呈下降趋势,云南省排名稳定在第十位,贵州省不再是玉米主产省份。在西北地区,陕西省不再是玉米主产省;新疆维吾尔自治区产量增幅较大,逐渐进入玉米主产省份行列。由此可见,中国玉米主要供给地区逐渐向北方尤其东北、华北聚集,山东、河南及四川和云南也是重要的玉米供给基地。

据阳恩龙(2017)介绍,从全国的形势得出,玉米播种面积呈波动中增加的趋势,也是三大粮食作物中唯一播种面积增加的农作物。从主产区来看,1985—2012年间,北方区玉米生产规模指数不断上升,由27.63%上升至38.58%,而黄淮海区、长江中下游区、西北区、西南区和南方区的玉米生产规模指数均呈下降趋势,其中黄淮海区和西南区降幅最为明显。从各省份来看,1985—2012年在玉米生产规模指数呈现波动中上升趋势的省份中,黑龙江与内蒙古的上升趋势最明显,其生产规模指数分别提高5.61个百分点和5.28个百分点。1985—2012年,中国玉米播种面积和产量在各省(区)的不一致变化使得玉米生产布局在全国层面发生了明显变化,主要的趋势是玉米生产重心北移明显,北方区已超越黄淮海区成为中国第一大玉米主产区,但北方区和黄淮海区始终是中国最重要的玉米主产区。从中国玉米生产规模指数的省际变化趋势来看,中国玉米生产规模指数向北方地区(河南、山东、内蒙古和东北地区)转移显著,同时,东部、南部的一些省区(如浙江、广西等)玉米生产地位逐步下降,东部和北部的一些省(区)玉米生产地位逐渐加强,如黑龙江省和内蒙古自治区正崛起为新的玉米主产省区。值得注意的是,虽然河北省、山东省的玉米生产规模指数和生产集中度均有所下降,但仍是中国重要玉米主产省份。

李欠男(2017)对2000—2014年玉米生产数据,采用生产集中度指数、生产规模指数分析玉米生产空间布局在省域及南北方的变化情况;再运用全局空间自相关与局域空间自相关指标考察玉米生产的空间相关性;最后,构建空间计量经济学模型对近15年来玉米生产空间布局的驱动因素进行实证分析。得出的结论如下:从玉米生产集中度指数可以发现,玉米生产主要集中在北方地区。从玉米生产集中度指数与生产规模指数分析来看,玉米生产空间布局在省份之间发生明显变化,但无论是玉米产量还是播种面积,其生产重心集聚在北方省份,如黑龙江省、吉林省、内蒙古自治区等地区。李靖等(2015)分区域、分阶段对近年来中国粮食生产力布局的演变趋势进行了分析,指出黄淮海区是中国最主要的粮食产区,一直保持着小麦主产区的重要地位,但玉米产量占全国比重明显下降;东北区和蒙新区正成为重要的新兴产区,特别是东北区逐步成为全国重要的稻谷和玉米产区,是全国粮食新增产量最主要的贡献区域。

对玉米生产布局而言,玉米产业总体生产布局比较集中,玉米生产呈现北增南减的趋势,东北和华北分布最为集中,且生产集聚的省份主要在东北及华北地区(李欠男等,2017);省域玉米播种面积增加量呈现出"北高南低""西高东低"的特征,东北区和华北区的玉米播种面积进一步扩大;省域玉米单产增加量呈现出"西高东低""北高南低"的特征(贾正雷等,2018),中国玉米生产布局存在显著的正向空间相关性,总体来说,玉米生产中心北移明显(陈欢等,2015)。

二、中国北方一些省份的玉米生产布局

北方玉米是中国最重要的玉米种植区,是重要的玉米商品粮基地和工业加工原料基地,对中国粮食安全具有举足轻重的地位。从20世纪80年代开始,东北的玉米种植面积大幅增加,单产水平迅速提高,总产量猛增,已经逐渐成为中国玉米的重要生产基地和出口基地。进入21世纪,东北的玉米生产得到进一步发展,东北三省已经成为中国的黄金玉米带。

(一)东北玉米生产布局

1. 辽宁省玉米生产布局 辽宁省属于温带大陆性季风气候,日照充足,降水量适宜,热量资源比较丰富,自然条件适宜玉米生长,是中国玉米主产省份之一。按照自然气候综合因素可划分为四大种植区,即最适宜区、适宜区、次适宜区、不适宜区。

(1)玉米生长最适宜区

① 中部暖温半湿润平原区 位于辽河平原沈阳以南地区。包括沈阳西南部,新民南部、辽中、台安全部,辽阳、灯塔、鞍山、海城大部,北镇、黑山东部,是全省玉米主产区和高产区。本区为自然气候综合因素最佳地区。热量、水分、光照条件充足,无霜期长,年平均气温7～9 ℃,玉米生长季节≥10 ℃积温为3100～3400 ℃·d。

② 辽北温和半湿润波状平原区 位于辽河平原沈阳以北地区。包括沈阳、新民北部、铁岭、开原大部,康平东南部、法库、昌图全部,为本省最主要玉米产区,面积最大,总产最高。本区自然气候条件良好。水分、光照充足,年平均气温7～8 ℃,玉米生长季节≥10 ℃积温为

2800~3100 ℃·d。

(2)玉米生长适宜区

① 东北冷凉湿润中高山区 位于长春至大连铁路以东山岳地带的东北地区。包括本溪、桓仁、新宾、抚顺、清原、西丰。本区降水充沛,土壤肥力较高。由于地势高,纬度偏北,气温较低,无霜期短,因而热量不足,光照条件较差,但基本上可以满足玉米对热量、水分、光照的需要。年平均气温5~8 ℃,玉米生长季节≥10 ℃积温2250~2700 ℃·d。

② 东部温和湿润中低山丘陵区 位于东部山区南部。包括宽甸、凤城、岫岩及灯塔、辽阳、鞍山、海城、营口等东部山地。本区自然气候条件与东北冷凉湿润中高山区相似。年平均气温5~10 ℃,玉米生长季节≥10 ℃积温2750~3100 ℃·d。

③ 辽南暖温半湿润山地丘陵区 位于辽东半岛。包括大连市郊区和庄河市。除年降水分布不均外,热量、水分、光照基本可满足玉米生育的需要。年平均气温9~10 ℃,玉米生长季节≥10 ℃积温3100~3400 ℃·d。

④ 西部暖温半湿润河谷平原 位于辽西山区丘陵东部河谷地区即辽西走廊地区。包括锦州、兴城、绥中全部以及北镇、黑山少部分地区。本区热量、光照充足,水分条件差,春旱经常发生。年平均气温8~9 ℃,玉米生长季节≥10 ℃积温3100~3400 ℃·d。

(3)玉米生长次适宜区

① 西部暖温半湿润丘陵 位于辽西走廊西部丘陵区。包括义县、喀喇沁左翼蒙古族自治县、建昌及凌源市大部、朝阳南部、彰武县部分地区。本区热量、光照充足,水分条件差,土壤肥力低。年平均气温7~8 ℃,玉米生长季节≥10 ℃积温3000~3300 ℃·d。

② 西部温和半干旱低山丘陵区 位于辽西中部低山丘陵区。包括阜新市及阜新、彰武、康平、北票、朝阳县大部及建平、凌源市少部。本区热量、光照较好,但水分不足,土壤肥力低。年平均气温7~8 ℃,玉米生长季节≥10 ℃积温2900~3100 ℃·d。

(4)玉米生长不适宜区 为西部冷凉半干旱沙丘区,位于辽西的北部地区。包括建平大部和北票、阜新、彰武北部。本区为非玉米生产区,水分、热量、土壤肥力均差,春旱重、风沙多,水土流失严重,无霜期短。

李雪洋(2020)利用1961—2018年辽宁省50个气象站点的气候资料,通过统计分析,得到影响玉米生产的气候资源的时间和空间变化趋势,实现了气候资源的空间模拟。利用未来的气候情景数据,采用GIS对辽宁省未来2020—2050年玉米气候区划进行研究和分析。经分析后将≥10 ℃积温和玉米生长季降水量作为辽宁省玉米气候区划因子,并确定区划指标。利用区划指标,通过GIS得到辽宁省玉米气候区划图,分为最适宜区、适宜区和基本适宜区。最适宜区主要集中在辽宁中部平原以及辽宁沿海地区;适宜区主要集中在辽宁西北部的部分地区和辽宁东部的部分地区;基本适宜区主要分布在辽宁西北部的丘陵地区和辽宁东部山地地区。

吕杰等(2016)为研究辽宁玉米布局变化及其区域比较优势,用播种面积指标,利用1992—2014年的相关数据,分析了辽宁省玉米生产的变化及其结构变动趋势,测算了辽宁省14个地级市的玉米区域比较优势。结果表明,辽宁省粮食种植结构整体上从多元化向专业化方向发展,逐渐演变成"玉米型"的粮食种植结构,而各个地区也形成了以玉米生产为主的粮食种植结构;其中大连、抚顺、本溪和铁岭为传统的优势产区,锦州、朝阳、阜新和葫芦岛属于新兴比较优势产区;而丹东、营口、辽阳和盘锦4个地区在玉米生产上不具有比较优势。

席晓玲(2016)以玉米作物为研究对象,基于1992—2014年辽宁省玉米播种面积等统计数据,从时间和空间两个角度系统地分析全省14个地级市种植面积变迁及区域生产比较优势,研究了江宁省玉米生产布局的变化特征,分析了辽宁省玉米的空间布局。研究发现,1992—2014年期间辽宁省玉米种植面积不断增加,并且各地区的玉米种植面积也呈现上升趋势,但在各区域间的增长趋势有一定的差异,辽西的增长速度明显高于东部区域,玉米种植区域更多地向辽西,包括朝阳、锦州、阜新等地偏移。

2. 吉林省玉米生产布局 玉米作为吉林省优势作物,单位面积产量、商品量、出口量、人均占有量多年居全国首位。清朝末年及民国初期,平原地区主要种植大豆、高粱、谷子,而在丘陵山区多种植玉米。民国后期玉米种植区域开始向平原地区发展。日伪统治时期(1934—1944年),玉米年均单产水平较高的是东部山区、半山区的吉林地区和通化地区;其次是中部平原的四平地区和长春地区;年均单产最低的是西部白城地区。直到20世纪60年代末期,吉林省各地的玉米年均单产水平仍是东部山区、半山区(通化、吉林、延边)为高。从1969—1989年开始西部地区的玉米年均总产量超过了东部山区半山区,进入90年代,中部平原地区(长春、四平)玉米种植面积115.9万 hm²,占全省总面积的52.7%;东部山区半山区(通化、白山、吉林、延边)玉米种植面积28.1万 hm²,占全省的12.8%;西部地区(白城、松原)种植面积75.9万 hm²,占全省的34.5%。同期,中部平原区的玉米年均总产量达到937万 t,占全省玉米年均总产量的60.88%;西部地区年均总产量436万 t,占全省年均总产量的28.33%;东部山区半山区年均总产量166万 t,占全省年均总产量的10.79%。

到2009年,吉林省中部长春、四平、松原等地已发展为吉林的黄金玉米带。中部地区不仅种植面积最大、年均总产量最多,而且玉米的年均单产水平也最高。其中,长春、四平两地的玉米年均单产达到7060 kg/hm²。

李维岳等(2000)介绍,吉林省早熟区域主要包括吉林省东部山区、半山区早熟春玉米区,分布在吉林市、通化市、延边自治州的大部分地区,包括舒兰市、蛟河市、白山市、汪清县、珲春市、延吉市、敦化市、安图县、和龙市、临江市、抚松县、长白县。

3. 黑龙江省玉米生产布局 作为北方早熟玉米区之一的黑龙江省早熟区域,主要分布在活动积温1900~2700 ℃·d的黑龙江省第二、三、四积温带。1949年以前,玉米种植主要集中在南部活动积温较高地域。新中国成立后,玉米种植范围逐步扩大,到20世纪80年代初,全省除北部呼玛、漠河、塔河等地外,其他各地均有种植。玉米生产区主要在松嫩平原中部和西部。进入21世纪,由于温室效应,气温升高、积温增加,使玉米主产区继续向北推移。小麦和大豆的种植面积减少,没有条件种植水稻的耕地大多种植了玉米。极早熟玉米品种德美亚1号、2号等品种的引进推广,使早熟玉米种植向北扩增至第四积温带,玉米种植面积快速增加。

苏俊(2011)根据黑龙江省各地区农业自然资源特点和玉米生产水平等因素,参考已有农业综合区划,将黑龙江省早熟玉米区分为松嫩平原西部玉米区、三江平原东部低温玉米区、丘陵及其他玉米区。松嫩平原西部玉米区包括齐齐哈尔市及所辖地区,大庆市及所辖安达市、林甸县、杜尔伯特蒙古族自治县,绥化市及所辖明水县、海伦县、望奎县、青冈县等。该区是黑龙江省玉米主要生产区之一,大部分地区玉米种植面积占农作物面积的比例大于50%。三江平原东部低温玉米区主要包括佳木斯市及所辖三江平原部分县(市),该区玉米种植面积占农作物面积的比例为30%~50%,占全省玉米播种面积的1/5左右。丘陵及其他玉米区主要包括完达山西段低山丘陵区、张广才岭和老爷岭山间沟谷区,以及松嫩平原向大小兴安岭过渡地段的山前地。玉米种植面积占农作物面积的比例为10%~30%,占全省玉米播种面积的1/10左右。

通过对黑龙江农业生态区规划设计和玉米生态育种进行分析和探讨,尚占江(2017)做出如下区划:合江低湿平原玉米区,该区域主要位于黑龙江省东北部,包括佳木斯、富锦、绥滨、宝清、饶河、抚远等地,区域内玉米栽种面积为350~400万亩[①],积温在2200~2600 ℃·d,年降水量为500~650 mm,年蒸发量为772~1177 mm,夏季湿度较高,日照条件适中,但全年的气温都比较低,夏季温度较低、湿润,日照条件不足,属于低湿冷凉玉米区。牡丹江半山间玉米区,包括牡丹江市、海林、东宁、鸡东、通河等地,区域内山川较多,丘陵地形明显,全年的无霜期有130~140 d,年平均降水量大约为550 mm,湿度相对较大,日照适中,日照百分率一般在50%左右。区域内年平均温度较低,7月平均温度约为21 ℃,属于山间冷凉玉米区。松花江沿江玉米区,主要集中在松花江中游平原地带,包括哈尔滨、呼兰、巴彦、双城等地,玉米播种面积较大,为500万~600万亩,是黑龙江省玉米种植高产区。

王泓清等(2020)选取2005年、2010年和2015年黑龙江省各县(市)农作物生产统计数据,综合运用数理统计和ESDA-GIS空间分析方法,分析黑龙江省县域主要农作物种植结构的时空变迁。结果表明,2005—2015年黑龙江省农作物总播种面积逐年增加,以水稻和玉米更为典型。玉米高高值集聚区数量相对稳定,主要分布在松嫩平原,且大多数地区玉米种植比重超过80%,其中,肇州县、兰西县、安达市玉米种植比重均超过90%,2015年,完达山脉附近的桦南县和勃利县成为新增的高高值集聚地区;低低值集聚县(市)显著减少,由2005年的12个减少到2015年的6个,空间范围由大兴安岭和小兴安岭北部地区缩小至大兴安岭地区,原小兴安岭北部属于低低值集聚区的黑河市和逊克县被高低值集聚区取代,而在小兴安岭南部的铁力市和庆安县种植比重较低,成为新的玉米种植"洼地"。

21世纪以来,东北地区气候变暖,早霜向后推迟1~2周,≥10 ℃的积温增加11%~14%,玉米遭受低温冷害有所减轻,为籽粒灌浆增重延长了时间,玉米种植界限向北延伸(佟屏亚,2013)。黑龙江省大豆种植面积减少,第三、第四积温区也开始大面积种植玉米,但缺乏适宜第四积温区种植的生育期较短的极早熟品种。

纪瑞鹏等(2012)发现,1971年以来,东北地区≥10 ℃积温增加了262.8 ℃·d,≥10 ℃积温带(以2700 ℃·d为例)平原区向北推进了200~300 km左右,向东扩展50~150 km。随着热量资源的增加,玉米可种植范围不断扩大,种植北界北移东扩,玉米适播起始时间提前。玉米总产、播种面积增加趋势分别为967万t/10 a、72万hm²/10 a。未来40年东北地区玉米产量以减产为主,与过去30年(1960—1990年)比平均减产9.5%左右。笔者认为,调整玉米种植布局和品种搭配,依靠水利工程和推广旱作农业技术,选种耐旱、抗病、抗逆性强的玉米品种,是实现东北玉米生产可持续发展的主要措施。

(二)华北玉米生产布局

1. 华北总体玉米生产布局 邬定荣等(2015)利用试验数据校正并验证了机理性的作物生长模型WOFOST,随后模拟了华北42个站点1961—2006年夏玉米的光温和气候生产潜力。并首次运用新型统计检验聚类方法(CAST),对夏玉米光温及气候生产潜力的要素场分别进行了定量化分区。结果表明,华北夏玉米光温及气候生产潜力均分为5个不同荷载中心的区域。分区1位于北部,是玉米传统的高产稳产区,光温条件较好且稳定,其荷载中心为河北保定一带。分区2位于东部,是模拟生产潜力最高的区域,同时也是生产潜力上升趋势最明显的区域,其荷载中心为山东海阳。分区3位于中部,是生产潜力偏低且呈显著增产趋势的区

---

① 1亩=1/15 hm²,下同。

域,河南新乡为分区3的荷载中心。分区4的荷载中心为河南信阳。分区5分为2处,一处是东北角的唐山和乐亭,另一处主要位于山东北部,其荷载中心为山东济南。此外,利用校正验证后的作物模型模拟华北平原42个站点1961—2006年夏玉米的生长,得到各站点46年历年光温生产潜力和气候生产潜力,并进行了历年平均计算,结果表明,华北夏玉米光温生产潜力为7365～11374 kg/hm²,总体分布特征呈现由西南到东北逐步递增的趋势,其中高值中心位于山东半岛成山头一带,低值中心则位于华北西南部的栾川及西峡附近。华北夏玉米气候生产潜力在6158～10434 kg/hm²,大体表现为内陆低沿海高的趋势,其中高值区位于威海、海阳附近,而低值区则位于济南、郑州和开封一带。

姜铭诺等(2018)以华北平原为研究范围,以中国科学院青藏高原研究所的中国区域地面气象要素数据集为基础,对作物生长模型 WOFOST(World Food Study)进行面域化,模拟华北平原1979—2015年夏玉米的生长情况。利用一元线性回归、经验正交分解(EOF)分析了华北平原夏玉米潜在产量的时空变化,利用逐个栅格相关性分析、奇异值分解(SVD)分析了华北平原不同区域夏玉米潜在产量与全生育期、吐丝前和吐丝后平均温度及日均太阳总辐射的相关性。结果表明,研究区夏玉米潜在产量大致呈现从南向北逐渐升高的特点,大部分地区夏玉米潜在产量为7000～9000 kg/hm²;研究区西北部夏玉米潜在产量波动较大,波动较小的地区在北京南部、天津以及河北中部一带,标准差在500 kg/hm²以下;研究区西北部及河北唐山北部以及山东半岛东部夏玉米潜在产量呈上升趋势,这些地区的夏玉米潜在产量上升幅度大部分在200～600 kg/(hm²·10 a);研究区的其余大部分地区夏玉米潜在产量呈下降趋势,其中河北中南部、天津、鲁西北以及皖北的部分区域下降较明显,变化幅度在-250 kg/(hm²·10 a)左右。河北西部和东北部、北京西北部以及山东中部和东部等地区的夏玉米潜在产量与气温具有较显著的相关关系,相关系数在0.9以上,这些地区的夏玉米潜在产量在过去37年呈上升趋势,表明这些地区夏玉米潜在产量的增加可能是由气温上升导致的。北京东部和南部、天津、河北中南部及秦皇岛唐山南部、山东、河南东部、皖北和苏北等地区的夏玉米潜在产量与太阳总辐射具有较好的相关关系,相关系数在0.8左右,其中,吐丝后通过显著性检验的区域较吐丝前大,相关系数也较吐丝前大,该区域大部分地区夏玉米潜在产量呈下降趋势,可能是由该区域太阳总辐射下降导致的,且总辐射的下降主要对夏玉米的生殖生长阶段构成影响。总体看,研究区夏玉米潜在产量上升的区域与温度的上升有关,温度的变化是这些地区夏玉米潜在产量变化的主导因子;研究区夏玉米潜在产量下降的区域与太阳总辐射的下降有关,太阳总辐射的变化是这些地区夏玉米潜在产量变化的主导因子。因此,气候变化背景下针对华北平原不同地区制定不同的合理应对措施尤为重要。

刁兴良等(2019)基于近20年(1998—2017年)气象数据和华北5省的玉米单产统计数据,首先构建了华北平原气候资源和玉米生产时空分布特征数据库,研究区内的降雨量、活动积温、日照时数、太阳辐射和玉米单产均存在显著的时空变化;利用作物精细种植区划方法,将华北平原夏玉米种植区分为极不适宜区、不适宜区、较适宜区、适宜区、极适宜区五大类,各类面积分别占总体的比例约为10%、11%、25%、30%、24%;进一步通过环境类别归属度分析方法,将每一大类分为五小类,概率大于75%的相对稳定区域约占总面积的63%,小于75%的波动区域约占37%;极不适宜区、不适宜区和较适宜区三类时空分布比较稳定,隶属度为100%分别占各类面积的87.67%、70.41%和84.28%,波动区主要发生在极适宜区和适宜区,以及适宜区和较适宜区之间。本研究构建的华北平原夏玉米精细区划结果,对提高研究区资源利用效率和优化玉米产业布局具有重要意义。

2. 山西省玉米生产布局 田彩梅(2017)研究了山西省玉米种植区划。结果表明,玉米种植区划呈现多样性。一个县存在一个玉米种植区所占的比例是41%,而一个县存在两个玉米种植区则占27%,一个县存在3个玉米种植区的比例则为24%,一个县有4个玉米种植区的比例则为8%。其中春播玉米种植区的县共有95个;在一个县存在一个种植区的数量是30个县,占全部春播玉米种植区的32%;一个县存在两个玉米种植区的有31个县,占全部春播玉米种植区的33%;一个县存在3个玉米种植区的有28个县,占全部春播玉米种植区的29%;一个县存在4个玉米种植区的有6个县,占全部春播玉米种植区的6%。山西省玉米种植区具有多个玉米种植区的县占到总县区的68%。通过以上分析,山西省玉米种植区划呈现多样性分布。各玉米种植区的差异比较明显。春播中晚熟的玉米主要的区域集中在大同、吕梁、晋中、长治、太原等9个市中的60余个县内,春播中晚熟的玉米主要分布在这些县的632个乡镇当中,玉米的种植面积占到整个山西玉米种植面积的近40%,所以这一种植区域应该是山西全省种植面积最大、产量最高的区域,其产量也占全省玉米产量的近50%,无论从总产量和单产来看,其产量都在全省玉米生产产量中占有重要的位置。春播中早熟的玉米主要的区域集中在大同、吕梁、阳泉、长治、晋城、临汾等10个市中的61个县内,春播中晚熟的玉米主要分布在这些县的349个乡镇当中,玉米的种植面积占到整个山西玉米种植面积的20%,这一种植区水浇地的比例相对较少,旱地的数量比较多,玉米生产的产量也比较低,并且玉米的产量缺乏稳定性,所占山西省玉米总产量只是近20%,该玉米种植区域的分布相对较广,分布也比较分散。

罗守德等(1984)以影响玉米生长发育、干物质积累、产量形成的主要气象因子——热量为一级指标,左右产量的水分因子为二级指标,安全生育期为三级指标,按分区指标山西省可分为5个种植农业气候大区。(1)最佳种植气候大区,包括翼城、侯马、垣曲、运城、平陆、阳泉、昔阳、武乡、黎城、阳城、安泽、万荣、榆社、离石、石楼、沁县、晋从、蒲县、吉县、洪洞、河津、极山、闻喜、苗城、兴县、临县、襄垣、祁县、介休、清徐、交城、汾阳、河曲、原平、忻州、阳曲及太原市等。(2)次佳种植气候大区,包括孟县、沁源、限县平顺、广灵等县。(3)适宜种植气候大区,包括五台、左权、静乐、寿阳、偏关、天镇、山阴、灵邱、朔县、大同等地。(4)不适宜种植气候大区,包括岚县、五寨、浑源、右玉、平鲁、宁武、繁峙县等地。(5)不能种植气候大区,山西省不能种植玉米的气候区是以五台山为代表的高山高地小气候区域。

3. 河北省玉米生产布局 河北省平原地区一年两熟,北部山区一年一熟。陈钢等(2011)指出,冀中南平原夏播玉米区,是发展玉米生产的优势区域,地势平坦,土壤肥沃,灌溉条件较好,占总面积的70%;冀东平原和太行丘陵夏播玉米区,热量资源相对短缺,约占总面积的10%;春播玉米区,生态生产类型多样,约占总面积的20%。

陆小芳等(2017)介绍了河北省玉米种植区域的分布。玉米作为重要的粮食作物和饲料作物在河北省的经济发展中地位重要,主要产区分布在张家口、唐山等北部春玉米区;保定、沧州以南等各地、市为夏玉米区。

4. 河南省玉米生产布局 孙海潮(2008)通过河南省近3年的玉米生产统计数据,结合河南省各地的气温、降水、土壤类型、土壤质地、土壤有机质、养分的分布状况和水文分布等资料,并依据上一次河南省的玉米种植区划,初步对河南省玉米生态类型区进行了划分,将全省划分为6个生产区,即豫北平原主产区(包括新乡、安阳、鹤壁、濮阳、焦作、济源)、豫中南主产区(包括郑州、许昌、漯河、驻马店)、豫东平原主产区(包括周口、商丘、开封)、豫西南产区(包括南阳市、平顶山)、豫西丘陵主产区(洛阳、三门峡)、豫南产区(信阳)。

(三) 其他省(区)玉米生产布局

1. 甘肃省玉米生产布局　徐小明等(2018)利用1951—2015年甘肃省河东地区17个典型测站气候资料,采用均值法并运用Origin 8.0软件对其近65年来年平均气温、4—9月份玉米生育期平均降水量、≥10℃积温总量和年平均无霜期日数的空间分布特征进行了分析,通过对影响研究区玉米种植适宜性主要气候因子分析,并借助GIS空间分析技术得出河东地区玉米种植适宜性区划等级结果。结果表明,①研究区玉米种植适宜性等级总体表征为东高西低。②最适宜区范围最小,密集分布在平凉市和庆阳市南部区域,为正宁县、宁县、泾川县、灵台县、崇信县和庆阳市区。③适宜区主要分布在陇东黄土高原大部、陇南秦巴山区(两当县除外)以及临夏回族自治州大部分地区。④次适宜区集中分布在陇中黄土高原,另有零星分布如环县、两当县、和政县和康乐县。⑤不适宜区主要分布在甘南高原。

2. 内蒙古自治区玉米生产布局　吕淼(2017)以市、旗、镇三级行政区划图、DEM图和1985—2014年历史气象资料为基础,根据玉米生长对热量资源的要求,利用GIS及其空间分析工具进行呼伦贝尔市玉米热量资源区划,将呼伦贝尔市玉米种植划分为最适宜、适宜、较适宜、较不适宜及不适宜种植地区,进行分区评述的同时提出趋利避害的建议。①春播中熟区面积较小,集中位于扎兰屯市东南端的中和镇、成吉思汗镇个别村屯。春播中熟区海拔高度在300 m以下,境内大多为河谷平原,土壤肥沃,地下水资源丰富,无霜期在130 d以上,可以满足中熟玉米品种生长发育的需要,是最适宜种植玉米地区。本区内玉米产量高,品质好。因此,本区可尝试发展中熟玉米品种种植,以提高玉米产量。②春播中早熟区地处呼伦贝尔市东南部,包括扎兰屯市东南部、阿荣旗大部、莫力达瓦达斡尔族自治旗南部地区。该区是呼伦贝尔市主要农业区,海拔高度在350 m以下,境内以低山丘陵和河谷平原为主,土壤肥沃,水资源丰富。本区内玉米产量较高,质量较好。该区的主要气候特点是光热资源最丰富,雨热同季,无霜期较长。年降水量490～520 mm,无霜期120～129 d。可以满足早熟、中早熟及中熟玉米品种生长发育的需要,90%的年份可以获得较好的收成,为适宜种植玉米地区。因此,本区适宜大力发展玉米种植业。③春播早熟区分为两部分,一部分地处呼伦贝尔市东南部部分地区,包括扎兰屯市、阿荣旗北部乡镇、莫力达瓦达斡尔族自治旗北部大部乡镇及鄂伦春旗南部乡镇。春播早熟区海拔高度在350 m以上,境内以林地为主,此地带农业与林业交错,土壤肥沃,水资源丰富,但热量较少。本区内玉米产量不高,质量一般。主要气候特点是热量偏少,雨热同季,无霜期较短,年降水量490～560 mm,无霜期110～119 d,基本可以满足早熟和极早熟玉米品种生长发育的需要。另一部分地处牧区西部新巴尔虎右旗南部乡镇,春播早熟区海拔在400～500 m,地处呼伦贝尔最西南端,光热资源丰富,降水最少,是呼伦贝尔市最热而又最干旱的地区。春播早熟区,无霜期110～119 d。春播早熟区虽然热量资源较丰富,但降水匮乏,土壤沙化严重,是玉米生产中的限制因子,水分条件不能满足玉米正常生长所需,因此,产量受到影响,为较适宜种植玉米地区。春播早熟区可尝试种植一些极早熟玉米品种。④无玉米种植区为呼伦贝尔市海拔最高地区(600 m以上),位于大兴安岭东麓的东北端的原始森林区,大兴安岭西侧的呼伦贝尔高原一带,无玉米种植区境内以森林和草原为主,是农林、农牧、林牧交错带,突出气候特点是热量资源明显不足,虽然是典型草原地带,但降水量不足300 mm,无霜期较短,干旱灾害十分突出。⑤其余地区无霜期不足100 d,大兴安岭山地的根河、图里河、博克图地区最短还不足50 d。因为热量条件不足,不能满足玉米正常生长发育和成熟要求的条件,所以该区不适宜种植玉米。

第二节　中国北方玉米种质资源

一、资源概况

玉米种质资源是玉米育种的物质基础,种质资源对培育优质玉米品种有重要意义。育种选择的基础就是遗传变异,而遗传变异与种质资源多样性有着密不可分的联系。因此,保持种质资源多样性十分必要。突破性品种的育成源于优异种质资源和特殊基因的发掘与利用。玉米种质资源包括地方品种、育种群体和中间材料,以及具有不同特性的突变体、原始类型、野生近缘种、品种、自交系等。根据来源不同,玉米种质资源又可分为三大类,即地方品种、外来种质和当代主栽品种。

玉米由南美洲传入中国后,经过500多年的自然选择与人工选择,形成了各具特色的地方品种资源。按籽粒类型分类,主要有硬粒型和马齿型,其他还有半马齿型、糯质型、爆裂型、甜质型、粉质型、甜粉型及有稃型。按籽粒组成成分与特殊用途分类,包括高油玉米、优质蛋白玉米(也称高赖氨酸玉米)、高淀粉玉米(高支链淀粉和高直链淀粉)、糯玉米、甜玉米、爆裂玉米、笋玉米、青贮玉米。此外,按生育期长短不同,又分为早、中、晚熟等类型。

(一)中国玉米种质资源

中国玉米种质资源集中分布在从东北向西南走向的狭长地带,包括4个密集分布区,即黑龙江南部、吉林、辽北密集区;内蒙古东南部、河北、山东密集区;河南、山西、陕西南部、湖北西部密集区;云贵高原密集区,即云南中北部、广西西北部、贵州西部和四川东南部。中国玉米种质分布密集带的形成,与气候条件、种质特性以及经济因素有密切关系。玉米是喜温、喜湿的作物,随着经济的发展,种植地域逐渐向亚热带、北温带推移,往北已达北纬50°。玉米需要 $\geq 10\ ℃$ 积温 $1800\sim 2800\ ℃\cdot d$,生长期间降水量 $500\sim 800\ mm$,光照充足。同时,玉米生长发育的最适温度并不是玉米高产的最适温度,在灌浆期长而且气候冷凉地带玉米产量高,中国东北和华北、西南山地具备了这种气候条件。玉米种质分布密集带从东北向西南走向,其种植海拔相应升高,如东北大多低于500 m,在 200 m 以下比较集中;华北在 1200 m 以下,集中在 $300\sim 700\ m$;湖北、四川等地可种到 1700 m;云贵高原则可种到 2500 m,主要集中在 $500\sim 1500\ m$。这种纬度和海拔高度的变化与玉米灌浆期所需的温度和积温有关。

新中国成立以来,政府高度重视玉米种质资源的搜集与保存工作。1949—1959年,以农家种的评选和品种间杂交种的应用为主,先后评选出以金皇后、金顶子、白马牙、英粒子和辽东白等为代表的40余个优良地方品种并在生产上大面积推广;在此基础上选育出一批品种间杂交种,如坊杂2号、坊杂4号、春杂1号、春杂2号、百杂1号、百杂2号、品杂1号和品杂2号等。中国农业科学院原作物品种资源研究所、山东省农业科学院、吉林省农业科学院、四川省农业科学院等单位联合成立了全国玉米种质资源攻关协作组,在整理、鉴定和研究的基础上,先后编著了三集《全国玉米种质资源目录》,总共录入15967份玉米资源。此外,还编著了《中国玉米品种志》,共收录24个省、自治区和直辖市的518个品种(包括各类杂交种155个)。

1994年全国共编录的玉米种质资源已有15961份,其中中国种质资源13972份,从43个国家和地区引进种质1989份。中国的11743份种质资源来自云南、广西、贵州、四川、湖北、陕西、山西、山东和吉林等省区。从中评选出许多特异种质资源,其中糯玉米909份、爆裂玉米

277份、甜玉米136份、甜粉玉米1份、粉质玉米39份、有稃玉米4份；矮秆种质56份、早熟284份、双穗225份、多行90份；抗病种质中有抗大斑病种质261份、抗小斑病368份、抗丝黑穗病1065份以及抗矮花叶病165份。截至2010年12月，全国共编录的玉米种质资源已有21269份，入国家长期库19960份，入国家中期库17338份。主要类型是地方品种和自交系两大类，其中地方品种资源约占75％，自交系占25％，这些资源国内资源占多数，外来资源占12.4％。

玉米种质资源包括地方品种、育种群体和中间材料以及具有不同特点的突变体、原始类型、野生近缘种、高产杂交种、自交系等。从中国目前玉米来源、科研、育种、生产来划分，中国的玉米种质大体可分为两大类：中国地方种质资源、外来种质资源。

1. 地方种质资源 玉米传入中国后，经过几百年的种植，形成了众多具有独特适应性的地方品种。地方老品种资源曾在中国的玉米生产中发挥巨大的作用，比如北方春玉米区的火苞米、金顶子、白苞米、老来皱、霜打红、白顶、高桩；夏玉米区的野鸡红、小粒红、金棒槌、小白糙、干白顶、金皇后、九头棒、白鹤和美稔黄；华北玉米区的武陟矮、石灰篓、大红艳、七叶糙、紫玉米、红玉米；南方玉米区的小金黄、浦堂金、棒槌黄、百日早、大屁股、大籽白、六十黏、铁子白、青壳黄、兰花早、七月红、红天花、小麦黄、肉粒黄、银杏黄、金子黄、夏至苞谷、胜利红、二季早、利川野鸡啄等；西南玉米区的大籽黄、南充秋子等。

中国育种家以此为基础，不断改良创新，慢慢形成了国内多个骨干种质类群，如金皇后、获嘉白马牙、唐四平头和旅大红骨等，其中唐四平头和旅大红骨类群是目前国内应用最广泛的骨干种质类群，是两大国内优势种质群。

唐四平头优势群源自河北省唐山地方农家种四平头。20世纪70年代，北京市农林科学院与中国农业科学院合作，从唐四平头天然杂株中育成了黄早四自交系。该系株型紧凑，配合力高，花粉量大，灌浆速度快，早熟。各地育种家充分利用其早熟、耐密、配合力高的优点，育成了许多优良自交系，如四自四、京24、白野四、黄野四、吉853、444、D黄212、双105、双741、81515、5327、西502、H21、文黄31413、齐310、鲁原133、K12、武314、冀35、多黄27、京7、京7黄、京2416、京92、1×9801、昌7-2、1×03-2等。四平头优势群与Reid群、Lancaster群、PB群等都具有很强的杂种优势。可以说，黄早四作为四平头优势群的核心种质，是中国玉米优良地方种质利用创新的代表，形成了中国利用率最高、应用范围最广、成效最大的杂种优势群（戴景瑞等，2018）。黄早四及其衍生系（又统称为黄改系）自20世纪80年代至今，已经组配出数十个大面积推广的杂交种，为中国玉米育种和玉米生产发挥了重要作用。

旅大红骨原是辽宁省旅大地区的一个地方品种，是以当地农家品种大金顶和后来引进的大红骨在混种条件下天然杂交而成的。丹东市农业科学院（原丹东市农业科学研究所）回景煜等以旅大红骨为基础试材，于1961年先后选育出旅9、旅10、旅28等自交系，此后在旅9自交系变异株中又选出旅9宽自交系。吴纪昌等把旅9宽导入抗大斑病基因，经3次回交育成E28自交系。周宝林等用白骨旅9与野生有稃玉米杂交，经辐射育成丹340自交系，以后多家单位以上述优良自交系为种质基础，通过杂交、回交、组建群体、导入热带种质等法进行改良创新，育成丹337、丹黄02、丹232、丹341、丹598、辽9586、铁9010、丹598等自交系（又统称为旅系）。旅大红骨种质群与Reid、Lancaster等种质群具有很强的杂种优势，杂交种多表现为大穗、丰产潜力大、适应性强等特性。中国优异地方种质获嘉白马牙等在早期玉米品种选育中也发挥了重要作用。从获嘉白马牙地方种质中选育出获白自交系，组配了郑单2号、丰单1号、陕单7号、聊三1号等主品种。

2. 国外引进的玉米种质资源 在加强地方品种资源搜集的同时,中国也积极引进国外优异玉米种质资源。从其他国家和地区引进的玉米种质资源主要可分为三大类:①从其他国家和地区引进的通过现代育种技术改良,适应中国温带气候条件的杂交种、自交系和群体材料,以美国为主的温带玉米种质资源,如美国自交系 Mo17、B73、Oh43 等。②从热带、亚热带低纬度地区引进的通过现代育种技术改良,但不完全适应中国温带气候条件的杂交种、自交系和群体材料,如 Tuxpeno、SuwanⅠ、SuwanⅡ、ETO、墨白玉米和墨黄 9 号等。③从全世界各玉米研究机构及世界不同生态地区引进的野生近缘种。它们具有广泛的遗传基础,与中国玉米种质迥异的适应性、农艺性状。这些外引种质合理、有效的利用是中国玉米产业可持续发展不可或缺的重要组成部分,它们在玉米种质改良及杂交种选育中发挥了巨大作用。目前有 7 个玉米野生近缘种成功与玉米杂交产生后代,它们分别是大刍草属、摩擦禾属、小麦属、高粱属、甘蔗属、薏苡草属、稻属,尤其是大刍草属小麦属所属的种与玉米杂交成功率比较高。

早期国外引进的 Wf9、38-11、W20、W24、W153、W59e 等自交系,是中国育成的第一批双交种的亲本。后继引入的 C103、Oh43、Mo17 及 Va35 等国外自交系,是中国单交种开创时期的骨干亲本。特别是 20 世纪 70 年代 Mo17 的引进是引种利用的典型成就,国内多个单位直接利用它组配了广泛应用的杂交种,如中单 2 号、丹玉 13 号、烟单 14 等。20 世纪 80 年代从引进的美国杂交种中,选出一批高产、高配合力、抗病性强、株型紧凑的自交系,如沈 5003、U8112、掖 478 等,对组配耐密、紧凑型杂交种起了重要作用,育成了沈单 7 号、掖单 4 号、掖单 13 号等一批影响力很大的杂交种。90 年代,多个育种单位从美国 78599 等杂交种中选育出了优良自交系,如齐 319、X178、沈 137 等,育成了鲁单 50、鲁单 981、农大 108、沈单 16 等主推品种,形成了新的杂种优势群——P 群。

杨宗利等(2016)认为,中国不是普通玉米的起源地,数百年来中国一直通过各种途径引入玉米种质资源,再经过长期种植选择驯化,形成了一些优势玉米种质资源,其中以唐四平头和旅大红骨最具代表性。在唐四平头中选出了优良自交系黄早四,以其为亲本的杂交种不计其数,一度主导了中国夏玉米区品种;从旅大红骨中选育出了丹 340 等自交系,其组配品种在中国东北春玉米区和黄淮海夏玉米区广泛种植。近年来美国玉米种质资源通过各种渠道进入中国。其中黄淮海夏玉米区以先锋和孟山都种质为主。进入 21 世纪堵纯信教授培育的郑单 958 成功解决了品种耐密能力低、综合抗性差等技术难题,年种植面积达到了创纪录的 387.67 万 hm²,其母本郑 58 来自美国瑞德种质;2004 年以后美国先锋公司在铁岭的试验站选育的先玉 335 先后通过了国家东华北春播区和黄淮海夏播区审定,先在春播区推广,然后在黄淮海夏播区得到广泛种植。先锋种质具有秆硬坚韧、粒深品质好、脱水快等优点,与郑单 958 形成竞争之势。由于中国辽宁、吉林纬度与美国玉米带更接近,所以先玉 335 在辽宁、吉林等地表现更好,迅速成为当地主栽品种,但在黄淮海夏玉米区由于其株高较高、熟期较长,耐高温高湿、抗倒伏、耐密能力差,造成个别年份发生倒伏、结实不好、畸形穗。而郑单 958 由于其父母本均为国内选系,更适合黄淮海气候条件,因而表现稳定。2010 年以来,孟山都公司先后推出了迪卡 516、迪卡 517 等品种。孟山都种质具有早熟、秆硬、株矮、叶窄、耐密、脱水快等优点,但对茎腐病抗性差。其中迪卡 517 以其早熟、耐密、穗匀、抗倒、脱水快等性状且较适合机械化收获的特点,迎合了市场,受到育种界关注。近年刘石从美国斯泰公司引入华美 1 号在黄淮海进行试种,虽然存在一些问题,但也为中国玉米机收化的到来起了引领作用。

渠清等(2019)为筛选出单抗或兼抗穗腐病、茎腐病和鞘腐病的玉米种质,选取 B73、B37、郑 58、昌 7-2、齐 319、掖 478、Mo17、吉 853、PH6WC、9058、浚 928、13-1077、A619、PH4CV、

OH43、X178共16个玉米常用自交系为材料,所用的16个自交系多为中国常用玉米育种种质资源,其中由PH4CV和PH6WC培育成的先玉335是目前生产中大面积推广的品种,在中国多数玉米产区均有种植;由昌7-2和郑58培育而成的郑单958是黄淮海玉米区主要推广种植的玉米品种;由昌7-2和5237培育的浚928作为父本,9058为母本培育而成的浚单20在河南、河北中南部、山东、陕西、江苏、安徽、山西运城夏玉米区广泛种植;B73和Mo17是已完成全基因组测序的模式自交系,B37具有种子产量高的母本系特点;彭云承等(2004)报道,掖478、A619、吉853、B73、M017各为一个类别,不同类别之间有较大的杂优模式。

赵璞等(2019)指出,中国玉米种质基础相对狭窄,少数几个常用的玉米骨干自交系被频繁使用。含有黄早四、自330和Mo17等3个自交系血缘的杂交种在1992年占全国60%以上的种植面积,到1994年骨干自交系黄早四、自330、Mo17、掖478、丹340和E28所占比例已经上升至86.3%。长期应用少数骨干自交系导致了种质遗传基础匮乏单一,必然会造成其品种退化、抗逆性降低,从而削弱农业系统抵御自然灾害的能力。玉米锈病、弯孢菌叶斑病分别在1998年和2000年在黄淮海夏玉米区流行,并对玉米生产造成了较大的经济损失。骨干自交系也有因为使用年限长而出现的退化迹象。Mo17的矮花叶病和穗腐病,黄早四的小斑病和褐斑病均日趋严重。长期应用少数骨干自交系的另一个问题是所培育的杂交种亲缘相近。单一的遗传背景限制了优良基因的发现和利用,减缓了中国玉米育种的进程。为了扩增中国玉米种质资源,20世纪80年代引进了美国3382等Reid血缘的玉米资源,并成功选育出沈5003、铁7922等优良自交系,经过改良后相继获得了掖478、A801、铁8814、铁9206、丹9046等优良自交系。80年代后期美国先锋公司选育的玉米杂交种78599引入中国,其具有配合力高、商品品质优良、适应性广、综合农艺性状好、高抗叶斑病和抗倒伏的特点,被广泛应用,为中国玉米发展做出了贡献。尽管美国玉米种质资源的引入加快了中国玉米育种的进程,但种质资源利用率仍是中国育种需要解决的问题。科研人员对全国玉米新品种区域试验、预备试验西南组和四川省玉米新品种区域试验各参试组合亲本所属杂种优势类群的分析发现:75.5%的组合都与78599、Y7865等杂交种有密切亲缘关系。说明中国育种工作重复状况较为严重,玉米遗传背景单一。因此,引进广泛的优秀玉米种质资源、加强中国玉米种质资源的创新已成为促进中国玉米育种工作发展的重要基础。

(二)中国北方玉米种质资源

1. 北方早熟玉米区骨干自交系及其衍生系 北方早熟玉米区包括黑龙江省中北部、吉林省东部山区、内蒙古自治区东北部部分地区、河北省承德地区等。北方早熟玉米区因受温度、区域面积、种质资源等方面限制,应用品种大多相似,因此,主推品种和骨干系基本相同。骨干系的产生随它所处的时期、地域、育种家关注点等因素不同而变化。就骨干系及衍生系而言,具体情况如下。

(1)长3、K10及其衍生系 长3选自农家种英粒子,直接组配品种3个,代表品种为龙单8,其衍生系有K10、HR0110、HR25等(孙德全等,2015;林红等,2011)。K10自交系由黑龙江省农业科学院玉米研究所育成,是东北早熟春玉米区核心种质。据不完全统计,K10组配品种19个代表品种有龙单13、龙育4等。

(2)Mo17、合344及其行生系 Mo17是中国玉米育种的核心种质,也是黑龙江省第一、二积温带的核心骨干系。1980—2016年的主推品种中,Mo17直接组配品种10个,代表品种有四单8、四单19等。Mo17衍生系:合344、冬17、4F1、龙抗11、甸莫17、M0113、东65003、

KL4、HR30、HR0110、克1、25803-1、CKEX113等(张建华等,2002;魏国才,2007;刘兴焱等,2017),代表品种有龙单13、龙单16、海玉6、哲单37等。Mo17同类系有485、杂C546等,代表品种有四单12、白单9等。合344自交系由黑龙江省农业科学院佳木斯分院育成,是东北早熟区核心种质之一。据不完全统计,其直接参加组配的品种有34个,代表品种有绥玉7号、哲单37等。合344的衍生系有绥系701、绥系607、绥系709等,代表品种有绥玉10、绥玉24等。龙抗11、KL4直接组配品种各3个,4F_1组配品种2个。

(3)甸骨11A及其衍生系　甸骨11A是20世纪70—90年代东北早熟区核心种质,直接组配品种8个,占当时黑龙江省玉米播种面积的1/2左右,代表品种有嫩单3、嫩单4、龙单5等。甸骨11A衍生系有甸莫17、抗甸11、龙系53等,其代表品种为龙单16等。

(4)大黄46、东46及其衍生系　大黄46代表品种为嫩单1号。大黄46衍生系有早大黄7010、7024、大四、东46、海268、早意3、HR034等,是20世纪70—90年代核心种质。东46组配品种4个,海268组配品种2个,代表品种有嫩单3、嫩单4、东农248、海玉4、海玉5等。

(5)冬黄及其衍生系　冬黄自交系代表品种为合玉11,是20世纪80—90年代黑龙江省第三积温带主栽品种之一。冬黄衍生系有冬10、冬17,代表品种有新合玉11、合玉14、合玉15等品种。

(6)KL3及其衍生系　KL3是极早熟区核心种质之一,直接组配品种8个,代表品种有单8、嫩单14、绥玉24等。其衍生系组配杂交种在黑龙江省通过审定品种13个(刘兴焱等,2017)。

(7)434、8941　两系均源自地方种质选系桦94。434代表品种有四早6,8941代表品种有绥玉7,两品种均是20世纪90年代至21世纪初期黑龙江省第三积温带主栽品种(石运强等,2017)。

(8)其他骨干自交系　应用面积较大,年均占比≥3%以上的自交系如下:

① 地方种质选系　英64、红玉米、海014、吉818、1134、830、讷北1-6C、KL6、KL2、KF2等。

② 外引及改良系　维尔44、垦44、WBA31、东237等。

③ 改良Reid类自交系　L201、L203、绥系708、绥系601等。

④ 黄早四及其改良系　444、4-144、绿983、哲461等(汪黎明等,2010)。

2. 北方中熟玉米区骨干自交系及其衍生系　北方中熟玉米分为3个区域。

黑龙江省松花江平原南部温暖半干旱区:包括哈尔滨、阿城、肇东、双城、呼兰、兰西和五常,宾县的东南部及肇州,肇源的东部,巴彦南部的一小部分。

吉林省中部松辽平原东半部区:该区包括榆树、农安、九台、德惠、双阳、公主岭、梨树、伊通、东丰、东辽、双辽、扶余、长岭、永吉、梅河口15个县(市、区)。

辽宁省东北冷凉湿润中高山区:该区是位于长大铁路以东山岳地带的东北地区,包括本溪、恒仁、新宾、抚顺、清原、西丰县和抚顺市郊区,以及铁岭、开原市东部地区。

该区主要的骨干自交系及其衍生系如下。

(1)吉63及其衍生系　吉63是吉林省农业科学院以吉双1号作为基础材料,经γ射线照射干种子于1965年育成的自交系。其遗传基础为(127-32×铁84)/(W24×W20),含有25%的铁岭黄马牙血缘。吉63应用近30年之久,是20世纪70—80年代中国北方著名的玉米自交系之一。吉63属中晚熟自交系,在吉林省中部平原区出苗至成熟125 d左右,需≥10 ℃活动积温2600～2700 ℃·d。一般4月末播种,7月下旬抽丝,9月上中旬成熟。该系配合力高,应用范围广,除在东北春玉米的吉林中西南部、辽宁北部、内蒙古西部应用外,还可以在河北、山西等春玉米地区应用。该系高抗大斑病、黑粉病和丝黑穗病,抗茎基腐病,中抗玉米螟,易感圆斑病,秆强不倒伏。以吉63为亲本育成的杂交种有吉单101(吉63×M14)、铁单4(吉63×自330)、白单9(杂C546×吉63)、四单10(系14×吉63)、莫吉(Mo17×吉63)等。吉63的衍生系主要有吉818(VT157/吉63BC)、吉803(吉63/英55BC)、吉842(吉63/Mo17)、吉846(吉63/Mo17)、通566-1(吉63改良系)等。其衍生系组配的杂交种主要有吉单159(吉846×丹340)、吉单156(吉842×自330)、吉单131(吉818×自330)、吉单133(吉818×Mo17)、吉单108(Oh43×吉803)、吉单120(吉818×M14)、延单9(791-2×吉818)、吉单197(吉878×吉846)、通单23(通566-1×7922)等(陈学军,2003)。

(2)M14及其衍生系 M14是美国自交系,选自(BR10×R8),即Bup157。由吉林省农业科学院于1953年从北京农业大学引入。M14属中晚熟自交系,出苗至成熟125 d左右,需活动积温2600~2700 ℃·d。在吉林省中部地区4月末播种,7月末抽丝,9月中旬成熟。抗倒伏,抗黑粉病,中抗大斑病、茎基腐病等。以其为亲本育成的杂交种有吉单101(吉63×M14)、吉单102(M14×铁133)、吉单104(英64×M14)等(焦仁海等,2016)。其衍生系主要是系14。

(3)系14及其衍生系 系14由四平地区农业科学研究所于1978年从自交系M14变异株中选育而成。系14属中晚熟自交系,出苗至成熟需活动积温2750~2850 ℃·d。在吉林省中西部平原地区4月下旬至5月上旬播种,7月下旬抽丝,9月中旬成熟。该系对温度要求不严格,对肥、水要求略高;抗大斑病和丝黑穗病,不抗茎基腐病,抗倒伏性强;适应性广,高产稳产,籽粒品质好。以其为亲本育成的杂交种主要是四单8号(系14×Mo17)和四单10(系14×吉63)等。其衍生系主要有F302(吉818/系14)和M19(系14/V022)等。其衍生系组配的杂交种有柳单301(K10-2×F302)和穗禾369(F203×M19)等。

(4)吉853及其衍生系 吉853是由哲里木盟农业科学研究所于1980年以黄早四×自330组配基础材料,S_3代时与吉林省农业科学院协作鉴定,1984年吉林省农业科学院在公主岭种植100个S_3穗行并自交,严格选择,最后保留4个穗行作为家系。经过连续南、北两地的分离选择,1985年纯合稳定。吉853春播生育期124 d左右,幼苗顶土能力强,生长势强。吉853在国内组配品种多、应用省份广、应用时间长,是中国北方玉米骨干自交系之一。截至2007年,全国有34个育种单位以吉853为亲本育成了58个审定杂交种,含国家审定15个。吉853配制的杂交种适应区域为辽、吉、黑、蒙、冀、晋6省份,中科2号、京科25、京科8号、中科18等国审品种适应种植区域扩展到京津唐、粤、闽、沪、桂、苏、皖等地。

(5)Mo17 是美国自交系,选自C103×187-2,由中国农业科学院作物科学研究所于1973年引入中国。该系叶片窄长、有波曲,叶距较稀疏,出苗至成熟125 d左右,需活动积温2750~2800 ℃·d。在吉林省中西部平原地区4月下旬至5月初播种,7月底抽丝,9月下旬成熟;抗倒伏性强,抗旱性强;抗大斑病和丝黑穗病;种子拱土力较弱。以其为亲本组配的杂交种有四单8号、四单14、四单16、四单19、莫吉、吉单180、吉单133、吉单165、中单2号、本育9号、吉引704、吉单141、黄莫等。Mo17的衍生系主要有吉林省农业科学院育成的吉846、吉1037、W9706,四平市农业科学院育成的4F1、495、412,吉林农大科茂公司育成的JND2361,黑龙江省农业科学院育成的龙抗11等;由其衍生系组配的杂交种有四单18、吉单159、吉单342、四单261、农大科茂518、银河101等(徐艳荣等,2006;孙发明等,2012)。

(6)自330及其衍生系 自330是由辽宁省丹东市农业科学研究所于1962年从优良单交种Oh43×可利67中选优良单株,经自交加代于1967年育成的二环系。该系一般配合力较高,用其组配的杂交种有中单2号（Mo17×自330）、吉单131（吉818×自330）、吉单156（吉842×自330）、铁单4号（吉63×自330）、通单22（BC7315×自330）等,是国内著名的自交系之一。自330的衍生系主要有吉林省农业科学院育成的吉853、吉854、吉856,四平市农业科学院育成的446、428,长春市农业科学研究院育成的春150,黑龙江省农业科学院育成的龙抗11等。衍生系428育成的杂交种主要有四早2号（428×427）、四早8号（428×承18）、四早11（428-10×合344）、白山1号（428×1134）、四早12（428-10×B414）、延单15（甸曲137×428）、延单19（428×BC4321）、四单109（428-10×81162）、白山3号（428×961）。其他衍生系育成的杂交种主要有四单16（446×Mo17）、白单11（N6-291×丹705）、白单13（N6-259×丹705）、吉单304（吉854×340）、四单68（565×7922）、龙单13（K10×龙抗11）、春早42（春186×春150）、泽玉16（LA17×LA10）、源和79（HZ98×HZ45）、沈单4（Mo17×朝23）等。

(7)7884-7^{Ht}及其衍生系 7884-7^{Ht}是由本溪满族自治县农业科学研究所于20世纪80年代采用（78-6/H84^{Ht}）/78-6为基础材料,回交3次,姊妹交1次,自交6次育成的抗大斑病、自身产量高、配合力高、农艺性状优良的玉米自交系（唐崇学等,2003）。该系组配的主要杂交种有本育9号（7884-7×Mo17）、吉单303（7884-7×吉853）、四单30（465×7884-7）、通单24（7884-7×7922）等。衍生系主要有M67（7884-7改良）、Km11（6701/7884-7/7884-7）、J338（掖107/7884-7）、L911（9046/7884-7）、通1643（7884-7/南227）、J71（南斯拉夫的杂交种/7884-7）。其衍生系组配的杂交种主要有四单151（412×M67）、吉农大302（Km11×Km12）、原单68（J338×J216）、绿育9928（L911×L912）、通单248（通1643×通1922）、巍丰6（W412×J71）等。

(8)PH6WC及其衍生系 PH6WC是铁岭先锋种子研究有限公司从PH01N/PH09B杂交组合选育而成的自交系,来源于Reid种群。该系组配的主要杂交种有先玉335（PH6WC×PH4CV）、先玉696（PH6WC×PHB1M）、平安180（PH6WC×PA271）、中粮916（PH6WC×ZN57）等,衍生系主要有E030（PH6WC/478）、E050（PH6WC/铁7922/PH6WC）,组配的杂交种主要有杰尼336（E030×J033）、华科100（E050×H012）等。

(9)PH4CV及其衍生系 PH4CV是铁岭先锋种子研究有限公司从PH7V0/PHBE2杂交组合选育而成的自交系,来源于Lancaster种群。该系组配的主要杂交种有先玉335（PH6WC×PH4CV）、先玉409（PH88M×PH4CV）等,衍生系主要有J033（PH4CV/丹340）、H012（PH4CV/美国杂交种98-1）,组配的杂交种主要有杰尼336（E030×J033）、华科100（E050×H012）等。

3. 北方中晚熟玉米区骨干自交系及其衍生系 北方中晚熟玉米区包括辽宁大部、吉林西部、河北北部、山西北部、内蒙古东部、天津北部和北京延庆,位于中国北方春玉米区的南部。北方中晚熟玉米区是东北、华北春玉米区积温比较高的区域,也是玉米育种优势区之一,曾选育出多个优良自交系和突破性杂交种,为中国玉米产业发展和粮食生产做出了重大贡献。在旅大红骨种质、Ried种质、Lancaster种质、P群种质、外引种质等创新利用方面积累了丰富经验,为玉米育种提供了种质基础和技术支撑。

(1)辽宁中晚熟骨干自交系及其衍生系 刘旭等（2010）按亲本来源对1991—2007年辽宁省审定的277个玉米品种的种质基础和杂种优势模式进行了分析,主要种质有：

① 旅大红骨群 代表自交系有丹598、铁9010、E28、丹黄02。

② 改良Reid群 代表自交系有丹9046、沈5003、铁7922、C8605、辽6082;3Lancaster群,代表自交系有丹1324。

③ 唐四平头（黄改）群 代表自交系有吉853、x9801、昌7-2。

④ 外杂选群　代表系有沈137、丹3130、辽3162、丹599。唐文明等(2013)按熟期对2001—2011年辽宁省审定的428个玉米品种种质基础和杂种优势模式进行分析认为:晚熟品种的主要种质有旅大红骨系(旅系)、改良Reid系、PN78599、外国杂交种选系(外杂选),主要杂种优势模式为改良Reid×旅系、PN×旅系。其中,PN×旅系模式,属于高秆大穗型,籽粒半马齿,粒质好,抗病、抗倒性突出,茎叶持绿性好、活秆成熟,熟期普遍偏晚,代表品种有丹玉402、丹405等。中晚熟品种的主要种质有旅系、改良Reid、黄改系及外国杂交种选系,主要杂种优势模式为改良Reid×旅系、改良Reid×黄改系、外杂选×旅系。此类杂交种株型好,耐密植,茎秆坚韧,抗倒伏,果穗较长,籽粒多马齿或半马齿,代表品种有丹玉69、铁研27等。中熟品种的主要种质有旅系(早熟)、改良Reid、黄改系、外国杂交种选系,主要杂种优势模式为改良Reid×旅系、改良Reid×黄改系、外杂选×黄改系、外杂选×旅系。此类杂交种株型好,耐密植,茎秆坚韧,抗倒伏,果穗均匀,籽粒半马齿,出籽率高,千粒重高,代表品种有辽单565、辽单33等。

(2)吉林中晚熟骨干自交系及其衍生系　焦仁海等(2006)整理了20世纪70年代到80年代初吉林省玉米品种的种质基础,主要包括吉63、M14、自330、地方种质、Lancaster、唐四平头、旅大红骨、改良Reid、PB种质等,涵盖了中国玉米自交系的主要类群。其中,自330具有复杂的遗传基础,与其他群都有较强的杂种优势,包括旅大红骨种质。吉林省30年玉米育种进程中,也形成了一些骨干自交系,主要包括吉853、Mo17、丹340、丹598、四-444、铁7922、四-428、合344等,其中一部分骨干自交系属吉林省自育,主要体现在对黄早四的改良上,如吉853、四-444等。

(3)河北省玉米自交系　应用很多,主要有白野四2、获唐白42、D黄212、冀35、黄野四、承711、承18、获唐黄、衡白522、冀815、冀53、H78、雄24、海218、唐222、黄野四3、获唐黄17、获唐白、D735、自D114、D729、白131C、20143、553、承191、承22改、18C、沿12等(贾银锁等,2008)。

(4)山西省玉米自交系　前山西铭贤学校周松林从1934年开始以金皇后为基础材料选育自交系,并组配自交系间杂交种。新中国成立后,当玉米育种转向自交系间杂交种时,原山西省晋东南地区农业科学研究所和山西省农业科学院谷子研究所以金皇后为材料,育成金1、金6、金8、长选2-3(金皇后×C103)、A513(金皇后×Mo17)、C649(Mo17×金皇后)等自交系。原山西省忻县地区农业科学研究所以金皇后为材料育成金0-1、金0-2、金0-3、金0-4、金0-8、金0-9、金0-14、金0-15、忻矮2等自交系。山西省农业科学院和该院原长治杂粮研究所合作从外引资源混选1号中育成太183、太184自交系;以太184为材料育成长选84-68、长选84-71自交系。山西省阳曲县玉米原种场以中杂44为基础材料,育成晋阳红-1自交系。原晋东南地区农业科学研究所以太228为材料育成长69自交系。山西省农业科学院棉花研究所从武105变异株育成运系1号。山西省农业科学院玉米研究所从关17中育成关17-1。山西省农业科学院谷子研究所以Mo17、自330、金0-3、太183、C103和金皇后为材料育成C649、长554、长3154自交系。原山西省屯留玉米种子专业公司以旅9(24行)×有稃玉米、3147×B37为基础材料,分别育成冲72、辐80自交系。山西省农业科学院作物遗传研究所以美国先锋种子公司4个单交种为材料,育成海9-21自交系(郭建文等,2010)。

(三)各省、区玉米种质资源

1. 吉林省玉米种质资源　吉林省是世界三大黄金玉米带之一,是中国玉米的重要产区。

李春雷等(2016)通过剖析 1979—2013 年吉林省审定的 640 份玉米品种及其双亲遗传基础,总结归纳吉林省玉米种质类群的划分及衍生系谱。吉林省 640 份玉米种质基础主要包括地方种质、改良 Reid、Lancaster、唐四平头、旅大红骨、PB 种质、其他国外种质等,涵盖了中国玉米自交系的主要类群。

焦仁海等(2016)介绍,吉林省从 20 世纪 60 年代初期引入一批国外新种质,如 M14、W20、W24 等自交系,70 年代后期至 90 年代初从国内各育种单位引入一批新种质,如 B73、Mo17、丹 340、铁 7922、C8605、合 344、M67、U8112、掖 478 等自交系,外来种质的引入是解决吉林省玉米资源匮乏的关键。

王敏等(2012)对吉林省近 20 年审定的普通玉米品种种质基础及杂优模式进行了分析。结果表明,吉林省玉米育种应用的主要种质集中在黄早 4 改良、瑞德改良、兰卡斯特、旅大红骨、P78599 等类群上;选育的自交系主要以二环系为主;杂优模式以黄早 4×瑞德、黄早 4×兰卡斯特、瑞德×旅大红骨、兰卡斯特×瑞德、P78599×其他为主要杂优模式。

2. 黑龙江省玉米种质资源 刘长华等(2015)以 14 个加拿大早熟玉米群体获得的 45 个改良系为材料,与黑龙江省部分早熟玉米种质的 5 个自交系按照 NC Ⅱ 设计组配测交组合,经多点鉴定研究加拿大早熟群体改良系的配合力及杂种优势关系。结果表明,群体 EP6、EP7、EP8、EP14 和 EP15 的改良系 SW1030、SW1052、SW1271、SW1274、SW1183、SW1072、SW1054、SW1069 单株产量等综合性状一般配合力(GCA)效应表现较好;45 个改良系分属于兰卡斯特、瑞德、唐四平头、PA 和大黄种质群;群体改良系多与 Lancaster 类群、Reid 类群具有较好的杂种优势。

马延华等(2014)采用 NCII 遗传交配设计,以黑龙江省 5 份常用骨干自交系为测验种,与 20 份欧洲玉米种质选系配制 100 个组合,在黑龙江省 3 种不同生态环境下,分析 20 份欧洲玉米种质选系主要性状的配合力及杂种优势。结果表明,被测系之间的一般配合力效应差异达极显著,T04、T16-2、TF32 和 T218-4 的产量及相关性状一般配合力表现优良,在玉米育种中具有较大的利用潜力;TF32×四-444 在产量特殊配合力和杂种优势上均为最大值。与对照比较,杂种优势大于 10%的组合大多为欧洲玉米种质选系×唐四平头类群自交系,说明欧洲玉米种质与唐四平头类群种质之间具有较强的杂种优势。

周超等(2018)结合主要农艺性状和青枯病抗性鉴定,对外引玉米自交系进行综合评价,得到 LH 181、MBUB、LH 195、LH 214、PHPR 5、PHJ 65、LH 213、LH 209、PHR 58、PHVA 9、LH 215 和 PHWG 5 等 12 个自交系育种潜力大、综合性状优良、适合黑龙江省种植,育种中可以优先加以利用,将其作为亲本较易选育出综合表现好或高产的组合。

靳晓春等(2016)利用黑龙江省 1980—2012 年生产上年推广面积 1.3 万 hm^2 以上品种分析了杂交种应用、种质材料变化、杂种优势模式发展历程。结果表明:推广品种有 21 个种植面积超过 10 万 hm^2/a,但是只有德美亚 1、德美亚 2 具有较强的耐密性并且适合机械直收籽粒,应加快耐密性强、适合机械化品种的选育;种质材料方面地方种质(20 世纪 80 年代占比 50%、20 世纪 90 年代占比 26%,之后快速降低)和兰卡斯特种质(20 世纪 80 年代占比 21%,20 世纪 90 年代占比 42%,21 世纪 00 年代占比 45%,21 世纪 10 年代占比 35%)在黑龙江省玉米育种占据着重要作用,瑞德种质(20 世纪 80 年代占比 4%,20 世纪 90 年代占比 4%,21 世纪 00 年代占比 17%,21 世纪 10 年代占比 23%)起到越来越重要的作用,2000 年开始黑龙江省种质资源快速向四大种质集中,但是旅大红骨种质应用较少;杂种优势模式中 1980 年 4 个主要模式占比 87.2%、1990 年为 69.2%、2000 年为 71.4%、2010 年为 56.8%,杂优模式类型逐渐增多,主要杂优模式比重在不断下降。

3. 辽宁省玉米种质资源 张洋等(2016)对辽宁省"十二五"期间审定的主要玉米品种的种质基础及杂优模式进行了分析。结果表明,辽宁省玉米主要种质可分为外杂选、改良瑞德、旅黄改、旅改、黄改、兰卡斯特、PN等系统类群,多数为外杂选系统、瑞德系统、旅黄改系统。在众多杂优模式中以国外血缘×旅黄改模式应用最为广泛,说明国外种质的改良创新和国内种质群体间的相互改良研究得到重视。

唐文明等(2013)通过对近10年辽宁省审定的普通玉米杂交种进行系谱分析,归纳整理出了10年中辽宁省玉米常用种质的杂种优势群和杂种优势模式及演变历程,总结了目前辽宁省常用玉米种质的杂种优势群和杂种优势模式。近10年,辽宁省玉米生产上出现了7个主要的种质类群,即改良Reid、Lancaster、黄改类、旅系、PN群、外杂选、综合种选系。随着气候和种植方式的不断变化,种质资源的不断更新,有的类群应用逐渐减少或不再应用,新的类群时有出现。现在生产上常用种质的杂种优势群为改良Reid、黄改类、旅系、PN群、外杂选,而外杂选的应用呈上升趋势。遗传基础比较狭窄,种质扩增,种质改良和种质创新仍是育种者迫切关心的问题。从杂种优势模式的发展来看,晚熟区以抗病抗倒的PN×旅系为主,但在群体耐密性方面,还应进一步加强。中晚熟、中熟区应用比较广泛的是改良Reid×黄改系统、外杂选×旅系统两大杂优模式。

4. 河北省玉米种质资源 张动敏等(2014)概述了河北省主要的玉米种质资源、杂优模式。据介绍,2000—2010年河北省审定了适宜河北省夏玉米区种植的品种102个。按种质类群分类,以瑞德类、唐四平头类和PB种质为主,其中,瑞德系品种51个,唐四平头系58个,美国杂交种选系32个,以美国杂交种或者自交系与瑞德系杂交的二环系品种7个。在杂优模式上,典型的瑞德×唐四平头类群品种22个,占审定玉米品种数的21.6%;以瑞德或者黄改系加入旅系或者国外种质的改良型瑞德×唐四平头类群品种13个,占审定玉米品种数的12.7%;PB群与其他种质杂交而成的杂交种34个,占玉米品种数的33.3%,其中PB群×唐四平头类群模式品种19个,占该类模式的55.9%;其他杂优模式为PB群×瑞德、PB群×兰卡、PB×不明种质。

5. 山西省玉米种质资源 目前,山西省品种种质资源库合计收入玉米种质共2131份,入国家品种资源库保存1411份,基本完成山西省玉米种质资源的编目和入库保存等基础性工作(乔治军等,2006)。据李志华等(2013)介绍,山西省近几十年来利用主推玉米品种的亲本且应用较多的各类群的代表自交系自选的主要有自334-11、A513、C649、运87-422、长3154、VG187-4、海9-21、太系113、旱21、K12-2等,外引的主要有5003、综31、掖478、丹340、掖8112、Suwan3501、E28、掖107、金黄96C、黄C、冲72、18599等。

山西省玉米育种的杂优模式有了一些变化,Lancaster、唐四平头杂优群利用率有很大的下降,利用的主要种质属于4种类型:改良Reid、PB、旅大红骨和具有热带血缘的优势群。具体杂交模式主要有:改良Reid×PB,代表品种有晋单45号、运单19号、大丰1号等;PB×旅大红骨,代表品种有晋玉904、强盛1号。另外,还有一些是带有热带种质的杂优模式,如天元种业的晋玉811(X012×X901)和晋玉904(GS141×GS1502),分别属于热带种质×PB与改良Reid×热带种质杂优类型。据陈喜明等(2008)整理分析,1996—2005年通过山西省品种审定委员会审定的省内自育普通玉米品种为55个,对其中系谱清晰的46个品种所用亲本组合进行了整理分析:46个玉米品种的育成共采用了76个自交系,其中18个为山西省利用P群种质育出的自选系,其他58个自交系为利用四大种质类群或其他种质育成。P群种质的出现构建了玉米育种上新的杂种优势模式,丰富了山西省玉米种质的遗传基础,进一步增强了玉米抵抗生物胁迫和非生物胁迫及自然灾害的能力。

二、主产省份代表性品种选育

(一)吉林省代表性品种

王佳江等(2016)一致认为,吉林省目前省外品种的推广面积占据主导地位。吉林省内单位品种的审定数量较多,推广面积大的品种除了郑单958以外,育成单位都是民营种业。郑单958(2005年)和先玉335(2006年)的推广面积居全省玉米播种面积的前两位,一直以来为吉林省农业主导品种,其中品种推广面积最大的为先锋公司的品种。近几年先锋系列种子种植面积占整个市场的3/5~7/10,很多地区先锋品种的种植率超过9/10,郑单958系列品种面积占1/10~3/20。其次是丹东登海良玉种业有限公司的品种表现非常突出,约占1/10,良玉11、良玉99、良玉188等为代表品种。其他品种占市场的1/10~1/5。综合分析,中熟、中晚熟、晚熟种植区以省外育成品种为主,耕地面积大,为吉林省玉米主产区;极早熟、早熟、中早熟种植区以省内育成品种为主,耕地面积较小。以下就目前推广面积较大的玉米品种做简单介绍。

1. 先玉335

铁岭先锋种子研究有限公司2000年以自选系PH6WC为母本,PH4CV为父本组配而成。2006年通过全国品种审定委员会审定,审定编号为国审玉2006026。

在东华北春玉米区出苗至成熟127 d,比对照品种早4 d,需≥10 ℃活动积温2750 ℃·d左右,属普通玉米品种。幼苗绿色,叶鞘紫色,叶缘绿色,花药粉红色,颖壳绿色。株型紧凑,株高320 cm,穗位110 cm,成株叶片数19片。花丝紫色,果穗筒形,穗长20 cm,穗行数14~16行,穗轴红色。籽粒黄色、半马齿型,百粒重39.3 g。平均倒伏(折)率3.9%。人工接种抗病(虫)害鉴定表明,高抗瘤黑粉病,抗灰斑病、纹枯病和玉米螟,感弯孢菌叶斑病、大斑病和丝黑穗病。适于北京、天津、辽宁、吉林、河北北部、山西、内蒙古赤峰和通辽地区、陕西延安市春播种植,叶斑病重发区慎用。

2. 郑单958

河南省农业科学院粮作所1996年以自选系郑58为母本,外引系昌7-2选为父本杂交选育而成。2005年通过吉林省品种审定委员会审定,审定编号为吉审玉2005028。

出苗至成熟128 d,需≥10 ℃活动积温2750 ℃·d左右,属中晚熟普通玉米品种。幼苗叶色浅绿,叶片窄而上冲,雄穗分枝11个,花药黄色。株型紧凑,株高270 cm,穗位118 cm。花丝粉红色,果穗筒形,穗长17.6 cm,穗粗4.8 cm,穗行数14~16行,穗轴白色,单穗粒重170 g左右,出籽率88.0%。籽粒黄色、半马齿型,百粒重33 g左右。人工接种抗病(虫)害鉴定表明,高抗茎腐病和瘤黑粉病,中抗大斑病和丝黑穗病,中感玉米螟,感弯孢菌叶斑病。适用于吉林省玉米中晚熟区种植,弯孢菌叶斑病重发区慎用。

3. 京科968

北京市农林科学院玉米研究中心,以自选系京724为母本,京92为父本杂交育成。2011年通过全国品种审定委员会审定,审定编号为国审玉2011007。

在东华北春玉米区出苗至成熟128 d,与对照郑单958相当,属高淀粉玉米品种。幼苗绿色,叶鞘淡紫色,叶缘淡紫色,花药淡紫色,颖壳淡紫色。株型半紧凑,株高296 cm,穗位120 cm,成株叶片数19片。花丝红色,果穗筒形,穗长18.6 cm,穗行数16~18行,穗轴白色。

籽粒黄色、半马齿型,百粒重39.5 g。人工接种抗病(虫)害鉴定表明,高抗玉米螟,中抗丝黑穗病、茎腐病、大斑病、灰斑病和弯孢菌叶斑病。适应于北京、天津、山西中晚熟区、内蒙古赤峰和通辽、辽宁中晚熟区(丹东除外)、吉林中晚熟区、陕西延安和河北承德、张家口、唐山地区春播种植。

4. 吉单50

吉林省农业科学院玉米研究所2003年以自选系吉A5001为母本,吉A5002为父本杂交育成。2010年通过吉林省品种审定委员会审定,审定编号为吉审玉2010035。

在出苗至成熟128 d,需≥10 ℃活动积温2700 ℃·d左右,属中晚熟普通玉米品种。幼苗浓绿色,叶鞘紫色,叶缘浅紫色,花药红色。株型半收敛,株高293 cm,穗位132 cm,成株叶片数22片。花丝浅绿色,果穗筒形,穗长18.2 cm,秃尖0.6 cm,穗行数16行,穗轴白色,单穗粒重213.6 g。籽粒黄色、半马齿型,百粒重37.3 g。人工接种抗病(虫)害鉴定表明,高抗茎腐病,中抗大斑病,感丝黑穗病、弯孢菌叶斑病和玉米螟。适应于吉林省玉米中晚熟区种植,弯孢菌叶斑病重发区慎用。

5. 吉农大988

于沛漪于2008年以自选系Km3502为母本,Km693为父本杂交选育而成。2015年通过吉林省品种审定委员会审定,审定编号为吉审玉2015028。

出苗至成熟127 d左右,需≥10 ℃活动积温2700 ℃·d左右,属中晚熟普通玉米品种。幼苗浓绿色,叶鞘紫色,叶缘紫色,花药浅紫色。株型半紧凑,株高312 cm左右,穗位131 cm左右,成株叶片数17片。花丝黄绿色,果穗圆锥形,穗长18.8 cm左右,穗行数16~18行,穗轴红色。籽粒黄色、偏马齿型,百粒重37.6 g左右。人工接种抗病(虫)害鉴定表明,中抗丝黑穗病和茎腐病,感大斑病、弯孢菌叶斑病和玉米螟。适于吉林省玉米中晚熟区种植,叶斑病重发区慎用。

6. 良玉99

丹东登海良玉种业有限公司2005年以自选系M03为母本,M5972为父本杂交组配而成。2012年通过全国品种审定委员会审定,审定编号为国审玉2012008。

东华北地区出苗至成熟129 d,比对照品种晚1 d,需有效积温2850 ℃·d左右。幼苗叶鞘紫色,叶片浓绿色,叶缘浅紫色,花药浅紫色,颖壳浅紫色。株型紧凑,株高273 cm,穗位106 cm,成株叶片数19~20片。花丝粉色,果穗粗筒形,穗长17.6 cm,穗行数18行,穗轴红色,籽粒黄色、半马齿型,百粒重32.7 g。抗弯孢叶斑病,中抗大斑病、丝黑穗病和茎腐病,抗倒伏能力强。适于天津和吉林长春、四平地区春播种植。

7. 农华101

北京金色农华种业科技有限公司,用品NH60×S121种选育而成的玉米品种。2010年通过全国品种审定委员会审定,审定编号为国审玉2010008。

在东华北地区出苗至成熟128 d,与郑单958相当,中晚熟品种,需≥10 ℃有效积温2750 ℃·d左右;在黄淮海地区出苗至成熟100 d,与郑单958相当。幼苗叶鞘浅紫色,叶片绿色,叶缘浅紫色,花药浅紫色,颖壳浅紫色。株型紧凑,株高296 cm,穗位高101 cm,成株叶片数20~21片。花丝浅紫色,果穗长筒形,穗长18 cm,穗行数16~18行,穗轴红色,籽粒黄色、马齿型,百粒重36.7 g。经丹东农业科学院和吉林省农业科学院植物保护研究所接种鉴定,抗灰斑病,中抗丝黑穗病、茎腐病、弯孢菌叶斑病和玉米螟,感大斑病;经河北省农林科学院植物保护研究所接种鉴定,中抗矮花叶病,感大斑病、小斑病、瘤黑粉病、茎腐病、弯孢菌叶斑病和玉米螟,高感褐斑病和南方锈病。适宜在北京、天津、河北北部、山西中晚熟区、辽宁中晚熟区、吉林晚熟区、内蒙古赤峰地区、陕西延安市春播种植。

8. 吉单 558

吉林吉农高新技术发展股份有限公司、吉林省农业科学院玉米研究所 2006 年以自选系吉 V203 为母本,吉 V088 为父本杂交育而成。2012 年通过吉林省品种审定委员会审定,审定编号为吉审玉 2012022。

东华北地区春玉米区出苗至成熟 129 d,比郑单 958 早 1 d。叶鞘紫色,叶片绿色,叶缘紫色,花药粉色,颖壳紫色。株型紧凑,株高 293 cm,穗位高 122.5 cm,成株叶片数 21 片。果穗长锥形,穗长 17.6 cm,穗行数 16.4 行,穗轴红色,籽粒橙红色、半硬粒型,百粒重 33.7 g。接种鉴定表明,抗茎腐病、穗腐病、中抗大斑病、丝黑穗病、弯孢叶斑病,感灰斑病。适应于吉林省玉米中晚熟区种植。

9. 迪卡 159

中种国际种子有限公司 2009 年以自选系 HCL301 为母本,F0147Z 为父本杂交选育而成。2015 年通过吉林省品种审定委员会审定,审定编号为吉审玉 2011012。

出苗至成熟 127 d,需≥10 ℃活动积温 2650 ℃·d 左右,属中晚熟普通玉米品种。幼苗绿色,叶鞘淡紫色,叶缘绿色,花药淡紫色。株型紧凑,株高 312 cm 左右,穗位 121 cm 左右,成株叶片数 21 片。花丝绿色,果穗筒形,穗长 20.9 cm 左右,穗行数 16~18 行,穗轴红色。籽粒黄色、马齿型,百粒重 39.4 g 左右。人工接种抗病(虫)害鉴定表明,抗丝黑穗病,中抗茎腐病,感大斑病、弯孢菌叶斑病和玉米螟。适于吉林省玉米中晚熟区种植,叶斑病重发区慎用。

10. 天农九

抚顺天农种业有限公司(原清原天农种业有限公司)于 2002 年以自选系 T106 为母本,外引系 W08 为父本杂交育成的普通玉米品种。2011 年通过吉林省品种审定委员会审定,审定编号为吉审玉 2011012。

出苗至成熟 126 d,需≥10 ℃活动积温 2570 ℃·d 左右,属中熟普通玉米品种。幼苗绿色,叶鞘紫色,叶缘紫色,花药紫色,颖壳紫色。株型半紧凑,叶片上冲,株高 277 cm,穗位高 107 cm,成株叶片数 21 片。花丝红色,果穗筒形,穗长 19.5 cm,秃尖 0.3 cm,穗行数 16~18 行,穗轴红色,单穗粒重 232.5 g。籽粒黄色、偏硬粒型,百粒重 38.7 g。人工接种抗病(虫)害鉴定表明,抗大斑病,中抗茎腐病,感丝黑穗病、弯孢菌叶斑病和玉米螟。适于吉林省玉米中熟区,弯孢菌叶斑病重发区慎用。

(二)河南省代表性品种

1. 郑单 958

河南省农科院粮作所用郑 58 为父本,昌 7-2 为母本杂交选育的一代杂交玉米新品种。2000 年通过河北省品种审定委员会审定,审定编号为冀审玉 200002。

黄淮海地区夏播生育期 96 d 左右,株高 240 cm,穗位 100 cm 左右,叶色浅绿,叶片窄而上冲,果穗长 20 cm,穗行数 14~16 行,行粒数 37 粒,千粒重 330 g,出籽率高达 88%~90%。郑单 958 根系发达,株高穗位适中,抗倒性强;活秆成熟,经 1999 年抗病鉴定表明,该品种高抗矮花叶病毒、黑粉病,抗大小斑病。适宜在河南省适宜范围推广利用。

2. 伟科 702

郑州伟科作物育种科技有限公司、河南金苑种业有限公司,用品种 WK858×WK798-2 选育而成的玉米品种。2011 年通过河南省农作物品种审定委员会审定,审定编号为豫审玉 2011008。

夏播生育期97～101 d。株型紧凑,叶片数20～21片,株高246～269 cm,穗位高106～112 cm;叶色绿,叶鞘浅紫,第一叶匙形;雄穗分枝6～12个,雄穗颖片绿色,花药黄,花丝浅红;果穗筒形,穗长17.5～18.0 cm,穗粗4.9～5.2 cm,穗行数14～16行,行粒数33.7～36.4粒,穗轴白色;籽粒黄色,半马齿型,千粒重334.7～335.8 g,出籽率89.0%～89.8%。2008年抗病鉴定表明,高抗大斑病(1级)、矮花叶病(0.0%)、抗小斑病(3级)、弯孢菌叶斑病(3级),中抗茎腐病(16.28%),高感瘤黑粉病(45.71%),中抗玉米螟(6.0级);2009年抗病鉴定表明,高抗大斑病(1级)、矮花叶病(0.0%)、抗小斑病(3级),中抗茎腐病(24.4%)、瘤黑粉病(7.7%),高感弯孢菌叶斑病(9级),感玉米螟(7级)。适应于河南各地夏播种植。

3. 先玉335

铁岭先锋种子研究有限公司2000年以自选系PH6WC为母本,PH4CV为父本组配而成。2004年通过全国品种审定委员会审定,审定编号为国审玉2004017。

在黄淮海夏玉米区出苗至成熟98 d,比对照品种早3.5 d,属普通玉米品种。幼苗绿色,叶鞘紫色,叶缘绿色,花药粉红色,颖壳绿色。株型紧凑,株高286 cm,穗位103 cm,成株叶片数19片左右。花丝紫红色,果穗筒形,穗长18.5 cm,穗行数15.8行,穗轴红色。适于河南、河北、山东、陕西、安徽、山西运城夏播种植,叶斑病和矮花叶病重发区慎用。

4. 隆平206

安徽隆平高科种业有限公司河南分公司通过L239×L7221杂交育成。2009年通过河南省品种审定委员会审定,审定编号为豫引玉2009010。

该品种生育期101 d。株型紧凑,株高259.6 cm,穗位高112.7 cm;穗长14.7 cm,穗粗5.4 cm,穗行数15.8,行粒数32.2;黄粒、白轴、半马齿型,出籽率91.1%,千粒重366.8 g,品质中;田间倒伏12.5%,倒折0.2%;田间小斑病1级,茎腐病0.5%,瘤黑粉病0.2%。籽粒粗蛋白9.12%,粗脂肪3.65%,粗淀粉76.2%,赖氨酸0.278%;抗病性接种鉴定表明,高抗矮花叶病、抗弯孢菌叶斑病、茎腐病,中抗小斑病、瘤黑粉病、玉米螟。适宜安徽、山东、河南(开封、商丘、周口以外)地区、河北张家口市坝下丘陵及河川中熟区种植。

5. 联创808

北京联创种业股份有限公司用CT3566和CT3354选育的杂交玉米品种。2015年通过全国品种审定委员会审定,审定编号为国审玉2015015。同年通过全国品种审定委员会审定,审定编号为2003054。

黄淮海夏玉米区出苗至成熟102 d,比郑单958早熟1 d。幼苗叶鞘紫色,叶片绿色,叶缘绿色,花药浅紫色,颖壳绿色。株型半紧凑,株高285 cm,穗位高102 cm,成株叶片数19～20片。花丝浅绿色,果穗筒型,穗长18.3 cm,穗行数14～16行,穗轴红色,籽粒黄色、半马齿型,百粒重32.9 g。接种鉴定表明,中抗大斑病,感小斑病、粗缩病和茎腐病,高感弯孢叶斑病、瘤黑粉病和粗缩病。籽粒容重765 g/L,粗蛋白含量9.65%,粗脂肪含量3.06%,粗淀粉含量74.46%,赖氨酸含量0.29%。联创808株型清秀合理、棒三叶宽大的长相,根系发达,茎秆韧性强,抗倒伏倒折,抗青枯病、斑病、锈病等多种病虫害,出籽率高达90%以上。适宜北京、天津、河北保定及以南地区、山西南部、河南、山东、江苏淮北、安徽淮北、陕西关中灌区夏播种植。

6. 浚单20

河南省浚县农业科学研究所以9058为母本,浚92-8为父本杂交而成。2003年通过河南省品种审定委员会审定,审定编号为豫审玉2003004。同年通过全国品种审定委员会审定,审定编号为2003054。

该品种出苗至成熟97 d,比农大108早熟3 d,需≥10 ℃有效积温2450 ℃·d。幼苗叶鞘紫色,叶缘绿色。株型紧凑、清秀,株高242 cm,穗位高106 cm,成株叶片数20片。花药黄色,颖壳绿色。花丝紫红色,果穗筒型,穗长16.8 cm,穗行数16行,穗轴白色,籽粒黄色,半马齿型,百粒重32 g。适宜在河南、河北中南部、山东、陕西、江苏、安徽、山西运城夏玉米区种植。

7. 中单909

由中国农业科学院作物科学研究所黄长玲研究员带领的玉米高产育种团队,用郑58×DH568品种选育而成的玉米品种。2011年通过全国品种审定委员会审定,审定编号为国审玉2011011。

在黄淮海地区出苗至成熟101 d,比郑单958晚1 d。幼苗叶鞘紫色,叶片绿色,叶缘绿色,花药浅紫色,颖壳浅紫色。株型紧凑,株高250 cm,穗位高100 cm,成株叶片数21片。花丝浅紫色,果穗筒形,穗长17.9 cm,穗行数14~16行,穗轴白色,籽粒黄色、半马齿型,百粒重33.9 g。经河北省农林科学院植物保护研究所两年接种鉴定表明,中抗弯孢菌叶斑病,感大斑病、小斑病、茎腐病和玉米螟,高感瘤黑粉病。适宜在河南、河北保定及以南地区、山东(滨州除外)、陕西关中灌区、山西运城、江苏北部、安徽北部(淮北市除外)夏播种植。

8. 德单5号

北京德农种业有限公司用品种5818×昌7-2选育而成的玉米品种。2010年通过河南农作物品种审定委员会审核,审定编号为豫审玉2010021。

幼苗叶鞘紫色,第一叶尖端圆倒匙形,第四叶叶缘紫色;雄穗分枝数中等,雄穗颖片浅紫色,花药黄色,花丝绿色;果穗筒形,穗长14.5~15.0 cm,穗粗4.9~5.0 cm,穗行数14.9~15.1,行粒数33.5~34.7粒;黄粒,白轴,半马齿型,千粒重294.7~311.6 g,出籽率89.5%~90%。2009年河南农业大学植保学院人工接种抗性鉴定表明,高抗大斑病(1级),抗矮花叶病(5.6%),中抗小斑病(5级)、弯孢菌叶斑病(5级),感瘤黑粉病(30.2%)、茎腐病(34.1%),高抗玉米螟(1级)。适宜河南省各地种植。

9. 郑单1002

河南省农业科学院粮食作物研究所,以自选系郑588为母本,自选系郑H71为父本组配而成的单交种。2015年通过全国品种审定委员会审定,审定编号为国审玉2015017。

夏播生育期99~103 d。株型紧凑,全株总叶片数18.8~19.2片,株高257~259 cm,穗位高111.0~112.1 cm;叶色深绿,叶鞘浅紫色,第一叶尖端椭圆形;雄穗分枝5~7个,雄穗颖片微红,花药黄色,花丝浅紫色;果穗短筒形,穗长14.6~16.9 cm,秃尖长0.3~0.8 cm,穗粗4.9~5.1 cm,穗行数14~16行,行粒数30.9~33.8粒;穗轴白色,籽粒黄色,半马齿粒型,千粒重296.6~370.6 g,出籽率88.3%~90.2%,田间倒折率0.7%~1.5%。2011年河南农业大学植保学院人工接种鉴定表明,抗大斑病(3级),中抗小斑病(5级),高抗弯孢菌叶斑病(1级),高抗茎腐病(1级),抗瘤黑粉病(3级),感玉米螟(7级),高抗矮花叶病(1级)。2012年鉴定表明,抗大斑病(3级),高抗小斑病(1级),抗弯孢菌叶斑病(3级),感茎腐病(7级),抗瘤黑粉病(3级),感玉米螟(7级),抗矮花叶病(3级)。适宜河北保定及以南地区、山西南部、河南、山东、江苏淮北、安徽淮北、陕西关中灌区夏播种植。

10. 迪卡653

中种国际种子有限公司赵永亮通过H3659Z×G4675Z育成。2015年通过河南省品种审定委员会审定,审定编号为豫审玉2015011。

夏播生育期98～105天。叶色深绿,叶鞘绿色,第一叶尖端圆倒匙形;全株叶片18～20片,株型半紧凑,株高270.0～281.2 cm,穗位高118～123 cm,田间倒折率0.1%～5.2%;雄穗颖片绿色,雄穗分枝数11～15个,花药绿色,花丝浅紫色;果穗筒形,穗长16.3～17.2 cm,秃尖长0.4 cm,穗粗4.6～4.7 cm,穗行数12～16行,行粒数36.4～38.8粒;穗轴白色,籽粒黄色,半马齿型,千粒重348.7～353.3 g,出籽率89.2%～91.1%。2012年河南农业大学植保学院接种鉴定表明,抗大斑病,中抗小斑病、矮花叶病、茎腐病,高抗弯孢菌叶斑病,感瘤黑粉病、玉米螟;2013年接种鉴定表明,中抗大斑病,抗弯孢菌叶斑病、茎腐病、小斑病,感玉米螟、瘤黑粉病,高感矮花叶病。适宜河南各地推广种植。

三、北方其他省份代表性品种选育

（一）河北省代表性品种

1. 郑单958

河南省农科院粮作所用郑58为父本,昌7-2为母本杂交选育的一代杂玉米新品种。2000年通过河北省品种审定委员会审定,审定编号为冀审玉200002。

黄淮海地区夏播生育期96天左右,株高240 cm,穗位100 cm左右,叶色浅绿,叶片窄而上冲,果穗长20 cm,穗行数14～16行,行粒数37粒,千粒重330 g,出籽率高达88%～90%。郑单958根系发达,株高穗位适中,抗倒性强,活秆成熟,经1999年抗病鉴定表明,该品种高抗矮花叶病毒、黑粉病,抗大小斑病。适宜在河北省适宜范围推广利用。

2. 浚单20

河南省浚县农业科学研究所以9058为母本,浚92-8为父本杂交而成。2003年通过全国品种审定委员会审定,审定编号为国审玉2003054。

幼苗叶鞘紫色,叶缘绿色。株型紧凑、清秀,株高242 cm,穗位高106 cm,成株叶片数20片。花药黄色,颖壳绿色。花丝紫红色,果穗筒形,穗长16.8 cm,穗行数16行,穗轴白色,籽粒黄色,半马齿型,百粒重32 g。出苗至成熟97天,比农大108早熟3天,需≥10 ℃有效积温2450 ℃·d。适宜在河南、河北中南部、山东、陕西、江苏、安徽、山西运城夏玉米区种植。

3. 农大108

中国农业大学许启凤教授通过178×黄C育成的品种。2001年通过全国品种审定委员会审定,审定编号为国审玉2001002。

株高260 cm,穗位高100 cm,株型半紧凑,穗位上下7片叶的叶向值为42.27,单株叶面积1 m^2,吐丝期叶面积系数6.39(密度4500株/亩)。根系发达,达8层78条,比对照掖单13号多5～10条。穗长16～18 cm,果穗筒形,穗行数16行左右,单穗平均粒重127.2 g,百粒重26～35 g。籽粒黄色,半马齿型,品质优良。该品种在西南生育期112～116天,在黄淮海夏玉米区99天,需≥10 ℃活动积温2800 ℃·d。2000年丹东农科院接种鉴定表明,高抗玉米小斑病、丝黑穗病、弯孢菌叶斑病和穗腐病,抗玉米大斑病、灰斑病和玉米螟,感茎腐病和纹枯病。

4. 蠡玉16号

1999年蠡县玉米研究所以953为母本,91158为父本杂交选育而成。2003年3月河北省品种审定委员会审定通过,审定编号为冀审玉2003001。

中熟普通玉米,该品种成株株型半紧凑,穗上部叶片上冲,茎秆坚韧,根系较发达。株高265 cm左右,穗位118 cm左右。属中熟杂交种,夏播生育期108天左右,活秆成熟。果穗筒形,穗轴白色,穗长 18.5 cm 左右,穗行数 17.8 行左右,秃顶度 1.4 cm 左右,千粒重 340 g 左右,籽粒黄色,半马齿型,出籽率 87.1% 左右。河北省植保所抗病鉴定表明,2001 年抗大斑病,中感小斑病,中感弯孢菌叶斑病,高抗矮花叶病、粗缩病、黑粉病、茎腐病;2002 年感大斑病,抗小斑病,抗弯孢菌叶斑病,中抗茎腐病,高抗黑粉病、矮花叶病,抗玉米螟。适宜河北、陕西、安徽、河南、北京、江苏、山西、湖北夏玉米区,广西、浙江、新疆伊犁、吉林中晚熟区、内蒙古 ≥10 ℃ 活动积温 3000 ℃·d 以上地区种植。

5. 邯丰 08

邯郸市农业科学院于 1996 年以 54-0 为母本,京 404 为父本杂交选育而成。于 2002 年 3 月通过河北省品种审定委员会审定,审定编号为冀审玉 2002003。

幼苗生长健壮。株型紧凑,株高 250 cm 左右,穗位 100 cm 左右,成株叶片 20 片左右。属中早熟杂交种,夏播生育期 98 天左右,活秆成熟。根系发达。雄穗分枝适中。果穗筒形,花丝深红色。穗长 16 cm 左右,穗粗 4.9 cm 左右,穗行数 14 行左右,秃顶度 0.7 cm 左右,千粒重 316 g 左右,籽粒黄色、半马齿型,果穗脱粒前色泽较浅。出籽率 84.5% 左右。抗倒性好,抗大斑病,抗小斑病,中抗弯孢菌叶斑病,抗茎腐病 18.8%,感矮花叶病。适合冀中南夏播区种植。

(二)安徽省代表性品种

1. 和育 187

北京大德农业生物技术有限公司于 2006 年以自选系 V76-1 为母本,WC009 为父本杂交选育而成。于 2017 年通过国家东华北地区审定,审定编号为国审玉 20170014 号。

该品种全生育期 119~127 天,是一个早熟玉米新品种。株型半紧凑,株高 278~282 cm,穗位高为 95.0~102.9 cm,成株叶片数约为 18 片。果穗呈筒形,穗长为 20.9~21.5 cm,穗行数为 14~16 行,穗轴红色,籽粒黄色、马齿型,百粒重 40.6 g。一般平均亩产为 900 kg,最高亩产量约为 1642 kg,是一个矮秆大穗型高产玉米品种。

2. 中科玉 505

北京联创种业股份有限公司以 CT1668 为母本,CT3354 为父本杂交选育而成。于 2017 年通过安徽省品种审定委员会审定,审定编号为皖审玉 2017004。

夏播全生育期 97~109 天,春播全生育期 132 天,是一个中早熟玉米新品种。自 2015 年以来,先后通过了陕西、河南、山东、安徽、河北等 8 个省的省级审定,以及黄淮海、东华北、西北等玉米主产区的国家审定。该品种株型半紧凑,株高 257~286 cm,穗位高 95~113 cm,成株叶片数 20 片。果穗筒形,穗长为 17.7~20.2 cm,穗行数为 14~16 行,穗粗约为 4.9 cm,穗轴红色,籽粒黄色、半马齿型,百粒重 33.7 g。一般平均亩产 750 kg,最高亩产可达 1389.3 kg,是一个适应性好、抗病性强、稳产高产的玉米新品种。

3. 先玉 1225

铁岭先锋种子公司北京分公司于 2011 年以 PHHJC 为母本,PH1CRW 为父本杂交选育而成。于 2016 年通过河北省品种审定委会审定,审定编号为冀审玉 2016030。

全生育期 127~139 天,是一个中晚熟玉米新品种。自 2015 年以来,先后通过了甘肃、辽宁、吉林、河北、宁夏等多个省(自治区)的省级审定,2018 年又通过了国家东华北地区审定。该品种株型半紧凑,株高为 305~317 cm,穗位高为 107~114 cm,双穗率 0.24%,空秆率 0.18%,倒伏率 0.02%,果穗筒形,穗长为 19.9~20.3 cm,穗行数为 16~18 行,秃尖 1 cm,穗轴红色,籽粒黄色、半马齿型,百粒重约为 36.25 g,是一个高产大穗型玉米新品种,一般平均亩产量为 800 kg,最高亩产可达 1335 kg,高水肥地块亩产可达 1500 kg。增产潜力大。

4. 太玉 339

太原市申农种业有限公司以 N203-607 为母本,D16 为父本杂交选育而成。于 2009 年通过山西省品种审定委员会审定,审定编号为晋审玉 2009020。

自 2009 年首次通过山西省审定,先后通过了宁夏、辽宁、吉林、陕西等 15 个省（自治区）的省级审定,以及黄淮海地区、东华北地区的国家级审定。该品种株形半紧凑,平均株高为 260～286 cm,穗位为 95～108 cm,成株叶片数 19 片,双穗率 0.42%,空秆率 1.48%,倒伏率 0.45%,茎秆粗壮,弹性好。果穗长筒形,穗长 20.2～26.0 cm,穗粗 5.1 cm,穗行数 17～20 行,行粒数约为 55 粒,籽粒金黄色,马齿型,百粒重 45 g,出籽率 93%。两年区域试验平均亩产量为 1127.7 kg,是一个超大穗玉米新品种。

5. 登海 605

山东登海种业股份有限公司以 DH351 为母本,DH382 为父本杂交选育而成。于 2010 年通过国家品种审定委员会审定,审定编号为国审玉 2010009。

2010 年首次通过国家品种审定委员会审定,先后通过了山东、浙江、内蒙古、宁夏、甘肃等 10 多个省（自治区）的省级审定。该品种株型紧凑,株高 259～275 cm,穗位高 99 cm,成株叶片数为 19～20 片。倒伏率 0.2%、倒折率 0.3%。果穗长筒形,穗长 17.4～19.4 cm,穗行数为 16～18 行,穗轴红色,籽粒黄色、马齿型,百粒重 34.4 g。一般平均亩产 900 kg 左右,最高平均亩产 1041.82 kg。

本章参考文献

陈欢,王全忠,周宏,2015.中国玉米生产布局的变迁分析[J].经济地理,33(8):165-171.
陈喜明,侯有良,韩云丽,等,2008.P 群种质在山西玉米育种中的作用与展望[J].山西农业科学(1):30-33.
陈学军,2003.吉林省农作物品种志[M].北京:科学出版社.
戴景瑞,鄂立柱,2018.百年玉米,再铸辉煌——中国玉米产业百年回顾与展望[J].农学学报,8(1):74-79.
刁兴良,杨再洁,李奇峰,等,2019.基于多源数据的华北平原夏玉米种植区划研究[J].智慧农业,1(2):73-84.
郭建文,苏菊萍,2010.山西玉米与小麦良种繁育[M].北京:中国农业科学技术出版社.
韩国明,朱侃,黄雪松,2018.玉米种植时空变迁与供给侧结构性改革研究[J].东北农业大学学报(社会科学版),16(2):1-11.
何奇瑾,周广胜,隋兴华,等,2012.1961—2010 年中国春玉米潜在种植分布的年代际动态变化[J].生态学杂志,31(09):2269-2275.
贾银锁,谢俊良,2008.河北玉米[M].北京:中国农业科学技术出版社.
贾正雷,程家昌,李艳梅,等,2018.1978—2014 年中国玉米生产的时空特征变化研究[J].中国农业资源与区划(2):50-57.
姜铭诺,刘朝顺,高炜,2018.华北平原夏玉米潜在产量时空演变及其气候变化的响应[J].中国生态农业学报,26(6):865-876.
焦仁海,王绍萍,孙发明,等,2006.吉林省玉米种质基础的分析与归纳[J].玉米科学(01):21-25.
焦仁海,刘兴二,徐艳荣,等,2016.外来玉米种质在吉林省的应用与创新[J].东北农业科学(1):1-3.
靳晓春,王俊强,蒋佰福,等,2016.1980—2012 年黑龙江省玉米种质资源及其杂种优势利用回顾[J].农学学报,6(9):8-14.

李春雷,王敏,孟令聪,等,2016.吉林省玉米种质基础及2001—2013年品种推广分析[J].玉米科学,24(5):15-25.

李靖,杨照,吕翔,等,2015."十五"以来我国粮食生产力布局演变研究[J].中国食物与营养,21(4):27-30.

李欠男,程沅孜,2017.我国玉米生产布局变迁及影响因素[J].江苏农业科学,45(18):284-288.

李欠男,2017.中国玉米生产空间布局变化及其驱动因素的实证研究[D].武汉:华中农业大学.

李维岳,才卓,赵化春,2000.吉林玉米[M].长春:吉林科学技术出版社.

李雪洋,2020.气候变化背景下基于GIS的辽宁省玉米气候区划研究[D].沈阳:沈阳农业大学.

李志华,李会霞,田岗,等,2013.山西省玉米种质基础与杂种优势利用研究[J].中国种业(01):14-16.

林红,孙德全,李绥艳,等,2011.玉米新品种龙育4号的选育与评价[J].黑龙江农业科学(07):10-11.

刘长华,于天江,张林,等,2015.加拿大早熟玉米群体改良系与黑龙江省部分种质杂种优势关系分析[J].玉米科学,23(02):14-19.

刘兴焱,杨耿斌,何长安,等,2017.优良早熟玉米自交系KL3及其衍生系利用[J].玉米科学,25(06):38-41.

刘旭,高洪敏,赵文媛,2010.改良Reid及旅大红骨类群在辽宁省玉米生产中的应用[J].杂粮作物,30(03):159-162.

陆小芳,田志刚,曹治彦,等,2017.河北省玉米种植分布发展现状与前景分析[J].现代农村科技(7):96.

吕杰,席晓玲,刘洪彬,等,2016.辽宁省玉米生产布局变化及其区域比较优势研究[J].沈阳农业大学学报,47(3):379-384.

吕淼,2017.基于GIS的呼伦贝尔市1985—2014年玉米热量资源区划[J].内蒙古气象(04):37-40.

罗守德,郭国亮,武殿林,等,1984.山西省玉米栽培气候区划及适应性分析[J].山西农业科学(09):12-14.

马延华,孙德全,李绥艳,等,2014.20份玉米种质选系的利用潜力分析[J].玉米科学,22(05):1-5.

孟立慧,2018.我国粮食生产重心转移趋势及优化研究[J].中国农业资源与区划,39(8):23-29.

彭云承,朱涛,艾合买提江,等,2004.10个玉米自交系的聚类分析[J].杂粮作物,24(73):127-129.

乔治军,张效梅,畅建武,2006.山西玉米种质资源遗传多样性分析和利用研究[J].山西农业科学,34(3):28-30.

渠清,李丽娜,刘俊,等,2019.我国部分常用玉米种质资源对镰孢菌病害的抗性评价[J].中国农业科学,52(17):2962-2971.

尚占江,2017.黑龙江玉米生态区与玉米生态育种目标[J].农业工程技术,37(23):76.

石运强,南元涛,魏国才,等,2017.玉米早熟核心种质绥系709的选育与创新思考[J].黑龙江农业科学(9):6-8.

苏俊,2011.黑龙江玉米[M].北京:中国农业科学技术出版社.

孙德全,马延华,赵明超,等,2015.早熟高产玉米新品种龙育11的选育及栽培技术[J].黑龙江农业科学(04):170.

孙发明,焦仁海,徐艳荣,等,2012.玉米兰卡种质在东北地区的应用与创新[J].湖北农业科学,51(01):12-15.

孙海潮,2008.河南省玉米优势区域布局与发展战略研究[D].郑州:河南农业大学.

唐崇学,祁佐宽,景德勇,2003.玉米自交系7884-7Ht及衍生系选育与应用[J].辽宁农业科学(06):45-46.

唐文明,景希强,杨辉,等,2013.近10年辽宁省玉米种质资源应用变化及分析[J].辽宁农业科学(01):21-24.

田彩梅,2017.山西玉米种植的区划问题研究[J].农业技术与装备(1):22-23,26.

佟屏亚,2013.黑龙江省玉米生产和品种布局新形势[J].中国种业(2):23-25.

汪黎明,王庆成,孟昭东,2010.中国玉米品种及其系谱[M].上海:上海科学技术出版社.

王泓清,房艳刚,刘建志,2020.2005—2015年黑龙江省农作物种植结构时空演变[J].地域研究与开发,39(1):168-174.

王佳江,蔡红梅,谭化,等,2016.吉林省玉米生产情况概述[J].现代农业科技(10):48-49.

王敏,张洪伟,岳尧海,等,2012.近二十年吉林省玉米种质基础及杂优模式浅析[J].吉林农业科学,37(01):27-31.

魏国才,2007.早熟春玉米绥玉10的选育[J].玉米科学(S1):50-51,54.

邬定荣,刘建栋,刘玲,等,2015.基于作物生长模型及CAST分类的华北夏玉米生产力区划研究[J].气象科学,35(1):66-70.

席晓玲,2016.辽宁省玉米生产布局变迁以及影响因素研究[D].沈阳:沈阳农业大学.

徐小明,徐玉霞,董奇,等,2018.甘肃省河东地区玉米种植适宜性评价和区划[J].干旱地区农业研究,36(3):230-235.

徐艳荣,刘兴贰,孙发明,等,2006.论Mo17及其衍生系种质在我国玉米育种中的应用[J].吉林农业科学(03):26-28.

阳恩龙,2017.浅析中国玉米生产布局的变迁[J].农家科技(下旬刊)(9):298.

杨松,刘俊林,陶娜,等,2008.河套灌区春玉米农业气候条件分析及适生种植区划[J].干旱地区农业研究(02):98-101.

杨宗利,李和平,李积铭,2016.美国玉米种质在我国的改良利用情况及建议——以黄淮海夏玉米区为例[J].安徽农业科学,44(3):35-36.

张超,2017.内蒙古地区玉米气候区划方法研究[J].北方农业学报,45(1):80-83,106.

张动敏,宋炜,王宝强,2014.河北省夏玉米杂优模式的研究[J].河北农业科学,18(02):67-69.

张建华,张军,白志刚,等,2002.玉米新品种哲单37选育报告[J].玉米科学(03):52-53.

张洋,王金君,王延波,2016."十二五"期间辽宁省玉米种质基础及杂优模式分析[J].辽宁农业科学(05):33-36.

赵璞,温之雨,董文琦,等,2019.我国玉米资源研究现状及发展展望[J].智慧农业,1(2):73-84.

周超,王俊强,韩业辉,等,2018.外引玉米自交系青枯病抗性种质资源筛选[J].种子,37(12):66-69.

第二章 玉米栽培的生物学基础

第一节 生育进程

一、生育期

作物的生育期指播种到种子成熟的一个完整生活周期。

玉米是一年生植物,在春播或夏播条件下,其生育期在一个年度内完成,生育期长短用天数表示。

中国栽培的玉米品种,生育期一般为 70~150 d。生育期的长短不是固定不变的,其长短可随环境、栽培措施的改变而有所变化。一般日照延长、温度变低,品种生育期可延长,反之则缩短。同一品种长距离的南北方引种或播期早晚不同,其生育期日数亦有差异。

玉米生育期长短一般表现为积温效应。玉米生长的有效温度一般是 10 ℃,因而,生育期所需的≥10 ℃积温的多少可以作为判断玉米品种所属熟期类型的温度指标。曹广才等(1995a)的试验研究中,曾以≥0 ℃积温(活动积温)作为判断北方高寒旱地玉米熟期类型的指标之一。杨海龙等(2017)介绍,≥10 ℃积温可作为辽宁省早熟、中早熟、中熟、中晚熟玉米品种的指标。曹广才等(1995b)介绍,试验证明植株叶数也可作为判定玉米品种熟期类型的形态指标。吴东兵等(1999)经过多年试验研究表明,植株叶数、播种至成熟天数、播种至成熟生育期内≥0 ℃的积温是熟期分类的形态指标、生育指标和生态指标,而植株叶数是最易识别和掌握的指标。刘永花(2014)研究表明,不同玉米品种生育期、播种至成熟的活动积温和品种的叶片数,这三者彼此之间呈极显著的正相关关系,都能用来表示玉米品种的熟期类型,其中播种至成熟的活动积温和生育期是表示玉米熟期类型的主要指标。

因而,在不同时期进行播种的条件下综合生育期、积温、叶片数,玉米品种可主要分为早熟、中熟和晚熟 3 类。

(一)早熟品种

春播生育期 70~100 d,有效积温 2000~2200 ℃·d,夏播 70~85 天,有效积温 1800~2100 ℃·d,植株矮,叶片数少,一般一株片数为 14~17 片叶,籽粒小,千粒重为 150~200 g。

(二)中熟品种

春播 100~120 d,有效积温 2300~2500 ℃·d,夏播 70~85 d,有效积温 2100~2200 ℃·d,植株性状介于早、晚熟品种之间,千粒重 200~300 g。产量较高,适应地区较广。

(三)晚熟品种

春播 120~150 d,有效积温 2500~2800 ℃·d,夏播 96 d 以上,有效积温 2800 ℃·d 以

上,植株高大,叶片数较多,一般为21~25片,籽粒大,千粒重300 g左右,产量较高。

不同熟期玉米品种对活动积温需求的不同主要体现在出苗到吐丝阶段对活动积温需求的不同。随着播期的推迟,不同熟期玉米品种的拔节期、吐丝期和成熟期相应推迟。早熟品种随着播期的推迟,生育期逐渐缩短,中熟和中晚熟品种随着播期的推迟,生育期先缩短后延长。总体表现为播期每推迟1 d,生育期缩短0.34 d左右。不同熟期玉米品种的温光利用率随着播期的推迟均呈下降趋势。在可安全成熟的播期范围内,全生育期的温光利用率均表现为:中晚熟品种>中熟品种>早熟品种。

在中国北方一熟区和二熟区的春播和夏播条件下,品种的熟期类型一般在中早熟至中熟范围内选择。

此外,播期对不同熟期玉米品种生育期及其主要生育阶段的生育天数和所需的活动积温的影响都很大,不同熟期玉米品种生育期及其主要生育阶段的生育天数年度间变异较大,早熟品种全生育期对活动积温的需求年度间相对稳定。随着播期的推迟,不同熟期玉米品种叶片全部展开所需要的天数和活动积温逐渐减少。

联合国粮农组织(FAO)根据玉米生产中在所用的品种生育期因地、因播期长短对玉米类型进行了更加细化的分类,将玉米分为极早熟、早熟、中早熟、中熟、中晚熟、晚熟、超晚熟7类,具体特征见表2-1。

表2-1 联合国粮农组织玉米分类表(刘京宝等,2012)

类型	叶片数(片)	生育期(天)
极早熟	8~11	70~80
早熟	12~14	81~90
中早熟	15~16	91~100
中熟	17~18	101~110
中晚熟	19~20	111~120
晚熟	21~22	121~130
超晚熟	>23	131~140

二、生育时期

在作物的一生中,由于自身量变和质变的结果及环境变化的影响,导致不论外部形态特征还是内部生理特性,均发生不同的阶段性变化,这些阶段性变化,称为作物的生育时期。在玉米的一生中,根据植株的形态变化,可以人为地划分为一些时期(Stage)。在正期播种条件下,这些时期往往对应着一定的物候现象,故也称为"物候期",各生育时期及鉴别标准如下。

(一)出苗期

一粒有生命的玉米种子埋入土中,当外界的温度在8 ℃以上,水分含量60%左右和通气条件较适宜时,一般经过4~6天即可出苗。出苗期的标准为幼苗出土高约2 cm。这个阶段土壤水分是影响出苗的主要因素,所以浇足底墒水对玉米产量起着决定性的作用。

(二)三叶期

植株第三片叶露出叶心2~3 cm。三叶期是玉米一生中的第一个转折点,玉米从自养生活转向异养生活,种子贮藏的营养耗尽,称为"离乳期",这是玉米苗期的第一阶段。种子的大小和播种深度与幼苗的健壮有很大关系,种子个大,贮藏营养就多,幼苗就比较健壮;而播种深度直接影响到出苗的快慢,出苗早的幼苗一般比出苗晚的要健壮,据试验,播深每增加2.5 cm,出苗期平均延迟一天,因此幼苗就弱。

(三)拔节期

拔节是玉米一生的第二个转折点,由于拔节期植株根系和叶片不发达,吸收和制造的营养物质有限,幼苗生长缓慢,主要是进行根、叶的生长和茎节的分化。玉米苗期怕涝不怕旱,涝害轻则影响生长,重则造成死苗;轻度的干旱,有利于根系的发育和下扎。植株雄穗在拔节期开始伸长,茎节总长度达2~3 cm,叶龄指数30左右。

(四)小喇叭口期

雌穗进入伸长期,雄穗进入小花分化期,叶龄指数46左右。植株有12~13片可见叶,7片展开叶,心叶形似小喇叭口。

(五)大喇叭口期

这是营养生长与生殖生长并进时期,这时玉米的第11片叶展开,上部几片大叶突出,好像一个大喇叭,此时植株已形成60%左右,雄穗已开始进行小花分化,是玉米穗粒数形成的关键时期,这时如果肥水充足有利于玉米穗粒数的增加,是玉米施肥的关键时期。施肥量约占施肥总量的60%左右,主要以氮肥为主,补施一定数量的钾肥对穗粒数的发育也很重要。该时期叶龄指数60左右,雄穗主轴中上部小穗长度达0.8 cm左右,棒三叶甩开呈喇叭口状。

(六)抽雄期

此期标志着玉米由营养生长转向生殖生长,是决定玉米产量最关键时期,也是玉米一生中生长发育最快,对养分、水分、温度、光照要求最多的时期。因此,抽雄期是灌溉、穗肥追肥的关键时期,此时植株雄穗尖端露出顶叶3~5 cm。

(七)开花期

这是对高温最敏感的时期。为减轻高温对这部分夏玉米的危害,有条件的可以采取灌水降温、人工辅助授粉、叶面喷肥等措施。植株雄穗开始散粉。

(八)吐丝期

玉米雌穗花柱一般在雄花始花后1~5天开始伸长。玉米花柱受精能力一般可保持7天左右,以抽丝后2~5天受精能力最强。抽丝后7~9天花柱活力衰退,11天几乎丧失受精能力。花柱在受精后停止伸长,2~3天后变褐枯萎。玉米抽穗开花期遇严重干旱或持续高温天气,不仅导致雄穗开花散粉少,还会导致雌穗抽丝延迟,使花期相遇不好,以致授粉受精率低。此时,植株雌穗的花丝从苞叶中伸出2 cm左右。

(九)籽粒形成期

自受精至乳熟期止,一般为15天左右,果穗和籽粒体积增大,籽粒呈胶囊状,胚乳呈清浆状,故又称灌浆期。此期末,籽粒体积达到成熟体积的 75% 左右,粒重约为最大干物重的 10%,籽粒的水分变动在 80%～90%,处于水分增长阶段,果穗轴基本定长、定粗。

(十)成熟期

1. 乳熟期 自乳熟初期至蜡熟初期为止。一般中熟品种需要 20 天左右,即从授粉后 16 天开始到 35～36 天止;中晚熟品种需要 22 天左右,从授粉后 18～19 天开始到 40 天前后;晚熟品种需要 24 天左右,从授粉后 24 天开始到 45 天前后。此期各种营养物质迅速积累,籽粒干物质形成总量占最大干物重的 70%～80%,体积接近最大值,籽粒水分含量在 70%～80%。由于长时间内籽粒呈乳白色糊状,故称为乳熟期。植株果穗中部籽粒干重迅速增加并基本建成,胚乳呈乳状后至糊状。

2. 蜡熟期 自蜡熟初期到完熟以前。一般中熟品种需要 15 天左右,即从授粉后 36～37 天开始到 51～52 d 止;中晚熟品种需要 16～17 d,从授粉后 40 天开始到 56～57 天止;晚熟品种需要 18～19 d,从授粉后 45 天开始到 63～64 天止。此期干物质积累量少,干物质总量和体积已达到或接近最大值,籽粒水分含量下降到 50%～60%。籽粒内容物由糊状转为蜡状,故称为蜡熟期。植株果穗中部籽粒干重接近最大值,胚乳呈蜡状,用指甲可以划破。

3. 完熟期 蜡熟后干物质积累已停止,主要是脱水过程,籽粒水分降到 30%～40%。胚的基部达到生理成熟,去掉尖冠,出现黑层,即为完熟期。一般以全田 50% 以上植株进入该生育时期为标志。完熟期是玉米的最佳收获期,此期植株籽粒干硬,籽粒基部出现黑色层,乳线消失,并呈现出品种固有的颜色和光泽。

三、生育阶段

在玉米生长发育过程中,从营养生长和生殖生长的角度,合并一些"时期",即可分为一些"阶段"(Phase)。如图 2-1 所示。

(一)生育阶段的划分及其与生育时期的对应关系

一般可分为营养生长阶段、营养生长与生殖生长并进阶段、生殖生长阶段。

吴东兵等(1995)介绍了他们的试验研究。在中国北方旱农地区,玉米的播种—拔节、拔节—抽雄、抽雄—成熟是玉米的 3 个生育阶段。

1. 苗期阶段(播种—拔节) 是以生根、长叶、茎节分化为主的营养生长阶段。以根生长为中心,是决定玉米叶片数和节数的时期。夏玉米早、中、晚熟品种约 20 d、25 d、30 d,套种约 35 d,春播 40 d 左右。在苗期阶段,长出的节根层数约达总节根数的 50%,展开叶数约占品种总叶数的 30%。在苗期,壮苗的个体长相是根系发达、叶片肥厚、叶鞘扁宽、苗色深绿、心叶重叠;群体表现则是苗全、苗齐、苗匀、苗壮。为此,田间管理的中心任务是促进根系发育,培育壮苗,达到苗全、苗齐、苗壮的要求,为玉米生产打好基础。在大田条件下,一般土壤水分不足,温度偏低,是影响玉米发芽出苗的主要环境因素。

2. 穗期阶段(拔节—抽雄) 穗期营养器官(根、茎、叶)生长和生殖器官(雄穗、雌穗)分化同时进行,是营养生长与生殖生长并进阶段。此阶段体内营养物质迅速向茎、叶和雄穗、雌穗输送,穗分化前期光合产物以供给茎叶为主,后期逐渐转向雄穗和雌穗,并且节根层数增加 3～5 层,占总层数的 50% 以上。各节间长度与粗细基本定型,70% 的叶片伸出并展开;同时,雌雄穗的分化过程接近(或全部)完成,是玉米一生中生长发育最盛的阶段,也是田间管理的关键时期。田间管理的主要目标是增加穗部以上叶面积,提高茎秆强度,加强肥水调控,防止抽雄期缺水,达到控秆、促穗,植株健壮,根系发达,气生根多,基部节间短粗,叶色深绿,叶片挺拔有力的丰产长相,为穗大粒多打好基础,同时要注意防治玉米螟。

3. 花粒期阶段(抽雄—成熟) 该阶段营养体停止生长,植株进入以开花散粉、受精结实和籽粒建成为中心的生殖生长阶段。此时绿色器官开始减少,根系功能进入衰退期,营养器官内的贮物质开始输出,籽粒干物质的85%~90%来自于此期的光合产物。田间管理的主要目标是延缓叶片衰老,提高光合强度与光合转化效率,减少籽粒败育,增加成粒数和粒重,达到丰产的目的。此期田间管理的主要技术措施是追施粒肥,适当晚收。

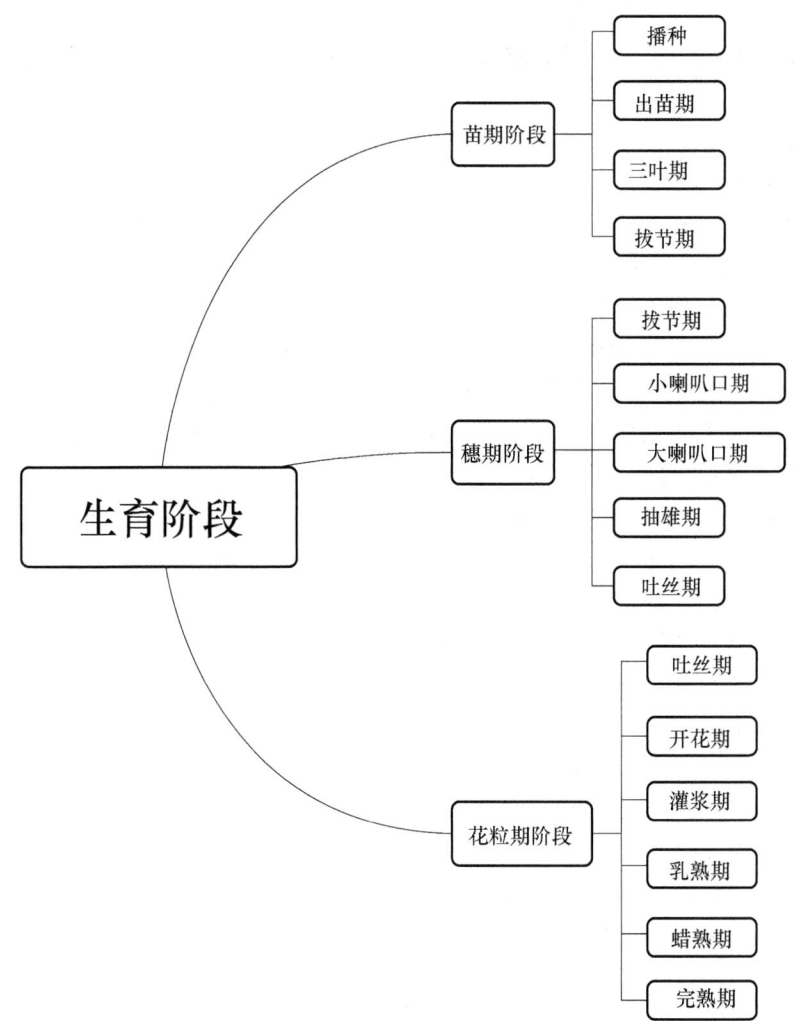

图 2-1 玉米生育期与生育阶段的对应关系(王成雨,2021)

(二)玉米栽培中各阶段的主要措施

1. 播种—拔节阶段的主要措施
(1)选地 玉米根系发达,适应性也强,对土壤种类的要求不严格。但是玉米植株高大、根系多,要从土壤中吸取大量的水分和养分,所以一般要选择地势较平坦、土层深厚、质地疏松、通透性好、肥力中等以上、保水保肥力较好的地块,才能获得较高的产量。

(2)选用良种　选用良种是保证玉米高产的前提,应按照当地的实际要求,选择具有早熟、高产、株型紧凑、抗倒伏、抗病能力强等特点的品种为好。选种时一般根据热量资源条件、生产管理条件、前茬种植作物、种子外观和当地降水及积温选择适合该区种植的玉米品种。

(3)配方施肥　要想玉米栽培获高产,就必须了解玉米生长发育各阶段对氮、磷、钾肥料的吸收规律,合理及时施肥是玉米高产的关键。一般来说,每生产 100 kg 玉米籽粒,需从土壤中吸收氮素 2.8~3.0 kg、磷素 2.1~2.5 kg、钾素 2.5 kg。其中春玉米吸收氮素 3.74 kg、磷素 1.14 kg、钾素 3 kg;套种玉米吸收氮素 2.5 kg、磷素 1.1 kg、钾素 2.6 kg。

根据玉米的施肥特点,玉米的施肥技术可概括为:重基肥、轻种肥、抓追肥,合理施用锌、锰等微肥。

① 重基肥　玉米施用基肥,以农家肥料为主,应占总用量的 60%~70%,要把全部磷肥、钾肥作为基肥施用。

② 轻种肥　玉米种肥,一般用腐熟农家肥配合过磷酸钙,腐熟农家肥每亩用量 500~1000 kg,过磷酸钙 10~15 kg。用氮肥作种肥时,可用硫酸铵 10 kg 或尿素 5 kg,要避免肥料与种子直接接触,以免伤害幼苗。

③ 抓追肥　玉米追肥应用速效氮肥,配合少量速效磷、钾肥。一般追肥分 3~4 次进行。第一次追肥,在玉米长出 5~7 片叶时进行,以氮肥为主,每亩施氮素 5 kg,也可用腐熟厩肥等在秆株 7~10 cm 处开沟条施或穴施。第二次为壮秆肥,在玉米拔节时施用,这次追肥仍以氮肥为主,可配适量钾肥,肥料用量与第一次相似。第三次为穗肥,在玉米抽穗前施用,此期正是玉米花芽分化和幼穗发育阶段,需要养分较高,追肥效果最为明显,这次追肥应以速效氮、磷为主,每亩施尿素 10~20 kg。第四次为籽肥,在开花授粉后施用,仍以氮肥为主,若基肥施足,氮、磷、钾肥料配比合适,此次追肥也可不施。

④ 合理施用锌、锰肥　试验表明,玉米每亩用硫酸锌 1 kg 与 20~25 kg 细土混匀后撒于地面作基肥用,一般施锌比不施锌可增产 11.6% 左右。

(4)适时播种,合理密植

① 适时播种　春玉米 4 月下旬 5 月上旬播种,8 月下旬可收获;夏玉米于 6 月上中旬播种,9 月中下旬收获;秋玉米于 7 月中旬播种,10 月中下旬收获。适合玉米播种的土壤温度为土壤 5 cm 地温稳定到 10 ℃ 以上。

② 合理密植　每亩 4500~5500 株左右为玉米最佳播种密度。密度过低会造成玉米因穗数不足而减产,密度过高则会造成玉米倒伏而减产。玉米的栽种一般采用等行距播种,行距为 0.6 m。

(5)加强田间管理

① 查苗、补苗、间苗、定苗　是玉米苗期主要管理工作。玉米出苗后应及时进行查苗、补苗、间苗、定苗,防止幼苗争光争肥,相互拥挤浪费水分及养分。正常玉米长到 4~5 叶是间苗的最佳期,间苗必须按照间密留稀的原则,留壮苗去病株,留大去小。

补苗一般采取两种方法,一是移苗补栽(若移栽的苗过大,成活率便会降低,因而移植的苗一般都要求在 3 叶期内完成),移栽后应及时浇足水,定好根。二是补种,为提高出苗速度,一般采用浸种催芽后播种。

② 化学除草　玉米播后苗前,如果土壤墒情比较适宜,可使用除草剂对土壤进行封闭除草,一般选择48%玉草灵或者40%乙阿合剂等。对于夏播玉米,为使麦秸覆盖地块也具有较好的封闭除草效果,可适当增加兑水量。

③ 防治害虫　地老虎是苗期主要的虫害,地老虎的危害主要是咬断幼苗近地面的茎部,使植株死亡,造成缺苗断垄,防治地老虎一般可用50%巴丹可湿性粉剂拌炒香的米糠或麦麸以1∶50均匀撒在玉米地中诱杀幼虫。

2. 拔节—抽雄阶段的主要措施　从拔节到抽雄这个过程,经历一个月左右,称为玉米穗期。这一阶段的玉米生育特点是除了根、茎、叶迅速生长之外,雌、雄穗开始分化,且速度较快。可以说这一时期是玉米一生中生长发育最旺盛的时间,同时也是决定玉米穗数、穗粒大小的重要阶段。因此,这阶段在管理上要科学灌溉、合理施肥,协调生殖生长与营养生长的矛盾,促秆壮穗,从而实现穗大粒多。

(1)及时拔除弱株、小株　及时拔除弱株、小株和无效株,因为这些弱株、小株不但没有结实能力,还与其他植株争夺光热水肥等环境资源,且不利于田间通风透光,造成病虫害发生严重,所以对于这些弱株、小株要尽早拔除。

(2)及时追肥　穗期是玉米一生中生长发育最快、需肥需水最多的时期,尤其是大喇叭口期是决定穗分化的关键时期,因此,穗肥充足的养分供应对玉米高产非常关键。

具体的施肥时期以及施肥方法是:当玉米长到8~10片叶时,可以采用沟施或穴施的方法追施尿素,每亩可追施20~25 kg,为了增加粒数和粒重,在玉米抽雄至吐丝期要进行2次施肥,补充养分。一般情况下,结合浇水每亩可追施尿素5~7 kg。

(3)做好排灌工作　玉米穗期的灌水一般要进行2次:第一次是在大喇叭口前后;第二次是在抽雄前后。灌溉时要结合不同生长期的特点进行,如:第一次要结合追肥进行灌溉。第二次灌溉水量要充足。如果遇到多雨的夏季,为了防止土壤中水分过多,要及时进行排水防涝工作。

(4)做好病虫害防治　夏玉米中期生长阶段,主要的病虫害有:大斑病、小斑病、褐斑病、锈病、玉米茎腐病、玉米螟、蚜虫和红蜘蛛等。对于大斑病、小斑病的防治,在发病初期可以使用50%扑海因、10%世高、70代森锰锌等杀菌剂,连续施用2~3次,每次间隔一周的时间。褐斑病和锈病的防治,发病初期可使用粉锈宁可湿性粉剂1000~1500倍液或多菌灵500倍液喷雾,连续施用2~3次,若是在孢子高峰期,使用的药物有:敌锈钠原液250~300倍、退菌特可湿性粉剂800倍液等,连续施用2~3次,每次间隔一周时间。玉米螟一般发生在小喇叭口和大喇叭口期,因此,可以在这两个时期使用辛硫磷颗粒剂、晶体敌百虫1500~2000倍液、辛硫磷乳油3000~4000倍液等药物进行防治。蚜虫和红蜘蛛的防治,可分别采用氧化乐果乳油1500倍液、吡虫啉可湿性粉剂1000倍液和阿维菌素2000~3000倍液、哒螨灵2000~3000倍液等药物进行防治。

3. 抽雄—成熟阶段的主要措施　抽雄到成熟经历50天左右,称为玉米的花粒期阶段。这时期田间管理的主要目的是增加粒数、提高粒重,促使玉米增产增收。主要任务是养根护叶、提供充足的养分、防止早衰、提高灌浆强度。

(1)及早补肥　通过多年生产实践证明,玉米吐丝后,土壤肥力会有一定程度的下降,植株下部的叶片开始发黄,有明显的脱肥迹象。此时的施肥量不宜过多,约占总追肥量的10%即可,或每公顷用尿素7.5 kg进行叶面喷施,用以增加光合能力。也可用0.4%~0.5%磷酸二氢钾溶液进行喷施,补施攻粒肥。促使根系活力旺盛,养根保叶,植株健壮挺拔,预防叶片早衰。

(2)合理浇灌　玉米花粒期植株的需水量比较大,此时如果缺水,则会受精不良,叶片早衰,光合作用与养分运输能力下降,致使败育粒增加,粒重下降。在此期间如遇干旱,须在开花后9~11天及时进行浇水,而此时的土壤水分应保持在田间持水量的70%~80%,乳熟至蜡熟期应保持在65%~75%。在此期间雨水也不能过大,否则会造成土壤水分过多,氧气供应不足,使根系作用受到抑制,植株容易倒伏,进而影响到光合作用和籽粒灌浆,因而在玉米生长后期也要随时注意田间排涝。

(3)人工去雄授粉　人工去雄和授粉是促进玉米早熟的一项简而易行的增产措施。去雄要掌握好时机,切忌过早或过晚。一般在雄穗抽出1/3、长5~7 cm时进行,选在上午露水干后去雄为最佳,但要注意地边须保留2~3行的玉米不去雄。为保证有充足的花粉量,通常是隔一行去一行,或者是隔一株去一株,但去雄数不得超过总数的1/2。高温和阴雨天气不要去雄,不然会影响到授粉导致减产。人工辅助授粉的时间应在雄花盛开、大多数雌穗花柱露出后,选择晴朗无风的天气,在上午露水干后开始授粉。花丝抽出1~9天内均可受精,通常授粉2~3次,每次间隔4~5天。玉米授粉完成后,雄穗枯萎时,及时将田间的所有雄穗全都剪除掉。

(4)拔除空秆和小株　因田间少部分植株授不到粉而形成不结穗的空秆,还有些矮小的植株,为不让其与正常生长的植株争夺水分和养分,应尽快将其拔除。

(5)割除无效果穗　针对已不能成穗的小穗,为减少水分与养分的消耗,要及时地进行疏穗,将无效果穗、小穗、病穗等割除干净,以确保更多的养分和水分集中供给发育健壮的大果穗。

(6)放秋垄,除大草　打底叶放秋垄能够疏松土壤,消灭杂草。此项工作可在玉米灌浆后期进行,浅锄要求不伤根,有益于通风透光,提高地温,促进早熟。在玉米生长后期,底部叶片已开始老化、枯死。这时就要及时清除,以便增加田间通风透光度和减少养分的消耗,还可减轻病害的侵染。

(7)站秆扒皮　此法可促使玉米提前成熟1周左右,并降低其水分14%~16%,能增加产量4%~6%,还具有提高和改善玉米质量与品质的作用。扒皮时间一定要掌握好,太早会影响玉米灌浆,太晚又会失去本身的意义。最佳时间应该是在蜡熟后期进行,也就是籽粒具有一层硬盖时。

(8)防治虫害　玉米花粒期最易受到蚜虫的侵害。由于玉米抽雄和开花期的温度与湿度十分适合玉米蚜的滋生繁殖,加之其繁殖又非常快,这期间假如爆发,会导致玉米大幅度减产。因此,这一时期要重点对玉米蚜进行防治。药剂防治可选用50%抗蚜威可湿性粉剂3000倍液或40%乐果乳油1500~1900倍液,或20%甲氰菊酯乳油3000倍液等实施常规喷雾。也可以提前实施根区用药,每公顷可选用30%百威颗粒剂15 kg加入细土150~220 kg搅拌均匀,在蚜虫初发期开浅沟埋入植株周围,其药效可达一个月左右,也可与追肥相结合进行。

第二节　玉米栽培的有关生态基础

总体表现为气候条件对玉米生长发育和产量的影响。

一、温度对玉米生长发育的影响

(一)积温对玉米生产的影响

1. 玉米熟期类型的积温效应(具体见本章第一节)

郭庆法等(2004)及李青松等(2010)的研究中表明,在生产上一般把玉米分为特早熟(小于

80 d)、早熟(81～90 d)、中早熟(91～100 d)、中熟(101～110 d)、中晚熟(111d～120 d)、晚熟(121～130 d)、特晚熟(131 d 以上)7 种类型;各熟期所需的积温不同,特早熟需≥10 ℃有效积温为 1900～2100 ℃·d,早熟玉米在 2100～2300 ℃·d,中早熟品种在 2300～2500 ℃·d,中熟品种在 2500～2700 ℃·d,中晚熟品种需 2700～2900 ℃·d,晚熟品种需 2900～3100 ℃·d,特晚熟品种要在积温大于 3100 ℃·d 以上才能成熟。

2. 积温对玉米生长发育和产量的影响 积温作为反映作物生长发育和地区热量资源的指标,在作物品种布局、种植制度、引种、育种、生育期预测及病虫害防治等农业决策方面有着重要的应用。

钱春荣等(2020)研究表明,在热量资源充沛的北京,玉米营养生长和生殖生长阶段的积温需求随熟期延长呈递增趋势,而在热量资源有限的哈尔滨,营养生长阶段积温需求随品种熟期延长而增加,而生殖生长阶段积温随熟期延长而减少,熟期较长的品种通过自我调节生殖生长阶段的热量需求,对热量资源不足做出响应与适应。在热量资源有限的哈尔滨,中早熟品种可正常成熟,同时最大限度地利用热量资源,积温利用率平均 92.64%,积温生产效率平均 8.14 kg/(hm²·℃·d),而中晚熟品种存在不能正常成熟的风险;在热量资源充沛的北京,即使中晚熟品种,其积温利用率也仅有 75.50%,积温生产效率平均 7.19 kg/(hm²·℃·d),存在积温浪费现象;在哈尔滨地区,积温生产效率主要受播种至吐丝阶段的有效积温影响,而在北京地区,积温生产效率主要受出苗至成熟阶段的日平均气温影响。综上,东北春玉米区,为适应玉米全程机械化作业需求,不宜采用积温满贯型品种过度追求积温利用率,以留出 100～130 ℃·d 有效积温空间为宜;华北春玉米区可进一步提高积温利用率。

车向军(2020)研究表明,春玉米全生育期内平均气温呈上升趋势,上升速率为 0.6 ℃/10 a,积温呈增加态势,变化速率为 58 ℃·d/10 a,热量资源充足;稳定通过 10 ℃的日期为偏早出现趋势,变化速率为 6.3 d/10 a。春玉米全生育期日数呈现为缩短的响应特征,减少量为 1.7 d/10 a。因此,气候变化对春玉米种植较为有利,尤其热量资源增加,有利于拓展种植界限及提高产量。要充分利用气候资源,因地制宜,选择适合的品种及播期进行生产,同时要加强田间管理,充分挖掘气候增产潜力。

黄健熙(2019)为预测区域尺度的玉米成熟期,以 4 d 的 MODIS 叶面积指数产品(LAI)为数据源,选择黑龙江省、吉林省和辽宁省 3 省玉米为研究对象,结合农业气象资料和全球多模式集合预报资料(THOPREX interactive grand global ensemble,TIGGE),采用积温-辐射和 LAI 曲线积分面积两种模型,提前 10 d 对东北地区玉米成熟期进行逐日动态预测。结果表明,LAI 曲线积分面积模型的预测结果在时效和精度上均为最优,该模型决定系数 R^2 达到 0.87,均方根误差(RMSE)为 2.5 d,并且有效地克服了当前成熟期预测方法空间分辨率低和预测时效性差等局限性。LAI 曲线积分面积模型适用于大面积农作物成熟期预测。

王育红(2019)以早熟品种(JNK 728、DH 618)和中晚熟品种(XY 335,ZD 958)为材料,探讨不同播期对河南夏玉米生长发育和产量形成的影响。结果表明,在本试验设置的 6 个播期中,早熟品种均能安全成熟,而中晚熟品种 6 月 26 日以后不能正常成熟。随播期推迟,夏玉米生育期延长,主要延长了籽粒灌浆期,播期每推迟 5d,灌浆期平均延长 1.2d 以上;早熟品种产量先升高后降低,播期 T1～T4 处理产量差异不显著,中晚熟品种产量持续下降,T3 播期后减产达显著水平。株高随播期推迟呈先增高后降低趋势,穗位高随播期推迟呈波动性变化。早熟品种 JNK 728 和 DH 618 完熟时所需的有效积温为 2700～2800 ℃·d,中晚熟品种 ZD 958 和 XY 335 完熟时所需的有效积温为 2800～3000 ℃·d。本地区夏玉米适期早播利于高产形成,过晚播种减产达极显著水平。

王彦坡(2019)研究表明,豫南平均每公顷土地生产100 kg玉米籽粒需要0.70~0.94 d生长时间、18.58~24.55 ℃·d积温、4.57~6.03 h光照时长;豫中平均每公顷土地生产100 kg玉米籽粒需要0.94~1.28 d生长时间、24.73~32.67 ℃·d积温、5.81~8.14 h光照时长;豫北平均每公顷土地生产100 kg玉米籽粒需要0.73~1.21 d生长时间、19.41~31.81 ℃·d积温、5.26~8.93 h光照时长。整体而言,豫南玉米光温资源利用能力最强,豫中最弱。玉米苗期光温资源需求量占生育期光温资源总量的20%稍低,穗期占20%稍高,花粒期占50%以上;花粒期是品种间生育期差距产生的主要生长阶段,与总生育期天数达到极显著正相关,而苗期和穗期与总生育期天数无显著相关性。

李磊(2018)得出,河北省夏玉米区玉米生育期内常年6月15日至10月5日期间的有效积温在1602.1~1738.7 ℃·d。在有效积温少的年份中晚熟品种郑单958、粒收1号不能在收获期达到生理成熟。早熟品种祥玉790、陕单638分别比郑单958吐丝期早7 d和2 d,生育期短15 d和9 d,有效积温少9.2%和4.8%。在光热资源有限的河北省夏玉米区,早熟品种比中晚熟品种适合机械收获。

陈辰等(2017)得出,随播期推迟玉米生育期缩短,播期每推迟1 d,生育期缩短0.35 d,生育期缩短主要表现在出苗至抽雄阶段。随播期推迟,玉米穗位高表现为先增加后降低的趋势,茎粗则逐渐减少,株高变化趋势不明显;玉米穗长、穗粗、穗粒数和百粒质量呈逐渐减少趋势;产量呈逐渐降低的变化趋势,播期每推迟1 d,产量减少0.7%~1.7%,主要是通过影响玉米百粒质量、穗粒数、穗长从而影响最终产量的形成。抽雄期至成熟期平均气温以及全生育期积温和气温日较差等气象因子对产量影响较大。一定范围内抽雄期至成熟期气温越高,越有利于玉米灌浆,结果产量越高;全生育期积温越多,气温日较差越大,玉米产量越高。

唐谷等(2016)研究结果表明,随着播期的推迟,玉米生长发育期积温降低,导致玉米全生育期缩短,但如果玉米生育后期温度过低则不能正常成熟;同时随着积温的降低,穗长缩短,穗粗减小,秃尖变长,行粒数减少,百粒重降低,从而导致产量下降,但因品种不同,各指标变化程度存在差异。

董红芬等(2012)研究结果表明,随播种期推迟各阶段生育进程加快,播种期推迟30 d,播种至出苗天数缩短4 d;出苗至抽雄天数各品种间表现不同,先玉335缩短11 d,郑单958缩短8 d,浚单20缩短3 d。随播期的推迟株高和穗位高增高,总叶片数和穗上叶片数不变;秃尖增长,行粒数减少,穗长、穗粗和穗行数不变;籽粒长度减小,宽度不变,千粒重和容重降低,播期对千粒重的影响大于容重。产量与玉米生长期有效积温呈正相关。

赵俊娇等(2017)试验表明,玉米出苗和营养生长速率随温度增加而加快,平均气温分别与玉米出苗速率和生长速率呈正相关,气温每升高1 ℃,出苗速率提升17%,营养生长速率提升5%;积温分别与玉米叶面积、生物量积累和产量呈显著相关性。不同播种期叶面积指数、生物量和产量分别与积温呈线性相关,积温每增加100 ℃·d,玉米最大叶面积指数、生物量和产量分别增加0.4、162 g/m²、591 kg/hm²。

(二)玉米不同生育时期的温度条件

1. 玉米种子萌发和出苗的三基点温度 三基点温度是作物生命活动过程的最适温度,最低温度和最高温度的总称。在最适温度下,作物生长发育迅速而良好;在最高和最低温度下,作物停止生长发育,但仍能维持生命。如果继续升高或降低,就会对作物产生不同程度的危害,直至死亡。而玉米生长的最低温度为8~10 ℃,最适温度为30~32 ℃,最高温度为40~44 ℃。

2. 不同生育时期或阶段的温度条件 根据李长顺(2010)的研究可知。

(1)播种至出苗 春玉米生产上常把5 cm耕作层的地温稳定在10 ℃以上时作为玉米开始播种的温度指标,玉米种子在10 ℃以上时就会吸胀萌动。发芽最适宜的温度为20~30 ℃,在25~30 ℃发芽速度最快,在最适宜的温度区间幼苗长势强,出苗整齐,出苗全,不易造成缺苗断垄,可为以后的产量打下基础。

(2)出苗至拔节 玉米出苗的适宜温度为15~20 ℃,温度过低生长缓慢,温度过高苗旺而不壮。玉米苗期对温度极为敏感,这一时期最适宜生长的温度为20~30 ℃,下限温度为6~10 ℃,上限温度为35~40 ℃;在适宜的温度范围内温度越高出苗和生长的速度越快,春玉米播期推迟有利于出苗,但在生长期短的地区(无霜期短)不利于灌浆成熟,容易使玉米在生育后期遭受低温霜冻。

由于玉米苗期是以根系生长为主,因此,土壤温度状况对根系的生长发育有很大影响。土壤温度在20~24 ℃时,玉米根系发生较快,且较为健壮。而当土壤温度较低时,即使气温适宜,也会影响玉米根系的代谢活动,影响磷向地上器官的转移和各种含磷有机物的合成。磷素营养不足,又影响植株体内的氮素代谢,致使玉米苗色变黄、变红,同化作用减弱,生长迟缓。当地温下降到4.5 ℃时,玉米根系完全停止生长。玉米苗期对低温有一定的抵抗能力。如幼苗在−3~−2 ℃时虽然会受到伤害,但如果及时加强管理,或低温持续时间短,气温回升快,植株还可恢复生长,对产量影响不会很大。

(3)拔节至抽穗 春玉米在日平均温度达到18℃时开始拔节,这时期玉米的生长速度在一定范围内与温度成正相关,即温度越高,生长越快。穗期在光照充足、水分、养分适宜的条件下,日平均温度在22~24 ℃时,既有利于植株生长,也有利于幼穗发育。玉米进入拔节期,幼穗开始分化;在整个拔节孕穗期,温度在10 ℃以下玉米穗分化几乎停止,30~35 ℃幼穗分化时由于温度过高,所需生长的营养物质积累不够,光合速率增高而幼穗得不到足够的养分,反而使穗分化数目减少,导致有效穗数少、穗粒数少。

(4)抽雄至授粉 玉米花期要求日平均温度为26~27 ℃,此时空气湿度适宜,可使雄、雌花序协调,授粉良好。温度过低,在18 ℃以下时,不开花不吐丝。当温度高于32~35 ℃,空气湿度接近30%,土壤田间持水量低于70%时,雄穗开花持续时间减少,雌穗吐丝期延迟,而使雌、雄花序开花间隔拖长,易造成花期不遇。同时,由于高温干旱,花粉粒在散粉后1~2 h内即迅速失水(花粉含60%水分),甚至干枯,丧失生长能力;花丝也会过早枯萎,寿命缩短,严重影响授粉,而造成秃顶、缺粒。因此,及时灌水,提高土壤湿度,改善田间小气候,可以减轻高温干旱的影响。

郭庆法等(2004)指出,在21.8~25 ℃,温度每降低1℃,可使吐丝期延迟4 d。西北地区春玉米在22~26 ℃玉米吐丝和开花基本能如期进行,而在18~22 ℃温度每降低1℃,玉米抽雄和吐丝延迟6 d,在25~32 ℃温度每升高1℃抽雄和吐丝缩短3 d。说明不同地域不同土壤条件不同品种在相同温度环境下抽穗开花对温度的反应也不一致。抽穗开花期间要求的最适宜温度也不一致。

一般正常气温条件下,玉米在上午09:00—11:00是散粉旺盛时间,而当每天早晨08:00时气温达到23 ℃以上时玉米就进入散粉盛期,散粉时间提前,结束时间也提前,吐丝速度加快,授粉时间也提前。

(5)授粉至成熟 玉米籽粒灌浆期间,要求有较适宜的温度,以促进同化作用。玉米灌浆结实期适宜温度为 22~24 ℃,在此范围内,温度越高,干物质积累速度越快,千粒重越高。反之,灌浆速度减慢,经历的时间也相应延长,千粒重降低。当温度低于 16 ℃时,玉米的光合作用降低,淀粉酶的活性受到抑制,从而影响淀粉的合成、运输和积累,使粒重减轻,产量降低。玉米籽粒发育期间,温度是决定籽粒灌浆速率和持续时间的主要因素。因为它影响了淀粉、蛋白质在胚乳中的积累速度,从而影响蔗糖卸载和淀粉合成,最终影响玉米籽粒的发育速度。

灌浆到成熟的上限温度为 28~30 ℃,下限温度为 6~10 ℃,在 24~30 ℃时灌浆速度下降,灌浆成熟的时间大大缩短,在 30~34 ℃就会出现高温逼熟现象,此时就已经产生热害,籽粒的淀粉、蛋白质等营养物质积累不够而籽粒的千粒重下降、成色差。

总之,温度最终影响玉米产量、质量的因素包括:穗数、穗粒数和粒重。穗数是玉米产量因素调节幅度比较大的因素,温度是影响玉米植株能否顺利制造并累积充足的营养物质输送到果穗间、在果穗中能否分布均衡的关键因素,高温、低温造成植株自身营养不充足,分配失调,从而形成空秆。除大自然气候条件影响之外,玉米生产上田间群体与个体之间是否协调也能导致玉米田间的温度变化。田间玉米植株群体与个体协调,则气温平稳适宜,有效穗数增多,产量就高,反之则低。

(三)低温和高温条件对生理活动的影响

1. 低温对玉米生理活动的影响 根据杨德军等(2011)、于飞(2013)、杨德光等(2018)的相关研究,在低温条件下,玉米种子的发芽率下降,发芽时间延长,不同品种发芽率差异显著。

在低温处理过程中,玉米苗期和孕穗期叶片及根系中超氧化物歧化酶(SOD)活性、过氧化氢酶(CAT)活性先升高后降低,叶片中 SOD、CAT 活性显著高于根系;苗期叶片中过氧化物酶(POD)活性先上升后下降,孕穗期叶片中 POD 活性呈降低—升高—降低的变化趋势,不同品种两个时期根系中 POD 活性的变化趋势有所不同,但总体来讲,都是呈先上升后下降的趋势,两个时期叶片中 POD 活性差异不大,根系中苗期 POD 活性显著高于孕穗期。

苗期叶片和根系中丙二醛(MDA)含量,随着低温处理时间的延长均呈上升趋势,叶片中 MDA 含量显著高于根系;孕穗期玉米叶片和根系中 MDA 含量变化趋势在品种之间有所不同,但随着低温时间的延长,在植株体内最终都是积累了大量的 MDA。

随着低温处理时间的延长,两个时期玉米叶片和根系中可溶性蛋白含量均呈单峰曲线变化。在低温胁迫后期,可溶性蛋白含量依然保持较高水平。

低温胁迫条件下,两个时期玉米叶片和根系中可溶性糖含量呈先上升后下降的趋势变化。

苗期玉米叶片中的脯氨酸含量呈逐渐上升趋势,而根系中脯氨酸含量则先上升后下降,与孕穗期玉米叶片和根系中的脯氨酸变化情况相同,耐寒性强的品种,在整个处理过程中,脯氨酸含量一直保持较高水平。

低温胁迫使叶绿体损伤,叶绿体膜消失或破裂,基粒片层结构模糊不清,有的基粒片层结构的分布发生变化,由垂直于膜向堆积变为平行于膜向堆积,降低玉米的光合作用。

低温胁迫使玉米根系活力下降,耐寒性强的品种,随着低温处理时间的延长,根系活力降幅小,苗期的根系活力显著高于孕穗期。

2. 高温对玉米生理活动的影响 高温同样会给玉米带来影响,不利于玉米的生长发育。根据 Dekov 等(2000)、Mohammed 等(2009)、Rang 等(2011)、Lu 等(2013)、郭文建等(2014)、刘海等(2014)、刘如香(2019)、陈岩等(2019)研究表明:

在高温条件下，幼苗叶片内的丙二醛和游离脯氨酸含量随着温度的升高而增大，温度越高，其叶片内含量越多。幼苗叶片蛋白质含量随温度的升高而递减。叶片中的 SOD 和 POD 活性随着温度的升高，胁迫时间增加，呈先升后降的变化趋势，且温度越高，变化趋势越明显。

高温抑制花药开裂影响散粉，高温使小孢子缺少淀粉而抑制花粉萌发，高温还会抑制花粉管的伸长，花药和花粉异常最终导致作物育性降低。高温下玉米花丝枯萎，散粉受阻，花粉失活，最终使结实率大大下降。高于 32 ℃的气温将对玉米生产造成影响，而超过 38 ℃会严重阻碍玉米授粉。

温度升高可以增加籽粒的灌浆速率，但是高温会缩短灌浆期，导致玉米减产。

高温会降低叶绿素含量、破坏叶绿体膜系统、降低或破坏光合相关酶的活性。高温胁迫下，玉米叶片内叶绿素 a、叶绿素 b 和类胡萝卜素的含量都会下降，下降趋势随着胁迫时间和胁迫温度的增加而愈加明显，超过 40 ℃时下降趋势最为明显。高温下，玉米相对含水量和净光合速率都会下降，净光合速率的下降可能是由于高温下叶绿体膜和内囊体损伤导致的。此外，光合作用相关的一些酶活性在高温下会受到抑制，比如二磷酸核酮糖羧化酶（Rubisco）和 Rubisco 活化酶。高温导致过氧化氢酶活性降低。高温还会对玉米籽粒中 3-吲哚乙酸（IAA）、玉米素核苷 ZR、赤霉素（GA3）的含量造成影响，高温显著降低强、弱势籽粒中 IAA 和 ZR 含量，高温对强势籽粒 GA3 含量影响较小，却在弱势籽粒中显著提高 GA3 含量。热胁迫会使玉米积累 HSPs，扰乱玉米蛋白质、膜系统和细胞骨架的稳定性，热胁迫还会引起玉米一系列的代谢过程发生紊乱，产生一些有毒的物质，比如活性氧 ROS。玉米籽粒灌浆期热胁迫会降低粒重，影响淀粉的积累，与此同时会增加蛋白质含量、淀粉粒大小、不正常淀粉粒数目和对碘的结合能力，最终会影响淀粉的黏性和热力性质。

所以在玉米的生长过程中，过低或过高的温度都会对玉米产生各方面的影响，不利于玉米产量的稳定提高。

二、光照对玉米生长发育和产量的影响

（一）光周期（日长）的影响

玉米是短日照植物。但又是不典型的短日照植物。不同的品种类型对短日照条件的敏感程度不同，故总体上玉米能种遍全国各地。在北方高、中纬度长日照地区，玉米一般是对短日照钝感的品种类型。

史桂荣等（2004）介绍，曾选用黑龙江省的主栽玉米品种作为试验材料，在玉米的生育期间进行遮光处理，对其光周期的敏感性进行了研究。结果表明，不同品种对遮光处理的反应不同，且同一品种的不同性状反应也不同。9 叶期至抽雄期的间隔时间长短是光周期的敏感性状。

朱正梅等（2009）对 37 个不同的玉米基因型进行长短 2 个光照处理，得到 9 个性状的光周期敏感指数，并进行主成分分析。结果是 9 个性状的光周期敏感程度的顺序分别为株高＞茎粗＞叶面积＞抽雄期＞总叶片数＞散粉期＞吐丝期＞穗位高＞雄穗分枝数。

任永哲等（2005）以热带玉米自交系 CML288 和温带玉米自交系黄早四为材料，研究了它们在 9 h 和 15 h 光周期处理后的反应和热带自交系 CML288 在不同时期两种日照挪动处理下的光周期反应。研究结果表明，不同材料对光周期的敏感程度不同，CML288 对光周期的反应非常敏感，黄早四相对不敏感。CML288 在 9 h 的短日照条件下 7 片叶时期是其光周期反

应的敏感时期,在15 h的长日照条件下9片叶时期是其光周期反应的敏感时期。

刘永建等(1999)研究了7个国际玉米小麦改良中心(CIMMYT)玉米种质群体在四川生态环境下主要农艺性状的遗传变异和光周期敏感性。结果表明,在四川生态环境下,7个CIMMYT玉米种质的13个主要农艺性状在群体间都存在极显著的差异,且在群体内存在丰富的遗传变异,可以用来拓宽中国现有的玉米种质遗传基础。7个CIMMYT玉米种质在四川生态环境下存在不同程度的光周期敏感性。墨白961、墨白963和墨白962属光同期敏感型种质,墨白968属中度光周期敏感型种质,这两类种质由于有较强的光周期反应。

陈彦惠等(1999)通过对中国农业科学院张世煌博士1996年引自CIMMYT 8个热带、亚热带群体961~968在郑州生态条件下的表现进行鉴定和评价,结果表明,8个热带、亚热带群体的光周期敏感性存在着明显差异。961、962、963表现出光周期敏性强的特性;964、966、968敏感程度次之;965光敏感程度较低,基本能够适应郑州的生态条件;967光敏感程度最低,是一个特殊的热带材料。

孙雄松等(2009)通过3个对光周期不同敏感型的玉米品种进行光周期试验,研究了光周期对玉米的营养生长及其氮、磷、钾养分吸收及利用率的变化。结果表明,光周期对敏感型青饲玉米品种华农1号的地上部营养生长、根系生长和养分吸收有显著的调控作用,而对相对不敏感型的青饲玉米品种粤农9号的调控作用则不显著。华农1号在长日照条件下根干物重较短日照条件下增幅为390.38%,光周期相对敏感型品种大暑麦的增幅为119.34%,粤农9号的增幅为45.47%;华农1号和粤农9号吸收的氮总量分别增加了42.42%和12.38%,吸收磷总量分别增加了171.76%和12.23%,吸收的钾总量分别增加了319.27%和62.42%。试验结果还表明,随着光照时数的延长,光周期敏感型品种在长日照条件下的氮养分利用率提高了,而磷、钾养分利用率却与光周期敏感特性无显著直接关系。

张凤路等(2001)以典型的热带、亚热带、温带和高原玉米种质为材料,采用人工延长光照的方法,观测了各类种质对长光周期的反应。结果表明,随光周期由13.3 h延长至17.5 h,不同生态型玉米种质表现出相同的变化趋势,即:株高、穗位高增加,雄穗开花期及叶片衰老期延迟,雌雄穗开花间隔加长,单株穗数降低,总叶片数增多。不同生态类型种质对长光照敏感性表现为温带玉米＜高原玉米＜亚热带玉米＜热带玉米。

(二)光照强度的影响

王洋等(2008)盆栽试验结果表明,参试品种的耐阴性存在明显的品种间差异。遮阴条件下,产量降低程度与品种有关。

陈涛等(2016)的试验结果表明,遮阴显著影响春玉米雌穗发育,造成散粉和吐丝期推迟,导致散粉吐丝间隔期延长3~15 d;遮阴显著降低春玉米干物质积累,籽粒产量下降50%以上(50.8%~87.0%);密植条件下春玉米穗部特性和产量性能受遮阴的影响显著高于稀植栽培;不同玉米品种相比,紧凑型品种的穗部特性和产量受遮阴和种植密度的影响低于平展型品种,紧凑型品种对生态环境变化的适应性较强,耐阴性和耐密性表现出一致性。

高佳等(2017)介绍,2012—2014年,大田条件下选用玉米品种登海605(DH605)为试验材料,种植密度为67500株/hm²,设计花粒期遮阴(S)和花粒期增光(L)两个试验处理,遮光度为60%,阴雨天气下增光的光照强度可达到8万~10万 lx,以自然光照作为对照(CK),研究夏玉米根系生理特性、叶片光合性能、干物质积累量及产量对花粒期光照强度的响应。试验表明,花粒期遮阴导致玉米根系特性降低,产量降低;而补充光照有利于生育后期根系活性保持,显著提高籽粒产量。2012—2014年间,遮阴处理的产量较对照分别降低79%、61%和60%,增光处理较对照则分别增加13%、7%和15%。具体表现为花粒期遮阴处理使地上部功能叶片光合速率降低,干物质积累量减少,根冠比显著下降,根系直径和根长密度降低,根系总吸收面积和活跃吸收面积显著降低,致使夏玉米产量降低;花粒期增光处理则有利于玉米根系的健壮生长和根系活力提高,增光后根系总吸收面积和活跃吸收面积显著增加,即根系吸收能力增强,使产量显著提高。在花后20天、40天、成熟期,增光处理的0~30cm和30~60cm土层根系总吸收面积较对照分别增加17%、18%、17%和21%、27%、27%,根系活跃吸收面积分别增加11%、18%、17%和27%、33%、28%,有助于夏玉米植株从土壤中吸收更多的水分和养分来供给地上部的生长,增加穗数和千粒重,进而提高产量。试验结论是花粒期遮阴导致夏玉米生育后期根系特性降低和产量降低,而增光有利于保持根系活力和提高产量。针对近年来黄淮海区域夏玉米生育后期阴雨寡照天气频发的情况,本研究建议适当调整播期,使夏玉米生育后期避开阴雨天气;通过蹲苗或者合理的水肥调控措施,促进根系下扎和健壮生长,提高抗逆能力,以减轻阴雨寡照的不利影响。

李作一等(2017)研究了不同遮阴条件对玉米光合速率、蒸腾速率、气孔限制值、胞间CO_2浓度的影响。结果表明,遮阴率为25%(透光率75%)防雨棚中的玉米叶片日均净光合速率最高,比全光照条件高21.4%;全光照条件下,供试玉米的日均蒸腾速率最高;不同光照处理条件下,玉米叶片的胞间CO_2浓度随着透光程度的降低而不断降低,而气孔限制值则随着透光程度的降低而增加。

陈积豪(2018)试验表明,在玉米生育的不同时期,对其进行遮光对玉米的最终产量具有一定影响。2016—2017年玉米品种试验中,在相同的地点、同样的光照条件下,对所选取的玉米品种进行叶全展期(A1)、吐丝期(A2)、吐丝后15d(A3)进行遮光处理,将自然光照设定为对照组,运用统计学方式进行分析。实验结果表明,不同生育期遮光对玉米产量有不同的影响,遮光期会导致玉米产量降低,且遮光期越晚,玉米产量下降的幅度越大。

胡海军等(2019)以丹玉402、丹玉405、沈玉21和先玉335四个生态适应性不同的春玉米品种为试验材料,研究在50%遮阴条件下,不同春玉米品种根系发育、营养生长及产量形成的变化规律。结果表明,遮阴处理后,不同春玉米的根长、根表面积、根体积、根系直径及根干重等均呈下降趋势,且穗期遮阴处理较花粒期更为敏感。遮阴处理后,茎秆所占比重呈增加趋势,而雌穗的重量则明显降低,各品种产量均表现为明显的下降趋势;品种间对遮阴生态适应性的比较表明,生长发育前期遮阴,丹玉405、沈玉21较先玉335和丹玉402适应性强,而生长发育后期则相反。

王宁山等(2018)试验通过对不同类型的玉米品种进行遮阴处理(自然光照CK、30%和60%遮阴),营造不同的群体光分布环境,探究群体光照强度对玉米植株干物质积累和产量形成的影响,为玉米密植高产提供理论依据。结果表明,不同类型玉米品种经遮阴处理后,干物质积累受到较大影响。其中大喇叭口期至抽雄期干物质积累降低最为明显,且随遮阴程度的增加干物质积累量减少。导致营养器官的干物质向雌穗转移率降低,最终有效成穗率低,穗粒数少,玉米产量明显降低。

钱创建(2017)研究的试验材料是从同一个玉米高世代材料中分离出来的稳定品系A和B,它们是一对对弱光敏感性差异较大的遗传背景相似的稀有种质材料,在弱光下,不耐阴系A雌穗生长受阻,易产生严重空秆现象,耐阴系B则雌穗发育正常。主要结果如下:①弱光处理后,不耐阴系A和耐阴系B雌穗吐丝期、花粉活力、花粉萌发率、花粉萌发速率、雄穗鲜重与干重、雌穗发育均受到不同程度的阻碍,且 A 受弱光胁迫的程度大于 B(雄穗鲜重与干重除外);弱光降低了 A 的雄穗长度和雄穗小花数,增加了雄穗分枝数,B 则表现趋势相反。②遮阴处理 10 d、15 d 和 25d,自然光照和弱光处理下 A 的 P_n 均要显著低于 B,A 的 C_i 各时期均高于 B,结合 G_s 变化规律研究表明,不同光照环境下非气孔限制因素是 A 净光合速率低的原因之一,同时 B 的气孔受弱光胁迫影响小于 A。不同耐阴材料叶绿素荧光参数变化研究表明,不管是在自然光照还是弱光条件下 B 叶片 F_v/F_m、Y(Ⅱ)、ETR 和 qP 都比 A 高;弱光处理后,A 叶片的 F_v/F_m 在遮阴处理 10 d 降低,B 叶片的 F_v/F_m 则一直比自然光照条件下高,A 叶片的 qP 下降幅度大于 B,且 B 具有较为稳定的 qN 值。③自然光照条件和弱光处理条件下,耐阴系 B 的 α、rETRmax、Ik 分别是不耐阴系 A 的 1.03～1.21、1.04～1.46、1.00～1.43 倍和 1.05～1.24、1.07～1.26、1.14～1.56 倍,说明 B 可以承受弱光的能力大于 A,并且具有较高的光能利用率;弱光处理降低 A 的 Ik 值 0.01%～30.7%,对 B 的 Ik 作用除了后期(25 d)降低外,其他时期均起促进作用,较自然光照条件增加 0.06%～6.50%。④遮阴处理 10 d 和 15 d 不耐阴系 A 在弱光胁迫下叶绿素生物合成受阻部位是在 ALA 的生成途径,导致后面一系列前体物质含量的降低;耐阴系 B 的叶绿素含量降低是由于叶绿素前体物 Pchlide 向叶绿素生成和 PBG 向 Urogen Ⅲ 转化两个部位受阻所致。

张宏宇等(2017)在大田条件下,研究耐密型玉米品种中单 909 和非耐密型玉米品种丹玉 405 穗期不同遮阴条件下(S0,自然光照;S1,遮阴 44%;S2,遮阴 66%)玉米茎秆抗倒伏能力与产量的关系。结果表明,穗期遮阴后,两种类型玉米品种株高和穗位高升高;茎基部茎节单位长度、干重、穿刺强度、压碎强度、折断力度、产量和穗粒数均随遮阴程度的增加而减小,且非耐密型玉米品种下降幅度大于耐密型玉米品种。随弱光胁迫程度的增加,非耐密型玉米品种倒伏率明显高于耐密型玉米品种,非耐密型玉米品种较耐密型玉米品种对弱光反应敏感,千粒重和结实率下降是导致非耐密型玉米品种产量大幅降低的重要原因。

鲁晓民等(2014)为研究玉米抽雄期遮阴对产量的影响,筛选抽雄期玉米耐阴性评价的次级指标,采用模拟遮阴的方法,在抽雄前 5 d,对 30 个玉米自交系进行 50% 的遮阴和自然光照(对照)处理。结果表明,在遮阴条件下,大部分玉米自交系株高、穗位高增加,净光合速率下降,雌雄开花间隔(ASI)延长,导致产量大幅降低。以籽粒净质量作为主要选择指标,ASI 为次级选择指标,对 30 个玉米自交系的耐阴性评价结果表明,B73、郑 32、昌 7-2、浚 92-8 自交系为遮阴钝感型,浚 92-6、LX9801、吉 853、旅 28、郑 36、齐 319、丹 599 为遮阴中度敏感型,郑 58、沈 5003、掖 478、铁 7922、浚 9058、PH6WC、Mo17、E28、沈 137 为遮阴高度敏感型。

史振声等(2013)以易空秆和不易空秆的成对近等基因系沈农 98A、沈农 98B 和易发生空秆的玉米杂交种 D90、不易发生空秆的品种郑单 958 为试材,在田间种植条件下,通过人工遮阴方法进行不同强度的光照胁迫处理,研究不同耐阴性材料雌穗幼穗分化对光胁迫的反应差异。结果表明,不同耐阴性材料在遮阴胁迫下雌穗幼穗发育均受到很大影响,但不同耐阴性材料之间差异很大。易空秆的杂交种及自交系在轻度胁迫下,D90 幼穗长度减少 38.2%,结穗率减少 17 个百分点;沈农 98A 幼穗长度减少 35.8%,结穗率降低 78.7 个百分点。与杂交种相比,自交系的反应更为敏感,在 38% 遮阴胁迫下,沈农 98A 与沈农 98B 的幼穗长、结穗率、穗行数、行粒数和败育率产生明显差异;郑单 958 与 D90 在 60% 遮阴胁迫下幼穗长和结穗率差异开始明显,其他性状在 75% 遮阴胁迫下才有明显区别。

曹勇等(2018)以自然光的强度为对照(LCK),在遮光度分别为 38%(L38)、55%(L55)、77%(L77)条件下进行了大田试验,测定了不同控光条件下春玉米全生育期土壤水分分布特征、棵间蒸发、叶面积指数与耗水量的变化规律。实验表明,控光条件下春玉米0~40 cm土壤层水分分布受到影响较大,随着控光程度的增加,土壤水分增加,全生育期,L77,L55,L38处理0~40 cm土层土壤含水率较LCK分别提高7.93%、5.54%、4.95%;春玉米日棵间蒸发强度随生长历时呈变小的趋势,全生育期L38、L55、L77处理平均日棵间蒸发强度较LCK处理分别减小9.17%、19.62%、29.34%;全生育期,春玉米耗水量在345.1~386.7 mm,随着光照强度减小,春玉米耗水量减小,L38、L55、L77比LCK减少3.3%、9.3%、10.8%;不同生育阶段春玉米耗水量不同,拔节期与乳熟期为主要耗水阶段,共占总耗水量的59.8%以上。控光条件有效减少了土壤水分消耗,降低春玉米棵间蒸发量,从而减少春玉米耗水。

(三)光质的影响

张曦文等(2018)认为,光质是影响玉米气孔功能形成的重要环境因素,探索其生物学作用对玉米发育机制具有重要的意义。以玉米杂交种先玉335(X-335)为供试材料,光环境分别设置660 nm的红光(R)、450 nm+660 nm的红蓝光组合(BR)、450 nm的蓝光(B)、425 nm+660 nm的紫红光组合(PR)、425 nm的紫光(P),并以白光(W)作为对照组。对6种不同光处理后的玉米叶片进行气孔生长状况、光合作用、叶绿素荧光参数测定。结果证明,除蓝光外,其他处理下的玉米气孔指数均低于白光,并且除红光外各光处理下叶面的气孔密度均高于白光,同时蓝光处理的玉米叶片净光合能力、气孔导度、蒸腾速率等参数高于白光及其他处理。紫光、蓝光、红光处理下玉米的PSⅡ最大和实际光合量子效率均低于对照组白光。

李沅媛(2017)通过恒温恒湿环境下生长箱玉米盆栽试验,设定两种水分湿、干(W、D),5种红蓝光组合(R、R/B=3、R/B=1、R/B=1/3和B),研究结果表明,无论何种水分处理,玉米在R/B=1处理P_n最大,株高为R最大,大致随着R/B增加呈上升趋势;干重表现为R/B=1最大,R/B=3次之,且复合光>R>B;生物量水分利用效率(WUEb)表现为R/B=3、R/B=1和R处理的显著高于其他处理。对W水分处理,G_s、T_r的大小趋势表现为R/B=1/3>B>R;R/B=1处理的叶绿素含量、叶面积最大,R/B=3处理的根冠比最大;在整个观测期耗水量随着蓝光比例增加而增加。对于D水分处理,G_s、T_r、叶绿素含量、叶面积在R/B=1处理最大,R/B=3次之;根冠比表现为R/B=3最大,R/B=1次之,R/B=1、R/B=1/3处理的耗水量最大,但各指标均表现为复合光>R>B。由此,高红光比例(R/B=3、R/B=1)处理有利于玉米的生长、生物量的累积以及水分利用效率的提高。在上述试验初步筛选出最佳红蓝光配比区间的基础上,保持温湿度和水分条件一致,设定2个灌溉水平(W、D)和6种红蓝光组合(CK,R/B=1、4、8、12和16),研究揭示了弱蓝光环境下R/B对玉米生理生态特性、植株生长、耗水过程及水分利用效率的影响规律。水分、R/B的独立作用对玉米耗水量、生物量、WUEb影响极显著($P<0.01$),水分和R/B耦合作用对作物耗水量、生物量、WUEb影响显著($P<0.05$)。无论何种水分处理,从节水、高产角度来看,R/B=16时为最佳组合。

邵青龙等(2015)试验结果表明:①光质对玉米中胚轴伸长有明显的抑制作用,黑暗条件下玉米中胚轴长度随幼苗生长而伸长,但不同材料的表现差异较大;在黑暗条件下,60个自交系的平均中胚轴长度为3.16 cm,最大为6.52 cm,最小为0.98 cm。63%的自交系的中胚轴长度集中在2~4 cm,中胚轴长度较长(>5 cm)的仅占13%,中胚轴长度与其鲜重、干重均呈极显著正相关。②光照处理对胚芽鞘的生长具有明显的抑制作用,其中白光连续照射处理对胚芽鞘生长抑制效果最为明显,光质对玉米胚芽鞘伸长的影响大小依次为:白光>红光>黄光=自然光>绿光>蓝光。

张善平等(2014)实验结果表明,阴天和模拟阴天条件下,各波段辐射能所占比例基本与晴天一致,但各波段光的绝对量均显著下降,其中蓝紫光下降最多。3种色膜处理中,蓝膜在蓝紫光和紫外光(300~510 nm)下降最少,且所占比例较自然光显著增加。不同色膜处理后,XY335和ZD958净光合速率(P_n)均显著下降,下降幅度表现为绿膜(G)>红膜(R)>蓝膜(B),XY335下降幅度为40.13%、32.68%、22.00%,ZD958为46.92%、37.69%、27.46%。与对照相比,各处理的气孔导度(G_s)显著下降,胞间CO_2浓度(C_i)却显著上升。这说明,不同光质处理P_n下降是由非气孔因素引起的。除XY335在蓝膜下外,两玉米品种叶片不同色膜处理下捕获的激子将电子传递到电子传递链中QA下游的电子受体的概率(Ψ_o)和以吸收光能为基础的性能指数(PIABS)均显著下降,下降的程度表现为绿膜>红膜>蓝膜,说明除XY335在蓝膜下表现出品种特异性之外,在不同的色膜处理下PSⅡ的性能均受到明显抑制,且不同处理对PSⅡ反应中心电子受体侧之后的电子传递链性能的抑制作用更大。除XY335在蓝膜下外,两品种不同光质处理叶片供体侧性能(W_k)和受体侧性能(V_j)均显著降低,这说明蓝膜对两品种PSⅡ供体侧和受体侧性能影响较小。而绿膜和红膜均显著降低了两品种PSⅡ供体侧和受体侧的性能,且绿膜下供体侧性能降低幅度大于受体侧,而红膜下反之。XY335和ZD958在不同色膜下PSI的最大氧化还原能力($\Delta I/Io$)和两光系统间的协调性($\Phi(PSⅠ/PSⅡ)$)均显著下降,表现为红膜>绿膜>蓝膜。故阴雨天气下,可见光波段中蓝紫光的减少使得玉米叶片光系统Ⅰ的性能显著下降,造成两光系统间的协调性下降,从而降低了光合电子传递链的性能,最终导致净光合速率的下降。

王云奇等(2015)研究结果表明,与CK相比,套袋处理显著增加了穗粒数,红袋和蓝袋对穗粒数的增加作用更显著;黑袋抑制粒重的增加,白袋、黄袋、绿袋显著促进粒重的增加;不同颜色的光对穗部性状都有改善作用,绿袋、白袋、红袋、蓝袋分别对穗长、穗粗、穗行数、行粒数的促进作用显著,白袋对籽粒败育的抑制作用显著;红袋和蓝袋使籽粒的体积分别增加18.8%、27.6%,其余处理抑制了籽粒体积的增加;白袋、红袋、黄袋、绿袋、蓝袋增加了籽粒的蛋白质含量,黑袋抑制籽粒对氮素的吸收和蛋白质的合成。改变灌浆期照射雌穗的光质可以改善穗部性状,减少籽粒败育,促进籽粒对氮素的吸收,从而实现产量的增加和品质的改善。

李续俊等(2011)以富友农大62号玉米种子为材料,研究不同光质处理(红光、远红光、蓝光)对玉米幼苗中胚轴长度的影响。结果表明,黑暗下中胚轴长度极显著高于各光质下中胚轴长度。

赫忠友等(1998)以温敏型雄性不育玉米和普通自交系玉米为材料,研究不同光照强度和光质对其雄穗育性的影响。结果表明,无论是温敏型雄性不育材料还是普通自交系玉米,在雄穗发育的小花分化期,光强在2.6万~6.6万lx的光照条件和红、蓝、白、黄等不同光质下,玉米的雄穗均不能正常发育,表现雄穗退化不育。这表明玉米的雄穗发育时期对弱光照和单色光质是非常敏感的。

黄锦峰(2019)研究结果表明,在红光环境下,玉米叶片光合速率下降,光合电子传递效率下降,光合作用减弱;单位面积内的气孔数量减少,气孔导度变小,叶片蒸腾速率减弱,胞间CO_2浓度降低。

三、气候条件的综合影响

崔耀平等(2018)利用经典的统计学方法分析2000—2013年中国夏玉米和冬小麦主要物候期的变化趋势和空间分布及作物生育期与对应水热条件的相关关系。研究发现,夏玉米和冬小麦各主要物候期均呈现一定程度的延后,其中64%的站点显示夏玉米成熟期延后。

冯倩等(2019)为探明大气CO_2浓度升高对旱作玉米不同生育期土壤碳氮及其组分的影响,以旱作春玉米为研究对象,基于田间定位试验,利用改进的开顶式气室(OTC)模拟大气CO_2浓度升高的环境,设置当前自然大气CO_2浓度(CK)、CO_2浓度升高(700 μmol/mol,OTC+CO_2)与OTC气室对照(OTC)3种处理,研究大气CO_2浓度升高对玉米各生育期土壤有机碳、全氮、水溶性有机碳、水溶性氮、易氧化有机碳的影响。结果表明,与OTC相比,大气CO_2浓度升高(OTC+CO_2)对土壤有机碳及组分、土壤全氮均无显著影响,使水溶性氮在12叶期(V12)降低18.17%,灌浆期(R3)升高108.56%($P<0.05$)。与CK相比,OTC+CO_2处理显著降低了各生育期土壤有机碳(收获期R6除外)和全氮(V12除外)含量,降幅分别为4.47%~14.42%和6.78%~12.48%($P<0.15$),降低了苗期(V6)水溶性有机碳、V12期水溶性氮、抽雄吐丝期(R1)与R6期易氧化有机碳含量,升高了R3期水溶性有机碳含量($P<0.05$)。因此,试验设置条件下,大气CO_2浓度升高对土壤有机碳及组分、土壤全氮均无显著影响,对水溶性氮的影响因生育期而异。在利用OTC系统模拟大气CO_2浓度升高进行相关研究时,OTC对试验结果的影响不可忽视。

张兵兵(2019)为明确气候变化对玉米产量的影响,对相对气象产量与各发育期干燥度K的相关性进行了分析。结果显示,玉米各发育阶段干燥度K对产量影响的程度由重至轻依次为:抽雄—乳熟＞拔节—抽雄＞出苗—拔节＞乳熟—成熟。分析表明,抽雄—乳熟期的干燥度K对产量的影响最大,综合全生育期的干燥度K对产量影响的相关系数得出,K上升0.1,玉米气象产量下降800 kg/hm^2左右。

马春萍等(2018)研究指出,如果降水量在350 mm以下,就会出现干旱,如果在玉米播种期间发生干旱,会导致玉米无法出苗;如果在玉米拔节前后出现雨水不足的问题,会直接导致玉米质量下降;灌浆期无雨则会直接导致籽粒不饱满,甚至是缺失,进而严重地影响到玉米的产量。

尽管玉米本身具有一定的耐淹能力,但如果降水量过多,并且积水没有及时的排除,就会造成田间积水过多的现象,也会超过玉米本身的耐淹能力。由于田间积水过多,就会使土壤中的空气不断排除,玉米根所需氧气得不到满足,就会导致根系呼吸困难,甚至还会产生一些有毒物质,这会直接影响玉米的生长。

曹永强等(2020)研究结果表明:①近58年辽宁省平均气温以0.21 ℃/10 a的速率显著增长($P<0.05$);日照时数显著下降($P<0.05$),变化幅度为23.42 h/10 a;降水量减少速率为3.37 mm/10 a。②近20年来辽宁省玉米单产量变化趋势并不明显,整体表现为以59.12 kg/10 a速率减少;气象产量相对离散,总体呈上升趋势。③从气象因子对玉米产量的影响关系上看,生育期内平均气温、日照时数与气象产量均主要呈负相关关系,降水量对玉米产量产生的正效应多于负效应;喇叭口期是各气象因子影响玉米产量的关键期。

左晓晴(2017)的研究结果表明,通过总结2006—2016年玉米种植区域生育期内各气候因子的变化数据资料发现,平均温度每上升1 ℃,全国就会有1/4的玉米种植区域出现明显减产,主要原因是由于温度的升高缩短了玉米发育期,减产区域主要集中在云贵高原。虽然东北三省辽、吉、黑玉米的产量随着温度的增加而有一定程度的增加,但其玉米种植的面积比较小,大约占全国总面积的1.4%。

同时,气温日较差每下降1 ℃,94%区域玉米产量呈现增产,主要是因为日较差的增加,有利于加强玉米的光合作用,降低呼吸作用,进一步加强了同化产物的累积,从而增加玉米的产量。

太阳辐射量的下降,也会在一定程度上降低玉米的光合作用,从而降低玉米产量,相关研究表明,辐射每下降10%,就会导致中国7.2%玉米面积发生减产,减产幅度大约为9.0%,主要集中在内蒙古、河北、新疆等地。大约有24.5%的玉米种植区域随着辐射量的降低,玉米产量显著增加,增加幅度大约为12.2%,此类区域主要集中在长江流域。

侯玉虹(2017)的研究认为,通过对测量数据进行归一化处理,回归模型表明7月最高平均温度、吐丝前后积温比值与平均叶面积指数有正效应。有效积温、吐丝前后降雨量比值以及吐丝前后日照时数比值与平均叶面积指数有负效应;同时吐丝前期的降雨量过多以及日照时数过长会导致平均叶面积指数减少。按照标准化偏回归系数绝对值大小排列表明,有效积温对叶面积指数影响最大,吐丝前后日照时数比值影响最小。

吐丝前后温度比值对生长天数具有正向作用;日平均最低温度、吐丝前后生长天数比值、吐丝前后降雨量比值以及吐丝前后日照时数比值对生长天数有负向作用。相关系数绝对值大小表明生育期内的日最低平均温度对生长天数的影响最大,且达到极显著水平。

模型表明,平均日照、7月日均温、吐丝前后降雨量比值对平均净同化率有正效应;7月最高平均温度、吐丝前后生长天数比值与平均净同化率有负效应。偏相关系数的绝对值表明,吐丝前后降雨量比值对平均净同化率的影响最大。

有效积温、吐丝前后生长天数比值以及吐丝前后日照时数比值对收获指数产生负效应;总日照时数与吐丝前后积温比值产生正效应。偏相关系数的绝对值大小说明吐丝前后生长天数比值对收获指数的影响最大。

由此可以看出,气候条件中每个小的因子对玉米的生长发育都有一定的影响。

四、玉米生长发育的海拔和纬度效应

(一)海拔效应

曹广才等(1995)根据1992年和1993年两个年度的试验结果表明,在高海拔旱地,玉米从播种至成熟天数以及从播种至拔节天数均与海拔之间呈极显著正相关。3个生育时段表现出"长—短—长"的"两长一短"特征。

陈学君等(2005)为了研究海拔高度对玉米生育期的影响,1999年和2004年在甘肃省河西走廊的张掖市安排了4个试点的田间试验,海拔高度分别是1506.5 m、1706.5 m、2000.0 m和2231.5 m。结果表明,608、酒单3号和中单2号3个不同熟期类型的玉米品种在同日播种条件下,随着海拔的升高成熟期延迟,海拔与品种的生育期之间呈极显著正相关,海拔每升高100 m,生育期延长5~6天。海拔与播种至拔节天数之间也表现正相关,海拔与株高之间为负相关。

陈学君等(2009)为使高海拔地区的玉米生产布局和品种类型利用更加合理,采用作物生态学的田间试验方法,于2006—2007年间,在甘肃省和云南省各设5个试验点,研究了北、南异地不同玉米品种在不同海拔高度的生态效应。结果表明,在播期大体相同的条件下,玉米拔节期、抽雄期、成熟期随海拔的升高而相应延迟,即播种—拔节、拔节—抽雄、抽雄—成熟的"三段生长"时间相应延长。反映生育期长短的出苗—成熟天数与海拔之间呈0.01水平的正相关。本试验条件下,海拔每升降100 m,参试玉米品种的生育期延长或缩短4~5天。株高和穗上叶数呈随海拔升高而降低趋势。

刘淑云等(2005)通过不同海拔高度试验,系统研究和分析了海拔高度对玉米籽粒品质的影响,结果发现随海拔高度增加,籽粒蛋白质和赖氨酸含量提高,淀粉含量和可溶性糖含量降低,品种间表现出相对稳定性。植株茎、叶品质变化呈现出明显的有规律的变化。随海拔高度的增加,灌浆期延迟 1~2 d,株高和茎粗减小。海拔高度对玉米籽粒品质具有良好的调控作用。生产上应因地制宜,发挥区域优势,重视海拔高度对玉米品质的调控作用,以改善玉米品质。

杨加存(2020)指出,海拔高度的变化会同时引起温度、日照、降雨量等气候因子的变化,海拔高度不同,各种气候资源的分配与分布不同。这些综合因素共同作用对玉米产量会造成较大的影响。其研究组于 2017 年和 2018 年在云南省选择 5 个不同海拔高度(1320 m、1450 m、1639 m、1870 m、1972 m)的地方种植 8 个品种进行试验,通过分析不同海拔高度玉米产量、生育期、株高、穗位高及穗部性状(穗长、穗粗、穗行数、行粒数、百粒重和出籽率)来研究海拔高度对不同玉米品种产量、株高、生育期和穗部性状的影响,同时对这 8 个品种进行产量稳定性分析。随后对产量与其他生物学性状之间的相关性进行了分析。主要试验结果如下:①海拔高度对玉米生育期的影响。通过分析海拔高度的升高对玉米生育期的影响发现,随着海拔高度的升高,生育期延长。2017 年与 2018 年两年均是海拔高度每升高 100 m,玉米生育期大约延长 7.8 天。②海拔高度对玉米株高及穗位高的影响。2017 年和 2018 年株高及穗位高随海拔高度变化的趋势不一样,2017 年株高及穗位高随着海拔高度的升高而降低,2018 年随着海拔高度的升高而增高。在同一年度内,穗位高与株高随海拔高度变化的趋势是一致的。通过分析两年中穗株高比值发现两年比值均在 0.30~0.45。③海拔高度对玉米穗部性状的影响。不同海拔高度,玉米穗长、穗粗、行粒数、出籽率及百粒重差异明显。随着海拔高度的升高,玉米穗长变短,穗粗变细,穗行数增多,行粒数变少,百粒重降低,出籽率增高。④海拔高度对玉米产量的影响。通过比较不同海拔高度上 8 个玉米品种产量发现,海拔高度对玉米产量有着很大的影响。随着海拔高度的升高,玉米产量降低。玉米产量随海拔高度的变化趋势是海拔高度每升高 100 m,2017 年玉米产量大约降低 526.78 kg/hm^2,2018 年的玉米产量大约降低 278.57 kg/hm^2。⑤试验品种稳定性分析。对 8 个品种进行品种稳定性分析后发现,在 2017 年 X2、X4 和 X5 三个品种对环境的适应性较好,X1 和 X7 环境稳定性相对较差;而在 2018 年对环境适应性较好的品种有 X2、X4 和 X5,X3 和 X8 相对较差。⑥产量与其他性状之间的相关性。在同一海拔高度上,产量与百粒重、生育期及穗行数相关性在 2017 年与 2018 年表现一致。在不同海拔高度上,产量与百粒重相关性一致,均为正相关关系;而产量与生育期及穗行数在不同海拔高度上表现出不同的相关性,具体如下:在 1320 m 的海拔高度时产量与生育期的相关性为负相关关系,而在 1639 m 和 1972 m 处表现为正相关关系;产量与穗行数的相关性关系在 1320 m 和 1639 m 的海拔高度表现为负相关关系,而在 1972 m 表现为正相关关系。

龚顺良(2004)于 2003—2004 年在贵州盘县三个乡镇通过 1100 m、1620 m、1960 m 三个不同海拔高度和年均温度分别为 15.3 ℃、14.3 ℃、13.3 ℃ 三个地点进行试验,研究了不同海拔高度对高山品种、温带品种和高山自交系与温带自交系杂交组合(温带×高山)3 种不同生态类型玉米品种产量、株高、生育期、苗期根部性状、穗部性状和籽粒品质的影响,并对参试品种进行产量稳定性分析,对产量与穗部性状、产量与品质进行相关性和通径分析。主要试验结果如下:①不同海拔高度对玉米产量、株高和生育期的影响。在高寒山区同一垂直气候带内,温度较低,玉米生长所需积温相对不足,光照和其他条件基本不变而海拔高度、年日均温度和积温不同的情况下,在 1100 m、1620 m 和 1960 m 三个海拔高度试验,玉米的产量、株高、生育期明显受到海拔高度的影响。随着海拔高度的增加,玉米产量和株高下降,生育期延长,海拔高度每升高 100 m,产量下降约 302.8 kg/hm² 左右,株高下降 3.2 cm,生育期延长 2.96 d。②参试品种的稳定性分析。通过对参试品种进行稳定性分析,在高海拔山区,海禾 1 号、盘玉 4 号、508×苏 11 三个品种组合的稳定性较好,盘玉 4 号和 508×苏 11 两个品种组合比较适宜高寒山区推广。③不同海拔高度对玉米根长、根数和根干重的影响。不同海拔高度对玉米苗期根长的影响不明显、品种间的差异也不显著,对根数和根干重的影响达极显著水平,随着海拔高度的增加,苗期根数和根干重逐渐降低。④不同海拔高度对玉米穗部性状的影响。不同海拔高度对玉米的穗长、穗粗、行粒数、百粒重、出籽率、含水量、粒长和粒宽等性状的影响明显,随着海拔高度的增加,穗长逐渐变短,穗粗逐渐变细,行粒数逐渐减少,百粒重、出籽率、粒长和粒宽逐渐降低,玉米籽粒含水量逐渐增加,不同品种间差异也比较显著。不同海拔高度对穗行数的影响不明显,但随着海拔高度的增加,穗行数有增加的趋势。⑤不同海拔高度对玉米籽粒品质的影响。海拔高度对玉米籽粒的蛋白质、粗脂肪和赖氨酸含量的影响不明显,从总的趋势看,随着海拔高度的增加,蛋白质、粗脂肪有增加的趋势,而赖氨酸含量有降低的趋势。蛋白质含量不同生态类型品种间差异达极显著水平,3 个海拔点表现出相同的趋势,即高山品种＞温带×高山＞温带品种,而赖氨酸则表现出相反的趋势。海拔高度对可溶性糖含量的影响比较显著,随着海拔高度的增加,可溶性糖含量下降。⑥不同海拔高度产量与穗部性状的相关性分析。在不同海拔点玉米产量与穗部性状的相关性不同,在低海拔点产量较高的情况下,穗部性状对产量的相关性由大到小依次为穗长、穗粗、行粒数、百粒重、穗行数,出籽率和秃顶度与产量呈负相关。在中海拔点为穗粗、秃顶度、穗长、行粒数、穗行数、百粒重,出籽率与产量呈负相关。在高海拔点为百粒重、穗粗、穗长、出籽率、穗行数、行粒数,秃顶度与产量呈负相关。随着海拔高度的增加,百粒重、穗粗对产量的作用逐渐加强。⑦不同海拔高度产量与品质的相关性分析。随着海拔高度的增加,玉米产量与籽粒蛋白质、粗脂肪的相关性由负相关逐渐变为正相关,而与可溶性糖则由正相关变为负相关。产量与赖氨酸的正相关性不受海拔高度的影响。此外,蛋白质与粗脂肪的正相关性,赖氨酸与蛋白质、粗脂肪的负相关性也不受海拔高度的影响。

以上结果表明,海拔的高低在玉米的生长发育阶段也能够对其生理活动产生影响,并最终影响产量。

(二)纬度效应

闫洪奎等(2009)为探讨玉米生育期和一些品质性状的纬度效应及玉米优质栽培的布局问题,2006 年用不同玉米品种在南北纬度不同的南京、北京、沈阳、辽中和法库 5 个试点,进行了生态试验。结果表明,在海拔高度相近的同期播种条件下,在低纬度试点,玉米品种的生育进程加快,生育期长短与纬度呈正向对应关系;在海拔基本一致的前提下,玉米品种的籽粒脂肪含量与纬度有正相关趋势,$r=0.8586^*$;而籽粒粗蛋白含量与纬度有负相关趋势,$r=-0.7862$。因此,纬度是影响玉米生育期和品质性状的重要地理因素。

闫洪奎等(2010)明确种植纬度对玉米生长的影响,有利于玉米品种的合理布局,最大限度地增加产量;2006 年和 2007 年在辽宁、北京等 4 个试点种植农大 364 等 4 个玉米品种,采用小区试验,调查各生育阶段,分析纬度与玉米生育时期的关系;同期播种时,播种—成熟、出苗—成熟、出苗—抽雄、抽雄—成熟天数极差分别为 31～42 d,17～33 d,11～25 d,5～10 d,地点间及品种间均差异极显著,且地点大于品种,各生育时期的天数均表现为华单 208＞农大 364＞辽单 43＞辽单 33。在 39.8～42.5°N 范围内纬度每增加 1°,玉米播种—成熟、出苗—成熟、出苗—抽雄、抽雄—成熟的天数分别增加12~17 d、6~13 d、3~10 d、2~5 d；相同海拔高度下玉米种植，纬度与玉米全生育期、营养生长期、生殖生长期存在正的线性回归关系，其中营养生长对纬度的敏感程度大于生殖生长，回归系数的大小各年而异。

霍仕平等（1997）对6个中熟玉米品种在中国西南地区不同纬度和海拔高度的灌浆期、千粒重、株高和穗位高的变异与纬度和海拔的关系进行了分析。结果表明，品种的上述4个性状与纬度和海拔之间均表现为二元线性回归关系，模型对性状的决定程度达90%以上。当海拔高度不变，纬度每升高1°，灌浆期平均延长1.13±0.038 d，千粒重、株高和穗位高分别平均增加9.82±0.081 g、8.22±0.941 cm和3.40±0.508 cm；纬度不变，海拔每升高100 m，灌浆期平均延长1.33±0.149 d，千粒重、株高和穗位高增加不明显。这些结果年度间、品种间表现出高度的一致性。

霍仕平等（1995）研究结果表明，在该区随着纬度或海拔升高，中熟玉米品种主要生长发育阶段的时间明显延长，在不同年度间，只要是在该区不同纬度和不同海拔地区种植，其主要生育阶段的时间（y）与纬度（x_1）和海拔高度（x_2）的关系，均可用 $y=a+b_1x_1+b_2x_2$ 来描述，模型对生育期的决定程度达97%以上。在本研究中，当海拔高度不变，纬度每升高1°，出苗至抽雄平均延长2.1±0.050 d，出苗至抽丝平均延长2.3±0.076 d，抽丝至成熟平均延长1.1±0.025 d，播种至成熟平均延长3.9±0.073 d，品种间、年际间差异很小，说明纬度升高，对延长该区中熟玉米品种同一生育阶段的时间效应是很稳定的，不因品种或年份不同而发生较大变异。

张厚宝（2009）指出：①生态因子对玉米生长发育进程的影响。通过多点联网试验表明，东北地区不同生态地区玉米各生育阶段天数随经纬度的升高逐渐延长，吐丝到收获的天数随经纬度逐渐缩短，原因是积温随经纬度的升高呈递减趋势，与降雨量呈负相关但不显著，花前生育期天数与日照时数呈极显著正相关。不同地区不同播期试验研究表明，玉米的生育期随播期的推迟逐渐缩短，原因是随播期的推迟，日平均温度逐渐升高。②生态因子对玉米产量的影响。不同纬度玉米品种的产量和千粒重差异显著，表现为产量随着纬度的升高逐渐降低，纬度每升高1°，千粒重平均减少7.76 g，每公顷产量平均减少568.6 kg。随经度的升高变化不明显。影响产量和千粒重的主要生态因素是东北春玉米区从吐丝到收获的天数随纬度的升高而逐渐缩短，导致玉米籽粒灌浆后期的积温和降雨量不足，千粒重下降，最终使产量降低，日照时数对产量和千粒重的影响不明显。

刘月娥（2013）指出：①生态条件尤其是气候因子（温度、光周期、日照时数、光辐射和降雨量）是影响玉米生长发育的主要因素，同时玉米也通过调节生育期来适应生态环境的变化。随着纬度的北移，玉米的生育期发生显著变化，营养生长期显著增加而生殖生长期显著缩短，纬度每升高1°，播种—出苗和出苗—吐丝阶段生育期天数分别增加0.7 d和1.25 d，吐丝—成熟阶段生育期天数缩短0.8 d。分析影响玉米生育期的主要因素发现，影响玉米营养生长阶段（播种—出苗和出苗—吐丝）生育期长短的主要气象因素是温度（平均温度、最高温度和最低温度），而影响玉米生殖生长阶段生育期长短的主要气象因素是该阶段的降雨量。②温度是影响玉米生育进程的主要因素，随着纬度的北移，玉米营养生长阶段（播种—出苗和出苗—吐丝）所需的GDD显著增加，而生殖生长阶段（吐丝—成熟）所需的GDD显著降低。玉米营养生长阶段对积温需求显著增加的主要原因是随着纬度的北移光周期显著增加，从而导致玉米的营养生长期延长、玉米总的叶片数增加，最终导致营养生长阶段所需的GDD增加。而玉米不同生育阶段（播种—出苗、出苗—吐丝、吐丝—成熟和播种—成熟）对积温需求的变异受试验年份和试验地点的影响;各生育阶段对积温需求的变异表现为播种—出苗＞吐丝—成熟＞出苗—吐丝＞播种—成熟,且北方春玉米区不同生育阶段对积温需求的变异大于黄淮海夏播玉米区。③随着纬度的北移,玉米产量发生了显著的变化,呈先增加后降低的趋势,在39°08′N时玉米的产量最大,为12.19 t/hm²。收获指数和千粒重随纬度的变化是导致玉米产量变化的主要原因。分析玉米干物质生产的空间变化发现,随着纬度的北移玉米收获期总的干物重没有显著的变化,花前干物重显著增加,花后干物重显著降低。纬度每升高1°,花前干物重增加8.84 g,花后干物重降低6.36 g。温度是影响玉米产量、收获指数和千粒重的主要气象因素;花前干物重主要受生育期长短和累积光辐射量的影响,而花后干物重主要受温度(平均温度和最高温度)和积温(GDD)的影响。④随着纬度的北移,灌溉区玉米产量和单株干物重呈现先增加后降低的趋势,雨养区玉米产量没有显著的变化。随着经度的东移,雨养区和灌溉区的产量发生了显著的变化,而单株干物重变化不显著;随着生育期和全年降雨量的增加,玉米产量发生显著的变化,呈先增加后降低的趋势;单株干物重随着生育期和降雨量的增加显著降低。与生育期降雨量对玉米的影响相比,全年降雨量对玉米产量和单株干物重影响更大。⑤北方春玉米区玉米产量潜力随着纬度的北移呈现先增加后降低的变化,其与大田实际产量之间的产量差为4.52 t/hm²。而增加玉米产量和缩小产量差的主要技术措施是适宜的种植密度、适宜的播期和收获期,研究表明,玉米最适密度随着纬度的北移呈先增加后降低的趋势,在41°57′N时种植密度最大,为7.72万株/hm²。随着经度的东移,玉米最适种植密度显著降低;对于最适播期的研究表明,在高纬度地区,为了充分利用光热资源,播期偏早,光温资源的利用率较高,达90%以上,应当选育一些生育期较短的品种。而在低纬度地区由于光热资源比较充足,播期较晚,对光温资源的利用率偏低,只有60%多,应当选育生育期较长的品种;对于适时晚收的增产效果研究表明,适时晚收显著增加玉米产量,随着纬度的北移,玉米适时晚收的增产幅度显著降低。

第三节 玉米栽培的有关生理基础

一、碳素同化—光合生理

(一)玉米的光合作用

1. 光合作用过程 光合作用是绿色植物也是玉米最基本的生理活动。玉米是C_4植物。其光合作用的暗反应即CO_2的固定和循环,合成碳水化合物等有机物是通过C_4途径和C_3途径一体化完成的,是一个整体过程。C_4途径在叶肉细胞中完成,C_3途径通过卡尔文循环在维管束鞘细胞中完成。C_3途径中,CO_2被从外界引入后,被RuBP(核酮糖二磷酸)固定,在RuBP羧化酶的作用下,产生PGA(磷酸甘油酸),PGA在ATP(三磷腺苷)和$NADPH_2$(烟酰胺腺嘌呤二核苷酸磷酸)的作用下,被还原成GAP(磷酸甘油醛),GAP经过一系列的变化,最后再生成RuBP,往复进行,无机的CO_2即变成有机的碳水化合物。每循环1周,将1个CO_2分子同化为有机化合物,循环6周即可形成1个分子葡萄糖。由于这个循环中的第一个产物是三碳化合物,故称为C_3循环。C_3循环是在玉米维管束鞘细胞叶绿体中进行的。C_4途径中,在C_3途径开始之前,CO_2先被玉米叶肉细胞固定。玉米叶肉细胞质中的丙酮酸,在酶的作用下,可以产生磷酸烯醇式丙酮酸(PEP)就是 C_4 植物中的 CO_2 的受体，PEP 在磷酸烯醇式丙酮羧化酶的作用下，将来自外界的 CO_2 固定在 PEP 上形成草酰乙酸。从丙酮酸到 PEP，再从 PEP 到草酰乙酸，这一循环是在叶肉细胞中进行的。如图 2-2 所示。

叶肉细胞经上述反应生成的草酰乙酸被 NADPH 还原生成苹果酸。苹果酸通过胞浆的胞间连丝从叶肉细胞转移到维管束细胞中，在苹果酸酶催化下脱羧生成丙酮酸和 CO_2，在维管束鞘细胞中，通过 Rubisco 进入 C_3 循环。丙酮酸经过胞间连丝又回到叶肉细胞中，在丙酮酸磷酸二激酶的催化下，转化成磷酸烯醇式丙酮酸。由于维管束鞘细胞呼吸放出的 CO_2 可以被叶肉细胞通过 C_4 途径固定，因此这种方式利用 CO_2 的效率特别高。C_4 途径的光合效率高于 C_3 途径。其主要反应是：

$$磷酸烯醇式丙酮酸 + CO_2 \rightarrow 草酰乙酸 + Pi$$

反应由磷酸烯醇式丙酮酸羧化酶(phosphoenol pyruvate carboxylase)催化。

玉米为了防止过多水分蒸发，常常关闭叶片上的气孔。这样使空气中的 CO_2 不易进入维管束鞘细胞中，Rubisco 不能保持其最大催化速度。玉米磷酸烯醇式丙酮酸羧化酶活性提高，对 CO_2 有很高的亲和力，使叶肉细胞有效地固定和浓缩 CO_2，以苹果酸的形式转移至维管束鞘细胞中，使 Rubisco 保持其最大催化活性。玉米叶片气孔关闭不仅防止水分子出去，也防止 O_2 进来，而且产生的 CO_2 迅速被 C_4 途径利用，使维管束鞘细胞中 CO_2/O_2 之比永远很高。积累干物质速度很快，光呼吸消耗少，因此，玉米常被称为高产作物。

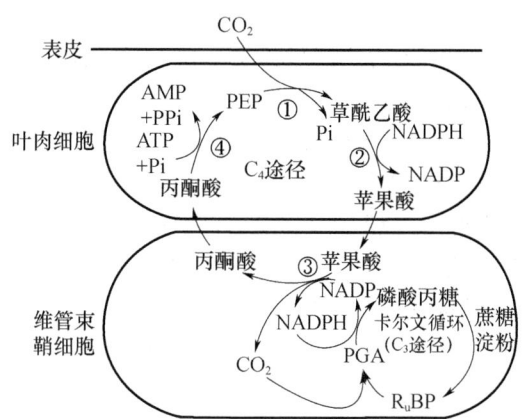

图 2-2　C_4 途径与卡尔文循环(C_3 途径)相互联系的图解(Hatch et al,1981)
PEP：磷酸烯醇式丙酮酸；AMP：腺苷-磷酸；ATP：腺苷三磷酸；PPi：焦磷酸
①PEP 羧化酶；②NADPH-苹果酸脱氢酶；③NADP-苹果酸酶；④丙酮酸、磷酸双激酶。

光是植物光合作用最基本的一个决定因子，准确分析光响应曲线及其参数是研究光合生理生态过程对环境变化响应的重要途径；但相关模型及其模拟的准确性仍待改进(李义博等，2017)。他们的研究基于 C_4 作物玉米不同干旱处理试验资料，比较研究了现有光响应模型(直角双曲线模型、非直角双曲线模型、直角双曲线修正模型、指数模型、二次函数模型以及新提出的改进模型)的适应性。结果表明，改进的光响应模型具有较好的精确度，可较准确地描述光响应曲线，也能够准确拟合最大净光合速率、光饱和点、光补偿点以及暗呼吸速率 4 个关键光合参数。该结果为研究植物光合生理生态过程及其环境适应性提供了一个改进的模拟方法。

2. 光合作用的酶系统

(1)碳素同化的关键酶　C_3 途径的化学过程大致可分为 3 个阶段：即羧化阶段、还原阶段和再生阶段。在这一过程中的酶主要有羧化阶段的核酮糖二磷酸羧化酶（RuBPCase）、加氧酶和还原阶段β-磷酸甘油酸激酶。C_4途径的主要酶有磷酸烯醇式丙酮酸羧化酶（PEPCase）、NADP-苹果酸脱氢酶和丙酮酸磷酸脱氢酶。

磷酸烯醇式丙酮酸羧化酶（PEPCase）和核酮糖二磷酸羧化酶（RuBPCase）是C_4植物光合作用过程中最重要的两个酶，RuBPCase的活性反映了PSⅡ的光化学效率，最终限制CO_2的固定。PEPCase在C_4植物的光合过程起CO_2"泵"的作用。PEPCase和RuBPCase对CO_2的亲和力相差很大，前者是后者的60倍，在CO_2浓度低时更显著。PEPCase在各个生育期受光周期调控（江院等，2008）。

叶肉细胞与维管束鞘中的酶系统也有差别。叶肉细胞含有大量磷酸丙酮酸双激酶和磷式丙酮酸羧化酶，而含1,5-二磷酸核酮糖羧化酶和乙醇酸氧化酶则较少；维管束鞘细胞所含的酶则与此相反。磷酸丙酮酸双激酶可以催化丙酮酸和三磷腺苷形成磷酸烯醇式丙酮酸，磷酸烯醇式丙酮酸羧化酶是卡尔文循环中最关键的酶，也是产生磷酸乙醇酸的酶，乙醇酸氧化酶是光呼吸的一种关键酶。

玉米叶片中的过氧化体只存在于维管束鞘细胞中，过氧化体少，乙醇酸氧化酶活性相对低，对有机物的氧化分解低。所有高等植物的光合细胞中都有过氧化体，但C_3植物叶肉细胞含过氧化体较多，C_4植物叶肉细胞含过氧化体则较少。过氧化体位于叶绿体附近，它含有乙醇酸氧化酶和过氧化氢酶，能把由叶绿体运来的乙醇酸分解；乙醇酸氧化酶的活性低，光呼吸较弱。

在玉米的维管束鞘中CO_2和O_2的比值远大于小麦、水稻、大豆等C_3作物。CO_2和O_2的比值大的优势在于：维管束鞘中的核酮糖二磷酸羧化酶具有同化和异化双重性，在CO_2含量高时，同化反应作用强；在O_2含量高时，异化反应作用强。玉米维管束鞘中CO_2与O_2比值大，说明CO_2含量高，有利于核酮糖二磷酸羧化酶向合成方向反应。

（2）糖代谢的关键酶 在叶片蔗糖合成过程中，磷酸蔗糖合成酶是关键性调节酶，磷酸蔗糖合成酶活性比碳固定酶活性更能反映籽粒对同化物的需求程度。

蔗糖合成酶和蔗糖酶为蔗糖代谢的主要酶，前者能促进运到籽粒等库器官的蔗糖的分解，后者则主要是促进蔗糖的合成。在玉米籽粒中，蔗糖合成酶活性与淀粉积累呈正相关，而与蔗糖酶活性相关不显著，蔗糖合成酶活性对于籽粒接受蔗糖输入起重要作用。

杨双等（2015）为研究玉米碳代谢关键酶PEPCase（磷酸烯醇式丙酮酸羧化酶）和SPS（蔗糖磷酸合成酶）活性的遗传特性，应用主基因+多基因混合遗传模型理论和4世代联合分离分析方法，对沈3336×沈3265组合4个世代的灌浆期穗位叶PEPCase和SPS活性进行遗传分析。结果表明，PEPCase和SPS活性的遗传模型分别为B—1模型（2对主基因的加性—显性—上位性模型）和E—1模型（2对加性—显性—上位性主基因+加性—显性多基因混合模型）。调控PEPCase活性的主基因遗传率为36.5%，调控SPS活性的主基因遗传率为17.7%，多基因遗传率为35.9%。结果可为玉米碳代谢相关性状的遗传改良提供理论依据，也为下一步开展QTL定位研究奠定基础。

申丽霞（2009）研究发现，施氮可明显促进玉米穗位叶蔗糖的积累，但施氮量超出180 kg/hm²时，玉米生长后期穗位叶蔗糖的积累量下降；施氮可明显促进玉米穗位叶硝酸还原酶（NR）和谷氨酰胺合成酶（GS）活性的增强，施氮量在120～240 kg/hm²，随施氮水平的增加NR和GS活性增强；施氮可明显促进玉米穗位叶蔗糖磷酸合成酶（SPS）活性的增强，施氮量在180～240 kg/hm²，穗位叶SPS活性在抽丝后14～28天处于相对较高水平，蔗糖合成旺盛,从而为籽粒灌浆提供充足碳源。在水分胁迫的情况下通过对 SPS 的活性和与光合作用主要速率相对称的硝酸还原酶的调整,使和氮代谢维持协调。

(二)影响玉米光合作用的因素

玉米的碳代谢除受作物本身的遗传特性影响外,还受到光照、温度、CO_2 浓度、O_2 浓度、水分、矿质营养等环境的影响,其中既有自然因素,也有人为因素。玉米群体光合效率受施氮量、种植密度、株形以及库源关系等因素的影响。

1. 自然因素的影响

(1)温度的影响 玉米是喜温作物,尤其是在发育早期对冷害很敏感。当温度低于玉米最适生长温度时,光合速率和一些与光合作用相关的叶绿体合成、酶促反应、光合产物运输等都会受到负面的影响。低温还影响光合作用中光系统的修复能力,加剧光对光合作用的抑制。

光合作用的暗反应是由酶催化的化学反应,其反应速率受温度影响,因此温度也是影响光合速率的重要因素。在强光、高 CO_2 浓度下,温度对光合速率的影响比在低 CO_2 浓度下的影响更大,因为高 CO_2 浓度有利于暗反应的进行。昼夜温差对光合净同化率也有很大的影响。白天温度较高,日光充足,有利于光合作用进行;夜间温度较低,可降低呼吸消耗。因此,在一定温度范围内,昼夜温差大,有利于光合产物的积累。低温、干旱并发对光合效率和光合作用速率的负效应加大,光合效率降幅增大 2.5 倍,光合作用速率增大 15% 左右,光合效率与光合作用速率两者呈显著正相关。艾佳等(2014)以玉米自交系掖 478、合 344、吉 853 为材料,在不同低温胁迫及恢复正常温度情况下比较幼苗光合作用及叶绿素荧光参数等指标的变化。结果表明,低温胁迫使玉米叶片光系统Ⅱ(PSⅡ)活性中心受损,随着温度的下降和胁迫时间的延长,3 个玉米自交系幼苗叶片初始荧光 F_0 呈上升趋势,P_n、F_v/F_0、F_v/F_m 整体呈下降趋势。原立地等(2012)研究表明,喷施 50 mg/L 的 DCPTA,对低温胁迫下的玉米幼苗叶片光合系统的保护效果最好,有利于提高玉米幼苗叶片的抗冷性。

谷岩等(2015)曾以玉米品种东单 213 和恒宇 709 为试验材料,研究低温对孕穗期玉米叶片气体交换、叶绿素荧光及碳代谢酶活性的影响。结果表明,低温条件下,叶片气体交换参数[光合速率(P_n)、蒸腾速率(T_r)和气孔导度(G_s)]、叶绿素荧光参数[最大光化学效率(F_v/F_m)、实际光化学效率($\Phi PSⅡ$)和光化学猝灭系数(qP)]、碳代谢相关酶[磷酸烯醇式丙酮酸(PEP)羧化酶、磷酸蔗糖合成酶(SPS)和蔗糖合成酶(SS)]活性均有不同程度的降低,温度越低,降幅越大;在相同温度和胁迫时间,各项指标以东单 213 降幅最大。15 ℃ 下,恒宇 709 的叶片蔗糖含量仅在第 7 天显著低于对照,东单 213 则在第 5 d 和第 7 d 均显著低于对照。总体来看,低温胁迫下玉米光合速率的下降可能与光系统Ⅱ反应中心伤害以及暗反应相关酶活性的降低有关。

郑云普等(2015)曾于 2009—2011 年间利用典型农田生态系统的原位实验增温平台,探讨中国华北平原重要农作物玉米叶片光合及呼吸过程对实验增温的适应性,并深入分析其产生适应性的原因和机理。研究结果显示,实验增温使玉米叶片净光合速率(A_n)显著升高($P<0.001$),同时增温也导致 A_n 的最适温度(Topt)升高 1.56 ℃;相似地,实验增温也同样导致了光合作用过程中最大电子传递速率(J_{max})显著增加($P<0.001$),并且其最适温度(T_{opt})升高了 1.45 ℃,但并没有对最大羧化反应速率(Vc_{max})及其温度敏感性(Q10)产生显著的影响($P>0.05$)。然而,实验增温却显著降低了玉米叶片的暗呼吸速率(R_d)及其 Q10 值($P<0.05$)。另外,研究结果还显示实验增温没有对 Rd/Ag 和 J_{max}/Vc_{max} 产生显著的影响($P>$

0.05)。此外,尽管实验增温显著提高了玉米叶片的蒸腾速率(T_r),但却并没有显著改变叶片的气孔导度(G_s)及水分利用效率(WUE)。研究结果表明,玉米可以通过调控叶片光合及呼吸等关键生理过程的最适温度对增温产生一定的适应性。然而,尽管玉米能够在叶片尺度上做出调整来适应增温环境,但这种适应能力却十分有限,以至于未来气候变暖仍可能会对华北平原玉米的生长发育过程和粮食产量造成一定的影响。

王若男等(2016)以郑单958为供试品种,设置了6月15日(对照)、6月25日和7月5日3个播期,研究灌浆期低温对夏玉米光合性能、干物质生产转运及产量的影响,以期为华北平原夏玉米充分利用热量资源、指导生产实践和实现高产稳产提供理论依据。结果表明,6月25日和7月5日播期的夏玉米在灌浆期均遭遇不同程度的低温胁迫,且随着播期的推迟受胁迫程度随之加剧,这2个播期的玉米光合性能、干物质积累量与转运量、群体生长率均较对照呈逐渐降低趋势。3个播期的单位面积总粒数之间差异不显著,但千粒重在不同播期间差异显著,最终6月25日和7月5日播种的玉米产量较对照分别显著下降了17%和31%。因此,应该选择适宜的夏玉米播种时间,降低玉米在灌浆后期遭遇低温逆境的概率,进而保障玉米生育后期的正常灌浆,最终实现玉米抗逆高产的目标。

(2)水分的影响 水分是光合作用的原料之一。但是,用于光合作用的水只占蒸腾失水的1%,因此,缺水影响光合作用主要是间接原因。

轻度缺水会导致气孔导度下降,导致进入叶内的CO_2减少;光合产物输出变慢,光合产物在叶片中积累,对光合作用产生反馈抑制作用;光合机构受损,光合面积减少,作物群体的光合速率降低。水分过多也会影响光合作用,土壤水分过多,通气状况不良,根系活力下降,间接影响光合作用。

水分胁迫影响植物体的碳水化合物代谢。通常,源叶中淀粉水平下降,可溶性糖含量增加。水分胁迫对夏玉米各生育期碳素代谢的自身规律影响较小,主要是改变碳素同化、运转、分配的绝对量和分配率。姜鹏等(2013)对不同时期干旱对玉米产量的影响进行了研究,结果表明,抽穗—乳熟期遭受重旱,玉米产量降幅更大。

水分胁迫使夏玉米叶片叶绿素含量和光合性能降低,叶面积系数和同化物合成减少,显著降低籽粒产量。干旱条件下各营养器官花前贮藏物质运转量(率)和贮藏物质总运转量(率)的变化依器官表现不尽一致,夏玉米乳熟始期光合产物向根、茎、叶、鞘的分配急剧下降,同化物主要供应储藏器官。干旱条件下物质向营养器官分配比例增加,而向生殖器官分配减少。散粉后叶片和茎秆的干物质逐渐向籽粒转移,转移率可达20%左右。茎干物质转移量高于根和叶的转移量。

李波等(2015)在防雨棚内膜下滴灌条件下,通过小区试验研究玉米拔节期和抽雄期光合指标(蒸腾速率、光合速率、气孔导度)与土壤水分的关系。结果表明,在玉米拔节期,当土壤水分达到田间持水率的70%时,玉米光合强度最强;光合指标与土壤水分的典型相关系数为0.919,其相关性极显著($P<0.01$),在光合要素中,蒸腾速率的权重最大。在玉米抽雄期,当土壤水分达到田间持水率的85%时,玉米光合强度最强;且各光合指标均高于拔节期,此时其典型相关系数为0.742,相关性极显著,在光合要素中,则变为光合速率的权重最大,成为主要被影响因素。结合各时期产量,可以确定玉米在拔节期和抽雄期的最适宜土壤含水率分别为田间持水率的70%和85%。

朱亚男等(2018)在防雨棚桶栽条件下,以夏玉米品种登海605为试验材料,研究不同生育期和不同程度水分胁迫对玉米光合特性的影响。结果表明,干旱后复水,轻度水分胁迫对玉米光合特性影响较小,中度和重度水分胁迫对玉米光合特性影响显著,开花灌浆期中度和重度水分胁迫复水后,玉米的气孔导度和净光合速率比拔节、抽雄期更加难以恢复。

马树庆等(2016)为深入探索东北地区土壤水分含量对春玉米光合作用、蒸腾速率和气孔导度的影响,揭示玉米苗期干旱减产的生理机制,2010年春季在东北地区中部开展分期播种与土壤水分处理试验,进行土壤湿度、玉米苗情、净光合速率(NP_n)、蒸腾速率(T_r)、气孔导度(G_s)等观测,分析它们之间的关系。结果表明,春玉米苗期叶片 NP_n、T_r 和 G_s 与土壤水分变化之间分别呈二次函数关系,0~20 cm 土壤湿度在19.5%以上时,玉米叶片气孔导度大,光合作用和蒸腾作用旺盛;土壤湿度在19.0%以下,随着土壤湿度下降,NP_n 和 T_r 近于线性下降,土壤湿度每降低1个百分点,NP_n 和 T_r 分别下降 1.6 $\mu mol/(m^2 \cdot s)$ 和 0.5 $mol/(m^2 \cdot s)$。玉米叶片 T_r 和 G_s 与 NP_n 的关系为线性函数,G_s 和 T_r 每降低 1 $mol/(m^2 \cdot s)$ 和 1 $mmol/(m^2 \cdot s)$,NP_n 分别下降 0.89 $\mu mol/(m^2 \cdot s)$ 和 3.09 $\mu mol/(m^2 \cdot s)$。玉米在干旱胁迫下气孔关闭,蒸腾作用减弱,使光合速率快速下降,进而抑制玉米营养生长,最终导致减产。

冯晓钰等(2018)于2014年以华北夏玉米为研究对象,利用三叶期不同水分梯度的持续干旱模拟试验资料,分析夏玉米叶片水分变化及其与叶片净光合速率和土壤水分的关系。结果表明,夏玉米叶片净光合速率对叶片水分变化的响应显著且呈二次曲线关系,叶片含水量约为70.30%时,叶片净光合速率为零;叶片含水量与土壤相对湿度呈非直角双曲线关系,叶片最大含水量约为85.14%。

郭艳阳等(2018)以2个玉米品种陕单609(抗旱性强)和陕单902(抗旱性弱)为材料,采用盆栽控水方式,在4个干旱胁迫处理下测定苗期玉米叶片气体交换参数、叶绿素荧光及抗氧化酶活性的变化。结果显示,干旱胁迫下2个品种叶片净光合速率(P_n)和气孔导度(G_s)显著下降,而胞间 CO_2 浓度(C_i)先下降后上升,表明重度干旱胁迫下非气孔因素是限制光合速率的主要原因;JIP-test 分析表明,干旱胁迫改变了 OJIP 曲线的形状,导致 K 点的出现和 J 点、I 点荧光的上升,表明光系统Ⅱ(PSⅡ)放氧复合体(OEC)和 QA 之后的电子传递链受损,且干旱胁迫下2个品种的光能吸收、捕获和电子传递过程中的能量流发生显著变化,但陕单609中这些参数的变化幅度小于陕单902;随着干旱胁迫的加剧,2个品种叶片内丙二醛含量持续增加,超氧化物歧化酶(SOD)、过氧化物酶(POD)、过氧化氢酶(CAT)活性先升高后降低,且在相同程度干旱胁迫下陕单609具有较强的抗氧化酶的活性。这些结果表明,与陕单902相比,抗旱品种陕单609具有较高的光合电子传递活性和抗氧化酶活性,能较好地维持光合系统的稳定性是其适应干旱的生理基础。

(3)光照的影响　光照强度对玉米光合作用有显著影响。光照是光合作用的能量来源,是影响光合碳循环中的光调节酶活性的重要因素,也是形成叶绿素的必要条件。强光下生长的叶片光饱和点和最大光合速率均比弱光下高,同时具有较大的光合潜力活性。

玉米是高光效作物,其群体产量取决于光合系统的大小和效率。玉米群体光合系统的大小和效率主要表现在绿色面积的大小、功能期长短、单位绿叶面积的光合效率、光合产物的干物质积累总量及分配到籽实器官的比例。一定范围内群体密度的调节能力可达35%,而叶面积指数(LAI)的自动调节能力为25%,但其可在一定程度上调节植株干物质的分配比例,从而影响产量。一般认为,较高的籽粒产量与较适宜的消光系数值相对应。玉米叶片的光合速率仅反映叶片的瞬时光合作用强度,棒三叶的净光合速率(P_n)较大,峰值出现在吐丝期。强光条件下,短波光成分多,有利于玉米生长发育,植株健壮,机械组织发达,小穗小花发育加快;长波光使玉米雌穗发育受抑制。蓝光对叶绿素和碳水化合物的形成都有促进作用。

冯颖竹等(2007a;2007b)采用人工遮光的方法模拟不同的光照强度,研究光强因子对甜、糯玉米光合作用和产量构成的影响。结果表明,环境光强减弱对甜、糯玉米光合作用的影响主要是光合速率、蒸腾速率显著下降;甜、糯玉米均发生光抑制现象,且品种间、不同的生育期间弱光适应性有差异;弱光下穗长、行粒数、裸穗鲜质量显著下降是减产的主要因素。

贾士芳等(2010)采用大田条件下遮光处理研究弱光胁迫对夏玉米光合效率的影响。结果表明,遮光后玉米穗位叶叶绿素含量及可溶性蛋白含量均减少,RuBP 羧化酶和 PEP 羧化酶活性显著降低,导致穗位叶净光合速率(P_n)迅速下降,光饱和点也明显降低;恢复初期 P_n 迅速升高,光合关键酶活性有所增强。遮光后及恢复初期,玉米植株的 PSⅡ 原初光化学活性明显下降,限制光合碳代谢的电子供应,从而抑制了光合作用,而在光照转换后遮光的玉米叶片在适应自然光过程中的光保护机制不断完善,光合能力逐渐得到恢复。

李潮海等(2005)通过对比不同基因型玉米在弱光胁迫下的表现,发现不同基因型玉米对弱光胁迫的敏感性不同。

周卫霞等(2013)研究发现,淀粉合成能力和碳氮比的下降可能是弱光胁迫条件下籽粒发育不良,以致最终造成败育的主要原因。

宋航等(2017)以豫玉 22 为试验材料,采用盆栽试验,设置 2 种遮光处理和 3 个氮肥水平,研究光、氮及其互作对玉米光合特性和物质生产的影响。结果表明,相对于不遮光处理,抽雄前 3 d 开始遮光、吐丝后 10 d 恢复自然光照处理玉米叶片光合速率和叶绿素 a 含量下降,叶绿素 b 和总叶绿素含量升高,胞间 CO_2 浓度上升;成熟期不施肥、施肥 120 kg/hm²、240 kg/hm² 的干物质积累量分别降低 33.66%、31.69%、24.84%,产量分别降低 52.50%、49.10%、40.92%。抽雄前 3d 开始遮光、吐丝后 10d 恢复自然光照处理,随施氮量的增加,叶片中叶绿素 a、叶绿素 b、总叶绿素含量以及光合速率均显著上升,成熟期施肥 240 kg/hm² 处理干物质积累量分别比不施肥、施肥 120 kg/hm² 增加 42.45%、17.39%,产量分别增加 59.93%、22.24%。弱光胁迫条件下增施氮肥可以改善玉米的光合特性,增加玉米干物质积累量,减少玉米产量损失。

高祺等(2018)为探讨弱光和渍水共同胁迫对春玉米生长发育及生理性状的影响,2015—2016 年进行盆栽试验,以高产品种德美亚 1 号和德美亚 2 号为研究对象,拔节—孕穗期进行 10~20 d 的弱光渍水处理。结果表明,与对照相比,弱光、渍水胁迫导致玉米根长、根尖数和直径的降低,伤流量下降了 65.0%~93.7%,渍水胁迫对伤流量的影响显著。弱光+渍水胁迫使玉米叶面积平均降低 29.0%~38.5%,超过单独弱光或渍水胁迫;同时玉米叶片叶绿素含量平均降低 25.3%~34.5%,高于弱光胁迫,但是明显低于渍水胁迫。弱光+渍水胁迫使玉米干物质积累量减少 37.2%~58.1%,超过单独弱光或渍水胁迫,导致玉米空秆率高达 40%~70%,穗粒数和籽粒质量明显减少,籽粒产量减少 61.8%~75.4%。弱光+渍水胁迫导致玉米植株顶端和根端生长同时受到抑制,根系吸收能力和叶片光合能力显著降低,导致光合物质积累减少,空秆率大幅增加,穗粒数和籽粒质量均明显减少,产量下降。

2. 人为因素的影响 施肥、灌溉、种植方式等都对玉米的碳代谢有一定影响。

(1)种植密度和种植形式的影响 徐庆章等(1995)研究结果表明,同一基因型的不同株形对玉米群体光合速率有显著影响,如株形变得紧凑时,可提高光合速率,且其效应随密度增大而愈加明显。

李少昆等(1998)认为,雌穗大小与单叶光合效率之间存在显著正相关关系。单株叶面积(LA)、叶片叶绿素含量、光合速率、呼吸速率均随种植密度增加而降低;而叶面积指数(LAI)、群体叶面积持续期(LAD)则随种植密度增加而增加。去叶改变源库比虽使单叶的 P_n 上升、净同化率增加，但造成群体光合速率下降，可溶性糖降低，去穗后则净光合效率也明显下降。

陈传永等(2010)设计了 4 个不同的种植密度，测定了不同生育时期(吐丝期为重点)的叶片碳氮比的动态变化。结果表明，碳氮比在吐丝期与成熟期出现 2 个高峰；碳氮比均随种植密度增加而降低；吐丝后生育天数与 C/N 呈二次曲线关系，与全氮含量呈线性关系；高种植密度主要影响叶片碳代谢；叶绿素含量不是影响吐丝后光合速率的主要因素。

刘铁东等(2014)研究发现，不同种植方式(P1,宽窄行 170 cm+30 cm；P2,宽窄行 90 cm+40 cm；CK,匀垄 65 cm)中，不同基因型玉米穗位叶叶片 SPAD 值间存在差异，宽窄行种植方式表现出明显优势；叶绿素荧光参数 F_o 在 P_1 和 P_2 中均大于 CK；F_m 和 F_v/F_m 在关键的生育时期差异显著，表现为宽窄行 P1 和 P2 大于 CK；3 种模式中，P1 和 P2 净光合速率显著高于 CK。结果表明，相对于传统种植方式，宽窄行种植方式对提高作物生产能力和干物质积累有促进作用。

张倩等(2012)选用当地主栽夏玉米品种郑单 958，比较分析不同种植方式对夏玉米光合特性与产量的影响。结果表明，在相同种植密度(6.75 万株/hm²)条件下，与对照常规等行距种植方式相比，三行靠、四行靠和五行靠种植方式光合速率(P_n)、气孔导度(Cond)、蒸腾速率(T_r)均有不同程度的增加，处理间叶片 SPAD 值、光合速率差异未达到显著水平。四行靠种植方式气孔导度、蒸腾速率最高，等行距种植方式胞间 CO_2 浓度(C_i)最高。籽粒灌浆后期等行距种植方式 SPAD 值、灌浆速率下降速度最快。收获期三行靠、四行靠、五行靠种植方式籽粒产量分别比等行距种植方式增加 10.58%、6.54%、12.06%，但处理间差异未达到显著水平。

杨小琴等(2019)指出，玉米间作体系实现了群体对光能的高效利用，带型配置和种植密度是影响玉米间作体系光能利用效率和产量的主要因素。黔中地区玉米大豆间作，玉米密度在 4.8 万株/hm²，玉米大豆 2∶3、2∶4 带型配置为最佳经济效益模式；玉米花生间作成为黄淮海平原地区发展较快的间作模式，玉米花生 2∶10 间作增强了玉米利用强光的能力和花生利用弱光的能力，干物质积累量大，间作优势明显；品种选择对于不同基因型玉米间作优势发挥具有关键作用，合理株高差有利于形成波浪式冠层，透光性增强，河南地区高秆与低秆品种行比 2∶4 带型间作，使高矮秆玉米光能利用效率较高，光合速率最大；玉米间作小麦系统适用于中国西北地区，光能利用效率较高；苜蓿竞争能力较强，较单作相比，间作明显增加了苜蓿生物量，其中玉米紫花苜蓿 4∶6 间作是东北农牧交错区的最佳配置。

(2)施肥的影响　叶面积大小是导致冠层特征变化的主导因子，增施氮肥可增加 LAI 和叶面积持续期(LAD)，进而增加群体光合和籽粒产量。同时，叶片含氮量对光合能力的影响很大，主要是通过羧化作用有关酶的含量而起作用的。氮肥的及时补充特别是保证开花后充足的肥水供应有利于植株光合生理活性的改善。增施氮肥可显著提高旗叶叶绿素含量和光合速率，延长旗叶光合速率高值持续时间，有利于粒重的提高。适量增施氮肥可以促进营养器官贮存性同化物向籽粒的运转，增加占粒重的比例，提高籽粒可溶性糖含量，促进淀粉积累，进而增加粒重。过量施用氮肥虽促进了开花后玉米的碳素同化，但不利于营养器官贮存性同化物向籽粒中的再分配，籽粒可溶性糖含量减少，影响淀粉积累，导致粒重降低。适宜氮、钾用量下，玉米叶片可溶性蛋白质含量高，RUBP 羧化酶和 PEP 羧化酶活性较强。

赵宏伟等(2006)曾以不同品种春玉米为试验材料，研究了氮肥施用量对春玉米功能叶片光合作用关键酶活性和光合速率的影响。结果表明，氮肥施用量对 RuBP 羧化酶活性、PEP 羧化酶活性和光合速率有明显影响，不同品种的表现不尽相同。

(3)灌溉的影响 光合作用作为光合物质生产和产量形成的重要因素,是抗旱生理研究的重点之一。大量研究表明,作物光合作用对水分胁迫反应敏感,光合速率随胁迫加强不断下降,是作物后期受旱减产的主要原因。水分胁迫下作物叶片叶绿素含量不仅是衡量作物耐旱性的重要生理指标之一,而且也直接关系着作物的光合同化过程。

玉米充分供水具有最大的干物质累积量和正常的碳素代谢,合理的水分供应促进玉米植株生育前期总生物量的积累以及生育后期干物质从营养体向籽粒的转移,成熟期营养器官中的非结构性碳水化合物滞留少,向籽粒中的运转彻底,可获得较高籽粒产量。

孟凡超等(2015)模拟研究了CO_2浓度变化和降水变化共同作用对玉米光合特性及产量的影响。结果显示,在高CO_2浓度下,适量的灌溉对玉米的整个光合作用过程起到了促进作用,最终表现为籽粒产量的增加。

闵勇等(2018)曾于2016年探究微咸水-淡水交替灌溉对夏玉米不同生育期内光合日变化的影响。以全生育期灌溉淡水处理(0.08 g/L NaCl)为对照(CK),采用3种不同矿化度(1 g/L NaCl、3 g/L NaCl、5 g/L NaCl)微咸水和淡水在夏玉米的3个不同生育期内(壮苗期、拔节抽雄期、灌浆成熟期)进行避雨盆栽交替灌溉试验。结果是,壮苗期及灌浆成熟期微咸水灌溉处理和CK的净光合速率(P_n)日变化均呈双峰曲线,壮苗期峰值出现在12:00和16:00,灌浆成熟期峰值提前至10:00和14:00。拔节抽雄期灌溉微咸水处理的P_n日变化呈单峰曲线,峰值提前至10:00。微咸水灌溉均引起夏玉米P_n和蒸腾速率(T_r)不同程度减小,导致水分利用效率(WUE)减小,玉米光合能力下降。壮苗期灌溉1 g/L微咸水和灌浆成熟期灌溉微咸水导致气孔导度(G_s)减小和胞间CO_2摩尔分数(C_i)减小,通过气孔原因造成玉米光合作用减弱,而壮苗期灌溉3 g/L和5 g/L微咸水和拔节抽雄期灌溉微咸水导致G_s减小和C_i增大,通过非气孔原因导致玉米光合作用减弱。试验结论是,拔节抽雄期灌溉微咸水对夏玉米光合日变化影响最显著,壮苗期次之,灌浆成熟期最小。因此,微咸水与淡水交替灌溉制度应在夏玉米拔节抽雄期灌溉淡水,可在灌浆成熟期灌溉微咸水。

二、玉米的氮代谢

(一)氮素的吸收与同化

根是吸收氮素的主要器官,不同玉米杂交种根内含有氮占植株含氮量的1.8%~3.0%。根系对氮的吸收在生殖生长前,发生在上层土,在吐丝后则被限定在下层土中,甚至在120 cm深度的根系仍保持有吸收能力。

玉米对氮素吸收的高峰分别发生在大喇叭口期和灌浆期,施氮量与茎鞘干物质积累量以及产量呈抛物线形相关。高产玉米与低产玉米比较,高产玉米植株吸氮量明显增多,但高产玉米植株含氮量却低于低产田的含氮量。玉米氮素营养利用存在基因型差异。在氮效率的差异上,Mol等(1982)认为,低氮条件下主要是由于所积的利用效率不同所致,即营养体氮向籽粒氮再转移的不同所致;高氮条件下,氮吸收效率则起主要作用。有3种因素影响玉米籽粒产量对氮肥的反应:抽丝期以后的额外吸氮能力;籽粒灌浆速率和灌浆持续期;受氮肥影响玉米醇溶蛋白的合成速度。一般认为,氮吸收速度快、吸收持续期长、转运量大是高产蛋白质玉米的生理基础。

1. 硝酸盐的代谢还原 高等植物不能利用空气中的氮气,仅能吸收化合态的氮。植物可以吸收氨基酸、天冬酰胺和尿素等有机氮化物,但是植物的氮源主要是无机氮化物,而无机氮化物中又以铵盐和硝酸盐为主,它们广泛地存在于土壤中。玉米主要通过根系的根毛区以铵态氮(NH_4^+)和硝态氮(NO_3^-)形式吸收氮素,再在体内进行运输分配,最后在籽粒中累积。玉米吸收 NH_4^+ 的主要方式为 NH_4^+ 与 H^+ 的反向运输。有研究发现,在水稻上部分 NH_4^+ 是在质膜上发生脱质子作用后,以 NH_3 形式进入根细胞,这种形式在玉米中也有可能存在。玉米吸收 NO_3^--N 的过程为主动吸收过程。玉米根系吸收 NO_3^--N 的过程包括高亲和力转运系统(HATs,系统Ⅰ)和低亲和力转运系统(LATs,系统Ⅱ)。研究认为,酰胺态氮先转化为铵态氮再被根系吸收。也有研究发现一些玉米能直接吸收分子态尿素。玉米除了能从根部吸收氮素外,还能从叶片吸收氮素。氮素可以通过表皮细胞和气孔两条途径进入玉米叶肉细胞,从而达到被吸收。

植物从土壤中吸收铵盐后,即可直接利用它去合成氨基酸。如果吸收硝酸盐,则必须经过代谢还原(metabolic reduction)才能利用,因为蛋白质的氮呈高度还原状态,而硝酸盐的氮却是呈高度氧化状态。一般认为,硝酸盐还原是按下列几个步骤进行的,每个步骤增加两个电子。第一步骤是硝酸盐还原为亚硝酸盐,中间两个步骤(次亚硝酸和羟氨)仍未肯定,最后还原成氨。

硝酸盐还原成亚硝酸盐的过程是由细胞质中的硝酸还原酶(nitrate reductase)催化的,它主要存在于高等植物的根和叶子中。硝酸还原酶的亚基数目视植物种类而异,相对分子质量为 $200 \times 10^3 \sim 500 \times 10^3$,也因植物种类而异。每个单体由 FAD、$Cytb_{557}$ 和 MoCo(钼辅因子,molybdenum cofactor)等组成,它们在酶促反应中起着电子传递体的作用。在还原过程中,电子从 NAD(P)H 传至 FAD,再经 Cytb 传至 MoCo,然后将硝酸盐还原为亚硝酸盐。

硝酸还原酶整个酶促反应可表示为:

$$NO_3^- + NAD(P)H + H^+ + 2e^- \rightarrow NO_2^- + NAD(P)^+ + H_2O$$

硝酸还原酶是一种诱导酶(或适应酶)。所谓诱导酶(或适应酶),是指植物本来不含某种酶,但在特定外来物质的诱导下,可以生成这种酶,这种现象就是酶的诱导形成(或适应形成),所形成的酶便叫作诱导酶(induced enzyme)或适应酶(adaptive enzyme)。前人实验证明,水稻幼苗如果培养在硝酸盐溶液中,体内即生成硝酸还原酶;如把幼苗转放在不含硝酸盐的溶液中,硝酸还原酶又逐渐消失,这是高等植物内存在诱导酶的首例报道。亚硝酸盐还原成铵的过程,是由叶绿体或根中的亚硝酸还原酶(nitrite reductase)催化的,其酶促过程如下式所示:

$$NO_2^- + 6Fd_{red} + 8H^+ + 6e^- \rightarrow NH_4^+ + 6Fd_{ox} + 2H_2O$$

从叶绿体和根的质体中分离出亚硝酸还原酶,它含有两个辅基,一个是铁-硫簇(Fe_4S_4),另一个是特异化血红素。它们与亚硝酸盐结合,直接还原亚硝酸盐为铵。

2. 氨的同化 根吸收的 NH_4^+-N 绝大部分立即形成氨基酸,再以氨基酸的形式通过木质部向上运输;酰胺态氮被吸收后先在脲酶的作用下转化为 NH_3,再被利用形成氨基酸。形成的氨基酸除一部分直接合成为蛋白质外,主要运送到果穗中参与蛋白质的合成。

当植物吸收铵盐的氨后,或者当植物所吸收的硝酸盐还原成氨后,氨立即被同化。游离氨(NH_3)的量稍为多一点,即毒害植物,因为氨可能抑制呼吸过程中的电子传递系统,尤其是 NADH。氨的同化包括谷氨酰胺合成酶、谷氨酸合酶和谷氨酸脱氢酶等途径。如图 2-3 所示。

(1)谷氨酰胺合成酶途径 在谷氨酰胺合成酶(glutamine synthetase,GS)的作用下,并以 Mg^{2+}、Mn^{2+} 为辅因子,铵与谷氨酸结合,形成谷氨酰胺。这个过程是在细胞质、根部细胞的质体和叶片细胞的叶绿体中进行的。

(2)谷氨酸合酶途径 谷氨酸合酶(glutamate synthase)又称谷氨酰胺-α-酮戊二酸转氨酶

(glutamine α-ketoglutarate aminotransferase,GOGAT),它有 NADH-GOCAT 和 Fd-GOGAT 两种类型,分别以 NAD+H$^+$ 和还原态的 Fd 为电子供体,催化谷氨酰胺与 α-酮戊二酸结合,形成 2 分子谷氨酸,此酶存在于根部细胞的质体、叶片细胞的叶绿体及正在发育的叶片中的维管束。

(3)谷氨酸脱氨酶途径　铵也可以和 α-酮戊二酸结合,在谷氨酸脱氢酶(glutamate dehydrogenase,GDH)的作用下,以 NAD(P)H+H$^+$ 为氢供给体,还原为谷氨酸。但是,GDH 对 NH$_3$ 的亲和力很低,只有在体内 NH$_3$ 浓度较高时才起作用。GDH 存在于线粒体和叶绿体中。

(4)氨基交换作用　植物体内通过氨同化途径形成的谷氨酸和谷氨酰胺可以在细胞质、叶绿体、线粒体、乙醛酸体和过氧化物酶体中通过氨基交换作用(transamination)形成其他氨基酸或酰胺。例如,谷氨酸与草酰乙酸结合,在天冬氨酸转氨酶(aspartate aminotransferase,Asp-AT)的催化下,形成天冬氨酸;又如,谷氨酰胺与天冬氨酸结合,在天冬酰胺合成酶(asparagine synthetase,AS)的作用下,合成天冬酰胺和谷氨酸。

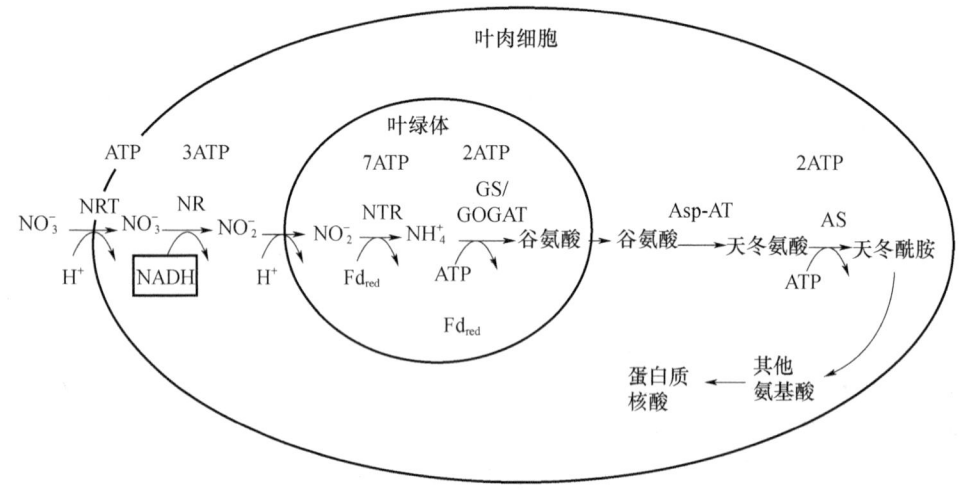

图 2-3　叶片氮同化过程(潘瑞炽,2004)

3. 生物固氮　分子氮(N_2)占空气的 79%,数量很大,是很好的氨肥来源。可是氮气不活泼,不能直接被高等植物利用。高等植物只能同化固定状态的氮化物(如硝酸盐和铵盐等)。

工业上,在高温(400~500 ℃)和高压(约 20 MPa)下,氮气(N_2)和氢气(H_2)反应合成氨。在自然界,同样可以固定氨,而且数量巨大。在自然固氮中,有 10% 是通过闪电完成的,其余 90% 是通过微生物完成的。某些微生物把空气中的游离氮固定转化为含氮化合物的过程,称为生物固氮(biological nitrogen fixation)。由此可见,生物固氮在农业生产上和自然界的氮素平衡中都具有十分重大的意义。

4. 氮素形态对氨代谢的影响　氮肥对提高作物产量和品质以及生产效率是极重要的,通过硝化作用阳离子 NH_4^+ 可化为阴离子 NO_3^-,由于淋溶作用和反硝化作用 NO_3^- 很易损失掉。玉米产量对氮素化肥的反应是随施氮量和氮的变化而变化的。铵态氮和硝态氮为植物氮素营养的重要形态,玉米对二者吸收的相对比例取决于植株的生长期,前期以吸收氮 H_4^+ 为主,后期以吸收 NO_3^- 为主,在成熟植株中硝态氮的吸收总量占 90%。也有人认为,营养生长期间植株的含氮量不因氮素形态而产生诱导差异,后期施混合氮($NO_3^- - NH_4^+$)则可诱导生殖潜力的增加。供给不同形态的氮素,所产生的效果是不同的,供给高水平的 NO_3^- 可提高植物有机酸的水平,形成更大的生长量和产量,相比之下,供应高水平的NH_4^+,将会加快碳水化合物(主要指淀粉不是糖分)的消耗,最终可获得更高的生物产量,施用NO_3^-和混合型氮的效果比单一施用NO_3^-或单一施用NH_4^+的效果更好,产量更高。

(二)氨基酸的生物合成

氨基酸的生物合成是一种把氨转化为有机化合物的过程,主要在细胞的叶绿体和线粒体中进行和完成。植物从土壤中吸收的硝酸盐首先要被还原为亚硝酸盐,这一过程是在细胞质中由硝酸还原酶(NR)催化进行的,NR是植物氮同化的限速酶,是植物氮同化的关键步骤。亚硝酸盐进一步在亚硝酸还原酶的作用下转变为铵,该过程是在亚硝酸还原酶(NiR)的作用下在叶绿体和前质体中进行的,亚硝酸还原酶是由2个亚基铁硫簇(Fe_4S_4)和罗西血红素组成。在亚硝酸盐的还原过程中,来自光合链的Fdox是电子的供体,将NO^{2-}进一步还原为NH^{4+}。由亚硝酸盐转变而来的NH^{4+}立即进入谷氨酸合酶循环转变为可以被植物直接利用的有机态氮,该过程是在谷氨酰胺合成酶和谷氨酸合酶两个关键性酶的催化下进行的。首先,NH^{4+}在谷氨酰胺合成酶的作用下与谷氨酸结合形成谷氨酰胺,该过程是在叶绿体、细胞质或根细胞质体中进行的。谷氨酰胺进一步在谷氨酸合酶的作用下与a-酮戊二酸结合形成谷氨酸。谷氨酸合酶有NADH-GOGAT和Fd-GOGAT两种类型,前者主要存在于高等植物的光合细胞中,以NADH为电子供体,活性较高;后者在高等植物光合细胞和非光合细胞中均存在,以还原态的Fd为电子供体活性较低。除此之外,NH_4^+还可以由存在于叶绿体和线粒体中的谷氨酸脱氢酶由NADH提供电子还原为谷氨酸。但是,谷氨酸脱氢酶与NH_4^+的亲和度较低,只有当植物细胞中NH_4^+浓度较高时才会发挥作用。谷氨酸是植物体内其他氨基酸和酰胺的合成前体,它在植物中的过氧化物酶体、叶绿体、线粒体、细胞质等部位通过氨基交换作用合成其他氨基酸和酰胺,最终形成植物可以直接利用的氮素化合物。

(三)蛋白质的生物合成

合成场所不固定,可在细胞的核糖体、线粒体、叶绿体上合成,在内质网加工。

蛋白质是基因表达的最终产物,它的生物合成是一个复杂的过程,主要包括:

1. 翻译的起始 核糖体与mRNA结合并与氨基酰-RNA生成起始复合物。

2. 肽链的延伸 由于核糖体沿mRNA5'端向3'端移动,开始了从氮端向碳端的多肽合成,这是蛋白质合成过程中速度最快的阶段。

3. 肽链的终止及释放 核糖体从mRNA上解离,准备新一轮合成反应。

mRNA是蛋白质合成的模板,转运RNA(transfer RNA,RNA)是模板与氨基酸之间的接合体。此外,在合成的各个阶段还有许多蛋白质、酶和其他生物大分子参与。例如,在真核生物细胞中有70种以上的核糖体蛋白质,20种以上的氨酰-RNA合成酶(AA-tRNA synthetase),10多种起始因子、延伸因子及终止因子,50种左右RNA及各种rRNA、mRNA和100种以上翻译后加工酶参与蛋白质合成和加工过程。蛋白质合成是一个需能反应,要有各种高能化合物的参与。据统计,在真核生物中有将近300种生物大分子与蛋白质的生物合成有关,细胞所用来进行合成代谢总能量的90%消耗在蛋白质合成过程中,而参与蛋白质合成的各种组分约占细胞干重的35%在真核生物细胞核内合成的mRNA,只有被运送到细胞质基质才能被翻译生成蛋白质。所谓翻译是指将mRNA链上的核苷酸从一个特定的起始位点开始,按每3个核苷酸代表一个氨基酸的原则,依次合成一条多肽链的过程。尽管蛋白质合成过程十分复杂,但合成速度却高得惊人,如大肠杆菌只需要 5 s 就能合成一条由 100 个氨基酸残基组成的多肽,而且每个细胞中成百上千个蛋白质的合成都是有条不紊地协同进行的。

(四)玉米氮代谢的影响因素

玉米氮代谢的影响因素既有自然因素,也有人为因素。

1. 光照的影响　玉米是喜光的 C_4 作物,整个生育期都需要充足的光照,在生长发育过程中,寡照天气会不同程度地影响玉米生长发育。作为影响玉米生长的 2 个重要因子,光和氮之间存在着显著的互作效应。

宋航等(2016)以玉米单交种豫玉 22 为材料,设置 2 个光照处理和 3 个氮肥水平,研究光、氮及其互作下玉米酶活性、干物质生产和产量变化特征及其对玉米氮素吸收利用和物质生产的影响。结果表明,弱光胁迫下玉米叶片硝酸还原酶和谷氨酰胺合成酶活性降低,植株和籽粒氮积累量下降;干物质积累量显著降低;果穗穗长、行粒数和穗粒数减少,导致产量显著降低。但弱光胁迫下增施氮肥可以提高叶片硝酸还原酶和谷氨酰胺合成酶活性,增加干物质积累量,穗长、行粒数和穗粒数增加,产量显著提高,并且随施氮量的增多,产量增加效果也越显著。可见,光、氮及其互作对玉米氮素吸收利用及物质生产具有显著影响,弱光胁迫条件下增施氮肥可以部分缓解其致害效应,减少玉米产量损失。表明遮光使玉米穗位叶 NR 和 GS 活性降低,植株在遮光期间和恢复自然光照后的吸氮能力受到严重限制。硝酸还原酶(NR)和谷氨酰胺合成酶(GS)是植物氮代谢过程中 2 个关键酶,NR 是植物同化 NO_3^- 过程中的关键酶,也是氮同化的限速酶。GS 主要是促进植物铵同化和氮素转运。2 个酶活性高低与植物对氮素的吸收和体内氮同化能力密切相关,对植物生长发育和产量都有重要影响。

关义新等(2000)以玉米杂交种 3119 为试材,研究了两种光照[400 $\mu mol/(m^2 \cdot s)$ 和 200 $\mu mol/(m^2 \cdot s)$]和 5 种供氮水平(0、7.5 mmol NO_3^-/L、15 mmol NO_3^-/L、22.5 mmol NO_3^-/L 和 30 mmol NO_3^-/L)对玉米光合和碳、氮代谢的影响。强光下植株具有较高的呼吸速率、较大的光合潜力和光合速率,物质生产能力较强,光合产物更多地分配到根系之中。同时强光下植株的硝酸还原酶活性、谷氨酸脱氢酶活性以及可溶性蛋白质的含量较高,叶片中的硝酸盐含量较低,具有较高的氮素同化能力。两种光强下植株的物质生产和氮素同化能力均随供氮水平的增加先升后降,弱光下植株在较低的供氮水平下具有较高的物质生产能力和氮素同化能力,而强光下植株的最大光合物质生产能力和氮素同化能力出现在较高的氮素水平。在 N2-N5 处理,强光下植株的根冠比均高于弱光下的植株,且二者的差异随供氮量的增加而增加,但在缺氮处理(N1 处理),弱光下的根冠比反而高于强光下的植株。强光下植株与弱光下的植株相比具有较高的可溶性糖和淀粉含量,两种光强下可溶性糖的差异随供氮量的增加呈现减少的趋势,而淀粉含量的差异在 N2 水平为最小值,高于或低于 N2 水平均使二者的差异扩大。在低氮条件下植株的可溶性糖和淀粉的含量较高,蛋白质含量较低,而后随供氮量的增加,叶片中的蛋白质含量增加,而可溶性糖和淀粉的含量下降。

周卫霞等(2013)以不耐阴型玉米豫玉 22 和耐阴型玉米郑单 958 为试验材料,设置自然光照和弱光胁迫 2 个处理,研究弱光胁迫对不同基因型玉米籽粒建成和碳氮代谢的影响,探求弱光胁迫下碳氮代谢与籽粒建成的关系。结果表明,弱光胁迫下,玉米籽粒生长发育减缓,败育粒增加,籽粒体积和干重降低;果穗顶部籽粒可溶性糖、蔗糖含量和全氮含量升高,淀粉含量和碳氮比降低;豫玉 22 胚乳细胞中淀粉粒密度降低,郑单 958 与对照相近。弱光胁迫下,不耐阴型玉米豫玉 22 果穗籽粒的生长发育减缓程度大于耐阴型玉米郑单 958,同一基因型果穗顶部籽粒生长发育减缓程度大于中部籽粒,耐阴型玉米郑单 958 在恢复自然光照后籽粒体积、干重、籽粒碳氮含量和碳氮比与对照之间的差异均小于豫玉 22,表现出更强的补偿效应。淀粉合成能力和碳氮比的下降可能是弱光胁迫条件下籽粒发育不良,以致最终造成败育的主要原因。

2. 施氮的影响 N 主要以固体形式施入土壤,因此根是最先受到 N 肥影响的器官。研究认为,施 N 增加了根系干重、长度、根长密度、表面积和根系活力。但不同的施 N 时期对根系影响不同,施 N 时期主要影响玉米的根长、根半径和根系活力。

一些研究发现,施 N 后对根的生长有局部刺激作用。局部根系供应 N 素时,与低养分条件相比,高养分供应能够促进根系的生长,这种对根系生长的促进作用可以通过分根试验来证明。局部供 NO_3^- 能够使侧根的数目和根长增加,使得在养分富集的区域根系聚集,提高了根系吸收养分的潜力,因而能够提高养分利用效率。主要原因是根系代谢活性提高了,并且增加了同化物向供 NO_3^- —N 部分根系的分配,且这种现象还有基因型间的差异。玉米地上部器官是干物质积累和产量形成的重要部位,N 素对干物质积累的影响主要是通过影响叶面积的大小、功能期长短、叶片的光合特性。N 肥施用量和密度对玉米营养体产量的影响研究结果表明,一定范围内增施 N 素对玉米营养体产量有显著的增产效应,超过其范围玉米营养体产量随施 N 量的增加而下降;总体来说,玉米鲜体风干重产量与施氮量间呈二次抛物线回归关系。

施 N 量与茎鞘干物质积累量及产量呈抛物线形相关。在玉米不同生育时期,N 肥施用量对玉米 N 素、干物质积累和分配的影响不一样,N 肥供应充足有利于玉米生长后期同化物的再分配。在土壤碱解 N 为 58.2 mg/kg,追施 375 kg/hm² 的 N 量下,玉米在大喇叭口期重施 N 肥,植株矮,穗位低,利于抗倒伏,中后期叶片衰亡慢,比叶重高,干物质积累多。

N 素对玉米地上部器官的影响不但表现在整体上,而且表现在茎、叶等其他方面。施 N 肥处理较不施 N 肥处理夏玉米生长性状良好,表现在株高、茎粗、叶长、叶宽增加,抗病性、抗倒伏性增强。玉米养分供给能力对养分的分配方式有重要影响,在玉米不同生育时期,N 肥用量对玉米 N 素和干物质的积累与分配影响不同。

叶面积大小是导致冠层特征变化的主导因子。增施 N 肥可增加叶面积指数(LAI)和叶面积持续期(LAD),进而增加群体光合速率和籽粒产量。叶片是玉米光合作用产生干物质的器官,N 素的供应直接影响到了叶片光合作用的发挥。叶片含 N 量与叶绿素仪读数(SPAD)正相关,但也会因为水分胁迫和杂交种的不同而不同;N 胁迫减少叶片含 N 量、叶绿素仪读数和扩展抗性。

(1) 氮素对玉米产量的影响　玉米以收获籽粒为主,N 肥对玉米产量的影响研究很多,总体上随施 N 量的增加籽粒产量呈单峰曲线形。玉米产量构成因素包括单位面积穗数、每穗粒数和百粒重。玉米大多为单穗型,单位面积穗数基本上是可以完全控制的。N 肥主要通过影响穗粒数和百粒重来影响玉米产量。随施 N 量增加的玉米每穗粒数、穗粒重增加,从而使产量增加。追 N 量与玉米灌浆和产量构成因素存在显著的相关,随追 N 量的增加,平均灌浆速率、最大灌浆速率增大,百粒重增大;每穗粒数在追施尿素量小于 231.75 kg/hm² 时,随追施尿素量增加而增加,反之减少。籽粒败育是影响玉米穗粒数的一个重要因素。N 素作为同化物直接参与玉米籽粒中蛋白质的合成,同时 N 素也提高了蔗糖转化酶的活性,减少还原糖的积累,促进淀粉粒的形成,从而提高籽粒的库容、减少玉米籽粒的败育。N 素在玉米生殖生长阶段具有增强籽粒利用 C 素的作用。

施 N 时期也会对玉米产量造成一定影响。苗期施 N 可有效减少秃尖,苗期和拔节期施 N

可明显增加穗粒数,拔节期、孕穗期和鼓粒期施 N 对千粒重影响较大。施 N 通过影响产量构成因素进而影响玉米产量,其中孕穗期和拔节期施 N 的效果最好。施 N 时期对玉米产量的影响取决于玉米不同时期生长中心的不同。播前 N 素水平能改变出苗到果穗形成时间,还能改变果穗形成阶段的持续时间。

玉米不同时期 N 素分配对产量也有一定的影响。N 肥的分次施用可以提高 N 肥的利用率和玉米产量,重施穗肥是玉米获得高产的关键。为防止多雨年份 N 素的损失,可以将 N 肥追施推迟,甚至推迟至灌浆期仍然有增产作用。N 肥施用方式对玉米产量的影响也与气候因素有关,不同年份中,不同 N 肥施用方式下玉米产量有所不同。

高洪军等(2015)通过等氮条件下无机有机配施研究吉林省黑土区不同施肥方式对春玉米氮素吸收利用的影响。结果表明,长期有机无机配合施用,不仅能有效调节氮素积累和转运,还能提高氮肥利用效率。在适宜氮用量为 165 kg/hm^2 时,以农家肥氮替代 70%,或秸秆氮替代 30% 化肥氮素,既减少化肥氮投入,又增加了土壤供氮能力。

(2)氮素对玉米品质的影响 玉米籽粒品质,尤其是营养品质主要与含 N 化合物(主要是蛋白质含量及其组分)有关。在玉米籽粒发育过程中,蛋白质合成主要由来自转入的氨基酸,但籽粒中也存在先由 C 骨架合成氨基酸,再由氨基酸立即合成蛋白质。

施 N 促进玉米籽粒产量、粒重和籽粒粗蛋白的增加。施 N 处理影响到了玉米籽粒的蛋白、油分和淀粉含量。研究发现吐丝期施 N 增加了夏玉米的百粒重和粗蛋白含量。N 肥对蛋白质各组分含量的影响程度也不同,玉米籽粒清蛋白和球蛋白含量不易受 N 肥影响,而醇溶蛋白含量及比例则随施 N 量增加而明显增加。也有研究表明,适量增施 N 肥能增加谷醇比和降低醇溶蛋白比例,有利于蛋白质品质的改善,而 N 肥过多则使籽粒蛋白品质变劣。

大多数研究认为,一定 N 用量范围内施 N 能增加玉米籽粒氨基酸总量,而施 N 量对氨基酸组分的影响却存在一定分歧。适量施 N 增加了玉米籽粒油分含量;适量施 N 能增加高油玉米油分、亚油酸和油酸含量,有利于脂肪酸品质的改善。

申丽霞等(2007)以夏玉米杂交种郑单 958 为材料,对不同施氮水平下玉米产量、产量构成、粒数形成关键期植株体的碳氮代谢及碳氮代谢的关键酶进行了研究。结果表明,氮肥对玉米产量的影响主要体现在对穗粒数、穗粒重的影响上。施氮量为 180 kg/hm^2 时,显著促进玉米穗粒数、穗粒重的增加;施氮量增加至 240 kg/hm^2 时,促进作用下降。施氮明显促进大喇叭口期至灌浆期植株体的碳氮代谢,使碳氮代谢的关键酶硝酸还原酶(NR)、谷氨酰胺合成酶(GS)和蔗糖磷酸合成酶(SPS)活性提高,增强光合产物的积累和运输,从而满足生殖生长的需求,促进穗粒数的形成,提高产量。

申丽霞等(2009)用可见分光光度法对不同施氮水平下玉米穗位叶的碳氮代谢指标进行了检测。结果表明,施氮量在 120~180 kg/hm^2 明显促进玉米穗位叶蔗糖的积累,在 120~240 kg/hm^2 明显促进碳代谢的关键酶蔗糖磷酸合成酶(SPS)、氮代谢的关键酶硝酸还原酶(NR)和谷氨酰胺合成酶(GS)活性的增强。说明适宜的施氮量可明显促进玉米穗位叶碳氮代谢能力的增强,从而积累较多的同化产物,满足籽粒灌浆的需求。

3. 其他栽培措施的影响 除光照、施肥外,种植密度和种植模式也会影响玉米氮素代谢。张倩等(2013)在 67500 株/hm^2,82500 株/hm^2 密度水平下,以常规等行距种植方式为对照,比较分析不同缩行宽带种植方式(三行一带、四行一带、五行一带)对夏玉米碳氮代谢与氮素利用效率的影响。结果表明,缩行宽带种植方式成熟期地上部总氮累积量、氮收获指数均高于对照等行距种植方式,其中三行一带、四行一带、五行一带种植方式地上部总氮累积量分别高于对照16.2%、16.9%、20.0%。籽粒产量较等行距种植方式均有不同程度增加,并达到显著水平。本研究中,成熟期地上部总氮量、叶片氮转运量与籽粒产量呈显著正相关,说明成熟期较高的地上部总氮积累、叶片高氮转运量可促进籽粒产量提高。而成熟期叶片碳氮比与籽粒产量呈显著负相关,各处理中,三行一带种植方式在低密度和高密度条件下成熟期叶片碳氮比均最低,而对照等行距种植方式的值最高。

吕丽华等(2008)在2006年研究了低、中、高3个种植密度对夏播玉米CF008、郑单958和金海5号碳氮积累、运转及氮肥利用的影响,以期通过密度调控碳氮代谢,实现产量与氮肥效率协同提高。结果表明,吐丝期茎叶总糖和全氮积累量及茎叶总糖和全氮的运转率均以中或高密度下较高,而籽粒产量、氮素吸收效率、氮素利用效率和氮肥利用率均以中或低密度显著高于高密度。吐丝前地上部氮素积累量以中高密度下较高,但成熟期地上部总氮量及籽粒氮量均以中低密度较高,表明吐丝期后植株氮素积累量对玉米籽粒氮贡献较大。在中低密度下,3个品种夏玉米产量达10262~11461 kg/hm^2,氮肥利用率达23.00%~34.11%。

赵雅姣等(2019)指出,通过营养液砂培模拟试验,对紫花苜蓿‖玉米间作在不同氮素水平、不同种植方式下玉米氮代谢相关酶活性和氮代谢产物进行研究。结果表明:玉米在不同氮素水平下地上部和地下部的NR(硝酸还原酶)、NiR(亚硝酸还原酶)、GS(谷氨酰胺合成酶)和GOGAT(谷氨酸合酶)活性、干物质重和氮积累量均随生育时期的推进而不断增加。玉米氮代谢酶活性和氮代谢产物的各指标在N210下均高于N21,并且不同种植方式下其均表现为不分隔＞尼龙网分隔＞塑料分隔＞玉米单作。NR、NiR、GS和GOGAT活性以及氮含量在各生育期均表现为不分隔时显著大于塑料分隔与玉米单作(P＜0.05)。干物质重及氮积累量在拔节期和孕穗期表现为不分隔显著大于塑料分隔和玉米单作(P＜0.05)。紫花苜蓿‖玉米间作可以提高玉米氮代谢相关酶活性以及氮代谢产物的积累。紫花苜蓿‖玉米中根系互作越紧密、氮素浓度越高,越有利于玉米的氮代谢相关酶活性的提高以及氮代谢产物的积累;氮代谢相关酶活性可以直接反映其氮代谢的能力。

三、玉米的水分代谢

(一)水分的生理作用

水对玉米的生理作用主要表现在以下几个方面。

1. 水是玉米细胞原生质的主要组成成分 原生质含水量一般在80%以上。水是维持细胞原生质胶体状态及其稳定性的重要条件。细胞的生命旺盛程度与水分含量有直接的关系。例如:玉米的嫩叶、根尖和幼粒等部分水分含量达到70%~90%。

2. 水是玉米许多代谢过程的反应物质 水直接参与一些生理生化过程,如光合作用、呼吸作用等。缺水直接影响这些生理过程的进行。同时,一些蛋白质、淀粉和酶的合成都需要水作为原料直接参加反应。

3. 水是玉米生化反应和对物质吸收运输的溶剂 有机物和无机物只有溶解在水中才能被玉米吸收和利用。水分的多少影响生化代谢的过程,当水分缺乏时,会抑制代谢强度。缺水还会引起原生质的破坏,导致细胞死亡。

4. 水能使玉米保持固有姿态 水通过保持细胞的膨压使得玉米保持一定姿态,保证生长发育过程的顺利正常进行。枝叶的挺立有利于充分接受光照和交换气体。玉米体内的水分缺乏时就会出现叶片卷曲、萎蔫和下垂等现象,都与特定部位的细胞吸水膨胀或失水有关。

5. 玉米的细胞分裂及伸长都需要水分 玉米生长发育与本身和环境的水分状况关系密切。细胞的分裂和扩大都需要比较充足的水分,植物的生长就是建立在细胞伸长的基础上。

水除了上述的生理作用之外,还可以通过水的理化性质调节玉米周围的环境。由于水的比热容、汽化热均较高,可以使得玉米的体温在外界环境温度变化较大时,保持较为稳定的状态,在强烈的日光照射下通过蒸腾失水降低温度,避免高温造成的灼伤。如通过蒸腾增加大气湿度,改善土壤及土壤表面大气的温度等,这些都是水对玉米的生理作用。

(二)玉米需水量和需水节律

1. 玉米的需水量 玉米的需水量也称耗水量,是指玉米在一生中土壤棵间蒸发和植株叶面蒸腾所消耗的降水、灌溉水和地下水的总量。玉米全生育期需水量受产量水平、品种、栽培条件、气候等众多因素影响而产生差异,因此,需水量亦不尽一致。据研究,中国玉米需水量的变化范围是 2250~5400 m^3/hm^2。

玉米的需水量与产量的高低有着十分密切的关系。在正常的气候条件和一定的范围内,玉米的需水量随着产量的提高而增加。干物质产量的累积和生物产量向籽粒转化效率的高低无不以水为先决条件。在一定范围内玉米的需水量随着籽粒产量水平的提高而逐渐增多,在产量水平较低时,随着产量的提高,对水分的消耗量近似呈直线上升,当产量达到一定水平后,耗水量不再随着产量的提高而直线增加,其相关曲线趋于平缓。

籽粒产量对水分的利用效率可用耗水系数或水分生产率两种方法表示。耗水系数指每生产 1 kg 籽粒所消耗的水量;水分生产率指单位土地面积上玉米籽粒产量与水分消耗量之比。

随着玉米籽粒产量的增加,耗水系数呈下降趋势,水分生产率呈上升趋势。在产量水平较低时,每毫米水生产的玉米籽粒相对较少,如每公顷产 6000 kg 时,1 mm 水生产 1.3 kg 玉米籽粒;每公顷产 9750~10500 kg 时,1 mm 水生产 1.6~1.7 kg 籽粒。因此,在水资源匮缺的地区,以有限的水资源获取高产,在较小的土地面积上,集中用水,通过提高玉米单产、实现增加总产,是对水资源最经济有效的利用。

玉米耗水量受品种影响。品种不同使生育期、株体(如株高、叶片大小、数目等)、单株生产力、株形、吸肥耗水能力、抗旱性等均产生差异,使耗水量亦不同。即使在同一产量水平,对水分消耗总量也不同。一般来讲,生育期长的品种,相对叶面蒸腾量大、棵间蒸发和叶面蒸腾持续期相对加长,耗水量也较多;反之,生育期短的品种耗水量则较少。抗旱性强的品种,叶片蒸腾速率低于一般品种,消耗的水分较少;反之,抗旱性弱的品种耗水量多。

2. 玉米的需水节律 玉米不同生育阶段对水分的要求不同。郑卓琳等(1994)研究指出,夏玉米播种—拔节期的耗水量占耗水总量的 18%~19%,拔节—抽雄期占 31.7%~33.8%,抽雄—吐丝期占 3.7%~6.6%,吐丝—籽粒形成期占 13%~19%,籽粒形成—成熟期的耗水量占整个生育期总耗水量的 24%~31%,全生育期总耗水量为 4200~4500 m^3/hm^2。

(1)不同生育阶段对水分的需求 由于不同生育阶段植株大小和田间覆盖情况不同,由此引起的蒸发量和蒸腾都会不同。玉米生育前期,由于植株较小,地面覆盖率低,所以蒸发占很大一部分耗水量。随着玉米植株的壮大,田间覆盖率提高,水分消耗主要以叶面蒸腾为主。在玉米的全生育期,应该尽量减少蒸发耗水,避免水分的无益消耗。玉米抽雄期前后是需水量最多而且最为敏感的时期,此即玉米的需水临界期,如果这一时期水分不足,就会影响雄穗正常开花和雌穗花柱抽出,进而造成玉米授粉不良、大幅度减产,这一阶段适宜的土壤水分应该保持在持水量的 70%~80%。玉米的乳熟和蜡熟阶段是产量形成的重要时期,需要大量的水分以保证叶片光合作用的顺利进行和干物质的转化及积累。蜡熟以后需水量明显减少,而且对产量的影响也较小。

(2)不同灌溉期和灌溉量的水分利用效率 玉米不同的灌溉期和不同的灌溉量,其水分利用效率不同。抽雄期的水分利用效率最高,对土壤水分的变化最敏感,拔节期次之,灌浆中期最低。平均而言,灌溉量中等的水分利用效率最高,低量的次之,高量的最小。玉米全生育期内水分—产量反应系数的特点是后期小、中间籽粒形成期大,说明此阶段水分的亏缺对夏玉米产量影响最大,是灌溉增产的关键时期。

(3)不同生育阶段水分的生理作用

① 播种至拔节 土壤水分主要供应种子吸水萌动、发芽、出苗及苗期植株营养器官的生长。因此,此期土壤水分状况对出苗能否顺利及幼苗壮弱起了决定作用。底墒水充足是保证全苗、齐苗的关键,尤其高产玉米,苗足、苗齐是高产的基础。夏播区气温高、蒸发量大、易跑墒,土壤墒情不足均会导致不同程度的缺苗、断垄,造成苗数不足。因此,播种时灌足底墒水,保证发芽出苗时所需的土壤水分,并在此基础上,注意苗期中耕等保墒措施,使土壤湿度基本保持在田间最大持水量的65%~70%,既可满足发芽、出苗及幼苗生长对水分的要求,又可培育壮苗。

② 拔节至抽雄、吐丝 此阶段雌、雄穗开始分化、形成,并抽出体外授粉、受精。根、茎、叶营养器官生长速度加快,植株生长量急剧增加。抽穗开花时叶面积系数增至5~6,干物质阶段累积量占总干重的40%左右,正值玉米快速生长期。此期气温高,叶面蒸腾作用强烈,生理代谢活动旺盛,耗水量加大。拔节至抽穗开花阶段耗水量占总耗水量的35%~40%。该阶段耗水量及干物质绝对累积量均占总量的1/4左右,玉米处于需水临界期。因此,满足玉米大喇叭口至抽穗开花对土壤水分要求,对增加玉米产量尤为重要。

③ 吐丝至成熟 开花后进入了籽粒的形成、灌浆阶段,仍需水较多。此期同化面积仍较大,此阶段每亩耗水89~96 m³,占总耗水量的30%以上。灌浆至成熟阶段耗水较少,每亩仅为28~38 m³,占总耗水量的10%~30%,但耗水强度平均每日仍达到35.55 m³/hm²。后期良好的土壤水分条件,对防止植株早衰、延长灌浆持续期、提高灌浆强度、增粒重、获取高产有一定作用。

总之,夏玉米的耗水规律为"前期少、中期多"的变化趋势。高产水平主要表现有3个特点:一是前期耗水量少,耗水强度小;二是中、后期耗水量多、耗水强度大;三是全生育期平均耗水强度高。原因是苗期控水对产量影响最小。适量减少土壤水分进行蹲苗不仅对根系发育、根的数量、体积、干重的增加有利,还可促进根系向土壤纵深发展,以吸收深层土壤水分和养分。对植株地上部而言,可使体内还原糖、非蛋白氮、无机磷等积量增多,碳氮比提高,无异为壮秆、大穗奠定了良好基础。在生育后期为玉米良好的受精、减少籽粒败育、扩大籽粒库容量、增加粒数和粒重获得高产、创造一个适宜的土壤水分条件是非常必要的。

(三)玉米体内的水分循环与平衡

1. 根系吸水的动力 玉米根系具有吸收养分和水分、支持植株和合成有机物质的作用。玉米具有强大的根系,吸收水分和养分的能力很强,根系总重量和入土深度均超过其他禾谷类作物。玉米根系发育好坏与产量有密切关系。俗话说"根深叶茂",只有根系发育良好,才能吸收较多的水分和营养物质,充分满足地上部生长的需要,促进植株健壮生长和形成较大的果穗,获得较高的产量。若根系发育不良,则植株瘦弱,果穗小,产量低。

根系是玉米吸收水分的主要器官。根吸水的主要部位是根的尖端，包括根毛区、伸长区和分生区。以根毛区最大。玉米叶片虽然也能吸收水分，但是吸水量少，在玉米的水分循环中没有重要意义。根系吸水方式分为主动吸水和被动吸水两种方式。玉米的根系吸水以后者为主。

(1) 主动吸水　由于根系生理活动引起的水分吸收称为主动吸水(active absorption of water)。玉米根系生理活动促使水分从根部上升的压力称为根压(root pressure)。根压的存在可以通过伤流和吐水两种现象证明。

(2) 被动吸水　被动吸水(passive absorption of water)是由于枝叶蒸腾引起的根部吸水。吸水的动力来自于蒸腾拉力(transpiration pull)，与植物根的代谢活动无关。用高温或化学药剂将植物的根杀死，植物照样从环境中吸水，甚至将植物根除去后，玉米被动吸水的速度更快。在这种情况下根只作为水分进入植物体的被动吸收表面。因此，这种吸水方式称为被动吸水。当叶子进行蒸腾时，靠近气孔下腔的叶肉细胞水分减少，水势降低，就会向相邻的细胞吸水，导致相邻细胞水势下降，依次传递下去直到导管，把导管中的水柱拖着上升，结果引起根部的水分不足，水势降低，根部的细胞就从环境中吸收水分。这种由于蒸腾作用产生一系列水势梯度使导管中水分上升的力量称为蒸腾拉力。

主动吸水和被动吸水在根系吸水中所占的比重，因玉米的蒸腾速率而不同。正在蒸腾的玉米其被动吸水所占的比重较大，这时主要是被动吸水。强烈蒸腾的植株其吸水的速度几乎与蒸腾速度一致，此时主动吸水所占的比重非常小。只有蒸腾速率很低的植株，如叶片尚未展开时，主动吸水才占较重要的地位；一旦叶片展开，蒸腾作用加强，便以被动吸水为主。

2. 玉米体内的水分循环与平衡　玉米细胞总是不断地进行水分的吸收和散失，水分在细胞内外和细胞之间总是不断地运动。不同组织和器官之间水分的分配和调节也是要通过水分进出细胞才能实现。水分在玉米体内的循环是玉米完成生理生化过程的需要，保证了玉米的各项代谢活动的顺利进行。因此，水分循环是了解玉米水分代谢的基础。

玉米根系从土壤中吸收的水分，通过一个较为固定的途径在玉米体内循环。具体途径为：根毛→根的皮层→根中柱→根导管→茎导管→叶鞘导管→叶肉细胞→叶肉细胞壁或细胞间隙→气孔下腔，最后散失到空气中。水分在整个的运输过程中，一部分是在活细胞中短距离径向运输，另一部分是通过导管和管胞的长距离运输。径向运输的速率较慢，长距离运输速率较快。

水分在玉米各个器官中的运输速率不尽相同，在根中的运输阻力比在叶片中的大，主要是由于根部皮层具有凯氏带，而叶片中没有这种细胞结构。水分向上运输的动力为根压和蒸腾拉力。蒸腾强烈时蒸腾拉力为主要动力，只有在土壤温度较高、水分充足、大气湿度大等生态条件下，根压才能发挥主要作用。水分在玉米体内的循环过程为玉米完成各项生理代谢活动提供了介质和原料，是玉米生长发育必需的生理过程，没有水分的玉米生长是难以想象的。

(四) 玉米水分代谢的影响因素

既有自然因素，也有人为因素。

土壤水分含量会对玉米叶片水分代谢造成影响。林同保等(2008)以郑单958为材料，在旱作棚条件下研究了全生育期不同土壤水分对夏玉米水分代谢及产量的影响。结果表明，充分灌水条件下，叶片相对含水量在抽雄前最高，蒸腾速率日变化峰值最高，脯氨酸含量最少；中度灌水条件下，叶水势日变化较大，叶片相对含水量在抽雄以后最高，脯氨酸含量波动较大；亏缺灌水条件下，叶水势日变化较小，蒸腾速率日变化峰值最小，脯氨酸含量最大。中度灌水处理75%（占田间持水量，下同）的产量要比亏缺灌水处理50%高出16.1%，比充分灌水的95%处理的高出15.2%，从玉米叶片水分特征看，最适宜的土壤水分为中度灌水条件下的75%处理。

张洪旭等（2008）在盆栽人工控制水分的条件下，比较了不同水分胁迫强度对不同抗旱性玉米杂交种叶片水分代谢的影响。结果表明，水分胁迫下玉米叶片水势、相对含水量、气孔导度和蒸腾速率均明显降低，随胁迫程度增强，降低幅度增大。其中叶片水势和叶片相对含水量与品种抗旱性密切相关，蒸腾速率和气孔阻力与品种抗旱性关系不明显。

施用锌、硅等微量元素也会对玉米水分代谢造成影响。汪洪等（2004）采用盆栽试验研究不同土壤水分状况下及施锌对玉米植株水分状况、水分生理特征的影响。结果表明，干旱胁迫下，玉米叶片含水量和水势降低，植株体内自由水分的含量减少，而束缚水含量略有增加，离体叶片失水速率小；叶片气孔阻力增加，导度下降，蒸腾作用和光合速率受到抑制。施锌后玉米叶片的水势和鲜重含水量没有明显变化，但玉米叶片气孔阻力降低，气孔导度增加，叶片蒸腾速率和光合作用速率加大。干旱胁迫下，施锌对玉米植株体内水分生理代谢有一定的调节作用，但是在土壤水分供应充足时，施锌更能增强玉米水分生理代谢，提高水分利用效率。

李清芳等（2009）利用盆栽试验研究了施硅（K_2SiO_3）对玉米植株水分代谢的影响。结果表明，施硅降低了干旱胁迫下玉米植株的气孔导度，降低了干旱胁迫早期到中期的蒸腾速率，保持干旱胁迫后期较高的蒸腾速率，从而导致施硅玉米植株的叶片含水量和水势高于对照株。由于植株的水分状况改善，施硅玉米植株生物量高于对照株，提高植株保水能力是施硅提高抗旱性的重要原因。

本章参考文献

艾佳，温万里，杨德光，等，2014. 低温胁迫及恢复对玉米光合特性的影响[J]. 玉米科学，22(5)：92-97.
曹广才，吴东兵，1995a. 高寒旱地玉米熟期类型的温度指标和生育阶段[J]. 北京农业科学，13(1)：40-43.
曹广才，吴东兵，1995b. 海拔对我国北方旱农地区玉米生育天数的影响[J]. 干旱地区农业研究，13(4)：92-98.
曹永强，李玲慧，路洁，等，2020. 气候变化对辽宁省玉米产量的影响[J]. 中国农村水利水电(11)：132-137.
曹勇，张建丰，李涛，等，2018. 不同控光条件对春玉米耗水规律的影响[J]. 灌溉排水学报，37(12)：10-18.
陈辰，李楠，薛晓萍，等，2017. 播期对山东夏玉米生长发育和产量形成的影响[J]. 江苏农业科学，45(12)：52-55.
陈传永，侯海鹏，李强，等，2010. 种植密度对不同玉米品种叶片光合特性与碳、氮变化的影响[J]. 作物学报，36(5)：871-878.
陈积豪，2018. 不同生育期遮光对玉米产量的影响[J]. 农家参谋(1)：87-87.
陈涛，宋振伟，张明，等，2016. 遮阴和种植密度对东北春玉米穗部发育和植株生产力的影响[J]. 应用生态学报，27(10)：3237-3246.
陈学君，曹广才，吴东兵，等，2005. 海拔对甘肃河西走廊玉米生育期的影响[J]. 植物遗传资源学报，6(2)：168-171.
陈学君，曹广才，贾银锁，等，2009. 玉米生育期的海拔效应研究[J]. 中国生态农业学报，17(3)：527-532.
陈岩，岳丽杰，杨勤，等，2019. 高温热害对玉米生长发育的影响及研究进展[J]. 耕作与栽培，(01)：26-31,39.
陈彦惠，吴连成，吴建宇，1999. 热带、亚热带玉米群体的鉴定研究[J]. 河南农业大学学报(4)：321-325.

崔耀平,肖登攀,刘素洁,等,2018.中国夏玉米和冬小麦近年生育期变化及其与气候的关系[J].中国生态农业学报,26(3):388-396.

董红芬,李洪,李爱军,等,2012.玉米播期推迟与生长发育、有效积温关系研究[J].玉米科学,20(05):97-101.

冯倩,周娅,张晓媛,等,2019.大气CO_2浓度升高对旱作玉米不同生育期土壤碳氮及组成的影响[J].水土保持学报,33(3):221-227.

冯晓钰,周广胜,2018.夏玉米叶片水分变化与光合作用和土壤水分的关系[J].生态学报,38(1):1-9.

冯颖竹,陈惠阳,贺立红,等,2007a.光强因子对甜糯玉米生长发育和产量的影响[J].安徽农业科学,35(17):5109-5111.

冯颖竹,谢振文,贺立红,等,2007b.光强因子对甜糯玉米光合作用和产量构成的影响[J].华北农学报,22(3):132-136.

高洪军,朱平,彭畅,等,2015.等氮条件下长期有机无机配施对春玉米的氮素吸收利用和土壤无机氮的影响[J].植物营养与肥料学报,21(2):318-325.

高佳,史建国,董树亭,等,2017.花粒期光照强度对夏玉米根系生长和产量的影响[J].中国农业科学,50(11):2104-2113.

高祺,李明,朴琳,等,2018.拔节期弱光和渍水胁迫对春玉米光合作用、根系生长及产量的影响[J].江苏农业学报,34(6):1276-1286.

龚顺良,2004.高寒山区不同海拔高度对玉米杂交种生物学性状和品质影响的研究[D].重庆:西南农业大学.

谷岩,曹梦可,张玉秋,等,2015.低温对孕穗期玉米叶片光合及碳代谢酶活性的影响[J].植物生理学报,51(6):941-948.

关义新,林葆,凌碧莹,2000.光、氮及其互作对玉米幼苗叶片光合和碳、氮代谢的影响[J].作物学报,(26):806-812.

郭庆法,王庆成,汪黎明,2004.中国玉米栽培学[M].上海:上海科学技术出版社.

郭文建,刘海,2014.高温胁迫对玉米光合作用的影响[J].天津农业科学,20(4):86-88.

郭艳阳,刘佳,朱亚利,等,2018.玉米叶片光合和抗氧化酶活性对干旱胁迫的响应[J].植物生理学报(12):1839-1846.

赫忠友,谭树义,林力,等,1998.不同光照强度和光质对玉米雄花育性的影响[J].中国农学通报(4):3-5.

侯玉虹,2017.气候生态因子对玉米群体产量性能指标的影响[J].农业开发与装备(01):87.

胡海军,吴亚男,鄂洋,等,2019.遮阴对春玉米根系发育及产量形成的影响[J].种子,38(11):105-107.

黄健熙,王佳丽,黄然,等,2019.基于积温—辐射与LAI积分面积模型的玉米成熟期预测[J].农业机械学报,50(12):133-143.

黄锦峰,2019.红光对玉米叶片气孔形成和光合特性及叶绿素荧光的影响分析[J].南方农业,13(2):156-159.

霍仕平,晏庆九,黄文章,1995.纬度和海拔对西南春玉米区中熟玉米品种生育期的效应[J].作物学报(3):380-384.

霍仕平,许明陆,晏庆九,1997.纬度和海拔对西南地区中熟玉米品种灌浆期和粒重及株高的效应[J].中国农业气象(4):26-30.

贾士芳,李从锋,董树亭,等,2010.弱光胁迫影响夏玉米光合效率的生理机制初探[J].植物生态学报,34(12):1439-1447.

江院,张向前,卢小良,等,2008.光周期与氮肥互作对华农1号青饲玉米碳氮代谢相关酶的影响[J].草业学报,17(4):92-101.

姜鹏,李曼华,薛晓萍,等,2013.不同时期干旱对玉米生长发育及产量的影响[J].中国农学通报,29(36):232-235.

李波,韩丽丽,迟道才,等,2015.玉米光合指标与土壤水分的关系研究[J].灌溉排水学报,34(1):96-100.

李长顺,2010.玉米各生育阶段对温度的要求[J].养殖技术顾问(9):52.

李潮海,栾丽敏,尹飞,等,2005.弱光胁迫对不同基因型玉米生长发育和产量的影响[J].生态学报,25(4):824-830.

李磊,2018.不同玉米品种生长发育及宜机收性状研究[D].保定:河北农业大学.

李青松,方华,郭玉伟,等,2010.春播玉米品种熟期类型划分研究[J].河北农业科学,14(9):8-11,25.

李清芳,马成仓,季必金,2009.硅对干旱胁迫下玉米水分代谢的影响[J].生态学报,29(8):4163-4168.

李少昆,赵明,1998.不同基因型玉米光合作用强度的调控研究[J].石河子大学学报(自科版)(3):245-250.

李绫俊,张建梅,李萌萌,2011.不同光质对玉米中胚轴伸长的影响[J].现代农业科技(05):19,23.

李义博,宋贺,周莉,等,2017.C_4植物玉米的光合——光响应曲线模拟研究[J].植物生态学报,41(12):1289-1300.

李沅媛,2017.水分和光质对玉米气孔行为、植株生长及水分利用的影响[D].北京:中国农业科学院.

李作一,田森林,2017.不同遮光条件对玉米生长的影响[J].山西农业科学,45(1):51-53.

林同保,孟战赢,王志强,等,2008.土壤水分对夏玉米水分代谢及产量的影响[J].河南农业大学学报,42(2):135-139.

刘海,郭建文,2014.高温胁迫对玉米生长期生理特性的影响[J].天津农业科学,20(03):105-107.

刘京宝,2012.中国北方玉米栽培[M].北京:中国农业科学技术出版社.

刘如香,2019.高温干旱对玉米的影响及应对措施[J].现代农村科技(05):22.

刘淑云,董树亭,胡昌浩,2005.不同海拔高度对玉米品质性状影响的研究[J].玉米科学(2):68-71,78.

刘铁东,宋凤斌,2014.不同宽窄行种植方式下玉米穗位叶的光合生理特征[J].华北农学报,29(1):117-121.

刘文海,赵彦平,王慧,2015.浅析温度对玉米生长发育及产量的影响[J].农业科技通讯(10):56-60.

刘月娥,2013.玉米对区域光、温、水资源变化的响应研究[D].北京:中国农业科学院.

刘永花,2014.不同熟期玉米品种积温需求定量研究[D].晋中:山西农业大学.

刘永建,张莉萍,潘光堂,等,1999.CIMMYT玉米种质群体主要农艺性状的遗传变异和光周期敏感性[J].西南农业学报(3):30-34.

鲁晓民,卫晓轶,张新,等,2014.不同基因型玉米自交系的耐阴性评价[J].河南农业科学,43(12):19-23.

吕丽华,陶洪斌,王璞,等,2008.种植密度对玉米碳、氮代谢和氮利用率的影响[J].作物学报,34(4):718-723.

马春萍,李斌,杨丽,2018.气候条件对玉米生长发育的影响[J].吉林农业(19):123.

马树庆,季瑞鹏,王琪,等,2016.春玉米苗期光合速率、蒸腾速率及气孔导度对土壤干旱的反应[J].中国农学通报,32(27):58-62.

孟凡超,张佳华,郝翠,等,2015.CO_2浓度升高和不同灌溉量对东北玉米光合特性及产量的影响[J].生态学报,35(7):2126-2135.

闵勇,朱成立,舒慕晨,等,2018.微咸水—淡水交替灌溉对夏玉米光合日变化的影响[J].灌溉排水学报,37(3):9-17.

钱创建,2017.弱光导致玉米空秆的生理机制研究[D].沈阳:沈阳农业大学.

钱春荣,王荣焕,于洋,等,2020.生态区对不同熟期玉米品种生长发育与有效积温生产效率的影响[J].黑龙江农业科学(09):1-8.

潘瑞炽,2012.植物生理学[M].北京:高等教育出版社.

任永哲,陈彦惠,库丽霞,等,2005.玉米光周期反应研究简报[J].玉米科学(4):86-88.

邵青龙,崔建强,2015.光照对玉米中胚轴和胚芽鞘生长的影响[J].新疆农垦科技,38(11):36-40.

申丽霞,王璞,兰林旺,等,2007.施氮对夏玉米碳氮代谢及穗粒形成的影响[J].植物营养与肥料学报,13(6):1074-1079.

申丽霞,王璞,2009.玉米穗位叶碳氮代谢的关键指标测定[J].中国农学通报,25(24):155-157.

史桂荣,曹靖生,郭小明,等,2004.黑龙江省常用玉米杂交种光周期特性的研究[J].玉米科学,12(3):16-19.

史振声,黄海皎,钟雪梅,2013.不同耐阴性玉米雌穗幼穗分化对遮阴胁迫的反应差异[J].玉米科学,21(03):57-60.

宋航,周卫霞,袁刘正,等,2016.光、氮及其互作对玉米氮素吸收利用和物质生产的影响[J].作物学报,42(12):1844-1852.

宋航,杨艳,周卫霞,等,2017.光、氮及其互作对玉米光合特性与物质生产的影响[J].玉米科学,25(1):121-126.

孙雄松,卢小良,2009.光周期对青饲玉米养分吸收及利用的影响[J].热带农业工程,33(3):14-19,43.

唐谷,汪朝明,叶田方,等,2016.黔中地区夏播玉米生长发育与积温关系研究[J].中国种业(02):40-43.

汪洪,金继逗,周卫,2004.不同土壤水分供应与施钵对玉米水分代谢的影响[J].植物营养与肥料学报,10(4):367-373.

王宁山,蔺怀龙,谢志刚,等,2018.遮阴对玉米干物质积累和产量形成的影响[J].新疆农业科技(02):4-7.

王若男,任伟,李叶蓓,等,2016.灌浆期低温对夏玉米光合性能及产量的影响[J].中国农业大学学报,21(2):1-8.

王洋,齐晓宁,邵金锋,等,2008.光照强度对不同玉米品种生长发育和产量构成的影响[J].吉林农业大学学报,30(6):769-773.

王彦坡,2019.黄淮南部不同生态区夏玉米光温利用特性与适应性评价[D].郑州:河南农业大学.

王云奇,张英华,洪佳培,等,2015.光质对夏玉米产量和籽粒蛋白质含量的影响[J].玉米科学,23(2):75-79.

王育红,周新,沈东风,等,2019.播期对河南不同熟期夏玉米生长发育和产量的影响[J].耕作与栽培(04):6-10,14.

吴东兵,曹广才,1995.我国北方高寒旱地玉米的三段生长特征及其变化[J].中国农业气象,16(4):7-10.

吴东兵,曹广才,阎保生,等,1999.晋中高海拔旱地玉米熟期类型划分指标[J].华北农学报(1):3-5.

徐庆章,王庆成,牛玉贞,等,1995.玉米株型与群体光合作用的关系研究[J].作物学报,21(4):492-496.

闫洪奎,杨镇,吴东兵,等,2009.玉米生育期和品质性状的纬度效应研究[J].科技导报,27(12):38-41.

闫洪奎,杨镇,徐方,等,2010.玉米生育期和生育阶段的纬度效应研究[J].中国农学通报,26(12):324-329.

杨德军,洪伟,2011.低温对玉米生理特性的影响[J].民营科技(03):120.

杨德光,孙玉珺,Irfan,等,2018.低温胁迫对玉米发芽及幼苗生理特性的影响[J].东北农业大学学报,49(05):1-8,44.

杨海龙,付俊,张丽丽,等,2017.积温在玉米熟期分类上的应用[J].农业科技通讯(5):177-178.

杨加存,2020.不同海拔高度对云南山区玉米产量及相关性状的影响[D].重庆:西南大学.

杨双,韩晓日,2015.玉米碳代谢关键酶活性的遗传分析[J].核农学报,29(8):1455-1463.

杨小琴,王洋,齐晓宁,等,2019.玉米间作体系的光合生理生态特征[J].土壤与作物,8(1):70-77.

于飞,2013.低温胁迫对玉米苗期和孕穗期主要生理特性的影响[D].长春:吉林农业大学.

原立地,顾万荣,孙继,等,2012.DCPTA对低温胁迫下玉米幼苗叶片叶绿素含量及其荧光特性的影响[J].作物杂志(5):63-67.

张兵兵,2019.利用播期研究气候变化对玉米产量的影响[J].种子科技,37(14):7,10.

张凤路,Mugo S,2001.不同玉米种质对长光周期反应的初步研究[J].玉米科学(4):54-56.

张宏宇,齐华,谢友荣,等,2017.弱光胁迫对不同耐密型玉米茎秆抗倒伏能力及产量的影响[J].玉米科学,25(01):75-81.

张洪旭,杨德光,李士龙,等,2008.水分胁迫对玉米叶片水分代谢的影响[J].玉米科学,16(2):88-90.

张厚宝,2009.玉米品种郑单958在东北春玉米区的生态适应性研究[D].泰安:山东农业大学.

张倩,张洪生,赵美爱,等,2012.种植方式对夏玉米光合特性与产量的影响[J].玉米科学,20(5):102-105.

张倩,张洪生,姜雯,等,2013.种植方式与密度对夏玉米碳、氮代谢和氮利用效率的影响[J].华北农学报,5:224-230.

张善平,冯海娟,马存金,等,2014.光质对玉米叶片光合及光系统性能的影响[J].中国农业科学,47(20):3973-3981.

张曦文,陈发兴,2018.光质对苗期玉米叶片气孔和光合作用及叶绿素荧光的影响[J].东南园艺(6):13-18.

赵宏伟,邹德堂,付春艳,2006.氮肥施用量对春玉米光合作用关键酶活性和光合速率的影响[J].玉米科学,14(3):161-164.

赵俊娇,钟婷婷,张晔,2017.积温对玉米生长发育和产量形成的影响分析[J].乡村科技(1):57-58.

赵雅姣,刘晓静,童长春,等,2019.紫花苜蓿‖玉米间作对玉米氮代谢相关酶活性的影响[J].草原与草坪,39(3):63-71.

郑云普,党承华,郝立华,等,2015.华北平原玉米叶片光合及呼吸过程对实验增温的适应性[J].生态学报,36(16):5236-5246.

郑卓琳,李伯航,张淑敏,等,1994.紧凑型夏玉米高产需水规律研究[J].玉米科学,2(1):26-32.

周卫霞,董鹏飞,王秀萍,等,2013.弱光胁迫对不同基因型玉米籽粒发育和碳氮代谢的影响[J].作物学报,39(10):1826-1834.

朱亚男,常小雅,梁萧,等,2018.阶段干旱及复水对玉米光合特性的影响[J].河南农业(8):29-30.

朱正梅,卢小良,解新明,等,2009.玉米光周期敏感性的主成分分析[J].浙江农业科学(2):345-347.

左晓晴,2017.气候变化对玉米产量的区域影响研究[J].科技资讯,15(19):116-117.

Dekov I,Tsonev T,Yordanov I,2000. Effects of water stress and high-temperature stress on the structure and activity of photosynthetic apparatus of Zea mays and Helianthus annuus[J]. Photosynthetica,38(3):361-366.

Lu D,Sun X,Yan F,et al,2013. Effects of high temperature during grain filling under control conditions on the physicochemical properties of waxy maize flour[J]. Carbohyd Polym,98(1):302-310.

Hatch M D and Boardman N K,1981. The Biochemistry of Plants Photosynthesis[M]. Academic Press,New York.

Mohammed A R,Tarpley L,2009. High nighttime temperatures affect rice productivity through altered pollen germination and spikelet fertility[J]. Agr Forest Meteorol,149(6):999-1008.

Rang Z W,Jagadish S V K,Zhou Q M,et al,2011. Effect of high temperature and water stress on pollen germination and spikelet fertility in rice[J]. Environ Exp Bot,70(1):58-65.

第三章 北方一熟区玉米抗逆栽培

第一节 东北平原玉米抗逆栽培

一、整地

(一)整地时期

北方特殊的气候条件只能满足农作物一年一熟的生长需要,但整地方式一般有两种,秋整地和播前春整地。北方秋、冬和春季降水量少,只有保住土壤中有限的水量不失墒,春播时方能保证及时播种、出全苗、出齐苗、出壮苗。实践证明,秋整地比春整地好。

入冬后土壤从表面开始向下结冻,下面未冻土壤的水汽通过土壤孔隙向上运动,在已冻的耕层结霜,使耕层土壤水分增加,甚至超过土壤正常含水能力。春季开化后,上层土壤先化,融化的冻霜使土壤含水量很高,但下层仍然结冻,过量的水无法下渗,则通过毛细管向上运动,水分多时可使土表湿润,这就是返浆。当土壤化透后,水分下渗,耕层水分迅速减少,称为煞浆。

如春天整地,由于春季风大,在整地过程中返浆水大量散失,整地后增温快,下部未解冻的土壤很快化冻,这样很快煞浆,由于春季缺透雨,水分不能及时补充,使得耕层中的水分大量减少,墒情很差,甚至无法播种。秋整地优点,春季不动土,返浆水保留在耕层,而且秋整地后耕层土壤孔隙大,地下水可能更多地进入耕层的孔隙内,增加耕层中土壤的含水量,所以秋整地的土壤墒情要明显好于春整地。

秋整地在耕翻基础上要及时耙粉、平整,使表面有一层细碎的干土,既可阻断水分以毛细管现象上升到地表蒸发,又可防止下层水汽从大孔隙中跑掉。如土壤不耙粉,翻后的土壤由于春风大,干燥快,形成一个大的硬块,不保墒,达不到播种的状况,误农时又影响播种质量。在吉林省西部、内蒙古自治区干旱地区和吉林省东部山区,耙耪后要及时镇压。耙粉后应及时将露在地表的残茬、秸秆等搂光、拣净、拉出,以防播种时拖堆,影响播种质量。秋翻整地好的地块,在春季可以直接进行机械平播后起垄,也可在春季打垄后再播种(蒋淑霞,2002)。

宋振伟等(2012)曾介绍了他们于2008年进行的试验研究。以东北雨养区春玉米农田为研究对象,分析春季和秋季2个整地时期对农田土壤含水量、土壤物理性状、土壤养分含量以及玉米产量等的影响。结果表明,秋整地可显著提高玉米产量,与春整地相比增产8.7%($P<0.05$)。秋整地处理下土壤水分状况得到显著改善,播种前和苗期耕层土壤(0~20 cm)含水量分别比春整地高18.9%和5.6%。整地时期对种子层土壤(0~10 cm)的物理特性影响不明显($P>0.05$),但秋整地可显著改善10~40 cm的根层土壤物理性状,其中土壤孔隙度比春整地平均提高10.0%,而土壤容重则比春整地平均下降11.6%。整地时期对0~40 cm层次的土壤硬度和土壤养分含量影响不显著。证明秋整地主要通过改善土壤物理蓄水性能和减少水分散失提高土壤水分含量,保证较高的成株率和成穗率,进而利于玉米高产稳产。

薛成波(2015)在介绍东北标准化寒地黑土区玉米栽培时也提倡秋翻秋起垄。何宏新(2016)也介绍,一般在秋季整地。经过冬天低温处理,使土地疏松,当冬天的雪水融化后,就被疏松的土壤吸收并保存,使种子播下后能快速发芽。李成军等(2020)介绍吉东823品种的栽培技术规程中,建议秋季整地,以减少春季对土壤的翻动,有利于保墒。

靳英华等(2010)于2003—2004年、2006—2007年在吉林省长春市东北师范大学草地科学研究所松嫩草地生态研究站开展试验。该地区农田土壤类型为风沙土,粗沙占61%,粉沙占18%,黏粒占21%,田间持水量24.3%,永久萎蔫点3.6%。土壤的有机质含量相对较低(15.55 g/kg)。春季平均风速最大,春季风速在10.8~13.8 m/s的天数有21 d,在17.2~20.7 m/s的天数有14.4 d,4月份最大风速达28 m/s。春季的干旱(3—5月)和大风(17.2~20.7 m/s)是该地区气候的典型特征。该试验研究了春、秋整地对吉林省西部农田风蚀、土壤含水量、土壤温度的影响。结果表明,由于西部地区春季的大风天气和很少的降水量,春天整地导致土壤含水量减少、风蚀加剧;对比春整地,秋整地的苗床土壤可风蚀率和风蚀数量都较小,土壤含水量较高,土壤温度略低。因此,在该地区应以秋整地代替春整地;如果不能进行秋整地,春整地也要延迟到4月25日以后进行。

(二)整地标准

实施以大马力拖拉机配套多功能联合整地机械为载体,以深松为基础,松、翻、耙、压相结合的少(免)耕土壤耕作制。①有深松或深翻基础地块,秋整地可采取耙茬或浅翻、深松整地技术。深松以打破犁底层为原则,深松深度一般30~35 cm,耙茬或浅翻、深松、夹肥、按要求垄距起垄连续作业,起垄后及时镇压。②无深松和深翻地块,3年伏翻或秋翻一次,耕翻深度25~28 cm,做到无漏耕、无立垡、无坷垃,翻后耙耢,按种植要求垄距及时起垄或夹肥起垄镇压。春整地地块,可采取灭茬旋耕整地。灭茬旋耕、夹肥起垄、镇压连续作业,达到播种状态。灭茬7~8 cm,旋耕10~15 cm。

秋翻春整地的,待土壤化冻5 cm时进行耙、压整地,保墒提墒。对于没有秋翻的地块要在3月下旬至4月上旬当土壤化冻10~15 cm时进行春整地,对耕层进行深翻或深松,保证深度在20~30 cm,翻后及时拖平耙压,做到无漏耕、无立垡、无坷垃,土块疏松细碎,耕层虚实均匀(李卓等,2013)。

薛成波(2015)介绍东北标准化寒地黑土区玉米栽培要点,主要实行以深松为基础,松、翻、耙结合的整地方式。3年深翻一次,秋翻秋起垄。耙深20~23 cm,做到无漏耙、无坷垃,及时起垄,垄距60~70 cm,起后及时镇压,做到翻耢、起垄镇压,防止跑墒。深松起垄,先松原垄沟再破原垄台,合成新垄,及时镇压,顶浆起垄,早春土壤化冻14 cm时,进行顶浆起垄。

尚占江(2017)介绍黑龙江省玉米种植栽培技术,整地是玉米栽培过程中的重要途径,黑龙江省地域广阔,不同地区土壤性状不同,淋溶黑土和碳酸盐黑土是当地玉米主要栽培区的土壤类型,在选择土地的时候应该选择土质肥沃、土层深厚、通透性较强、地力均匀的土地,而且尽量保证地势平坦,选择灌排方便的地区。要对土地上的残茬进行清除,整地耕作的厚度控制在20~25 cm,整地的时候通常要使用基肥,使用的基肥主要是磷肥、尿素、原粪,按照相应的比例兑水之后施于土地中,并且将肥料与土壤拌匀。

(三)起垄

通过中国长期农业实践与生产积累,农户逐渐形成精耕细作的农作模式,垄作栽培是东北地区玉米栽培的基本方式。与平作技术相比,垄作技术的优势更加明显,具有以下优点:①集中施肥便捷,可以实现肥料节约的目标。②不易板结,促进大田作物根系发育。③垄台具备降低风速、阻风等功能。空中土粒落在垄沟之中,可控制风蚀问题(卢海珍,2019)。

垄作栽培是东北地区玉米栽培的基本方式。垄作夏玉米的层数与根条数均有所增加。其中根层数增加15%左右,根条数增加16%左右。垄作夏玉米根系更加发达的主要原因为:垄作栽培能够保证土壤通气性,同时热、气、水、肥等因素协调性良好,能够有效促进玉米根系发育。畦作玉米芽涝危害发生率大,对根系发育造成影响。

对于玉米垄作栽培,其伸长节长度受到较大影响,相比于平作,垄作玉米基一到基五长度有效缩短了15.0%、32.9%、30.2%、11.2%、1.1%。而穗上、穗位与穗下的节间长度分别增加8.7%、3.6%、5.5%,垄作玉米的基部节间长度有效缩短能够使其自身抗倒伏能力增强,而穗上、穗位、穗下的节间长度加大,能够促进雌穗分化,进而增加粒重(徐成忠,2006)。

垄作玉米的叶面系数较高,增长幅度在30%左右,并且在播种的15~36 d,垄作玉米的叶面系数最大增长幅度能够达到60%。在播种43 d至灌浆成熟期间,叶面积系数增长幅度能够达到20%。另外,由于垄作栽培的个体发育状况更好,因此,其经济性状更加突出,主要表现为:增加了玉米穗粒数、千粒重,产量可以增加104 kg/亩左右,即增产17%左右(卢海珍,2019)。

用大型机械起垄的,在1.95 m宽度内,起3条垄,垄台宽45 cm,垄沟宽20 cm。用小型机械起垄,按照常规方式起垄,垄台宽30 cm,垄沟宽30 cm(李卓等,2013)。

二、选用品种

品种是栽培技术的载体。选择适宜类型的优良品种是抗逆栽培的基本保证。不同品种玉米表现出的抗逆能力也不同。近年来,东北地区春玉米"一穴单粒"播种面积剧增,加之春季气温波动大,"倒春寒"频发,导致部分玉米不能正常拱土萌芽,造成部分区域缺苗现象严重。为此,合理选用抗逆玉米品种,预防气象灾害,是实现东北春玉米减灾、保产、稳产的关键。

(一)选择适宜熟期类型的品种

在东北玉米产区,从南到北,随着纬度的逐渐升高,气候条件发生变化,≥10 ℃的有效积温逐渐减少。在春播条件下,适宜的播种日期从南到北逐渐推迟。选用的品种包括了中晚熟、中熟、中早熟、早熟直至黑龙江省第六积温带的极早熟类型。

陈涛等(2016)介绍,在辽宁省选择生育期不同的玉米品种进行多年多点试验,结果表明,中晚熟和中熟品种具有较高的增产潜力。

了解生育期对温度的反应,根据有效积温选用抗逆品种,才能更好地提高玉米种子发芽率。苏俊(2011)研究80份玉米材料发芽试验指出,玉米发芽最低温度为6~7 ℃,为抗低温玉米品种。播种时应根据当地的土壤墒情并结合天气预报选播种期,当地温稳定通过6 ℃以上时可以播种,过早播种易毁种,毁种后再补种不仅增加成本,还造成积温浪费。玉米不同生长发育阶段,对温度要求有明显的差异,发芽至出苗最低温度为7 ℃;出苗至拔节最低温度为10 ℃;拔节至抽雄最低温度为15 ℃;灌浆至成熟最低温度为6 ℃。

(二)良种简介

1. 辽单 565

选育单位:辽宁省农业科学院玉米研究所。

审定时间:2004 年。

特征特性:在东北早熟春玉米区出苗至成熟 126 天,属普通玉米品种。幼苗绿色,叶鞘紫色,叶缘紫色,花药黄色,颖壳褐色。株型紧凑,株高 276 cm,穗位 110 cm,成株叶片数 20~21 片。花丝深红色,果穗筒形,穗长 19.1 cm,穗行数 14~16 行,穗轴红色。籽粒黄白色、半马齿型,百粒重 44.1 g。

抗性表现:人工接种抗病(虫)害鉴定表明,高抗茎腐病和瘤黑粉病,抗弯孢菌叶斑病和大斑病,中抗丝黑穗病和玉米螟。

产量表现:2002—2003 年参加东北早熟春玉米品种区域试验,平均每公顷产 10846.5 kg,比对照品种增产 9.2%;2003 年生产试验,平均每公顷产 10308 kg,比对照品种增产 11.0%。

品质表现:经农业部谷物品质监督检验测试中心(北京)测定,籽粒粗蛋白含量 8.71%,粗脂肪含量 4.05%,粗淀粉含量 74.09%,赖氨酸含量 0.30%;经农业部谷物及制品质量监督检验测试中心(哈尔滨)测定,籽粒容重 748 g/L,粗蛋白含量 8.83%,粗脂肪含量 4.28%,粗淀粉含量 74.91%,赖氨酸含量 0.24%。

栽培要点:一般每公顷保苗 5.25 万~5.70 万株。注意及时防治丝黑穗病和玉米螟。人工收割,割后两天再扒,否则不好扒。

适宜种植区域:辽宁东部山区、吉林中晚熟区、黑龙江第一积温带、内蒙古通辽地区春播种植。

2. 辽单 33

选育单位:辽宁省农业科学院玉米研究所。

审定时间:2003 年。

特征特性:在东北早熟春玉米区出苗至成熟 120 天左右,属普通玉米品种。幼苗绿色,叶鞘紫色,叶缘绿色,花药黄色。株型紧凑,株高 260~280 cm,穗位 100 cm 左右。花柱红色,果穗长锥形,穗长 18~20 cm 左右,穗行数 14~18 行,穗轴红色,单穗粒重 220 g,出籽率 88.4%。籽粒黄色、偏硬粒型,百粒重 40 g 左右。

抗性表现:人工接种抗病(虫)害鉴定表明,高抗大斑病,中抗茎腐病、瘤黑粉病和弯孢菌叶斑病,感丝黑穗病和玉米螟。

产量表现:2000—2001 年参加东北早熟春玉米品种区域试验,平均每公顷产 9576.8 kg,比对照品种平均增产 10.6%;2001 年生产试验,平均每公顷产 10239 kg,比对照品种增产 11.2%。

品质表现:经农业部谷物及制品质量监督检验测试中心(哈尔滨)测定,籽粒容重 750 g/L,粗蛋白含量 9.65%,粗脂肪含量 4.16%,粗淀粉含量 74.30%,赖氨酸含量 0.25%;经农业部谷物品质监督检验测试中心(北京)测定,籽粒容重 772 g/L,粗蛋白含量 10.80%,粗脂肪含量 4.03%,粗淀粉含量 72.53%,赖氨酸含量 0.34%。

栽培要点:选中等肥力以上地块种植,每公顷保苗 4.5 万~5.0 万株。注意及时防治丝黑穗病和玉米螟。

适宜种植区域：辽宁东部山区、吉林中晚熟区、黑龙江第一积温带以及内蒙古赤峰、通辽地区春播种植。

3. 德美亚 1 号

选育单位：德国 KWS 公司。

审定时间：2002 年。

特征特性：该组合为早熟玉米三交种，在适应区生长日数为 105~110 d，需活动积温 2100 ℃·d，与卡皮托尔同熟期。该组合叶色深绿，抗倒伏，株高 270 cm，穗位 100 cm，穗长 18~20 cm，穗行数 14 行，行粒数 38 粒。

抗性表现：接种鉴定表明，大斑病 3 级，丝黑穗发病率 18.3%~22.7%。

产量表现：2002—2003 年参加黑龙江省区域试验，平均每公顷产 8640.86 kg，比对照品种卡皮托尔增产 17.83%，2003 年参加省生产试验，平均每公顷产 7129.04 kg，比对照品种卡皮托尔增产 16.8%。

品质表现：两年平均籽粒含粗蛋白 9.09%，粗脂肪 4.67%，粗淀粉 73.20%，赖氨酸 0.27%。品质好，籽粒橙黄色，百粒重 30g，容重 780 g/L，活秆成熟。

栽培要点：适宜种植密度 7.5 万~8.0 万株/hm²，喜肥水，适宜机械化作业。

适宜种植区域：适合在黑龙江省第四积温带上限种植。

4. 先玉 335

选育单位：美国杜邦先锋公司。

审定时间：2004 年。

特征特性：在黄淮海地区生育期 98 d，比对照农大 108 早熟 5~7 d。该品种田间表现为幼苗长势较强，成株株型紧凑、清秀，气生根发达，叶片上举。其籽粒均匀，杂质少，商品性好。田间表现为丰产性好，稳产性突出，适应性好，早熟抗倒。幼苗叶鞘紫色，叶片绿色，叶缘绿色。成株株型紧凑，株高 286 cm，穗位高 103 cm，全株叶片数 19 片左右。花粉粉红色，颖壳绿色，花柱紫红色，果穗筒形，穗长 18.5 cm，穗行数 15.8 行，穗轴红色，籽粒黄色，马齿型，半硬质，百粒重 39.3 g。

抗性表现：经河北省农科院植保所两年接种鉴定表明，高抗茎腐病，中抗黑粉病、弯孢菌叶斑病，感大斑病、小斑病、矮花叶病和玉米螟。

产量表现：2002—2003 年参加黄淮海夏玉米品种区域试验，38 点次增产，7 点次减产，两年平均亩产 579.5 kg，比对照农大 108 增产 11.3%；2003 年参加同组生产试验，15 点增产，6 点减产，平均亩产 509.2 kg，比当地对照增产 4.7%。在东北平均亩产量 750 kg 左右，年积温 2650~2700 ℃·d。

品质表现：经农业部谷物品质监督检验测试中心（北京）测定，籽粒粗蛋白含量 9.55%，粗脂肪含量 4.08%，粗淀粉含量 74.16%，赖氨酸含量 0.30%。经农业部谷物及制品质量监督检验测试中心（哈尔滨）测定，籽粒粗蛋白含量 9.58%，粗脂肪含量 3.41%，粗淀粉含量 74.36%，赖氨酸含量 0.28%。

栽培要点：春播区适宜密度为 4000~4500 株/亩，注意防治大斑病、小斑病、矮花叶病和玉米螟。夏播区麦收后及时播种，适宜种植密度为 3500~4000 株/亩，适当增施磷钾肥，以发挥最大增产潜力。春播区，造好底墒，施足底肥，精细整地，精量播种，增产增收。

适宜种植区域：该品种适宜在北京、天津、辽宁、吉林、河北北部、山西、内蒙古赤峰和通辽地区、陕西延安市春播种植，注意防治丝黑穗病。

5. 鑫鑫 2 号

选育单位：黑龙江省鑫鑫种子有限公司。

审定时间：2008 年。

特征特性：平均生育期 128 d。幼苗叶片绿色，叶鞘浅紫色。植株半紧凑型，株高 249 cm，穗位 96 cm，18 片叶。雄穗护颖绿色，花药黄色。雌穗花柱黄色。果穗长筒形，红轴，穗长 20.5 cm，穗粗 4.8 cm，秃尖 0.9 cm，穗行数 16 行，行粒数 39 粒，单穗粒重 219.6 g，出籽率 84.8%。籽粒偏马齿型，黄色，百粒重 35.1 g。

抗性表现：2011 年吉林省农业科学院植保所人工接种、接虫抗性鉴定表明，感大斑病（7S），感弯孢病（7S），中抗丝黑穗病（6.5%MR），抗茎腐病（10.0%R），中抗玉米螟（5.1MR）。

产量表现：2010 年参加中熟组区域试验，平均亩产 805.1 kg，比对照兴垦 3 增产 11.1%。2011 年参加中熟组生产试验，平均亩产 864.3 kg，比对照丰田 6 增产 7.1%。

品质表现：2011 年农业部谷物及制品质量监督检验测试中心（哈尔滨）测定表明，容重 760 g/L，粗蛋白含量 10.17%，粗脂肪含量 3.31%，粗淀粉含量 71.96%，赖氨酸含量 0.27%。

栽培要点：亩保苗 4000~5300 株，注意防治大斑病、弯孢病。

适宜种植区域：内蒙古自治区≥10 ℃有效积温 2700 ℃·d 以上地区种植。

6. 农华 101

选育单位：北京金色农华种业科技有限公司。

审定时间：2010 年。

特征特性：在东华北地区出苗至成熟 128 d，与郑单 958 相当，需有效积温 2750 ℃·d 左右；在黄淮海地区出苗至成熟 100 d，与郑单 958 相当。幼苗叶鞘浅紫色，叶绿色，叶缘浅紫色，花药浅紫色，颖壳浅紫色。株型紧凑，株高 296 cm，穗位高 101 cm，成株叶片数 20~21 片。花丝浅紫色，果穗长筒形，穗长 18 cm，穗行数 16~18 行，穗轴红色，籽粒黄色、马齿型，百粒重 36.7 g。

抗性表现：经丹东农业科学院和吉林省农业科学院植物保护研究所接种鉴定表明，抗灰斑病，中抗丝黑穗病、茎腐病、弯孢菌叶斑病和玉米螟，感大斑病；经河北省农林科学院植物保护研究所接种鉴定表明，中抗矮花叶病，感大斑病、小斑病、瘤黑粉病、茎腐病、弯孢菌叶斑病和玉米螟，高感褐斑病和南方锈病。

产量表现：2008—2009 年参加东华北春玉米品种区域试验，两年平均亩产 775.5 kg，比对照郑单 958 增产 7.5%；2009 年生产试验，平均亩产 780.6 kg，比对照郑单 958 增产 5.1%。2008—2009 年参加黄淮海夏玉米品种区域试验，两年平均亩产 652.8 kg，比对照郑单 958 增产 5.4%；2009 年生产试验，平均亩产 611.0 kg，比对照郑单 958 增产 4.2%。

品质表现：经农业部谷物及制品质量监督检验测试中心（哈尔滨）测定表明，籽粒容重 738 g/L，粗蛋白含量 10.90%，粗脂肪含量 3.48%，粗淀粉含量 71.35%，赖氨酸含量 0.32%。经农业部谷物品质监督检验测试中心（北京）测定，籽粒容重 768 g/L，粗蛋白含量 10.36%，粗脂肪含量 3.10%，粗淀粉含量 72.49%，赖氨酸含量 0.30%。

栽培要点：在中等肥力以上地块栽培，东华北地区每亩适宜密度 4000 株左右，注意防治大斑病；黄淮海地区每亩适宜密度 4500 株左右，注意防止倒伏（折），褐斑病、南方锈病、大斑病重发区慎用。

适宜种植区域：适宜在北京、天津、河北省北部、山西省中晚熟区、辽宁省中晚熟区、吉林省晚熟区、内蒙古自治区赤峰地区、陕西省延安地区春播种植，山东省、河南省（不含驻马店）、河北省中南部、陕西省关中灌区、安徽省北部、山西省运城地区夏播种植,注意防止倒伏(折)。

7. 丰禾 1 号

选育单位:双城市丰禾玉米研究所。

审定时间:2003 年。

特征特性:株高 250～260 cm,穗位 95～100 cm。叶片 20 片,果穗上部叶片收敛,叶片分布适中,穗下部半收敛,全株呈半收敛型,株型清秀,叶色浓绿。雄穗分枝 9～11 个,花药淡紫色,花柱粉红色,果穗近长筒形,穗行数 16～18 行,籽粒马齿型,百粒重 36～40 g。籽粒橘黄色,品质好。在适宜种植区生育日数 127～131 d,苗期叶片肥大,叶色浓绿,根系发达,较抗旱,成株生长健壮。

抗性表现:接种鉴定:大斑病 2 级,丝黑穗发病率 24.0%～25.7%。

产量表现:2001—2002 年区域试验平均公顷产量为 9971.4 kg,较对照品种增产 11.3%;2002 年生产试验平均公顷产量为 9919.6 kg,较对照品种增产 13.8%。

品质表现:粗蛋白含量 10.60%,粗脂肪含量 4.60%,淀粉含量 71.73%,赖氨酸含量 0.34%。

栽培要点:该品种 4 月 15—25 日播种,70 cm 垄作,单株距 33～36 cm,人工坐水播种,公顷播种量 30 kg。采用机械播种每公顷播种量 35 kg,底肥施二铵 200 kg/hm^2,追肥施尿素 350 kg/hm^2,适当增施农家肥。

适宜种植区域:≥10 ℃活动积温＞2650 ℃·d 的地区。

8. 东农 254

选育单位:东北农业大学农学院。

审定时间:2009 年。

特征特性:种子出苗能力较强,幼苗健壮,株型中等繁茂,基部和叶鞘边缘呈紫红,叶中绿。生育期植株保绿性好,活秆成熟,雄穗中等发达,分枝数 8～14 个,花药黄花。雌穗长筒形,花柱黄,苞叶长度中等,无剑叶。株高 230～250 cm,穗位高 70～80 cm。果穗长筒形,穗长 20～22 cm,穗粗 4.8～5.2 cm,粒行数 14～18 行,穗轴红。籽粒偏马齿型,色泽橙黄,百粒重 35～38 g,容重 690～740 g/L。

抗性表现:接种鉴定:大斑病 3～4 级,丝黑穗发病率 10.9%～14.7%。抗逆性较强,不空秆、不倒伏。

产量表现:1999—2000 年区域试验平均每公顷产量 8276.8 kg,比对照品种东农 248 增产 13.08%;2001 年生产试验每公顷产量 8398.9 kg,比对照品种东农 248 增产 16.6%。

品质表现:籽粒蛋白质含量 10.36%,脂肪含量 4.28%,淀粉含量 70.42%,赖氨酸含量 0.29%。

栽培要点:4 月 25 日至 5 月 5 日播种,点播,每穴 1 苗,适宜栽培密度为每公顷 6 万株左右。中等以上肥力地块,秋翻秋起垄,基肥以有机肥为主,每公顷施 15000 kg,同时施入磷酸二铵每公顷 240 kg,尿素每公顷 300 kg。拔节至孕穗期追施尿素每公顷 300 kg。

适宜种植区域:≥10 ℃有效积温 2300 ℃·d 左右的地区。

9. 吉单 27

选育单位:吉农高新北方农作物优良品种开发中心。

审定时间:2002 年。

特征特性:出苗至成熟 118 d,需≥10 ℃有效积温 2400～2450 ℃·d,属中早熟普通玉米品种。幼苗拱土能力强,叶色深绿,叶鞘紫色,雄穗分枝 8～10 个,花药黄色。株高 260 cm,穗位 95 cm,成株叶片数 21 片。花柱绿色,果穗筒形,穗长 22～24 cm,穗行数 14～16 行,穗轴白色,单穗粒重 230 g。籽粒黄色、半马齿型,百粒重 40 g。

抗性表现:人工接种抗病(虫)害鉴定表明,高抗丝黑穗病、弯孢菌叶斑病和玉米螟。

产量表现:2000—2001 年吉林省区域试验,平均公顷产量 9679.5 kg,比对照品种增产 25.6%;2001 年生产试验,平均公顷产量 8627.1 kg,比对照品种增产 9.8%。

品质表现:籽粒粗蛋白含量 10.21%,粗脂肪含量 4.35%,粗淀粉含量 68.93%。

栽培要点:一般 4 月下旬至 5 月初播种,每公顷保苗 5.0 万～5.5 万株。施足农肥,一般每公顷施底肥磷酸二铵 100 kg、尿素 100 kg、硫酸钾 100 kg,种肥磷酸二铵 100 kg,追肥尿素 300 kg 左右。

适宜种植区域:吉林省玉米中早熟区。

10. 吉单 18

选育单位:吉林省农业科学院玉米研究所。

审定时间:2008 年。

特征特性:出苗至成熟 123 d 左右,需≥10 ℃有效积温 2400 ℃·d 左右,属中早熟普通玉米品种。幼苗浓绿色,叶鞘紫色,叶缘浅紫色,花药浅紫色。株型平展,株高 294 cm,穗位 113 cm,成株叶片数 20 片。花柱粉色,果穗筒形,穗长 20.6 cm,秃尖 0.8 cm,穗行数 14 行,穗轴红色,单穗粒重 230.2 g。籽粒黄色、半马齿型,百粒重 42.8 g。

抗性表现:人工接种抗病(虫)害鉴定表明,高抗弯孢菌叶斑病,抗丝黑穗病、茎腐病、大斑病和玉米螟。

产量表现:2006—2007 年吉林省区域试验,平均公顷产量 10467.8 kg,比对照品种增产 8.6%;2007 年生产试验,平均公顷产量 9711.4 kg,比对照吉单 27 增产 5.6%。

品质表现:籽粒容重 745 g/L,粗蛋白含量 10.71%,粗脂肪含量 4.66%,粗淀粉含量 70.77%,赖氨酸含量 0.26%。

栽培要点:选择中等肥力以上地块种植,一般 4 月下旬播种,每公顷保苗 4.5 万～5.0 万株。施足农肥,一般每公顷施底肥磷酸二铵 50～100 kg、尿素 50～100 kg、硫酸钾 100～150 kg,种肥磷酸二铵 100 kg,追肥尿素 300 kg 左右。

适宜种植区域:吉林省玉米中早熟区。

11. 丹玉 39

选育单位:丹东农业科学院。

审定时间:2001 年。

特征特性:生育期 128 d,属晚熟品种。株高 281 cm,穗位 118 cm,穗长 20 cm,穗行数 16～18 行,株型清秀,籽粒橘黄色,马齿型,百粒重 42.1 g。

抗性表现:接种鉴定表明,大斑病 0.0～0.5 级,小斑病 0.5 级,丝黑穗病 0～2%,青枯病 1.0%～6.7%。

产量表现:2000—2001 年两年省区试平均亩产 596.6 kg,比对照种掖单 13 号、丹玉 26 号增产 10.1%,居第十位。2001 年省生产试验平均亩产 559.6 kg,比对照种丹玉 26 号减产 5%,一般亩产 550 kg 左右。

品质表现:总淀粉含量 69.80%,粗蛋白含量 10.84%,粗脂肪含量 4.60%,赖氨酸含量 0.32%,容重 736 g/L。

栽培要点:适宜种植密度2800~3000株/亩。春播以4月下旬为宜,地温确保稳定10℃以上。施足底肥和口肥,追肥每亩25 kg尿素,宜前轻后重两次追肥。种植形式宜比空或清种。注意防治玉米螟虫。

适宜种植区域:辽宁大部分地区种植。

12. 辽单36号

选育单位:辽宁省农业科学院玉米研究所。

审定时间:2001年。

特征特性:生育期129 d,属晚熟品种。株高269 cm,穗位115 cm,穗长22.1 cm,穗行数18行,籽粒黄色,半马齿型,百粒重38.7 g,出籽率86.2%。

抗性表现:接种鉴定表明,大斑病0级,小斑病0级,丝黑穗病无,弯孢菌叶斑病0.5级。

产量表现:1998年省预试平均亩产643.7 kg,比对照掖单13号增产8.0%;1999年省区试平均亩产622.2 kg,比对照种掖单13号增产0.4%。一般亩产550 kg。

品质表现:总淀粉含量69.3%,粗蛋白质含量9.6%,粗脂肪含量5.4%,赖氨酸含量0.28%,容重758 g/L。

栽培要点:可在中等以上肥地种植,4月中旬、下旬播种,种植形式可采用清种、大垄双行、比空或与小麦套种,清种密度3000~3300株/亩为宜,氮、磷、钾复合肥10~15 kg/亩做种肥,大喇叭口期追施尿素25~30 kg/亩,注意防治茎腐病。

适宜种植区域:辽宁省大部分地区均可种植。

13. 绥玉23

选育单位:黑龙江省农科院绥化分院。

审定时间:2011年。

特征特性:出苗至成熟120 d左右,需≥10 ℃·d有效积温2400 ℃·d左右,属普通玉米品种。幼苗期第1叶鞘紫色,叶片浓绿色,茎绿色。株高290 cm,穗位110 cm,成株叶片数19片。果穗长锥形,穗长24 cm,穗粗4.9 cm,穗行数14~18行,穗轴粉红色。籽粒黄色、中齿型,百粒重31 g。

抗性表现:人工接种抗病害鉴定,抗大斑病,感丝黑穗病。

产量表现:2008—2009年黑龙江省区域试验,平均公顷产量9796.8 kg,比对照龙单13增产14.2%;2010年生产试验,平均公顷产量10206.1 kg,比对照龙单13增产29.8%。

品质表现:籽粒容重766~812 g/L,粗蛋白含量8.77%~8.00%,粗脂肪含量4.33%~4.46%,粗淀粉含量74.00%~74.55%。

栽培要点:5月初播种,选中上等肥力地块种植,每公顷保苗5.5万株左右。每公顷施底肥磷酸二铵200~300 kg,拔节期追肥尿素200~300 kg。注意及时防治丝黑穗病。

适宜种植区域:黑龙江省第二积温带。

14. 东农253

选育单位:东北农业大学农学院。

审定时间:2009年。

特征特性:出苗至成熟130 d左右,需≥10 ℃有效积温2700 ℃·d左右,属普通玉米品种。幼苗期第1叶鞘紫色,第1叶尖端性状圆形,叶片绿色,茎绿色。株高280 cm,穗位110 cm,成株叶片数20片。果穗筒形,穗长22 cm,穗粗5.5 cm,穗行数14~18行,穗轴白色。籽粒淡黄色、偏马齿型。

抗性表现：人工接种抗病害鉴定表明，抗大斑病，中抗丝黑穗病。

产量表现：2006—2007年黑龙江省区域试验，平均公顷产量10406.1 kg，比对照吉单261增产12.0%；2008年生产试验，平均公顷产量7665.4 kg，比对照吉单261增产6.2%。

品质表现：籽粒容重752~756 g/L，粗蛋白含量10.04%~10.08%，粗脂肪含量4.01%~4.02%，粗淀粉含量71.16%~72.62%。

栽培要点：选中等以上肥力地块种植，5月1—5日播种（不宜过早），每公顷保苗5万株左右。每公顷施底肥农肥10~15 t，磷酸二铵250 kg，尿素75 kg，硫酸钾150 kg，拔节至孕穗期追肥尿素300 kg。孕穗期和花期遇到严重干旱，应适当灌溉。注意及时防治地下害虫和丝黑穗病。

适宜种植区域：黑龙江省第一积温带上限。

15. 郑单958

选育单位：河南农科院粮食作物研究所。

审定时间：2000年。

特征特性：夏播生育期103 d左右，比掖单4号长7 d。幼苗叶鞘紫色，叶色淡绿，叶片上冲，穗上叶叶尖下披，株型紧凑，耐密性好。株高250 cm左右，穗位111 cm左右，穗长17.3 cm，穗行数14~16行，穗粒数565.8粒，千粒重329.1 g，果穗筒形，穗轴白色，籽粒黄色，偏马齿型。

抗性表现：根系发达，株高穗位适中，抗倒性强。经1999年抗病鉴定表明，该品种高抗矮花叶病毒、黑粉病，抗大小斑病等，大斑病为0.1级，小斑病为0.6级，粗缩病为0.6%，青枯病为0.2%，抗病性较好。

产量表现：1998—1999年参加国家玉米杂交种黄淮海片区域试验，两年产量均居第一位，其中山东省4处试点两年平均亩产681.0 kg，比对照鲁玉16号增产11.57%；1999年参加山东省玉米杂交种生产试验，7处试点平均亩产691.2 kg，比对照掖单4号增产14.8%。

品质表现：品质优良，该品种籽粒粗蛋白含量8.47%、粗淀粉含量73.42%、粗脂肪含量3.92%，赖氨酸含量0.37%，为优质饲料原料。

栽培要点：5月下旬麦垄点种或6月上旬麦收后足墒直播；密度3500株/亩，中上等水肥地4000株/亩，高水肥地4500株/亩为宜；苗期发育较慢，注意增施磷钾肥提苗，重施拔节肥；大喇叭口期防治玉米螟。

适宜种植区域：在河南全省适宜范围推广利用。

三、播种

（一）种子的播前处理

1. 选种　选种是一个十分关键的环节。种子的质量、品种特性、适应性等指标对于产量有十分重要的影响。选种一定要严格、慎重，要全方面衡量、综合各方面条件进行科学选择，必须要遵循一定的原则进行（郑凯，2016）。

每个地区的热量资源不尽相同，在选种时一定要考虑当地的热量资源情况。热量资源与玉米的生长期有密切关系，生长期长的玉米一般具有良好的丰产性。一般岗地温度较高，宜选择一些晚熟或中晚熟的生育期较长一点的品种，平地则相对宜选择中晚熟品种，而低洼地宜选择中早熟品种。

玉米的高产与生产管理条件也密切相关，一般高产潜力大的品种对于生产管理条件要求也相对较高，如果当地的生产管理水平较高，而且土壤条件、水源条件都比较好，则可以选择产量潜力大、增产效果明显的玉米品种,如果生产管理条件以及土壤、水源条件都一般,则要相对保守选种,宜选择产量相对稳定的品种进行种植。

前茬作物对于玉米的产量有很重要的影响,所以前茬作物是玉米选种过程中必须要考虑的一个重要因素。如果前茬作物为豆科作物,一般对土壤都会有相对较好的保护作用,则可以考虑选择高产玉米品种。如果前茬作物是玉米,而且原品种生长较好,产量相对稳定,仍可以选择这一品种;如果前茬玉米感染过病虫害,则选择品种时一定要避开易染病品种,而选择一些抗性较好的品种,同时要注意合理进行轮作,同一品种在同一地块种植超过 3 年,一定要进行品种更换,否则会导致肥力水平下降、品种退化,达不到增产的目的。

玉米的病虫害对于玉米的生产有重要影响,病害的发生与土壤、温度、湿度及品种抗性有关,所以在选择品种时要尽量避开品种的不适应性,选择适合当地条件的品种,发挥品种的优势,提高抗病力。同时要关注气温的变化,结合当地历年来的降水和积温情况进行选种。

品种确定后,要进行具体的种子选择,在选择时一定要仔细认真检查种子的品相,要做到一看、二闻、三摸。一看,主要是看种子的外观,要大小均匀,籽粒饱满,具有一致的色泽,另外还要注意种子的生产时间、纯度、水分、芽率是否都有明确的标注;二闻,是抓一把种子闻一闻,看是否有异样的气味,是否为陈年旧种;三摸,是在种子样品堆中用手抓动,抓起一把自由散落,通过听声及抓动时的手感能判断种子的干燥程度及是否为陈种,当年的新种手感光滑,散落的声音清脆,而陈种手感黏滞,声音沉闷。

种子精选是指将有些大小和形状与种子十分相近,而在个体重量有差异但不容易分离的杂质清除出去,并按种子的长度、宽度和厚度以及比重大小进行分级。按种子长度分级,可以使种子的长度达到一致;玉米种子对宽度和厚度的精选要求较严格,如用长孔筛或椭圆形孔筛可将种粒大小分为扁平和圆粒,而用圆孔筛则可把种子分为小粒、中粒及大粒。重力精选操作控制很严格,在采取重力精选时,首先要确定风量、筛子倾角以及种子在筛面上的厚度,经过调试后才能进行重力精选分级。

2. 晒种 种子播前要把种子进行日光晒,太阳光对种子的作用很大,能激发种子内酶的作用,而且使种皮的透气、透水性变得更好,播种后可以更快、更好地吸收水分,有利于发芽出苗。紫外线还可以杀死病菌,给种子消毒,减少作物病害。选择阳光充足的天气,把种子摊在地上进行晒种,于 10:00—16:00 连续晒 3~4 d。晒过种子活性提高,播后吸水快,易发芽,利于苗齐、苗壮。阳光中的紫外线也具有一定的杀菌作用,能够杀灭附着在种子表面的细菌,起到预防病害的效果。要注意热天晒种最好不要在水泥地或石板上,避免烤坏种子。

3. 种子包衣 种子包衣是将玉米种子与种衣剂按一定比例充分混合,使种子表面固化成均匀的薄膜即种衣。种子经包衣处理后,播在土壤中只能吸水而保护膜几乎不溶解。当种子吸水、发芽、生长时,药膜、肥膜缓缓释放,在种子周围形成预防病虫害的保护膜和起到肥效的营养膜。

种衣剂具有触杀和胃杀作用,对地下害虫及田鼠都有良好的防效,通过种子包衣,使药物缓慢释放,延长防效期,大大增强防治效果,提高田间的成苗率。东北地区春季害虫比较多,往往把玉米幼苗吃掉,而使用种衣剂有效保证了幼苗正常生长、防止病原菌及虫的侵害。另外,增强长势。种衣剂中多含有大、中、微量元素,其中微量元素锌是植物体内氧化还原过程的催化剂和促进细胞呼吸作用的碳酸酶的组成成分,对增加色氨酸的含量和生长素的生成具有重要作用。因此,凡是使用种子包衣的田块,幼苗均表现长势强、苗壮,比没包衣的高一头、深一色,尤其在缺锌的田块,表现更为明显。种衣剂具有促进作物生长的作用,可提高植株的生长能力,尤其是叶绿素的增加,使光合作用增强,有效地增加了有机物质的积累,促进产量的提高(李光旭,2018)。

最初玉米种子包衣主要是机械包衣,随着玉米新品种的不断推广应用,品种数量增多,特别是有的品种秋季水分大、杂质多,实行机械包衣困难,为了继续推广应用玉米包衣技术,出现了人工种子包衣技术。利用水泥台或水泥地面将种子摊匀拌种按1∶50的药种比,将药喷洒在种子上,然后用锹或人工戴手套拌匀,晾干装袋待播。利用编织袋拌种,将种子装入袋内,药剂按比例倒入种子上,串动编织袋,使种子均匀沾上药后,再晾干待播。利用废锅、破缸、破盆拌种,将种子装入容器,然后洒药,用锹或手拌均匀,晾干待播。用塑料布拌种将种子摊于塑料布上面,然后按药种比1∶50,将药均匀洒施于种子上,两人握住角来回传动,直至种子均匀沾药后,晾干待播。此法不受条件限制易使种子沾药均匀,是我们目前主要推广的人工包衣方法。

包衣技术要求使用纯净度高、芽势强的种子,拌种前先对种子进行筛选,清除杂质,拣净烂粒、秕粒。玉米种子包衣前一定要进行晾晒,使其水分达到安全要求,防止水分过大包衣后坏种。人工包衣一般要求播前30 d天包衣完毕,使种子有充足的时间吸收药液,保证药效。

在种子包衣时,用手拌种的人员必须戴胶皮手套和口罩,在包衣和捡种过程中,不能充分洗手和脸,不能吸烟、喝水和吃东西,也不能用手挠痒和擦眼,手与臂有伤口的人不能接触包衣种子。包衣种子不能与粮食、饮料混放在一起,不能作饲料用。用于装包衣种子的器具,要经流水多次冲洗,洗过的水防止畜禽饮用,装过包衣种子的器具不能再装粮食、饮料和其他食品,以防人畜中毒。

(二)适期播种

播期不同会影响玉米生育期资源分配的不同,因此会直接影响玉米生长(蒋文瑛,2019)。调整播期是协调玉米生长和光热水资源的有效手段(翟治芬等,2012),不同播期的有效积温变化是影响产量最关键因子(李向岭等,2012)。玉米的不同播期会影响到玉米生育进程,进而导致抽雄期的提前或推迟,影响到生殖生长对养分的需求,进而影响到玉米的产量。

曹庆军等(2013)于2010—2012年以郑单958为试验材料,研究不同播期对春玉米生长发育、产量及品质的影响。结果表明,播期对拔节期至大喇叭口期单株叶面积、株高影响较大,4月27日和5月6日播期处理株高、单株叶面积大于其他处理;4月19日播期处理开花前干物质积累量(DMA)高于其他处理,开花后导致早衰;5月25日播期处理开花前和开花后DMA均小于其他处理;5月7日播种的玉米产量最高;早播(4月19日)处理百粒重比5月7日播种低9.91%;晚播(5月25日)处理百粒重和穗粒数分别比5月7日播种降低11.27%和13.53%。相关分析表明,不同播期处理玉米产量、脂肪含量分别与日照时数、积温($\geqslant 10$ ℃)呈极显著正相关($P<0.01$),蛋白质含量与日照时数、积温($\geqslant 10$ ℃)、降雨量呈极显著负相关($r=-0.798$、$r=-0.750$、$r=-0.724$)。5月7日播期处理玉米籽粒中淀粉和营养成分总含量最高,分别达72.10%和84.60%,为最佳播种日期。

崔洪秋等(2015)于2013年以5个主栽玉米品种进行分期播种,研究低温早播对玉米苗期生理指标和产量的影响,筛选耐(抗)低温的玉米品种。结果显示,播期、品种及两者互作对生理指标影响效果差异显著($P<0.05$),产量互作不显著。在5月2日低温早播条件下,玉米苗期丙二醛(MDA)增加,保护酶系统中超氧化物歧化酶(SOD)和过氧化物酶(POD)降低,可溶性蛋白质降低和可溶性糖增加,赤霉素/脱落酸(GA3/ABA)比值减小,产量相对适宜播期减产5.89%。5个品种抗寒性存在差异,耐(抗)低温品种排序为郑单958>京单28>先玉335>德美亚2号>绥玉7。

魏雯雯等(2017)为探讨不同播期对吉林省春玉米生长发育和产量形成的影响,2015年试验以吉林省主栽品种通单258、华科425、农华106为材料,进行5个播期处理试验,播期设置分别为:4月28日(T1)、5月4日(T2)、5月11日(T3)、5月18日(T4)、5月25日(T5)。结果表明,随着播期推迟,各品种玉米生育期均不同程度缩短,并且播期越晚,干物质积累量越低。玉米开花期前,不同处理叶面积指数差异不显著,花后晚播处理叶面积指数下降快于早播处理。推迟播期,不同品种百粒重降低,产量下降,T1处理产量与T4、T5处理差异达显著水平。适时早播,有利于玉米产量的进一步提高。

白帆等(2020)以东北三省为研究区域,确定了不同区域各年代不同条件下春玉米适宜播期范围。研究结果表明,充分灌溉条件下,研究区域内适宜播期范围从4月16日至5月19日,空间上呈南早北迟的纬向分布特征;20世纪90年代和21世纪00年代玉米适宜播期较20世纪80年代有提前趋势,其中20世纪90年代提前趋势更明显;第1、第3、第5、第7和第9气候区雨养条件下较充分灌溉条件下适宜播期有推迟趋势,推迟天数为3~6 d。雨养条件下各年代不同气候区理论上的适宜播期较目前生产中实际播期下的产量提高2.84%~9.96%。

播种期的提前,可使玉米在生长发育过程中充分利用光、热、肥和水资源。"适期早播"经过多年实践早已被证明:早播有利于培育出健壮的幼苗和植株,保证了后期的正常生长发育,其自身的抗冻、抗病能力增强。相反,人为延误农时,推迟播种,就必然使可利用的生长期更加缩短,导致作物不能按期成熟,遇到早霜冻危害,其损失是不言而喻的。适期早播是一项趋利避害、增加产量的有效技术措施。东北春季升温明显,这就为玉米提前播种提供了热量资源保障,特别是黑龙江北部温度较低的地区;同时温度升高、热量资源增加、玉米潜在生长季延长。因此,可以通过调整播期和更换品种适应气候变化挖掘作物增产潜力。当土壤温度稳定通过6 ℃时,为玉米适宜播种期(李玉明,2018)。

杨晓光等(2010)利用27年农业气象观测站对东北地区玉米实际生育期及生育阶段长度的多年平均值及变化趋势进行分析表明,1981—2007年青网、勃利、泰来和本溪玉米播期每10年分别提前1.4 d、0.6 d、6.6 d和1.9 d,这与4—5月温度升高有着密切关系。抽雄吐丝期的变化趋势各站点间表现不一致,而成熟期呈现显著延后的趋势,每10年延后1.4~7.6 d(张镇涛等,2018)。由此可以得出玉米生育期的变化趋势,播种期提前,而成熟期延后,玉米全生育期呈现延长的趋势。

不同播期玉米地上部干物质积累量差异较大。如表3-1所示,早播(1980年4月10日)较晚播(1980年5月31日)玉米生育期积温多214 ℃·d,早播的玉米地上部全干重、叶干重和叶面积指数都远比晚播的大,产量也明显偏高。出苗至成熟期间的积温越多,植株生物量越大,叶面积也越大,产量越高,但玉米生育前期温度高低对地上部生物量的影响程度不如中、后期的明显,即积温对玉米干物质积累过程的影响在一定程度上有前后互补的作用,但主要表现在后期热量充足可以对前期有补偿作用,而反过来补偿作用不明显(马树庆等,2008)。

表3-1 不同播种期的玉米主要生育期气温和地上部干物质重量的比较(马树庆等,2008)

项目	主要生育期									
	出苗—15叶		15叶—乳熟				乳熟—蜡熟		出苗—成熟	
	T_1 (℃)	G_1 (g)	T_2 (℃)	G_2 (g)	T_3 (℃)	G_3 (g)	G_L (g)	L	积温 (℃·d)	单产 (kg/hm²)
4月10日播期	20.1	1459.5	23.7	8220	23.3	21067.5	3384.0	3.6	2210.6	7647.0

续表

项目	主要生育期									
	出苗—15叶		15叶—乳熟				乳熟—蜡熟		出苗—成熟	
	T_1 (℃)	G_1 (g)	T_2 (℃)	G_2 (g)	T_3 (℃)	G_3 (g)	G_L (g)	L	积温 (℃·d)	单产 (kg/hm²)
5月31日播期	23.4	2251.5	23.6	7567.5	21.7	14467.5	2383.5	3.1	1996.2	6554.3
差值	3.3	792.0	−0.1	−652.5	−1.6	−6600.0	−1000.5	0.5	−214.4	−1092.7

注：T_1、T_2 和 T_3 分别是对应时期的平均气温，G_1、G_2 和 G_3 分别是15叶、乳熟和蜡熟时的地上部干物重，G_L 是蜡熟时地上叶干重，L 是蜡熟时叶面积指数，T 是活动积温，Y 是经济单产。

(三) 合理密植

不同的玉米品种有着不同的生产性能，对生长环境要求不同，在玉米种植过程中，如果忽视品种的特性，不能够确定最佳的定植密度，将会直接影响到玉米的正常生长发育，最终影响玉米产量和品质。近年来，随着中国玉米品种选育进程不断加快，在种子市场当中存在多种类型的玉米，包括宽叶类玉米和窄叶类玉米。宽叶类玉米叶子肥厚，个体较大。窄叶类玉米叶子较为细长，适合密植。任何农作物在生长发育过程中都需要有一定的生长空间，如果定植密度过大，会造成生长空间受到挤压，不能够更好地接受光照，使得田间的通风透光率显著下降，极容易引发病害（崔丽青，2020）。

王金艳等（2015）于2013年以东北春玉米区主栽品种郑单958、农华101、先玉335、辽单565、丹玉39为试验品种，在3000株/亩、4000株/亩、5000株/亩和6000株/亩4个种植密度条件下，探讨了不同种植密度对其产量、叶面积指数及干物质积累的影响。结果表明：叶面积指数随种植密度增大而增大，吐丝期达到高峰，后期基本逐步下降；随着种植密度逐渐增加，各品种群体产量与之基本呈正相关，单株各器官干物重呈负相关；随着种植密度的增加，玉米籽粒产量显著提高。

陈志君等（2017）在2015年的试验中，为探讨东北雨养区玉米生长状况和田间水分对种植密度及地膜覆盖的响应，设置了低（67500株/hm²）、中（82500株/hm²）、高（97500株/hm²）3个种植密度水平和覆膜、裸地2种方式的玉米田间试验，根据试验结果分析了土壤水分、玉米根系及其产量变化。结果表明：①在0~20cm土层中，整个生育期内，覆膜对于低密度处理的土壤田间含水率影响显著（$P<0.05$），生育前期、中期和末期覆膜比裸地田间含水率分别提高了9.80%、15.93%和12.77%；在20~40cm土层中，生育前期，中密度覆膜种植的玉米田间含水率比裸地高13.83%（$P<0.05$）；在40~60cm土层中，覆膜对中密度玉米土壤含水率影响显著（$P<0.05$），生育前期、中期、后期覆膜比裸地处理的土壤含水率分别提高了15.47%、4.11%、8.96%。②种植密度对玉米根系的根长、总投影面积、总根体积和根系表面积均有显著影响，随着种植密度的增加，四者均呈减小趋势；在种植密度相同时，覆膜相比裸地提高了玉米根系的根长、总投影面积、根系总体积和根系表面积；中密度时，覆膜对玉米根系的4项指标提高最为显著（$P<0.05$），分别比裸地提高了44%、38%、38%和33%。③玉米产量随着种植密度的增加而减小，当密度为67500株/hm²时，玉米产量和百粒重均最大，百粒重为36.83 g，产量为12573.69 kg/hm²。结果说明，在水肥条件相同情况下，玉米种植存在一个最优密度，在最优密度内，玉米产量随着密度的增加而增加，超过了最优密度产量呈现减少趋势。

杨肖雨(2018)总结实践经验指出,在种植密度增加的情况下,玉米的产量呈现出先上升再下降的变化趋势,土壤的深度不同,种植密度对土壤水分的影响也不同。

陈涛等(2016)于2014年在吉林省公主岭开展春玉米田间密度试验,选用紧凑型品种中单909和平展型品种内单4,种植密度设置为4.5万株/hm^2和9.0万株/hm^2,研究种植密度对不同株型玉米的穗部发育和植株生产力的影响。结果表明,不同玉米品种相比,紧凑型品种的穗部特性和产量受种植密度的影响低于平展型品种,紧凑型品种对生态环境变化的适应性较强。

杨振芳等(2015)研究密度措施对东北春玉米叶片衰老及产量的影响,试验选用玉米品种为东农253,设置5万/hm^2、6万/hm^2、7万/hm^2和8万株/hm^2 4个种植密度。结果表明,随密度增加,玉米株高逐渐增加,单株干物质质量降低;叶片SPAD值降幅增加,叶片的衰老程度增加。在叶片衰老过程中,随密度增加,抗氧化酶(SOD、POD、CAT)活性降低,MDA含量增加,可溶性蛋白含量降低。7万株/hm^2密度处理下的相关分析和通径分析结果表明,各因子对叶片衰老的作用大小为:MDA>可溶性蛋白>CAT>SOD>POD。

(四)播种方法

1. 单粒机械播种技术 玉米单粒机械播种技术以玉米播种机为应用基础,依次能完成播种、覆膜、镇压等作业流程。该技术的优点在于:节省每次播种用种量,常规播种用种重2.5~3 kg/亩。而推广精量播种,用种重1.0~1.3 kg/亩,用种量3800~4400粒。该项技术节本增效,其推广应用,免除了田间间苗,节省劳工费用至少20元/亩以上。有利于培育壮苗,确保苗齐。常规播种,密度大,易产生多棵苗则必须间苗,间苗期间,易伤苗,影响长势。单粒精播,播种间距均匀,免去间苗环节,不伤害根系,保证苗齐、苗壮。

选栽良种,是单粒精播首要考虑的因素。品种的选择,根据当地的积温、地块地力、水肥等条件而定。条件一般的,宜选低密度、抗旱、耐贫瘠的品种。条件较好的,宜选用耐密品种。对种子要求发芽率95%以上,净度99%以上,纯度98%以上。同时,种质均匀、无霉变、无损伤、籽粒饱满。播种前,需晒种,以提升发芽率。机收后,灭茬,深耕地。同时,注意耙细,除去大的根茬、土块,确保好的土壤墒情,以提升出苗率,保证高播种质量。把控好播种时机,地温10~12 ℃,土壤含水12%左右,黑龙江省"五一"前后为播种最佳期。播种深度5 cm左右,注意耕深一致、覆土一致、行距一致。播种密度,依据土肥情况而定。就高产田而言,宜选抗倒伏能力强、耐密的品种,推广密植栽培。就低产田而言,宜控在宜密栽培的下限值,密度不能太高。具体的栽植密度还应综合品种属性而定,株型紧凑、不耐密、抗倒伏能力差的品种,种植密度选在3500~3800株/亩。植株高大、叶片数多、不耐密的品种,种植密度选在3000~3300株/亩。除此之外,还要兼顾土地类型。透气性差的低洼地,宜推广稀植栽培。透气性好的阳坡地,宜推广密植栽培。底肥要用足,灭茬后用好复合肥,用500 kg/亩;植物丰产素,用100 kg/亩,混合均匀后,随机械灭茬起垄沟施,用肥深度13~15 cm。同时,开沟滤水,之前用好磷酸二铵,用50 kg/亩作口肥。后期追肥,以刨坑穴施或垄施为主(刘晓秋,2020)。

2. 免耕机械播种技术 玉米免耕精量播种机械化技术是在前茬作物收获后,不翻耕土地,在有作物残留物覆盖的土壤上,利用免耕精量播种机械代替传统的人工播种,直接在茬地上播种,将玉米种子按农艺要求的播量、行距、株距、深度精确播入土壤。采用新型的播种设备,一次性完成切断秸秆、清理种床、整形种床、开沟、下种、侧深施肥、覆土、镇压等作业。这种播种方式适合多种土壤和作物生产,是免耕生产中对土壤搅动最小的耕作方式。并且能最大程度地保持土层结构不被破坏,种子、肥料在用量上及播撒的耕层位置都能做到精确控制,利于种子发芽及生长,具有省肥、省种的优点,而且能降低生产成本,提高玉米产量(刘刚等,2019)。

免耕精确播种玉米种植技术,对机械的要求比较高(张芳,2018),耕翻、耙耱、镇压以及切断秸秆清理种床、整形种床、开沟、下种、侧深施肥、覆土、镇压等作业都基本上一次完成,免去二次净地工序,所以要求所使用的机械要具备联合作业功能,在实际生产中,对机械的动力输出具有较高的要求,基本上都是大型机械来完成作业。机械功能必须要先进,否则难以进行联合作业。一次性完成这么多环节的工作,功能要先进、设计要科学、使用要可靠、操作要方便,要达到播种高标准,作业成本低,劳动消耗少而且能保护耕地,对于农业的可持续发展提供一定的助力作用。

(1)玉米免耕精量播种机械化技术的优点

① 降低作业成本　玉米免耕精播实现了农机农艺有效结合,不用单独翻耕土地,比传统耕作减少了秸秆处理、翻、整、平等整地作业工序,节省种子,减少间苗作业,使农田作业次数减少,大幅度提高作业效率,缩短了农业生产的无为消耗,节省作业费和作业时间,亩省工2.0~2.5个,亩机械作业成本降低80~100元。

② 播种质量高,实现标准化种植　玉米精量播种机播种玉米一次播成,株距合格率可达到85%以上,植株密度合理,播种深度一致,播深合格率能达到95%以上,达到标准化种植要求。与传统播种相比,精播的玉米播种质量好,玉米种子入土后吸取营养成分趋于均衡,出苗整齐、分布均匀,植株之间不会出现相互争肥、争水的现象,能够达到预期苗齐、苗壮的效果,使群体生产率达到较高的水平,有利于机械化田间管理和收获作业。

③ 增强土壤蓄水保墒能力　玉米精量播种时不需要翻耕,作业时动土少,减少了土壤水分蒸发,加之玉米作物秸秆覆盖,干旱时土壤不易裂缝,防止风蚀、水蚀。玉米秸秆腐烂形成的自然孔隙有益于导水,在多雨期接纳雨水的能力增加,减少雨水地表径流和水分的蒸发,提高土壤水分利用率,使肥料不易流失,抗涝能力提高;免耕播种后,有秸秆覆盖的土壤耕层内大部分土层结构坚实,仅部分松动,最大限度地保护了土壤原来的性质,可实现土壤的水、肥、气、热协调供给,也为蚯蚓等土壤生物繁育、生长提供了良好的场所;免耕播种的玉米表层根量多,主根发达,根系与土壤固结能力强,增强玉米抗倒伏能力。

④ 提高土壤有机质含量,提高化肥利用率　玉米免耕精播技术不用翻耕地块,腐烂的秸秆和根茬当季可以腐烂1/3,这样大量的有机质碳、氮、磷、钾等补充到土壤中,增加了土壤养分,起到培肥地力的作用;精播种由于使用的是种肥深施,减少了化肥挥发,提高了化肥利用率,肥效提高约30%。

(2)技术实施要点　整地质量是精量播种的基础,耕翻作业应保证深度一致,耕深22~25 cm,不漏耕,不重耕,不跑茬,翻后无立垡、无黏条,土层形成上虚下实,地面平整,地头整齐,土层深厚,覆盖严密,土壤细碎,从而保证播种质量。

精量播种技术对种子的要求较高,以抗旱、抗病、抗虫性强、增产潜力大稳产性好的品种为首选。种子要颗粒饱满、种粒大小均匀一致,无破损,发芽率达到95%,纯度达97%,含水量在14%左右,播前要进行晒种、包衣、磁化等处理。

为确保玉米播种质量,根据当地农艺要求可选用全秸秆覆盖免耕精量播种机,可一次性完成播种、施肥、覆土、镇压作业工序。

秸秆覆盖的地块保温效果较好,春季地温达到并稳定在8~10 ℃,0~10 cm土层土壤含水量在13%左右即可开始播种,玉米出苗比较理想。

玉米精量播种要根据农艺要求确定适宜的机械播种量,春玉米亩播种量一般1.5~

2.0 kg，亩保苗 2500～3500 株，精量播种单株率＞98%，机械破碎率均不超过 0.5%，空穴率小于 1%。播种深度根据土壤类型和温度来确定，东北地区一般条件下宜将种子的播种深度在 2.5～4.5 cm，最大幅度范围在 3.5～5.5 cm，干旱地区播种深度适当增加 1～2 cm，确保种子播在湿土上，种肥分施不小于 4 cm，保证播深一致，覆土均匀。玉米免耕播种机播种可直接调节行距、株距，不存在缺苗断垄，一般行距定在 60～70 cm，邻界行距差小于 4 cm，行距一定的情况下调整播种株距，每行株距均匀一致，保证玉米群体发育良好，利于玉米机收、减少损失量、提升品质、提高玉米产量。

玉米免耕精播是一次性完成施肥、玉米播种等作业，玉米生长期需要补充的肥量随播种一次性施于土壤中的约占化肥总量 70% 的肥量，应选用流动性好、不易挥发、有效成分含量高的尿素、硫酸铵、复合肥等颗粒肥，同步深施的化肥与玉米播种的种子之间土壤隔离层应＞6 cm。追肥结合中耕覆土一次性完成。

四、种植方式

（一）单作

单作是东北地区玉米的主要种植方式。基本采取垄作栽培，以大垄双行和通透栽培为例。

1. 垄作和大垄双行栽培 李卓等（2013）研究了垄作栽培技术。选择耕层深厚、有机质含量高、保肥保水、排水良好的平川地，不能选择岗坡地、低洼地和二洼地。要求土地集中连片、规模经营。根据地理位置、光照方向调整垄向。吉林地区的最佳垄向是 20°02′，将罗盘放平，转动罗盘让指针对准 0°和 180°，然后沿 20°和 200°画一条直线，这条线就是播种的垄向，即南偏西 20°垄向。精细整地与起垄。秋翻春整地的，待土壤化冻 5 cm 时进行耙、压整地，保墒提墒。对于没有秋翻的地块要在 3 月下旬至 4 月上旬当土壤化冻 10～15 cm 时进行春整地，对耕层进行深翻或深松，保证深度在 20～30 cm，翻后及时拖平耙压，做到无漏耕、无立垡、无坷垃、土块疏松细碎、耕层虚实均匀。用大型机械起垄的，在 1.95 m 宽度内，起 3 条垄，垄台宽 45 cm，垄沟宽 20 cm。用小型机械起垄的，按照常规方式起垄，垄台宽 30 cm，垄沟宽 30 cm。

中国玉米单产的提高仍有较大空间，通过调控株行距配置、改变种植模式等技术是玉米高产高效栽培的关键。吉林西部地区玉米的种植方式大多以单垄等行距种植方式为主。芪建峰等（2016）认为，等行距种植提高了玉米群体的整齐度，有利于增产。但等行距种植存在株间竞争大、株间相互遮阴及透光差的现象，大垄双行种植可以改善植株的光照条件，提高光能利用率。

李慧梅（2019）研究了东北玉米大垄双行密植高产栽培技术。大垄双行密植高产技术，具体是基于双垄建平台的方法，避免过去 60～70 cm 宽的垄，建成 130～140 cm 宽的垄，并在这个宽垄上栽培两行玉米。在设置大垄的基础上，减小作物之间的距离，每 25 cm 种植 1 棵玉米，而行距则保持在 40 cm 左右，大垄之间的距离则为 95～100 cm。作物的密度变大，通常情况下，每公顷土地能多种植 5000 株以上。同时因为大垄的实行，使得大垄之间有较好的采光条件和通风条件，因此，优于传统种植方法，也能有效减少倒伏率。另外，通风采光更有优势，大垄双行密植方法能够促使籽粒的脱水，降低含水量。

赵晓彤等（2020）于 2016 年在辽宁省康平县进行不同栽培方式对玉米农艺性状及产量影响的试验，得出大垄双行种植方式（行距为 80 cm、40 cm，株距 26.5 cm）更利于玉米高产。武志海等（2005）等人的研究表明，大垄双行种植玉米可以改善冠层中下层叶片的光照条件，提高叶绿素含量,可使中下层叶片光合速率增加5%～10%,气孔导度增加10%左右。玉米是光效作物,只有光照充分才有助于产量的提高。大垄双行的栽培模式增加透光度和通风效果,可能是产量高于其他模式的主要原因。

胡娟等(2020)于2018年在吉林省白城市通榆县前青村进行玉米大垄双行种植的研究。以65 cm单垄常规种植方式为对照,研究98 cm大垄双行种植方式对玉米生长发育的影响。结果表明,与65 cm单垄种植方式相比,98 cm大垄双行种植方式玉米单位面积有效穗数和群体干物质量分别显著增加28.8%和13.6%,而产量仅增加3.6%。大垄双行处理玉米植株全氮、全磷和全钾的养分积累量较对照处理分别增加9.9%、7.6%和11.9%。大垄双行处理显著影响玉米根系构型,较对照处理总根长、根表面积、平均直径、根体积及分叉数显著增加。此外,大垄双行处理顶层叶面积指数较对照处理增加20.6%,顶层透光率降低15.3%。

2. 通透栽培　许为政等(2004)研究了在黑龙江省广泛推行的玉米通透栽培技术,包括"两垄一平台""比空栽培模式"等。玉米通透栽培技术是在生产过程中,应用优质、高产、抗逆良种,采取大垄宽窄行、比空、间作等通透、密植种植方式,改善和增加田间植株的通风、透光状况,良种、良法结合,实现扩源、强流、增库,以提高资源利用率来提高玉米质量、增加产量的技术体系(邹晓影等,2008)。其技术体系内涵集中体现在应用紧凑型、半紧凑型、中矮秆品种,改变种植方式,增加种植密度和科学施肥上,进而达到高产、高效的目的。

"两垄一平台"技术,把原65 cm或70 cm的两条小垄合成130 cm或140 cm的一条大垄,在大垄上种植双行玉米,大垄上玉米行距为35～45 cm,株距因选用品种等因素而定,种植密度较常规栽培亩增加300～400株。应用"两垄一平台"栽培技术可有效地缓解"玉米海"通风、透光差的矛盾,玉米大行距由过去小垄栽培的60～70 cm增加为90～95 cm或100～105 cm,增强了边际效应,增产8%～12%,增强抗倒伏能力,倒伏率下降7个百分点;由于田间通风、透光条件的改善,有利于玉米成熟时籽粒快速脱水,可降低玉米含水量3～4个百分点,提高玉米品质。

"比空栽培模式"指种植两垄玉米空一垄的栽培方式。由于空垄的出现,空气流动较常规小垄栽培大大增加,利于玉米脱水,降低含水量,提高品质。为提高土地利用率,进一步提高生产的经济效益,可在空垄中套种或间种矮棵早熟马铃薯、甘蓝、豆角等。

(二)其他种植方式

1. 间作栽培模式　间作栽培技术模式,可充分利用空间,增加种植密度,提高资源利用率。间作栽培,复合群体中因作物高矮、早晚、阴阳搭配及根系入土深浅不一,对环境的要求不同,特别是中矮秆、紧凑型、半紧凑型玉米品种,耐密性强,可大大增加群体的叶面积系数,充分利用提高光合效率。同时,还可降低玉米含水量,提高玉米质量。

粮粮型模式主要选择玉米与矮高粱、谷糜、小麦、早熟玉米、小杂粮等作物,采取2∶1、2∶2、2∶4、2∶6、4∶4等形式间作。

粮经型间作模式主要选择玉米与甜菜、油菜、亚麻等作物,采取2∶4、4∶6、4∶4∶8、4∶12等间作形式。

粮菜型间作模式主要采取玉米与马铃薯2∶1间作,玉米与白菜、甘蓝2∶2间作,玉米与茄子、辣椒等2∶4间作。

阎裕丽(2013)研究了吉林省西部紫花苜蓿玉米间作对作物农艺性状、产量、水分利用效率的影响。结果表明:①在玉米苗期至吐丝期,单作玉米与间作玉米的土壤含水量之间存在显著差异($P<0.05$),个别土壤层次含水量出现极显著差异($P<0.01$)。吐丝期至成熟期各处理之间土壤含水量差异不显著。②整个生育期内单作处理玉米株高差距不大,都未达到显著水平。在玉米生育期前半段,单作玉米株高与间作玉米相比存在显著性差异($P<0.05$)。在玉米拔节期至灌浆期内单作玉米与间作玉米株高出现了极显著差异($P<0.01$)。③在玉米各器官干物质积累方面,叶、叶鞘、茎、花序、苞叶、穗轴等在整个生育期内都表现出如下特点:两个间作处理之间无显著差异,单作玉米之间也不具有显著性差异,但单作玉米与间作相比干物质积累量具有极显著差异($P<0.01$)。④单作玉米的籽粒产量高于间作处理,达到极显著水平($P<0.01$),但单作处理之间、间作处理之间籽粒产量未出现显著性差异。间作苜蓿产量大于单作苜蓿,达到了极显著水平($P<0.01$)。间作处理的土地当量比都大于1,分别为1.29和1.25,说明间作种植较单作种植具有优势。⑤间作处理水分利用效率高于单作处理。间作种植较单作相比能有效提高作物水分利用效率。

伏云珍等(2020)研究了连续马铃薯、玉米单作及间作种植对土壤细菌群落组成的影响。结果表明,与玉米单作相比,马铃薯玉米间作土壤有机质含量显著升高($P<0.05$),但土壤全氮、碱解氮、全磷、速效钾、土壤pH等没有显著变化。间作对土壤细菌群落多样性(香农指数、辛普森指数)、丰富度(ACE指数和Chao1指数)无显著影响,但改变了基于门、属水平上的细菌群落组成。与单作马铃薯相比,间作显著降低了土壤变形菌门(*Proteobacteria*)相对丰度($P=0.023$),提高了浮霉菌门(*Planctomycetes*)的相对丰度($P=0.043$)。在属水平上,相对丰度较低的芽单胞菌属(*Gemmatimonas*)、*Candidatus Solibacter* 属更易受到种植方式的影响;间作提高了节杆菌属(*Arthrobacter*)、芽球菌属(*Blastococcus*)和芽孢杆菌属(*Bacillus*)的相对丰度。

高翔等(2011)认为玉米大豆间作种植增加了生物的多样性,减少了病害的发生,这可能是由于玉米与大豆间作影响了病原菌侵染寄主作物大豆,降低了大豆感染霜霉病的风险,从而使两种作物之间得以和谐共生。玉米与大豆间作种植,要获得间作优势,需加大间作主作物玉米的种植密度。主作物玉米的种植密度在9.2万株/hm^2时,产量最高,可达14044 kg/hm^2,额外增收大豆947 kg/hm^2。间作体系最佳氮肥施用量为255 kg/hm^2。

2. 轮作栽培模式 东北黑土区是中国重要的商品粮生产基地,有玉米大豆轮作的传统。2008年后出于对经济利益的追逐,大面积推广玉米连作,引发土壤理化性质变差、温室气体排放增加等生态问题和玉米库存积压的经济难题。王琦琪(2018)以积温带划分为基础,运用作物生长模型模拟不同种植模式对土壤和气体排放产生的影响及作物单产情况,提出黑龙江省南部、中部、北部适宜的轮作模式。结论表明,大豆参与的轮作模式对土壤全氮的保持和提高有重要作用,并能减少温室气体(主要是二氧化碳)的排放;从经济效益来说,南部大豆的产量相对较高,中部各个模式差距较小,北部地区大豆单产更有比较优势。运用综合指数法对不同地区各个种植模式进行生态经济效益加总,认为黑龙江省南部(第一、二积温带)最佳轮作模式是两年或三年玉米+一年大豆,中部(第三积温带)最佳轮作模式是玉米大豆一年一轮,北部(第四、五积温带)的最佳轮作模式是两年或三年大豆+一年其他作物。

王洪预(2019)于2012—2018年在吉林省长春市进行了多年玉米大豆轮作和连作田间试验。结果表明,玉米短期连作种植,与轮作玉米相比,籽粒产量变化不显著,但衔接大豆茬口的轮作玉米,与衔接玉米茬口的连作玉米相比,籽粒产量均有增加趋势,且随轮作年限延长,增产趋势更加明显,轮作5年以后,轮作玉米籽粒产量显著高于连作玉米,增产幅度在20%以上。玉米多年连作(连作7年)后,土壤有机质和pH值均有下降趋势;玉米和大豆轮作7年后,土壤有机质变化不显著。玉米连作改变了土壤细菌群落结构。连作玉米特有细菌属为黄杆菌属（*Rhodanobacter*），而轮作玉米特有细菌属为慢生根瘤属（*Bradyrhizobium*）和酸杆菌门中的 *CandidatusSolibacter* 属。玉米连作后改变了土壤真菌群落结构。与轮作玉米相比，玉米多年连作后，子囊菌门（*Ascomycetes*）和被胞菌门（*Toectomyces*）相对丰度分别降低了 10.23% 和 0.63%；担子菌门（*Basidiomycetes*）相对丰度升高了 12.03%。在真菌属分类水平上，轮作土壤根际微生物多样性更加丰富。

五、田间管理

田间管理是保证玉米高产优质的重要措施之一，主要涉及间苗、定苗、中耕除草及施肥等措施。间苗和定苗可增加玉米植株间的通透性，避免产生争夺养分现象（王德军，2018）。间苗应去除病苗及生长态势较差的幼苗，保留生命力旺盛及健康的幼苗。补苗是玉米田间管理必不可少的环节，应针对缺苗现象，及时进行补苗处理。间苗和补苗均需在天气晴朗的下午进行，主要是因为经上午阳光照射，病、弱苗会表现出不同的生长状态，易识别。此外，要结合实际情况进行中耕除草，中耕除草可去除田间杂草，避免杂草与玉米苗争夺养分而影响玉米苗正常生长，同时可增加田间通透性，保证玉米苗健康生长。玉米整个生长过程中均需大量养分供应，对此，要根据玉米不同生长期针对性施用不同肥料，以保证玉米植株对养分的需求（赵锴，2018）。整地时需施用大量有机肥料，确保满足种子发芽期对养分的需求并提高其抗性；苗期及以后各生长时期，需根据玉米生长特点及其对养分的需求，针对性施用肥料，以达到玉米高产优质的目的。

（一）中耕

土壤水分不足时，中耕可以切断通向土壤表层的毛细管，大大减少土壤水分的散失，提高土壤湿度。中耕还可以破除板结，增强土壤通气性，热量容易往下传导，从而利于提高土温。在土壤水分过多时，中耕又可以散失土壤中过多的水分而保护下层土壤的墒情。玉米根系对土壤空气反应敏感，通过中耕保持土壤疏松，利于春玉米生长发育。一般中耕 2 次，定苗时锄 1 次，10 叶展时锄 1 次，采用人工锄地方式。

（二）科学施肥

施肥是玉米增产的一个重要步骤。玉米生长需要吸收 20 多种矿物质元素，很多都由土壤提供，但一些主要的元素需要施肥供给。科学合理施肥不仅能降低成本，还能增加产量。东北地区春玉米主要的施肥措施：增加氮肥用量，充分发挥氮的主导作用；适量控制磷用量，降低生产成本；全面施用钾肥，实施氮与磷平衡。

1. 一次性施足基肥 在我国东北，农民习惯将基肥和种肥随播种一同施入。在美国，随播种所施的肥料称为启动肥（Starter fertilizer），包括基肥与种肥。对于启动肥的施用技术，推荐启动肥与种子的水平与垂直距离均为 5 cm。窦桂梅等（2000）、桑金梅等（2003）研究认为，玉米生产中，采用机械深施肥技术将基肥一次性施入，深度为 20 cm，玉米增产率达到 7.4%～11.7%。

李前等（2017）以先玉 335 为试验品种，于 2011 年在吉林省梨树县研究基肥、种肥施用技术对春玉米干物质积累、根系生长及产量的影响。结果表明，在农民习惯一次性施肥条件下，FP1-5-8 处理（基肥施用位置在种子侧方 5 cm、下方 8 cm）的产量比 FP1-5-5 处理（基肥施用位置在种子侧方 5 cm、下方 5 cm)提高 8.0%,在玉米苗期具有一定的优势。基肥与种肥混施(B-S-Mix)处理的产量和苗期植株生长与基肥与种肥分施(B-S-Split)处理相比均有一定幅度提高,将种肥施用在种子侧方 5 cm、下方 5 cm 的位置更为合适,且壮苗效果更明显。

2. 合理施肥 白伟等(2017)研究表明,秸秆还田配施氮肥对春玉米籽粒产量和生物产量影响显著。秸秆还田 9000 kg/hm² 和配施氮肥 225 kg/hm² 处理的籽粒产量最高,比秸秆不还田和施氮量 225 kg/hm² 处理(CK)2 年平均增产 6.33%,增产的主要原因是百粒重、行粒数的显著提高和秃尖的显著降低;玉米籽粒产量并未随着施氮量的增加而持续增加;相同施氮量条件下,秸秆还田比秸秆不还田 2 年平均群体生物产量增加 2.95%。秸秆还田配施氮肥能够增加春玉米株高、茎粗、叶面积,提高叶绿素含量和光合作用,相同施氮量条件下,秸秆还田比秸秆不还田处理 2 年平均灌浆期叶面积增加 2.71%,光合速率提高 4.80%。综合分析认为,秸秆还田 9000 kg/hm² 和配施氮肥 225 kg/hm² 是辽北棕壤区春玉米生产比较理想的还田和施肥模式。

米国华等(2018)研究认为,因地制宜地应用秸秆还田技术,可以节省肥料投入,提升土壤质量。其中秸秆覆盖条耕技术可以协调传统耕作与免耕的优点,有很好的应用前景。

吴瑞娟等(2018)探究不同施肥措施对土壤呼吸的影响,为东北黑土区固碳减排研究提供科学依据。基于"国家黑土肥力与肥料效益监测基地"长期定位试验,选取不施肥(CK)、单施化肥(NPK)、化肥配施秸秆(NPKS)、化肥配施低量有机肥(NPKM1)、化肥配施高量有机肥(NPKM2)5 个不同施肥处理。采用 Soil-box343 土壤呼吸测量系统进行野外监测,并同时观测环境条件。结果是长期不同施肥处理下,农田土壤呼吸速率变化范围为 4.12~7.23 μmol/(m²·s),随玉米生长表现出"先升高后降低"的季节变化特征,最高值出现在播种后 69 天左右,NPKM2 处理土壤呼吸速率的峰值显著高于其他处理($P<0.05$)。监测期内土壤呼吸速率与土壤温度之间呈现显著的正相关关系,土壤温度可以解释土壤呼吸速率变异的 41%~77%,土壤温度敏感系数 Q10 值的变化范围为 2.35~3.49。春玉米生长季内农田土壤呼吸总量变化范围为 3473~5643 kg/hm²,NPKS 处理显著高于 CK 处理 34.2%,而 NPKM2 处理分别比 NPKS、NPK 和 CK 处理高 21.0%、26.4%和 62.4%($P<0.05$),长期有机无机肥配施处理土壤有机碳含量增加趋势比其他处理明显,截止到 2016 年,NPKM1 和 NPKM2 处理 SOC 较初始 SOC 分别增加了 6.01 g/kg 和 5.55 g/kg。研究结论是长期施用有机肥能够增加土壤呼吸,提高土壤有机碳含量,有利于农田生产力提高和农田可持续利用。

焉莉等(2018)研究了不同施肥方式下东北玉米单作种植体系氮磷流失规律,可为该地区农田面源污染防控及生态保护提供技术参考。试验设置农民习惯处理、优化施肥处理、秸秆还田处理和有机肥化肥混施处理,采用自然降雨条件室外模拟方法,分析不同施肥处理对东北玉米种植区径流淋溶氮磷流失的影响。结果表明,在东北地区玉米单作模式下,多雨年份优化施肥处理与农民习惯处理相比可降低 15.8%的总氮流失负荷,降低 7.3%的总磷流失负荷;秸秆还田处理可明显降低 22.9%的总氮流失负荷及 15.1%的总磷流失负荷;有机肥化肥混施处理降低总氮流失负荷 13.6%,但增加总磷流失负荷 13.9%;氮磷流失负荷以泥沙流失为主,淋溶流失其次。结合作物产量,在多雨年份,优化施肥处理和秸秆还田施肥处理是防控东北玉米区农田面源污染和保证作物产量的理想施肥方式。

东北春玉米在播种时期,普遍存在施用底肥过量现象,过量的氮素大部分通过氨气挥发,在脲酶的作用下经过硝化—反硝化散失,浪费资源(王火焰等,2014)。而在玉米生育过程的中后期,普遍存在肥力不足、产量降低现象。追肥是解决玉米苗期底肥过量、中后期肥力不足的一条有效途径。在5—6月，东北春玉米已展开7~12片叶，正是雌穗生长伸长至雌小花分化期，是决定玉米穗长穗粗的关键时期，此时追肥能满足拔节孕穗对养分的需要，促进穗分化，使玉米穗大粒多。一般将2/3的氮肥（尿素）作追肥在春玉米拔节期施用，质地偏沙、保肥性能差的土壤，追肥的用量可占氮肥总用量的50%左右。

东北春玉米生产中常用的追肥方法有3种：垄台撒施，而后立即犁蹚土覆盖；人工垄台株间刨坑深施，覆土，再犁蹚地覆盖；垄沟追肥。这3种追肥方法效果最好的是人工刨坑蹚沟覆土，这样做会因施肥深、覆盖严、肥料利用率高而取得很好的应用效果，将比垅上撒施肥的增产2%~11%。其次是垄沟追肥，这种方法优点是省工省时，不足之处是肥料距根系密集区稍远，不利于玉米根系充分吸收肥料，因此，在使用时一定要犁浅沟后施肥覆土，把肥料盖严，以免挥发流失浪费。垄台撒施的有时会因封垄不严，肥料裸露在外面，造成损失浪费严重。玉米追肥深度、距植株都应该是7~10 cm，这样做有利于玉米根系吸收利用，若超过10 cm会影响肥料施用效果，少于5 cm会造成烧苗。施肥后要及时覆土或结合铲耥覆土。

（三）合理灌溉，应对水分胁迫

中国东北地区基本上属于雨养农业地区，玉米生长主要依靠天然降水。但在有水源保证的条件下，在玉米生长发育的需水关键时期进行节水补充灌溉，是应对水分胁迫的有效手段。

1. 干旱的时空分布 董朝阳等（2013）研究了北方地区春玉米各生育阶段干旱年代际演变特征及空间分布规律。基于研究区域1961—2010年291个气象站点的逐日气象资料以及春玉米生育期资料，利用农业干旱指标作物水分亏缺指数（CWDI），明确了研究区域春玉米干旱的年代际演变特征及空间分布规律。研究结果表明，西北地区春玉米水分亏缺指数年际间波动平稳，华北和东北地区在20世纪80年代和90年代波动较为剧烈；华北地区春玉米水分亏缺指数在抽雄—成熟阶段明显低于其余两个阶段，东北、西北地区各生育阶段变化不明显；华北中部地区干旱等级的年代间波动明显。北方地区春玉米干旱等级和干旱发生频率的空间分布均呈现西高东低、北高南低的形势，西北地区最高、华北地区次之、东北地区最低；各旱级干旱频率的空间分布以特旱和轻旱最为明显，其中特旱主要集中发生在新疆大部、甘肃北部、内蒙古西北部等地区，发生频率在3年2遇以上，而轻旱主要集中发生在东北大部、华北大部以及西北东南部地区，发生频率在5年1遇以上。中旱和特旱主要集中发生在华北地区以及西北东部地区，频率均在5年1遇以上，并且随生育阶段更替有减轻的趋势。研究结果还表明，北方地区春玉米农业干旱指标CWDI年代间波动以华北、东北地区较为剧烈，且从20世纪80年代以来波动有上升的趋势。干旱的等级和频率空间分布均呈现明显的东西向分布。各旱级中特旱频率呈西高东低分布，生育后期在区域上呈扩大趋势，轻旱频率呈东高西低分布，生育后期有加重趋势，中旱和重旱频率呈中高东西低分布，生育后期在区域和程度上均呈下降趋势；生育阶段间旱级变化敏感的区域主要是新疆北部和华北中部地区。

杨晓晨等（2015）为了研究东北地区春玉米不同生育阶段干旱时空分布规律及其对产量的影响，基于研究区域1961—2012年69个气象站点逐日气象资料和春玉米生育时期及产量资料，采用Penman-Monteith法计算潜在蒸散量，在此基础上利用农业干旱指标标准化降水蒸散指数（SPEIPM）划分干旱等级，最后利用干旱等级权重及发生概率评分等级计算每个站点的干旱危险指数（DHI）；利用Mann-Kendall检验法计算5个生育阶段的SPEI变化趋势，利用回归分析进行SPEI与玉米气候产量的关系分析。结果表明，吉林省西部和辽宁省西部在玉米生长季内始终为干旱高风险区，吉林省东部和辽宁省东部则为干旱低风险区，黑龙江省东部干旱风险随生育进程增大；近52年玉米苗期干旱强度和范围有减小趋势，而生育后期在增加；1991—2012年辽宁省西部玉米气候产量与SPEIPM3-7(5—7月份的SPEIPM)以及吉林省西部、吉林省东部和松嫩平原气候产量与SPEIPM3-8(6—8月份的SPEIPM)的关系达极显著水平($P<0.01$)，吉林省中部气候产量与SPEIPM3-8(6—8月份的SPEIPM)关系达显著水平($P<0.05$)。春旱严重地区如松嫩平原、吉林省西部、辽宁省西部和南部的干旱强度及范围正在减小，而东北干旱程度在玉米生育后期整体呈增强趋势，其中东部最明显。在降水充沛的吉林省东部，气候产量与干旱指数的回归方程对称轴在0附近，表明正常降水情况下即能保证高产和稳产。降水较少的地区如辽宁省西部和吉林省西部等地，回归方程对称轴在1附近，提高玉米产量需增加灌溉和提高水分利用效率。

东北三省玉米干旱灾害发生频率在空间尺度上也发生着变化（杨若子等，2015）。1981—1990年，东北地区的东北部和西南部干旱灾害发生频率高；1991—2000年东北地区的南部干旱灾害发生频率较高；2001—2010年东北地区中北部大部分地区干旱灾害发生频率较高。赵一磊（2013）的相关研究结果表明，1990年以前黑龙江东部和东北南部干旱灾害发生频率较高，内蒙古东部和吉林西部干旱灾害发生频率较低，1990年以后内蒙古东部和吉林西部干旱灾害发生频率较高，长白山地区发生频率较低。玉米发生干旱灾害频率分布呈现出东北向西南逐渐增加的趋势，有明显的区域性，发生频率较高的是辽宁西部和南部、吉林西部、黑龙江西南部，也是干旱灾害的主发区。

东北地区干旱灾害呈现出一定的区域性分布特征。干旱灾害发生频率较高的地区是在辽宁西北部、吉林西部和黑龙江西南部一带，呈现出由东北向西南增加的趋势。东北干旱灾害划分为4个区域，包括第一区黑龙江和吉林西部，第二区辽宁西南，第三区黑龙江西北区，第四区为东北三省东部地区。不同区域干旱发生的频率及强度不同。干旱灾害主要分布在辽宁西部和南部、吉林西部和黑龙江西南部。东北三省区干旱灾害强度的特点为"北低南高"分布，干旱灾害重发区位于东北三省中西部地区。东北地区轻度干旱发生在内蒙古的赤峰地区、黑龙江西北部地区和吉林西北地区。中度干旱发生在辽宁北部、吉林东部、黑龙江东南部和内蒙古的赤峰地区。重度干旱基本呈北高南低的分布特征。重度干旱主要发生在黑龙江省的中南部（孙滨峰，2015）。

东北地区季节性干旱明显，玉米生育期降水呈现V字形变化，一般苗期和拔节期至孕穗期干旱发生频率较高，但以轻旱为主，而在春夏交替时的幼苗后期—拔节孕穗前期易发生重旱（张淑杰等，2013）。东北地区玉米不同生育期干旱灾害发生频率不同（张淑杰等，2011）。发生干旱灾害频率大小顺序为：抽雄吐丝期＜拔节孕穗期＜灌浆成熟期＜苗期。玉米苗期干旱频率最高出现在吉林白城，其次是辽宁朝阳、阜新，吉林松原和黑龙江齐齐哈尔南；拔节孕穗期干旱易在辽宁的南、中部的部分地区，吉林西部和黑龙江西南部出现；抽雄吐丝期干旱易出现在辽宁大部、吉林西部地区；灌浆成熟期干旱易出现在辽宁大部、吉林西部。

2. 水分胁迫对玉米生长发育的影响 郑盛华等（2006）对水分胁迫下3个玉米品种苗期形态和生理特征变化的研究结果表明，在中度水分胁迫下，鲁单981、赤单202和郑单958三个品种在株高、茎粗、叶片数和叶面积等形态指标方面变化不大，与正常供水下生长的玉米几个参数基本一致，而重度水分胁迫下，鲁单981的株高、茎粗和总叶面积均小于赤单202和郑单958。测定结果还表明，鲁单981的光合速率和蒸腾速率受水分胁迫的影响最大，而郑单958和赤单202受到的影响相对较小；水分胁迫在一定程度上能够提高玉米的水分利用效率，增幅与品种关系较大，抗旱型品种增幅明显，耗水型品种增幅相对较少。

张洪旭等(2008)于2005—2006年试验研究了水分胁迫对玉米叶片水分代谢的影响。在盆栽人工控制水分的条件下,比较了不同水分胁迫强度对不同抗旱性玉米杂交种叶片水分代谢的影响。结果表明,水分胁迫下玉米叶片水势、相对含水量、气孔导度和蒸腾速率均明显降低,随胁迫程度增强,降低幅度增大。其中叶片水势和叶片相对含水量与品种抗旱性密切相关,蒸腾速率和气孔阻力与品种抗旱性关系不明显。

张仁和等(2011)介绍了他们于2009年所做的关于干旱胁迫对玉米苗期叶片光合作用和保护酶影响的试验研究。以玉米品种郑单958(抗旱性强)和陕单902(抗旱性弱)为材料,采用盆栽控水试验,设置3个干旱处理(轻度干旱、中度干旱、重度干旱)和正常灌水,研究了干旱胁迫对玉米苗期叶片光合速率、叶绿素荧光以及相关生理指标的影响。结果表明:①干旱胁迫下2个品种叶片净光合速率(P_n)和气孔导度(G_s)显著下降,胞间CO_2浓度(C_i)出现了先下降后上升,而气孔限制值(L_s)先上升后下降,说明中度干旱胁迫下叶片P_n下降是气孔因素引起的,重度干旱胁迫下P_n降低主要由非气孔因素引起的。②随着干旱胁迫的加剧,2个品种叶片光系统Ⅱ(PSⅡ)的实际量子产量(φPSⅡ)、电子传递速率(ETR)和光化学猝灭(qP)一直下降,而非光化学猝灭(qN)先上升后下降,说明中度干旱下热耗散仍是植株重要光保护机制,重度干旱时叶片光合电子传递受阻,PSⅡ受到损伤。③干旱胁迫下2个品种叶片的超氧化物歧化酶(SOD)、过氧化物酶(POD)、过氧化氢酶(CAT)活性先升高后降低,而丙二醛(MDA)含量一直升高,说明干旱胁迫初期对保护系统酶活性升高有诱导作用,重度胁迫下活性氧清除酶的活性下降,导致细胞膜伤害。这些结果暗示,轻度和中度干旱胁迫下2个玉米品种通过减少光捕获、热耗散和酶活性调节协同作用稳定了光合机构功能,是P_n下降的气孔限制因素;而重度干旱胁迫下光系统Ⅱ和抗氧化酶系统损伤,是P_n下降的非气孔限制因素;郑单958的各生理参数比陕单902受干旱影响小,干旱胁迫下仍具有较高的光合效率和较强的保护酶活性是郑单958抗旱的主要生理原因。

龚雨田等(2017)为了研究不同生育期玉米水分胁迫对玉米农艺性状的影响,为干旱、半干旱地区玉米抗旱提供理论依据,以玉米在苗期、拔节期、抽雄—吐丝、灌浆—成熟期进行水分胁迫,测量玉米株高、穗位高、叶面积、穗部性状,对比充分灌水与非充分灌溉下玉米农艺性状差异。利用Jensen模型求解出玉米各生育期水分敏感系数,验证水分胁迫对玉米产量的影响。结果表明,在拔节期进行干旱处理的株高、穗位高、叶面积受影响较大,有明显的抑制作用。抽雄—吐丝期干旱胁迫对穗部性状的形成影响较为明显,并且对产量影响较大。

李涛龙等(2017)介绍了他们于2016年所做的试验研究。采用桶栽的方法,对3个不同灌水下限处理条件下全生育期玉米叶片脯氨酸(Pro)和丙二醛(MDA)的累积量与土壤相对含水率之间的相关关系进行了研究,旨在探索水分胁迫对玉米Pro和MDA的影响。结果表明,水分胁迫对不同灌水下限处理的Pro和MDA的影响较显著,Pro和MDA含量及其均值随着水分胁迫的加重而增加;不同生育期,玉米Pro累积量的均值大小分别为:抽雄灌浆期>成熟期>拔节期,MDA累积量的均值大小分别为:拔节期>抽雄灌浆期>成熟期;Pro和MDA累积量是相互制约的关系,Pro渗透调节作用的充分发挥有利于减小作物体内MDA的累积。

王芳等(2018)于2015年研究了花后干旱对不同持绿型玉米叶片衰老的影响。利用盆栽试验,以正常灌水为对照,对持绿型玉米自交系齐319和早衰型玉米自交系B73在开花后进行1周的干旱胁迫处理,测定与抗旱相关的生理生化指标及叶片衰老特性。结果是,在干旱胁迫下,与早衰型玉米B73相比,持绿型玉米齐319叶片过氧化物酶(POD)和超氧化物歧化酶(SOD)活性均较高。齐319叶片POD和SOD活性较对照分别增加了32.53%和18.84%,

B73较对照分别增加了12.79%和10.82%。干旱胁迫使两玉米自交系的叶片丙二醛(MDA)含量较对照都有显著增加,齐319较对照增加了14.23%,B73较对照增加了37.43%。与对照相比,齐319叶片脯氨酸含量增加了57.95%,B73叶片脯氨酸含量增加了43.67%。且在干旱胁迫下,持绿型玉米齐319具有相对较高的净光合速率(P_n)、气孔导度(G_s)和蒸腾速率(T_r),绿叶面积、叶片保绿度、光合色素含量均高于早衰型玉米B73,而蛋白水解酶活性以及叶绿素水解酶活性均低于早衰型玉米B73。表明持绿型玉米齐319在干旱胁迫条件下表现出较强的抗旱性。

在长期干旱胁迫下,叶片形态结构会发生变化,其形态结构的改变与植物的耐旱性有着密切的关系。在较长时期的干旱胁迫下植物叶片会卷曲,同时干旱胁迫会使叶片气孔开度减小,气孔阻力增加,CO_2进入叶片受阻,制约光合作用速率影响玉米的生化反应。在水分胁迫下影响光合作用最主要的因素不是叶面积的减少,而是叶片内部不同化学物质含量的变化。植物受到水分胁迫时,产生活性氧,其中包括超氧自由基(O_2^-)、过氧化氢(H_2O_2)、氢氧根离子(OH^-)和羟基自由基(^-OH)等,会对细胞造成损伤。SOD、CAT和POD是植物体内的保护性酶,在清除植物自由基上担负着重要功能,SOD能将超氧自由基转化为H_2O,而CAT和POD可将H_2O进一步清除产生H_2,三者协同作用可使自由基维持在一个较低水平,从而避免膜伤害,达到保护细胞的目的。干旱胁迫会加速叶片的衰老从而加快叶绿素的分解,叶绿素含量的高低一定程度上反映了叶片的光合性能和衰老程度。干旱胁迫导致玉米叶片、根系丙二醛含量显著增加,叶片受伤害程度较根系大。

春玉米的整个生育时期都要严防干旱,营养生长时期为后期籽粒与产量形成奠定关键性的基础,转换时期最易受到干旱危害而减产,生殖生长时期是籽粒与产量形成的重要时期,同时,干旱条件下水分有效性的降低通常导致作物对养分的总吸收量有限,其组织浓度降低。水分亏缺的一个重要影响是根系对养分的获取及其向地上部的运输,缺水会导致运输量减少,从而减低养分的有效性。

3. 玉米抗(耐)旱的生理指标 刘玉涛等(2013)指出,水分胁迫条件下叶片水势、叶片相对含水量、气孔扩散阻力、蒸腾速率、外渗电导率、离体叶片抗脱水能力、冠层温度、光合速率、脱落酸(ABA)含量、超氧化物歧化酶(SOD)活性、丙二醛(MDA)含量、硝酸还原酶活性、渗透调节能力等作为玉米水分胁迫评价指标。

王芳等(2019)曾采用盆栽试验,用不同浓度的脱落酸(ABA)处理中度干旱胁迫(15%聚乙二醇)的玉米幼苗,研究了不同浓度ABA对干旱胁迫下玉米幼苗生长的影响。结果表明,干旱胁迫明显抑制了玉米幼苗的生长,与不胁迫对照相比,玉米幼苗过氧化氢酶(CAT)、超氧化物歧化酶(SOD)和过氧化物酶(POD)的活性分别下降了65.56%、51.27%和39.05%;丙二醛(MDA)含量增加了85.06%;可溶性糖、可溶性蛋白和叶绿素含量分别降低了55.91%、54.80%和43.08%。15 μmol/L的外源ABA能够有效缓解干旱对玉米幼苗生长的胁迫作用,能够抑制由干旱胁迫造成的玉米幼苗MDA含量的升高,提高干旱胁迫下玉米幼苗中SOD、POD、CAT的活性,抑制由干旱胁迫造成的玉米幼苗中叶绿素的降低,有效缓解干旱胁迫下玉米叶片细胞膜透性的增加,并能缓解可溶性糖和可溶性蛋白含量的下降。外源ABA对于增强玉米幼苗的抗旱性存在明显的剂量效应,其中以15 μmol/L的ABA处理的效果最好,与干旱胁迫处理相比,玉米幼苗CAT、SOD和POD的活性分别增加了73.91%、69.79%和50.69%;MDA含量下降了40.63%;可溶性糖、可溶性蛋白和叶绿素含量分别增加了79.75%、57.81%和44.24%。故15 μmol/L外源ABA处理能够提高玉米幼苗保护酶活性,提高玉米幼苗的耐旱性。

李玉华等(2020)以2个抗旱性不同的玉米品种为材料,分别在萌芽期采用精确称重控水,在苗期采用20%PEG-600溶液模拟田间土壤干旱胁迫的方法,对2个玉米品种苗期叶片光合作用特征参数、叶绿素荧光及多项生理指标进行测定,比较研究干旱胁迫对这2个玉米品种种子萌发和幼苗生理性状的影响。研究结果表明,在干旱胁迫条件下,干旱胁迫使2个玉米品种苗期叶片的净光合速率(P_n)、蒸腾速率(T_r)和气孔导度(G_s)均降低,但对2个品种玉米叶片的荧光参数几乎没影响;干旱处理使2个玉米品种叶片的过氧化氢(H_2O_2)、丙二醛(MDA)和质膜透性均升高,同时,干旱处理使2个玉米品种叶片的抗氧化酶(CAT)和过氧化物酶(POD)活性、脯氨酸、还原型抗坏血酸、还原型谷胱甘肽(GSH)及可溶性蛋白含量均升高。综上分析得出,干旱胁迫主要抑制2个玉米品种叶片的光合作用和碳水代谢速率,进而抑制其生长,二者均通过提高保护酶 SOD、POD、CAT 和 APX 活性,增加渗透调节物质等策略来缓解干旱胁迫造成的伤害。

4. 水分胁迫的应对措施

(1)选用抗(耐)旱玉米品种　玉米品种对抵御干旱灾害是非常重要的,筛选应用抗旱品种是防御和应对干旱最有效的措施。一般选用通过审定的在当地高产、稳产、抗旱、抗逆性强的玉米品种,以中晚熟品种为主;对于高肥力且具备灌溉条件的地块可以选用耐密、高抗品种。玉米种子纯度、净度、发芽率要分别大于95%、98%、95%,且籽粒含水量要求小于16%。播种密度根据地力和栽培条件而定,一般为5.5万~7.5万株/hm^2。

一般可以通过花间隔期(ASI)进行玉米品种抗旱能力的评价,花间隔期越短,则抗旱能力越强,一般玉米的 ASI 在3~7天(闫伟平等,2017);也可通过玉米授粉封尖好坏来判断玉米抗旱能力,一般封尖好、根系发达、叶片上冲的品种有较好的抗旱能力。

肖万欣等(2020)于2016—2017年在辽宁省研究干旱对不同耐旱型玉米品种的影响。结果表明,与耐旱性较弱的玉米自交系 CML58 相比,耐旱性较强的玉米自交系黄早四在水分胁迫后,有效气生根根夹角增大明显,其根数、根长和根表面积等形态指标降幅峰值均早于 CML58,40 cm 以下土层的根长、根表面积和根体积降幅明显小于 CML58,且0~20 cm 土层的根系生长冗余在乳熟期后显著少于 CML58,其根冠干重比降幅、根冠长度比和根冠面积比均高于 CML58,根冠角度比较 CML58 小39.4%。与 CML58 相比,黄早四水分胁迫后能较好地调控有效气生根角度,及时调控根冠纵横生长,维持根系主要分布区结构与功能,提高深层根系分布比,减少根系生长冗余,提高物质转化效率。

生产实践表明,玉米品种抗旱性除受遗传因素影响外,与生态环境育种也有直接关系。吉林省白城农业科学院和黑龙江省农业科学院嫩江农业科学研究所,地处吉林西部和黑龙江省西部干旱地区,一般选育出的品种抗旱性强。如白单9号、白单11号、白单13和白单31;嫩单3号、嫩单4号、嫩单8号。近几年的吉单27、四单19、兴垦3号等品种,不但产量高,而且抗旱性特别强,种植面积逐渐扩大。多年研究观察表明(苏俊,2011),玉米抗旱品种形态特征主要表现在:一是株体繁茂度适中。植株高大,茎叶过于繁茂的品种,需肥耗水大;二是茎、叶表面蜡质多,并有较多的皱纹;三是叶表面气孔少。凡是有这些特点的品种,抗旱性和耐旱性强。

(2)关键需水期节水补充灌溉

① 灌溉时期和方法

A. 原垄坐水种植技术　原垄坐水种植技术是西部半干旱区为应对春旱研发的一项有效的保苗措施,也是结合播种进行灌水的一种节水灌溉技术。播种和灌溉同时进行,将适量水灌入播种穴,使种子层的含水量达到田间持水量的90%以上,在种子周围形成直径为25～30 cm的椭圆球形湿土体,使玉米种子处于湿土团或近似横向湿土柱中,满足种子发芽、出苗所需水分,为种子发芽出苗创造适宜的土壤水分小环境(高盼等,2019),另一方面,水分可提高种子周围养分有效性,满足苗期养分需求,有利于种苗出土和苗期生长,该技术实现了节水保苗的目的(孙宇光,2009)。

传统的漫灌和沟灌利用水分灌地,一般灌溉量需要达到75 t/hm²,而原垄坐水利用有限水分进行润芽或润根,用水量仅为12.5 t/hm²,可以节水83.3%,节水效果非常显著。

B. 膜下滴灌　膜下滴灌是将农田覆膜与滴灌施肥结合在一起的新型农业技术。该技术集合了农田覆膜与滴灌施肥的优点,可减少水分无效蒸发和土壤侵蚀,提高玉米生育前期的土壤温度,从而提高农作物产量与水分利用效率,同时滴灌施肥能够将灌水与肥料融于一起,直接施入到作物根部。滴灌施肥可以精确地控制施肥量、灌水量及施用时间,适时满足作物不同时期对水分及养分的需求(王蒙,2017)。

膜下滴灌的优势:可以显著提高水分及养分利用效率;提高作物产量,改善产品品质;操作简单,容易实现自动化,减少田间作业用工费用;可以减轻因为过量施肥造成的地下水污染及土壤板结等问题。

膜下滴灌技术可降低单棵植株的水分蒸发,水肥一体化实现了精确合理的灌溉,从而实现节水、节肥、节能、节劳、节地、提高水和土地利用率的作用,可达到节水增产的目的(宋金鑫,2019;Tian,2017)。

② 适量灌溉　根据生育时期的需水量进行补充灌溉。

孟凡超等(2015)试验研究结果表明,高CO_2浓度和灌溉共同作用下光响应参数差异明显。CO_2浓度升高增加了最大净光合速率($P_n$max)和光饱和点(LSP),灌溉有同样效果;CO_2浓度升高使得光补偿点(LCP)、光补偿点量子效率(ϕc)和暗呼吸速率(R_d)的灌溉处理及自然降水处理的差距变小。390 $\mu mol/mol$、450 $\mu mol/mol$、550 $\mu mol/mol$ CO_2浓度下的灌溉处理与自然降水处理相比,叶面积分别增加了11.56%、3.31%、0.45%,干物质积累量分别增加了14.69%、8.09%、1.01%,最终使产量分别增加了10.47%、12.07%、8.96%。试验结果显示,在高CO_2浓度下,适量的灌溉对玉米的整个光合作用过程起到了促进作用,最终表现为籽粒产量的增加。

(3)其他措施

① 建立抗旱蓄水耕作栽培体系　建立抗旱蓄水耕作栽培完整体系,翻地、耙地、深松、施耕相结合,是实现旱地玉米高产稳产的重要措施。过去的那种连翻耕作法,翻得多深,土壤就干得多深,连续耙茬,形成新的犁底层,蓄水能力差,失墒快;而简单的深松会造成草荒严重。只有建立翻—耙—松施耕相结合的耕作体系,才能形成玉米耕地具有深的耕层,塇、实并举的蓄水保水抗旱耕作新体系。

② 施用磷肥缓解玉米水分胁迫　卢闯等(2017)介绍了水分胁迫条件下施磷对潮土玉米苗期叶片光合速率、保护酶及植物养分含量的影响。采用水磷二因素完全随机设计的盆栽试验,设水分胁迫(W1,田间持水量的70%～75%)和充分供水(W2,田间持水量的85%～90%)2个水分处理;磷素施入水平根据潮土磷素含量,从缺磷到磷过量设5个水平,即分别按每千克土外加磷0 g(P1)、0.05 g(P2)、0.10 g(P3)、0.15 g(P4)、0.20 g(P5),合每公顷施磷肥0 kg(P1)、60 kg(P2)、120 kg(P3)、180 kg(P4)、240 kg(P5),以磷酸二氢钙作磷源。研究水分胁迫下施磷对玉米苗期叶片光合特性、酶活性及养分吸收的影响,为潮土区农田水分和磷素

合理施用提供科学依据。研究结果表明,水分胁迫(W1)降低了玉米苗期净光合速率(P_n),W1较W2叶片P_n平均降低了27.96%;显著提高了玉米苗期丙二醛(MDA)含量,平均提高41.93%,水分胁迫还降低了过氧化物酶(POD)和过氧化氢酶(CAT)活性。在W1条件下施磷达到P2水平叶片P_n即显著提高27.56%,而在W2条件下施磷量只有达到P4、P5高水平时P_n才显著提高,在W1条件下施磷对MDA的抑制效果明显弱于W2。W1条件下施磷量在P3水平POD和CAT活性最高,而在W2条件下POD和CAT活性在P4达到最大值。W1条件下适宜的施磷量(P2至P4)可以增加苗期玉米植株氮磷含量,但对钾含量影响较小;在W2条件下增施磷有利于植株氮磷含量的增加,但钾素含量出现降低。综上,适宜的施磷量对潮土玉米苗期水分胁迫有一定的补偿作用,在本试验条件下,P3处理在水分胁迫下更利于光合产物积累和玉米苗期抗逆性提高。

③ 进行抗旱锻炼　研究表明,通过抗旱锻炼可以提高玉米的抗旱性能。经过抗旱锻炼的玉米,束缚水与自由水的比值提高,单位叶面积气孔数减少,并且气孔也较小,说明玉米植株的抗旱性能有了提高(表3-2)。

表3-2　玉米种子抗旱锻炼后自由水、束缚水及气孔数测定结果(苏俊,2011年)

处理	自由水(%)	束缚水(%)	束缚水/自由水	气孔数(个/mm³)
1次	58.485	19.127	0.359	/
3次	57.315	24.726	0.401	97.7
5次	50.539	28.150	0.572	117.5
1/40M 氯钡	13.846	36.511	0.837	91.5
CK	73.278	5.792	0.079	148.1

(四)抵御其他逆境胁迫

1. 低温胁迫

(1)发生时期　中国东北地区地处较高纬度,热量资源不足,年平均温度偏低,积温不足,且年际间生长季热量条件波动较大,玉米在萌发出苗及生长过程中极易受到低温冷害的影响,造成出苗率降低,生长发育和生理活动推迟,产量下降、品质降低。随着全球气候变暖,东北地区热量资源条件有所改善,近些年基本没有发生大范围严重的低温冷害,但区域性、阶段性的低温冷害仍不能避免,同时温度波动幅度增大,极端低温现象频发。低温冷害是东北地区最主要的农业气象灾害,使农作物平均减产13%～15%(高晓容等,2012)。

根据植物对温度的感知能力,低温冷害通常分为两种形式,一是冻害(温度低于0℃),此时细胞间隙和细胞外的水分都会结冰,由液相变为固相。冰晶会造成细胞结构破坏、失水、蛋白质变性、胞质渗漏、代谢活动停止,严重时导致细胞死亡;二是冷害(温度介于0℃和15℃之间),此时细胞质容易变成凝胶状,细胞膜结构遭到破坏,酶活性下降等。植物在0～15℃的温度时会感受到温度较低,受到胁迫时植物自身试图保持体内平衡以获得耐冻性,这个过程涉及大量的基因表达和代谢重组。两种胁迫形式均会不同程度地影响植物的生长发育进程,在植物的营养生长阶段受到低温胁迫,会导致生长发育迟缓;在生殖发育过程中,低温胁迫会导致花粉脱落,花粉不育,花粉管畸变,胚珠败育和果实减少,最终导致灌浆进程缩短且速率缓慢,降低产量。

冷害是东北气象灾害中第二大灾害,仅次于旱灾,频繁发生,危害较大。除了春季低温冷害和秋季低温冷害外,东北还易发生夏季低温冷害。东北夏季平均气温明显偏低其他地区,往往使作物生育期延迟,延迟的天数与平均温度成反比,即平均温度越低,作物生育期延迟的时间越长,成熟收获越晚,所以当未成熟的作物遇到早秋霜冻就会造成大幅度的减产。

(2)低温胁迫对玉米生长发育和产量的影响

① 低温胁迫对玉米种子萌发和幼苗生长的影响　低温下土壤病原菌侵入机会增多,种子吸水过程中,细胞膜透性受低温影响,细胞组分中一些糖、离子、有机酸、氨基酸等渗出体外,导致土壤中细菌和真菌的生长,影响玉米发芽和出苗。一般来说,玉米种子萌发需最低温度为 5~15 ℃,在种子萌发的整个过程中,吸涨初期温度越低对萌发影响越大。有研究表明,出苗前 6 ℃ 低温会导致种子及幼苗死亡、延迟出苗、降低幼苗活力等(Greaves,1996)。

王连敏(1990)研究了低温冷害对玉米幼苗生长发育的影响。结果表明,苗期温度对玉米根茎叶的生长影响很大,冷害使玉米根冠细胞的增殖速率和吸收活性下降,生理功能受到影响。将玉米根尖慢速冷冻后快速解冻,ATP 酶活性提高,总蛋白质中的有机磷含量升高,α-酮戊二酸氧化酶失活。

宋运淳等(2000)发现,根系在低温处理下与常温对照相比,茎鲜重、叶面积、根干重和根冠比明显下降。

曹士亮等(2016)初步明确了玉米萌发期耐冷性鉴定的条件为:5 ℃ 处理 4 天＋25 ℃ 处理 3 天,土壤水分含量为 15%。

陈文(2018)试验发现,玉米品种与低温冷冻条件下的种子发芽率有着密切的联系;玉米种子在低温冷冻条件下,其含水量的多少与发芽率有着密切的关系。玉米种子受到的冷冻温度越低,其发芽率的降低也就愈加明显;当玉米种子的水分含量较高时,短时间的低温冷冻条件也会使得发芽率明显降低。

幼苗茎端的生长与叶面积增大是一致的。在变温处理下,叶面积生长速率对温度下降的反应比茎端干重对温度下降的反应更敏感。当长期 14 ℃ 低温胁迫之后转入 24 ℃ 时,茎端生长速率的增加大约要推迟 1 d,而叶片的生长速度几乎在温度回升时就开始增加。当植株根际解除低温后叶片伸长速率迅速恢复的原因,可能是由于在低温下茎端的可溶性碳水化合物含量高。

② 低温对玉米生理生化的影响　低温对光合速率的影响很大,孕穗期和灌浆期光合速率都随着温度的降低而减慢;叶绿素含量在这段时间内也随着温度的降低而减少。低温常常伴随高光强共同造成对光合器官的伤害同时也造成冠层叶片光合速率和作物光能利用率的持续下降。由于低温使光合器官非正常发育及叶绿素合成速率下降,导致光合活性下降,碳转换速率降低(Murchie et al.,2002)。低温胁迫下玉米叶片光合速率降低,干物质积累减少,生理功能受到影响(史占忠等,2003)。张国民等(2000)实验表明,在玉米研究中,低温可使叶绿素含量降低,低温越强,降低幅度越大。正在发育和接近发育成熟的叶片,其叶绿素含量对低温反应比较敏感,回暖后这些叶片的叶绿素含量有回升趋势,越是上部叶片,叶绿素恢复得越慢。

对玉米的抗冷性研究表明,3 ℃ 和 6 ℃ 的低温使脯氨酸的含量明显增加。有研究认为(张美华,2017),作物的抗冷性与脯氨酸含量存在相关性。游离脯氨酸含量的变化对低温比较敏感,低温时作物体内脯氨酸含量明显增加,可能是通过保护酶的空间结构,对细胞起保护作用。不同品种的玉米在经历苗期低温以后,植株体内的脯氨酸含量升高、电导率增加和光合速率下降,可见脯氨酸是非常重要和有效的有机渗透调节物质,说明这 3 个指标可以作为反映作物受低温胁迫的敏感参数,这也从机理上说明玉米在经历低温后生长受到抑制的原因。

多数研究发现,许多植物在寒冷期间可溶性蛋白质含量增加。这是由于可溶性蛋白的亲水胶体性质强,它能明显增强细胞的持水力,增加束缚水含量和原生质弹性。对玉米种子萌发过程中低温冷袭(3 ℃)研究结果表明,冷袭处理植株较对照植株的高度、干重和鲜重的生长率均随叶龄和天龄的增加而降低,可溶性蛋白质含量随叶龄和天龄的增加也呈下降趋势。玉米在低温下既有蛋白质的合成,也有蛋白质的降解,当蛋白质降解大于合成时,结合蛋白质游离到细胞液中导致细胞结构破坏或蛋白质分解产物的毒害作用就可能引起玉米冷害。

在低温胁迫下,玉米体内活性氧清除系统的活性会增加或减小,破坏了活性氧产生和清除的平衡关系,从而对玉米的生长发育产生不利影响。王金胜等(1993)研究表明,低温胁迫使玉米幼苗的过氧化氢酶、过氧化物酶含量升高,而活力却下降,而且抗冷性弱的品种比抗冷性强的品种变化大,同工酶活力随幼苗的生长而增加,在低温条件下同工酶活性下降,但数量却有所增加(熊冬金等,1996)。耿艳秋等(2016)试验结果表明,8 ℃以下低温对玉米种子萌发出苗造成较重的生理伤害。丙二醛含量升高,POD 活性增加,而 SOD 活性和 CAT 活性迅速下降。这就说明了细胞保护酶活性与玉米抗冷性有密切的关系,低温使玉米细胞保护酶活性下降,但数量却有所增加。

(3)低温对玉米幼苗根系的影响　姜辉(2016)研究不同低温条件对玉米苗期根系生长的影响,于 2015 年选用黑龙江省种植面积较大的金玉 5 号、兴垦 3、吉单 198 三个玉米品种为试验材料,通过水培方法,研究了三种低温胁迫水平下(18 ℃/9 ℃、16 ℃/7 ℃、14 ℃/5 ℃(昼/夜))玉米的苗期根系性状。结果表明:金玉 5 号的耐低温自动调节能力较强。三种类型的玉米在各温度胁迫下苗期根系活力随时间延长呈现先增高后降低的趋势,不同品种的玉米根系的长度、表面积、体积在低温下呈现不同程度的降低趋势,低温胁迫下阻碍了根系的生长。

根系在土壤中的生长状况及分布,决定玉米植株对土壤中水分与营养物质的吸收能力及对低温逆境的抵抗能力。低温胁迫能显著抑制根系的增长率,降低根系的活力。不同耐冷性的品种间存在显著差异,低温对根系生长的抑制作用表现明显不同,低温处理下耐低温型品种的根长密度与根重密度显著高于中间型和低温敏感型,且 5 ℃时根系几乎停止生长。低温胁迫下,玉米的根冠比增加,耐低温型增加较多。耐低温型品种能够保持相对较好的根系生长,增强了幼苗对水分和养分的吸收能力和对有机化合物的运输能力,提高了根冠细胞的增殖速率和吸收活性。

(4)应对措施

① 选择合适玉米品种　低温冷害对作物生长发育及产量和品质有强烈的影响,在低温胁迫发生时,玉米植株体内发生一系列生理生化反应来应对和适应低温,不同品种玉米表现出的抗低温能力也不同。近年来,东北地区春玉米"一穴单粒"播种面积剧增,加之春季气温波动大,"倒春寒"频发,导致部分玉米不能正常拱土萌芽,造成部分区域缺苗现象严重。宋文兴(2017)曾介绍,具有高活性的玉米种子幼苗,在低温环境条件下酶的生理活性比较高。可利用这种研究成果,来提高玉米幼苗抵抗低温的能力。选择适合的玉米品种,筛选活力高的玉米种子,预防低温冷害,是实现东北春玉米保产、稳产的关键。

东北农业大学李晶团队(2015)根据玉米发芽指标,筛选出 12 个抗低温的玉米品种,绥玉 23、克玉 17、先玉 696、德美亚 1 号、东农 259、先达 203、禾田 4 号、丰禾 7 号、合玉 23、绿单 2 号、鑫鑫 1 号和鑫鑫 2 号,建议在低温出现年要侧重选种。

低温条件下,光合速率降低幅度较小、电导率增加幅度较低、脯氨酸浓度提高显著的品种,具有较强的抗低温能力,王迎春等(2005)通过试验证实中国北方 5 个玉米品种抗低温的能力为:沈单 10 号＞中单 306＞农大 108＞晋单 32＞陕单 902。

根据上述玉米不同生长发育阶段对温度的要求,结合当地历年温度波动情况和天气预报,确定主栽品种。选择玉米品种时,应注意一定选育主推抗逆、抗大斑病、抗灰斑病、抗黑穗病、抗青枯病的品种。根据东北地区生产水平,玉米主产区、高产区,当地生产水平高、投入高、科学种玉米水平高、抗灾能力强,所以选择品种时应以晚熟且产量潜力大的品种为主。自然条件差、冷害时有发生的地区,且当地投入水平不高,选择品种时应选择熟期适中、抗逆性强的品种。

② 适期早播,缩短播期　播期的不同会影响玉米生育期资源分配的不同,因此会直接影响玉米生长。玉米的不同播期会导致后面生育期的提前或推迟(李树岩等,2015),对玉米灌浆期产生影响。播种期的提前,可使玉米在生长发育过程中充分利用光、热、肥和水资源。"适期早播"经过许多年实践早已被证明:早播有利于培育出健壮的幼苗和植株,保证了后期的正常生长发育,其自身的抗冻抗病能力强。相反,人为延误农时,推迟播种,就必然使可利用的生长期更加缩短,作物就不能按期成熟,遇到早霜冻危害,其损失是不言而喻的。适期早播是一项趋利避害、增加产量的有效技术措施。东北春季升温明显,这就为玉米提前播种提供了热量资源保障,特别是黑龙江北部温度较低的地区,同时温度升高、热量资源增加、玉米潜在生长季延长。因此,可以通过调整播期和更换品种适应气候变化。当土壤温度稳定通过 6 ℃时,为玉米适宜播种期(李玉明,2018)。适期早播,缩短播期,是玉米抢积温促早熟的有效措施。

③ 地膜覆盖　土壤系统与外界主要是通过太阳辐射和地面的反射辐射、感应热交换、水分交换进行热量交换(马儒军,2013)。地膜是透光的,对太阳辐射的反射作用小,土壤能有效地接收太阳辐射的热量,同时由于膜下存在着大量的凝结水珠及膜下空气湿度高,阻隔了土壤向大气中的长波辐射,加热了膜下的水汽和水滴,使膜下地面温度高于无覆盖地面温度(刘艳等,2009)。失热时,由于地膜隔断了土壤表面与大气之间的乱流热交换和减少了蒸发失热,地膜下土壤温度的下降速度要慢于无覆盖地面温度的下降速度,降温过程滞后,低温段温度高于无覆盖地面(杨智超,2008)。覆膜的阻隔作用减少了膜内外平行和垂直热对流对土壤热量的消耗,减少了土壤中热量在大气中扩散(牛一川等,2004),使膜内土壤温度在较长时期内保持稳定,覆膜玉米比露地玉米全生育期增加有效积温 300～400 ℃·d(李子梅等,2020)。地膜覆膜减少土壤水分的蒸发,有良好的保墒、提墒及稳定土壤水分的效果,即覆膜技术具有增温保墒的作用,可有效地解决光热资源不足的问题,加快了作物的生长发育进程,能有效地提高土地资源利用,调节作物生长季节,提高产量。

2. 高温胁迫

(1)东北春玉米高温胁迫发生时期　高温胁迫是指温度升高到一定程度并持续一定时间,对作物生长和发育造成不可逆转的损伤。作物在生长发育过程中遭遇高温胁迫后,其各器官的细胞结构、生理活动以及基因表达等均会产生一系列的响应,最终造成各器官功能部分或完全丧失,影响作物产量。玉米作为喜温作物,一般会主动适应夏季的高温,但温度超过 35 ℃后会对植株的生长发育造成不良影响。研究表明,38 ℃是玉米多数生理指标发生显著变化的拐点,可视为玉米耐受高温的重要转折温度(任寒等,2019)。玉米生育期及各生育阶段受播期及温度的影响较大,避开高温,能够有效地提高玉米穗粒数、百粒质量,从而提高玉米产量。高温对玉米生长发育和产量形成的影响较大。

研究指出,到 2050 年气候变化引起的主要粮食产量的降低将超过现在粮食产量的 50%。预计到 2100 年大气温度将上升 1.4～5.8 ℃,同时,极端性气候灾害夏季高温等会更加频繁地出现,且持续时间更长,这将对中国粮食生产造成较大影响,大多数地区的玉米温度升高后产量都将大幅度下降。从高温程度上看,2018年全国7月气温比常年升高1～4 ℃,辽宁、吉林、重庆、山东、河南等地升高2 ℃以上。东北等多地气温突破当地历史气温最高值,其他省市温度也不断攀升,高温胁迫愈演愈烈。

气候变暖背景下东北农作区玉米生产的高温风险显著增加。花期和灌浆期是玉米对高温最敏感的时期,该时期的高温胁迫将严重影响玉米产量。东北农作区玉米生长季一般从5月持续到9月,7月和8月是东北农作区全年温度最高的季节,此时正值玉米开花和灌浆的关键时期,玉米开花期的高温容易对玉米生产造成不利影响。东北农作区玉米生育后期也面临较高的高温风险,该时期是玉米产量形成的关键时期,高温胁迫将显著降低玉米灌浆速率,从而显著降低玉米产量。高温可能从两个方面影响玉米灌浆速率,一是高温缩小了籽粒体积而降低灌浆速率;二是高温使得茎叶的干物质积累量和同化物供应能力下降,从而降低灌浆速率。

(2)高温胁迫对玉米的危害

① 高温胁迫影响根系功能　高温胁迫下根系变短变细,生物量大幅减少。在盆栽和大田条件下,地温为26 ℃时,其根系总量比17 ℃时减少1/3,根系遭遇高温胁迫会阻碍茎和籽粒的生长。当温度超过35 ℃时,根系生长速率会降低,表现为侧根直径随温度升高而减小。玉米大喇叭口期到成熟期遭遇高温胁迫后,根系膜系统受到伤害、质膜透性增加导致根系活力显著降低、早衰和死亡加速等。当根区温度大于25 ℃时,根系对高温的反应较茎秆更为敏感,根茎比降低。高温同时影响玉米根系水分传导,当环境温度超过30 ℃时,玉米根系的水分传导能力开始下降,根系对水分和养分的吸收利用能力随之下降。

② 高温胁迫影响叶片功能　高温胁迫后,玉米叶片叶绿素含量明显下降,类囊体膜结构受损、电子传递活性和传递效率显著下降,导致光合作用受阻、光合速率降低、光合产物减少(张吉旺等,2008)。环境温度超过30 ℃时,Rubisco酶活性逐渐丧失是玉米叶片光合速率下降的重要原因。高温胁迫导致玉米叶片光合强度降低,PSⅡ的效率(F_v/F_m)和量子产量(ϕPSⅡ)下降,类胡萝卜素及叶绿素含量降低,光合作用关键酶Ru BPCase、PEPCase的活性显著降低,光合速率和气孔导度显著下降。玉米受38 ℃高温胁迫3 h后,光合速率下降达70%;高温胁迫停止1 h后,光合效率仍较对照降低40%,即使在20 ℃的环境中稳定6 h,光合效率仅能恢复至对照的65%,这说明极端的高温胁迫时间越长,植株受害就越严重,恢复所用的时间就越长,恢复的程度也越低(陈朝辉等,2008)。

③ 高温胁迫影响雌雄穗发育　生殖生长期高温胁迫导致花器官发育变快而不充实,生殖器官发育不良,无效花粉增加,可能影响后期的正常受粉(John,2005)。高温胁迫后,玉米雄穗分枝分化发育受阻,分枝数减少、分枝长度缩短,总小花数及花粉量骤减。一定时间高温胁迫会导致花药壁表皮细胞发育畸形、药隔维管组织受损、花粉内淀粉粒体积变小、花粉萌发孔凹陷、花粉表面皱缩,最终导致玉米花粉活力及萌发力减弱。玉米雄穗花粉的含水量为60%左右,但保水性较差,在遭遇高温胁迫后容易失活,一般认为,散粉后1～2 h,花粉粒会迅速失水,花粉活力也随之丧失而不能完成受粉。高温胁迫缩短玉米散粉期,雄穗在38 ℃高温胁迫3 d后便会完全停止散粉;而正常温度下,散粉后3 d才进入盛花期,第5 d达到散粉高峰。高温会影响玉米雌穗的生长发育,使雌穗吐丝困难,甚至使果穗各部位吐丝紊乱,延缓雌穗花柱吐出,减少花柱上绒毛数量,使散粉盛期花柱数显著降低,雌雄间差扩大,造成受粉不充分(徐美玲,2002)。花柱活力在遭遇高温胁迫后会降低,20～26 ℃条件下花柱的寿命达168 h,而34～

37 ℃下花柱的寿命只有 72 h。

④ 高温胁迫影响籽粒灌浆　籽粒发育过程可分为籽粒建成期、干物质线性积累期和干物质稳定增长期。其中,高温胁迫对籽粒建成期的影响极为显著,因为此时决定库容大小。一般认为,籽粒灌浆期间最适温度为 25 ℃,每升高 1 ℃,籽粒产量降低 3%～4%（赵丽晓等, 2014）。花后初期进行高温处理,高温处理前期籽粒灌浆速率有一定增加,而中后期的灌浆速率却明显下降,从而导致最终的粒重降低。出现这种现象的原因可能是高温在短时间内提高了胚乳细胞分裂速率,促进了籽粒前期的生长,使得前期灌浆速率和粒重有所增加;但籽粒发育中后期以淀粉积累为主（张海艳,2009）,而高温影响籽粒淀粉合成相关酶的活性及激素含量,使淀粉合成过程受阻,导致粒重降低。

⑤ 高温胁迫影响玉米抗氧化系统　在正常环境下,植物体内的活性氧（ROS）的产生与清除时刻处于动态平衡中。高温胁迫后,ROS 数量显著增加并附带一些有害分子,如超氧化物阴离子自由基、过氧化氢、羟基自由基和烷氧基等,这些分子导致脂质过氧化、蛋白失活,甚至细胞程序性死亡（马旭俊等,2003）。高温处理前期,玉米成熟叶片中超氧化物歧化酶（SOD）、过氧化物酶（POD）和过氧化氢酶（CAT）活性显著高于对照,处理后期增幅放缓,甚至低于对照（孙宁宁等,2017）。高温胁迫第 3 天,在玉米雄穗花药中抵御高温胁迫的主要抗氧化酶类是 SOD 与 CAT,清除过量自由基,维护细胞内自由基的动态平衡,使细胞免受伤害;在高温胁迫第 8 天,主要清除自由基的抗氧化酶为 POD;在高温胁迫第 13 d,则是 SOD 和 POD 起主要作用（于康珂等,2017）。

(3) 高温胁迫的应对措施

① 选用耐高温品种　不同品种抗高温能力和抗（耐）高温性存在显著差异,选用高产、稳产、抗高温能力强的优良品种是应对高温胁迫行之有效的措施之一。雄穗分枝短、数量少且颖壳不饱满的玉米品种,通常花粉量较少、散粉周期短、抗高温胁迫能力较弱,应选用雄穗分枝数较多、颖壳饱满、花粉量多的品种。

② 采用合理种植模式　根据生态互补和生物多样性原理,将不同基因型玉米品种进行间作或混作,可有效提高玉米群体的抗性。由于玉米品种间散粉周期和花粉数量不一样,特别是在出现高温胁迫时,实行间（混）作可以延长群体的授粉期,减少高温危害,实现玉米稳产。采用间（混）作种植时,应注意所选品种生育期及株高相近,且抗性上有互补效应。

③ 构建合理栽培技术模式

A. 合理密植　保障个体发育健壮,构建个体和群体的协调关系,可提高玉米抵御高温热害的能力,减轻高温危害。高密度条件下可采用宽窄行种植,改善田间通风透光条件,降低群体内部温度,减弱高温的胁迫效应。

B. 合理耕作　有助于改善土壤水肥条件,促进玉米生长发育。深松能促进玉米根系生长,增加根重和根长,提高夏玉米对水肥的吸收能力,改善玉米的生长状态,进而提高玉米的抗（耐）高温能力,有利于花后的灌浆过程。

C. 化学调控　高温胁迫环境下,外源化学调控对玉米耐热能力有重要作用。外施亚精胺能提高叶绿素含量,改善光合性能,减少玉米籽粒败育;外施水杨酸有利于维持玉米体内抗氧化系统的稳定,增强其抗（耐）热性。因此,通过化学调控提高玉米的耐热性也是应对夏玉米灌浆期高温胁迫的技术途径之一。

④ 适当灌溉　持续高温胁迫会影响土壤墒情。高温带来的干旱是影响玉米生长发育的主要因素之一,及时灌溉可以补充墒情和降温,进而有效缓解高温热害。玉米灌浆结实

期遭遇高温胁迫,应选择合适的灌溉方式,如灌深层水,以降低玉米冠层温度;或利用微喷带将水均匀地喷洒在田间的灌溉方式,少量多次,也可有效地降低玉米群体温度,减轻高温对玉米的胁迫。

(五)防病、治虫、除草

东北地区春玉米田的主要病害包括大斑病、小斑病、茎腐病、丝黑穗病、黑粉病、纹枯病、弯孢霉菌叶斑病、灰斑病、圆斑病、穗腐病、矮花叶病、粗缩病等。

东北地区春玉米田常见虫害包括亚洲玉米螟、玉米蚜、黄地老虎、小地老虎、白边地老虎、华北蝼蛄、东北大黑鳃金龟、沟金针虫等。

根据我国东北地区在玉米种植过程中发现的杂草,据统计已经超过100种,常见的杂草有牛筋草、反枝苋、马齿苋、刺儿菜、苍耳、田旋花和芥菜等。

具体见第六章。

六、适期收获

1. 收获时期和标准 在玉米蜡熟中后期需做好扒皮晾晒、削去穗上部秆叶,促进籽粒脱水。在玉米收获时,要适当地晚收,当田里90%的植株茎叶成黄,果穗苞叶变枯白,上口松开,籽粒基部黑层出现,籽粒乳腺消失、变硬,角质明显有光泽,苞叶枯黄松动时即可收获。早收获(未成熟)对玉米产量、品质都不利。早收玉米籽粒不饱满,含水量较高,容重低,商品品质差。同时,早收获玉米籽粒产量降幅达10%以上。

2. 机械收获 根据收获机对玉米果穗处理程度不同,可以选择摘穗型收获机、苞叶剥皮型收获机。摘穗型收获机一次能完成摘穗、果穗升运和集箱等作业工序,能实现自动卸粮。苞叶剥皮型收获机一次能完成摘穗、苞叶剥皮、果穗升运和集箱等作业工序,实现自动卸粮。根据动力装置的不同,收获机又分自走式和背负式。背负式又叫悬挂式,与拖拉机配套使用。

根据对玉米秸秆的需要不同,来选择不同的作业模式。玉米联合收获机配置不同的玉米秸秆处理农机具来实现不同的作业模式,东北山区主要有以下几种玉米收获作业模式:秸秆还田作业模式,配置秸秆粉碎还田机;秸秆粉碎回收作业模式,配置秸秆粉碎回收机;整秆保留作业模式,整秆保留型收获机可实现整秆保留;青贮作业模式,在畜牧业地区直接使用青贮型玉米收获机作业;割晒机作业模式。

正确的操作和科学的行走路线是收获机完成收获作业的有力保障(张书海等,2010)。在平播的地块和有行距无垄形的地块使用具有全幅不对行技术的收获机可以全方位地进行收获,从任意位置进入地块作业。采用顺时针或逆时针四边形边线收获行走作业,减少每次地头折反作业角度,减少四边形角部折点处调头转向路径长度,提高作业效率。在4角处改变作业方向90°成四边形边线作业行走路线,改变90°方向可以每次变化30°或45°,分3次或2次变化完成,使用前进后退行走成V字形的折角变化角度。如逆时针变化90°,右后侧无空地时,先后直退2个车长,再左转角前进收获1个角,再右后退左前收获1个角,这样逐渐变化角度作四边形角部作业处理来改变作业方向。后右侧有空地时,变后直退为后右侧退,提高作业效率。地块角部作折角90°方向连续作业比地块单边往返收获、收获机180°调头折回收获作业,地头提高效率一倍。大型机械四边形边线收获比单边往返收获作业、折角调头提高效率越加明显。全幅不对行技术不用人工收获地头转弯空地,提高机械作业效率。

目前东北玉米收获全程机械化作业中存在一些问题:

价格昂贵。机械装置的价格过于昂贵,农户难以在短时间内收回成本,影响玉米收获机械化的发展。玉米最佳收获期约 15 d,但是目前收获机作业效率较低,并且耗油较高,增加收获成本,影响农户运用收获机械的积极性。同时,东北地区的玉米种植地域广阔,种植制度具有多样性,行距、株距等方面没有统一,导致无法使用标准的机械进行收获,影响玉米收获机发展。

玉米质量不高。如果在玉米收获偏晚或受到病虫危害的情况下使用机械装置进行收割,其中的摘穗辊装置会对玉米的果穗进行挤压,使籽粒被破坏,并且容易出现落粒的现象,降低玉米的最终质量。同时秸秆具有柔性较大的特点,在使用收获机中锤爪式的粉碎装置,影响秸秆的破碎率。例如,山东背负式玉米收获机,由于传送玉米的装置轨道设计较窄,玉米在传送过程中出现外溢的现象。

售后服务不合理。部分销售玉米收获机的厂家过于注重整个机器的组装与整体销售,没有将各种配件的售后服务重视起来,当农户机器中的某个零件损坏后,难以找到替换产品,只能寻求厂家的帮助,而在玉米收获的高峰期,厂家难以及时进行处理,从而给其带来损失。

3. 玉米贮藏　在东北地区玉米贮藏的突出问题是,玉米成熟后气温比较低,籽粒含水量偏高,收获后不易晒干,在严寒低温的情况下,易受冻害,如何安全越冬是东北地区玉米籽粒贮藏管理的重点。为此,在实际工作中,因地制宜,从收获前开始,利用北方秋季凉爽干燥的气候条件,采取适宜的晾晒技术,抓好晒种脱水这一关键环节,在低温来临之前将玉米籽粒含水量降至安全水分,确保安全越冬。

站秆扒皮,提前脱水。在玉米蜡熟期,将玉米果穗的苞叶扒开,使果穗暴露在空气中,可收到明显的脱水效果。扒皮时间在 9 月上中旬,收获前 10～20 d 进行。扒皮时必须一扒三瓣,一扒到底,不能扒一半或扒不到底,防止下部籽粒霉烂。站秆扒皮的最适宜时机是种子蜡熟初期,过早会影响产量,太晚则脱水不明显,得不偿失。

适时早收,田间高茬晾晒。乳熟末期的玉米种子已具有较好的品质,是适期早收的临界期,而蜡熟期收获最为理想,不影响产量。

由于玉米果穗贮藏时孔隙度较大,便于通风干燥,可利用秋冬季节继续降低种子水分至安全标准以内。另外,籽粒在穗轴上着粒紧密,外有坚韧果皮,能起一定的保护作用,除果穗两端的少量籽粒可能感染霉菌和被虫蛀蚀外,一般能起防虫、防霉作用。

玉米果穗通风贮藏有多种方式,如立桩搭挂、木架吊挂、棚内吊挂等方式。种子量较多时可选择地势高燥、通风良好的地方搭砌玉米穗仓,也可以将玉米果穗先装入通气良好的网袋中,然后建仓,其效果非常好。玉米果穗入仓时应进行挑选,将未成熟、含水量高的果穗挑出继续干燥;当籽粒水分降至 20% 时,可入仓贮藏而不必倒仓,至春季播前脱粒,也可在入冬前籽粒水分降至 16% 以下时,入种子库贮藏。

七、东北玉米其他栽培措施

(一)秸秆还田免耕栽培

保护性耕作是一种以农作物秸秆覆盖还田、免(少)耕播种为主要内容的现代耕作技术体系,能够有效地减轻土壤风蚀水蚀、增加土壤肥力和保墒抗旱能力、提高农业生态和经济效益。东北地区干旱十分严重,但土壤耕层逐渐变浅,保护性耕作尤为重要,秸秆还田是提高土壤耕层的重要途径。秸秆还田是将前茬 30% 的秸秆留在地里用于覆盖地表,可以减轻土壤沙化和风蚀,对土壤水分蒸发有很好的控制作用。应用该项技术可以明显增加土壤含水量,保持土壤湿润。将前茬70%的秸秆粉碎翻入地下,腐烂后可以增加土壤腐殖质,促进土壤团粒结构的形成,提高土壤的缓冲性能和保蓄性能。研究保护性耕作对土壤肥力的影响,有助于农业生产的可持续发展。免耕能使秸秆有效合理利用,免耕模式在一定程度上达到少耕,但后期土壤温度相对较低,充足的水分也只能在温度适宜的时候出苗,且有机质含量变化缓慢(李拥军,2020)。

苗全等(2014)介绍,在东北玉米产区推广的秸秆覆盖还田免耕栽培技术主要是以秸秆还田且覆盖地表、免耕播种、配以药剂防治病虫草害、深松机疏松土壤的玉米种植技术。秸秆全覆盖还田宽窄行模式是在原均匀行距(60~65 cm)垄作条件下,在相邻两行(垄)的内侧播种40~45 cm行距,称为窄行;隔一个垄沟,再在另相邻两垄内侧播种同样行距,这样就形成了窄行40~45 cm,宽行80~90 cm的模式,以此类推。第二年在第一年的宽行中播种窄行;秸秆全覆盖还田均匀行平作模式是在原均匀行距(60~65 cm)平作条件下(如果原来是垄作,需使用耕整地机械将地整平),在相邻两行(垄)的中间播种。

技术路线是,收获时秸秆覆盖还田→免耕播种→药剂防治病虫草害→必要的土壤疏松。

白伟等(2017)介绍,秸秆还田配施氮肥是解决旱作农田"耕层变浅""土壤紧实""有效耕层土壤减少"问题的重要措施之一,在旱作农业生产中具有重要意义。为探明秸秆深翻还田配施氮肥对东北春玉米光合性能和产量的影响,于2014—2015年在辽宁铁岭设置S0F0(秸秆0 kg/hm^2+纯NPK 0 kg/hm^2)、SN0(秸秆9000 kg/hm^2+纯N 0 kg/hm^2+纯P 112.5 kg/hm^2+纯K 90 kg/hm^2)、SN1(秸秆9000 kg/hm^2+纯N 112.5 kg/hm^2+纯P 112.5 kg/hm^2+纯K 90 kg/hm^2)、S0N2(秸秆0 kg/hm^2+纯N 225 kg/hm^2+纯P 112.5 kg/hm^2+纯K 90 kg/hm^2,当地传统种植方式,CK)、SN2(秸秆9000kg/hm^2+纯N 225 kg/hm^2+纯P 112.5 kg/hm^2+纯K 90 kg/hm^2)、SN3(秸秆9000 kg/hm^2+纯N 337.5 kg/hm^2+纯P 112.5kg/hm^2+纯K 90 kg/hm^2)6个处理开展了研究。结果表明,秸秆还田配施氮肥对春玉米籽粒产量和生物产量影响显著,秸秆还田9000 kg/hm^{2}和配施氮肥225 kg/hm^{2}处理的籽粒产量最高,比秸秆不还田和施氮量225 kg/hm^{2}处理(CK)2年平均增产6.33%,增产的主要原因是百粒重和行粒数的显著提高和秃尖的显著降低;玉米籽粒产量并未随着施氮量的增加而持续增加;相同施氮量条件下,秸秆还田比秸秆不还田2年平均群体生物产量增加2.95%。秸秆还田配施氮肥能够增加春玉米株高、茎粗、叶面积,提高叶绿素含量和光合作用,相同施氮量条件下,秸秆还田比秸秆不还田处理2年平均灌浆期叶面积增加2.71%,光合速率提高4.80%。综合分析认为,秸秆还田9000 kg/hm^{2}和配施氮肥225 kg/hm^{2}是辽北棕壤区春玉米生产比较理想的还田和施肥模式。

邹文秀等(2020)以中国科学院海伦农业生态实验站为研究平台,以质地黏重的黑土为研究对象,以2011年进行秸秆还田的田间试验为基础,于2016年开展不同秸秆还田方式后效对化肥氮利用率影响的研究。结果表明,不同秸秆还田方式后效通过促进玉米干物质积累,提高玉米对氮素的吸收,增加玉米的氮素积累进而提高氮素利用率。秸秆层铺后效有增加氮素损失的风险,而通过秸秆深混还田后效构建肥沃耕层是一种提高氮肥利用率的有效途径。

现阶段,大部分地区所采用的玉米收割机型为收获与还田兼备的机械,实现玉米收取过程中玉米摘穗、果穗收取、装箱运输以及秸秆粉碎全过程的机械化作业。该模式的应用,在提高作物产量的同时,降低作物收取时间。因此,需要加大对秸秆还田的宣传力度,促进机械化收取、还田技术的普及和应用,进一步提升秸秆还田免耕技术的应用效果。

(二)地膜覆盖和留高茬交替休闲

传统的耕作模式存在种种弊端,犁底层越来越浅,土壤风蚀严重;有机质逐年减少(年平均下降0.1‰~0.2‰);粮食单产在9000 kg/hm² 左右徘徊,持续高产高效非常困难。为此,在多年研究的基础上提出玉米宽窄行留高茬交替休闲的种植新模式,为提高东北地区的玉米产量提供新的种植模式。

1. 宽窄行种植模式的主要内容 把普通耕法的均匀垄种植(65 cm)改成宽行90 cm、窄行40 cm 种植;在玉米生长季节,在90 cm 宽行结合追肥进行深松,秋收时在苗带窄行留高茬(40 cm);秋收后用条带旋耕机对宽行进行旋耕,使其达到播种状态,窄行(苗带)留高茬自然腐烂还田;翌年春季,在旋耕过的宽行播种,形成新的窄行苗带;追肥期在新的宽行进行中耕深松追肥,完成隔年深松、苗带轮换、交替休闲的宽窄行耕种。此技术的关键是:通过缩小种植带窄行行距、加宽深松工作带、追肥期深松、留高茬自然腐烂还田、秋季宽行旋耕整地、翌年春天窄行精密播种,实现宽行和窄行交替休闲。

2. 宽窄行种植模式主要解决传统耕法中存在的问题 春、秋两季整地导致的土壤失墒较重、夏季地表径流损失大、降水利用效率低问题;实施秸秆还田困难,土壤风蚀严重,土地用养失调,黑土层变薄;耕作层变浅,犁底层加厚;田间作业环节多,成本高。

3. 宽窄行种植模式在推广应用中的优点 集黑土保护和建立土壤水库为一体,通过留高茬实现玉米秸秆还田,达到增加土壤有机质、培肥地力、减少土壤风蚀的目的,从而有效地保护生态环境;通过在追肥期宽幅深松打破土壤犁底层、加深耕层、改善耕层物理性状,从而减少地表径流,增加土壤接纳和贮存降水的能力,形成耕层土壤水库(伏雨秋用、春用),提高自然降水利用效率;通过缩小种植带的窄行行距、加宽深松工作带(宽行)及在窄行精密播种,实现宽行和窄行交替休闲;农机与农艺相结合,粮食生产与土地保护相结合,提高玉米产量,降低生产成本。

田间监测结果表明,宽窄行种植模式可明显改善土壤水分状况,提高自然降水利用率10%以上,降低干旱造成的损失;改善土壤理化性状和生态环境,培肥地力,减少土壤风蚀和水蚀;提高玉米产量和品质,降低生产成本,增加经济效益;与常规耕种模式相比,连续10年实施此技术可使玉米平均增产13.6%。

初振东等(2010)曾于2005年和2006年对东北地区春玉米耐老化膜常年覆盖种植及宽窄行留高茬交替休闲种植方式进行了研究。结果表明,与传统种植方式相比,耐老化膜常年覆盖种植和宽窄行留高茬交替休闲种植在产量、经济效益和生态效应上均表现出较好的态势。耐老化膜常年覆盖种植的增产优势明显,与均匀垄传统种植相比,产量增加15.56%,并且降低了农业生产成本,经济效益显著增加,播种出苗阶段和苗期风蚀量降低562%和303%,田间养分损耗量明显下降。耐老化膜常年覆盖种植方式在东北地区是具有推广前景的保护性耕作技术模式。

宁金席等(2009)于吉林省公主岭市研究均匀垄区(垄沟间距65 cm)、留高茬交替休闲种植区(窄行距40 cm、宽行距90 cm,下年轮换)、覆膜区(垄沟宽40 cm、垄宽90 cm,垄上覆膜垄下种植,耐老化黑膜)、未覆膜区(垄沟宽40 cm、垄宽90 cm,垄下种植)几种耕作模式对东北春玉米的影响。结果表明,苗期覆膜区在10~15 cm 各个层次上土壤含水量均明显高于其他3个处理,与传统耕作模式相比,覆膜区在10 cm 处土壤含水量增加明显。在苗期、拔节期、抽雄吐丝期,覆膜区0~25 cm 土层平均地温高于其他处理。在苗期≥10 ℃地温的积温比较中,覆膜区高于传统耕作区 42.75 ℃·d,高于未覆膜区 17.25 ℃·d。生育前期地温的升高有利于玉米植株的生长,促进种子萌发、提高出苗率、促壮苗,为植株中后期的生长发育提供有力支持。覆膜区叶面积显著高于其他处理,这可能是覆膜区和其他处理产量产生差异的主要原因。

虽然耐老化膜常年覆盖种植方式在产量、经济效益及生态效应上具有明显优势,但耐老化膜的理论使用年限为 5 年,且东北地区玉米种植为一年一季,收获后到下一年种植的间隔时间较长,耐老化膜常年覆盖种植模式在大田大面积生产中的实际意义还需进一步研究。

宽窄行种植模式适于在雨养农业区推广应用,在东北三省的平原区有广阔的推广前景,尤其是吉林和黑龙江两省的黑土区更为适用(杨长海,2014)。根据各地有效积温,选择国审或所在省份审定推广的耐密、高产、优质玉米新品种。吉林省可选生育期 125~130 天的中晚熟品种,如郑单 958、先玉 335 等。种植密度应在常规种植条件下增加 10% 左右,以 6.00 万~7.05 万株/hm² 为宜。施肥原则为减磷、增氮、加钾、补微量元素。推荐每公顷施 N 210 kg,P_2O_5 90 kg,K_2O 90 kg。

从保土和防风蚀的角度看,秸秆还田免耕和留高茬交替休闲种植模式,能保护田间土壤和防风蚀,为玉米提供更肥沃、水分更充足的生长基础,从而提高玉米的抗逆能力,因此也是抗逆栽培措施。

第二节　北方一熟区玉米抗逆栽培

中国北方一熟区春播玉米主要分布在河北北部、山西北部、内蒙古、陕西北部以及甘肃等高原地区。

一、地块选择和整地

(一)地块选择

玉米适应能力较强,对于土壤种类和环境温度等方面的要求并不是很严格。但在玉米生长过程中,因植株较大、根系粗壮,对于环境中的养分和水分需求量较大。因此,在选择玉米种植地时,要尽量选择土层深厚、土壤肥力中等以上、透气性较好、酸碱度适中、灌排方便、光照充足,保水、保肥力较好,地势平坦,背风向阳,便于选择南北行向的地块进行种植。

(二)整地

整地前要进行前茬处理,北方春玉米前茬主要为玉米茬或大豆、小麦、马铃薯、甜菜、向日葵茬。前茬残留物根据具体情况做清除或粉碎还田处理。大豆属于软茬,可以灭茬后在原垄种植玉米或采取深松、耙茬、施肥;小麦茬可以在麦收后及时重耙灭茬灭草,或进行伏翻或搅麦起垄;玉米茬则采用先灭茬后深翻或耙茬整地及秸秆就地粉碎覆盖还田免耕播种等方式。覆盖地表秸秆长度过长时,播种前可用秸秆粉碎机粉碎。

前茬收获后,抓好整地时机及时秸秆粉碎、灭茬、深耕或深松整地作业。需要施农家肥的,应在松耕前均匀撒施后,结合松耕翻入土壤。深耕深度应达 25 cm 以上,深松深度在 30~35 cm。深松、深耕可加速土壤熟化,增加有效养分;加深耕作层,利于根系发育;提高透水和保水能力,利于抗旱抗涝;同时还可消灭杂草和减少病虫害,为种子发芽提供一个良好的苗床。需要注意的是,沙壤土不应打破犁底层,以防漏水肥;翻地要防止湿翻,以防破坏土壤结构。

机械深松指利用机械疏松土壤、打破犁底层、不翻土深松耕作层的技术。深松方式分为全方位深松和间隔深松。全方位深松是对整个耕层进行深松,一般采用V形深松铲,作业后地表无沟,植被破坏不大,但对犁底层破碎效果较弱,消耗动力较大。间隔深松是深松一部分耕层,另一部分保持原有状态。一般采用凿式深松铲,犁底层破碎效果好,但作业后地表有沟。间隔深松可形成行间、行内虚实并存结构,其深松部分通气良好,利于接纳雨水;未松的部分紧实能提墒,利于根系生长和增强玉米抗逆性,因此,当前中国深松以间隔深松为主。深松可在秋季、春播前及苗期进行,可结合秸秆灭茬还田。北方春玉米区易发生春旱,秋季深松有利于纳蓄雨雪,但要注意及时镇压,以防跑墒。可根据土壤情况,2~4年进行一次深松。深松深度以打破犁底层为原则,一般地块35~40 cm,免耕地25~30 cm。

有研究表明,深松能增加玉米株高及延长灌浆后玉米叶片功能期作用,并降低倒伏率、倒折率,深翻后玉米的穗粒重和产量表现突出(刘景秀,2020);春季深松可降低土壤容重和土壤紧实度,提高了土壤田间持水量,通过提高穗长、穗粒数和千粒重,春季深松较常规旋耕提高了经济产量(邬小春等,2020),对玉米产量有一定的调控作用(朴琳等,2017)。

1. 整地时期 一般有秋整地和播前春整地两类。

(1)秋季整地 为实现秋雨春用,有效地保住土壤墒情、防春旱,秋深施肥,春季适时早播,有条件的地方最好在秋季整地,达到可播种状态。秋整地要求在前作物收获后立即灭茬,施入有机肥进行早秋耕、深秋耕。据调查,早秋耕比晚秋耕增产,秋耕比春耕增产。秋深耕既可以接纳秋季雨水、秋雨春用,又可以使土壤经冬春冻融交替后耕层松紧度适宜,保墒效果好,有效肥力高。耕地深度为16~20 cm,耕后立即耙耢,之后还应镇压1~2次。

现阶段东北春玉米多为起垄种植,秋整地后即可进行打垄,或者是在春季顶浆打垄,一般采取扶原垄或进行三犁川打垄(倒垄制)。不秋翻的地块采用灭茬机灭茬起垄,将根茬包入垄体,深度8 cm以上,达待播状态。碎茬长度要小于5 cm,以利于土壤保墒。根据土壤性质确定秋整地目标:低洼地块,秋打垄晒垡散水,提高地温;向阳坡地,整地后及时镇压,保墒、提墒和碎土;易跑风地块秋收时留高茬,防风固沙、保土保墒。在北方丘陵区,因运水成本太高,坐水播种难度较大,建议采用秋整地、春直播,或采用秋覆膜保墒旱直播技术。

(2)春季整地 秋季来不及整地的情况下,要进行春整地。春整地要求尽量减少耕作次数,来不及秋耕必须春耕的地块,应结合施基肥早春耕,并做到翻、耙、压等作业环节紧密结合。土壤解冻后,先将秸秆粉碎或灭茬,然后施肥、深耕(18~25 cm)或深松(30~35 cm)、旋耕、镇压,达到播种状态。东北地区垄作玉米,春整地一般于3月下旬至4月中旬土壤化冻15 cm时顶浆打垄,在已清除根茬(或灭茬)的地块上进行三犁川打垄,随打垄随镇压,达到待播状态。

宋振伟等(2012)以东北雨养区春玉米农田为研究对象,分析春季和秋季2个整地时期对农田土壤含水量、土壤物理性状、土壤养分含量以及玉米产量等的影响。结果表明,秋整地可显著提高玉米产量,与春整地相比增产8.7%($P<0.05$)。秋整地处理下土壤水分状况得到显著改善,播种前和苗期耕层土壤(0~20 cm)含水量分别比春整地高18.9%和5.6%。秋整地可显著改善10~40 cm的根层土壤物理性状,其中土壤孔隙度比春整地平均提高10.0%,而土壤容重则比春整地平均下降11.6%。可见,秋整地主要通过改善土壤物理蓄水性能和减少水分散失提高土壤水分含量,保证较高的成株率和成穗率,进而利于玉米高产稳产。

闫伟平等(2016)在吉林省半干旱区,以常规垄作为对照,开展了玉米垄作条件下春季和秋季深松30 cm的研究。结果发现,秋季深松较春季深松可增加土壤紧实度。李春娟等(2012)介绍,秋整地施肥可以减少春季整地施肥土壤跑墒,使土壤和肥料长期融合,土壤保墒效果好,肥料利用率高,增产效果显著。

2. 春玉米整地标准和要求

(1)早　早就是春玉米地要早耕,冬前深翻耕冻垡、晒垡,减少病虫害,熟化土壤,增强土壤的蓄水保墒性及提高养分的有效性。如果是复种地春耕也要及时早耕。

(2)深　深就是要深耕,加深土壤的耕作层,一般以25~30 cm为宜。玉米根系入土1 m以上,就有利于协调水、肥、气、热,从而促进根系生长。深耕的效果如下:一是有利于抗旱防涝,深耕打破了传统的封闭式的犁底层,使耕层结构虚实并存,提高土温,蓄水保墒。二是增加了土壤孔隙度,保温性能增加,深松比平翻的播种部位的温度增加0.4~1.0 ℃,提早出苗1~2天,成熟提早3~4天,据调查,深松比平翻的玉米根系总长增加74.7%,株高、茎粗、光合面积和光合强度都得到增加。三是减少杂草和病虫危害。

(3)细　土壤要细碎,土碎如面,上虚下实,地面平整,这样有利于玉米出苗,地面不能黏重板结。

耕地后要充分覆盖地表残茬、杂草和肥料,地表平整、土层松碎;耕深均匀一致,沟底平整;不重耕,不漏耕,地边要整齐,垄沟尽量少而小。

(三)起垄

黄土高原一熟区,玉米栽培一般有垄作和平作两种方式。东北以垄作为主,华北和西北以平作为主。

垄作栽培是将土壤耕作层筑成土垄,并在垄上种植作物的栽培技术。起垄后地表面积比平作增加,接受日光直射的表面增大,白天垄上的土壤温度比平作高,夜间散热面积大,土壤温度低于平作,增大了日较差,有利光合产物的累积。垄台与垄沟的位差便于排水防涝。垄作地面的起伏增大了粗糙面,能降低风速,减少风蚀。同时将肥料集中施入垄体内,用肥经济。在作物基部培土,则有防止倒伏的作用。垄帮(垄台两侧)土壤疏松,不板结,中耕除草省力。

垄作栽培的主要播种方式是耕翻起垄后播种。在播种前,先将原垄土地进行犁耕,重新筑起垄,在新垄上播种。这又分两种做法:一种是使用畜力犁时的传统做法。先把有机肥料施在原垄沟中,用三角形的犁铧将原垄台破开,把原垄台的土壤翻到原垄沟上,在原垄沟上面合成新垄台,使原垄台变成新垄沟。将种子播在新垄台上,再用犁铧顺新垄沟深耕一次,往垄上培土覆盖种子,然后加以镇压。筑起了新垄,同时也完成了播种。另一种是使用拖拉机牵引犁,先将有机肥料均匀扬开铺到地面,对土地进行深翻耕,将肥料及残茬翻到地下,用耙把土壤耙平耙碎,用犁重新起垄,然后在垄上播种。在易发生春旱的地区,为减少土壤水分的损失,这种翻耕起垄的作业多在秋季进行,秋季筑垄,翌年春季播种。多用于东北及华北地区,种植玉米、大豆、甜菜等。精细整地后起垄,对于中等肥力的地块,垄幅30~35 cm,垄顶面宽15 cm,垄高17~18 cm,垄上种1行玉米。

李巧珍等(2018)针对北方地区春季玉米播种期干旱、出苗困难、苗情差等问题,以玉米专用抗旱种衣剂,结合起垄栽培技术,进行大田实验,以探究其对玉米出苗率、生长状况和产量的影响。起垄种植处理:播种当天用起垄施肥一体机一次性完成深松、翻土、起垄和局部施肥,垄面宽为120 cm、高25 cm,施肥区域设在根系周围,有利于根的吸收,垄与垄间隔20 cm,垄上双行种植。结果发现,起垄种植较平作增产6%。起垄栽培玉米出苗率比平作增加了7.2%,主要生育期表层(0~15 cm)土壤含水率明显高于CK处理,关键生育期(拔节期)叶绿素

SPAD 以及产量、产量性状比较高。可见,起垄培土种植,由于行距大,利于土壤通风透水,扎根深,保水保墒,增加单位面积穗数,达到增产效果。

王秀领等(2017)研究垄作与平作对黑龙港区域春玉米产量形成过程的调节效应时发现,垄作显著提高耕层土壤温度,玉米吐丝前增温效果更明显;垄作显著提高了苗期叶面积指数、干物质积累量和春玉米产量,增产幅度为 8.5%～12.3%,增产的原因主要是穗粒数的显著增加。

谢孟林等(2017)研究垄作与覆膜对四川中部丘陵区春玉米田土壤物理性状和产量的影响时发现,垄作栽培显著降低耕层土壤容重,增大土壤总孔隙度和毛管孔隙度。覆膜下,垄作较平作显著提高了穗粒数,降低了秃尖长,产量较平作增加 7.7%;不覆膜下,垄作则显著降低穗粒数、百粒重,产量较平作降低 12.6%。

马丽(2013)认为,垄作增加了土壤孔隙度,垄面土壤容重比平作降低 4.38%～7.95%,提高了土壤温度,改善了土壤环境、田间小气候环境,玉米产量有所提高,垄作栽培夏玉米产量比平作提高 5.91%～12.84%。垄作栽培的夏玉米根系发达,株高及穗位高降低,干物质积累快,生物产量高,粒穗数多,千粒重高,产量性状明显优于传统平作。

二、选用品种

(一)选择适宜熟期类型的品种

黄土高原是一熟制地区。玉米生产中,一年只种植一季。为了充分利用全年的气候资源和生产条件,占满整个种植季节,在品种的熟期类型选择上,尽量选择中晚熟类型品种。在海拔较高的农田,选用中熟类型的品种。在因灾毁种的农田,重新种植时可选用早熟类型品种。

(二)良种简介

1. 郑单 958

审定编号:国审玉 20000009。

选育单位:河南省农业科学院粮食作物研究所。

品种来源:郑 58×昌 7-2。

品种特性:属中熟玉米杂交种,夏播生育期 96 天左右。幼苗叶鞘紫色,生长势一般,株型紧凑,株高 246 cm 左右,穗位高 110 cm 左右,雄穗分枝中等,分枝与主轴夹角小。果穗筒形,有双穗现象,穗轴白色,果穗长 16.9 cm,穗行数 14～16 行,行粒数 35 粒左右。结实性好,秃尖轻。籽粒黄色,半马齿型,千粒重 307 g,出籽率 88%～90%。抗大斑病、小斑病和黑粉病,高抗矮花叶病,感茎腐病,抗倒伏,较耐旱。籽粒粗蛋白质含量 9.33%,粗脂肪含量 3.98%,粗淀粉含量 73.02%,赖氨酸含量 0.25%。

产量表现:1998 年、1999 年参加国家黄淮海夏玉米组区域试验,其中 1998 年 23 个试点平均亩产 577.3 kg,比对照掖单 19 号增产 28%,达极显著水平,居首位;1999 年 24 个试点平均亩产 583.9 kg,比对照掖单 19 号增产 15.5%,达极显著水平,居首位。1999 年在同组生产试验中平均亩产 587.1 kg,居首位,29 个试点中有 27 个试点增产、2 个试点减产,有 19 个试点位居第一位,在各省均比当地对照品种增产 7%以上。

栽培要点:5 月下旬麦垄点种或 6 月上旬麦收后足墒直播;密度 3500 株/亩,中上等水肥地 4000 株/亩,高水肥地 4500 株/亩为宜;苗期发育较慢,注意增施磷钾肥提苗,重施拔节肥;大喇叭口期防治玉米螟。

适应区域:黄淮海夏玉米区。

2. 先玉 335

审定编号:国审玉 2006026(春播用种)。

选育单位:铁岭先锋种子研究有限公司。

品种来源:PH6WC×PH4CV。

品种特性:在东华北春玉米区出苗至成熟 127 天,比对照品种早 4 天,需≥10 ℃有效积温 2750 ℃·d 左右,属普通玉米品种。成株叶片数 19 片。幼苗绿色,叶鞘紫色,叶缘绿色,花药粉红色,颖壳绿色。株型紧凑,株高 320 cm,穗位 110 cm。花柱紫色,果穗筒形,穗长 20 cm,穗行数 14~16 行,穗轴红色。籽粒黄色、半马齿型,百粒重 39.3 g。平均倒伏(折)率 3.9%。人工接种抗病(虫)害鉴定表明,高抗瘤黑粉病,抗灰斑病、纹枯病和玉米螟,感弯孢菌叶斑病、大斑病和丝黑穗病。经农业部谷物品质监督检验测试中心(北京)测定,籽粒容重 776 g/L,粗蛋白含量 10.91%,粗脂肪含量 4.01%,粗淀粉含量 72.55%,赖氨酸含量 0.33%。

产量表现:2003—2004 年参加东华北春玉米品种区域试验,平均公顷产量 11451 kg,比对照品种增产 18.6%;2004 年生产试验,平均公顷产量 11419.5 kg,比对照品种增产 20.9%。

栽培要点:每公顷保苗 5.25 万~6.75 万株。注意及时防治丝黑穗病和玉米螟,6~10 叶时叶喷玉黄金等化控剂,防止倒伏。先玉 335 以高产稳产、后期脱水快、出籽率高、容重高、籽粒商品品质好等优点,受到广大农民欢迎。其弱点在于前期发根慢、秆较高、感虫,容易出现一定程度的根倒和茎倒,并且丝黑穗病、弯孢菌叶斑病和大斑病等病害都有所发生,虽然尚未对产量构成影响,但随着今后推广时间和面积的扩大,存在一定的风险,希望种子生产经营者和广大农民严加注意。

适应区域:北京市、天津市、辽宁省、吉林省、河北省北部、山西省、内蒙古自治区赤峰和通辽地区、陕西省延安地区春播种植,叶斑病重发区慎用。根据《中华人民共和国农业部公告》第 413 号,该品种(审定编号:国审玉 2004017(夏播用种))还适宜在河南省、河北省、山东省、陕西省、安徽省、山西省运城夏播种植,叶斑病和矮花叶病重发区慎用。

3. 正大 12

审定编号:宁审玉 2006006。

选育单位:安徽阜阳颍州农业试验站。

品种来源:CTL34×CTL16。

品种特性:生育期 138 天。生长势强,整齐,株高 290 cm 左右,穗位高 142 cm,株型半紧凑;花药黄色,花粉量中等,花柱粉红色;果穗筒形,秃尖短,穗均匀,穗轴红色,穗长 18.8 cm,穗行数 16~18 行,单穗粒重 212 g;籽粒红黄色、硬粒型,千粒重 380 g。抗矮花叶病、大小斑病,抗倒性、稳产性较好。经农业部谷物品质监督检验测试中心(北京)测定:容重 792 g/L,籽粒含粗蛋白 10.28%、粗脂肪 3.71%、粗淀粉 72.31%、赖氨酸 0.35%。品质达到国家饲料用玉米一等标准。

产量表现:2003 年区域试验平均产量 837.25 kg/亩,较对照沈单 16 号增产 11.57%;2004 年区域试验平均产量 861.1 kg/亩,较对照沈单 16 号增产 4.12%;两年区域试验平均产量 849.18 kg/亩,较对照沈单 16 号增产 7.66%。2004 年生产试验平均产量 707.1 kg/亩,较对照沈单 16 号增产 5.2%。

栽培要点:采用套种、单种方式。套种玉米边行距小麦不少于20 cm,玉米行距25～30 cm,每亩种植密度3000株左右;单种采用宽窄行,平均行距55 cm左右,株距25 cm,每亩种植密度4200～4500株左右。播种期4月10日左右,每亩用种2(套种)～3(单种)kg。机播或人工播种。重施农家肥,合理配施氮、磷、钾化肥及微肥。加强后期管理:及时防治病虫害,适时收获。

适宜范围:适宜引黄灌区单种或与小麦套种。

4. 大丰30

审定编号:晋审玉2012007。

选育单位:山西大丰种业有限公司。

品种来源:A31×PH4CV。

品种特性:出苗至成熟127天左右,属高淀粉玉米品种。成株叶片数21片。幼苗第1叶叶鞘深紫色,尖端圆到匙形,叶缘紫色,雄穗一级分枝4～5个,花药紫色,颖壳紫色。株型半紧凑,株高325 cm,穗位110 cm,花柱由淡黄转红色,果穗筒形,穗长18.8 cm,穗行数16～18行,行粒数40.4粒,穗轴深紫色,出籽率89.7%。籽粒黄色、马齿型,百粒重40.5 g。人工接种抗病(虫)害鉴定,中抗茎腐病,感丝黑穗病、大斑病、穗腐病、矮花叶病和粗缩病。经农业部谷物及制品质量监督检验测试中心测定,籽粒容重756 g/L,粗蛋白含量9.99%,粗脂肪含量3.57%,粗淀粉含量75.45%。

产量表现:2009—2010年山西省玉米早熟品种区域试验,平均公顷产量10769.3 kg,比对照品种增产12.8%;2010年生产试验,平均公顷产量10477.5 kg,比当地对照品种增产15.1%。2011年玉米中晚熟品种区域试验,平均公顷产量13527.0 kg,比对照先玉335增产6.5%;2011年生产试验,平均公顷产量11968.5 kg,比当地对照品种增产9.4%。

栽培要点:4月下旬播种,每公顷保苗6万株左右。每公顷施底肥农肥45～60 t,拔节期追肥尿素600 kg。注意及时防治丝黑穗病。

适应区域:山西省春播早熟及中晚熟玉米区种植,大斑病、穗腐病、矮花叶病和粗缩病重发区慎用。

5. 西蒙6号

审定编号:蒙审玉2012018。

选育单位:内蒙古西蒙种业有限公司。

品种来源:J203×817-2。

品种特性:平均生育期131天,比对照早2天。叶片深绿色,叶鞘深紫色。植株半紧凑型,株高314cm,穗位116cm,21片叶。雄穗:护颖绿色,花药浅紫色,一级分枝7个。花柱黄色。果穗长锥形,红轴,穗长20.7cm,穗粗5.2cm,秃尖0.7cm,穗行数16～18行,行粒数39粒,单穗粒重232.9g,出籽率84.8%。籽粒偏马齿型,黄色,百粒重36.2g。2011年农业部谷物及制品质量监督检验测试中心(哈尔滨)测定,容重739g/L,粗蛋白含量8.19%,粗脂肪含量3.22%,粗淀粉含量76.03%,赖氨酸含量0.28%。2011年吉林省农业科学院植保所人工接种、接虫抗性鉴定表明,中抗大斑病(5MR),中抗弯孢病(5MR),感丝黑穗病(19.2%S),中抗茎腐病(16.1%MR),中抗玉米螟(6.8MR)。

产量表现:2009年参加中早熟组预备试验,平均亩产828.1 kg,比对照四单19增产7.1%。2010年参加中熟组区域试验,平均亩产868.5 kg,比对照兴垦3增产19.3%。2011年参加中熟组生产试验,平均亩产921.5 kg,比对照丰田6增产14.2%。

栽培要点:每亩保苗4500株。注意防治丝黑穗病。

适宜范围:内蒙古自治区≥10 ℃有效积温 2700 ℃·d 以上地区种植。

6. 陕单 609

审定编号:国审玉 2016001。

选育单位:西北农林科技大学。

品种来源:91227×昌 7-2。

品种特性:西北春玉米区出苗至成熟 133 天,比郑单 958 晚 1 天。幼苗叶鞘紫色,叶片深绿色,叶缘紫色,花药浅紫色,颖壳紫色。株型半紧凑,株高 286 cm,穗位高 127 cm,成株叶片数 19 片。花柱紫红色,果穗筒型,穗长 17.8 cm,穗行数 16~18 行,穗轴白色,籽粒黄色、半马齿型,百粒重 35.0 g。接种鉴定表明,中抗小斑病,感大斑病、茎腐病,高感丝黑穗病。籽粒容重 793 g/L,粗蛋白含量 10.73%,粗脂肪含量 4.32%,粗淀粉含量 73.27%,赖氨酸含量 0.28%。

产量表现:2012—2013 年参加西北春玉米品种区域试验,两年平均亩产 1011.5 kg,比对照增产 7.5%;2013 年生产试验,平均亩产 949.9 kg,比对照郑单 958 增产 4.8%。

栽培要点:中等肥力以上地块栽培,4 月下旬至 5 月上旬播种,亩种植密度 5000~5500 株。

适宜范围:陕西榆林及延安地区、宁夏、甘肃、新疆和内蒙古西部地区春播种植。注意防治大斑病、茎腐病和丝黑穗病。

三、播种

(一)种子的播前处理

购买经过精选、分级和包衣的种子,如购买了未包衣种子,玉米播种前,可通过精选种子、晒种、浸种和药剂拌种等方法,提高种子活力,提高种子发芽势和发芽率,减轻病虫危害,以达到出苗早和苗齐、苗壮的目的。

1. 选种和晒种 精选种子,除去病斑粒、虫蛀粒、破损粒、杂质和过大、过小的籽粒。所用的种子要净度高,籽粒饱满,发芽势强,发芽率不低于 85%,最好选用种子部门经过分级的种穗中部的籽粒作种子用,因为这部分种子受精早、成熟早、长出的幼苗健壮。选出的种子在播种期前 10~20 d 再做一次发芽试验,检查发芽势、发芽率是否符合质量要求。

晒种 2~3 d,可增加种皮透性和吸水力,提高酶的活性,促进呼吸作用和营养物质转化,提高发芽势和发芽率,使种子早发芽,可提高出苗率,而且有促进次生根早发的作用。播种前一周选晴天将种子摊在干燥向阳的地上或在席上晒 2~3 d,并注意翻动,使种子晒均匀,杀死部分病原菌,减轻丝黑穗病的为害。

2. 浸种 可使种子提早出苗,在播种前冷水浸种 6~12 h;温汤浸种,水温为 55~57 ℃,浸泡 4~5 h。温汤浸种能杀死附在种子表面的炭疽病、黑粉病孢子等;还可用 0.15%~0.20% 的磷酸二氢钾浸种 12 h。用微量元素浸种,可用锌、铜、锰、硼、钼的化合物,配成水溶液浸种。

3. 种子催芽 选用能充分利用由于早播种而延长生育期的中晚熟优良品种。通常采用种子催芽方法。把种子倒入 55~60 ℃ 的温水中,随倒入随搅拌,至水温下降到 40 ℃ 以下时,浸泡 12~24 h,捞出的种子堆放闷种于保温保暖的地方,保持堆放种子的温度为 25~30 ℃,盖上湿麻袋或湿棉被,使其充分催芽。待有 70% 以上的种子顶皮露白时,再用 0.2%

的硫酸锌溶液进行浸种,即可播种。如遇阴雨天不能立即播种时,可以把种子放置阴凉处阴干,缓期播种。

4. 拌种 为减轻和防止玉米地下病虫的危害,需要进行药剂防治。用戊唑醇、福美双、粉锈宁等药剂拌种,可以减轻玉米丝黑穗病的发生;用硫酸铜拌种,可减轻玉米黑粉病的发生;用辛硫磷、毒死蜱等药剂拌种,防治地老虎、金针虫、蝼蛄、蛴螬等地下害虫。种子拌药注意事项是:闷种及风干过程中,切忌阳光直射和碱性物质接触,以免药物分解,降低药效;种子晾干后装袋,尽量在短期内播完,不宜久放,以防降低发芽率,如遇雨天不能播种时,应将种子摊开,以防坏种。

5. 种子包衣 种子包衣剂是由杀虫剂、杀菌剂、微量元素、植物生长调节剂、缓释剂和成膜剂等加工制成的药肥复合型产品,能够在播种后抗病、抗虫、抗旱,促进生根发芽。包衣剂按其作用分为防病杀菌包衣剂、杀虫包衣剂、抗旱包衣剂和调节植物生长包衣剂。一般 1 kg 包衣剂可处理种子 50 kg 左右。

(二)适期播种

播种期是指在适宜温度、水分、空气的变化范围内,能满足种子萌动的需要而进行播种的时期。适时播种,相对地延长了玉米的生育期,使籽粒灌浆期处于相对较高的温度条件下,能够避免和减轻生育后期低温和早霜的危害,为生育期较长品种安全成熟争取了时间;在春季易旱地区适时播种有利于充分利用土壤水分,并使幼苗生长处于相对较低的温度条件下,根系发育良好,幼苗健壮,有利于蹲苗,增强抗倒伏的能力;还能躲避和减轻黏虫的危害。

在黄土高原地区,从 4 月中下旬到 5 月上旬都可播种,视气温、天然降水情况和土壤墒情而定。早播可待雨出苗,晚播是待雨播种。试验和实践证明,一般情况下早播不早熟,晚播也不晚熟,只是营养生长阶段缩短了。在早播条件下,玉米的营养生长阶段、营养生长与生殖生长并进阶段、生殖生长阶段表现"长一短一长"的"两长一短"特征,在迟播条件下,三段生长表现"短一短一长"的"两短一长"特征。然而,在"两长一短"的早播条件下,有利于培育壮苗。

路海东等(2015)为了解决陕西渭北旱塬地区玉米播种期干旱缺水造成出苗不全、不整齐,导致产量低而不稳的问题,设置 6 个不同播期,研究对春玉米生长发育、干物质生产、产量形成、水分利用及环境因子的影响。结果表明,随着播期的推迟,玉米的生育期明显缩短,营养生长期、营养生长与生殖生长并进期变化范围为 2~19 天,生殖生长阶段则相对稳定,变化范围仅为 3~5 天。一定的时间范围内,不同播期处理间的单株干物质生产没有明显差异,但由于受播期调整后的土壤含水量变化影响,适宜播期的玉米花后雌穗干物质积累量、籽粒产量和水分利用效率分别较早播和晚播提高 4.0%~23.6%、3.9%~24.5%和 6.6%~14.5%。早播影响产量的主要因素是播种期土壤含水量低而造成的出苗差,收获穗数不足;晚播影响产量的主要因素是生殖生长期后移,有效积温和日照时数减少造成的花后干物质积累减少,千粒重下降。适期播种可以增加田间实际收获穗数,促进雌穗花后干物质积累,提高玉米的水分利用效率。结合该区生态因素,5 月 4 日以前适墒播种是玉米高产的有效避旱播期。

贺艳红(2019)介绍,根据长城沿线风沙区定边的气候特点,春玉米的播种时间确定在 4 月 20 日至 5 月 10 日之间为佳,播早易遭风害和晚霜冻,播晚易受早霜冻危害,造成玉米后熟不好,降低产量。

白帆等(2020)为探究气候变化背景下东北三省春玉米适宜播期的变化程度,以东北三省春玉米潜在种植区为研究区域,基于 1981—2015 年气象资料,1981—2012 年农业气象观测站玉米生育期、产量资料以及土壤资料，分气候区对农业生产系统模型（APSIM）进行调参和验证，建立适用于东北三省 10 个不同气候区的模型相关参数，在各气候区利用调参和验证后的 APSIM-Maize 模型设置不同播期，模拟各年代不同播期下春玉米潜在产量和气候生产潜力，综合高产和稳产性指标，明确了不同区域各年代不同条件下适宜播期范围。研究结果表明，充分灌溉条件下，研究区域内适宜播期范围从 4 月 16 日至 5 月 19 日，空间上呈南早北迟的纬向分布特征；20 世纪 90 年代和 21 世纪 00 年代玉米适宜播期较 20 世纪 80 年代有提前趋势，其中 20 世纪 90 年代提前趋势更明显；第 1、第 3、第 5、第 7 和第 9 气候区雨养条件下较充分灌溉条件下适宜播期有推迟趋势，推迟天数为 3~6 d。雨养条件下各年代不同气候区理论上的适宜播期较目前生产中实际播期下的产量提高 2.84%~9.96%。

牛冬等（2019）为确定适宜的春玉米播种期，合理安排春播生产，利用内蒙古 1961—2016 年气象资料和玉米主产区农业气象观测资料，采用数理统计方法，分析了 56 年里地温和霜冻变化规律，并以 10 cm 地温稳定通过 8 ℃、9 ℃、10 ℃、11 ℃、12 ℃ 初日分别作为玉米播种指标，通过计算不同界限温度下玉米出苗后霜冻概率阈值，确定适宜的玉米播种指标和播种期。结果表明，内蒙古各地区春玉米适宜播种期在 4 月 6 日至 5 月 3 日，比目前的实际播种期普遍提前 8~22 天，可以适当选择生育期略长的玉米品种。

刘丹等（2016）以黑龙江省第二积温带的巴彦、佳木斯、林甸和宁安 4 个代表市县 2004 年至 2013 年间 4—5 月份日平均地温为基础数据，结合地温的变化规律和玉米种子适宜萌发温度，确定该积温带的玉米播种日期。结果表明，此积温带的玉米最早播种期为 4 月 18 日，适宜播期为 4 月 23 日至 5 月 5 日。

董飞等（2020）在研究不同播期和密度对玉米品种先玉 335 和强盛 388 生长发育及产量的影响时发现，玉米产量整体均表现为晚播处理产量较低，中播处理较高。随着播期提前，玉米生育期也相应延长，生育期延长的影响主要表现在播种至拔节期。本地区旱地玉米最佳播期在 4 月 27 日左右。

李明远（2019）介绍河北省春播玉米应在 5~10 cm 地温稳定在 10~12 ℃ 时开始播种，以 4 月下旬至 5 月上旬为宜。

玉米的适宜播种期主要根据玉米的种植制度、温度、墒情和品种来决定。北方春播玉米区为一年一熟制，影响播期的主要因素是温度、土壤墒情和品种特性。晚播耽误农时，过早播种又易感染玉米丝黑穗病和烂种缺苗。玉米种子在 6~7 ℃ 时开始发芽，但发芽缓慢，容易受病菌侵染及害虫、除草剂危害，一般将 5~10 cm 土层的地温稳定在 8~10 ℃ 作为春玉米适播期开始的标准。播种过晚，容易贪青晚熟，遇霜减产。在地温允许的情况下，土壤墒情较好的地块可及早抢墒播种。土壤墒情较差不利于种子萌发出苗的地区，可采用坐水抗旱播种，也可等雨或浇底墒水进行足墒播种。北方春玉米区适宜播期为 4 月中、下旬至 5 月上旬。

（三）合理密植

适宜的种植密度是获取理想产量的保证。合理密植的原则是根据品种和栽培条件确定适宜密度，使群体的最大叶面积系数的光截获率达到 95% 左右，光能在冠层中分布合理。同时保证群体与个体的协调发展，使穗数、粒数和粒重三者的乘积达最大值。根据现有品种类型和栽培条件，春玉米适宜密植幅度为：平展型中晚熟杂交种，3000~3500 株/亩；紧凑型中晚熟和平展型中早熟杂交种，4000~4500 株/亩；耐密植的紧凑型中早熟杂交种，4500~5000 株/亩；紧凑型早熟杂交种，5000~6000 株/亩。在上述品种适宜密度范围内，肥水条件好的高产田，可采用适宜密度上限,一般田可采用适宜密度的中、下限。

杨哲等(2020)通过综合分析 2000 年以来我国北方春玉米在品种耐密性、种植密度、耕作方式、养分管理、病害防治等 114 篇论文数据,同时结合大田栽培措施因子替换试验,定量解析主要栽培措施对春玉米产量的贡献及其优先次序。文献统计分析结果显示,当前生产主要应用的 5 项主要栽培措施对春玉米产量贡献的优先序为种植密度、养分管理、品种耐密性、防病(兼化控)、耕作方式,对产量的贡献率分别为 12.6%、9.2%、6.7%、6.3%、5.5%。各措施因子对玉米产量差的影响主要通过影响群体物质生产能力和群体库容量实现,当群体 LAI 饱和后,如何优化群体同化性能、提高光能利用效率和单位叶面积籽粒生产效率是缩小产量差,实现增产的关键。因此,笔者认为,产量和资源效率协同提高 15%~20% 的高产高效目标,通过密度和养分管理这 2 项措施的优化即可实现,若要使产量和资源效率均增加 30%~50%,则需要综合优化至少 4 个因子甚至全部 5 个因子。

董飞等(2020)采用裂区试验设计,研究不同播期和 5.25 万株/hm²、6.00 万株/hm²、6.75 万株/hm²、7.50 万株/hm² 不同种植密度对玉米品种先玉 335 和强盛 388 生长发育及产量的影响。结果表明,随种植密度增加,植株株高和穗位高升高,茎粗和单株干物质重降低,播期推迟使这种升高和降低效应进一步加强。先玉 335 在早播和中播条件下适宜密度为 6.75 万株/hm²,晚播条件下适宜低密度种植;强盛 388 在 3 个播期下均适宜低密度种植。本地区旱地玉米适宜播种密度为 6.75 万株/hm² 左右,玉米茎秆性状及产量指标较优。

周婷婷等(2015)探讨了渭北旱塬春玉米田不同种植密度和不同品种类型处理对春玉米生长、产量及光能利用效率的影响,为渭北旱塬区旱地玉米稳产高产提供理论依据。以豫玉 22(平展型)、郑单 958(紧凑型)和先玉 335(耐密型)为供试品种,设置 5.25 万株/hm²、6.75 万株/hm²、8.25 万株/hm² 和 9.75 万株/hm² 4 种密度处理,研究各生育时期玉米群体叶面积指数(LAI)、干物质积累、产量及其性状、光能利用率(RUE)、水分利用效率(WUE)和经济效益的变化规律。结果表明,增加种植密度可以提高春玉米 LAI 和群体干物质积累量,进而提高春玉米群体对旱地光能和水分的利用,最终实现增产增收;不同密度下以 8.25 万株/hm² 的产量最高,平均产量达 8.97 t/hm²,群体光能利用效率达 1.5 左右;各品种间耐密性以先玉 335 最好,郑单 958 次之,豫玉 22 较差。在渭北旱塬春玉米种植区,应适当增加种植密度,同时应选育紧凑、耐密型品种。本试验条件下,先玉 335 在 8.25 万株/hm² 密度下产量和纯收益最高,为渭北旱塬区较适宜的春玉米密度和种植模式。

为探究西辽河平原地区宽行种植模式下春玉米叶片的生理特性,张丽娟等(2018)于 2015—2016 年在内蒙古民族大学实验农场,以农华 101 为供试品种、当地农民常规种植模式为对照,在 6 万株/hm²、7.5 万株/hm² 和 9 万株/hm² 种植密度下,研究宽行种植模式对春玉米叶片 SOD、POD 酶活性、MDA 含量、SPAD 值及产量的影响。结果表明,不同种植密度下宽行种植模式实测产量均显著高于对照,以 7.5 万株/hm² 种植密度下产量最高,且增产幅度最大。

徐宗贵等(2017)于 2015—2016 年以豫玉 22、郑单 958 和先玉 335 为供试品种,设置 D1(5.25 万株/hm²)、D2(6.75 万株/hm²)、D3(8.25 万株/hm²)和 D4(9.75 万株/hm²)4 个种植密度处理,研究玉米各生育时期光合特性、叶面积指数(LAI)、干物质量和产量相关性状的变化规律,旨在揭示旱地不同株型玉米品种对种植密度的响应规律,确定与降水资源相适应的适宜种植密度。研究结果表明,渭北旱塬旱地豫玉 22、郑单 958 和先玉 335 最适种植密度分别为 7.25 万株/hm²、7.40 万株/hm²、7.32 万株/hm²,其中豫玉 22 稳产性和丰产性较高,不同类型玉米品种最适种植密度范围为 7.26 万～7.40 万株/hm²,稀植型品种宜采用较低密度,密植型品种宜采用较高密度。

李敖等(2020)于 2017—2018 年玉米生长季,探讨不同耕作方式(翻耕、免耕、深松)、施氮(0、150 kg/hm²、225 kg/hm²)和种植密度(52500 株/hm²、67500 株/hm²)对春玉米田土壤水分动态、水分利用效率、春玉米生长、产量及其构成因素的互作效应,提高玉米综合生产力。结果发现,在黄土旱塬半湿润易旱区,深松耕配施 150～225 kg/hm² 施氮量与 67500 株/hm² 种植密度,不仅可以提高春玉米水分利用效率,还可获得较高的玉米产量效益;免耕配施 225 kg/hm² 施氮量与 67500 株/hm² 种植密度,可获得较高的经济效益。

为明确施氮量和种植密度对玉米产量和磷钾吸收利用的影响,褚旭等(2020)于 2015—2016 年连续 2 年在河南省禹州市开展大田试验,选用伟科 702 和中单 909,设置不施氮(0 kg/hm²,N0)、低氮(180 kg/hm²,N180)、高氮(360 kg/hm²,N360)三个施氮水平,4.5 万株/hm²(D45)、6.0 万株/hm²(D60)、7.5 万株/hm²(D75)、9.0 万株/hm²(D90)四个种植密度,分析不同因素对玉米产量及构成、磷钾累积及吸收利用效率的影响。结果表明,玉米产量随密度提高呈先增加后降低的趋势;相同密度下低氮处理提高了玉米产量,密度越高增产量幅度越大,D45、D60、D75、D90 密度下玉米产量分别增加 0.49%、0.73%、5.38%、7.81%。本研究条件下,施氮 180 kg/hm² 和种植密度 7.5 万株/hm² 可提高玉米产量和磷、钾素吸收,优化磷、钾肥的利用效率,研究为我国玉米合理栽培与施肥提供理论依据。

邓丽萍等(2020)探讨在水肥一体化条件下,干旱地区不同栽植密度对玉米生长的影响时发现,在生育前期各处理间的生育期差异不显著,而在喇叭口期之后,低密度处理所对应的生育期出现了提前的情况,且差异显著;随着种植密度的进一步提升,株高和穗位高都在一定程度上增加;7.5 万株/hm² 栽植密度所得到的理论产量(14010 kg/hm²)和实际产量(12243 kg/hm²)均最高。7.5 万株/hm² 为最佳栽植密度。

裴文东等(2020)2018—2019 年以陕科 9 号和大丰 30 为材料,设置 4 个种植密度 4.5 万/hm²、6.0 万/hm²、7.5 万/hm² 和 9.0 万株/hm² 进行田间试验,分析玉米冠层结构、光合性能以及产量构成指标,研究种植密度对玉米群体特征及产量的影响,确定陕北灌区玉米适宜种植密度。结果表明,两个品种籽粒产量随密度增大呈先增加后降低的趋势,均在密度 7.5 万株/hm² 时产量最高。适当增加密度配合耐密品种是陕北灌区春玉米增产的重要途径,密度 7.5 万株/hm² 是该区玉米适宜种植密度。

康彩睿等(2020)在陇中旱农区,依托 2012 年布设的田间定位试验,研究了种植密度与施氮量对全膜双垄沟播玉米光合特性、产量及产量构成要素的影响。采用裂区设计,主处理为种植密度:4.50 万株/hm²(D1)、5.25 万株/hm²(D2)、6.00 万株/hm²(D3)、6.75 万株/hm²(D4);副处理为施氮水平:施纯氮 200(N2)和 300 kg/hm²(N3)。结果发现,在陇中旱农区应用全膜双垄沟播技术种植玉米,密度为 5.25 万株/hm²,施纯氮 200 kg/hm² 左右时,叶片光合作用关系协调,有利于穗数和穗粒数的增加,从而提高玉米籽粒产量。

李峰等(2019)为探索晋南地区玉米适宜的栽培品种和种植密度,以先玉 335、郑单 958 和浚单 20 这 3 个玉米品种为试验材料,设置 7 个密度处理,4.50 万株/hm²、5.25 万株/hm²、6.00 万株/hm²、6.75 万株/hm²、7.50 万株/hm²、8.25 万株/hm² 和 9.00 万株/hm²,分析不同种植密度对晋南夏玉米茎秆及产量等性状的影响。结果表明,随着玉米种植密度的增加,株高和穗位高均增加,茎粗减小,倒伏率呈现增加趋势。同密度条件下,郑单 958 的倒伏率低于先玉 335 和浚单 20。先玉 335、郑单 958 和浚单 20 在种植密度为 7.50 万株/hm²、8.25 万株/hm² 和

9.00万株/hm²获得最大产量分别为11034 kg/hm²、8668 kg/hm²和8456 kg/hm²。综合茎秆性状和产量结果看,先玉335种植密度为6.75万~8.25万株/hm²时,可取得较好的生产效益。

(四)播种方法

目前,生产上播种方法主要包括人工播种和机械播种两种。

人工播种主要包括条播和点播。条播用种量较多,但省时,播种效率高;点播能保证播种质量,节省种子,便于集中施肥和机械化作业,但效率较低。对于雨养地区,如果播种时段内无雨或土壤墒情差,可待雨迟播;可坐水播种;也可在有秸秆覆盖条件下正期播种;还可以用田间寄籽的方式正期播种,待雨出苗。

机械播种的方式较多,但最常用的有条播、穴播(点播)、精量播种等。穴播是将种子按规定的行距、株距播深定点播入土中,每穴播2~3粒,可保证苗株在田间分布均匀。精量播种是指用精量播种机械将种子按精确的播深、间距定点、定量播入土中,保证每穴种子粒数相等。其中,单粒精量点播为"一穴一粒",播种密度就是计划种植密度,对种子质量要求高(发芽率应高于96%),因不用间苗,节本增效显著,是玉米播种技术的发展方向。免耕播种是在前茬作物收获后,不耕翻土地,原有的茎秆、残茬覆盖在地面,用专用的免耕播种机直接在茬地上播种。免耕播种可减少土壤耕作次数与能耗,减少对土壤的压实和破坏,减轻风蚀、水蚀,可保持底墒,降低生产成本。

四、种植方式

北方春播玉米区基本上为一年一熟制。玉米种植方式以清种为主、间套种为辅,清种方式占玉米总面积的50%以上,分布在东北三省平原和内蒙古自治区、陕西省、甘肃省、山西省、河北省的北部高寒地区。由于无霜期短,气温较低,玉米为单季种植,但玉米在轮作中发挥重要作用,通常与春小麦、高粱、谷子、大豆等作物轮作。这种情况在20世纪70年代以后发生了很大变化,由于玉米播种面积迅速增加,轮作倒茬已经很困难,因此发展成为玉米连作制。

(一)单作

单作是玉米的主要种植方式。单作指在同一块田地上种植一种作物的种植方式,也称为纯种、清种、净种。这种方式与间作相反,作物单一,群体结构单一,全田作物对环境条件要求一致,生育比较一致,便于田间统一种植、管理与机械化作业。作物生长发育过程中,个体之间只存在种内关系。一般有等行距种植和宽窄行种植。

等行距种植,种植行距相等,一般60~70 cm,株距随密度而定。其特点是植株抽穗前,叶片、根系分布均匀,能充分利用养分和阳光。播种、定苗、中耕除草和施肥时便于操作,利于全程机械化作业。但在高肥水、高密度条件下,生育后期行间荫蔽,光照条件差,群体个体矛盾尖锐,影响产量提高。

宽窄行种植,也称大小垄,行距一宽一窄,宽行80~90 cm,窄行40~50 cm,株距根据密度确定。其特点是植株在田间分布不均匀,生育前期对光能和地力利用较差,但能调节玉米后期个体与群体之间的矛盾,在高密度、高肥水的条件下,由于大行加宽,有利于中后期通风、透光,使"棒三叶"处于良好的光照条件之下,有利于干物质积累,产量较高。但在密度小、光照矛盾不突出的条件下,大小垄就无明显的增产效果,有时反而减产。一般提倡宽行行距80 cm、窄行行距 40 cm,也有宽行行距 70 cm、窄行行距 50 cm,宽行行距 90 cm、窄行行距 30 cm 和宽行行距 75 cm、窄行行距 45 cm 等其他行距配置方式。留苗株距依种植密度而定,平展型玉米可宽些,紧凑型玉米窄一些。生产实践中,选择种植方式时,应考虑地力和栽培条件。在地力和栽培条件较差的情况下,限制产量的主要因子是肥水条件,实行宽窄行种植,会加剧个体之间的竞争,从而削弱了个体的生长;但在肥水条件好的情况下,限制产量的主要因子是光、气、热等,实行宽窄行种植,可以改善通风透光条件,从而提高产量。所以,适宜的种植方式应因时、因地制宜。

朴琳等(2017)于 2013—2014 年以密植高产玉米品种中单 909 为试验材料,设置 5 个种植密度,探究不同栽培措施(深松、宽窄行种植以及化控处理)及其交互对北方春玉米产量和耐密性的调控效应及其对产量的贡献率。结果发现,宽窄行对产量的调控作用在不同组合间存在明显差异,深松与宽窄行组合较常规处理产量增加 11.28%。

张丽娟等(2018)为探究西辽河平原地区宽行种植模式下春玉米叶片的生理特性,在不同种植密度下,研究宽行种植模式对春玉米叶片 SOD、POD 酶活性,MDA 含量,SPAD 值及产量的影响。结果表明,不同种植密度下宽行种植模式实测产量均显著高于对照,;SOD 酶活性、POD 酶活性各时期均高于对照,MDA 含量均低于对照;SPAD 值各时期均高于对照,除吐丝期外,均达显著水平。

此外,还有 1 穴多株种植方式。这种栽培模式指在 1 穴中栽植两株及两株以上玉米,通过相对增加密度或扩大株距改变田间配置,达到提高产量的目的。1 穴多株种植模式通过调整玉米株、行距,改变田间微环境,提高光、热等资源的利用效率,从而提高玉米的产量。2008 年于占清教授的 1 穴多株种植技术在河北省献县、深州市、肃宁县等地区推广,将原来玉米生产由粗放式向科学化发展,采用专用的播种机、良种、肥料和调节剂协同提高产量。国内穴播种植研究主要在云南省、贵州省清镇市、河北省、安徽省、四川省部分地区和西北部分地区(山西省浑源县、陕西省岐山县、内蒙古宁城县、宁夏中部干旱带)。

河西走廊是甘肃省的主要商品粮生产基地,玉米已成为河西走廊第一大粮食作物,为研究一穴多株种植对膜下滴灌春玉米产量和群体质量的影响,进而实现增产、提高水肥利用效率和实现农业整体机械化的目标,连彩云等(2020)在同一种植密度(9900 株/hm^2),等行距(30 cm)、等株距(30 cm)条件下,设置 3 种种植规格:1 株/穴(H1,宽行 37 cm)、2 株/穴(H2,宽行 104 cm)、3 株/穴(H3,宽行 172 cm)。结果发现,春玉米膜下滴灌宽窄行配置 1 穴 2 株种植可以提高春玉米叶面积指数,延缓后期叶面积的衰老,增加光合势,有助于后期干物质的积累,提高粒重,最终提高玉米籽粒产量。与常规种植相比,玉米膜下滴灌采用 1 穴 2 株种植规格,产量提高约 21.6%,WUE 提高约 25%。

李吉军等(2019)在张掖市甘州区对春玉米采用 1 穴 3 株的固定穴株数,穴距 40 cm,行距 100 cm,与普通春玉米种植模式 1 穴 1 株,穴距 28 cm,行距 60 cm 进行对比。结果表明,玉米"1 穴多株"种植模式不仅增产效果明显,而且利于大面积推广高密度玉米品种、培肥地力、省工省时、保护环境、机械化程度高,具有很高的推广价值。

(二)间套作

1. 间作 间作是指在同一块田地上,于同一生长期内,分行或分带,相间种植两种或两种以上作物的种植方式,是中国北方一熟区提高土地利用率、增产增收的常见种植方式。播种期可以相同或不同,作物之间的共栖时间超过主体作物全生育期(播种至成熟)的一半以上。禾本科与豆科作物间作是世界上最普遍的间作类型。在国内,以玉米和大豆间作为主,还有玉米和春小麦、玉米和马铃薯、玉米和甘薯、玉米和花生、玉米和毛苕等间作类型。

(1)玉米大豆间作　间作类型中,以玉米豆类间作历史最长,分布最广。主要分布在东北以及自辽宁南部→华北各省→湖北西部→四川东部→贵州→云南的玉米带地区。玉米大豆间作,是东北地区玉米种植的主要形式,约占本区面积的40%。玉米大豆间作,充分利用两种作物形态及生理上的差异,合理搭配,提高了对光能、水分、土壤和空气资源的利用率。玉米大豆间作一般可以增产粮豆20%左右。

这种类型是配合恰当的一种间作典型。玉米属禾本科,须根系,株高,叶大而长,为需水需肥多的C_4植物。而大豆属豆科,直根系,株矮,叶小而圆,能与根瘤菌共生固氮,为需磷肥多的C_3植物。玉米大豆间作,能够改变群体结构和透光状况,改善田间通风透光条件;扩大边际效应;增加高秆作物玉米的边行优势。其田间配置,过去多采用窄行比,如1∶1、2∶1,随着生产条件的改善和玉米单产的提高,为减少玉米对大豆的不良影响,以提高全田总产量,已向宽行比发展。玉米大豆间作,在不同地区有不同的种植模式,一般在中等地力以上的地块应用,行比有2∶2、2∶4、4∶2、6∶2、6∶6等,因地区、因地而异。

邓洪峰(2011)介绍玉米‖大豆间作,是东北地区玉米种植的主要形式。玉米大豆间作,充分利用2种作物形态及生理上的差异,合理搭配,提高了对光能、水分、土壤和空气资源的利用率。玉米大豆间作一般可以增产粮豆20%左右。20世纪70年代以后,在陕西省北部、山西省北部和辽宁省、甘肃省、内蒙古自治区部分水肥条件较好的地区逐渐形成春小麦套种玉米的种植方式。主要采用宽畦播种小麦,畦埂套种或育苗移栽春玉米的方式,一般可增产20%～30%。

王静等(2020)为探究不同玉米‖大豆间作模式对晋中盆地玉米及大豆产量的影响,采用单因素随机区组试验设计,设置大丰30‖汾豆78、大丰26‖汾豆78、华美468‖汾豆78、福盛源1号‖汾豆78等4个间作模式,测定玉米穗部性状、玉米产量、大豆荚部性状、大豆产量以及玉米和大豆的干物质。结果表明,在晋中盆地采用华美468‖汾豆78和福盛源1号‖汾豆78等两种间作模式有利于玉米产量的提升,而采用大丰30‖汾豆78间作模式则有利于大豆产量的提升。

黄营等(2020)为探明不同玉豆间作系统下根系互作对玉米根系形态、地上部光合特性和生物量影响,揭示玉米与豆科间根系的互作效应,通过盆栽根系分隔试验,设置玉米‖大豆(IMS)、玉米‖花生(IMP)两种间作模式,塑料膜分隔(SB)、尼龙网分隔(MB)、无分隔(NB)3种根系互作方式,研究不同根系互作与玉豆间作模式下作物的根系生长、叶片光合能力、物质积累特性及竞争能力。结果发现,玉米‖大豆根系共生显著影响玉米地下部和地上部的调控及株型塑造,不利于玉米根系伸长,叶片对光能的利用率降低,但由于根系分枝、根冠比和茎物质积累增大,根系对养分和水分的吸收效率加强,生物量增大。

林平等(2020)为充分利用土地和光热资源,增加单位面积的整体产量和效益,以玉米、大豆纯作为对照,对玉米与大豆不同间作模式的产量和经济效益进行了比较。结果表明,玉米与大豆间作模式的经济效益显著高于玉米或大豆纯作,其中2行玉米与6行大豆间作模式的经济效益最高,达到了12413元/hm²;2行玉米与2行大豆间作处理次之,经济效益为11915元/hm²。2行玉米与2行大豆间作处理的作物总产量最高,达到了10317 kg/hm²,该模式下大豆产量及其构成因素明显低于大豆纯作以及其他间作模式,而玉米产量明显高于玉米纯作。建议在以玉米生产为主的地区,尽量采用2行玉米与2行大豆间作模式,既能增加玉米产量,又能增收大豆，同时还能培肥地力；在以夏大豆生产为主的地区，尽量采用2行玉米与6行大豆间作模式，在确保一定大豆产量的同时增加玉米产量，提高种植业的整体效益。

（2）玉米春小麦间作　玉米春小麦带状间作，主要分布在中国一熟地区的甘肃省河西走廊、山西省雁北、河北省北部、东北、内蒙古的南部平原。有研究表明，基本模式为1.8 m间作带。其中，春小麦占地60%（株高0.9 m左右），玉米占地40%（株高2.4 m左右）。小麦灌浆期与玉米高度相近，玉米吐丝期雌穗部位在春小麦冠层以上，基本满足了两种作物在各生育时期对外界环境条件的要求。

春小麦‖春玉米间作是中国西北地区一种较为普遍的间作种植模式。高莹等（2015）于2013年在内蒙古河套灌区开展试验，分析了小麦‖玉米间作在不同供肥水平下光合有效辐射和土壤表层温度的空间和时间变化特征，以及光温环境改变对小麦和玉米农艺性状的影响。结果表明，间作模式对各组分作物农艺性状的影响主要是由于光温环境的改变所致。

吕明洋等（2019）采用田间试验，设置4∶2（4垄玉米2垄小麦）、3∶2（3垄玉米2垄小麦）、2∶2（2垄玉米2垄小麦）3种不同的玉米‖小麦间作模式及玉米、小麦单作共5个处理，探讨吉林玉米带不同玉米‖小麦间作模式对作物产量及水分利用率的影响及种间竞争等方面的影响。两年试验表明，玉米‖小麦间作模式与单作模式相比具有显著优势，间作处理的土地当量比（LER）均大于1。玉米‖小麦间作系统中，小麦相对玉米的竞争力（Awm）均大于0。在小麦收获后，3种不同间作处理的玉米相对生长率（RGR）相比单作玉米提高显著。间作模式能显著增加玉米‖小麦间作的籽粒产量，其中2∶2处理组在产量表现等方面为最优。

（3）玉米马铃薯间作　这种类型主要分布在四川省、湖北省、云南省的丘陵山区和冷凉地区，近年来在陕西省、山西省、甘肃省、河北省、山东省、辽宁省等地都有发展。中国东北一熟区，玉米‖马铃薯的种植规格是秋季整地做垄，垄距60 cm，早春时节每隔2垄种植1垄马铃薯。4月下旬在空垄上播种玉米。玉米与马铃薯的比例为2∶1。6月中旬收获马铃薯，9月下旬或10月上旬收获玉米。

承德市农业科学研究所曾经做过的试验表明，玉米‖马铃薯以2∶2为佳。玉米密度为2700~3000株/亩，马铃薯下限密度为3700株/亩。在经济施肥条件下，这种模式比单作玉米增产139 kg/亩，增产率达37.4%。在≥10 ℃年积温2300~2500 ℃·d的地区，可采用地膜覆盖玉米与马铃薯间作形式，以1.8 m带幅，2∶2行比为宜。玉米与马铃薯各占地一半，玉米行距0.4 m，株距0.2 m，留苗3900株/亩左右；马铃薯行距0.4 m，株距0.23 m，留苗3150株/亩。

金建新等（2019）以马铃薯‖玉米间作为研究对象，分析间作对作物叶绿素、光合作用、作物水分特征以及生物量和产量的影响。结果表明，间作模式下各指标比单作模式均有所提高，叶绿素含量马铃薯和玉米分别提高1.7%~10.3%和8.0%~24.2%；马铃薯和玉米净光合速率、蒸腾强度、气孔导度、叶片水分利用效率分别提高1.8%、11.8%、22.2%、3.2%和3.0%、7.6%、9.2%、－6.6%，其中玉米叶片水分利用效率间作有所下降；马铃薯和玉米间作地上部分干重、产量较单作分别提高8.4%、13.8%和5.6%、9.5%；地下部根系干重则表现为单作显著高于间作，单作马铃薯、玉米分别较间作种植提高10.5%、25.1%。间作模式合理分配了土壤水分，马铃薯和玉米2种作物避开了需水高峰期，在干旱年份间作模式可有效提高作物抗旱和防灾减灾能力。

雷金银等（2018）为探索间作模式对农田土壤及作物行间大气温湿度的影响，研究了马铃薯‖玉米间作和马铃薯单作两种模式下，马铃薯行间土壤和空气温湿度的变化情况。结果表明,0～20 cm 土层的平均土壤水分间作较单作大 20%以上,而且间作 0～60 cm 土层的温度标准偏差不超过 2.5 ℃,而单作土壤温度随深度的增加表现为较大的突变。马铃薯单作模式下大气温度高于马铃薯和玉米间作模式,特别是在降水较少时影响更为显著。在降水量不足时,间作种植模式能提高田间湿度。间作模式可以在降温时达到土壤增温、保温与双向动态调控的效果,对温度的变化具有一定的缓冲效应;间作种植模式还能有效减少土壤水分蒸发消耗量,且更好地吸收和利用深层土壤水分,从而提高土壤水分利用效率。

(4)玉米花生间作　这种类型主要分布在四川省、山东省、河南省、河北省等花生产区。

王飞等(2020)在河南科技大学试验农场,采用两因素两水平完全随机设计,两个种植模式包括玉米花生间作(2 行玉米间作 4 行花生)和花生单作,两个磷肥施用水平为不施磷(P0)和施 P_2O_5 180 kg/hm² (P1),研究玉米花生间作改善花生铁营养后对花生功能叶片光能吸收、转化、电子传递和 CO_2 固定的影响,揭示玉米花生间作改善花生光合性能的机理。结果表明,玉米花生间作显著改善了花生铁营养,因而促进了花生功能叶 PSⅡ对光能的吸收、转化和电子传递,提高 PSⅠ光化学活性、PSⅡ与 PSⅠ的协调性和电子传递链稳定性,还显著提高暗反应 CO_2 羧化固定能力,从而提高净光合速率和生物量。施磷加剧单作花生缺铁症状,降低其光化学效率、暗反应能力、净光合速率和生物量,却能增强间作种间作用,提高间作花生光能吸收转化能力和 CO_2 固定能力。

杨菲等(2019)以登海 605 和花育 36 为材料,设置玉米单作、花生单作、玉米‖花生 4∶4 间作、玉米‖花生 2∶6 间作 4 种种植模式和 2 个播期,研究播期对不同种植模式下玉米和花生生长发育及产量的影响。综合分析玉米花生间作系统作物混合产量可见,无论是花生荚果和玉米混合产量还是花生果仁和玉米混合产量,均以晚播 2∶6 间作模式为最高,亩产量分别为 1069.65 kg 和 1002.25 kg,分别较单作提高 3.68%和 17.04%。

南镇武等(2018)以玉米单作(CKM)、花生单作(CKP)为对照,设置玉米‖花生 3∶4 间作(M3P4)种植模式,研究盐碱地玉米‖花生间作对作物干物质积累、分配及叶面积、叶面积指数、产量、土地当量比的影响。结果表明,M3P4 间作模式可以显著提高花生花针期、成熟期和玉米的叶面积指数,且收获时叶面积指数保持较高值,对作物群体覆盖贡献大;与单作相比,成熟期两作物单株干物质重无显著差异,且成熟期玉米各器官干物质分配也无显著差异,但间作花生果仁及果皮占比显著降低;土地当量比为 1.13,间作优势明显。可见,M3P4 间作模式利于提高黄河三角洲地区群体覆盖度和土地利用效率。

为实现吉林省花生种植模式的多元化,对花生玉米间作最优模式进行筛选研究。陈小姝等(2019)在 2012—2014 年相关探索试验的基础上,于 2015—2016 年连续两年,通过设置 6 种种植模式——花生单作(SP)、玉米单作(SM)和花生‖玉米间作行比 4∶4(P4M4)、5∶5(P5M5)、6∶6(P6M6)、4∶6(P4M6),研究不同间作模式对花生、玉米产量及其土地当量比的影响。结果表明,3 种间作模式(P4M4、P5M5 和 P6M6)的土地当量比(LER)大于 1,说明等条带间作具有优势。P5M5 和 P6M6 的产量和土地当量比最高,且 P6M6 的 ATER 和 LUE 值最高,说明 6∶6 模式可以提高农田的时间效率,且综合效益最高。结合吉林省花生垄作种植习惯和生产条件,认为 6∶6(P6M6)模式适合机械化、规模化操作,是花生玉米间作高效种植模式。

(5)玉米牧草间作　在河套地区,与玉米间作的牧草有毛苕、紫花苜蓿、草木樨等。

赵雅姣等(2019)通过营养液沙培模拟试验,对紫花苜蓿‖玉米间作在不同氮素水平、不同种植方式下玉米氮代谢相关酶活性和氮代谢产物进行研究。结果表明,紫花苜蓿‖玉米间作可以提高玉米氮代谢相关酶活性以及氮代谢产物的积累。紫花苜蓿‖玉米中根系互作越紧密、氮素浓度越高,越有利于玉米的氮代谢相关酶活性的提高以及氮代谢产物的积累;氮代谢相关酶活性可以直接反映其氮代谢的能力。

李玉玺等(2018)以不施肥为对照,设 4 个不同施氮量,通过玉米单作及间作紫花苜蓿栽培模式,探索两种栽培模式对玉米产量性状及白浆土碱解氮/全氮、有效磷/全磷和速效钾/全钾等供肥特性的影响。结果表明,在供试 4 个施氮水平下,与玉米单作相比,间作紫花苜蓿均可显著提高玉米产量。

2. 套种 套种是指在同一块田地上,当前季作物达生殖生长阶段以后或收获以前,播种或移栽后季作物的种植方式。作物之间的共栖时间少于主体作物全生育期的一半。主要作用是延长作物对生长季节的利用,提高总产量。

春小麦套种玉米。20 世纪 70 年代以后,在陕西省北部、山西省北部和辽宁省、甘肃省、内蒙古自治区部分水肥条件较好的地区逐渐形成春小麦套种玉米的种植方式。主要采用宽畦播种小麦,畦埂套种或育苗移栽春玉米的方式,一般可增产 20%～30%。小麦套种玉米的田间配置主要有 3 类:一类是窄背晚套;二类是宽背早套;三类是小麦玉米面积各半。

(1)窄背晚套 主要在≥10 ℃积温＞4100 ℃·d,复种玉米热量仍较紧张或两熟热量不足,为保玉米稳产地区采用。要求在小麦播量、产量不受影响的前提下,通过套种保证玉米所需积温。玉米按栽培特性确定行距,宽窄行或等行距。小麦播种时依据夏玉米所需行距预留出套种行,套种行的宽度只要能够进行套种作业即可。预留套种行之间的小麦行距依小麦品种丰产要求而定,从而可以决定小麦的行数。小麦收获前 10 d 左右套种玉米,使小麦收获时玉米正值 3 叶期。因为玉米 2～3 片叶开始产生次生根,小麦、玉米共处阶段,玉米仅处于种子根生长时,受小麦的抑制作用很小。

具体规格如下:小麦是"三密一稀"(即 3 行小麦留 1 条玉米套种行)好,还是"四密一稀"好,应依品种而异。采用适宜窄行距的小麦品种,可能以"四密一稀"为好,大穗大粒小麦品种行距较宽,可能以"三密一稀"为好。套种带宽度麦行中预留玉米套种带的具体宽度,如套种工具配套,操作精细,19 cm 即可;反之,有的需要加宽到 33 cm 才行。套种玉米的行距确定时,如采用紧凑型玉米种,一般多为等行距且行距较窄,而采用松散型玉米时,则行距较宽或在高地力上可能成为宽窄行。套种时期可以麦收前 10 d 左右为依据,视当地灌水、降水积温、劳力等状况予以适当伸缩。

(2)宽背早套 在≥10 ℃积温为 3600～4100 ℃·d 地区,为能在麦行中早套中、晚熟玉米,以显著提高玉米产量,并保持小麦产量基本不减产时采用。如京津唐地区、山东省沿海一带以及陕西省关中、山西省汾河盆地等处。玉米早套的具体时期,依补足当地麦收后直播夏玉米所缺少的积温为标准,但套种的最早时期不能使玉米在麦行中进行穗分化,以免小麦直接影响玉米穗分化过程和中上部叶片生长,降低玉米产量。小麦、玉米共处期间为减少小麦对早套玉米的不利影响,必须预留较宽的套种行,但又要保证小麦实播面积和玉米密度,故宜每套种带套种双行玉米。双行玉米之间窄行距宜在 40 cm 左右。确定套种玉米的宽行距,应使全田玉米平均行距不超过单作玉米的最大可能行距(一般为 1 m),这样有利于保证玉米正常密度。玉米的最小株距可为 13 cm。套种带之间小麦播种的行数与行距依地力及小麦品种特性而定,地力高的,可成畦种植,行数较多;地力差时,可种在沟底(垄上种玉米),行数较少。为增加小麦边行优势,可增加边行播量。

(3)小麦玉米面积各占半 主要分布在≥10 ℃积温 3700 ℃·d 以下,春玉米一熟热量有余,两熟热量不足,但冬小麦可以越冬的地区,如辽南、冀北、晋中和晋东南及甘肃河西走廊等地,田间配置与前述小麦间作玉米相同,但两种作物的共存期小于其分别单独生长期。

刘丽等(2018)介绍了山西省中部小麦套种玉米植模式及种植规格。具体如下:小麦采用宽幅窄行带状种植,行距 13 cm,幅宽 78 cm,每幅 7 行,幅间距 50 cm,平均小麦行距 18.3 cm,亩成穗 35 万～40 万穗。玉米采用双行播种,在上年度小麦播种预留空间播种玉米,行间距 30 cm,机械单粒穴播,亩留苗密度 4000～5000 株。

周旭晴(2018)概括了山西省高寒山区马铃薯套种玉米高产栽培技术模式,厢宽 1.5 m,沟宽 0.3 m,每厢起 2 垄,垄宽 0.4 m,一垄覆膜播种 2 行马铃薯,株距 0.2 m,亩密度 3500 株;在预留的一垄上种 2 行玉米,行距 0.33 m,株距 0.33 m,亩播玉米 3200 株。

舒进康等(2016)为探索马铃薯/玉米 2∶1 行比套作下,马铃薯高产的最佳空间配置模式,在带宽、行距、间距、窝距等空间因子不同配置的 4 种马铃薯/玉米 2∶1 行比套作模式下,研究不同模式下马铃薯的产量及其光合性能指标变化。结果表明,带宽为 120 cm 模式的鲜薯产量和商品薯率、叶面积指数(LAI)、叶绿素含量(SPAD)及光合速率(P_n)、蒸腾速率(T_r)、气孔导度(G_s)均极显著或显著高于其他模式,表明 2∶1 行比下以间距、马铃薯小行距、窝距均为 40 cm 的中等距离空间配置更有利于光合作用,效果最佳,宜在生产中推广应用。

蔡叶茂等(2013)采用 L9(34)正交设计,研究马铃薯品种、马铃薯与玉米的间距和带宽、马铃薯窝距对马铃薯和玉米产量的影响。结果表明,马铃薯品种、马铃薯与玉米的带宽是影响总产量的关键因子,其次是马铃薯窝距,马铃薯与玉米的间距对总产量的影响最小;当采用渝薯 1 号,马铃薯窝距为 40 cm,马铃薯与玉米的间距为 20 cm、带宽为 120 cm 时,总产量最高,达 30981.4 kg/hm^2。

(三)轮 作

轮作是在同一块田地上有顺序地轮换种植不同作物的种植方式。轮作是作物种植制度中的一项主要内容,也是世界各国土地用养结合、增加作物产量的共同经验之一。实行轮作是一项用养结合、持续增产、促进农业发展的有效措施。此外,轮作还可以错开农忙季节,调节劳动力,调养地力,防治病虫草害,在丘陵岗坡地利于保持水土。

在一熟制条件下,基本上是年际间轮作。主要轮作方式有小麦-玉米-谷子,或玉米-大豆-玉米。实施轮作的地方主要考虑以下条件以便安排合理的轮作。

1. 茬口 把主要作物、经济价值高的作物安排在最好的茬口上。在生产上最好的茬口比重总是有一定限度的,因此,不能把所有作物都安排在这些好的茬口上。必须分清主次,把好茬口优先安排主要作物和经济作物,如小麦、玉米、水稻等,但对其他作物也要有全面考虑。

2. 考虑前后茬作物病虫害以及对耕地的用养关系 轮作中易感病作物和抗病作物、养地作物和耗地作物搭配种植,衔接恰当,前作要为后作创造良好的土壤环境条件。一般是养地作物在前,耗地作物在后,如豆类作物、绿肥作物后一般安排需氮多的禾本科作物。

3. 严格考虑茬口的时间衔接关系 这是影响产量的突出问题之一。在有复种的轮作中,前作物收获之时,常常是后作物适宜种植之日,因此,及时安排好茬口衔接尤为重要。

黑龙江省西部半干旱区土壤常年风沙侵蚀,土壤质量不断恶化,玉米大豆轮作和玉米连作深翻秸秆还田是当地生产中提高耕地质量、保护农田土壤生态的两种生产模式。杨德光等(2019)利用长期定位试验玉米大豆轮作、玉米深翻秸秆还田种植模式和玉米连作处理对比,研究分析土壤理化性质、玉米生长发育指标和产量,评价两种种植模式技术效果。结果表明,轮作处理显著增加土壤速效氮、速效钾和有机质的含量,显著降低土壤容重10%左右,提高土壤孔隙度8%,对土壤物理结构改善具有良好作用。

为探索陇中旱作区不同玉米轮作模式对土壤碳、氮含量及土壤酶活性的影响,赵思腾等(2019)对玉米与苜蓿、马铃薯、大豆、小麦4种轮作模式的土壤碳、氮含量和酶活性进行测定分析。结果表明,玉米与苜蓿、大豆轮作土壤养分状况聚类距离最近,距离值为0.96,相似程度高,综合表现好。从土壤碳、氮含量和酶活性角度考虑,玉米与豆科作物轮作改良土壤肥力效果最好。

(四)带状种植

带状种植是指在同一块田地上,划分成不同的足够宽的、带幅相等的、便于操作的条带,主要通过间作方式,同时对比地种植两种作物的种植方式。这是北方高海拔地区玉米种植的有效方式。条带种植模式是一种缓解人口、土地、粮食矛盾的有效措施,是对土地高度集约利用的一种重要生产方式。利用机械半机械化作业,克服普通间作弊端,提高劳动生产率。条带种植能提高群体光能利用率,提高CO_2利用率,充分利用和培养地力,充分利用作物之间的协调关系,增强边行优势,减轻自然灾害。在中国北方,主要有小麦与玉米、玉米与豆类、谷子与豆类等条带种植类型。

玉米带状种植高产栽培模式与传统种植模式相比,最大的好处就是在高密度种植下通过调配种植株距、行距改变田间微环境,在显著增加密度的前提下,改善了通风透光条件,从而促进光合作用,提高光、热等资源的利用效率和玉米抗倒伏能力,实现玉米行行有边际效应,地中地边果穗大小均匀一致。同时,借玉米带与带之间的间隔,更加方便了病虫草害防治,利于机械化作业,有效降低了农民的劳动强度。

玉米带状种植模式一般采取1 m一带2∶2的种植模式,即两垄玉米套两垄大豆,行距均为50 cm。第二年玉米大豆交换茬口,换带种植,轮作倒茬,实现种养结合,增强农业后劲和可持续发展。

杨蕊菊(2005)在高产田条件下,研究不同小麦/玉米带幅、小麦密度、玉米密度为变化因子的种植模式对产量的影响。结果表明,不同种植模式小麦玉米带田产量有显著的差异,间作小麦带幅1.6 m时产量最高,净增长率达26.35%,而在带幅为2.66 m(5∶5)带型结构中间作玉米产量最高,其增产幅度达81.15%,总产量也最高,带田增产幅度达29.29%。相关分析得出带幅与总体产量、间作玉米产量呈极显著的正相关,而与间作小麦产量则呈极显著的负相关。多元回归分析表明,单位面积穗数对间作小麦产量的贡献率最大,标准化回归系数为0.597,其次为穗粒重,逐步回归分析表明,决定间作小麦产量的最终因素为带幅、单位面积穗数、玉米密度、生物产量,这4个因素决定总体变异的0.896,决定间作玉米产量的主要因素为带幅和株高。

胡新元等(2010)探讨了施氮对带田作物产量及水分利用效率的影响。对河西一熟制灌区4种主要栽培模式施氮效应进行研究的结果表明,在灌水量相同的情况下,增施氮肥,以玉米‖甘蓝带田的产量增幅最大。同种作物的间套方式不同,产量间有差异。在相同条件下,在玉米‖甘蓝间作模式中,玉米当量面积产量分别较小麦‖玉米、玉米‖蚕豆间作模式中的玉米当量面积产量高。在灌水量相同的情况下,施氮肥明显地提高了作物的灌水利用效率及土壤水分利用效率,以玉米‖甘蓝间作模式灌水利用效率及土壤水分利用效率最高。

何海军(2016)介绍,胡麻/玉米带型是西北沿黄灌区主要种植模式之一。通过对9种不同带型、密度胡麻/玉米带田的叶面积指数、干物质积累量、产量要素、产量、产值和土地当量值的系统研究表明,9个处理的带田叶面积指数均表现出"抛物线"的变化趋势,干物质积累均表现出"直线"上升的变化趋势。同一密度下,不同带型的叶面积指数和干物质积累量随带幅的增大而增大;带型相同时,在胡麻收获前,不同密度带田的叶面积指数随胡麻密度的增大而增大,玉米各器官干物质积累量随胡麻密度的增大而减少。但从带田全生育期看,各处理间总的叶面积指数差异不大。带田幅宽150 cm,其中6行胡麻带100 cm,2行玉米带50 cm,胡麻每公顷为600万株的带型中,玉米对胡麻的遮阴较小,共生期间竞争造成的影响最低,能够将两种组分的优势充分发挥出来。这种结构胡麻/玉米带田产量每亩达到108.3 kg、814.9 kg,亩产值达2279.5元,居9个处理的第一位。

任永福等(2019)介绍,玉米-大豆带状复合种植作为中国经典的间套作种植模式之一,在西南、西北地区已大面积推广应用。该模式充分利用了生物多样性原理,具有培肥土壤、操作简便、光能利用率高、利于机械化等优点,在保证玉米种植面积的前提下实现了玉米、大豆的双高产。

常云龙等(2016)2013—2015年在山西省农业科学院谷子研究所试验地,采用非等行距3行1带(50 cm∶50 cm∶100 cm)种植模式,选用潞玉36、屯玉99等耐密玉米品种,种植密度范围为75000～82500株/hm^2,辅之配套集成技术,形成了完整的、标准化的玉米高产栽培技术体系。

李春红等(2017)选用不同品种的玉米和大豆进行带状复合种植,以期从中选择出适合于辽宁地区玉米-大豆带状复合种植的品种组合方式。其中,采用玉米-大豆带状复合种植技术,玉米与大豆行比为2∶2,行长为400 m,以宽窄行种植,扩大宽行距使玉米宽行距达到1.8 m,玉米与大豆间距70 cm,缩小窄行行距,使玉米与玉米之间的窄行距为40 cm,大豆与大豆之间的窄行距为40 cm,缩小玉米株距15 cm,每穴留1株,大豆株距20 cm,采取1,2,1方式留苗。在玉米-大豆带状复合种植中,应选择单株荚数、单株粒数、单株粒重有优势的大豆品种,选择穗行数和行粒数有优势的玉米品种。综合考虑玉米和大豆性状的组合,良玉88-辽豆32组合的综合性状较好,是适宜辽宁省玉米-大豆带状复合种植的品种组合。

五、田间管理

(一)中耕

一般在拔节前随追肥进行一次中耕,既能灭草,又能为中耕后蓄水打基础。

中耕主要在玉米出苗之后封垄之前进行。这期间降雨、人畜在田间的操作,耕层结构逐渐由松变紧,同时还有杂草滋生,都影响玉米的生长发育;而且随着玉米的进一步生长,根系向更深土层伸展,需要更多的水分和养分,因此,此期要进行中耕。中耕可以疏松表土,破除板结,减少土壤水分蒸发和接纳较多的雨水;增加土壤空气,提高地温,促进根系下扎和幼苗生长;消灭杂草,防止草荒,从而减少养分和水分的消耗,减少病虫的传播,为玉米生长创造适宜的环境。另外,干旱时中耕,可以切断土壤毛细管孔隙,防止水分蒸发,起到防旱保墒作用;大雨后中耕,能起到散墒除涝作用,对于盐碱地还有抑制盐分上升的作用。

玉米中耕除草,一般是先铲后耥,进行3次,以田间保持干净无杂草、表土层疏松为度,做到中耕、追肥、灌水3个措施紧密配合。中耕深度应遵循"浅—深—浅"的原则,即"头遍浅,二遍深,三遍不伤根",一般依次为3～5 cm、7～8 cm、5～6 cm。具体执行时应根据当时的气候及土壤墒情而略有增减,原则是不伤根、不压苗、消除杂草、破除板结。

春玉米苗期时间较长,气温较低,为了增高地温,防除杂草,要尽早进行一次浅中耕,先锄后耪,然后行间耪浅沟,切忌压苗。在玉米拔节期施入攻秆肥后再进行一次深中耕,同时将肥料盖上。灌浆后若有条件可浅锄一次,并结合中耕进行培土,将行间的土培到玉米植株基部形成垄状。中耕培土有利于防止倒伏、促进土壤通气增温,有利于微生物活动和养分分解,促进玉米根系呼吸和吸收养分,防止叶片早衰。

(二)科学施肥

玉米种植前要进一步提升土壤肥力,以便玉米种子能够更好地出苗。增施基肥是现阶段增强土壤肥力的有效手段,能够有效地满足玉米种子发芽生长所需的养分和元素,同时还能改善土壤物理特性,富集微生物,使土质变得松软适宜,透气性能增强,为后期的保水保墒和保温打好基础。基肥可以选用农家肥,具有有机长效、养分均衡的优势。

由于北方气温低玉米成熟期较短,因此,必须要做到施足底肥,合理肥料配比,北方地区在每亩施腐熟有机肥 2000 kg 的基础上,建议亩施入三元复合肥(N、P_2O_5、K_2O 含量均占肥料的 15%)15~20 kg 底肥,以保证玉米对养分的需求。玉米对氮、磷、钾的吸收总量随产量水平的提高而增多。在多数情况下,玉米一生中吸收的主要养分,以氮为最多,钾次之,磷最少。一般正常大田生产水平下,每亩可施磷酸二铵 10~15 kg,尿素 15~25 kg,氯化钾或硫酸钾 7~10 kg,也可选择养分数量相当的复合肥。

由于春玉米生长期较长,苗期生长缓慢,吸收养分少,应多采用"前轻后重"的追肥方式,在玉米拔节前施入追肥的 1/3,即每亩施尿素 5~10 kg,在大喇叭口期施入追肥的 2/3,即每亩追施尿素 10~20 kg。在北方旱作地区,尤其是干旱或半干旱地区,为提高肥料利用率,有时常常把基肥、种肥和追肥结合起来,在播种时一次施入,随玉米生育进程推进,肥料逐渐释放,被植株不断吸收利用。在旱作地区应尽量提倡肥料一次深施。

由于追肥施用时间不同可分为苗肥、穗肥和粒肥。但在生产中往往只在拔节期追一次氮肥。一般玉米追肥为每公顷施 300~375 kg 尿素,个别地块、个别地区有时甚至会达到 450 kg 或更多。追肥要根据地力情况、基肥、种肥等条件,确定施肥量。追肥量与时期可根据地力、苗情及前期追肥情况等确定,一般追施总氮量的 60%。追肥时应在行侧距植株 10~15 cm 范围开沟深施或在植株旁穴施,或用玉米点播器、追肥枪在两株中间打孔施入,深度 5~10 cm,施肥后覆盖严密。如在地表撒施时一定要结合灌溉或有效降水进行,以防造成肥料损失。对于攻粒肥可追施氮素化肥,也可采用磷酸二氢钾和尿素进行叶面喷施,有条件的可视情况喷施锌、硼等微肥,对于促进籽粒形成、增加粒重效果明显。

2010—2012 年何萍等(2014)在中国北方七省玉米种植区开展 373 个田间试验。试验设置基于产量反应和农学效率的推荐施肥(Nutrient Expert,简称 NE),在此基础上设置减素处理包括不施氮、不施磷和不施钾处理,以农民习惯施肥为对照。依据产量和试验期间玉米和肥料价格计算了肥料氮、磷、钾施用的产投比。通过研究当前我国北方玉米产区氮、磷、钾施用对玉米的增产效应和经济效益,分析给定施肥效应、肥料和玉米价格情况下玉米的经济效益变化。研究结果表明,中国北方玉米产区玉米的增产效应以氮最高,其次是钾,磷最小。依据肥料价格因素,单位氮、磷、钾养分收益磷最高,其次是钾,最低是氮。依据玉米价格和肥料价格综合考虑,基于 NE 专家系统的推荐 $N—P_2O_5—K_2O$ 用量(157—56—67)kg/hm^2 是北方各地获得高产和高收益的施肥用量。

李成等(2019)为探究灌溉施肥对河套灌区垄膜沟灌条件下土壤水热时空分布规律及春玉米产量的影响,于2017年4—9月,以春玉米西蒙6号为材料,通过4次垄膜沟灌试验,分别对比研究了400 mm(I1)、300 mm(I2)、200 mm(I3)灌水和600 kg/hm²磷酸二铵+300 kg/hm²尿素(F1)、300 kg/hm²磷酸二铵+150 kg/hm²尿素(F2)施肥组合,即高水高肥(I1F1)、高水低肥(I1F2)、中水高肥(I2F1)、中水低肥(I2F2)、低水高肥(I3F1)、低水低肥(I3F2)6个处理对土壤水分、温度时空变化的影响,并分析了春玉米产量及其水分利用状况。结果表明,中水低肥处理(300 mm灌水和300 kg/hm²磷酸二铵+150 kg/hm²尿素施肥组合)适于春玉米垄膜沟灌种植模式在河套灌区的推广。

张富仓等(2018)为探讨不同滴灌施肥水平对宁夏春玉米产量及水肥利用效率的影响,以先玉335为试验材料,设置4个灌水水平(75%ET_c、90%ET_c、105%ET_c、120%ET_c,ET_c为玉米需水量)和4个N—P_2O_5—K_2O施肥水平,研究不同水肥供应对春玉米株高、茎粗、叶面积指数(leaf area index,LAI)、地上部干物质累积量和产量的影响,并分析其水肥利用效率。基于春玉米产量和水分利用效率最大值的95%为置信区间优化水肥管理方案,兼顾节水节肥,推荐灌水量在323~446 mm、施肥量在N210 kg/hm²-$P_2O_5$104 kg/hm²-K_2O104 kg/hm²~N325 kg/hm²-$P_2O_5$163 kg/hm²-K_2O163 kg/hm²。该研究结果对宁夏春玉米滴灌施肥管理具有重要指导意义。

针对河西地区水资源短缺、作物水肥利用效率低等问题,研究不同滴灌施肥条件下河西地区春玉米根系生长与产量对水肥的响应关系,以期探索提高水肥利用效率的滴灌施肥模式。邹海洋等(2017)利用2年的田间小区试验,以春玉米强盛51号为试验材料,设置4个灌水水平、4种N—P_2O_5—K_2O施肥水平,结果发现,在河西地区膜下滴灌施肥条件下,综合考虑根系生长、节水节肥及高产等因素,该地区灌水量90%ET_c~100%ET_c、180-90-90(N—P_2O_5—K_2O)kg/hm²处理为最佳滴灌施肥策略。

全膜双垄沟播玉米栽培技术,有利于玉米碳水化合物的合成,增加玉米干物质积累量,适宜于甘肃省中东部干旱半干旱地区,张平良等(2014)研究表明,在玉米全膜双垄沟播栽培技术条件下,N、P_2O_5和K_2O的用量分别为225 kg/hm²、120 kg/hm²和60 kg/hm²时,玉米籽粒产量和水分利用效率最高。

刘芬等(2014)总结2006—2009年陕西省渭北旱塬测土配方施肥项目184个"3414"试验数据,从区域角度上分析当前生产条件下渭北旱塬玉米施肥效果,以及施肥量、土壤肥力水平对玉米产量、经济效益、肥料利用效率等的影响,为提高渭北旱塬玉米产量和肥料高效利用提供依据。结果表明,施用氮(N)、磷(P_2O_5)、钾(K_2O)肥玉米分别增产2177 kg/hm²、1157 kg/hm²、656 kg/hm²,增产率为34.0%、15.2%、7.9%。施肥增产、增收效果以及肥料贡献率均表现为N>P_2O_5>K_2O。施用氮、磷、钾肥均可显著提高玉米产量,但过量施用氮、磷、钾肥产量不再增加,且经济效益和肥料利用效率均显著降低。推荐施肥处理化肥增产、增收效果、对产量的贡献率以及农学效率均最高。土壤肥力对化肥肥效有显著影响,施肥于中、低肥力土壤既能实现养分高效利用又能获得较大经济效益。与20世纪80年代相比,当前氮肥肥效明显降低,磷、钾肥肥效明显升高。

王激清等(2011)在田间条件下研究了施氮量对春玉米产量、氮肥利用率和土壤硝态氮时空分布的影响,旨在为冀西北春玉米氮肥优化管理提供理论依据。综合分析氮肥用量对春玉米产量、氮肥利用率的影响,并考虑土壤硝态氮时空分布下的环境风险,合理的施氮量应控制在195~225 kg/hm²。

（三）合理灌溉，应对水分胁迫

1. 水分胁迫对玉米生长发育和生理活动的影响　干旱时由于运动细胞先失水，体积缩小而使叶片卷曲，因此，玉米对于干旱的反应，首先表现为叶片卷曲萎蔫，继而生长发育迟缓，营养体生长量不足，生殖体发育不良，最终表现为大幅减产，甚至绝产。光合作用对水分胁迫十分敏感，随水分胁迫强度的加剧，光合速率降低。水分胁迫引起光合作用下降，从而影响与光合作用相联系的其他生理和生化过程，是水分胁迫下作物产量减低的主要原因。

赵丽英等(2004)曾进行盆栽试验研究。结果表明，土壤毛管持水量由70%降至30%的过程中根、茎、叶相对含水量分别降低10.41%、12.03%、10.82%，充分复水后其相对含水量均明显提高，水分亏缺越严重的处理复水后其相对含水量增加越多，且不同亏缺程度处理均根>茎>叶；茎叶中可溶性糖含量变化先升后降，土壤毛管持水量50%干旱程度时达最大值，而根中可溶性糖含量呈渐增趋势，但可溶性蛋白质含量减少，复水后其含量均有所增加，干旱时脯氨酸含量累积，而复水后其含量降低。随干旱的加剧根茎叶渗透势、水势均呈降低趋势，复水后均有不同程度的增加，充分复水12 h后土壤毛管持水量为50%和土壤毛管持水量为60%的处理基本恢复至正常水平，土壤毛管持水量为30%和土壤毛管持水量为40%的处理水分亏缺较严重，大大影响了根、茎、叶渗透调节能力，且根系渗透调节能力小于茎和叶片。

郑盛华等(2006)研究水分胁迫下3个供试玉米品种苗期形态和生理特征变化。发现，水分胁迫在一定程度上能够提高玉米的水分利用效率，增幅与品种关系较大，抗旱型品种增幅明显，耗水型品种增幅相对较小。

张洪旭等(2008)曾在盆栽人工控制水分的条件下，比较了不同水分胁迫强度对不同抗旱性玉米杂交种叶片水分代谢的影响。结果表明，水分胁迫下玉米叶片水势、相对含水量、气孔导度和蒸腾速率均明显降低，随胁迫程度增强，降低幅度增大。其中叶片水势和叶片相对含水量与品种抗旱性密切相关，蒸腾速率和气孔阻力与品种抗旱性关系不明显。

王智威等(2013)介绍，采用盆栽试验，以蠡玉18玉米单交种为供试材料，设置充分供水(CK)、轻度水分胁迫(LS)、中度水分胁迫(MS)和重度水分胁迫(SS)4个水分处理水平，研究了水分胁迫对春播玉米苗期保护酶活性和生长的影响，以探讨土壤水分胁迫对玉米苗期生长发育及其生理过程的影响机制。研究表明，在不同程度的水分胁迫条件下，玉米幼苗的生长受到一定程度的抑制，但其能够通过调节自身的保护酶活性和渗透调节物质含量来减轻干旱伤害，维持植株的正常生理代谢功能。

龚雨田等(2017)曾研究不同生育期玉米水分胁迫对玉米农艺性状的影响，以为干旱、半干旱地区玉米抗旱提供理论依据。以玉米在苗期、拔节期、抽雄—吐丝、灌浆—成熟期进行水分胁迫，测量玉米株高、穗位高、叶面积、穗部性状，对比充分灌水与非充分灌溉下玉米农艺性状差异。利用Jensen模型求解出玉米各生育期水分敏感系数，验证水分胁迫对玉米产量的影响。结果表明，在拔节期进行干旱处理的株高、穗位高、叶面积受影响较大，有明显的抑制作用。抽雄—吐丝期干旱胁迫对穗部性状的形成较为明显，并且对产量影响较大。

齐月等(2019)于2015年的试验中，为探讨关键生育期水分胁迫对春玉米土壤水分动态变化和产量的影响，在典型干旱区武威开展关键生育期水分胁迫模拟试验。试验设置CK(整个生育期供水充足的对照处理)、T1(拔节期持续干旱直至生育期结束)、T2(抽雄期持续干旱直至生育期结束)3种处理。结果表明，关键生育期的水分胁迫主要通过影响春玉米营养生长和生殖生长来影响最终的产量，T1和T2干旱处理产量分别减少了66.4%和54.2%，产量水平分别减少了 23.4％和 13.1％。

任丽雯等(2019)设置 3 种水分处理,包括 CK(整个生育期供水充足)、T1(从拔节期开始控水,持续不灌水直至生育期结束)、T2(从抽雄期开始控水,持续不灌水直至生育期结束),讨论水分胁迫对玉米生长和产量的影响。结果表明,玉米株高和叶面积指数对拔节期水分胁迫 T1 处理比较敏感,T2 处理下的影响不是很显著;水分胁迫作用下营养器官积累的干物质对籽粒的贡献率显著下降,特别是叶片和茎秆积累的产物下降明显,叶鞘的干物质积累量仅对 T1 处理比较敏感;水分胁迫对玉米的穗部性状影响较大,最终导致 T1、T2 处理较 CK 处理减产 62.8％、37.8％;水分胁迫作用下,对产量影响大小的因子排序为:穗粒数＞穗长＞百粒重＞干物质转运率＞穗粗＞叶面积指数＞生物量。

武荣盛等(2015)基于 WOFOST 作物生长模型,分析了内蒙古地区春玉米在拔节—抽雄期和抽雄—乳熟期分别发生不同程度干旱对生物量和产量的影响。结果表明,随着干旱程度的加重,春玉米的灌浆强度、产量、生物量增长量和生物量的降幅均随之加大;复水后,灌浆强度和生物量增长量迅速恢复至无旱水平;拔节—抽雄期和抽雄—乳熟期两个生育阶段干旱影响的灌浆时段不同,抽雄—乳熟期干旱同时影响灌浆高峰期和衰减期的灌浆强度,故其导致的产量损失更为严重;这两个生育阶段干旱分别影响同化物积累的高峰期和衰减期,拔节—抽雄期干旱影响时间更长,生物量的降幅更为明显。

为明确华北地区特定区域与气候条件下春玉米对不同生育期水分胁迫的响应,袁淑芬等(2014)利用遮雨棚开展了盆栽春玉米的全程水分控制的试验研究。试验设置了 1 个全生育适水对照(CK)和 1 个全生育期供水充足(AW)处理,另外设置了苗期干旱(SD)、拔节期干旱(JD)、大喇叭口期干旱(LD)、抽穗期干旱(HD)和灌浆期干旱(FD)5 个不同时期的干旱处理。主要研究了不同生育期干旱对春玉米生育进程、部分形态生理特征的影响。分析结果表明,春玉米不同生育阶段对水分胁迫的敏感程度大小依次为抽穗期＞大喇叭口期＞灌浆期＞拔节期。与 CK 相比,SD 处理由于持续的重度干旱,所以严重抑制了其植株的生长,复水后其单株叶面积虽然上升幅度更大,但依然最小,且灌浆期光合速率也最小,说明苗期重度干旱后,复水后的恢复力是有限的。AW 处理可以减慢生育后期叶片的衰老速度,使整个生育期延长了 1 d,即充足水分供给利用时玉米生育期延长。营养生长阶段的 SD、JD 和 LD 处理分别使整个生育期延长了 3 d、1 d 和 1 d,而生殖生长期的 HD、FD 处理均使整个生育期缩短了 2 d,说明营养生长期干旱可以延缓玉米的生长发育,而生殖生长期干旱会加速玉米的衰老速度,缩短生育进程。

肖俊夫等(2010)以春玉米为试验材料,通过防雨棚测坑种植,人工严格控制设置不同的土壤水分处理,研究不同水分处理对玉米植株生态指标、耗水量和产量的影响。结果表明,水分胁迫抑制了玉米的生长发育,高水分处理均具有较高的叶面积、株高及茎粗;轻度胁迫对各项指标影响不大,随着胁迫的进一步加深,各项生态指标均呈下降趋势;低水分处理产量明显降低,耗水量较小,后期植株衰老加速,成熟期提前;高水分处理存在奢侈性蒸腾蒸发,耗水量最高,产量低于轻度胁迫处理。通过产量与耗水量对比分析,确定当地春玉米适宜土壤水分指标控制下限。

2. 水分胁迫的应对措施

(1)选用抗(耐)旱玉米品种　耐旱品种具有适应性强的特点,根系发达,入土深,吸收能力强,根冠比值大,叶片较厚,叶细胞体积小,叶脉致密,表面茸毛多,角质层厚。耐旱品种还具有叶片细胞原生质黏性大,遇旱时失水少,在干旱情况下气孔调节能力强,能维持一定水平的光合作用。

王瑞军等(2016)通过对当地主推的国审和省审品种进行田间种植对比试验,观测玉米的品种特性和生长状况并记录,测定产量。经过试验筛选出最适合晋北春播区种植的玉米品种。结果表明,同单38号、泉玉8号2个品种的平均单产分别为750.2 kg/亩、730.0 kg/亩,分别比对照晋32号增产61.2%、56.9%,并且植株农艺性状、抗性均好,稳产,可以作为晋单32号的替代品种或者搭配品种使用。

王芳等(2018)利用盆栽试验,以正常灌水为对照,对持绿型玉米自交系齐319和早衰型玉米自交系B73在开花后进行1周的干旱胁迫处理,测定与抗旱相关的生理生化指标及叶片衰老特性。试验结果表明,持绿型玉米齐319在干旱胁迫条件下表现出较强的抗旱性。

王聪武等(2019)研究表明,在渭北遭受前期干旱、后期大风、雨涝成灾特殊气候条件下,各品种苗期受低温气候影响出苗较晚,但由于墒情较好,苗齐苗壮,花期以晴天为主,且干旱、高温出现授粉不良,使个别品种病虫害严重,在此特殊气候条件下,豫丰3358、吉祥1号、名玉20、三农201、滑玉127这5个品种抗旱、抗病、抗逆性强,表现突出;名玉20、豫丰3358、吉祥1号适宜在当地及周边相邻生态区种植;三农201、滑玉127适宜在当地县春播区旱地种植。

为筛选出甘肃省西部地区抗旱能力较强的玉米品种,张雪婷等(2018)选取该区域实际生产中表现较好的5个玉米品种为试验材料,测定其在水分胁迫条件下的产量、农艺性状及生理指标,以抗旱系数为基础,结合主成分分析、抗旱指数、抗旱隶属函数,综合评价玉米品种的抗旱能力;同时,通过GGE双标图呈现参试品种与各类指标的相互联系。结果表明,参试品种抗旱性依次为五谷568>五谷704>陇单9号>武科8号>先玉335。

赵霞等(2017)为探讨河南省夏玉米主栽品种的抗旱性,选取16个已经审定通过的玉米杂交种,利用人工控水坑栽试验,对其进行了抗旱性评价,以期为玉米节水栽培、抗旱玉米品种选育和评价提供理论依据。依据抗旱指数进行分析,郑单1002、郑单958、郑单538这3个玉米杂交种抗旱级别为2级,抗旱能力较强;浚单20、伟科702、豫单606、先玉808、豫安3号、郑单528、先玉335、德单121、中种8号、农华101、桥玉8号11个玉米杂交种抗旱级别为3级,属中等抗旱品种;蠡玉16和中科4号2个玉米杂交种抗旱级别为4级,抗旱能力较弱。

岳海旺等(2017)在干旱防雨棚内,利用河北省生产上推广种植的10个玉米杂交种进行抗旱性比较试验。综合隶属度分析结果表明,衡单6272为强抗品种,伟科702为高抗品种,郑单958、浚单20、农华101、鲁单981为中抗品种,先玉335、登海605、中单909和蠡玉37为弱抗品种。

伊卫东等(2012)在节水灌溉和常规充分灌溉条件下,对20个北方玉米主产区品种的形态及生理指标、产量形成、水分利用等进行了系统测定,并比较了相关抗旱节水性能评价指标。结果表明,节水灌溉条件下,多数品种的产量和水分利用效率(WUE)表现一般,通过隶属函数法筛选出5个经济产量和WUE都表现较好的玉米品种并进行田间验证。以WUE和抗旱指数综合评价证明,郑单958、内单314和科河10号3个品种的节水抗旱性能均优于对照品种益丰29号和潞玉13号,适宜在内蒙古河套灌区引进推广。

(2)拓宽灌溉水源,适时补充灌溉

① 利用和蓄积降雨径流,充实灌溉水源,各地经验和措施甚多。

罗俊杰等(2003)介绍,以黄土高原半干旱区集雨技术及设施为基础,分析集雨水源的基本特征和特点,通过优化的补充灌溉方式,研究了不同作物在不同时期的补充灌溉定额、灌溉次数以及灌溉效果。试验研究表明,旱作区集雨补灌采用不同的微灌方式,在作物关键需水期和受旱后补充灌水,有显著的增产和保苗稳产效果。旱后补偿效应的研究表明,在作物受旱后供水,水分利用效率(WEU)显著增加。

张立忠(2003)介绍,在榆中县海拔2100~2400 m、年降水量300~430 mm的半干旱山地雨养农业区,通过修建集雨设施,配合补灌技术,进行小麦、玉米带状种植,可以变一年一熟为一年两熟,正常年份产量可达5250~7500 kg/hm^2,从而达到抗旱、减灾、增产的目的。

赵西宁等(2009a)研究表明,降雨径流的调控利用是缓解黄土高原干旱缺水与控制水土流失的有效手段,研究区域降雨径流调控利用潜力的定量评价对黄土高原降雨径流合理利用的宏观决策与规划设计具有重要意义。以黄土高原为例,将可以调控利用的最大降雨径流量作为资源化潜力值,从宏观尺度上,系统分析了影响该潜力的各个因素,确定出黄土高原降雨径流调控利用潜力的各项评价指标,利用GIS技术,建立了降雨径流各个影响因素的专题图层,提取出各个影响因素专题信息。在上述基础上,引入人工神经网络建模方法,建立了黄土高原降雨径流调控利用潜力BP网络模型,并利用实际资料对网络模型进行了训练和预测,取得了较好的结果。评价模型可供黄土高原降雨径流调控利用及其生态与环境保护工作参考。

赵西宁等(2009b)指出,干旱缺水与水土流失并存是制约黄土高原经济发展的两大瓶颈性因素。集雨补灌农业作为雨水利用的更高发展阶段,更加强调了从时间和空间两个方面对有限雨水资源实施主动调控与利用。大量研究与实践证明,集雨补灌农业不仅是黄土高原不可缺少的水资源开发利用形式,也是黄土高原水土保持工程技术体系的重要组成部分,更是黄土高原旱地农业持续发展的一种综合模式和战略性措施,是对旱地农业的进一步继承和发展。另外,具有工程化、科技化、规模化内涵的集雨补灌农业也已经成为现代节水农业技术体系的重要研究内容之一。黄土高原集雨补灌农业研究的深度和广度将会持续深入,其技术发展更加依赖于高新技术的支撑与应用。

康玲玲等(2010)曾通过对黄土高原地区水土保持措施利用径流量的宏观分析表明,在水土保持治理较高水平下,水土保持径流利用率最大为63%,最大利用径流量为40亿~50亿m^3。研究指出,水土保持措施利用径流量问题,涉及降水、下垫面、治理程度、措施构成、土壤水运动、水的回归等许多动态因素,相互作用情况十分复杂,如遇暴雨,水土保持利用径流量将会减小。

唐丽霞等(2010)研究表明,水资源短缺是黄土高原面临的最为关键的一个生态环境问题。研究黄土高原地区河川径流演变对土地利用与气候变化的响应是开展适应性流域管理的基础。以黄河流域中游山西省吉县境内的清水河流域(面积436 km^2)为研究对象,采用非参数统计秩检验法(Mann-Kendall)、滑动t检验和跃变参数分析法,对该流域1959—2005年的年径流量、降水量和潜在蒸发散量进行了趋势分析及突变点验证;用遥感数据判读和解译的结果分析了该流域不同时期土地利用变化;在此基础上根据水量平衡原理,分析了土地利用变化和气候变化对流域径流变化的贡献,并采用FDC曲线法分析了二者对高、中、低流量变化的影响。研究结果表明,该流域年径流量在1959—2005年的47年间呈显著下降趋势,突变点出现在1980年,但该流域降水量未出现明显的趋势性变化,而以Hamon公式计算的流域年潜在蒸发散则呈显著上升趋势,其突变点出现在1997年。该流域气候变化和土地利用变化对年径流减少的贡献率分别为46.79%和53.21%。综上看出,潜在蒸发散增加和乔木林地面积增加是导致该流域径流减少的重要原因。

赵西宁等(2015)研究表明,降雨径流调控利用强调从时间和空间两个方面对产生水土流失的主导因子——坡面降雨径流进行科学聚集与分散,以主动调控手段同步缓解黄土高原干旱缺水与水土流失并存两大难题,实现坡面降雨径流拦截、存贮与利用的统一,是黄土高原水土保持科学理论的继承与进一步发展。不同尺度降雨径流运行规律、雨水资源化潜力计算与评价、降雨径流优化配置理论与方法、降雨径流资源化环境效应、小流域降雨径流综合调控试验模拟应是其应用基础研究的重点。

郑培龙等(2016)曾以黄土高原秸河流域为研究对象,采用Mann-Kendall检验、距平累积曲线、双累积曲线以及分离评判法等方法进行研究。1962—2010年秸河流域年降雨呈下降趋势,但下降趋势不显著($P>0.05$);流域年径流深呈显著下降趋势($P<0.001$),且在1985年发生减少突变;坡耕地面积减少、梯田面积增加是研究时段内流域土地利用变化的最明显特征。研究时段内土地利用变化是秸河流域径流量减少的主要驱动因素,影响贡献率为90.2%,而气候变化影响较小,贡献率仅为9.8%。

② 合理利用地表水和地下水 中国的水资源可利用量约为8500亿 m^3,占水资源总量的30%。在水资源可利用总量中,地表水资源可利用量约为7900亿 m^3,占可利用总量的92%,地下水可利用量占8%左右。水资源是农业生产投入的重要因素,丰富的水资源可以使农业生产获得高产稳产。

根据1956—1979年水文系列资料,全国地下水计算面积877.5万 km^2,多年平均地下水资源量为8288亿 m^3,其中,北方地区地下水资源量为2542亿 m^3,占全国的30%;全国平原区地下水资源量为1873亿 m^3(含与山丘区地下水资源量间的重复计算量348亿 m^3)。北方平原区地下水资源量为1468亿 m^3,占全国平原区地下水资源量的78%。全国山丘区地下水资源量为6762亿 m^3,其中,北方山丘区占21%。

③ 蓄水方式 吴伟伟(2020)以晋中市黄土丘陵区不同雨水集蓄利用工程为研究对象,介绍了4种典型高效雨水集蓄利用模式,即高速公路集雨+塑料引水管+机挖塑衬旱井模式、人工混凝土集雨场+小沉砂池+机挖塑衬旱井模式、塑料大棚集雨场+轻石棉瓦引水混凝土渠+机挖塑衬旱井模式和乡村公路集雨+砖面引水渠+人工开挖砖砌旱井模式,以上4种典型雨水集蓄利用工程模式是经实践证明在旱塬地应用较为成功的模式,工程坚固耐用、用水就近方便、维护简单低廉、集雨效果良好。

王让学(2008)介绍了陕西黄土高原窖窨集蓄水,既解决了饮水困难,又可改变农村居住环境和卫生条件,多余水还可进行灌溉发展庭院经济。解决了黄土高原缺水的基本生存问题,具有改善黄土高原缺水地区综合环境、创造农村经济发展的基本条件。为缺水地区合理利用水资源,建设环境友好型、资源节约型社会走出了新路。窖窨集蓄水主要有集雨场、集雨水窖两部分,集雨场通常有地面集雨场、屋面集雨场和道路水沟集雨场,前两种可作为人畜饮水的水源地,后一种多为灌溉用水水源;集雨水窖多采用井式水窖,由过滤池、水窖体、引水管、溢流管、供水管、排水管组成。

康国玺(2004)根据甘肃省雨水利用工程建设及发展旱作雨养农业的经验,总结提出了黄土高原半干旱区雨水高效利用和管理模式,并对雨水集蓄工程技术模式进行了详细介绍。雨水集蓄工程包括集流工程和蓄水工程。雨水集蓄工程的集流面可分为:天然集流面、利用现存建筑物表面的集流面以及专用集流面(对天然地面进行防渗处理的集流面)。该项目根据本地区具体情况,总结提出了在天然荒山、荒坡、陡坡、公路、农用道路等现存建筑物表面以及天然地面上衬砌混凝土、水泥土和铺设塑料薄膜等形成专用集流面的集流工程形式。结合种植技术提出了以塑料薄膜覆盖栽培为主的田间微集水种植和塑料大棚集雨利用种植方式,并进行了推广应用,取得了很好的效果。蓄水工程以水窖为主,涝池、塘坝和淤地坝为辅。在本项目中广泛采用的是薄壁型水窖,造价较低。一般适用于蓄水量小于 70 m³、土质较密实、土壤中黏粒含量较高的地区。当土质较差时需要采用混凝土、浆砌石或砖砌的支撑型结构,此类水窖造价比薄壁型水窖造价高 2 倍左右,但可以有效地增加容积,有利于雨水集蓄工程的规模化发展。

路炳军等(2004)以甘肃省会宁县为例,介绍了黄土高原西部雨养农业区集雨水窖的主要类型。雨水集流系统包括田间工程措施和田外工程两大类。前者主要指梯田、鱼鳞坑、草粮带状间作等各种田间水土保持措施;后者主要包括水窖、水窑、水池、涝池四大类型。而一般意义上雨水集流系统指后者,该系统通常由集流场、输水渠、沉沙池、进水管、蓄水设施等部分组成。在会宁,水窖一直是人们长期普遍使用的集水微型工程设施,它从最初的单纯提供生活用水逐渐向提供农业灌溉用水过渡,为发展高效雨养农业提供了一定的保障。在会宁及其黄土高原其他地区,用于解决人畜饮水用的水窖一般建在庭院或者村庄附近,其集流面一般以庭院、屋面、场为主。而用于发展高效节水灌溉或者对作物进行补灌的水窖的集流场一般应优先考虑现有公路、乡村道路、闲散地及荒山荒面。常见的蓄水设施有水窖、水窑、水池和涝池四大类型。而水窖是会宁最为普及的蓄水设施,它一般修建在比较紧实、完整、没有裂缝的黄土层内,同时水窖最好远离树木,防止树木根系在成长过程中穿破窖壁,引起蓄水能力的下降甚至是窖体的破坏。由于水窖的形式、材料及投资等差别较大,所以水窖的类型、容积也各不相同。在会宁,集水用水窖主要有混凝土球形水窖、红黏土胶泥水窖和砖砌水窖三大类,不同类型的水窖其修建时的参数也各不相同。在黄土高原其他地区也有容积为 50~100 m³ 的窑式水窖,但由于跨度较大、施工要求较高、投资大等原因,窑式水窖在会宁并不常见。

针对缺水地区常用的圆柱形、球形、瓶形水窖建设中存在的因窖体受力分析不足、窖体结构设计不合理而导致窖体空间结构稳定性差以致最后窖体破坏,以及盲目增厚窖壁导致材料浪费等问题,张仕华(2018)利用基于 ANSYS 平台新开发的窖体有限元分析软件,对圆柱形、球形、瓶形 3 种水窖进行空间结构几何尺寸优化。以水窖耗材量最小为目标函数,以许用应力为约束条件,优化出不同容水量的水窖几何尺寸,并将它们的最优结果进行对比分析。结果表明,修筑球形水窖最省材料,圆柱形水窖次之,瓶形水窖在同工同容积下相对于另外 2 种水窖设计形式耗材最多,但结构稳定性高于圆柱形水窖,它们各有优缺点,可根据当地具体情况具体用途来选择最合适的水窖形式。

(3)灌溉时期、次数和效应　适时、适量灌溉对玉米高产很重要。在玉米生长发育的关键需水而又缺水的时期进行灌溉。正常年份一般玉米需浇水两次。第一次在播种前浇好底墒水;第二次在玉米穗分化期即玉米大喇叭口期浇水,此时正是玉米营养生长与生殖生长的关键期,也是玉米的需水临界期,此时缺水对玉米产量影响极大。如遇干旱年份,要在抽雄后再浇水,对玉米的后期生长增加千粒重有很大作用。

史鑫蕊等(2018)2015 年在甘肃省武威市石羊河流域绿洲农田设置了 5 种灌溉施肥处理:分别为传统施肥(N1)+传统灌水 4 次处理(I1N1),优化施肥(N2)+优化灌水 4~7 次处理(分别为 I2N2、I3N2、I4N2 和 I5N2),传统灌溉处理(I1)灌水总量为 480 mm,分别在拔节、大喇叭口、抽穗—扬花和灌浆期灌溉,灌水 4 次,优化灌水总量设定为 420 mm,分别灌溉 4 次、5 次、6 次和 7 次,分别对应 I2、I3、I4 和 I5。5 个处理每次灌溉量均等分配。应用农田水氮管理模型(soil water heat carbon and nitrogen simulator,WHCNS)模拟分析了不同灌水次数下的作物产量、水氮动态过程及水氮利用效率,最后应用综合指数法筛选了农田最佳的水肥管理方案。综合指数法评价结果表明,I3N2 处理(基肥尿素 300 kg/hm²,分别在拔节期和扬花—吐丝期灌水时追施尿素 120 kg/hm² 和 80 kg/hm²；灌水量 420 mm,分 5 次灌溉)为该地区最佳的水肥管理方案。因此,在该地区适当增加灌水次数和减少单次灌水量,不仅可以维持作物产量不变,而且显著减少了水分渗漏和氮素淋洗,同时提高了水氮利用效率。

为探究春玉米花后营养器官氮再分配及氮素利用特性对不同生育时期补充灌溉的响应,高震等(2016)以郑单 958 为材料,设置拔节期、大口期、吐丝期和吐丝后 15 天 4 个关键时期的灌水处理及不灌水对照,进行了两年大田试验研究。结果表明,春玉米生育前期灌水能够显著增加吐丝期叶片氮浓度和积累量,但茎秆中氮素增加相对不明显。大口期和吐丝期灌水显著促进了叶片和茎秆中氮素的再利用。灌水促进了玉米植株氮的再利用,有效地改善了玉米的氮利用特性,其中吐丝期灌水处理效果最为显著。

永登县地处陇中北部,属温带半干旱气候,年降水量 300 mm 左右。鲁学文等(2020)介绍,在水肥一体化技术条件下,分别在玉米苗期、小喇叭口期、大喇叭口期、灌浆期灌 4 次水,每次灌水量 40~50 m³,玉米田间长势强,单株经济性状好,产量高,亩纯收益最好。

王晓娟等(2018)研究了甘肃白银地区 9 种不同水氮配比胡麻/玉米带田叶面积指数、干物质质量和产量。由胡麻/玉米带田产量及经济效益分析可知,适宜甘肃白银的胡麻/玉米带田灌水量和施氮量模式分别是 T8—二次灌水三水平施氮量[快速生长期和盛花期各浇一次水(W2)/氮肥 240 kg/hm²(N3)]和 T6—三次灌水二水平施氮量[快速生长期、盛花期和青果期各浇一次水(W3)/氮肥 180 kg/hm²(N2)]。

为探究内蒙古通辽市春玉米在浅埋滴灌条件下的适宜灌水量,李媛媛等(2017)以郑单 958 为供试品种,采用大田试验方法,共设置 6 个灌水量水平,即浅埋滴灌条件下每次灌水量分别为 0、13 mm、26 mm、39 mm、52 mm,传统漫灌条件下每次灌水量为 80 mm。结果表明,浅埋滴灌每次灌水量 39 mm 处理比当地传统漫灌每次灌水量 80 mm 处理增产 6.03%,灌水量节约 26.56%,经济效益增长 6.78%。在试验地区,浅埋滴灌每次灌水量 39 mm 既增产又节水、节膜,是春玉米高产栽培中适宜的灌水量。

朱文新等(2016)为探究深松耕作下内蒙古西部平原的灌水制度,设置了深松条件下的 4 个灌水次数处理,分别为灌水 1 次、灌水 2 次、灌水 3 次和灌水 4 次。结果表明,深松耕作下,灌水有促进耕层土壤容重降低的作用,并显著降低 25~40 cm 土层土壤的紧实度;灌水次数越多,土壤含水量、水分利用效率及叶片水分利用效率越高,随着灌水次数的增加,春玉米的千粒质量显著增加并增产。

王娟(2018)对干旱地区覆膜玉米不同生育时期进行灌水试验。结果表明,通过一定的灌水,增加了玉米的株高、茎粗、穗位高、穗粒数、穗粒重和出籽率,减少了秃顶。其中,在玉米全生育期灌水 2 次,即在抽雄期和扬花期分别进行灌溉,能使玉米的经济性状最优,出籽率和产量最高,平均产量可达 11289 kg/hm²,比不灌水处理增产 20.17%。

在吉林省半干旱区水分是限制玉米产量形成的重要因素,有效灌溉保持了叶片较旺盛的光合生理代谢水平,为其干物质生产奠定了生理基础。徐晨等(2019)研究表明,在生育期内灌溉定额为 120 mm 时,其产量、水分利用效率和光合生理特性均表现最佳,120 mm 为吉林省西部半干旱地区的最佳灌溉定额。

王增丽等(2016)在石羊河流域中游,通过 2014—2015 年两年的灌溉试验,对春玉米生育期设置不同灌溉定额(4800 m³/hm²、4200 m³/hm² 和 3600 m³/hm²),测定 0~100 cm 土层内,土壤水盐时空分布特征,春玉米播种前和收获后土壤全盐量在年内和年际间的变化,春玉米产量及其构成要素。结果发现,膜下滴灌条件下,春玉米耗水量受灌水量影响,适度水分亏缺能提高水分利用效率(WUE)，但使春玉米产量降低 4.45%～20.99%。春玉米全生育期灌水 10 次，灌水定额为 420 m³/hm²，灌溉定额为 4200 m³/hm² 的灌溉制度节水、压盐、增产效益最优。

(4)灌溉方式

① 畦灌　畦灌是一种传统的灌溉方法，具体做法是通过筑埂和挖毛渠把土地筑成一定长方形小格，通常是 4～5 行玉米为一畦，由毛渠处打开缺口，引水入畦进行灌溉。畦的长度一般为 50～100 m，地面坡降大的可缩短为 10～20 m，畦的宽度一般为 2～3 m。畦灌的好处是浇水量大，浇得匀，浇得足。主要缺点是，比较费水，又容易造成地面板结。尽管这种灌溉方法比较落后，但由于受到经济条件的限制，在相当长的时间内估计仍为玉米的主要灌溉方法。多见于河套地区或水源较充足地区。

② 喷灌　喷灌是以一定压力将水通过田间管道和喷头喷向空中，使水散成细小的水珠，然后像降雨一样均匀地洒在玉米植株和地面上，这是一种最接近天然降雨的灌溉技术。喷灌的优点是：比地面灌溉省水，无须做畦挖沟，比较省工，水的利用率很高，对土地平整要求不太严格，可以结合灌溉施肥和喷洒农药，生育中后期灌溉可以冲洗叶片的花粉和尘土，有利于提高叶片光合效率。玉米最适于喷灌，因为它生长在雨季，而天有不测风云，万一浇后又下雨，采用喷灌的也不至于积水成涝，影响田间作业和玉米生长。在播种阶段，土层已经干透，采用畦灌时浇水进度很慢，而喷灌时只要喷 2～3 h 就可以确保全苗。到了生育后期玉米已经长到 2.5 m 以上，玉米地犹如青纱帐，进地做畦浇水是一件头痛的事。如采用喷灌，则不存在问题。最近几年喷灌发展很快，省水、省工，起了很大的增产作用，是高原地区常用而实用的补灌方式。

③ 滴灌　滴灌是利用一种低压管道系统，将灌溉水经过分布在田间地面的一个个滴头，以点滴状态缓慢地、不断地浸润玉米根系最集中的地区，"把水送到玉米的嘴边上"。滴灌最大的优点是能直接把水送到玉米根系的吸收区，避免因渗漏、棵间蒸发、地面径流和喷灌时水分在空中的蒸发等方面的损失，而且对土壤结构也不造成破坏。它在节水方面的效果，在气候干燥地区表现尤为突出。有条件的农田提倡膜下滴灌。膜下滴灌是滴灌和地膜覆盖种植的高效结合技术，可有效地减少深层渗漏损失和田间无效水分蒸发，与传统地面灌溉相比节水 70%～80%。

祝青凤(2014)指出，采用膜下滴灌的方法进行玉米种植，可以提高水肥利用效率，产量较采用常规方法种植可提高 15% 左右，节水 30% 以上，节本增产效果明显。胡敏杰等(2017)曾于 2015 年在内蒙古自治区巴彦淖尔市，通过大田试验研究了河套灌区不同覆膜方式与滴灌水平对不同生育时期玉米光合特征及产量的影响。结果表明，与覆膜方式相比，滴灌水平对干旱地区玉米产量的影响更大。

④ 其他灌溉方式　微喷是介于喷灌与滴灌之间的一种新的灌水方法，采用低压管道将水送到作物根部附近，通过微喷头将水喷洒在土壤表面进行灌溉。它与喷灌的主要区别在于单个喷头的流量和运行压力的差异，与滴灌的区别在于出水方式的不同。滴灌以水滴状湿润局部面积土壤，而微喷是以雨滴喷洒湿润局部面积土壤，不仅可以湿润土壤，而且可以提高空气湿度，同时它比滴灌抗堵塞的能力强。

渗灌是通过埋在地表下的全部管网和灌水器进行灌水，水在土壤中缓慢地浸润和扩散湿润湿润部分土体，仍然属于局部灌溉。渗灌能克服地面毛管易于老化的缺陷，防止毛管的人为损坏或丢失，同时方便田间耕作，主要适用于灌溉果树，目前在吉林省应用面积不大。

魏廷邦等(2019)介绍了水氮耦合的作用。2016—2017 年于河西绿洲灌区进行大田试验，以先玉 335 为参试品种,采用裂区设计,灌水水平(W1:4050 m³/hm²,W2:3720 m³/hm²)做主区,施氮水平(不施氮 N0:0,低施氮 N1:300 kg/hm²,高施氮 N2:450 kg/hm²)为裂区,种植密度(低密度 D1:75000 株/hm²,中密度 D2:97500 株/hm²,高密度 D3:120000 株/hm²)为裂裂区,测定光合速率、干物质积累量和产量等指标。试验结果表明,在绿洲灌区,采用水肥耦合[生育期减量 20%灌水(3720 m³/hm²)、施氮量 450 kg/hm²、中密度 97500 株/hm²]的最优栽培模式,可为进一步发掘密植条件下玉米高产、高效栽培提供技术指导。

植物生长调节剂是一类人工合成的、具有类似植物内源激素功能的化合物,它可以作为化学信使,使植物体内酶的活动相互关联起来,控制酶的产生或活动,因此对植物生长发育的各个方面都具有重要作用。如使用得当,可调节作物水分平衡,天然植物生长剂脱落酸(ABA)和赤霉素(GA)都具有这种作用。ABA 的一个重要生理效应是促进气孔关闭,抑制蒸腾,因而是一种高效的代谢型抗蒸腾剂。王芳等(2019)采用盆栽试验,用不同浓度的 ABA 处理中度干旱胁迫(15%聚乙二醇)的玉米幼苗,研究了不同浓度 ABA 对干旱胁迫下玉米幼苗生长的影响。结果表明,干旱胁迫明显抑制了玉米幼苗的生长。15 μmol/L 的外源 ABA 能够有效缓解干旱对玉米幼苗生长的胁迫作用,能够抑制由干旱胁迫造成的玉米幼苗 MDA 含量的升高,提高干旱胁迫下玉米幼苗中 SOD、POD、CAT 的活性,抑制由干旱胁迫造成的玉米幼苗中叶绿素的降低,有效缓解干旱胁迫下玉米叶片细胞膜透性的增加,并能缓解可溶性糖和可溶性蛋白含量的下降。故 15 μmol/L 外源 ABA 处理能够提高玉米幼苗保护酶活性,提高玉米幼苗的耐旱性。

(四)抵御其他逆境胁迫

1. 温度胁迫

(1)低温胁迫

① 发生时期　一般发生在苗期和灌浆期。

孙琳丽等(2016)曾以河套灌区玉米低温冷害为研究对象,在对 WOFOST 模型进行参数校准的基础上,通过数值模拟试验方法,对模型在研究区域上的适应性进行了分析、检验,同时探讨了不同发育阶段出现不同强度和持续日数低温对玉米贮存器官生物量累积及产量的影响。结果表明,在玉米出苗—灌浆期中的每个发育期发生低温时,玉米贮存器官生物量累积和产量对低温强度及持续日数的响应程度基本一致;当降温强度不同、持续日数相同时,灌浆期低温对玉米产量和贮存器官生物量累积的影响最大;当降温强度相同、持续日数不同时,低温持续日数 1 d,玉米拔节至抽雄期发生的低温对贮存器官生物量和产量的影响最大,低温持续日数大于 3 d 时,玉米灌浆期发生的低温对贮存器官生物量和产量的影响最大;发生时段不同时,出苗至拔节期发生的低温,玉米产量和贮存器官生物量随低温持续日数增加而减少,但持续日数相同,不同低温强度对其影响差别不大;其他发育阶段随着低温强度的加大,持续日数增加,玉米产量和贮存器官生物量减少。

② 低温对玉米生长的影响　玉米是一种喜温作物,生长下限温度为 10 ℃。当环境温度低于玉米生长下限温度时,常会对玉米造成低温危害。低温危害一般可分为冷害和冻害两种。

冷害是指在作物生长季节 0 ℃以上低温对作物的损害,又称低温冷害。冷害使作物生理活动受到障碍,严重时某些组织遭到破坏,但由于冷害是在 0 ℃以上,有时甚至是在接近 20 ℃的条件下发生的,作物受害后外观无明显变化。如在北方夏季,由于玉米长期以来适应了高温的条件,对稍低的温度不能适应,当日平均气温降低至 20 ℃以下时,便影响正常生长。冻害是当环境温度低于0℃时,造成玉米细胞体内结冰所造成的危害。一般冻害比冷害的危害程度更大。

冷害指标:玉米在日平均气温15～18℃为中等冷害,13～14℃为严重冷害。各生育阶段以生育速度下降60%的冷害指标:苗期为15℃,生殖分化期为17℃,开花期为18℃,灌浆期为16℃。以玉米拔节期为准,轻度冷害为21℃,中度冷害为17℃,严重冷害为13℃,其发育速度依次下降40%、60%、80%。

低温冷害,特别是早春低温冷害是玉米生产上主要的气象灾害之一,在北方春玉米区时常发生,灾害发生时减产10%以上,玉米质量也大受影响。玉米在幼苗期易受低温的危害。在细胞和分子水平上,表现出3个主要的直接作用,即代谢作用效率下降、细胞膜通透性降低和蛋白质降解。表观症状通常是中胚轴和胚芽鞘变褐及萎蔫,叶片呈水渍状及发育不全,甚至因幼苗生长受阻而不能成活,冷害症状可一直延续至恢复生长期。玉米苗期的冷害程度主要取决于低温及其持续时间的长短,但是不同组织器官对冷害的反应程度也有所差异,中胚轴是玉米苗期最易受冷害的器官。苗期温度对玉米根、茎、叶的生长影响很大,低温下玉米根冠细胞的增殖速率和吸收活性下降,生理功能受到影响。当地温在12℃以下时,玉米根系发育不良,根生长区出现肿大现象,呈鸡爪状,根毛迟迟不长,可能是由于土壤低温,使细胞无法伸长或细胞无法侧向扩大。低温强度是幼苗致死的先决条件,低温持续时间是影响幼苗存活率的重要因素。玉米在播种至出苗期遇到低温,出现种子发芽率、发芽势降低,出苗和发育推迟,苗弱、瘦小等现象,且对植株功能叶的生长有阻碍作用。至四展叶期,植株明显矮小,表现生长延缓,光合作用强度、植株功能叶的有效叶面积显著降低;四展叶期至吐丝期,低温持续时间长,株高、茎秆、叶面积及单株干物质重量受到影响;吐丝至成熟期,低温造成有效积温不够;灌浆期低温使植株干物质积累速率减缓,灌浆速度下降,造成减产。

低温冻害对植物的影响,不是由于低温的直接作用,而主要是因为植物组织中结冰导致植物受到损伤或死亡。植物细胞组织结冰有两种情况,一是细胞外的间隙结冰,二是细胞内结冰。当细胞间隙结冰时,植物组织不一定死亡,而细胞内结冰时,结冰组织必定死亡,死亡的原因,一方面是原生质结冰时对胶体结构起了机械性破坏作用,细胞原生质的胶体结构发生不可逆的转变;另一方面使细胞本身发生脱水,脱水后使细胞"干旱"而受害。

霜冻发生的强度和持续时间与地形、土壤、植被、农业技术措施及作物本身等条件密切相关。如就地形影响而言,洼地、谷地、小盆地和林中空地,霜冻发生多于邻近开阔地。霜冻强度越大,即气温越低,作物受害也越重。霜冻持续时间越久,即低温持续的时间越长,作物受害也越重。对玉米3叶期幼苗进行低温处理表明,在日平均气温1℃的条件下,经最低气温−2℃处理8h,幼苗致死率为2.5%;−3℃持续4h致死率增加到72.5%;−3℃是玉米3叶期幼苗致死的临界温度,低温持续2h为致死的临界时间。高于−3℃的短时间的低温,边缘坏斑仍不会消失。当霜冻之后,如果温度迅速上升并且与阳光同时作用于受冻的作物时,不仅会加强植物细胞间隙中的水分蒸发,还会因细胞内冰晶的迅速融化导致细胞破裂,使植物受害更重。霜冻对作物危害的程度还与作物抗霜冻的能力有关。玉米只能耐受−2～−3℃的霜冻。玉米苗期受冻死苗指标为−4℃、成熟期为−2℃。

③ 低温胁迫的应对措施　主要有种子处理、适期播种、水分处理和地膜覆盖等。

预防冷害的措施有以下几方面:一要搞好区划,使各品种所需的积温与当地可能提供的积温相协调,避免盲目选用晚熟品种。二是选育耐寒品种,玉米基因型间耐寒性差异较大,有些品种在7.2℃时就会受冷害致死,有的品种遭受−4.2℃的冷害仍有部分植株能够存活。选育苗期耐寒品种,还有利于适期早播,延长玉米生育期,提高产量。三是种子处理,用浓度0.02%~0.05%的硫酸铜、氯化锌、钼酸铵等溶液浸种,可提高玉米种子在低温下的发芽力,并使玉米提前成熟,减轻冷害。四是要适期播种,按玉米种子萌动的下限温度,结合当地气象条件,安排适当播种期,避免冷害威胁。五是要合理施肥,培育壮苗,增施有机肥可以改善土壤结构,协调水、肥、气、热,为培养壮苗提供良好的基础,提高抗寒能力。六是要保护地栽培。

冻害的防御:防御霜冻主要有"避、抗、防"3种措施。

"避"就是掌握当地低温霜冻发生的规律,选择生育期适宜品种,使玉米播种于"暖头寒尾",成熟于初霜之前;相同生育期品种,应选择籽粒灌浆脱水速率快的。

"抗"就是选择抗寒力较强的作物或品种,采用能提高作物抗寒能力的栽培技术。

"防"主要有如下方法:

灌水法:可在预计有霜冻出现的前两天傍晚灌水,增加土壤水分,增大近地面层的空气湿度,减缓夜晚地面长波辐射的散热程度。另外,湿土比干土的热容量和导热系数大,可延缓地表附近温度的降低,保护地面热量,提高地层气温1~3 ℃。

熏烟法:在霜冻来临前两小时在上风口大量点燃能产生大量烟雾的物质,如秸秆、柴草、锯末等,改变局部环境,降低冻害损失。一方面,烟雾本身有一定热量;另一方面,在玉米近地层形成烟雾,使大气逆辐射加大,一般能使近地面空气温度提高1~2 ℃。但此法会污染大气,适于短时霜冻或价值较高的玉米田使用。

遮盖法:用稻草、杂草、尼龙薄膜等覆盖作物或地面,既可防止外面冷空气袭击,又能减少地面热量向外散失,一般能保证覆盖物下温度比气温高1~3 ℃。寒流来临之前还可在苗周围高培土,重点保护生长点,过后再扒开,也能降低晚霜冻影响。

施肥法:霜冻来临前3~4 d,在玉米田间施上厩肥、堆肥和草木灰等,既能提高地温,又能增加土壤团粒结构,提高地力。增施磷、钾肥,可增加玉米抗冻性。

风障法:在霜冻来临前,于田间向北面设置防风障,阻挡寒风侵袭,减免作物受低温霜冻的危害。由于防风障背风范围有限,该方法适合于小面积地块。

霜冻发生后的补救措施:霜冻发生后,应及时调查受害情况,制定对策。仔细观察主茎生长锥是否冻死,若只是上部叶片受到损伤,心叶基本未受影响,可以通过加强田间管理,及时进行中耕松土提高地温,追施速效肥,加速玉米生长,促进新叶生长。对于冻害特别严重,致使玉米全部死亡的田块,要及时改种早熟玉米或其他作物。

黄成秀等(2013)曾利用临夏州6个气象站1992—2012年4—5月逐日气温、地温资料,结合临夏地区4—5月出现低温、晚霜冻等灾害性天气的前期气候特点和变化规律,分析研究临夏州春季日平均气温稳定通过10 ℃及5~10 cm地温稳定在8~10 ℃时段的变化。通过2011—2012年的试验数据分析,4月5日至5月5日播种的各个期次,日平均气温在13.0~17.4 ℃,株高、茎秆和叶面积增加明显,玉米整体生长状况良好。结果确定了临夏州玉米最适宜播种期,能更好地避开低温、晚霜冻对玉米苗期及后期产量的影响。

宋文兴(2017)介绍,具有高活性的种子幼苗,在低温度环境条件下酶的生理活性比较高。人们可以通过选用这类种子,以提高玉米幼苗抵抗低温的能力。

关于地膜覆盖保温,一般有先覆膜后播种和先播种后覆膜两种方式。前者破孔点播,后者播后破孔出苗。

(2)高温胁迫 一般采取灌溉降温。

高温危害是指环境温度大于玉米生长的最高临界温度时对玉米生长所造成的影响,危害程度与气温、湿度、气流、辐射热和玉米品种热耐受性有关。高温胁迫一般发生在7月下旬玉米开花授粉期。玉米受高温伤害后会出现各种症状,如:玉米叶片出现死斑,叶色变褐、变黄、出现日灼,严重时整个植株死亡;出现雄性不育,花序或子房脱落等异常现象。

在高温条件下,可降低光合酶的活性,破坏叶绿体结构和引起气孔关闭,从而影响光合作用。更主要的是在高温条件下呼吸强度增强,消耗明显增多,而使净光合积累减少。当气温高于32～35℃时不利于开花授粉,花粉粒在通常情况下,其活力只能保持5～6 h,8 h以后活力显著下降,24 h以后完全丧失活力。同时玉米花粉含水量只有60%,且保水力弱,在高温干燥环境下容易失水干瘪,散粉后1～2 h花粉粒迅速失水,丧失活力而不能授粉。在玉米籽粒灌浆成熟期,当日平均气温高于25℃时,因淀粉酶的活性受影响而不利于干物质的运输与积累。抵御高温胁迫,可从以下几方面进行:

① 选育推广耐热品种 耐热品种一般具有高温条件下授粉、结实良好和叶片短、直立上冲、叶片较厚、持绿时间长、光合积累效率高等特点。

② 调节播期 开花授粉期避开高温天气。较长时间的持续高温,一般集中发生在6月下旬至8月上旬,春播玉米可在4月上旬适当覆膜早播,使不耐高温的玉米品种在开花授粉期避开高温天气,从而避免或减轻危害程度。

③ 人工辅助授粉,提高结实率 在高温干旱期间,玉米的自然散粉、授粉和受精结实能力均有所下降,如果在开花散粉期遇到38℃以上持续高温天气,建议采用人工辅助授粉,减轻高温对玉米授粉的影响。适当降低密度,采用宽窄行种植。在低密度条件下,个体间争夺水肥的矛盾较小,个体发育健壮,抵御高温伤害的能力较强,能够减轻高温热害。采用宽窄行种植有利于改善田间通风透光条件、培育健壮植株,增加对高温伤害的抵御能力。

④ 加强田间管理,提高植株的耐热性 科学施肥在肥料运筹上,增加有机肥使用量,重点普施基肥促早发,重视微量元素的施用。玉米出苗后早施苗肥促壮秆,大喇叭口期至抽雄前主攻穗肥增大穗。还可结合灌水,采用以水调肥的办法,加速肥效发挥,改善植株营养状况,增强抗旱能力。高温时期可采用叶面喷肥,既有利于降温增湿,又能补充玉米生长发育必需的水分及营养。苗期蹲苗进行抗旱锻炼,提高耐热性。利用玉米苗期耐热性较强、花期最敏感的特点,在出苗10～15 d后进行20 d左右的蹲苗,使其获得并提高耐热性,减轻花期高温的影响。

⑤ 适期喷灌水,改变农田小气候环境 高温常伴随着干旱发生,高温期间提前喷灌水,可直接降低田间温度。同时,在灌水后玉米植株获得充足的水分,蒸腾作用增强,使冠层温度降低,从而有效降低高温胁迫程度,也可以部分减少高温引起的呼吸消耗,减免高温热害。

陶志强等(2013)针对华北平原春玉米一熟制高产的限制因子(灌浆期高温胁迫)问题,在分析了国内外高温对玉米胁迫影响机理的相关研究基础上,对华北平原春玉米可能突破灌浆期高温胁迫、实现高产的技术途径进行了探讨。结果表明,高温对华北春玉米胁迫的主要表现是:缩短了籽粒线性增长持续期;减小了籽粒体积及同化物向籽粒的转移量,进而降低了灌浆速率;花粉败育和花期不遇导致结实率下降;地温超过35℃时,会降低根系生长速率,使侧根变细;降低了光合酶活性、叶绿素含量及PSⅡ功能,进而降低了光合能力;降低了叶片水分状态和植株氮素累积量;诱发了纹枯病和青枯病。要突破该区春玉米灌浆期的高温胁迫,需要从提高春玉米本身的机能和改善其生境调控着手,如躲避高温(提前或推迟播期)和抗耐高温措施(选育耐热性品种);外施水杨酸(SA)、激动素(BA)、脱落酸(ABA)等化学调控;在灌浆期之前进行高温锻炼;有机肥、铜肥、锌肥、钾肥等营养调控;深松和垄作等耕作调控;优化灌溉制度等水分调控;调整株距和行距改善种植方式等方面。在单项技术研究的基础上,系统设计、集成各项单项技术,形成综合技术体系,是该区春玉米高产的技术途径。

2. 灾害性天气及其应对

(1)风灾　风灾是指大风对农业生产造成的直接和间接危害。直接危害主要指造成土壤风蚀沙化、对作物的机械损伤和生理危害,同时也影响农事活动或破坏农业生产设施。间接危害指传播疾病和扩散污染物质等。对农业有害的风主要是台风、季节性大风(如寒潮性大风)、地方性局地大风和海潮风等。风力达到足以危害人们的生产活动、经济建设和日常生活的风,称为大风。玉米是易受风灾的高秆作物,主要表现为倒伏和茎秆折断。受了风灾以后,玉米的光合作用下降,营养物质运输受阻,特别是中后期倒伏,使植株层叠铺倒,下层植株果穗灌浆进度缓慢,果穗霉变率增加,加上病虫鼠害,产量大幅度下降。大雨或风雨交加,常造成玉米大面积倒伏,土壤内水分饱和,影响叶片光合作用和根系呼吸。

生产中,首先,应选用株型紧凑、穗位或植株重心低、茎秆组织较致密、韧性强、根系发达、抗风能力强的品种;其次,健身栽培是提高玉米抵御风灾能力的重要措施。一是适当深耕,打破犁底层,促进根系下扎。二是增施有机肥和磷、钾肥,切忌偏肥,尤其是速效氮肥,避免拔节期追施氮肥。三是合理密植、大小行种植。四是应适时早播,注意早管,特别是高肥水地块苗期应注意蹲苗,结合中耕促进根系发育,培育壮苗。五是中后期结合追肥进行中耕培土,可在玉米拔节期,结合中耕、施肥,进行培土。六是做好玉米螟等病虫的防治工作。茎秆、穗轴受玉米螟蛀食,养分、水分的运输遭到破坏,也会出现红叶和茎折。七是人工去雄。还可适当调整玉米种植行向、采用化学控制措施增强玉米抗倒伏能力、构建防风林带等方法来抵御风灾。

(2)雹灾　雹灾对玉米的伤害:一是直接砸伤玉米植株,砸断茎秆,叶片破碎,光合能力大为削弱;二是冻伤植株;三是土壤表层被雹砸实,地面板结;四是茎叶创伤后感染病害。砸至正灌浆的果穗,可导致籽粒与穗轴因破损而霉变。雹灾对玉米的危害程度主要取决于所降雹块的大小和持续时间。根据冰雹大小及其破坏程度,可将雹灾分为轻雹害、中雹害和重雹害三级。

轻雹灾:雹粒大小如黄豆、花生仁,直径约 0.5 cm。降雹时有的点片几粒,有的盖满地面。玉米植株迎风面部分受击伤,有的叶片被击穿或砸成线条状,对产量影响不大。

中雹灾:冰雹大小如杏、核桃、枣子,直径 1~3 cm,玉米叶片被砸破砸落,部分茎秆上部折断,可减产 10%~30%。

重雹灾:雹块大小如鸡蛋、拳头,直径为 3~10 cm,平地积雹可厚达 15 cm,低洼处可达 30~40 cm,背阴处可历经数日不化。玉米受灾后茎秆大部或全部被折断,减产达 50%以上,甚至绝产。但这种重灾区呈不连续的带状,带宽几千米或十几千米,断续带可绵延几十千米。

玉米不同生育阶段,遭雹灾后恢复生长能力不同。灾后首先确定各地块受灾的玉米能否恢复生长并估计其减产幅度,再提出恰当的措施,切勿轻易毁种。对于苗期受灾的玉米,因其恢复能力强,不能采取翻种的方法。玉米苗期遭雹灾后恢复能力强,只要生长点未被破坏,都能恢复生长并取得较好的收成。拔节与孕穗期茎节未被砸断,通过加强管理,仍能恢复。玉米抽雄后抗灾能力减弱,灾后恢复力差,减产严重,此期砸断穗节者,不能恢复吐穗,但穗节完好者,灾后加强管理后仍能获得较好收成。如果玉米抽雄期受灾并有 20%~60%的穗节被砸断,要立即把砸断的玉米棵锄掉,种上绿豆、芸豆等,以弥补损失。如抽雄期以后有 70%以上穗节砸断,只要离初霜还有 3 个月以上生长期,要及时翻种早熟玉米,或改种谷子、大豆、甘薯、荞麦等作物。雹灾后由于生育期推迟,也可以把晚熟玉米作为青贮玉米种植。玉米受雹灾后,生长速度收到抑制,可用开沟的方法追施速效氮肥,改善玉米营养条件,加快茎叶生长。根据苗情和生育期,每亩追施尿素 5~10 kg,追施时间越早效果越好。如果雹灾时雨量小,墒情不足,追肥后应立即浇一次水。玉米大喇叭口期前受雹灾,此时还有部分叶片没有生长出来,新叶长出后,用磷酸二氢钾等叶面肥喷施2~3次,促进新叶生长,保证后期正常成熟。

(五)防病、治虫、除草

详见第六章。

六、适期收获

生理成熟指作物全生育期中的生长发育过程已经全部完成,生殖体充分发育,并具有繁殖能力的成熟状态。因玉米与其他作物不同,籽粒着生在果穗上,成熟后不易脱落,可以在植株上完成整个成熟的生长过程。因此,完熟期是玉米的最佳收获期。

玉米籽粒生理成熟的标志主要有两个:一是籽粒基部剥离层组织变黑,二是籽粒乳线消失。玉米成熟时不同品种黑色层形成时间之间差别很大。有的品种成熟以后再过一定时间才能看到明显的黑色层。玉米籽粒黑色层形成受水分影响极大,不管是否正常成熟,籽粒水分降低至约32%时都能形成黑色层,所以黑色层形成并不完全是玉米正常成熟的可靠标志。

玉米授粉后30 d左右,籽粒顶部的胚乳组织开始硬化,与下部多汁胚乳部分形成一横向界面层即胚乳线。玉米籽粒乳线的形成、下移、消失是一个连续的过程。生育期在100 d左右的品种,授粉26 d前后,籽粒顶部淀粉沉积、失水,成为固体,中下部为乳液,两者之间形成较明显的乳线。随着淀粉沉积量的增加,乳线逐渐向下推移。当籽粒含水量下降至40%左右时,粒重达最大值的90%左右,乳线上方坚硬,下方较硬有弹性,为玉米的蜡熟期。从外观看,多数品种果穗苞叶由绿色变为黄色,但仍包得较紧。授粉后60 d左右,果穗下部籽粒乳线消失,籽粒含水量30%左右,果穗苞叶变白并且包裹程度松散,此时粒重最大,玉米产量最高,是玉米的最佳收获时期。我国北方春玉米区大多在9月下旬至10月上旬收获。

机械化收获技术是在玉米成熟时,用机械完成对茎秆切割、摘穗、剥皮、脱粒、秸秆处理等生产环节的作业技术。机械收获玉米有两种方式:一是直接收获籽粒;二是收获果穗。需要回收秸秆再利用的地区,可以选用穗茎兼收型玉米收获机。中国北方春玉米区品种熟期偏晚,收获时籽粒含水量偏高(30%~40%),要直接完成脱粒作业,需选用熟期较早、后期脱水快的品种或推迟收获期,让籽粒含水量降至25%以下。北方春玉米区玉米完熟期籽粒含水量大约在30%左右,以后每天下降0.3~0.8个百分点。其中,潮湿、冷凉天气每天含水量下降不足0.3%,高温、干燥天气含水量下降1%。一般早熟品种、早播玉米脱水快;苞叶薄、少、松,果穗下垂、种皮薄、渗透性好的品种脱水快。玉米联合机械收获适应于等行距,行距偏差±5 cm以内、倒伏程度小于5%、最低结穗高度35 cm、果穗下垂率小于15%的地块作业。

收获后玉米及时采取措施降低含水量。玉米穗集中到场院后要进行通风晾晒,隔几天翻倒1次,防止捂堆霉变。低水分和高水分的籽粒分开装袋,不能混装。增加玉米烘干机械和仓储设施,烘穗、烘粒。

穗贮的方法可在庭院建小栈子,或用铁丝、砖、秋秸、木板做墙,用薄铁、石棉瓦做盖,建成永久性贮粮仓。粒贮的方法籽粒入仓前,把水分降至14%以内。

七、北方一熟区特色栽培

以全膜覆盖双垄沟播为例。全膜双垄沟覆盖一般选用120 cm宽膜,大小垄覆盖,大垄宽70 cm、小垄40 cm,沟中间每隔50 cm打一渗水孔,方便水分入渗,种子沟播。

（一）选用抗逆玉米品种

选用中熟（春播120～125 d）、稳产（产量潜力每亩700 kg以上）、耐密（每亩4000～4300株）、抗病（抗大小斑病、丝黑穗病、矮花叶病和粗缩病等主要病害）、耐旱、抗倒伏的玉米杂交种。

（二）全膜覆盖栽培

在年降水量300～450 mm旱作区，应用残膜回收机进行地表残膜清理，机械深松旋耕整地后，用起垄覆膜机进行秋季覆膜或顶凌覆膜。

1. 适墒播种 以土壤水分达到13%满足种子出苗为指标，坚持适墒播种，以墒情确定播期，以播期确定品种。将播期从4月上中旬适度延长至5月上旬，等雨适墒播种，确保出苗整齐、均匀，每亩适当增加300～500株，确保亩种植密度达到4000～4300株。

2. 分次施肥 改氮肥底肥"一炮轰"为两次施肥，60%为底肥，40%结合土壤墒情和降雨，在拔节至大喇叭口期作追肥施用，增加籽粒灌浆，提高粒重。

3. 机械收获 当玉米籽粒乳线消失至2/3时，采用30～40马力2行收获机械进行收获。

金胜利等（2010）在黄土高原地区通过田间试验，比较玉米双垄全膜覆盖沟播栽培技术新型覆膜方式（SL）与其他覆膜方式——条膜起垄覆盖（TL）、条膜平铺覆盖（TP）、全膜平铺覆盖（QP）以及不覆膜（CK）在土壤含水量、土壤温度及玉米产量3个方面差别。分析结果显示，新型覆膜方式SL在作物苗期和成株期的表层土壤含水量最高，地表蒸发量较小，集水效果最好；在苗期的表层地温高于其他处理，超出对照6.1 ℃。各处理玉米产量从高到低次序为SL＞QP＞TL＞TP＞CK。其中SL比QP增加21.9%，比TL增加64.8%，比TP增加32.1%，较CK提高了1045%。SL的经济收益是QP的1.2倍、TL的1.7倍、TP的1.3倍、CK的10.2倍。双垄全膜覆盖沟播栽培技术是黄土高原半干旱区一项有效的增产和提高农民经济收入的措施。

何金亮等（2012）给出了山西省干旱地区玉米全膜双垄沟播技术。选择地势平坦、土层深厚、土质疏松、肥力中上、坡度在15°以下的地块。尽量实施上年秋季覆膜，即前茬作物收获后，及时深耕耙地，10月起垄覆膜。如果当年春季覆膜则要做到顶凌覆膜。划行：每幅垄分为大小两垄，垄幅宽110 cm，划行时，首先距地边35 cm处划一边线，用划行器（大行齿距70 cm、小行齿距40 cm）沿边线按照一小垄一大垄的顺序划完全田。比常规栽培加大施肥量20%左右，将化肥均匀撒在小垄的垄带内。起垄时大垄宽70 cm、高10 cm，小垄宽40 cm、高15 cm。使用起垄机或步犁开沟起垄。土壤消毒：整地起垄后用40%辛硫磷乳油防治地下害虫，用50%乙草胺乳油防治杂草。覆膜时选用厚度0.008～0.01 mm、宽120 cm的地膜将地面全覆盖，膜与膜在大垄中间对接。机械起垄覆膜则需将化肥均匀撒施在地表（化肥用量同人工覆膜），使用机引起垄覆膜一体机从地边开始一次完成开沟、起垄、整形、铺膜、施肥、覆土、压膜。田间覆膜后，严禁牲畜进地践踏造成地膜破损。覆膜1周后，地膜紧贴地面时，在垄沟内每隔50 cm处打一直径3 mm的渗水孔。选择株型紧凑、抗旱、抗病、适应性广、品质优良、增产潜力大的杂交玉米品种，种子必须进行包衣处理。当地温稳定通过10 ℃时，为玉米适宜播期，一般为4月中下旬。采用点播器将种子破膜穴播在沟内，每穴下籽1～2粒，播深3～5 cm。依据土壤肥力状况、降雨条件和品种特性确定种植密度。年降水量300～350 mm的地区以每亩3000～3500株为宜，株距35～40 cm；年降水量350～400 mm的地区以3500～4000株/亩为宜，株距 30~35 cm；年降水量 450 mm 以上的地区，以 4 000~4 500 株/亩为宜，株距为 27~30 cm。肥力较高、墒情好的地块可适当加大种植密度。田间管理中，苗期（出苗—拔节）管理的重点是在保证全苗的基础上，促进根系发育、培育壮苗，达到苗早、苗全、苗匀、苗壮的要求。中期管理（拔节—抽雄）的重点是促进叶面积增大，注意防治玉米穗腐病、丝黑穗病、玉米螟等病虫害。后期管理（抽雄—成熟）的重点是防早衰、增粒重、防病虫。当玉米苞叶变枯、籽粒乳线消失后及时收获。

宫传栋等（2014）给出玉米双垄沟播全膜覆盖的技术要点为：在地块选择上应选地势平坦、土层深厚、肥力中上等、无石块、便于机械化作业的地块。前茬作物收获后及时深耕灭茬，早春耙耱保墒，捡净根茬；选择厚 0.008 mm 以上、宽 1.2 m 的地膜；根据土壤肥力状况，在增施有机肥的基础上，推广施用玉米配方缓控释肥，一次性施入，同时注意种肥隔离，避免烧苗，具体施肥量根据目标产量而定；在品种选择上，应选择高产、优质、抗逆性强、叶片上冲、株型紧凑、耐密植、比露地栽培生育期长 7~10 d 的优良品种；实行精量播种，种子芽率要达 95% 以上，并且进行种子包衣，亩保苗比半覆膜增加 500~1 000 株；实行化学除草；推广集开沟、施肥、喷除草剂、覆膜、打孔、播种为一体的双垄沟播全覆膜施肥精量播种机。

李尚中等（2017）介绍了他们于 2012 年、2013 年所做的试验研究。探求品种、密度和覆膜方式对旱地地膜玉米群体特征、耗水量、产量及水分利用效率的影响，以期高效利用和开发有限的自然降水资源。试验采用裂区设计，主区为全膜双垄沟覆盖（FFDRF）和窄膜覆盖（NF）2个处理，裂区为紧凑型中晚熟先玉 335 和紧凑型中熟吉祥 1 号及平展型早熟酒单 4 号 3 个杂交种，裂裂区为低密度（4.5 万株/hm²）、中密度（6.75 万株/hm²）和高密度（9 万株/hm²）3 个处理。测定不同处理玉米的株高、叶面积指数、干物质积累量、0~2 m 土层土壤贮水量，结合作物产量分析农田水分利用效率。结果表明，全膜双垄沟覆盖可以有效地保蓄小量降水（小于10.7 mm），改善玉米生长条件，能快速提高苗期玉米株高和叶面积指数，干物质积累量、产量和水分利用效率较窄膜覆盖增加 15.6%、14.3% 和 8.8%。随着密度的增加，百粒重、穗粒数表现为下降趋势，但增加种植密度的群体优势大于单株植株性状的综合劣势，玉米群体干物质积累量、产量和水分利用效率随着种植密度的增加而增加，9 万株/hm² 条件下，玉米干物质积累量、产量、水分利用效率较 6.75 万株/hm² 和 4.5 万株/hm² 依次增加 8.3%、5.2%、3.4% 和 27.7%、32.9%、28.1%。不同品种适应密度改变的能力也不同，紧凑型的先玉 335 和吉祥 1 号适应密度改变能力强、耐密植，平展型酒单 4 号较弱，其中，先玉 335 产量、水分利用效率最高，较吉祥 1 号和酒单 4 号分别增加 3.7%、1.7% 和 43.8%、37.1%。随着种植密度的增加，玉米耗水量呈增加趋势。不同品种间耗水量呈现出显著的差异，表现为先玉 335＞吉祥 1 号＞酒单 4 号。可见，品种、密度、覆膜方式对旱地玉米群体结构、耗水量、籽粒产量和水分利用效率均有一定的调控作用，表现为品种＞密度＞覆膜方式。在实际生产中，应根据玉米种植区域降水特征，选择适宜的品种及其播种密度和覆盖方式，充分释放玉米增产潜力。降水量为530 mm 左右的旱作区，"先玉 335＋9 万株/hm²＋全膜双垄沟覆盖"组合可以显著提高玉米产量和水分利用效率。

本章参考文献

白帆，杨晓光，刘志娟，等，2020. 气候变化背景下播期对东北三省春玉米产量的影响[J]. 中国生态农业学报（中英文），28(4)：480-491.

白伟,张立祯,逄焕成,等,2017.秸秆还田配施氮肥对东北春玉米光合性能和产量的影响[J].作物学报,43(12):1845-1855.

蔡叶茂,王季春,赵勇,等,2013.不同田间配置对马铃薯与玉米套作产量的影响[J].广东农业科学,40(03):6-8.

曹庆军,杨粉团,陈喜凤,等,2013.播期对吉林省中部春玉米生长发育、产量及品质的影响[J].玉米科学,21(5):71-75.

曹士亮,王成波,于滔,等,2016.低温与土壤水分含量对玉米种子萌发的影响[J].中国种业(2):44-48.

苌建峰,张海红,李鸿萍,等,2016.不同行距配置方式对夏玉米冠层结构和群体抗性的影响[J].作物学报,42(1):104-112.

常云龙,宋秀珍,刘丽,等,2016.玉米带状种植高产栽培技术研究[J].安徽农业科学,44(09):46-48,64.

陈朝辉,王安乐,王娇娟,等,2008.高温对玉米生产的危害及防御措施[J].作物杂志(4):90-92.

陈涛,宋振伟,张明,等,2016.遮阴和种植密度对东北春玉米穗部发育和植株生产力的影响[J].应用生态学报,27(10):3237-3246.

陈文,2018.探讨低温冷冻条件对玉米种子发芽率的影响[J].种子科技(11):105,109.

陈小姝,王绍伦,刘海龙,等,2019.吉林省花生玉米间作高效种植模式研究[J].山东农业科学,51(09):162-166.

陈志君,孙仕军,张旭东,等,2017.东北雨养区覆膜和种植密度对玉米田间土壤水分和根系生长的影响[J].水土保持学报(1):234-239.

初振东,谢瑞芝,李少昆,等,2010.东北春玉米耐老化膜覆盖及留高茬交替休闲保护性耕作效应研究[J].玉米科学,18(2):70-72,76.

褚旭,李帅,赵亚南,等,2020.施氮量和种植密度对玉米产量及磷钾吸收利用的影响[J/OL].中国农业科技导报:1-12[2020-11-24].https://doi.org/10.13304/j.nykjdb.0271.

崔洪秋,任翠梅,谢贤,等,2015.低温早播对玉米苗期生理指标和产量的影响[J].玉米科学(6):65-70.

崔丽青,2020.浅析玉米高产栽培技术存在的问题及对策[J].农家参谋(20):48-49.

党廷辉,郝明德,郭胜利,等,2003.黄土高原南部春玉米地膜覆盖栽培的水肥效应与氮肥去向[J].应用生态学报,14(11):1901-1905.

邓洪峰,2011.北方玉米种植的概况[J].养殖技术顾问(11):238-238.

董朝阳,杨晓光,杨婕,等,2013.中国北方地区春玉米干旱的时间演变特征和空间分布规律[J].中国农业科学,46(20):4234-4245.

董飞,闫秋艳,李峰,等,2020.播期和种植密度对旱地玉米生长发育及产量的影响[J].玉米科学,28(02):115-121.

窦桂梅,刘巧英,2000.机械化深施化肥应用技术研究[J].山西农业科学,28(2):3-6.

伏云珍,马琨,李倩,等,2020.马铃薯玉米间作对土壤细菌多样性的影响[J].中国生态农业学报(中英文),28(11):1-11.

高盼,刘玉涛,王宇先,等,2019.齐齐哈尔半干旱区春玉米节水旱作技术模式研究[J].黑龙江农业科学(05):16-18.

高翔,吴满,潘汝谦,等,2011.大豆/玉米间作模式及施肥水平对大豆霜霉病及大豆与玉米生长的影响[J].大豆科学,30(6):964-967.

高晓容,王春乙,张继权,2012.东北玉米低温冷害时空分布与多时间尺度变化规律分析[J].灾害学,27(4):65-70.

高莹,吴普特,赵西宁,等,2015.春小麦/春玉米间作模式光温环境特征研究[J].水土保持研究,22(03):163-169.

高震,吕新月,王佳慧,等,2016.不同时期补灌对春玉米植株氮再分配及氮素利用特性的影响[J].华北农学报,31(S1):11-16.

耿艳秋,李大勇,吴莹,等,2016.低温胁迫对玉米萌发出苗期生理生化指标的影响[J].东北农业科学,41(6):11-15.

宫传栋,孙桂红,邵永利,2014.玉米双垄沟播全膜覆盖栽培技术在高海拔半干旱地区推广前景广阔[J].现代农业(1):47.

龚雨田,孙书洪,闫宏伟,2017.不同生育期水分胁迫对玉米农艺性状的影响[J].节水灌溉(5):34-36,41.

何海军,王晓娟,2016.不同密度和带型对胡麻/玉米带田产量的影响[J].农业科技通讯(8):105-111.

何宏新,2016.东北玉米高产栽培技术[J].中国农业信息(24):98.

何金亮,赵铁锁,2012.山西省干旱地区玉米全膜双垄沟播栽培技术[J].农业科技通讯(10):105-106.

何萍,徐新朋,仇少君,等,2014.我国北方玉米施肥产量效应和经济效益分析[J].植物营养与肥料学报,20(06):1387-1394.

贺艳红,2019.长城沿线风沙区春播玉米栽培技术[J].农民致富之友(2):105.

胡娟,陶冬雪,周道玮,2020.98cm大垄双行种植方式对吉林西部玉米生长发育的影响[J].土壤与作物,9(02):159-165.

胡敏杰,姜良超,李守中,等,2017.覆膜与滴灌对河套灌区玉米花粒期叶片光合特征的影响[J].应用生态学报,28(12):3955-3964.

胡新元,马忠明,崔云玲,等,2010.施氮对带田作物产量及水分利用效率的影响[J].甘肃农业科技(7):12-15.

黄成秀,孙玉莲,杨文凯,等,2013.春季低温霜冻对玉米生育及产量的影响[J].农业灾害研究,3(8):53-56.

黄莺,吴强,邓姝玥,等,2020.两种间作模式对玉米根系生长、叶片光合特性及生物量的影响[J].四川农业大学学报,38(05):513-519,527.

姜辉,2016.苗期低温胁迫对玉米根系生长的影响[J].黑龙江农业科学(2):15-16.

蒋淑霞,2002.秋整地比春整地好[J].土壤肥料(11):23.

蒋文瑛,2019.播期和品种对冀东地区春玉米倒伏及产量的影响[D].秦皇岛:河北科技师范学院.

金建新,何进勤,冯付军,等,2019.马铃薯/玉米间作对作物生理生态特性的影响[J].贵州农业科学,47(05):14-19.

金胜利,周丽敏,李凤民,等,2010.黄土高原地区玉米双垄全膜覆盖沟播栽培技术土壤水温条件及其产量效应[J].干旱地区农业研究,28(2):28-30.

靳英华,周道玮,彭菲,等,2010.春、秋整地对吉林省西部农田风蚀、土壤含水量、土壤温度的影响研究[J].东北师大学报(自然科学版),42(4):126-131.

康彩睿,谢军红,李玲玲,等,2020.种植密度与施氮量对陇中旱农区玉米产量及光合特性的影响[J].草业学报,29(05):141-149.

康国玺,2004.黄土高原半干旱区雨水高效利用模式[J].中国农村水利水电(12):72-73.

康玲玲,魏义长,张胜利,等,2010.黄土高原地区水土保持措施利用径流量宏观分析[J].水资源与水工程学报,21(2):108-112.

雷金银,金建新,桂林国,2018.马铃薯—玉米间作对土壤和大气温湿度的影响[J].河南科技学院学报(自然科学版),46(02):1-4,17.

李敔,张元红,温鹏飞,等,2020.耕作、施氮和密度及其互作对旱地春玉米土壤水分及产量形成的影响[J].中国农业科学,53(10):1959-1970.

李成,冯浩,董勤各,2019.灌溉施肥对河套灌区垄膜沟灌春玉米土壤水热运移的影响[J].干旱地区农业研究,37(02):44-51.

李成军,勾千冬,刘伟,2020.玉米品种吉东823及高产栽培技术规程[J].中国种业(10):90-91.

李春红,王迪,姚兴东,等,2017.辽宁省玉米大豆带状复合种植示范研究[J].大豆科学,36(02):219-225.

李春娟,宋彬彬,闫丽娜,2012.玉米秋整地秋施底肥技术[J].农民致富之友(24):125,184.

李峰,闫秋艳,鲁晋秀,等,2019.种植密度对不同玉米品种茎秆性状及产量的影响[J].中国农业大学学报,24

(11):8-15.

李光旭,2018.大兴安岭地区玉米种子包衣技术[J].种子世界(7):114-115.

李慧梅,2019.东北玉米大垄双行密植高产栽培技术[J].农民致富之友(10):20.

李吉军,师伟杰,张南冰,2019.河西灌区春玉米"一穴多株"高产栽培技术试验初报[J].农业科技与信息(06):13-14.

李明远,2019.河北省春玉米亩产高产栽培技术[J].河北农业(12):7-8.

李前,陈延玲,陈晓超,等,2017.基肥、种肥施用技术对东北春玉米苗期生长及产量的影响[J].玉米科学,25(1):147-152.

李巧珍,丁军军,李玉中,等,2018.种衣剂和起垄栽培对玉米生长和产量的影响[J].中国农业气象,39(08):512-517.

李尚中,樊廷录,赵刚,等,2017.品种、密度与覆膜方式对旱地春玉米产量和水分利用效率的影响[J].草业学报,26(12):35-47.

李树岩,马玮,彭记永,等,2015.大喇叭口及灌浆期倒伏对夏玉米产量损失的研究[J].中国农业大学,48(19):3952-3964.

李涛龙,胡笑涛,王文娥,等,2017.水分胁迫对玉米叶片脯氨酸和丙二醛含量的影响[J].节水灌溉(6):34-37.

李向岭,李从锋,侯玉虹,等,2012.不同播期夏玉米产量性能动态指标及其生态效应[J].中国农业科学,45(6):1074-1083.

李拥军,2020.黑龙江省半干旱区玉米秸秆还田耕作模式[J].现代化农业(10):18-19.

李玉华,范春丽,雷志华,等,2020.两个玉米品种在萌芽期和苗期的干旱耐性比较分析[J].西北大学学报(自然科学版)(5):703-710.

李玉明,2018.寒地玉米早播高产栽培技术初探[J].农业科技通讯(2):188-189.

李玉玺,王帅,王立波,等,2018.玉米单作及间作紫花苜蓿对产量性状及白浆土供肥特性的影响[J].玉米科学,26(04):126-131.

李媛媛,杨恒山,张瑞富,等,2017.浅埋滴灌条件下不同灌水量对春玉米干物质积累与转运的影响[J].浙江农业学报.29(08):1234-1242.

李卓,何佰超,2013.玉米垄作高光效栽培技术[J].农业与技术,33(11):114,134.

李子梅,魏延宏,2020.覆膜类型对不同品种玉米资源利用率和经济效益的影响[J].青海农林科技(2):12-15,96.

连彩云,马忠明,2020.宽窄行配置一穴多株种植对膜下滴灌玉米产量和群体质量的影响[J].灌溉排水学报,39(02):37-45.

林平,庞成民,海涛,等,2020.黄淮地区玉米与大豆不同间作模式的产量和效益比较[J].河北农业科学(04):4-18.

刘丹,李昕,郑红,等,2016.黑龙江省第二积温带播种期地温变化及玉米适宜播期分析[J].玉米科学,24(6):103-106.

刘芬,同延安,王小英,等,2014.渭北旱塬春玉米施肥效果及肥料利用效率研究[J].植物营养与肥料学报,20(01):48-55.

刘刚,王伟良,2019.玉米免耕精量播种机械化技术的应用[J].栽培技术(10):34.

刘杰龙,1978.光周期对玉米生长发育的影响[J].新疆农业科学(1):44.

刘景秀,2020.不同整地方式对春玉米农艺性状及产量的影响[J].中国农技推广,36(08):66-67.

刘丽,常云龙,宋秀珍,等,2018.山西中部小麦套种玉米栽培技术[J].农业科技通讯(04):248-249.

刘晓秋,2020.玉米单粒机械播种及栽培技术要点[J].农业开发与装备(08):181.

刘艳,宋玉民,陈怀梁,等,2009.覆膜方式对4种林木直播造林出苗率的影响[J].中国水土保持科学(2):113-117.

刘玉涛,王宇先,郑丽华,等,2013.玉米抗水分胁迫形态与生理指标研究进展[J].园艺与种苗(10):55-58.

卢闯,逄焕成,赵长海,等,2017.水分胁迫下施磷对潮土玉米苗期叶片光合速率、保护酶及植物养分含量的影响[J].中国生态农业学报,25(2):239-246.

卢海珍,2019.垄作技术在大田作物生产中的应用[J].种子科技,37(16):45-46.

鲁学文,孙占勇,童永贞,等,2020.水肥一体化条件下玉米的最佳灌水时期及数量[J].中国农技推广,36(09):64-66.

陆海东,薛吉全,郝引川,等,2015.播期对雨养旱地春玉米生长发育及水分利用的影响[J].作物学报,41(12):1906-1914.

路炳军,温美丽,路文学,2004.黄土高原西部雨养农业区集雨水窖的主要类型及其效益分析——以甘肃会宁为例[J].干旱区资源与环境(02):71-75.

吕明洋,王俊,胡宁,等,2019.吉林玉米带不同玉米//小麦间作模式对作物产量及水分利用率的影响[J].玉米科学,27(02):106-112.

罗俊杰,杨封科,高世铭,2003.黄土高原半干旱区集雨补灌灌溉制度研究[J].灌溉排水学报,22(3):25-28.

马丽,2013.垄作栽培对夏玉米土壤理化性状的影响[J].广东农业科学,40(14):67-69,74.

马儒军,2013.大棚膜下滴灌土壤温度变化规律的研究[J].新疆农垦科技(5):58-59.

马树庆,王琪,罗新兰,2008.基于分期播种的气候变化对东北地区玉米(Zea mavs)生长发育和产量的影响[J].生态学报,28(5):2131-2139.

马旭俊,朱大海,2003.植物超氧化物歧化酶(SOD)的研究进展[J].遗传,25(2):225-231.

孟凡超,张佳华,郝翠,等,2015.CO_2浓度升高和不同灌溉量对东北玉米光合特性及产量的影响[J].生态学报,35(7):2126-2135.

米国华,伍大利,陈延玲,等,2018.东北玉米化肥减施增效技术途径探讨[J].中国农业科学,51(14):2758-2770.

苗全,苗永军,2014.东北地区玉米秸秆覆盖还田免耕栽培技术[J].农机科技推广(9):46,48.

南镇武,孟维伟,徐杰,等,2018.盐碱地玉米‖花生间作对群体覆盖和产量的影响[J].山东农业科学,50(12):26-29,34.

宁金席,亢群峰,2009.东北春玉米耐老化黑膜常年覆盖技术研究初报[J].新疆农业科技(4):25-26.

牛冬,唐红艳,2019.基于土壤温度的春玉米适宜播种指标及播种期分析[J].中国农学通报,35(2):79-85.

牛一川,姚天明,安建平,等,2004.地膜覆盖栽培对冬小麦衰老进程的影响[J].麦类作物学报,24(3):90-92.

裴文东,张仁和,王国兴,等,2020.玉米冠层结构和群体光合特性对增密的响应[J].玉米科学,28(03):92-98.

朴琳,任红,展茗,等,2017.栽培措施及其互作对北方春玉米产量及耐密性的调控作用[J].中国农业科学,50(11):1982-1994.

齐月,蒋菊芳,胡蝶,等,2019.关键生育期持续水分胁迫对春玉米土壤水分动态变化和产量的影响[J].中国农学通报,35(29):41-46.

任寒,刘鹏,董树亭,等,2019.高温胁迫影响玉米生长发育的生理机制研究进展[J].玉米科学,27(5):109-115.

任丽雯,刘明春,王兴涛,等,2019.拔节和抽雄期水分胁迫对春玉米生长和产量的影响[J].中国农学通报,35(01):17-22.

任永福,陈国鹏,蒲甜,等,2019.玉米—大豆带状种植中套作高光效玉米窄行穗位叶光合特性对弱光胁迫的响应[J].作物学报,45(5):728-739.

桑金梅,牛淑芳,张玉玲,等,2003.机械深施化肥技术在玉米生产上的应用[J].山西农业大学学报,22(4):328-330.

尚占江,2017.浅谈东北玉米种植栽培技术——以黑龙江省玉米种植为例[J].农民致富之友(10):168.

史鑫蕊,徐强,胡克林,等,2018.灌水次数对绿洲春玉米田氮素损失及水氮利用效率的影响[J].农业工程学报,234(03):118-126.

史占忠,贾显明,张敬涛,等,2003. 三江平原春玉米低温冷害发生规律及防御措施[J]. 黑龙江农业科学(2):7-10.

舒进康,陈莉萍,赵里红,等,2016. 马铃薯/玉米 2:1 行比套作不同模式对马铃薯产量及光合性能的影响[J]. 中国农学通报,32(18):43-46.

宋金鑫,2019. 秸秆还田和氮肥施用量对膜下滴灌玉米生长发育及产量的影响[D]. 长春:吉林农业大学.

宋文兴,2017. 种子处理对玉米幼苗抗低温能力的影响研究[J]. 种子科技,35(6):124.

宋运淳,王玲,刘立华,2000. 低温胁迫诱导玉米根尖细胞凋亡的形态和生化证据[J]. 植物生理学报(3):189-194.

宋振伟,邓艾兴,郭金瑞,等,2012. 整地时期对东北雨养区土壤含水量及玉米产量的影响[J]. 水土保持学报,26(05):254-258,263.

苏俊,2011. 黑龙江玉米[M],北京:中国农业出版社.

孙滨峰,2015. 基于标准化降水蒸发指数(SPEI)的东北干旱时空特征[J]. 生态环境学报(1):22-28.

孙磊,2021. 东北春玉米主要农业气象灾害及减灾保产调控及关键技术[M]. 北京:中国农业科学技术出版社.

孙琳丽,侯琼,赵慧颖,等,2016. 河套灌区不同强度低温冷害对玉米生物量累积和产量的影响[J]. 生态学杂志,35(1):17-25.

孙宁宁,于康珂,詹静,等,2017. 不同成熟度玉米叶片抗氧化生理对高温胁迫的响应[J]. 玉米科学(5):77-84.

孙宇光,2009. 振动深松和坐水种对土壤水分动态及增产效果影响试验研究[D]. 哈尔滨:东北农业大学.

唐丽霞,张志强,王新杰,等,2010. 晋西黄土高原丘陵沟壑区清水河流域径流对土地利用与气候变化的响应[J]. 植物生态学报,34(7):800-810.

陶志强,陈源泉,隋鹏,等,2013. 华北春玉米高温胁迫影响机理及其技术应对探讨[J]. 中国农业大学学报,18(04):20-27.

王聪武,王铮,2019. 渭北旱地春播玉米品种抗旱适应性试验研究[J]. 种子科技(9):1-4.

王德军,2018. 高产玉米种植技术及病虫防治关键技术分析[J]. 农业与技术(20):55.

王芳,彭云玲,方永丰,等,2018. 花后干旱胁迫对不同持绿型玉米叶片衰老的影响[J]. 水土保持学报(4):60-66.

王芳,王铁兵,李鹏德,2019. 外源 ABA 对干旱胁迫下玉米幼苗氧化损伤的保护作用[J]. 草业科学,36(11):2887-2894.

王飞,刘领,武岩岩,等,2020. 玉米花生间作改善花生铁营养提高其光合特性的机理[J]. 植物营养与肥料学报,26(05):901-913.

王洪预,2019. 东北春玉米不同种植模式比较研究[D]. 长春:吉林大学.

王火焰,周健民,2014. 肥料养分真实利用率计算与施肥决策[J]. 土壤学报,51(2):216-225.

王激清,刘社平,韩宝文,2011. 施氮量对冀西北春玉米氮肥利用率和土壤硝态氮时空分布的影响[J]. 水土保持学报,25(02):138-143.

王金胜,郭春绒,张述义,1993. 低温对不同抗冷性玉米幼苗 H_2O_2 及其清除酶类的影响[J]. 山西农业大学学报(3):240-243,296.

王金艳,李刚,马骏,等,2015. 不同种植密度条件下东北春玉米区主栽品种的适应性分析[J]. 辽宁农业科学(3):31-34.

王静,苏东涛,李娜娜,2020. 晋中盆地不同玉米、大豆间作模式下作物产量研究[J]. 现代农业科技(21):5-7,11.

王娟,2018. 不同灌水次数对覆膜玉米生长发育的影响[J]. 农业科技与信息(20):21-22,30.

王连敏,1990. 低温对玉米幼苗生长、发育及功能的影响(综述)[J]. 国外农学-杂粮作物(6):23-26.

王蒙,2017. 吉林半干旱区春玉米膜下滴灌条件下水肥高效利用研究[D]. 北京:中国农业大学.

王琦琪,2018.东北黑土区玉米大豆轮作模式及比价研究[D].北京:中国农业科学院.

王让学,2008.提高陕西黄土高原窑窖蓄水效益[J].水利与建筑工程学报,2(01):76-78,81.

王瑞军,李洪,2016.晋北春播玉米区玉米抗旱品种栽培研究[J].安徽农学通报(3):37-39.

王晓东,傅迎军,孙殷会,等,2015.北方玉米品种更替过程中品质的演变[J].玉米科学,23(4):10-14.

王晓娟,卢旭,何海军,2018.灌水次数与施氮量互作对胡麻/玉米带田作物生长与产量的影响[J].西北农业学报,27(8):1127-1136.

王秀领,阎旭东,徐玉鹏,等,2017.不同耕作方式对春玉米土壤水分、温度及产量的影响[J].玉米科学,25(3):87-93.

王迎春,孙忠富,郭尚,等,2005.雁北地区不同品种玉米的抗霜冻能力比较[J].中国农业气象,26(4):233-235.

王玉兰,2017.半湿润半干旱地区玉米高产栽培技术[J].现代农业(5):59-60.

王智威,牟思维,闫丽丽,等,2013.水分胁迫对春播玉米苗期生长及其生理生化特性的影响[J].西北植物学报,33(02):343-351.

魏廷邦,柴强,王伟民,等,2019.水氮耦合及种植密度对绿洲灌区玉米光合作用和干物质积累特征的调控效应[J].中国农业科学,52(3):428-444.

魏雯雯,胡楠,刘文河,等,2017.播期对吉林省不同品种玉米生长发育及产量的影响[J].玉米科学(6):95-100.

邬小春,马向峰,杨晓军,等,2020.不同耕作方式对西北地区春玉米土壤物理性状及产量的影响[J].玉米科学,28(03):127-134.

吴瑞娟,王迎春,朱平,等,2018.长期施肥对东北中部春玉米农田土壤呼吸的影响[J].植物营养与肥料学报,24(1):44-52.

吴伟伟,2020.黄土高原旱垣地高效雨水集蓄利用工程模式应用研究[J/OL].中国防汛抗旱:1-5[2020-11-27].https://doi.org/10.16867/j.issn.1673-9264.2020035.

武荣盛,吴瑞芬,孙小龙,等,2015.不同程度干旱对春玉米生物量和产量影响的模拟[J].生态学杂志,234(09):2482-2488.

武志海,张治安,陈展宇,等,2005.大垄双行种植玉米群体冠层结构及光合特性的解析[J].玉米科学(4):62-65.

肖俊夫,刘战东,南纪琴,等,2010.不同水分处理对春玉米生态指标、耗水量及产量的影响[J].玉米科学,18(06):94-97,101.

肖万欣,王延波,叶雨盛,等,2020.生殖生长期干旱对不同耐旱型玉米自交系根系性状及产量的影响[J].玉米科学,28(05):93-101.

谢孟林,查丽,郭萍,等,2017.垄作覆膜对川中丘区土壤物理性状和春玉米产量的影响[J].干旱地区农业研究,35(02):31-38.

熊冬金,林志红,杨柏云,等,1996.玉米在涝渍和低温胁迫过程中四种酶同工酶分析及丙二醛的变化[J].南昌大学学报(理科版)(4):6.

徐晨,李前,赵洪祥,等,2019.灌溉定额对半干旱区春玉米生长发育的影响[J].西北农林科技大学学报(自然科学版),47(10):41-51,62.

徐成忠,孔晓民,杨洪宾,等,2006.垄作栽培对夏玉米生长发育及主要产量性状的影响研究[J].玉米科学(05):104-106,110.

徐美玲,2002.温度对玉米花丝生活力的影响[J].浙江农业科学,1(3):120-122.

徐有春,邹明辉,金仙花,2018.东北地区高温对玉米生产的影响及对策[J].农业与技术(14):52.

徐宗贵,孙磊,王浩,等,2017.种植密度对旱地不同株型春玉米品种光合特性与产量的影响[J].中国农业科学,50(13):2463-2475.

许为政,汪晓华,吕思强,等,2004.玉米的通透栽培[J].农民致富之友(4):17-17.

薛成波,2015. 东北标准化寒地黑土区玉米栽培要点[J]. 农民致富之友(23):28.

焉莉,操梦颖,胡中强,等,2018. 施肥方式对东北玉米种植区氮磷流失的影响[J]. 环境污染与防治,40(2):170-175.

闫伟平,边少锋,赵洪祥,等,2016. 半干旱区深松垄作对春玉米生长及产量的影响[J]. 东北农业科学,41(06):21-25.

闫伟平,边少锋,张丽华,等,2017. 半干旱区抗旱丰产玉米品种的评价及筛选[J]. 东北农业科学 42(3):1-5.

阎裕丽,2013. 东北农牧交错区紫花苜蓿/玉米间作条件下土壤水分变化特征及水分利用效率[D]. 长春:东北师范大学.

杨长海,2014. 玉米宽窄行留高茬交替休闲种植技术[J]. 农业科技与装备(2):6-7.

杨德光,吴玥,宋秀丽,等,2019. 轮作对土壤肥力及玉米生长发育的影响[J]. 玉米科学,27(04):127-133.

杨菲,李洪霄,宫庆友,等,2019. 播期对不同种植模式下玉米和花生生长发育及产量的影响[J]. 山东农业科学,51(06):49-54.

杨蕊菊,2005. 小麦/玉米带田种植模式优化效应研究[J]. 西北农业学报,14(6):44-49.

杨若子,周广胜,2015. 东北三省玉米主要农业气象灾害危险性评估[J]. 气象学报(6):1141-1153.

杨晓晨,明博,陶洪斌,等,2015. 中国东北春玉米区干旱时空分布特征及其对产量的影响[J]. 中国生态农业学报,23(6):758-767.

杨晓光,刘志娟,陈阜,2010. 全球气候变暖对中国种植制度可能影响Ⅰ. 气候变暖对中国种植制度北界和粮食产量可能影响的分析[J]. 中国农业科学,43(2):329-336.

杨肖雨,2018. 浅谈东北雨养区地膜覆盖条件下种植密度对玉米田间土壤水分和产量的影响[J]. 现代农业研究(5):59-60.

杨哲,于胜男,高聚林,等,2020. 主要栽培措施对北方春玉米产量贡献的定量评估[J]. 中国农业科学,53(15):3024-3035.

杨振芳,孟瑶,顾万荣,等,2015. 化控和密度措施对东北春玉米叶片衰老及产量的影响[J]. 华北农学报,30(04):117-125.

杨智超,2008. 不同基因型大豆行间覆膜土壤生态效应研究[D]. 哈尔滨:东北农业大学.

杨忠勋,2002. 旱地梯田地膜玉米与大豆(马铃薯)带状种植技术[J]. 宁夏农林科技(1):61.

伊卫东,韩开明,张永平,等,2012. 河套灌区节水抗旱玉米品种田间鉴选[J]. 内蒙古农业大学学报(自然科学版),33(01):61-67.

于康珂,孙宁宁,詹静,等,2017. 高温胁迫对不同热敏型玉米品种雌雄穗生理特性的影响[J]. 玉米科学(4):84-91.

于文颖,纪瑞鹏,冯悦,等,2016. 干旱胁迫对玉米叶片光响应及叶绿素荧光特性的影响[J]. 干旱区资源环境,30(10):82-87.

袁淑芬,陈源泉,闫鹏,等,2014. 水分胁迫对华北春玉米生育进程及物质生产力的影响[J]. 中国农业大学学报,19(05):22-28.

岳德成,姜延军,史广亮,等,2015. 甘肃省平凉市全膜双垄沟播玉米田杂草种类及主要群落类型[J]. 植物保护,41(3):159-164.

岳海旺,卜俊周,陈淑萍,等,2017. 冀中南地区不同玉米品种抗旱性比较研究[J]. 江西农业学报,29(03):22-27.

翟治芬,胡玮,严昌荣,等,2012. 中国玉米生育期变化及其影响因子研究[J]. 中国农业科学,45(22):4587-4603.

张芳,2018. 东北地区玉米免耕精确播种技术分析[J]. 农机使用与维修(4):84.

张富仓,严富来,范兴科,等,2018. 滴灌施肥水平对宁夏春玉米产量和水肥利用效率的影响[J]. 农业工程学报,34(22):111-120.

张国民,王连敏,王立志,等,2000. 苗期低温对玉米叶绿素含量及生长发育的影响[J]. 黑龙江农业科学(1):

10-12.

张海艳,2009. 玉米籽粒胚乳细胞增殖及其与淀粉充实的关系[J]. 植物生理学报,45(2):149-152.

张红宾,罗爱玉,田晓峰,等,2017. 半干旱地区春玉米高产高效综合栽培模式研究[J]. 农业科技通讯(8):98-102.

张洪旭,杨德光,李士龙,等,2008. 水分胁迫对玉米叶片水分代谢的影响[J]. 玉米科学,16(2):88-90.

张吉旺,董树亭,王空军,等,2008. 大田增温对夏玉米光合特性的影响[J]. 应用生态学报,19(1):81-86.

张立忠,2003. 榆中县半干旱地区集雨补灌小麦玉米带状种植栽培技术[J]. 甘肃科技(8):125-126.

张丽娟,杨恒山,张玉芹,等,2018. 宽行种植模式对春玉米叶片生理特性及产量的影响[J]. 内蒙古民族大学学报(自然科学版),33(04):333-338.

张美华,2017. 低温对玉米生理生化的影响及耐低温浸种剂的研究[D]. 沈阳:沈阳农业大学.

张平良,郭天文,李书田,等,2014. 不同覆盖种植方式与平衡施肥对旱地春玉米产量及水分利用效率的影响[J]. 干旱地区农业研究,32(04):169-173.

张仁和,郑友军,马国胜,等,2011. 干旱胁迫对玉米苗期叶片光合作用和保护酶的影响[J]. 生态学报,31(5):1303-1311.

张仕华,2018. 3种常用水窖结构优化结果对比分析[J]. 安徽农业科学,46(20):186-190.

张书海,孙国丽,王东,等,2010. 东北山区玉米收获机械的使用与效益分析[J]. 农业机械(15):92-93.

张淑杰,张玉书,纪瑞鹏,等,2011. 东北地区玉米干旱时空特征分析[J]. 干旱地区农业研究(1):237-242.

张淑杰,张玉书,孙龙彧,等,2013. 东北地区玉米生育期干旱分布特征及其成因分析[J]. 中国农业气象,34(03):350-357.

张雪婷,杨文雄,柳娜,等,2018. 甘肃西部抗旱型玉米品种的综合评价及筛选[J]. 核农学报,232(07):1281-1290.

张镇涛,杨晓光,高继卿,等,2018. 气候变化背景下华北平原夏玉米适宜播期分析[J]. 中国农业科学,51(17):3258-3274.

赵锴,2018. 浅谈玉米高产栽培技术的推广应用[J]. 种子科技(5):30-31.

赵丽英,邓西平,山仑,2004. 持续干旱及复水对玉米幼苗生理生化指标的影响研究[J]. 中国生态农业学报,12(3):59-61.

赵丽晓,雷鸣,王璞,等,2014. 花期高温对玉米籽粒发育和产量的影响[J]. 作物杂志(4):6-9.

赵思腾,师尚礼,陈建纲,等,2019. 陇中旱作区不同轮作方式对土壤碳、氮含量及酶活性的影响特征[J]. 草地学报,27(04):817-824.

赵西宁,吴普特,冯浩,等,2009a. 黄土高原降雨径流调控利用潜力定量评价模型[J]. 自然灾害学报,18(3):32-36.

赵西宁,吴普特,冯浩,等,2009b. 浅论黄土高原集雨补灌农业的地位与作用[J]. 武汉大学学报(工学版),42(5):649-652.

赵西宁,吴普特,黄俊,等,2015. 黄土高原降雨径流调控利用应用基础研究评述[J]. 自然灾害学报,24(1):32-38.

赵霞,刘诗慧,张国方,等,2017. 16个玉米杂交种的抗旱性评价[J]. 河南农业科学,246(12):24-28.

赵晓彤,刘剑平,窦淑华,等,2020. 不同栽培方式对玉米农艺性状及产量的影响[J]. 农业科技,3(21):34-35.

赵雅姣,刘晓静,童长春,等,2019. 紫花苜蓿‖玉米间作对玉米氮代谢相关酶活性的影响[J]. 草原与草坪,39(03):63-71.

赵一磊,2013. 中国区域性气象干旱事件的模拟和预估[D]. 南京:南京信息工程大学.

郑凯,2016. 玉米高产选种及播种技术[J]. 吉林农业(18):64.

郑培龙,李云霞,寇磊月,等,2016. 黄土高原粘河流域径流对气候和土地利用变化的响应[J]. 水土保持学报,36(2):250-253.

郑盛华,严昌荣,2006. 水分胁迫对玉米苗期生理和形态特性的影响[J]. 生态学报,26(4):1138-1143.

周婷婷,李军,司正邦,2015. 种植密度与品种类型对渭北旱地春玉米产量和光能利用的影响[J]. 西北农林科技大学学报(自然科学版),43(11):54-62.

周旭晴,2018. 高寒山区马铃薯套种玉米高产栽培技术[J]. 农民致富之友(07):8.

朱文新,高聚林,孙继颖,等,2016. 深松耕作下不同灌水次数对春玉米根层土壤特性及耗水规律的影响[J]. 北方农业学报,44(05):15-20.

祝青凤,2014. 膜下滴灌春播玉米高产栽培技术[J]. 农业科技通讯(5):166-167.

庄同金,2019. 基于玉米带状种植高产栽培技术分析[J]. 农民致富之友(9):28.

邹海洋,张富仓,张雨新,等,2017. 适宜滴灌施肥量促进河西春玉米根系生长提高产量[J]. 农业工程学报,33(21):145-155.

邹文秀,韩晓增,陆欣春,等,2020. 秸秆还田后效对玉米氮肥利用率的影响[J]. 中国农业科学,53(20):4237-4247.

邹晓影,刘艳敏,2008. 东北寒地玉米通透栽培技术[J]. 现代农业科技(23):215,218.

Greaves J A,1996. Improving suboptimal temperature tolerance in maize-the search for variation [J]. J Exp Bot,47(296):307-323.

John R. Porter,2005. Rising temperatures are likely to reduce crop yields[J]. Nature,436(7048):174.

Murchie E H,Yang J,Stella H,et al,2002. Are there associations between grain filling rate and photosynthesis in the flag leaves of field-grown rice? [J]. Journal of Experimental Botany,53(378):2217-2224.

Tian F,Yang P,Hu H,et al,2017. Energy balance and canopy conductance for a cotton field under film mulched drip irrigation in an arid region of northwestern China [J]. Agricultural Water Management,179:110-21.

第四章　中原二熟区玉米抗逆栽培

本章以黄淮海平原的玉米产区河北省中、南部和河南省为例。

第一节　普通玉米常规栽培

一、茬口关系

一般接越冬作物茬。黄淮海平原二熟区，越冬作物主要有小麦、油菜等。夏玉米种植主要接冬小麦茬，也可在种植油菜的地区接冬油菜茬。

中国幅员辽阔，横跨寒温带、温带、暖温带、亚热带、热带不同的气候带。因此，不同地区的气候条件、土壤条件、地形地势等自然条件以及玉米品种特性等生物性状决定了中国玉米种植情况。夏玉米主要分布在黄淮海平原广大地区，种植制度多为一年两熟，多采取玉米与小麦套种。黄淮海平原夏玉米区属一年两熟生态区，玉米种植方式多样，间、套、复种并存。玉米主要种植在冬小麦之后，小麦和玉米两茬作物套种、复种面积较大。

夏玉米过渡带地区一般6月初播种，部分地区5月底套种，9月底收获，多为接麦茬。栽培方式多单作接小麦茬，播种方式多铁茬直播，少量地区麦收前套播。玉米与小麦间作显著提高了各层土壤中小麦根的重量，同时提高了小麦、玉米的根系数量和地上部生物量，使生长前期根系大小发生较大变化，而对根系活力影响较小。间作使玉米根际土速效氮含量增加，速效磷、钾含量降低；使小麦根际土氮含量降低，磷、钾含量提高。小麦与玉米间作后，根系分泌有机酸的种类明显增加；植株体内和根系中有机酸的种类及数量有所降低。

玉米还可以与马铃薯、花生、芝麻、牧草、蔬菜等其他作物间作。马铃薯在冷凉区粮食作物中占有特别地位。在中国北方旱区，玉米套种马铃薯的种植方式非常普遍。小麦与玉米套种在一作有余和二年三熟制地区应用较普遍。在河北省低平原区，小麦套种玉米间作大豆。在10月上旬播种小麦，翌年6月上旬套种玉米间作大豆。一般采取"小畦大背"。每带200 cm，种植5行小麦，行距20 cm，大背60 cm。小麦收获前25～30 d在大背套种2行玉米，行距40 cm，与小麦间距10 cm，小麦收获后，在小麦茬上种植3行大豆，行距40 cm，与玉米间距40 cm。东北地区有冬（春）小麦套种玉米模式。

玉米可以与油菜套种。选用宽带和南北行，有利于通风透光，可减少共栖期间玉米对油菜的郁蔽遮光。玉米与紫花苜蓿属于粮草套作范畴。可以改善土壤理化性状，固定氮素。粮草套作可以促进养畜。玉米与其他作物套种，以马铃薯、甘薯、蔬菜、药材等与玉米套种为常见。玉米与豆类间作也是黄淮海地区玉米种植的主要形式之一，以玉米与大豆间作为主，也有与小豆、绿豆间作或混种者。原则上是玉米不减产，适当增收豆类。玉米与大豆的间作比例通常为6：2或4：2间作，可实现粮豆双收，增加农民的经济收入。

二、整地

以麦茬为例。一般不整地,麦收后抢时直播玉米。

高建胜等(2018)试验设置犁底层不破除(RT15)、犁底层破除 1/3(DL20)、犁底层破除 2/3(DL25)、犁底层完全破除(DL40)4 个犁底层破除程度处理,研究大田条件下犁底层不同破除程度对夏玉米农艺性状及产量的影响。结果表明,部分破除犁底层后,夏玉米的株高、叶面积、净光合速率、地上/地下干物质重、产量均随犁底层破除程度的增加而呈增加趋势,DL25 处理各指标达到最大;DL25 处理的玉米产量分别较 DL40、DL20、RT15 处理高 4.6%、6.1%、17.3%;但完全破除犁底层,并不利于作物产量等指标的进一步提升,甚至有小幅降低。因此,在黄淮海平原农田耕作方式、耕层结构条件下,犁底层的存在阻碍玉米的生长,将耕层深度增加到 25 cm、适度打破而保留部分犁底层(5 cm)更有利于玉米产量的提高。

禹淑梅等(2018)介绍,通过夏玉米田间不同模式的小麦秸秆覆盖试验研究,探寻夏玉米少耕覆盖高产栽培技术,以期达到夏玉米可持续生产。在小麦收割后不翻耕,麦秸麦糠就地覆盖,覆盖量以 300~700 kg/亩为宜,玉米大小行开沟播种,密度 3500~4000 株/亩,播种后优质有机肥沿沟盖种,科学增施氮肥,及时预防病虫草害。与传统耕作相比,显著提高了玉米的双穗率、百粒重、穗粒数,增产幅度达到 20.5%~56.4%,降低生产费用 80.2~101.9 元/亩,纯收入增加 68~112 元/亩。大量秸秆用于肥田,减少化肥使用量 34.7%,杂草减少 78.9%,玉米田生态逐渐进入良性循环。

王青才(2019)介绍了铁茬播种,一播全苗。河南省夏玉米种植一般在小麦收获后 6 月 10 日左右。主要播种方式为播种机播种,主要使用勺轮式机械原理播种机,可以做到"一二一"(即一穴播一粒、一穴播二粒连续播种)和单粒播种;播种时应抢茬播种、铁茬播种;要及时早播,足墒下种;播种深度 5 cm 左右,深浅一致;从而确保一播全苗,苗全、齐、匀、壮。黏土地浇好"蒙头水"。

土壤是玉米根系生长的场所,为植株生长发育提供水分、矿质营养和空气,与玉米生长及产量形成关系密切。玉米对土壤空气状况很敏感,要求土壤空气容量大,通气性好,含 O_2 比例较高。土层深厚,结构良好,肥、水、气、热等因素协调的土壤,有利于玉米根系的生长和肥水的吸收,使玉米根系发达,植株健壮,高产稳产。因此,高标准整地是实现玉米高产稳产的第一步,应注意耕作,培肥土壤,使其具备熟化层深厚,养分含量尤其是有机质含量丰富,水稳定性团粒结构较多,耕层土壤松软,保水通气,土温平稳,有益微生物活动旺盛的基本特性。如有连茬地和换茬地应注意换茬地的茬口选择。

三、选用品种

(一)选择适宜熟期类型的品种

在二熟制地区,夏玉米从种到收的时间较短。为了充分利用生长季节的气候资源和生产条件,在品种的熟期类型选择上,尽量选择中早熟或中熟类型品种。

黄淮海夏玉米区一般光热资源丰富,玉米单作以中熟品种居多,例如郑单 958。夏播早熟玉米全生育期 80~100 d,所需≥10 ℃积温 1900~2300 ℃·d;中熟种生育期 100~110 d,≥10 ℃积温 2300~2700 ℃·d;晚熟品种生育期 110~130 d,需要≥10 ℃积温 2700~2900 ℃·d。如果不能满足这些热量要求,则玉米生长不良,后期遇低温胁迫会影响灌浆,不能正常成熟,而且降低质量等级。黄淮海地区主要是夏播玉米产区,玉米生长季节受前、后两茬冬小麦约束,因此,需要中早熟品种。这一地区种植制度复杂,玉米病毒病特别严重,大小斑病、茎腐病和弯孢菌属叶斑病较为严重,因此,对品种的抗病性要求特别严格。

良种是增产的主要因素,在玉米增产中良种的增产作用占30%~50%,良种良法配套才能实现玉米高产稳产。在良种选择上要注意以下几点。

第一是要选择通过审定的品种。选择国家或省审定的品种,注意对其产量、适应性、品质、抗性(抗病性、抗虫性、抗逆性)等综合性状的选择,注意品种适宜种植区域。由于越代品种、低纯度品种和混杂退化的品种减产幅度极大,在生产上要选用纯度高的F_1代杂交种。

第二是要选用紧凑型品种。当前的玉米良种主要有两种类型:一是紧凑型,二是平展型。多年生产实践证明,紧凑型良种的增产潜力高于平展型,玉米高产田以采用紧凑型良种为宜。

第三是选择种子质量好的良种。注意查看种子的纯度、芽率、净度、水分等4项指标是否符合国家标准。应优先选择发芽势高的种子,单粒播种时要求更高芽率(≥95%)的种子。

第四是要看品种的生育期,选择生育期适中的品种。春玉米要选用生育期较长,增产潜力较大的品种。在中国北方一熟制地区,玉米的生育过程较长,应该使其占满整个生长季节,充分利用该区域的光热资源。在玉米品种的选择上,可选用中晚熟品种。

第五是注意选用的品种要适应加工、销售的需要。近几年来,优质专用玉米品种越来越多,优质蛋白玉米、高油玉米、高淀粉玉米、粮饲兼用玉米、糯玉米、甜玉米、爆裂型玉米等都有相应的品种,可根据需要适当选用。

第六是选用近期常用的优良新品种。近年来通过审定,并在生产中表现出丰产性、稳产性等综合性状优良的玉米品种主要有以下几个:

郑单958是河南省农业科学院选育的耐密、高产、稳产、抗逆、广适玉米单交种,也是国内目前种植面积最大的玉米品种,2000年先后通过山东、河南、河北三省和国家审定,并被农业部定为重点推广品种。适宜在黄淮海夏玉米区种植,近几年该品种在东北地区的表现良好,种植面积有不断增加的趋势。

浚单20是河南省浚县农业科学研究所选育的玉米单交种,是国内目前种植面积第二大的玉米品种,2003年通过国家农作物品种审定委员会审定,适宜在河南、河北中南部、山东、陕西、江苏、安徽、山西运城夏玉米区种植。

先玉335是美国先锋公司选育的玉米杂交种,具有高产、稳产、抗倒伏、适应性广、熟期适中、株型合理等优点,于2004年、2006年分别通过了国家审定。该品种适宜在北京、天津、辽宁、吉林、河北北部、山西、内蒙古赤峰和通辽地区、陕西延安地区春播种植,注意防治丝黑穗病。此外,还适宜在河南、河北、山东、陕西、安徽、山西运城夏播种植,大斑病、小斑病、矮花叶病、玉米螟高发区慎用。

(二)良种简介

1. 郑单958

(1)组合来源 郑58/昌7-2(选)杂交选育的一代杂交种。

(2)育成单位和人员 河南省农业科学院粮食作物研究所堵纯信。

(3)审定年代 2000年通过国家农作物品种审定委员会审定,审定编号:国审玉2000009。

(4)特征特性 夏播生育期103 d左右。幼苗叶鞘紫色,叶色淡绿,叶片上冲,穗上叶叶尖下披,株型紧凑,耐密性好。株高250 cm左右,穗位111 cm左右。穗长17.3 cm,穗行数14~

16行,穗粒数565.8粒,千粒重329.1 g,果穗筒形,穗轴白色,籽粒黄色,偏马齿型。经生产试验点1999年调查,大斑病为0.1级,小斑病为0.6级,粗缩病为0.6%,青枯病为0.2%,抗病性较好。

(5)产量和品质 1998年、1999年两年全国夏玉米区域试验均居第一位,比对照品种增产28.9%、15.5%。1998年区域试验山东试点平均亩产达674 kg,比对照品种增产36.7%;高者达927 kg。经多点调查,郑单958比一般品种每亩可多收玉米75～150 kg。郑单958穗子均匀,轴细,粒深,不秃尖,无空秆,年间差异非常小,稳产性好。该品种籽粒含粗蛋白8.47%,粗淀粉73.42%,粗脂肪3.92%,赖氨酸0.37%;为优质饲料原料。

(6)适宜种植地区或环境 黄淮海夏玉米区。

2. 浚单20

(1)组合来源 母本为9058,来源为在国外材料6JK导入8085泰(含热带种质);父本为浚92-8,来源为昌7-2×5237。

(2)育成单位和人员 河南省浚县农业科学研究所程相文。

(3)审定年代 2003年通过国家农作物品种审定委员会审定,审定编号:2003054。

(4)特征特性 出苗至成熟97 d,比农大108早熟3 d,需有效积温2450 ℃·d。成株叶片数20片。幼苗叶鞘紫色,叶缘绿色。株型紧凑、清秀。株高242 cm,穗位高106 cm。花药黄色,颖壳绿色。花柱紫红色,果穗筒形,穗长16.8 cm,穗行数16行,穗轴白色,籽粒黄色,半马齿型,百粒重32 g。经河北省农林科学院植物保护研究所两年接种鉴定表明,感大斑病,抗小斑病,感黑粉病,中抗茎腐病,高抗矮花叶病,中抗弯孢菌叶斑病,抗玉米螟。

(5)产量和品质 2001—2002年参加黄淮海夏玉米组品种区域试验,42点增产,5点减产,两年平均亩产612.7 kg,比农大108增产9.19%;2002年生产试验,平均亩产588.9 kg,比当地对照增产10.73%。经农业部谷物品质监督检验测试中心(哈尔滨)测定:籽粒容重722 g/L,粗蛋白含量9.4%,粗脂肪含量3.34%,粗淀粉含量72.99%,赖氨酸含量0.26%。

(6)适宜种植地区或环境 适宜在河南、河北中南部、山东、陕西、江苏、安徽、山西运城夏玉米区种植。

3. 登海662

(1)来源和审定时间 登海662是由山东登海种业股份有限公司选育,母本DH382是国外杂交种选株自交选育,父本DH371是自交系5003杂株选系。2009年通过国家农作物品种审定委员会,审定编号:国审玉2009010。

(2)特征特性 中熟型品种;夏播生育期100 d,需有效积温2600 ℃·d以上,成株叶片数19～20片。株型紧凑,幼苗芽鞘浅紫色,叶片深绿色;株高280 cm左右,穗位高97 cm。雄穗分枝中等,花药绿色,颖壳浅紫色。果穗筒形,穗长18 cm,穗粗5 cm,穗行数16行,行粒数34.9～36.2粒;黄粒,红轴,马齿型,千粒重312.2 g,出籽率88.2%。籽粒粗蛋白含量9.37%,粗脂肪含量4.08%,粗淀粉含量73.46%,赖氨酸含量0.314%,容重724 g/L,籽粒品质达到普通玉米1等级国标,饲料用玉米2等级国标,高淀粉玉米3等级部标。高抗瘤黑粉病(0.0),中抗弯孢菌叶斑病(5级)、茎腐病(15.8%),感大斑病(7级)、小斑病(7级)、矮花叶病(49.3%)、玉米螟(8级)。

(3)产量水平 2007年省区域试验(4500株/亩1组),平均亩产612.9 kg,比对照郑单958增产5.3%;2008年续试(4500株/亩2组),平均亩产671.7 kg,比对照郑单958增产5.5%。2008年省生产试验(4500株/亩1组),平均亩产642.8 kg,比对照郑单958增产4%。

(4)适宜种植地区 适宜在山东、河北中南部、山西运城、河南(周口除外)、江苏北部、安徽北部夏播种植。

4. 鲁单 981

(1)来源和审定时间 鲁单 981 是屯玉公司引进生产,母本齐 319 选自美国玉米杂交种 78599,父本 lx9801 是以 502/H21 为选系基础材料,经连续自交选择而成。2002 年通过河北省、山东省和国家审定;2003 年通过国家和河南省审定。审定编号:鲁农审字[2002]001 号、冀审玉 2002001、国审玉 2003011、豫审玉 2003005。

(2)特征特性 中早熟型品种;生育期平均 100 d;株型半紧凑,苗期叶鞘紫色;株高平均 280 cm,穗位高平均 118 cm;花柱红色,花药浅紫色。果穗筒形,穗长 20.1 cm,穗粗 5.2 cm,轴粗 3.4 cm,秃顶 1 cm,穗行数 14.9 行,穗粒数 550 粒,红白轴,籽粒马齿型,黄粒(有白顶),千粒重 297.8 g,出籽率 83.8%。经农业部谷物品质监督检验测试中心(北京)检测,粗蛋白含量 10.74%,粗脂肪含量 4.48%,赖氨酸含量 0.29%,粗淀粉含量 70.26%,容重 745 g/L。2001 年委托河北省农林科学院植物保护研究所(国家黄淮海夏玉米区试抗病性指定鉴定单位)进行鉴定,结果为:高抗小斑病(1 级)、弯孢菌叶斑病(1 级)、青枯病(病株率为 0)、抗大斑病(3 级)、中抗玉米黑粉病(病株率为 7.1%)、玉米矮花叶病(5 级)。对玉米螟(心叶期食叶等级 3 级)有一定抗性。抗倒伏(折)性较差。

(3)产量水平 在 1999—2000 年山东省杂交玉米区域试验中,平均亩产 635.4 kg,比对照鲁单 50 和鲁玉 16 平均增产 7.82%;2001 年参加生产试验,平均亩产 583.9 kg,比对照鲁单 50 增产 6.6%。2000 年参加国家黄淮海夏玉米区域试验,平均亩产 548.0 kg,比对照掖单 19 增产 19.15%,2001 年区域试验亩产 600.6 kg,比对照农大 108 增产 5.85%。2001 年参加国家黄淮海生产试验,平均亩产 568.4 kg,比对照增产 7%。

(4)适宜种植地区 黄淮海夏玉米区及西南山地丘陵玉米区等地种植,尤其适合黄淮海地区套种和夏直播。

5. 京农科 728

(1)来源和审定时间 由北京市农林科学院玉米研究中心和北京市农林科学院种业科技有限公司选育。品种来源为京 MC01×京 2416。2012 年和 2014 年分别通过国家和北京市农作物品种审定委员会审定,审定编号:国审玉 2012003、京审玉 2014006。

(2)特征特性 京、津、唐夏播区出苗至成熟 98 d,与对照京玉 7 号相当,比京单 28 早熟 1 d。幼苗叶鞘紫色,叶片绿色,叶缘淡紫色,花药淡紫色,颖壳淡紫色;株型紧凑,株高 276 cm,穗位 94.5 cm,成株叶片数 19 片,花柱淡红色,果穗筒形,穗长 17.7 cm,穗行数 14~16 行,穗轴红色,籽粒黄色,半马齿型,百粒重 37.1 g。接种鉴定表明,中抗大斑病、小斑病和茎腐病,感弯孢叶斑病,高感玉米螟。籽粒容重 757 g/L,粗蛋白含量 9.03%,粗脂肪含量 4.12%,粗淀粉含量 73.33%,赖氨酸含量 0.31%。

(3)产量水平 2010—2011 年参加京津唐夏玉米品种区域试验,两年平均亩产 715.2 kg,比对照品种增产 8.8%。2011 年生产试验,平均亩产 690.4 kg,比对照京单 28 增产 7.4%。

(4)适宜种植地区 适宜在北京市、天津市和河北省唐山、廊坊、沧州及保定北部地区夏播种植。

6. 蠡玉 16

(1)组合来源 953×91158。

(2)育成单位 石家庄蠡玉科技开发有限公司。

(3)审定年代　2003年通过河北农作物品种审定委员会审定,审定编号:冀审玉2003001。

(4)特征特性　夏播生育期108 d左右。叶片数20片。活秆成熟。幼苗生长健壮,叶鞘紫红色。成株株型半紧凑,穗上部叶片上冲,茎秆坚韧,根系较发达。株高265 cm左右,穗位高118 cm左右,果穗筒形,穗轴白色,穗长18.5 cm左右,穗行数17.8行左右,秃顶度1.4 cm左右,千粒重340 g左右,籽粒黄色,半马齿型,出籽率87.1%左右。2001年河北省农林科学院植物保护研究所抗病性鉴定结果为,抗大斑病,中感小斑病,中感弯孢菌叶斑病,高抗矮花叶病、粗缩病、黑粉病、茎腐病;2002年鉴定感大斑病,抗小斑病,抗弯孢菌叶斑病,中抗茎腐病、高抗黑粉病、矮花叶病,抗玉米螟。

(5)产量和品质　2001—2002年河北省夏玉米区域试验,平均亩产分别为650 kg和622.8 kg;2002年同组生产试验平均亩产567.2 kg。2003—2004年参加陕西省夏玉米区域试验,两年连续位居第二位,平均亩产649.6 kg。2003—2004年参加安徽省区域试验,平均亩产分别为376.8 kg和521 kg。2004年生产试验,平均亩产528.7 kg。2006年参加河南省8个试点引种试验(3500株/亩5组),平均单产540.5 kg,比对照农大108增产9.7%,8个试点全部增产。2006年参加吉林省生产试验,平均亩产674.6 kg,比对照品种吉单180增产8.8%。2006—2007年参加湖北省玉米低山平原组品种区域试验,两年区域试验平均亩产615.06 kg,比对照华玉4号增产12.38%。籽粒品质测定结果为,粗蛋白含量9.63%,赖氨酸含量0.29%,粗脂肪含量4.37%,粗淀粉含量74.57%。

(6)适宜种植地区或环境　河北、陕西、安徽、河南、北京夏玉米区。

7. 新安5号

(1)组合来源　以综175-92132×黄C配组。

(2)育成单位　安徽绿雨种业股份有限公司。

(3)审定年代　2012年。审定编号:皖审玉2012001。

(4)特征特性　中熟夏播杂交玉米品种。全生育期98 d左右,比对照品种农大108早熟1 d左右。叶鞘淡紫色,第一叶尖端圆倒匙形。该品种株型稍松散,叶片宽大,叶片数20片左右。雄穗分枝16个,黄色花药。籽粒纯黄色,马齿型,果穗筒形、红轴。2009年、2010年两年低密度组区域试验表明,株高259 cm左右,穗位约111 cm。穗长18 cm,穗粗4.9 cm,秃顶1.1 cm,穗行数16行,行粒数38粒,出籽率85%,千粒重266 g。抗高温热害2级(相对空秆率平均0.8%)。经河北省农业科学院植保所接种鉴定表明,2009年中抗小斑病(病级5级),中抗南方锈病(病级5级),中抗纹枯病(病指33.3),高抗茎腐病(病株率3%);2010年中抗小斑病(病级5级),感南方锈病(病级7级),感纹枯病(病指50.6),中抗茎腐病(病株率28.6%)。

(5)产量和品质　在一般栽培条件下,2009年区域试验亩产499.9 kg,较对照品种增产4.37%(显著);2010年区域试验亩产476.2 kg,较对照品种增产6.3%(极显著)。2011年生产试验,亩产483.7 kg,较对照品种增产3.12%。2011年经农业部谷物品质监督检验测试中心(北京)检验结果为,粗蛋白(干基)含量10.87%,粗脂肪(干基)含量3.39%,粗淀粉(干基)含量74.45%。

(6)适宜种植地区或环境　江淮丘陵区和淮北区。

8. 苏玉28

(1)组合来源　以齐319×JS0251配组。

(2)育成单位　江苏省农业科学院粮食作物研究所。

(3)审定年代　2010年。审定编号:苏审玉:2010003。

(4)特征特性　全生育期约100 d。成株叶片20片。出苗快而齐,苗势强,叶鞘紫色,生长势强,叶色绿,叶缘紫色。株型半紧凑。株高245 cm,穗位98 cm。花药红色,颖片淡红色;花柱红色。果穗筒形,籽粒黄色,半马齿型,穗轴白色。穗长18.6 m左右,穗粗5 cm,每穗14~16行,每行35粒,千粒重311 g,倒伏率5.2%。中国农业科学院作物科学研究所2009年接种鉴定结果为,高抗小斑病,中抗纹枯病。

(5)产量和品质　2007—2008年参加江苏省夏播玉米区域试验,两年平均亩产496.5 kg,比对照郑单958增产4.0%,两年增产均达极显著。2009年生产试验,平均亩产542.7 kg,比对照郑单958增产5.2%。农业部谷物品质监督检验测试中心(哈尔滨)检测表明,容重764 g/L,粗蛋白含量10.69%,粗脂肪含量4.24%,粗淀粉含量72.2%,赖氨酸含量0.29%。

(6)适宜种植地区或环境　适宜江苏夏播地区种植。

9. 登海605号

(1)组合来源　DH351×DH382,母本是以"DH158/107"为基础材料连续自交多代选育而成;父本是以国外杂交种X1132为基础材料连续自交多代选育而成。

(2)育成单位　山东登海种业股份有限公司。

(3)审定年代　2010年。审定编号:国审玉2010009。

(4)特征特性　在黄淮海地区出苗至成熟101 d,比郑单958晚1 d,需有效积温2550 ℃·d左右。成株叶片数19~20片。幼苗叶鞘紫色,叶片绿色,叶缘绿带紫色,花药黄绿色,颖壳浅紫色。株型紧凑,株高259 cm,穗位高99 cm。花柱浅紫色,果穗长筒形,穗长18 cm,穗行数16~18行,穗轴红色,籽粒黄色,马齿型,百粒重34.4 g。高抗茎腐病,中抗玉米螟,感大斑病、小斑病、矮花叶病和弯孢菌叶斑病,高感瘤黑粉病、褐斑病和南方锈病。

(5)产量和品质　2008—2009年参加黄淮海夏玉米品种区域试验,两年平均亩产659.0 kg,比对照郑单958增产5.3%。2009年生产试验,平均亩产614.9 kg,比对照郑单958增产5.5%。内蒙古自治区区域试验表现:2008年中晚熟组区域试验6点次增产,平均亩产859.2 kg,比对照郑单958增产6.3%;2009年晚熟组区域试验6点全部增产,平均亩产911.3 kg,较对照郑单958增产6.2%;2010年晚熟组生产试验6点全部增产,平均亩产903.5 kg,比对照郑单958增产9.8%,居第一位。籽粒容重766 g/L,粗蛋白含量9.35%,粗脂肪含量3.76%,粗淀粉含量73.40%,赖氨酸含量0.31%。

(6)适宜种植地区或环境　适宜在山东、河南、河北中南部、安徽北部、山西运城地区夏播以及内蒙古自治区适宜区域、陕西省、浙江省种植。注意防治瘤黑粉病、褐斑病、南方锈病重发区慎用。

10. 良玉88号

(1)组合来源　以M54为母本,以S122为父本组配而成的单交种。

(2)育成单位　丹东登海良玉种业有限公司。

(3)品种来源　母本来源于美国杂交种×铁7922选系,父本来源于掖(H201×丹340)×丹340选系。审定编号:津准引玉2010002。

(4)特征特性　幼苗叶鞘紫色,叶片绿色,叶缘紫色,苗势强,株型紧凑。株高302 cm,穗位116 cm,成株叶片数20~21片。花柱淡紫色,花药绿色,颖壳绿色。果穗锥形,穗柄中,苞叶中,穗长19.1 cm,穗行数16~20行,穗轴红色,籽粒黄色,粒型为马齿型,百粒重36.2 g,出籽率85.3%。经农业部农产品质量监督检验测试中心(沈阳)测定表明,籽粒容重744.3 g/L,

粗蛋白含量9.82%,粗脂肪含量3.74%,粗淀粉含量69.16%,赖氨酸含量0.35%。辽宁省春播生育期132 d左右,比对照丹玉39早3 d,属晚熟玉米杂交种。经2007—2008年两年人工接种鉴定表明,中抗大斑病(1～5级),抗灰斑病(1～3级),感弯孢菌叶斑病(1～7级),中抗茎腐病(1～5级),中抗丝黑穗病(病株率0.0～7.7%)。

(5)产量表现 2007—2008年参加辽宁省玉米晚熟组区域试验,15点次均增产,两年平均亩产708.4 kg,比对照种丹玉39增产16.9%;2008年参加同组生产试验,平均亩产668.4 kg,比对照种丹玉39增产19.8%。2009年9月29日经国家"863"重点课题组织专家组验收,在大田生产管理水平下,亩产高达1015.52 kg。2010年经农业部专家组验收,在高产创建管理水平下,亩产高达1256.03 kg,公顷产量达到18840.45 kg。该品种属高产、高效、优质可实施机械化精量播种的优良玉米杂交种。

(6)适应种植地区或环境 河北、吉林、浙江、福建、云南、广东、广西、贵州、四川、陕西、甘肃、山东、河南、安徽等地地理环境下生长。

11. 先玉335

(1)组合来源 以M54为母本,以S122为父本组配而成的单交种。

(2)选育单位 美国先锋公司选育的玉米杂交种。由敦煌种业先锋良种有限公司按照美国先锋公司的质量标准和专有技术独家生产加工销售。

(3)品种来源 母本为PH6WC,来源为先锋公司自育;父本为PH4CV,来源为先锋公司自育。审定编号:国审玉2004017。

(4)特征特性 该品种田间表现幼苗长势较强,成株株型紧凑、清秀,气生根发达,叶片上举。其籽粒均匀,杂质少,商品性好,高抗茎腐病,中抗黑粉病,中抗弯孢菌叶斑病。田间表现丰产性好,稳产性突出,适应性好,早熟抗倒。在黄淮海地区生育期98 d,比对照农大108早熟5～7 d。幼苗叶鞘紫色,叶片绿色,叶缘绿色。成株株型紧凑,株高286 cm,穗位高103 cm。全株叶片数19片左右。花粉粉红色,颖壳绿色,花柱紫红色,果穗筒形,穗长18.5 cm,穗行数15.8行,穗轴红色,籽粒黄色,马齿型,半硬质,百粒重39.3 g。经河北省农林科学院植物保护研究所两年接种鉴定,高抗茎腐病,中抗黑粉病、弯孢菌叶斑病,感大斑病、小斑病、矮花叶病和玉米螟。经农业部谷物品质监督检验测试中心(北京)测定,籽粒粗蛋白含量9.55%,粗脂肪含量4.08%,粗淀粉含量74.16%,赖氨酸含量0.30%。经农业部谷物及制品质量监督检验测试中心(哈尔滨)测定,籽粒粗蛋白含量9.58%,粗脂肪含量3.41%,粗淀粉含量74.36%,赖氨酸含量0.28%。

(5)产量表现 2002—2003年参加黄淮海夏玉米品种区域试验,38点次增产,7点次减产,两年平均亩产579.5 kg,比对照农大108增产11.3%;2003年参加同组生产试验,15点增产,6点减产,平均亩产509.2 kg,比当地对照增产4.7%。在东北平均亩产量1500 kg左右,年积温2650～2700 ℃·d。

(6)栽培技术 适宜密度为4000～500株/亩,注意防治大斑病、小斑病、矮花叶病和玉米螟。夏播区麦收后及时播种,适宜种植密度:3500～4000株/亩,适当增施磷钾肥,以发挥最大增产潜力。春播区,造好底墒,施足底肥,精细整地,精量播种,增产增收。

12. 中单909

(1)组合来源 是由中国农业科学院作物科学研究所黄长玲研究员带领的玉米高产育种团队,历时10年成功育成的玉米新品种,并通过国家农作物品种审定委员会审定、黑龙江省第一积温带审定及内蒙古自治区认定。审定编号:国审玉2011011。

(2)选育单位　中国农业科学院作物科学研究所。

(3)品种来源　以郑58为母本，HD586为父本杂交组配而成。

(4)特征特性　在黄淮海地区出苗至成熟101 d，比郑单958晚1 d。幼苗叶鞘紫色，叶片绿色，叶缘绿色，花药浅紫色，颖壳浅紫色。株型紧凑，株高250 cm，穗位高100 cm，成株叶片数21片。花柱浅紫色，果穗筒形，穗长17.9 cm，穗行数14～16行，穗轴白色，籽粒黄色、半马齿型，百粒重33.9 g。经河北省农林科学院植物保护研究所两年接种鉴定，中抗弯孢菌叶斑病，感大斑病、小斑病、茎腐病和玉米螟，高感瘤黑粉病。经农业部谷物品质监督检验测试中心（北京）测定，籽粒容重794 g/L，粗蛋白含量10.32%，粗脂肪含量3.46%，粗淀粉含量74.02%，赖氨酸含量0.29%。

(5)产量表现　2009—2010年参加黄淮海夏玉米品种区域试验，两年平均亩产630.5 kg，比对照增产5.1%。2010年生产试验，平均亩产581.9 kg，比对照郑单958增产4.7%。

(6)适宜种植区域和栽培技术　适宜在河南、河北保定及以南地区、山东（滨州除外）、陕西关中灌区、山西运城、江苏北部、安徽北部（淮北市除外）夏播种植。瘤黑粉病高发区慎用。在中等肥力以上地块种植。适宜播种期6月上中旬。每亩适宜密度4500～5000株。注意防治病虫害，及时收获。

13. 郑单326

(1)选育单位　河南省农业科学院粮食作物研究所。

(2)审定单位　该品种符合国家玉米品种审定标准，通过审定。审定编号：国审玉20200269。

(3)特征特性　黄淮海夏玉米机收组出苗至成熟102 d，比对照郑单958早熟3 d。幼苗叶鞘绿色，叶片绿色，叶缘绿色，花药黄色，颖壳绿色。株型紧凑，株高247 cm，穗位高84 cm，成株叶片数19片。果穗长筒形，穗长20.5 cm，穗行数16～18行，穗粗5 cm，穗轴红色，籽粒黄色、马齿型，百粒重31.5 g。适收期籽粒含水量27.65%，适收期籽粒含水量（≤28点次比例）63.05%，适收期籽粒含水量（≤30点次比例）76.4%，抗倒性（倒伏倒折率之和≤5.0%）达标点比例90%，籽粒破碎率为7.75%。接种鉴定，中抗茎腐病，高感穗腐病，感小斑病，中抗弯孢叶斑病，高感瘤黑粉病，籽粒容重762 g/L，粗蛋白含量10.60%，粗脂肪含量3.23%，粗淀粉含量73.69%，赖氨酸含量0.35%。

(4)产量表现　2018—2019年参加黄淮海夏玉米机收组良种攻关区域试验，两年平均亩产595.4 kg，比对照郑单958增产9.52%。2019年生产试验，平均亩产644.8 kg，比对照郑单958增产6.14%。

(5)栽培技术和适宜种植区域　适宜6月中旬前播种，密度5000株/亩左右。用50%福美双可湿性粉剂拌种，苗期注意防治蓟马、棉铃虫等害虫，保证苗齐苗壮。苗期少施肥，大喇叭口期重施肥，同时用辛硫磷颗粒丢芯，防治玉米螟。玉米籽粒乳腺消失出现黑粉层后收获，充分发挥该品种的高产潜力。适宜黄淮海夏玉米类型区的河南省、山东省、河北省中南部地区、陕西省关中灌区、山西省运城市和临汾市、晋城市部分平川地区、江苏和安徽两省淮河以北地区、湖北省襄阳地区、京津唐地区种植。

14. 郑单309

(1)选育单位　河南省农业科学院粮食作物研究所。

(2)品种来源　郑H39-1×郑M189。审定编号：国审玉20190236。

(3)特征特性　夏播生育期102～104 d。芽鞘紫色，叶片绿色，第一叶椭圆形，主茎叶片数

18~19片,株型紧凑,株高251~280 cm,穗位91.6~108.0 cm;雄穗分枝7~9个,雄穗颖片绿色,花药绿色,花柱浅紫色;果穗筒形,穗长17.5~18.5 cm,穗粗4.6~4.7 cm,穗行数12~18行,行粒数32.3~34.9粒,秃尖长0.6 cm;穗轴红色,籽粒黄色、半马齿型,千粒重317.6~335.3 g,出籽率85.1%~87.7%。平均田间倒折率0.1%~1.0%,倒伏率1.1%~5.0%,空秆率0.8%~1.2%,双穗率0.5%~1.0%。2015—2016年河南农业大学植物保护学院接种鉴定:抗茎腐病,中抗穗腐病、弯孢菌叶斑病,感小斑病、瘤黑粉病,高感锈病。2015年农业部农产品质量监督检验测试中心(郑州)检测:容重748 g/L,粗蛋白含量9.05%,粗脂肪含量3.67%,粗淀粉含量75.66%,赖氨酸含量0.33%。2016年农业部农产品质量监督检验测试中心(郑州)检测:容重744 g/L,粗蛋白含量9.93%,粗脂肪含量3.2%,粗淀粉含量74.35%,赖氨酸含量0.36%。

(4)产量表现 2015年河南省玉米区域试验(5000株/亩),12点汇总,10点增产,增产点率83.3%,平均亩产693.7 kg,比对照郑单958增产11.1%;2016年续试,11点汇总,7点增产,增产点率63.6%,平均亩产628.8 kg,比对照郑单958增产5.3%。2017年河南省玉米生产试验,12点汇总,9点增产,增产点率75%,平均亩产601.4 kg,比对照郑单958增产2.2%。

(5)栽培技术和适宜种植区域 河南省夏播,6月上中旬播种;种植密度中等水肥地5000株/亩,高水肥地不超过5500株/亩。苗期注意防治蓟马、地老虎、蚜虫;中后期注意防治玉米螟和蚜虫;科学施肥,浇好拔节、孕穗、灌浆水。适时收获。玉米籽粒尖端出现黑色层时收获。该品种符合河南省玉米品种审定标准,通过审定。适宜在河南玉米种植区种植。注意防治锈病、小斑病等病虫害。

15. 郑单1002

(1)组合来源 郑单1002是河南省农业科学院粮食作物研究所以自选系郑588为母本,自选系郑H71为父本组配而成的单交种。由河南省农业科学院粮食作物研究所提出品种申报,2015年9月2日经第三届国家农作物品种审定委员会第六次会议审定通过,审定编号:国审玉2015017。入选农业科技创新项目拟扶持名单,进行高产攻关与示范。

(2)选育单位 河南省农业科学院粮食作物研究所。

(3)特征特性 夏播生育期99~103 d。株型紧凑,全株总叶片数18.8~19.2片,株高257~259 cm,穗位高111.0~112.1 cm;叶色深绿,叶鞘浅紫色,第一叶尖端椭圆形;雄穗分枝5~7个,雄穗颖片微红,花药黄色,花柱浅紫色;果穗短筒形,穗长14.6~16.9 cm,秃尖长0.3~0.8 cm,穗粗4.9~5.1 cm,穗行数14~16行,行粒数30.9~33.8粒;穗轴白色,籽粒黄色、半马齿粒型,千粒重296.6~370.6 g,出籽率88.3%~90.2%,田间倒折率0.7%~1.5%。2011年河南农业大学植保学院人工接种鉴定:抗大斑病(3级),中抗小斑病(5级),高抗弯孢菌叶斑病(1级)、茎腐病(1级),抗瘤黑粉病(3级),感玉米螟(7级),高抗矮花叶病(1级)。2012年鉴定:抗大斑病(3级),高抗小斑病(1级),抗弯孢菌叶斑病(3级),感茎腐病(7级),抗瘤黑粉病(3级),感玉米螟(7级),抗矮花叶病(3级)。2011年农业部农产品质量监督检验测试中心(郑州)检测:粗蛋白含量9.4%,粗脂肪含量4.3%,粗淀粉含量76.0%,赖氨酸含量0.31%,容重728 g/L;2012年检测:粗蛋白含量9.2%,粗脂肪含量4.7%,粗淀粉含量73.9%,赖氨酸含量0.27%,容重762 g/L。

(4)产量表现 2011年河南省玉米品种区域试验(4500株/亩二组),9点汇总,全部增产,平均亩产516.0 kg,比对照郑单958增产4.8%,差异极显著,居20个参试品种第7位;2012年续试(4500株/亩二组),9点汇总,6点增产3点减产,平均亩产767.4 kg,比对照郑单958

增产3.1%,差异不显著,居16个参试品种第8位。2013年河南省玉米品种生产试验(4500株/亩组),10点汇总,全部增产,平均亩产641.2 kg,比对照郑单958增产9.6%,居10个参试品种第1位。

(5)栽培技术　6月上中旬麦后直播,中等水肥地4500株/亩,高水肥地不超过5000株/亩。科学施肥,浇好三水,即拔节水、孕穗水和灌浆水;苗期注意防治蓟马、蚜虫、地老虎;大喇叭口期用颗粒杀虫剂丢芯,防治玉米螟虫。玉米籽粒乳线消失或籽粒尖端出现黑色层时收获,以充分发挥该品种的增产潜力。

(6)适宜种植地区　适宜河南省各地推广种植。

16. 登海618

(1)组合来源　山东登海种业股份有限公司,用品种521×DH392选育而成的玉米品种。由山东登海种业股份有限公司提出申请,2017年6月29日经第三届国家农作物品种审定委员会第九次会议审定通过。审定编号:国审玉20176113。

(2)品种来源　一代杂交种,组合为521/DH392。母本521是以81162/齐319为基础材料自交选育,父本DH392选自国外杂交种。

(3)特征特性　夏播生育期106 d,株型紧凑,全株叶片数19片。株高250 cm,穗位82 cm,倒伏率1.1%,倒折率0.7%。幼苗叶鞘深紫色。花柱紫色,花药紫色。果穗筒形,穗长16.2 cm,穗粗4.5 cm,秃顶1.1 cm,穗行数平均14.7行,穗粒数458粒,红轴、黄粒、半马齿型,出籽率87.5%,千粒重328 g,容重721 g/L。2011年经河北省农林科学院植物保护研究所抗病性接种鉴定:中抗小斑病,感大斑病、弯孢叶斑病,高抗茎腐病,感瘤黑粉病,高抗矮花叶病。2010—2012年试验中茎腐病最重发病试点病株率87.0%。2011年经农业部谷物品质监督检验测试中心(泰安)品质分析:粗蛋白含量10.5%,粗脂肪含量3.7%,赖氨酸含量0.35%,粗淀粉含量72.9%。

(4)产量表现　在2010—2011年全省夏玉米品种区域试验中,两年平均亩产585.5 kg,比对照郑单958增产2.0%,20处试点12点增产,8点减产;2011—2012年生产试验,平均亩产636.2 kg,比对照郑单958增产7.9%。2012年10月7日,莱州市科技局邀请国内有关专家组成专家组进行测产验收,10亩高产田平均亩产量1105.10 kg。2013年9月,实打验收,亩产达1511.74 kg,刷新国内玉米高产纪录。

(5)栽培技术　适宜密度为每亩4500~5000株,其他管理措施同一般大田。

(6)适宜种植区域　在山东全省适宜地区作为夏玉米品种种植利用。茎腐病高发区慎用。

17. 农华5号

(1)组合来源　北京金色农华种业科技股份有限公司提出申请,2017年6月29日经第三届国家农作物品种审定委员会第九次会议审定通过。审定编号:国审玉20176087。

(2)选育单位　北京金色农华种业科技股份有限公司。

(3)品种来源　K4104-16×B8328选育而成的玉米品种。

(4)特征特性　生育期126 d,熟期与对照品种郑单958相当。株型半紧凑。株高280 cm左右,穗位110 cm左右,全株20片叶。幼苗叶鞘紫色,叶片绿色,叶缘浅紫色。花药黄色,颖壳绿色,雄穗分枝6~9个。花柱浅紫色,果穗筒形,穗长20 cm,穗粗5 cm,穗行数16~20行,穗轴粉色,籽粒黄色、半马齿型,百粒重35 g。接种鉴定:高抗茎腐病,中抗灰斑病、穗腐病,感大斑病、丝黑穗病。籽粒容重716 g/L,粗蛋白含量8.49%,粗脂肪含量4.49%,粗淀粉含量75.57%,赖氨酸含量0.29%。

(5)产量表现　2014—2015年参加东华北区域试验,两年平均亩产803.8 kg,比对照增产7.8%;2016年生产试验,平均亩产694.5 kg,比对照京科968增产3.9%。

(6)栽培技术和　中等肥力以上地块种植。4月下旬至5月上旬播种,亩种植密度3800~4200株。

(7)适宜种植区域　适宜在北京、天津、河北北部、内蒙古通辽和赤峰、山西、辽宁、吉林中晚熟区等东华北春玉米区种植。注意防治弯孢叶斑病、大斑病和丝黑穗病。

18. 丰乐303

(1)审定时间　由合肥丰乐种业股份有限公司提出申请,2017年6月29日经第三届国家农作物品种审定委员会第九次会议审定通过。审定编号:国审玉20176055。

(2)选育单位　合肥丰乐种业股份有限公司。

(3)品种来源　京725×京2416选育而成的玉米品种。

(4)特征特性　生育期103 d,与郑单958相当。株型紧凑,株高278 cm,穗位高105 cm,成株叶片数18片左右。幼苗叶鞘紫色,叶片绿色,花药紫色。花柱浅紫色,果穗筒形,穗长16.5 cm,穗行数16~18行,穗轴红色,籽粒黄色、半马齿型,百粒重31.9 g。接种鉴定:中抗茎腐病,感小斑病、穗腐病,高感弯孢叶斑病、瘤黑粉病和粗缩病。籽粒容重为786 g/L,粗蛋白质含量9.42%,粗脂肪含量4.18%,粗淀粉含量74.87%,赖氨酸含量0.32%。

(5)产量表现　2014—2015年参加绿色通道黄淮海夏玉米品种区域试验,两年平均亩产691.25 kg,比对照增产5.41%;2016年生产试验,平均亩产618.6 kg,比对照郑单958增产4.48%。

(6)栽培技术　6月上中旬播种,密度4500株/亩。中上等肥力土壤,排灌方便地块种植。播种前施足底肥(土杂肥或复合肥),5~6片叶时第一次追肥,大喇叭口期第二次追肥,两次追肥总量(尿素)35~40 kg。苗期注意防治蓟马及蚜虫危害,大喇叭口期注意防治玉米螟和病害。籽粒乳线消失出现黑粉层后收获,充分发挥该品种的高产潜力。

(7)适宜种植区域　适宜在北京、天津、河北保定及以南地区、山西南部、河南、山东、江苏淮北、安徽淮北、陕西关中灌区等黄淮海夏玉米区种植。

19. 豫单9932

(1)组合来源　以自选系豫368系为母本,自选系BH40W为父本组配而成的单交种。其审定编号为豫审玉2016001。

(2)选育单位　河南农业大学。

(3)特征特性　夏播生育期97~104 d。主茎总叶片数20~21片。叶色浓绿,幼苗芽鞘紫色,第一叶尖端椭圆形;株型半紧凑,株高275~290 cm,穗位高113.0~127.1 cm;雄穗分枝5~7个,雄穗颖片微红,花药黄色;花柱浅紫色,果穗筒形,穗长19.6 cm,穗粗5.1 cm,穗行数16行,行粒数32~36粒;穗轴红色,籽粒黄色、半马齿型,千粒重329.6~374.8 g,出籽率89.0%。平均田间倒折率0.3%~3.3%,倒伏率3.3%~11.5%,空秆率1.1%~1.2%,双穗率0.4%~1.1%。据2013年河南农业大学植保学院、河南科技学院接种鉴定:高抗瘤黑粉病,抗茎腐病,中抗大斑病,感小斑病、弯孢菌叶斑病、玉米螟。2014年河南农业大学植保学院鉴定:高抗弯孢菌叶斑病,抗小斑病、锈病、穗腐病,中抗茎腐病,感瘤黑粉病、玉米螟。2014年农业部农产品质量监督检验测试中心(郑州)检验:粗蛋白含量10.39%,粗脂肪含量4.37%,粗淀粉含量73.45%,赖氨酸含量0.33%,容重752 g/L。

(4)产量表现　2013年河南省玉米新品种区域试验(4000株/亩一组),7点汇总6增1

减,增产点比率为85.7%,平均亩产630.3 kg,比对照郑单958增产11.1%;2014年续试,12点汇总12点增产,增产点比率为100%,平均亩产672.8 kg,比对照伟科702增产10.1%;2015年河南省玉米新品种生产试验,13点汇总12增1减,增产点比率为92.3%;平均亩产690.0 kg,比对照伟科702增产7.5%。

(5)栽培技术 6月上中旬麦后直播,中等水肥地3800株/亩,高水肥地不超过4000株/亩。科学施肥,浇好三水(即拔节水、孕穗水和灌浆水);苗期注意防治蓟马、蚜虫、地老虎;大喇叭口期用颗粒杀虫剂丢芯,防治玉米螟虫。要适时收获,玉米籽粒乳线消失或籽粒尖端出现黑色层时收获。

(6)适宜种植区域 适宜河南各地推广种植。

20. 伟科966

(1)组合来源 WK3958和WK898作亲本选育的常规玉米品种。

(2)选育单位 由伟科作物育种科技有限公司申请品种审定,河南亿佳和农业科技有限公司经营。2015年经第三届国家农作物品种审定委员会第六次会议审定通过。审定编号:国审玉2015013。

(3)特征特性 伟科966在黄淮海夏玉米区从出苗至成熟需要104 d,与郑单958相当。株型紧凑,株高261 cm,穗位高110 cm,成株叶片数20片。幼苗叶鞘紫色,叶片绿色,叶缘绿色。花药绿色,颖壳绿色。花柱浅紫色,果穗筒形,穗长17.4 cm,穗行数16~18行,穗轴白色,籽粒黄色、半马齿型,百粒重31.7 g。经接种鉴定:中抗小斑病、穗腐病,感弯孢叶斑病和茎腐病,高感瘤黑粉病和粗缩病。籽粒容重744 g/L,粗蛋白含量10.04%,粗脂肪含量3.34%,粗淀粉含量73.71%,赖氨酸含量0.28%。

(4)产量表现 2013—2014年参加黄淮海夏玉米品种区域试验,两年平均亩产681.5 kg,比对照增产4.5%;2014年生产试验,平均亩产683.1 kg,比对照郑单958增产6.9%。

(5)栽培技术 中上等肥力地块种植。6月上中旬播种,亩种植密度4000~4500株;亩施农家肥2000~3000 kg或三元复合肥30 kg做基肥,大喇叭口期亩追施尿素30 kg。

(6)适宜种植区域 适于北京、天津、河北保定及以南地区、山西南部、河南、山东、江苏淮北、安徽淮北、陕西关中灌区夏播种植。注意防治瘤黑粉病、粗缩病。

四、播种

(一)种子的播前处理

玉米在播种前,可通过晒种、浸种和药剂拌种等方法,增加种子生活力,提高种子发芽势和发芽率,并减轻潜在的病虫危害,以达到一播全苗和苗齐、苗匀、苗壮之目的。

1. 晒种 在播种前选择晴天,摊在干燥向阳的晒场上,连续暴晒2~3 d,并注意翻动,使种子晾晒均匀,可提高出苗率。

2. 浸种 在播种前用冷水浸种12 h,或用温水(水温55~57 ℃)浸种6~10 h。还可用0.15%~0.20%的磷酸二氢钾浸种12 h。若用微量元素浸种,可选用锌、铜、锰、硼、钼的化合物,配成水溶液浸种。浸种常用的硫酸锌浓度为0.1%~0.2%,硫酸铜为0.01%~0.05%,硫酸锰或钼酸铵为0.1%左右,硼酸为0.05%左右,浸种时间为12 h左右。

3. 药剂拌种 为了防止和减轻玉米病虫害,在浸种后晾干,再用种子量0.5%的硫酸铜拌种,可减轻玉米黑粉病的发生;还可用20%的萎锈灵拌种,用药量是种子量的1%,可以防治玉米丝黑穗病。防治地下害虫可用50%辛硫磷乳油拌种,药、水、种子的配比为1:(40~50):(500~600)。

4. 种衣剂包衣 种衣剂是由杀虫剂、杀菌剂、微量元素、植物生长调节剂、缓释剂和成膜剂等加工制成的药肥复合型产品。用种衣剂包衣,既能防治病虫,又可促进玉米生长发育,具有提高产量和改进品质的功效,在生产上得到较快的普及应用。当前生产上应用的玉米专用种衣剂,可以防治玉米蚜虫、蓟马、地下害虫、线虫以及由镰刀菌和腐霉菌引起的茎基腐病,防止玉米微量元素的缺乏,促进生长发育,实现增产增收(表4-1)。

表4-1 玉米常用种衣剂及防治对象(石洁等,2011)

防治对象	有效药剂名称
地下害虫:地老虎、二点委夜蛾、蝼蛄、金针虫、蛴螬等	毒死蜱、克百威、丁硫克百威、多菌灵、甲基异柳磷、吡虫啉、高效氯氰菊酯、氯氰菊酯、顺式氯氰菊酯、辛硫磷、戊唑醇、福美双、三唑酮、烯唑醇、萎锈灵
其他害虫:蚜虫、蓟马、棉铃虫、黏虫、玉米螟、桃蛀螟、灰飞虱等	乙酰甲胺磷、甲拌磷、克百威、吡虫啉、戊唑醇、三唑酮、噻虫嗪、福美双
苗期病害	克百威、多菌灵、克菌丹、福美双、咯菌腈、精甲霜灵
玉米茎腐病	克百威、丁硫克百威、多菌灵、戊唑醇、三唑酮、福美双、甲霜灵、克菌丹、咯菌腈、精甲霜灵
玉米瘤黑粉病	克百威、福美双、戊唑醇

5. 做好发芽试验 种子处理完成以后,要做好发芽试验。一般要求发芽率达到90%以上,如果略低一些,应酌情加大播种量。如果发芽率太低,就应及时更换种子,以免播种后出苗不齐,缺苗断垄,造成减产。国家对于玉米杂交种的发芽率要求为不低于85%。

(二)适期播种

适期播种是保证夏玉米正常生长发育和产量的前提。

李挺等(2005)对登海11和郑单958不同播期试验。结果表明,6月中旬播种产量最高,分别达6709.2 kg/hm^{2}和7661.5 kg/hm^2。

江黎明等(2014)以2个主栽品种郑单958和登海605作为供试品种,探索不同播种期和种植密度对夏玉米生长发育的影响。结果表明,郑单958和登海605的株高均随播期的推迟呈上升趋势,穗长和单株干重均随播期的推迟呈下降趋势,2个品种的播期、种植密度与有效穗数的数量关系上升趋势基本相同,随着播期的推迟穗粒数、千粒重的降低趋势均基本一致。

李洪梅等(2016)选用郑单958为供试材料,在6月3—19日,每隔4 d设置1个播期处理,共设置了5个播种时期,研究了不同播期对夏玉米生长发育、籽粒灌浆特征和产量的影响。结果表明,随着播期推迟,玉米出苗至开花期生育进程加快,灌浆前期(开花至乳线下降50%)差别不显著,灌浆后期(乳线下降50%~100%)显著缩短,全生育天数由最长的122 d依次缩短到111 d。郑单958夏直播生育期长达117 d左右,6月7—15日播种到9月30日收获,收获时籽粒含水量仍大于30%,而受上下茬小麦成熟与播种时间的限制,玉米夏直播时间不可能提前到6月7日前、收获时间不可能延后到9月30日后。宜筛选夏直播生育期在100 d左右、后期脱水快、9月底收获时籽粒含水量低于30%的新品种。

肖登攀等(2018)研究结果表明,在河北平原,玉米早播使得各个生长阶段历时均显著延长,尤其是生殖生长阶段延长达20 d。早播玉米灌浆期延长有助于产量的提高,使其产量比夏玉米增加 24.7%~25.8%。早播玉米虽然在一定程度上能够改善其生长过程中的辐射条件,但比夏玉米更容易在生殖生长阶段和开花期受到高温气候的影响。因此,在筛选优质早播玉米品种时,要优先考虑耐高温胁迫和生育期长的玉米品种。

王育红等(2019)介绍了他们于 2018 年的试验。以早熟品种(JNK728、DH618)和中晚熟品种(XY335、ZD958)为材料,探讨不同播期对河南省夏玉米生长发育和产量形成的影响。结果表明,在本试验设置的 6 个播期中,早熟品种均能安全成熟,而中晚熟品种 6 月 26 日以后播种就不能正常成熟。随播期推迟,夏玉米生育期延长,主要延长了籽粒灌浆期,播期每推迟 5 d,灌浆期平均延长 1.2 d 以上;早熟品种产量先升高后降低,播期 T1~T4 处理产量差异不显著,中晚熟品种产量持续下降,T3 播期后减产达显著水平。株高随播期推迟呈先增高后降低趋势,穗位高随播期推迟呈波动性变化。早熟品种 JNK728 和 DH618 完熟时所需的有效积温为 2700~2800 ℃·d,中晚熟品种 ZD958 和 XY335 完熟时所需的有效积温为 2800~3000 ℃·d。试验地区的夏玉米适期早播利于高产形成,过晚播种减产达极显著水平。

另外,王娜等(2015)介绍的华北平原冬小麦—夏玉米"两晚"栽培技术中,冬小麦播期适当推迟,夏玉米适当晚收,是华北平原冬小麦—夏玉米生产体系适应气候变化的有效措施。玉米的播种时期则后延。

黄淮海平原夏玉米区是中国夏玉米集中产区,也是全国最大的玉米集中产区。本区包括黄河、淮河、海河流域中下游的山东省、河南省全部、河北省的中南部、山西省的晋中南地区、陕西省的关中地区和江苏、安徽两省北部的徐淮地区。本区玉米主要有两种栽培方式。一是一年两熟制(冬小麦—夏玉米),在山东、河南、河北南部和陕西中部地区多采用这种模式;二是两年三熟制(春玉米—冬小麦—夏玉米),在北京、保定附近。播种方式主要为麦后直播。麦后直播,夏玉米播种不受温度限制,应在麦收后贴茬及时抢播,一般要求在 6 月 5—15 日播种完毕。夏播玉米一般 6 月初播种,部分地区 5 月底套种,9 月底收获,多为接麦茬。夏玉米较春玉米生育期较短,一般 90~110 d,生产上多选用中早熟或中熟品种。夏玉米生长发育较快,灌浆时间较短,高温多雨的 7 月、8 月份易感染锈病,生育后期天气多变易倒伏。栽培方式多单作接小麦茬,播种方式多铁茬直播,少量地区麦收前套播。

(三)合理密植

李洪岐等(2012)曾在豫北灌区的生产条件下,以郑单 958 和浚单 20 为试验材料,研究了不同密度和种植方式对夏玉米碳氮关键酶的影响。结果表明,生育后期夏玉米叶片硝酸还原酶(NR)、谷氨酰胺合成酶(GS)和籽粒蔗糖磷酸合成酶(SPS)、蔗糖合成酶(SS)活性均呈先升高后降低的变化趋势,叶片 NR 和 GS 活性峰值出现在吐丝期,籽粒 SPS 和 SS 活性峰值出现在灌浆后 15 d。基因型、密度和种植方式对夏玉米生育后期叶片 NR、GS 和籽粒 SPS、SS 活性均有显著影响,而三因素间总体上没有显著的互作效应。郑单 958 生育后期叶片 NR、GS 和籽粒 SPS、SS 活性均显著高于浚单 20,分别提高 5.02%、7.40% 和 6.25%、4.43%。在 6.75 万~9.00 万株/hm² 的范围内,随着密度的增大,夏玉米生育后期叶片 NR、GS 和籽粒 SPS、SS 活性显著降低。与 60 cm 等行距种植方式相比,80~40 cm 宽窄行种植方式下夏玉米生育后期叶片 NR、GS 和籽粒 SPS、SS 活性均显著提高,分别提高 6.23%、9.25% 和 6.87%、2.84%。在采用宽窄行种植、密度为 8.25 万株/hm² 时,产量最高。

孔祥彬等(2012)介绍,曾选用玉米品种郑单 958 和金海 5 号,设不同种植密度,研究阴雨寡照条件下种植密度对夏玉米叶面积、干物质积累及产量的影响。结果表明,在整个生育期,郑单 958 和金海 5 号群体叶面积指数(LAI)均随密度的增加而增大,但 LAI 增长率和单株叶面积逐渐减小,表明随着密度的提高,LAI 增加是单株叶面积减少和群体数量增加共同作用的结果。随着密度的增加,两个品种单株干物质积累量均呈下降趋势。郑单 958 和金海 5 号在 52500 株/hm^2 的密度下产量最高,分别为 7358.3 kg/hm^2 和 7016.7 kg/hm^2。

张倩等(2013)在 67500 株/hm^2、82500 株/hm^2 密度水平下,以常规等行距种植方式为对照,比较分析不同缩行宽带种植方式(三行一带、四行一带、五行一带)对夏玉米碳、氮代谢与氮素利用效率的影响。结果表明,缩行宽带种植方式成熟期地上部总氮累积量、氮收获指数均高于对照等行距种植方式,其中三行一带、四行一带、五行一带种植方式地上部总氮累积量分别高于对照 16.2%、16.9%、20.0%。籽粒产量较等行距种植方式均有不同程度的增加,并达到显著水平。本研究中,成熟期地上部总氮量、叶片氮转运量与籽粒产量呈显著正相关,说明成熟期较高的地上部总氮积累、叶片高氮转运量可促进籽粒产量提高。而成熟期叶片 C/N 与籽粒产量呈显著负相关,各处理中,三行一带种植方式在低密度和高密度条件下成熟期叶片 C/N 均最低,而对照等行距种植方式值最高。

冯海娟等(2014)选用不同耐密型品种农大 108 和郑单 958,设置 3 个种植密度,研究了种植密度对夏玉米基部第 3 茎节维管束显微结构和茎流速率的影响。结果表明,随着种植密度的增大,两品种基部茎节的横截面积、大小维管束数目和面积均显著减小,并导致总维管束数目和面积减小。两品种对种植密度的敏感度存在显著差异,农大 108 比郑单 958 受高密度影响更大。种植密度增加后,两品种茎流速率及 8:00—17:00 的总茎流量均显著减小,其中郑单 958 的降幅小于农大 108;茎秆维管束的运输效率均有所提高,郑单 958 的升高幅度大于农大 108。相关分析表明,两品种 8:00—17:00 的总茎流量与基部茎节的大维管束总面积呈显著正相关。郑单 958 具有在较高密度下较大幅度提高维管束运输效率的能力,表现出在维管束结构、茎流速率、总茎流量及运输效率上的优势,这是其具有较强的耐密性、密植后仍能获得高产的原因之一。

吴明泉等(2014)曾于 2010 年和 2011 年选用玉米品种聊玉 21 号,设置 4 个密度处理,研究了阴雨寡照条件下种植密度对于夏玉米产量及相关性状的影响。两年试验结果表明,随着种植密度的增加,籽粒产量先增后降,聊玉 21 号在 67500 株/hm^2 时籽粒产量最高,超过 67500 株/hm^2 则籽粒产量显著下降。产量相关的性状也受到种植密度的影响,空秆率、秃尖长度等性状随着密度的增加而增加;穗长、穗粗、穗粒数及千粒重等性状随着种植密度的增加而减少,其中穗粒数和千粒重均随着种植密度的增加显著减少。

任伟等(2014)曾在夏玉米季适当降低种植密度并连续两年施用有机肥,旨在了解黄淮海地区夏玉米群体物质累积和产量构成对有机肥施用量和种植密度的响应,从而降低倒伏风险,确保稳产、高产。试验采用随机区组设计,设高、中、低 3 个种植密度,分别为 90000 株/hm^2、75000 株/hm^2 和 60000 株/hm^2,3 个种植密度下设不同的有机肥施用量处理,其中高密度下设 30 m^3/hm^2 一种施肥量,中密度下设 30 m^3/hm^2 一种施肥量,低密度下设 0 m^3/hm^2、30 m^3/hm^2 和 45 m^3/hm^2 3 种施肥量。研究结果表明,施用有机肥可以有效改善土壤肥力。施用有机肥第 1 年,在中、低密度下对玉米干物质生产、群体生长速率和产量构成均产生一定的促进作用,但效果不显著。施用有机肥第 2 年,低密度下玉米群体衰老速率减缓,叶面积指数和棒三叶叶绿素相对含量在生育后期均维持在较高水平,花后群体生长速率维持在较高水平,且与中高密度无显著差异,群体花后生物量增加幅度最大,成熟期地上部总生物量显著提高甚至接近中高密度。低密度下施用有机肥后穗粒数和千粒重均大幅度提高,从而有效补偿了低密度下穗数的不足,最终低密度下施用 45 m³/hm² 有机肥处理产量达 10838 kg/hm²,与中、高密度下施用 30 m³/hm² 有机肥处理的产量 11080 kg/hm² 和 11202 kg/hm² 基本持平且差异不显著。可见,通过适度降低密度并增施有机肥能够有效合理地调控群体花前花后生长,避免前期旺长和后期早衰,实现保穗、保花、增重、增产的目的。

王萌等(2015)曾于 2014 年为研究不同种植方式下夏玉米光合特性的差异,以 4 种种植密度和 3 种空间布局方式种植郑单 958,在乳熟期进行了净光合速率(P_n)、蒸腾速率(E_{vap})和气孔导度(G_s)光合性能指标日变化的测定。结果表明,在 10.5 万株/hm²、9.0 万株/hm² 的种植密度下净光合速率(P_n)、蒸腾速率(E_{vap})和气孔导度(G_s)的最高值出现在 10:00,在 7.5 万株/hm² 的种植密度下 3 种光合性能指标的最高值出现在 14:00,在 6.0 万株/hm² 的种植密度下 3 种光合性能指标的最高值出现在 12:00。测定的 3 种光合性能指标日变化趋势大体一致。在一定范围内增加种植密度,有利于光合产物的积累。而通过多重比较可得出,宽窄行一穴三株的种植方式明显比其他 2 种方式更能促进光合作用。

石德杨等(2017)介绍,为研究夏玉米品种根系特性对密度响应的基因型差异,探明密植条件下耐密型夏玉米根系特性与氮素吸收、利用的关系,为耐密型夏玉米品种的根系改良及密植条件下养分与水分管理提供依据。于 2014—2015 年以耐密型品种郑单 958(ZD958)和不耐密型品种鲁单 981(LD981)为试验材料,采用土柱栽培与 ^{15}N 标记技术相结合的技术手段,研究不同种植密度下(D1,52500 株/hm² 与 D2,82500 株/hm²),不同耐密型品种根系性状及氮素吸收利用情况对种植密度的响应。结果是增加种植密度可显著提高夏玉米籽粒产量,但两品种单株籽粒产量均显著降低。两品种根系生物量、根长、根系表面积、根系活性吸收面积均随种植密度的增加而降低;D1 条件下,LD981 根系各项指标生育前期高于 ZD958,乳熟期均低于或显著低于 ZD958。D2 条件下,两品种根系各项指标生育前期差异不显著,而生育后期 LD981 显著低于 ZD958;地上部单株绿叶面积与穗位叶净光合速率受基因型及密度影响,变化趋势与根系一致。两品种根冠质量比受密度增加影响差异不显著,但根冠活性面积比显著降低;增加种植密度两品种单株氮素积累量及氮利用效率显著降低,肥料氮回收率、氮肥偏生产力均显著提高,但肥料氮所占植株氮素积累量的比例不受密度变化影响;D2 下 ZD958 植株肥料氮含量、肥料氮所占比例、肥料氮回收率及氮肥偏生产力显著高于 LD981。研究结论是,耐密型品种 ZD958 根系受密度影响较小,高密度下,能够维持相对较高的根量、根长、根系吸收面积及根系活力,且高值持续期长,生育后期衰老缓慢,保证了植株对氮素吸收,有利于地上部进行光合生产、获得较高籽粒产量;高密度下 ZD958 籽粒库容较高、库调节能力较强,是其氮利用效率及氮肥偏生产力显著高于 LD981 的主要原因。

王红静等(2017)介绍,试验结果是,在 4500 株/亩密度和 5000 株/亩密度下玉米产量均随着行距的增加而降低,50 cm 行距处理产量最高,80 cm 行距处理产量最低。

高繁等(2018)曾研究品种和密度对夏玉米产量及水分利用效率的影响,通过品种选择和密度优化为玉米节水高产提供依据。试验材料选择郑单 958、屯玉 808、先玉 335、先玉 1266、浚单 29、陕单 226、陕单 609、延科 288、西农 211 和华农 138 共 10 个玉米品种,设置 6.75 万株/hm²、7.50 万株/hm²、8.25 万株/hm² 共 3 个种植密度,采用裂区设计进行田间试验,研究夏玉米产量、生物量、耗水量及水分利用效率随密度和品种的变化规律。结果表明,种植密度的增加会影响夏玉米的产量及水分利用效率,不同密度下以 8.25 万株/hm² 的产量和水分利用效率最高,平均产量为 7954 kg/hm²,水分利用效率为 22.1 kg/(hm²·mm);不同品种夏玉米产量和水分利用效率对密度的响应存在差异,屯玉 808 的耐密性最好,西农 211 耐密性最差;产量越高的品种水分利用效率越高。因此,适当提高种植密度,并选用耐密型高产品种是实现玉米种植节水高产的有效途径。本试验条件下,以 8.25 万株/hm² 密度水平种植屯玉 808、华农 138、先玉 1266 和陕单 609,以 7.5 万株/hm² 密度种植郑单 958,可同时获得产量和水分利用效率最高。

乔江方等(2018)介绍,为明确夏玉米冠层特征与灌浆过程籽粒含水率的关系,于 2016 年以籽粒含水率变化差异较大的品种为材料,设置 5.25 万株/hm²、6.75 万株/hm²、8.25 万株/hm² 共 3 个不同的密度处理,研究了玉米不同密植群体下的籽粒建成期、乳熟期和完熟期冠层特征、籽粒含水率、叶绿素含量变化,并对冠层特征参数与籽粒含水率进行了相关分析。结果表明,随着密度的增加,叶面积指数呈上升趋势,无截取散射呈下降趋势,品种间基因型差异较明显,3 个时期蠡玉 16 穗位叶面积指数较先玉 335 品种 3 个时期分别高 0.88%、10.59%、26.72%。叶绿素含量变化与叶面积指数变化趋势一致,先玉 335 籽粒建成期呈下降趋势,而蠡玉 16 峰值出现在乳熟期。蠡玉 16 各时期籽粒含水率均高于先玉 335(分别高出 3.97、5.93、2.47 个百分点),6.75 万株/hm²(4500 株/亩)密度处理籽粒含水率较高。籽粒含水率与冠层特征参数密切相关,其中,与基部叶面积指数呈极显著正相关($r=0.634^{**}$),与基部无截取散射和平均叶倾角均呈极显著负相关($r=-0.631^{**}$;$r=-0.711^{**}$)。

合理密植是增加玉米产量的有效途径,而适宜的播种量是实现合理密植的重要保证。由于玉米的品种类型不同,对种植密度的要求也不一样,紧凑型玉米要求的种植密度范围高,平展型玉米的种植密度比紧凑型玉米稀。因此,对于不同类型的玉米品种,其种植密度应分别对待,应根据玉米的品种类型确定种植密度和播种量。播种量还因种子大小、种子生活力、种植方法和栽培的目的而不同。凡是种子大、种子生活力低和种植密度大时,播种量应适当增大,反之应适当减少。一般紧凑型品种每公顷播 75.0~82.5 kg,平展型品种为每公顷播 52.5~60.0 kg。

(四)播种方法

播种方法一般有麦收后免耕直播和贴茬播种。

郭秀玲(2016)介绍,夏玉米全程免耕机械播种栽培是指从玉米播种到收获的全过程中,不实施任何形式的耕翻或灭茬的一种简化的新型栽培模式。它使原来的种植方法操作进一步简化,劳动强度降低,经济和社会效益更为明显,有很大推广潜力。免耕直播省去了耕地耙地,既节省了费用,播期又提前,比常规提前 1~2 d。若遇阴雨天,免耕更会体现争时的增产效应;免耕地块蓄水保墒能力强。由于地表有秸秆覆盖,土壤的水、肥、气、热可协调供给,干旱时土壤不易裂缝,雨后不易积水,与翻耕的相比玉米生长快、苗情好。另外,肥料不易流失,产量也相应提高;玉米抗倒性好。免耕玉米表层根量多,主根发达,加之土壤结构未受到破坏,玉米根系与土壤固结能力强,所以玉米抗倒伏能力强;麦秸还田增加了土壤有机质含量,提高了土壤肥力,改善了土壤结构。

贴茬播种是在冬小麦收获前的一段时间内,以套种的形式把玉米种子播于小麦行间,玉米与小麦有一段较短的共生期。

玉米播种的方式较多,但最常用的有穴播(点播)、精量播种、免耕播种等。其中,穴播是将种子按规定的行距、株距、播深定点播入穴中,每穴有几粒种子,可保证苗株在田间分布均匀,提高出苗能力。精量播种是将种子按精确的粒数、播种深度、间距播入土中,保证每穴种籽粒数相等。免耕播种是在前茬作物收获后,土地不进行耕翻或很少进行耕翻,用免耕播种机直接在茬地上进行局部的松土后播种。大面积机播:机播的工作效率高,播种均匀,深浅一致,适用于大面积抢时播种,但对整地的质量要求较高。小面积条播:玉米条播方法效率较高,但用种量较多,施种肥困难。适用于大面积种植或土壤表墒较差的地块。条播又分为机播、耧播和用犁开沟撒播等。在丘陵山区和机械化程度不高的地区,可采用耧播种或用犁等工具开沟撒种,用犁等开沟后,首先沟施种肥和撒施毒谷,然后撒种盖土。

五、种植方式

(一)单作

单作是玉米的主要种植方式。一般有等行距种植和宽窄行种植。

1. 等行距种植 播种时,行距一致,行距大于株距。其特点是植株分布均匀,单株营养面积较大。这样,玉米生长前期能得到比较充足的水分、养分,生育后期植株各器官空间分部较合理,能充分利用光能,生产更多的光合产物。行距的大小因品种和地力水平而异。茎叶夹角小、叶片上冲、根系向纵深方向发展的紧凑型品种,在肥力高的地块上行距应窄些,以 60 cm 左右为好;高秆、叶片平展的品种,行距可宽些,以 60~70 cm 较好。

2. 宽窄行(大小垄)种植 指行距不等的种植方式,一般大行距 83.0~115.5 cm,小行距 33.3~50.0 cm。在通常地力条件下等行距种植优于大小行,只有在肥水条件良好时,大小行的效果才更好。大小行种植时,若大行过大,增加株数有限,同时大行间漏光多,光能利用率低,株间分布不均匀,影响产量提高。

(二)间套作

在中原二熟制地区,间套作不是玉米的主要种植方式。玉米与薯类、蔬菜等作物间套作在一定条件下可见。

张俊平等(2007)以小麦玉米平作为对照,研究了北京地区小麦/玉米/玉米间套作模式下,小麦、玉米的高产和光合性能。结果表明,2.7 m 带宽的麦玉间套作的平均产量为 18871.5 kg/hm^2,比麦玉平作增产 20.19%。并且,构建了较为理想的光合群体结构,光合性能改善,其中小麦的光合速率较对照提高 30.29%,夏玉米的光合速率较对照提高 14.54%。

中国玉米间套复种历史悠久,经验丰富。近年来,以玉米为主的间套复种基本形成了较系统而完整的种植模式及应用技术。

1. 间作 可提高种植总密度,增加光合面积,提高光能利用率。这是利用作物间的互补关系能够提高产量的主要原因。为什么植株高的作物与植株矮的作物间作能增加种植总密度和光合面积而不发生过密的弊害,归纳各地试验研究资料,原因如下:

改善对光能的利用状况。玉米与大豆等间作,复合群体除可接受自上面射来的太阳光外,秆高的玉米还可接收到侧面光。侧面光可增加玉米中下部叶片的受光叶面积。据原北京农业大学研究,在早、晚时,由于太阳高度角小,间作的受光叶面积较单作少,但随太阳高度角大致上升到 45°以后,间作的受光叶面积却要增大。另据全天光照测定结果,在玉米间作大豆行比为 3∶3、4∶3、6∶3 的各种田间配置方式中,玉米株高 2/3 处,玉米群体的光照强度都高于单作玉米,增加的幅度为 8.5%~38.2%。同时侧面光也提高了对光能的经济利用。因为光线由射到平面改为射到侧面时,受光面积由小变大,可使强光分散为中等光,能比少量叶片处于强光下更有效地利用光能。

玉米与豆、薯等间作还有利于全田分层用光。玉米秆高,具有叶角上冲的窄叶片,豆、薯等株矮,叶片宽而平展,两类作物高矮搭配种植,相当于单一作物种植时的伞状结构。当早、晚太阳高度角小时,具有上冲叶片的玉米可最大限度地吸收太阳辐射量。而当中午太阳高度角大时,矮秆的豆、薯类作物的水平叶对太阳能的吸收起着重要的作用。此外,矮秆的作物还可接收到玉米对太阳光的反射光。

从李增嘉(1997)对小麦春玉米间作种植群体的经济效益分析可以得出,随着产量的提高,间套作种植模式中的产量总成本中,物质费用和人工费用均有不同程度的提高,但平均收入成本比均大于2.0,说明提高投入对增加收入有重要意义。

武志杰等(2001)对玉米间作小麦群体产量研究表明,2∶2种植的玉米植株矮,穗位低,秃尖率低,但双穗率高,从而2∶2种植的玉米具有最高的单产,较清种玉米增产12.2%,水分利用效率也较高。

改善通风与CO_2的供应状况。玉米与豆、薯等带状间作,在田间形成"走廊",有利于空气的流通。原北京农业大学研究,在1~2级微风条件下,间作的宽行比等行单作玉米风速增加1~2倍。又在多种间作田间配置下,于玉米3个生育期全天测定,间作玉米株高1/3处的群体风速(各行玉米的两侧)皆高于单作,增加幅度在5.0%~17.5%。风速加大,风在边行上的摩擦加强了边行附近株间的乱流。间作中、高、矮作物群体受热不匀,也造成乱流的加强。河南省气象局农业气象室等测定,间作大豆在20~40 cm层次内,大豆的乱流交换系数为0.0025 m^2/s,而单作大豆仅为0.0012 m^2/s,提高1/3~1倍。乱流的加强,即可加强内外空气的交换,向内补充CO_2。

周苏玫等(1998)对间作群体和风速的研究得出,间作后玉米株高2/3处含CO_2量增加,平均比对照增加9.75 $\mu g/g$并随着玉米行比的增加,幅度稍有增大,但基部变化不大,花生也有相同的趋势。间作后玉米行间的风速增大,平均比单作增加0.13 $\mu g/g$,花生上部比单作增加0.05 $\mu g/g$,风速与叶温也有关系,风速大叶温就低,抑制了呼吸作用,表现光合作用上升。

综上所述,间作后种植总密度增加,而不发生过密的弊害,主要在于植株高矮不同的作物共存,能够通风透光。

间作可加强对地力的利用。玉米与豆类、薯类的根系深浅不同,所需养分的数量、比例不同。而且豆类作物所需氮素1/2~1/3可自大气中固定,甘薯的吸收能力又强于玉米,因此,玉米与豆、薯类等间作,可以全面均衡地利用深浅层的水分和养料,充分发挥土地的增产潜力。

逄焕成(1995)认为,间作明显提高了土地利用率,这与间作群体内光分布状况改善有关。试验结果得出,间作与平作相比,玉米表现为单株穗粒数增加14.5%~17.8%,千粒重增加1.6%~6.5%。

间作可发挥边行优势。宽幅间作中玉米所处环境的透光通风条件优于内行,地下部根系密集层较深,对土壤水分、养料的竞争力大于矮秆作物,因此,边行生育状况优于内行,表现为"边行优势"。原沈阳农学院调查测定,玉米边行优势的范围可涉及3行。在间作玉米为6行的情况下,边行产量比中间行增加71.2%。玉米边行优势的发挥,有助于玉米增产,或使玉米在株数略少于单作的情况下不降低产量。

间作可减轻某些病虫害。玉米与矮秆作物间作,在复合群体内形成特有的小环境,可直接影响到病虫害发生的环境,使生态可塑性小的病虫危害减轻。如玉米通风透光好,可减轻因高温、潮湿而盛发的大小叶斑病、茎腐病、黏虫、玉米螟也有所减少;而大豆由于环境中湿度提高,蚜虫的危害也减少了。

蒋佩兰等(1995)对不同种植方式玉米田害虫及其天敌与产量关系的研究表明,间作的玉米比清种玉米的玉米螟被害株率减少,天敌增多,系统产量提高。

(1)玉米‖大豆间作　间作类型中,以玉米豆类间作历史最长,分布最广。主要分布在东北以及自辽宁南部→华北各省→湖北西部→四川东部→贵州→云南的玉米带地区,其他玉米种植区也有零星分布。

这种类型是配合恰当的一种间作典型。玉米属禾本科,须根系,株高,叶大而长,为需水需肥多的 C_4 植物。而大豆属豆科,直根系,株矮,叶小而圆,能与根瘤菌共生固氮,为需磷肥多的 C_3 植物。玉米‖大豆间作,能够改变群体结构和透光状况,改善田间通风透光条件;扩大边际效应,增加高秆作物玉米的边行优势。

其田间配置,过去多采用窄行比,如1∶1、2∶1。随着生产条件的改善和玉米单产的提高,为减少玉米对大豆的不良影响,以提高全田总产量,已向宽行比发展。

玉米‖大豆间作,在不同地区有不同的种植模式。一般在中等地力以上的地块应用。行比有2∶2、2∶4、4∶2、6∶2、6∶6等,因地区、因地而异。据吉林农业大学试验,玉米与大豆6∶4间作,玉米边行、次边行、中间行产量分别为 $1.080\ kg/m^2$、$0.945\ kg/m^2$、$0.630\ kg/m^2$;大豆两边行产量分别为 $0.170\ kg/m^2$、$0.165\ kg/m^2$,两中行分别为 $0.215\ kg/m^2$、$0.190\ kg/m^2$。

高阳等(2006—2007)对玉米与大豆窄条带间作系统的光环境特性进行了观测,研究间作冠层内光合有效辐射(PAR)的空间分布,并分析光环境改变对作物产量的影响。结果表明,在生育早期,大豆条带边行(与玉米相邻行)底部光的透射率高于大豆内行,而玉米条带内行底部光的透射率高于边行;进入生殖生长后,冠层底部光的透射率变化不明显,平均透射率小于7%。在生育早期,内行大豆接收到的日平均光量子通量密度(PPFD)比边行高约10%;1∶3间作模式下,大豆边行和内行光的透射率均比2∶3间作模式高15%,表明2∶3模式的玉米条带对大豆的遮阴程度大于1∶3模式。在大豆开花之后,内行大豆接收到的日平均PPFD与两侧边行有显著差异,但边行之间差异不显著;内行和外行大豆光的透射率分别为38%和27%,但1∶3和2∶3模式之间差异不显著,表明两种间作模式下玉米条带对大豆的遮阴程度相近。大豆内行的生物量高于边行,而边行之间没有显著差异,表明在充分供水条件下,不同窄条带间作模式对作物生物量的影响主要是由于作物光环境的改变所致。

陈颖等(2005)发现,玉米间作大豆在不同带型配置指数(SCI)下,大豆随SCI降低,大豆受光条件得到改善。邰庆炉等(1996)研究从不同种植方式对玉米‖大豆间作群体的光分布来看,间作玉米中下部透光率随带距的加宽而提高,2∶2、2∶4、2∶6种植方式的中部透光率分别为34.9%、41.5%、45.5%,均较单作玉米(28.9%)高,下部透光率分别为14.25%、17.1%、22.5%,也均较单作玉米(13.4%)高。

王树立(2009)研究了玉米与大豆间作高产栽培配套技术。认为,玉米间作大豆,能充分利用空间,发挥边行优势和光热资源潜力,提高土地利用率和单位面积总产量,比玉米单作或大豆单作有较高的经济效益。但在生产过程中存在间作距离过小和密度过大等问题,影响作物通风透光,不能有效地提高单位面积产量。根据近年来的探索与实践,提出了玉米‖大豆间作高产栽培配套技术,包括整地施肥、选择品种等技术环节。如玉米宜选用株型紧凑、抗倒性好的高产品种,大豆宜选用早中熟、耐阴、结荚多的品种。

(2)玉米‖春小麦间作　玉米‖春小麦间作属粮粮间作。中国一熟地区的甘肃省河西走廊、山西省雁北、河北省北部、东北地区、内蒙古自治区的南部平原,年积温低,≥10 ℃积温为2500～3600 ℃·d,年降水较少,为300～600 mm,多属春麦区,小麦玉米带状间作有广泛有研究认为,基本模式为1.8 m间作带。其中春小麦占地60%(株高0.9 m左右),玉米占地40%(株高2.4 m左右)。小麦灌浆期与玉米高度相近,玉米吐丝期雌穗部位在春小麦冠层以上,基本满足了两种作物在各生育时期对外界环境条件的要求。河北省承德地区于1994—1995年曾经推广这种模式3.21万 hm^2,平均混合单产850.7 kg/亩,比对照单作玉米增产270.9 kg/亩。

陈阜等(2000)报道了在冬小麦—夏玉米两熟模式基础上开发的冬小麦、春玉米、夏玉米多熟间套模式。这种模式具有较高的生产潜力和资源利用效率。单产水平和光热资源利用率提高20%以上,是农田在吨粮基础上实现高产再高产的一种新尝试。该模式实现高产的关键是充分利用间套作复合群体高强度的纳密功能,并形成一个高光效的群体结构,使复合群体的受光改善和截光能力增强。从栽培技术角度,确定适宜的品种组合和田间配置,解决好春玉米的早播早熟是该模式成功应用的关键。

郝艳茹等(2003)通过根箱模拟试验和水培试验,测定小麦‖玉米间作条件下根系的分布与根际养分的含量,初步探讨了间作对小麦和玉米根系分泌有机酸的影响。结果表明,间作显著提高了各层土壤中小麦根的重量,同时提高了小麦、玉米的根系数量和地上部生物量,使生长前期根系大小发生较大变化,而对根系活力影响较小。间作使玉米根际土速效氮含量增加,速效磷、钾含量降低;使小麦根际土氮含量降低,磷、钾含量提高。小麦与玉米间作后,根系分泌有机酸的种类明显增加;而植株体内和根系中有机酸的种类及数量却有所降低。

刘广才等(2008)报道了他们的研究成果。采用田间微区试验以及地下部种间根系分隔技术研究了玉米覆膜与不覆膜两种情况下小麦与玉米间作优势及地上部和地下部因素对间作优势的相对贡献,以期为间作体系的增产提供理论依据。结果表明,玉米不覆膜时,小麦‖玉米间作具有明显的产量间作优势(籽粒产量和生物学产量),土地当量比分别为1.30和1.29,玉米覆膜能显著增加小麦‖玉米间作系统产量间作优势(LER分别为1.41和1.40);玉米不覆膜时小麦‖玉米间作系统具有明显的氮、磷、钾养分吸收优势,玉米覆膜也能显著增加小麦‖玉米间作系统养分吸收优势。小麦‖玉米间作系统籽粒产量和生物产量间作优势来自地上部种间相互作用和地下部种间相互作用两个方面,但其相对贡献以地上部大于地下部,当玉米不覆膜时均以地上部占75%、地下部占25%,当玉米覆膜时均为地上部占67%、地下部占33%,玉米覆膜能明显增加小麦‖玉米间作系统产量间作优势地下部的相对贡献。地上部和地下部因素对小麦‖玉米间作系统养分吸收优势也都具有重要贡献。玉米不覆膜时地上部和地下部因素对氮、磷养分吸收优势的相对贡献均分别为67%与33%,钾养分则相等(各占50%);玉米覆膜能显著增加小麦‖玉米间作系统氮、磷养分吸收优势地下部贡献率,但对钾养分吸收优势贡献影响不明显。试验还表明,间作优势不仅可以通过作物组合来获得,也可通过地膜覆盖等措施进行调控,玉米覆膜能显著增加小麦‖玉米间作系统产量间作优势和养分吸收优势及其地下部的相对贡献。

(3)玉米‖马铃薯间作 这种类型主要分布在四川省、湖北省、云南省的丘陵山区和冷凉地区。近年来在陕西省、山西省、甘肃省、河北省、山东省、辽宁省等地都有发展。

在承德市农业科学研究所曾经作过的试验中,表明玉米‖马铃薯间作以2∶2为佳。玉米密度为2700~3000株/亩,马铃薯下限密度为3700株/亩。在经济施肥条件下,这种模式比单作玉米增产139.0 kg/亩,增产率达37.4%。在≥10 ℃年积温2300~2500 ℃·d的地区,可采用地膜覆盖玉米与马铃薯间作形式,以1.8 m带幅、2∶2行比为宜。玉米与马铃薯各占地一半,玉米行距 0.4 m,株距 0.2 m,留苗 3900 株/亩左右;马铃薯行距 0.4 m,株距 0.23 m,留苗 3150 株/亩。

中国东北一熟区,玉米‖马铃薯间作的种植规格是秋季整地作垄,垄距 60 cm,早春时节每隔两垄种植一垄马铃薯。4月下旬在空垄上播种玉米。玉米与马铃薯的比例为 2:1。6月中旬收获马铃薯,9月下旬或10月上旬收获玉米。

杨继军(2007)报道了陕西省延长县农业技术推广站的示范结果。他们示范了地膜马铃薯与玉米间作技术,地膜马铃薯产量可达 1500 kg/亩,玉米产量 600 kg/亩。

张礼军等(2007)研究了灌溉与供磷对小麦‖玉米‖马铃薯间作系统小麦产量和品质的调控效应。他们在土壤速效磷含量 8.74 mg/kg 的大田条件下,设计 3 个灌水水平和 3 个供磷水平进行田间试验。结果表明,灌水与供磷对小麦‖玉米‖马铃薯间作系统小麦籽粒品质及其产量都有明显的调控效应。供磷和灌水不同程度地增加了小麦籽粒产量,经济产量以中灌(1050 m^3/hm^2·次)和高磷(150 kg 纯磷$_2$O$_5$/hm^2)处理最高。灌水降低了小麦籽粒蛋白质含量和沉淀值,供磷却对灌水的负效应有明显的缓冲作用。供磷处理与不供磷处理相比,单作小麦籽粒蛋白质含量平均提高 0.35 个百分点,间作提高 0.48 个百分点。籽粒蛋白质含量、面筋含量以及千粒重有显著的群体效应,间作均高于单作;相反,沉淀值在单作和间作之间差异不明显。

何世龙等(2001)研究结果表明,玉米与马铃薯间作,由于其株型、叶型、需光特性各不相同,增加了这个复合群体的总密度,从而增加截光量和侧面受光,减少了漏光和反射,改善了群体内部和下部的受光状况,提高了光能利用率。

(4)玉米‖花生间作 这种类型,主要分布在四川省、山东省、河南省、河北省等花生产区。

杨人振等(1996)归纳,玉米‖花生间作的种植形式以 110 cm 为一带,每带中起底宽 80 cm 的低垄。4月下旬在垄上点播 2 行花生,行距 40 cm,株距 20 cm,每穴两株,留苗 6000 株/亩左右。5月上旬花生出苗后,在垄沟两端播种 2 行玉米,行距 30 cm,株距 25 cm,留苗 4500 株/亩左右。玉米、花生间距 20 cm。此种模式可产玉米 400 kg/亩,产花生 150 kg/亩,纯收入显著增加。

寇长林等(1999)对玉米和花生间作系统群体的光照强度、光分布进行测定表明,间作玉米基部光照强度比单作玉米提高,其中沙壤潮土平均提高 12.2%,粗沙潮土平均提高 12.3%,而且其透光度随花生在间作中比例的增加而增加,这说明间作有利于玉米下层叶片获得较高的光照强度。

焦念元等(2008)研究了玉米‖花生间作对产量和光合作用光响应的影响。以玉米品种郑单 958 和花生品种丰花 1 号为试材,研究了玉米‖花生对玉米、花生经济产量及功能叶片光合作用光响应的影响。结果表明,间作体系总体表现出明显的产量优势。2004 年和 2005 年分别为 2896 kg/hm^2 和 2894 kg/hm^2。土地利用率提高了 14%~17%。玉米‖花生间作提高了玉米功能叶片的光饱和点、光补偿点和强光时的光合速率,降低了花生功能叶片的光补偿点和光饱和点,但提高了花生表观量子效率和弱光时的光合速率。间作提高了玉米对强光和花生对弱光的利用能力,从而使间作体系表现出明显的产量优势。

(5)玉米‖牧草间作 玉米‖牧草间作属于粮草间作。以内蒙古自治区巴彦淖尔市为例。在河套地区,与玉米间作的牧草有毛苕、紫花苜蓿、草木樨等。

玉米‖毛苕间作增加了玉米种植密度,充分发挥边行优势,有利于改良土壤结构和增加土壤肥力。实践表明,在轻度盐碱地种植覆膜玉米,间作毛苕,在合理的栽培管理条件下,玉米一般产量为 400~600 kg/亩,毛苕鲜草产量达 1500~2000 kg/亩。

玉米‖草木樨间作在东北南部和北部均有种植。多用于中等地力以下平地上。南部地区行比2:1,北部地区2:1或2:2。草木樨于4月初或4月下旬播种,玉米于4月下旬或5月播种。6月、7月刈割草木樨作饲料或绿肥,再翻压草木樨茬培于玉米垄帮上或继续任其生长割二茬。加大玉米密度,缩小株距。玉米单产与单作相似或略低(10%以内),但多收草木樨绿色体7500~15000 kg/hm²。

陈玉香等(2003)对玉米与苜蓿间作群体土壤养分含量分析表明,间作后土壤有机质含量分别高于单作玉米或对照,由于苜蓿根瘤菌有强烈的固氮能力,苜蓿能增加土壤有机质的积累。

王孝华等(2009)做了玉米与菊苣不同密度间作试验。采用二因素饱和D最优设计,进行玉米与牧草菊苣(*Cichorium intybus* cv. Puna)不同密度间作试验,将试验数据建立玉米籽粒产量与玉米密度、菊苣密度的回归模型和菊苣鲜草产量与玉米密度、菊苣密度的回归模型。解析回归模型得知,当玉米密度为22966株/hm²,菊苣密度为111851株/hm²时,玉米籽粒产量为5993.69 kg/hm²;菊苣密度为258834.3株/hm²,菊苣鲜草产量为106014.51 kg/hm²,玉米密度对菊苣鲜草产量的影响呈负增长效应。以玉米籽粒产量和菊苣鲜草产量同步增长为目标,对回归模型进行模拟寻优,提出实现玉米、菊苣共同增产技术方案,即玉米籽粒产量≥5475 kg/hm²、菊苣鲜草产量≥82500 kg/hm²时的玉米、菊苣间作密度为玉米43446~50499株/hm²、菊苣105713~204158株/hm²。

套种牧草的玉米籽粒产量4848.4~6331.8 kg/hm²,较对照7900 kg/hm²低39.32~20.75%,但总生物产量没有降低,且粗蛋白质产量平均为3001.7 kg/hm²,较对照1650 kg/hm²高81.9%。所有套种处理净产值都高于对照,以牧草混播、套种玉米模式经济效益最佳,较对照高15.83%~25.81%。

(6)玉米‖蔬菜间作

① 原则　在粮菜间作体系中,由于主、副作物的生育特性各异,对环境条件的要求不同,只有合理安排和配置作物品种种类及间作时间,尽量避免主作物与副作物共栖期间在水、肥、光、温需求上的矛盾,才能发挥粮菜间作增产、增收、粮菜并收的作用。

在作物搭配上,要喜光、温与耐阴作物相互搭配;有互利作用而无相同病虫害的主副作物间作。前后作要兼顾。合理安排间作品种和茬口,同时考虑预留行的比例。

② 主要形式　在玉米‖蔬菜间作体系中,搭配的蔬菜种类和品种很多。举数例说明如下。

在内蒙古东南部无霜期125~135 d,降水量450 mm以上地区,旱地覆膜种植。春种大蒜,夏种玉米。夏收蒜,秋收玉米。一般产蒜1000 kg/亩,产玉米500 kg/亩左右。

孙雁等(2006)研究了辣椒‖玉米间作对病害的控制作用及其增产效应。他们的试验采用辣椒田间(5~10行)边行外各间作1行玉米的方法进行6种不同模式辣椒、玉米多样性种植控制辣椒疫病(*Phytoph thoracapsici*)和玉米大斑病(*Helminthosporium turcicum*)、小斑(*Helminthosporiun maydis*)的病害研究。结果表明,不同模式的辣椒‖玉米间作对辣椒疫病和玉米大、小斑病的病害发生均有显著的控制效果。与单作相比,间作对辣椒疫病的防治效果随辣椒行数的减少由35.0%逐渐增加到69.6%;间作对玉米大、小斑病的控制效果随辣椒行数的增加由43.0%逐渐提高到69.3%。同时,辣椒‖玉米间作可显著提高单位土地面积的生产能力和经济效益。其中,5行辣椒间作2行玉米的复合产量和土地利用率最高,但经济效益相对较低;10行辣椒间作2行玉米的复合产量和土地利用率相对较低,但经济效益最高。与单作辣椒相比,辣椒‖玉米间作的总产值增加 1683~2012 元/hm², 增幅达 10%~12%。证明利用辣椒‖玉米间作提高物种多样性、增强农田稳定性可达到有效控制辣椒疫病和玉米大、小斑病的目的。

2. 套种

(1) 小麦/玉米 这是我国各地套作方式中面积最大的一种,集中分布在我国的玉米带上,约占夏玉米面积的 3/4。东自江苏、湖南等省的丘陵旱地,西至陕西关中、甘肃河西走廊、新疆等地也有所采用。田间配置主要有三类:一类是窄背晚套;二类是宽背早套;三类是小麦、玉米面积各半。

① 窄背晚套 主要在 ≥10 ℃ 积温 >4100 ℃·d,复种玉米热量仍较紧张或两熟热量不足,为保玉米稳产地区采用。要求在小麦播量、产量不受影响的前提下,通过套种保证玉米所需积温,使玉米稳产和增产。

理论模式:玉米按栽培特性确定行距,宽窄行或等行距。小麦播种时依据夏玉米所需行距预留出套种行,套种行的宽度只要能够进行套种作业即可。预留套种行之间的小麦行距依小麦品种丰产要求而定,从而可以决定小麦的行数。小麦收获前 10 d 左右套种玉米,使小麦收获时玉米正值 3 叶期。因为玉米 2~3 片叶喷生次生根,小麦、玉米共处阶段,玉米仅处于种子根生长时,受小麦的抑制作用很小。

具体规格:按此理论模式能够因地制宜合理确定模式的以下具体规格。

A. "三密一稀"或"四密一稀" 小麦是"三密一稀"(即三行小麦留一条玉米套种行)好,还是"四密一稀"好,应依品种而异。采用适宜窄行距的小麦品种,可能以"四密一稀"为好,大穗大粒小麦品种行距较宽,可能以"三密一稀"为好。

B. 套种带宽度 麦行中预留玉米套种带的具体宽度,如套种工具配套,操作精细,19 cm 即可;反之,有的需要加宽到 33 cm 才行。

C. 套种玉米行距 套种玉米的行距确定时,如采用紧凑型玉米种,一般多为等行距且行距较窄,而采用松散型玉米种时,则行距较宽或在高地力上可能成为宽窄行。

D. 套种时期 套种时期的早晚,可以麦收前 10 d 左右为依据,视当地灌水、降水、积温、劳力等状况予以适当伸缩。

② 宽背早套 在 ≥10 ℃ 积温为 3600~4100 ℃·d 地区,为能在麦行中早套中、晚熟玉米,以显著提高玉米产量,并保持小麦产量基本不减产时采用。如京津唐地区、山东沿海一带以及陕西关中、山西汾河盆地等处。

理论模式:玉米早套的具体时期,依补足当地麦收后直播夏玉米所缺少的积温为标准,但套种的最早时期不能使玉米在麦行中进行穗分化,以免小麦直接影响玉米穗分化过程和中、上部叶片生长,降低玉米产量。小麦、玉米共处期间为减少小麦对早套玉米的不利影响,必须预留较宽的套种行,但又要保证小麦实播面积和玉米密度,故宜每套种带套种双行玉米。双行玉米之间窄行距宜在 40 cm 左右。确定套种玉米的宽行距,应使全田玉米平均行距不超过单作玉米的最大可能行距(一般为 1 m),这样有利于保证玉米正常密度。玉米的最小株距可为 13~20 cm。套种带之间小麦播种的行数与行距依地力及小麦品种特性而定,地力高的,可成畦种植,行数较多;地力差时,可种在沟底(垄上种玉米),行数较少。为增加小麦边行优势,可增加边行播量。试验结果表明,边行播量可增至 1 倍,增产 14%。

具体模式:山东省烟台地区(现烟台市)的资料表明,小麦因实播面积缩小 16.6%,减产 7%,但套种玉米比直播夏玉米增产 33.5%~44.5%,达 100~150 kg/亩。

小麦、玉米面积各半,主要分布在≥10 ℃积温 3700 ℃·d 以下,春玉米一熟热量有余,两熟热量不足,但冬小麦可以越冬的地区,如辽南、冀北、晋中和东南及甘肃河西走廊等地。田间配置与前述小麦间作玉米相同,但两种作物的共存期小于其分别单独生长期。

甘肃省河西走廊和陇东旱塬也有小麦/玉米模式。原张掖地区农业科学研究所于 1990—1992 年在 1.3 万 hm² 小麦与玉米套作田上,小麦平均实产 335.3 kg/亩,玉米平均实产 683.1 kg/亩,平均混合单产 1018.4 kg/亩,产量的土地当量比达 1.669。即每亩小麦套种玉米,相当于亩单作小麦和亩单作玉米产量加权平均值的 1.669 倍。也即 1.669 亩小麦和玉米单种,才能达到 1 亩小麦套种玉米的产量。1991—1995 年甘肃镇原"八五"国家旱农攻关试验区的研究结果表明,在陇东旱塬,小麦/玉米也具有明显的增产效果。5 年的混合单产平均为 436.7 kg/亩。

隋鹏等(2000)研究了海河低平原区小麦玉米套种高产技术。对海河低平原景县地区小麦—玉米平播、小麦/玉米套播两种模式的产量、资源利用效率及经济效益进行了比较。分析结果表明,根据当地光、温、水的资源特点,套作方式明显优于平播,套播比平播增产 14.3%,提高经济效益 8.6%。证明在当地实行小麦/玉米晚套播种植方式切实可行。

张保民等(2008)研究了麦田套种对玉米环境因子及生长发育的影响。试验结果表明,麦田畦埂(间距 40 cm)玉米苗冠层光照强度是单作玉米苗的 50% 左右,是套种行(间距 30 cm)的 120% 左右。认为光照是影响麦套玉米生长发育诸因子中的首要因子。0 cm、5 cm、10 cm、15 cm、20 cm 深度土壤的日平均温度,麦田畦埂比单作玉米田分别降低 2.76 ℃、3.07 ℃、2.88 ℃、3.00 ℃、2.85 ℃,比套种行分别提高 0.52 ℃、0.02 ℃、0.12 ℃、0.19 ℃、0.05 ℃。土壤水分降低的百分率,5 月 31 日以前麦套的大于单作的,5 月 31 日以后则反之;其他环境因子,麦田畦埂一般均优于套种行而次于单作玉米田。单株性状,麦田畦埂优于套种行而次于单作玉米;生育期,麦田畦埂的早于套种行而晚于单作玉米。

(2)玉米/油菜 此种种植方式在陕西省关中地区较多。选用宽带和南北行,有利于通风透光,可减少共栖期间玉米对油菜的郁蔽遮光。只要缩小玉米的株距,保证一定的密度,就能使玉米少减产。实践中的种植方式主要有:1.33 m 带,种 1 行玉米,套种 3 行油菜;1.5 m 带,种 1 行玉米,套种 3 行油菜;2.33 m 带,采用宽窄行种植玉米,宽行 2 m,窄行 0.33 m,宽行中套种 5 行玉米。

(3)玉米/马铃薯 此种种植方式在我国多数地区均有栽培。它适于丘陵区、平原区及城市近郊蔬菜区等种植。过去多采用直接在马铃薯行间套种玉米,即单行套种式,由于窄行使玉米不能早播,不便于管理和收获,以及浇水和光照彼此影响等,所以逐步向宽幅多行间套方式发展,即宽幅套种式。这样间套作物之间互利作用得以发挥,并使复种指数能够进一步提高。据各地经验,这种种植方式,一般单产马铃薯 1300~2000 kg/亩,产玉米 350~400 kg/亩,产值 450~500 元/亩。套作与单作折合粮食,总产量提高 22.2% 左右。

1.40~1.45 m 一带种植,每带内播种马铃薯 2 行,行距 57~60 cm,株距 17~27 cm;玉米播种 2 行,行距 33~34 cm,株距 27~33 cm。3 月份播种马铃薯,4 月份在马铃薯出苗前播种玉米。这种方式适于土壤肥力条件较好、浇灌方便的地块。马铃薯播前按 1 m 和 65 cm 距离,交替做大小畦,畦埂宽 33 cm。马铃薯播在大畦内,行距 33 cm,共播种 6 行,株距 20 cm,约种 6000 株/亩;玉米播在小畦内,行距 47 cm,株距 32 cm,共播种 2 行,约种 700 株/亩。这种种植方式不宜在多雨高温和干旱高温而多灌溉的地区种植,这是因为马铃薯行间较窄,不利于排灌,不利于给马铃薯培土,秧棵易徒长等。何世龙等(2001)研究的玉米与马铃薯间套作的不同方式。试验结果表明,充分地利用光热资源和土地资源,使地膜马铃薯与隔沟玉米的间作方式不但获得较高的马铃薯产量(达到 2.2 万 kg/hm²),同时玉米也获得 6900 kg/hm² 的产量,而且地膜春马铃薯与隔沟鲜玉米春夏互套方式能够最大限度地利用本地区的热量二季不足、一季有余的生态特点,从而获得了十分可观的经济效益,发展多熟种植,增加农民收入。

(4)玉米/甘薯 朱金庆等(1993)的研究结果表明,玉米密度、行向、起垄方式和甘薯品种对甘薯产量存在着极显著的相互作用。上茬玉米采取高密度(3000 株/亩)时,东西行向有利于甘薯高产;反之,则以南北行向为宜。玉米大行间薯地的光、温条件以行间中心为最优,甘薯对起垄方式和行间小气候的适应性因品种而异,迟熟长蔓型品种适宜于大垄双株种植,而早熟短蔓型品种则适宜于双垄单株种植。

谢世清等(1997)通过甘薯玉米立体栽培试验,总结出提高土地利用率,提高作物对空间光、热资源的利用,可创造更好的经济效益。增大玉米的通风透光性,最大限度地发挥玉米的边行优势,可获得较高的产量。

套种可以延长光合时间,充分利用热量资源,提高单位面积年产量。一般小麦生育期需≥10 ℃积温 1800～2100 ℃·d,玉米早熟类型需≥10℃积温 2100～2300 ℃·d,中熟类型 2500～2700 ℃·d,晚熟类型>2800 ℃·d。因此,在≥10 ℃积温为 3600～4100 ℃·d 麦田接茬复种早熟玉米,采用宽背早套,夏玉米提早播种 35 d 左右,能增加 800 ℃·d 左右的积温,则可使夏玉米因延长光合时间而充分利用适温时期,免遭秋季低温危害,得以稳产。如河南省调查,套种玉米比接茬玉米增产 20%～40%。在≥10 ℃年积温低于 3700 ℃·d 以下的地区,采用小麦玉米对半面积套作,可使原有一季玉米的产量略有减少,增收小麦,提高全年单产。套种躲避旱涝灾害,玉米苗期怕涝。小麦玉米两熟地区,麦茬复种玉米遇涝,玉米根系发育受阻,植株生长不良,甚至形成空秆;遇旱,又往往贻误玉米播种适期。因此,在麦茬玉米遇雨季易受涝地区实行套作,可将玉米苗期的"水害"转化为拔节时期的"水利"。在玉米播种易遇伏旱威胁地区,套作时,可借小麦灌浆水作为玉米播种的底墒水,一水两用。套种可以表现边行优势,据河南省气象局农气室等单位试验,套种玉米的小麦边行,其辐射值、叶面积系数、穗粒数、平均行产,分别比单作小麦增加 164.0%、56.8%、25.8%、73.1%。西安市农业科学研究所调查了 6300 亩小麦套种田,边行效益主要表现在边一行,增产幅度为 54.7%～98.4%。原山东农学院调查结果与其相同,但增产幅度因品种而异,在 27%～145%;分蘖力强的,增产幅度大。原西北农学院调查,在低肥水条件下的地块,边行优势以 16 cm 范围内较显著;高肥水条件下的地块,边行优势范围扩大到 33 cm。小麦边行优势的表现,可在宽背套种玉米情况下,对小麦播种面积的减少有一定的弥补。套种减少某些病虫害的发生。套种后,田间生态环境条件的变化,可使某些病虫害减轻。例如春玉米改为在麦田套种后,由于播种延迟,可减轻第一、二代玉米螟的危害。而麦后直播夏玉米改为套种玉米后,由于播种提前,则可减轻高温多湿条件下盛发的大、小叶斑病及茎腐病的侵染,黏虫、玉米螟也有所减少。小麦边行透光通风条件好,可减轻白粉病和锈病的感染等。套种缓解用工矛盾,套作方式中,套种的后茬作物播期比接茬复种提前,可调节三夏或三秋期间用工高峰。利于保质保量及时完成各项田间作业。

(三)轮作

轮作是在同一块田地上有顺序地轮换种植不同作物的种植方式。轮作是作物种植制度中的一项主要内容,也是世界各国土地用养结合、增加作物产量的共同经验之一。中国各地应用轮作换茬相当普遍,如"三年两头倒,地肥人吃饱""年花年稻,眉开眼笑"等都是中国古今各地农民对轮作在生产中作用的概括。这不但说明对轮作的理论和技术有了深刻的认识,而且说明实行轮作是一项用养结合、持续增产、促进农业发展的有效措施。此外,轮作还可以错开农忙季节,调节劳动力,调养地力,防治病虫草害,在丘陵岗坡地利于保持水土。

宁晓光等(2019)介绍了2017年的试验研究。为了明确绿肥植物的培肥效果,以郑单958为材料,研究了二月兰(*Orychophragmus violaceus*)、毛苕(*Vicia villosa* Roth)、草木樨(*Melilotus officinalis* L.)、黑麦(*Secale cereale* L.)、冬油菜(*Brassica campestris* L.)、红三叶(*Trifolium pratense*)和多年生黑麦草(*Lolium perenne* L.)以及二月兰+毛苕、黑麦+毛苕9个冬闲绿肥植物还田处理对玉米株高、茎粗、总生物量、籽粒产量和收获指数的影响,以冬闲处理作为对照。结果表明,与冬闲处理相比,除黑麦、毛苕、二月兰+毛苕处理外,其他绿肥还田处理均可提高玉米株高,提高范围2.52%~4.84%;各绿肥还田处理均可提高玉米茎粗、总生物量(秸秆+籽粒)和籽粒产量,增幅分别为2.43%~33.01%、1.81%~18.98%、2.57%~15.12%,分别以二月兰+毛苕、二月兰+毛苕和黑麦处理增幅最大;二月兰、草木樨和黑麦+毛苕处理可提高玉米收获指数,其中以黑麦+毛苕处理收获指数最高。因不同处理对后茬作物玉米的影响不同,故在实际生产中应根据实际用途选择适宜的冬闲绿肥进行轮作。

从冬小麦与夏玉米的接茬关系看,小麦与玉米在同一年内共播种两次、收获两次,年复一年,也可视为一种轮作关系。

1. 轮作的作用

(1)减轻病虫危害　危害作物的许多病虫有很大数量是以土壤为媒介,如玉米黑穗病等。生产上许多种病虫对寄主都有一定的选择性,而它们在土壤中生活都有一定的年限,大多数在土壤中只能栖息2~3年,少数7~8年。在此期间通过轮作换种非寄主作物,使土壤中的病原菌得不到寄主而逐渐被削弱或消灭;利用不同作物形成不同区系的土壤微生物和不同的土壤理化环境,遏制病原菌的生存和发展,改善作物营养,使植株生长健壮,抗病性提高。

(2)减少田间杂草　不少作物都有其伴生性杂草,有的作物有寄生性杂草,如谷莠草、菟丝子等。它们对生态条件的要求与伴生性的或寄生性的作物相似,有的连形态也相似,不易根除。作物长期连作,必然有利于这些杂草的大量滋生,与作物争夺水分、养分和阳光,不但使作物产量降低,而且品质变坏。轮作制轮换种植不同作物,使寄生杂草找不到寄主而死亡,进而使许多生态适应性与作物相近的伴生性杂草得到抑制,达到防除效果。

(3)改善土壤理化性状　某些作物的轮作可以在一定程度上积极调整和改善土壤物理化学性状。如草田轮作对增加土壤有机质和土壤氮素、水旱轮作对改善土壤物理性质均有良好作用。不同作物地上部、地下部和不同土壤有机质的动向,对土壤耕作层物理性状的改变是不同的。禾本科是密植作物,根系较多、分布均匀,对土壤作用也较均匀。

(4)协调利用土壤养分和水分　各种作物在生长发育的过程中,需要不断从土壤中吸取养分和水分,但不同作物或同一种作物的不同品种需要养分的种类、数量和时期各不相同。轮作可以协调对养分的供给,利于作物根区土壤细菌富集和抑制真菌,延缓地力的减退。不同类型作物轮换种植,能全面均衡地利用土壤中的各种营养元素,充分发挥土壤的生产潜力。不同作物需水的数量、时期和能力也不同,对水分适应性不同的作物轮作能充分而又合理地利用全年自然降水和土壤中贮积的水分。

中国幅员辽阔,各地的自然条件和生产条件不同,各地各生产区域均可实行轮作。在实施轮作的地方主要考虑以下条件以便安排合理的轮作。

把主要作物、经济价值高的作物安排在最好的茬口上。在生产上最好的茬口比重总是有一定限度的,因此,不能把所有作物都安排在这些好的茬口上。必须分清主次,把好茬口优先安排主要作物和经济作物,例如小麦、玉米、水稻等,但对其他作物也要有全面考虑。考虑前后茬作物病虫害以及对耕地的用养关系。轮作中易感病作物和抗病作物、养地作物和耗地作物搭配种植,衔接恰当,前作要为后作创造良好的土壤环境条件。一般是养地作物在前,耗地作物在后,例如豆类作物、绿肥作物后一般安排需氮多的禾本科作物。严格考虑茬口的时间衔接关系。这是影响产量的突出问题之一。在有复种的轮作中,前作物收获之时,常常是后作物适宜种植之日,因此,及时安排好茬口衔接尤为重要。

华北地区的作物轮作及其特点。华北地区气候温和,适宜多种作物生长,生产条件好,轮作类型复杂。主要特点有:在水浇地上多实行禾本科作物小麦和玉米为主的年内换茬,年间复种连作。一般旱地,近年来随着地力水平的提高,由冬小麦和各种耐旱作物组成的复种式轮作较前增加。而丘陵地仍以一年一熟和两年三熟轮作换茬为主。从总体看,该地区土地利用率高,主要靠增施肥料及秸秆还田等措施恢复和培养地力。

2. 轮作的类型 华北地区的主要轮作类型如下。

(1)禾本科粮食作物轮作 冬小麦－玉米或冬小麦/玉米(一至多年)。主要分布在华北各地精耕细作的高水肥农田,是目前华北地区最普遍的用养结合的轮作类型。

(2)禾本科和豆科作物轮作 主要轮作方式有:冬小麦－夏大豆(2～3年)→冬小麦－夏玉米;春玉米(间作大豆)→冬小麦－玉米＋大豆;春玉米→春谷子→春大豆,主要分布在华北各省中下等肥力地区。

(3)薯类作物和禾本科、豆科作物轮作 薯类尤其是甘薯耐旱、耐瘠,是丘陵旱地的主要作物,山东、河南、河北有一定的种植面积。春薯前作多为晚秋作物、豆类作物,春薯收获后,土壤疏松,对后作较为有利。

(4)经济作物与禾本科、豆科作物轮作 棉花(烟草、花生、芝麻等)→春播作物(玉米或谷子)→冬小麦－大豆(或玉米＋大豆)(1～2年)。在华北地区中南部,一般水肥和平原旱薄地多采用这种轮作方式,但是现在农业配套水利设施已经逐步跟上,该区域也多改为小麦/玉米一年两熟的轮作方式。

(5)农牧结合的饲料、绿肥作物的轮作 苜蓿→小麦或棉花(3～5年)(山西省)。主要分布在人少地多、耕作粗放、地力贫瘠的地区。在山西有"一亩苜蓿二亩田,再种三年劲不完"和"苜蓿长过腰,骡马不跌膘"的农谚。肥、饲兼用,效果很好。春玉米/草木樨→春玉米→冬小麦－玉米(北京、河南),这种方式在中低产地区较适宜,有广泛实用价值。

(6)蔬菜与大田作物的轮作 随着各地水肥条件逐步的改善和耕作水平的提高,为大田栽培蔬菜作物创造了良好的物质条件,蔬菜的需求量也越来越大。冬小麦/玉米(早熟玉米)－大白菜→小麦(北京郊区);春花生(覆膜)－大白菜→小麦－大豆(玉米)(河南);大蒜/棉花→小麦/棉花(山东、河南);春玉米/大白菜→小麦－夏粮(河北、山东)等。参入大田轮作的蔬菜主要是需要量大、耐贮藏、产量高,通过蔬菜与大田作物轮作达到粮菜双丰收。

中国北方玉米种植区中的一年两熟地区多以冬小麦→夏玉米的轮作方式为主,主要分布在华北地区(黄淮海平原);春玉米主要种植在年平均气温低、无霜期短、一年一熟制的东北地区,轮作方式主要有春玉米→春玉米→春玉米,或春玉米→大豆→春玉米等;西北地区一年一熟制也多以种植春玉米为主,随着育种行业的不断发展,西北地区(甘肃河西走廊地区)多以制种田方式种植春玉米,提高当地的经济效益。

六、田间管理

(一)中耕

中耕主要是在苗期进行,要早中耕(定苗前后),多中耕(3~4次),深中耕(10~15 cm),"两头浅,中间深,苗旁浅,行中深"。培土即采用浅培土(<10 cm),晚培土(小喇叭口—大喇叭口),如果培土早而深会影响根系生长,反而倒伏加重。在中耕松土好、灌溉方便的情况下可以不培土。在拔节期施攻秆肥后随即进行第一次中耕,深度达到7~8 cm,促进新根大量喷出,兼有除草、覆盖化肥的作用。第二次中耕可于大喇叭口期追肥后进行,并培土。

(二)科学施肥

1. 一次性施肥

姜丽华等(2018)筛选能保证黄淮海夏玉米实现高产、稳产、可持续性的一次性施用缓(控)释肥产品。2013—2016年间试验,选取山东、河南、河北3个玉米种植大省的4个试验点作为玉米一次性施肥定位试验点,选取CRFA、CRFB、CRFC、CRFD、CRFE、CRFF、CRFG、CRFH、CRFI和CRFJ(控释肥代码)10种的缓(控)释肥作为供试肥料,研究不同缓(控)释肥产品的一次性施用对玉米产量的影响。结果在不同试验点、不同年度间玉米产量差异均达到了5%的显著水平($F=40.67,F=2.95$),但不同施肥处理间差异不显著,同年度、同区域不同缓(控)释肥一次性施用和优化施肥没有显著性差异,可以实现一次性施肥;不同缓(控)释肥处理产量可持续性均高于优化施肥(OPT处理),可持续性指数(SYI)范围在0.65~0.70;除CRFE处理,不同处理产量稳定性均高于OPT处理,变异系数(CV)范围在3.19%~7.32%。山东德州试验点不同处理玉米年均产量与OPT处理相比均无显著差异,CRFC处理玉米年均产量最高,为10734.06 kg/hm^2;不同缓(控)释肥处理产量可持续性均高于OPT处理,其中CRFI、CRFD和CRFB处理的SYI值大于0.70;不同缓(控)释肥处理产量稳定性均高于OPT处理,CV值范围在14.00%~21.77%。本研究中玉米产量可持续性与产量高低没有明显的相关关系;德州试验点各处理玉米产量SYI值与CV值呈极显著的负相关关系,产量越稳定,产量可持续性越好。研究结论是选用的缓(控)释肥在玉米上一次性施用均起到了增产的效果,从提高产量的角度考虑,黄淮海区域可实现夏玉米一次性施肥的缓(控)释肥料产品为CRFC、CRFA和CRFB,德州试验区域为CRFC、CRFJ、CRFB和CRFI。从产量可持续性方面考虑,黄淮海区域首选产品为CRFG、CRFD、CRFH;德州试验区域首选产品为CRFI、CRFD、CRFB。从产量变异性较小方面考虑,黄淮海区域首选产品为CRFH、CRFB、CRFG;德州试验区域首选产品为CRFI、CRFD、CRFB。

杨岩等(2018)研究一次性施肥技术对黄淮海夏玉米产量、肥料利用效率和经济效益的影响,为黄淮海夏玉米区实现减肥增效、节本增收及轻简化生产技术的筛选提供理论依据。于2015年和2016年在河北、河南、山东三省选择8个试验地点进行控释氮肥随夏玉米播种一次性施用大田试验。与普通氮肥分次施用[习惯施肥(FP)和优化施肥(OPT)]对比,通过设置控释氮肥等量投入(CRFA)、减量20%控释氮肥投入(CRFA80%N、CRFB80%N和CRFC80%N),研究一次性施肥技术对黄淮海夏玉米经济效益的影响,并验证一次性施肥技术的减量施氮可行性。结果为:①与农民习惯施肥(FP)相比,一次性施肥处理对黄淮海区夏玉米株高、穗部性状和两年的平均产量均无显著影响,氮肥农学效率和表观利用率虽有所提高,但未达显著性差异；但一次性减氮施肥处理较 FP 处理，氮肥偏生产力显著提高了 33.85% 以上（$P<0.05$）。此外，CRFA、CRFA80%N、CRFB80%N 和 CRFC80%N 处理相比农民习惯施肥（FP），每季平均节氮量分别为 8.15 kg N/hm²、50.65 kg N/hm²、50.65 kg N/hm²、50.65 kg N/hm²，增加纯收入 927.40 元/hm² 以上。②除 CRFA 处理外，其余一次性施肥处理的硝态氮量均显著低于习惯施肥处理（FP）；一次性减氮施肥处理（CRFA80%N、CRFB80%N、CRFC80%N）0~90 cm 土层 NO_3-N 含量显著低于优化施肥处理（OPT）（$P<0.05$）。研究结论是，一次性施肥技术实现了黄淮海夏玉米的轻简化施肥，提高了氮肥的利用效率，能够在保证稳产增产的前提下，实现氮肥的减量施用；推荐减少 20% 氮用量的 CRFA 施肥模式在黄淮海夏玉米生产上一次性施用。

黄寅玲（2019）介绍了安阳市夏玉米一次性施肥试验。取得良好效果。

施肥是提高玉米产量的重要措施，在适当的时期，以适当的方式施以适量的肥料，能有效地提高玉米产量。施肥对产量的影响与施肥时期、施肥方式和肥料种类有关。

玉米的整个生育期内，主要从土壤中吸收营养元素，主要是氮、磷、钾、硫、钙、镁，并且还吸收少量得铁、锌等。不同的生育时期，对营养元素的需要量不同，拔节期至开花期，生长得最快，也是雄穗和雌穗发育的时期，对养分的需求最为旺盛，也是玉米需肥的关键时期。周均湖等（2011）在山东济宁进行了氮肥的施用时期试验。结果表明，玉米氮素分次施用比集中施用氮素利用率提高 30.98%~72.27%，提高玉米产量 8.13%~18.97%；氮素分配比例与玉米生育进程密切相关，氮素施用分配比例不同，则氮素利用率不同。表明氮素分配应以重施孕穗肥为主，以满足氮代谢，促进干物质积累，并适时补充粒肥保证高产。王川等（2011）以夏玉米郑单 958 为试验材料，研究不同施肥方式对玉米产量的影响。结果表明，从不同施氮量条件下根际深施和耕层混施的效果比较看出，根际深施在低施肥量时能够显著提高玉米产量。一次性根际深施能促进玉米对氮素的吸收，提高氮素的利用率，降低对土壤氮素的依存率，从而减少氮素的损失。因此，合理地使用一次性根际深施肥技术，是增加玉米产量、提高氮肥利用率、提高经济效益、减少氮肥损失及降低环境污染的有效措施。

2. 常规施肥

（1）氮肥的施用　氮肥既可用作基肥，也可用作追肥。

裴建峰等（2007）在不同的氮肥水平下研究不同夏玉米品种碳、氮代谢差异，分析其协调性，提出高产、稳产的生理学指标，探索根据代谢型进行差异化管理的新途径。2009—2011 年在河南温县和郑州，利用大田和盆栽两种种植方式，60000 株/hm² 密度，设计 0、120 kg/hm²、240 kg/hm²、360 kg/hm² 4 个氮肥水平，比较郑单 958（ZD958）、农大 108（ND108）、浚单 20（XD20）、豫单 2002（YD2002）4 个夏玉米品种的产量、叶片持绿性、氮吸收和转运、不同器官 C/N、叶片 PEP 羧化酶和 RUBP 羧化酶活性等指标的差异，分析 4 个品种在不同氮肥水平下的碳、氮代谢协调性。结果是：①盆栽试验中，不同氮肥水平间产量比较，XD20 差异最大，ZD958 差异最小。随着氮肥水平的提高，产量呈增加趋势。但大田试验中，除 XD20 之外，其余品种在 N240 和 N360 条件下差异不显著。②对灌浆期氮的吸收和转运比较，低氮条件下，ZD958 营养器官氮优先向叶片转移，能保持较好的持绿性；ND108 对氮的吸收和运转量都较大，持绿性好，但有效利用较低；XD20 在低氮条件下氮的吸收量较低，缺乏优先供应叶片的机制，易早衰；YD2002 在 4 个氮肥水平下均表现为灌浆期营养器官氮向籽粒转移量过大，根系吸收量小，易早衰。③在灌浆期，正常施肥条件下，ZD958 和 XD20 叶片碳氮比介于 YD2002 和 ND108 之间；在成熟期，ZD958 和 XD20 的籽粒碳氮比较高。④在灌浆中期，ZD958 的

PEPCase/RUBPCase 最高,且与其余 3 个品种差异显著;YD2002 始终处于较低水平;XD20 和 ND108 随氮肥水平的增加提高显著。研究结论是,玉米品种良好的碳氮代谢协调性表现在碳水化合物和氮素的转运过程中,碳氮代谢协调性较好的品种能很好地协调光合产物和氮素在籽粒灌浆和维持营养器官功能需求之间的矛盾,具有较高的 PEPCase/RUBPCase,从而保证高产、稳产。

张华等(2010)对不同施氮量下普通尿素和包膜复合肥对夏玉米氮肥效率及产量影响进行了研究。采用随机区组设计 5 个施氮水平,研究不同类型尿素对夏玉米干物质量、籽粒灌浆速率、氮肥效率和产量的影响,讨论氮肥效率与产量的关系。研究显示,与普通尿素相比,相同施氮水平下,包膜复合肥处理玉米干物质量和籽粒灌浆速率均显著提高,玉米籽粒产量比普通尿素平均提高 6.9%。包膜复合肥处理的氮肥农学利用率(AE)和偏生产力(PFP)比普通尿素平均分别提高 6.6% 和 9.8%。包膜复合肥施用量较高时对产量、AE 和 PFP 的增加效果更显著;与常规尿素相比,包膜复合肥可显著提高籽粒产量和氮肥效率,其原因是提高了玉米花后干物质积累和籽粒灌浆速率。

吕鹏等(2012)选用玉米品种登海 661 和郑单 958 为材料,研究了高产条件下施氮时期对夏玉米产量、氮素利用率、氮代谢相关酶及抗氧化酶活性的影响。结果表明,拔节期一次性施氮不利于夏玉米产量提高和氮素积累,分次施氮且增施花粒肥显著提高了植株和籽粒的吸氮量,并提高了籽粒产量。拔节期、10 叶期、花后 10 天按 2∶4∶4 施氮,登海 661 产量最高可达 14123.0 kg/hm²;基肥、拔节期、10 叶期、花后 10 天按 1∶2∶5∶2 施氮,郑单 958 产量最高可达 14517.1 kg/hm²,这 2 种施氮方式较拔节期一次性施氮分别增产 14.5% 和 17.5%。花前分次施氮可以显著提高开花期硝酸还原酶活性;登海 661 和郑单 958 在花后 0~42 d 中,施氮处理的谷氨酰胺合成酶、谷氨酸合成酶、谷氨酸脱氢酶活性分别平均提高了 32.6%、47.1%、50.4% 和 14.5%、61.8%、25.6%,减缓了其下降趋势;超氧化物歧化酶、过氧化氢酶活性提高了 22.0%、36.6% 和 13.4%、62.0%,丙二醛含量显著降低。在高产条件下,分次施氮且适当增加花粒肥施入比例可以提高氮代谢相关酶活性,延缓植株衰老,促进氮素吸收利用,进而提高籽粒产量。

边大红等(2017)针对黄淮海平原区夏玉米倒伏严重的问题,探讨不同施氮时期对夏玉米茎秆发育及倒伏情况的影响,以期为黄淮海平原区高产夏玉米氮素管理、提高夏玉米植株抗茎倒伏能力提供理论依据。以不同植株形态的玉米品种先玉 335(XY,高秆低穗位型)、浚单 20(XD,中秆高穗位型)和京单 28(JD,中秆低穗位型)为试验材料,每个品种设种肥(N1)、苗肥(N2)、拔节肥(N3)、大喇叭口肥(N4)和抽雄肥(N5)5 个施氮时期处理,以不施氮肥(N0)为对照,研究施氮时期对夏玉米茎秆形态学、解剖学和机械力学特征以及田间倒伏率的影响。结果是施氮时期对夏玉米茎秆形态学、解剖学及机械力学特征均有显著影响($P<0.05$)。N1、N2、N3 处理能明显促进夏玉米茎秆发育,植株重心、穗高系数、基部第 3 节间长与粗、硬皮组织厚度、表皮层厚度及大小维管束数目、节间抗折力、硬皮穿刺强度和植株抗拉力均显著大于 N0 处理;其中,N1、N2 处理夏玉米基部第 3 节间长粗比值显著小于 N0 处理,N3 处理则表现出略大于 N0 趋势;田间倒伏率表现为 N1、N2 显著低于 N0 和其他施氮处理,N3 略大于 N0 处理;N4 处理下,夏玉米植株穗高系数、基部第 3 节间长与 N0 无明显差异,节间粗、各项解剖学及力学指标显著高于 N0,节间长粗比值表现为略低于 N0 处理,田间倒伏率较 N0 显著降低;N5 处理对夏玉米茎秆发育无明显影响,节间各项形态学、解剖学和力学特征与 N0 差异不显著,田间倒伏率随着夏玉米植株重心和穗高系数的显著降低而明显低于 N0 处理。从产量及产量

构成因素看,各施氮处理夏玉米穗粒数、粒重及产量均显著大于 N0 处理($P<0.05$),其中,N3、N4 处理穗粒数和粒重均处于较高水平,增产幅度最大;N1、N2 处理穗粒数最多,但粒重较低,增产幅度低于 N3、N4 处理;N5 处理虽然粒重最高,但穗粒数较其他施氮处理显著降低,最终增产幅度不大。试验结论是,合理的施氮时期可显著促进夏玉米茎秆基部节间发育,显著降低节间长粗比值,增强植株抗茎倒伏能力;种肥、苗肥作用最显著,但因粒重较低进而降低了增产幅度;拔节期施氮节间长增长迅速进而导致了节间长粗比值增加,植株抗茎倒伏能力降低,玉米栽培管理中应尽量避免;大喇叭口期施氮可明显促进茎粗增加,进而降低节间长粗比和田间倒伏率,同时穗粒数和粒重较高,增产幅度最大。因此,结合前人研究结果表明,采用播种或苗期少量施氮、大喇叭口期重施氮肥的分次施氮措施有利于促进夏玉米茎秆和雌穗发育,提高夏玉米产量及植株抗茎倒伏能力。

玉米以收获籽粒为主,氮肥对玉米产量的影响研究很多,总体上随施氮量的增加籽粒产量呈单峰曲线形。玉米产量构成因素包括单位面积穗数、每穗粒数和百粒重。玉米大多为单穗型,单位面积穗数基本上是可以完全控制的。氮肥主要通过影响穗粒数和百粒重来影响玉米产量。随施氮量增加玉米每穗粒数、穗粒重增加,从而使产量增加。追氮量与玉米灌浆和产量构成因素存在显著相关,随追氮量增加,平均灌浆速率、最大灌浆速率增大,百粒重增大;每穗粒数在追施尿素量小于 231.75 kg/hm^2 时,随追施尿素量的增加而增加,反之减少。籽粒败育是影响玉米穗粒数的一个重要因素。氮素作为同化物直接参与玉米籽粒中蛋白质的合成,同时氮素也提高了蔗糖转化酶的活性,减少还原糖的积累,促进淀粉粒的形成,从而提高籽粒的库容、减少玉米籽粒的败育。氮素在玉米生殖生长阶段具有增强籽粒利用碳素的作用。

韩新华等(2005)研究认为,不同的施 N 水平对产量性状产生不同影响。百粒质量随施 N 量的增加呈递增趋势。施 N 水平的增加对粒数的影响并不显著。公顷施纯 N 200kg 增产效果显著,且成本比公顷施 N 300kg 低。蛋白质含量随施 N 水平的提高而增加。张学林等(2010)研究得出,随着施 N 量的增加,夏玉米穗粒数、千粒重和产量均增加,蛋白质和氨基酸的积累都呈增加趋势,淀粉呈下降趋势,并且研究得出黄淮海高产夏玉米区的适宜施 N 量是 113~180 kg/hm^2。司贤宗等(2008)研究分析表明,玉米籽粒产量与植株 N 素积累量均呈极显著的正相关关系。当 N 肥用量达到一定数量之后,产量则不随 N 肥用量的提高而增加,甚至有所降低。唐锦福等(2009)研究表明,随着 N 肥施用量的增加,玉米果穗长度和直径均呈先增加后减少的趋势,穗粒数随着 N 肥施用量的增加而增加。于明礼等(2009)研究认为,施用 N 肥可以显著提高产量,以每公顷施用 337.5 kg 为最佳。N 肥水平与穗粒数呈显著正相关,与穗粒重呈极显著正相关,而对百粒重影响不大。追施 N 肥对玉米产量构成影响较大的是穗粒数和穗粒重。陈国立等(2006)通过对郑单 958 施 N 肥水平研究得出,不同施 N 量间玉米产量差异达到显著水平。合理施用 N 肥,只有做到土壤、作物、时空上同步协调,才能保证作物获得更高产量,同时能获得最大的效益。施用 N 肥应根据玉米长势及产量构成因素,确定适宜的施 N 用量。施 N 时期也会对玉米产量造成一定影响。苗期施 N 可有效减少秃尖,苗期和拔节期施 N 可明显增加穗粒数,拔节期、孕穗期和鼓粒期施 N 对千粒重影响较大。施 N 通过影响产量构成因素进而影响玉米产量,其中孕穗期和拔节期施 N 的效果最好。施 N 时期对玉米产量的影响取决于玉米不同时期生长中心的不同。播前 N 素水平能改变出苗到果穗形成时间,还能改变果穗形成阶段的持续时间。孙静(2003)研究不同时期施用 N 肥对玉米产量的影响。结果说明,N 肥施用比例为 1/4 基肥、1/4 苗肥、1/2 穗肥较为合理,能最大限度地提高玉米产量,在不增加投入的条件下提高经济效益,增加农民收入。

近年来,有些研究人员开展了 N 肥后移的技术研究。王宜伦等(2011)试验结果表明,超高产夏玉米吐丝后 N 素积累量占总量的 40.30%~47.78%,籽粒灌浆期需要吸收较多 N 素。N 肥后移促进了夏玉米生育后期对 N 素的吸收利用,降低了夏玉米茎和叶片中 N 素的转运率;显著增强了灌浆期夏玉米穗位叶硝酸还原酶活性,提高了叶片游离氨基酸含量,有利于碳、N 元素向穗粒转移,增加了蛋白质产量。以 30%苗肥+30%大口肥+40%吐丝肥方式运筹 N 肥效果最佳,比习惯施 N 的产量、N 肥利用率和 N 肥农学效率显著增加。玉米不同时期 N 素分配对产量也有一定的影响。N 肥的分次施用可以提高 N 肥的利用率和玉米产量,重施穗肥是玉米获得高产的关键。为防止多雨年份 N 素的损失,可以将 N 肥追施推迟,甚至推迟至灌浆期仍然有增产作用。N 肥施用方式对玉米产量的影响也与气候因素有关,不同年份中,不同 N 肥施用方式下玉米产量有所不同。

(2)其他肥料的施用　主要是磷、钾等的施用。陈书强等(2011)研究认为,提高磷肥施用量可以增强玉米长势,但并不是施 P 量越大时效果就越好,穗长、穗行数、行粒数、千粒重和产量均以施 P 量 75 kg/hm^2 处理最大。表明只有适量施用 P 肥才可以改善玉米产量构成因子,提高产量水平。赵亚丽(2010)研究表明,在东北地区,为了提高春玉米的产量,提高低温下的 P 效率,应确定适宜的施 P 方法。从本试验研究结果看,种肥条施和促根剂的施用都能提高玉米对 P 的吸收效率,进而提高产量。但低温影响 P 效率的深层机理还需进一步探讨。夏玉米施用 P 肥增产效果显著。施用 P 肥可以使夏玉米籽粒产量增加 8%~20%。不同 P 肥施用深度对夏玉米养分吸收和分配及籽粒产量的影响不同。玉米 P 肥集中深施比浅施和分层施可以使籽粒产量、养分吸收量和 P 效率显著提高。夏玉米 P 肥集中深施效果优于分层施,分层施效果优于浅施,且以 P 肥集中深施在 15 cm 土层时效果最好。彭正萍等(2009)通过试验得出了 P 肥用量和玉米产量之间的函数关系。不同供 P 水平和玉米产量之间有极显著的一次曲线关系,当 P 肥用量为 88.1 kg/hm^2 时,玉米产量最高。因此,在类似条件下,适当施用 P 肥,不仅能够保证玉米产量,具有较高的肥料利用率,还可以有效防止 P 肥的损失及因过量施用 P 肥带来的环境问题,具有经济效益和环境效益的双重性。

良好的 K 素营养对玉米植株的生长发育有显著的促进作用。在干旱土壤条件下施用 K 肥可提高玉米叶片气孔调节能力,增加玉米叶片水分含量,提高抗旱能力。促进生长,提高叶面积指数,从而提高光合作用和光合产物运转能力,增加干物质积累。与其他作物相比,玉米对 K 素反应较为敏感。郑星东等(2006)设计不同的 K 素水平,以期得出玉米最佳的 K 素需要量。试验结果显示,玉米籽粒产量与施 K 量呈正相关,当 K 肥用量超过一定量时,玉米产量反而下降。并通过试验得出 180 kg/hm^2 施 K 肥水平玉米产量最高,比对照 CK 产量高 16.9%。K 肥主要是通过影响玉米百粒重、穗粒数、穗长等性状来影响玉米产量。对于不同品种之间影响不同,对军单 8 产量性状影响大小依次为百粒重>穗粒数>穗长,对先玉 335 影响大小依次为穗粒数>穗长>百粒重。K 肥施用量与玉米产量的关系可以用一元二次方程进行拟合,其中先玉 335 理论施用量为 64.76 kg/hm^2、军单 8 理论施用量在 83.26 kg/hm^2 时产量达最大值。赵景云等(2009)选用四单 19、东农 250 和丰禾 10 为试验材料,研究了不同 K 素用量对春玉米产量及产量性状的影响。结果表明,适量施 K 能有效地提高春玉米的穗长、穗行数、行粒数和百粒重,减少秃尖长,提高玉米产量。但过量施 K 对玉米产量的提高会产生不利影响。四单 19 以每公顷施 K_2O 100 kg 产量最高,东农 250 和丰禾 10 以每公顷施 K_2O 150 kg 产量最高。李艳杰等(2001)研究表明,玉米施 K 处理比对照穗粒数、百粒重有增加的趋势,产量均提高,而且粒重的提高最为明显和重要。倪大鹏等(2007)的研究结果为,施用 K

肥能明显影响高、低淀粉含量玉米的穗部特征和产量,提高千粒重以及籽粒产量。K肥基施效果优于大喇叭口期追施,但过量施用K肥会对产量产生负面影响。高淀粉玉米品种费玉3号在适量施K(225 kg/hm^2)时产量最高,低淀粉玉米品种豫玉22大量施K处理(450 kg/hm^2)产量最高,表明高淀粉品种对K素比较敏感,施K增产潜力更大。研究还发现,K素营养主要通过改善玉米的光合性能来提高产量,即增大光合叶面积及干物质积累量。周希增(1997)等人认为,施用K肥能增加玉米干物质积累,减少秃顶,籽粒饱满,从而使穗粒数增加,穗粒重增加,降低籽粒含水量,促进玉米早熟1～3d。玉米的产量与施K量呈正相关,N、P、K营养对高油和高淀粉玉米产量的增产效果为:N>K>P,高淀粉玉米施K增产率为12.7%,对高油玉米增产更加显著。夏玉米应用K肥对其生长发育有促进作用,使生育期提前,秸秆坚硬,抗倒伏能力增强。同时还能减轻病害,延长叶片功能,增强光合作用,有利于光合产物的形成与积累,改善穗部性状,提高夏玉米产量。而且籽粒中粗蛋白、粗脂肪和赖氨酸等多种营养物质的含量增加,改善夏玉米的品质,增加收益。在施用尿素35 kg/亩,磷酸二胺10 kg/亩的基础上,氯化钾(含K$_2$O 60%)最佳使用量为8 kg/亩,可做基肥、种肥或早追肥,但做基肥的效果最好。

综合以上的K肥试验和研究结果,大部分的K肥使用量都在80～120 kg/hm^2,但是品种间、区域间的差异较为明显。比较而言,东北地区的使用量稍微低些,华北地区的使用量较大。关于K肥施用方式的研究结果较为一致,都推荐作为基肥施用效果最佳。

张兰兰等(2009)研究表明,对玉米产量影响明显的因子是Zn肥、B肥和Mo肥,并且这3个因子对青贮玉米的产量都起到促进作用。对青贮玉米产量有较大作用的因素分别为:Zn肥与Cu肥互作,Zn肥与Mo肥互作,B肥与Mo肥互作。分别为高Zn、低Cu,高Zn、低Mo,高Mo、低B时产量较高。李振明(2008)的研究结果是,多元素微肥对产量构成因子的影响主要作用于穗粒数和百粒重,从而使穗粒重增加。各处理产量随多元素微肥用量的增加而增多。施用微肥与产量间呈正比。在喷施3 kg/hm^{2}时比CK增产20.3%,植物的叶片浓绿,光合作用增强并有多抗、促早熟、防治白苗病等作用,增产效果显著。

常用的Ca肥有生石灰、消石灰、白云石等。一般南方酸性土壤缺Ca需施Ca肥,而北方的土壤很少缺Ca,一般很少施Ca肥,但是盐碱土上一些容易出现生理性缺Ca的土壤也需要施用Ca肥。旱地红壤等酸性强的土壤施用石灰效果较好,应多施,微酸性和中性土壤少施或不施。沙壤中,石灰用量应适当减少。石灰呈强碱性,不宜使用过量,且必须施用均匀,采用沟施,穴施时应避免与种子或根系接触。施用石灰必须配合施用有机肥和N、P、K肥,但不能将石灰和人畜粪尿、铵态N肥混合贮存或施用,也不要与过磷酸钙混合贮存和施用,以免造成铵态N的挥发损失。

以提供植物Mg素养分为主要功效的肥料。含Mg肥料大多数呈Mg的硫酸盐、氯化物、碳酸盐和磷酸盐等单盐或复盐。常见的含Mg肥料含Ca肥料种类较多,如硫酸镁、硝酸镁、氯化镁、含钾硫酸镁、钙镁磷肥、白云石、蛇纹石、磷酸镁、磷酸镁铵和光卤石等。

具有S标明量,并以提供植物S素营养和作为碱土化学改良剂的物料。单纯作S肥施用的品种不多,主要有石膏和硫黄,而许多是含S的N、P、K化肥如硫酸铵、过磷酸钙、硫酸钾、硫酸镁、硫酸钾镁、硫酸亚铁、硫酸锌、硫酸铜和硫酸锰等。

3. 缓(控)释肥的施用

(1)缓(控)释肥的作用　朱红英等(2007)曾研究四因素三水平试验,以鲁单50为供试品种,比较在氮、磷、钾比例相等条件下,控释肥料用量比例从全量减少到2/3或1/2时对玉米生产效应的影响。结果表明,施肥处理产量增幅15.04%～37.67%。

李伟等(2012)曾以释放期 60 d 的控释尿素为供试材料,研究相同氮肥用量条件下 0、10%、30%、50%、100%的控释氮肥与普通尿素配合追施对夏玉米光合性能、灌浆速率、产量、经济效益及氮肥利用率的影响。结果表明:①与单施普通尿素处理比较,控释掺混处理的夏玉米穗位叶净光合速率、叶绿素含量以及硝酸还原酶活性均较高,籽粒灌浆启动较快,灌浆活跃期延长。②随控释尿素比例的增加,玉米产量呈先升高后降低的趋势;与普通尿素处理相比,控释掺混处理的玉米产量分别增加 2.90%、7.91%、9.48% 和 5.68%,经济效益依次增加 397.34 元/hm²、1077.65 元/hm²、1263.94 元/hm² 和 611.3 元/hm²。③各控释掺混处理的氮肥农学效率依次为 10.55 kg/kg、11.81 kg/kg、12.50 kg/kg 和 9.46 kg/kg,氮肥利用率依次为 31.83%、38.49%、40.72% 和 44.63%,两项指标分别比普通尿素处理增加 1.15%~4.19% 和 2.12%~14.92%。④控释尿素与普通尿素的掺混比例为 50% 时,增产效果最好。

张勇等(2016)通过田间试验,探讨了不同包膜形式的缓(控)释肥与普通复合肥对夏玉米生长指标及产量指标的影响。结果表明,缓(控)释肥较普通复合肥对夏玉米生长效果更好,而且不同包膜形式肥料对夏玉米产量影响程度不同,特别是全降解缓释肥 26-8-8 复合肥料增产效果最明显,较普通复合肥处理产量提高了 14.18%。

缓释肥料是按照玉米生育期中对 N、P、K 及微量元素的需要,运用平衡施肥原理配制的一种多元素复混肥,具有养分含量高、配比合理、肥效长、使用方便、增产效果明显等优点。但使用中要注意几点,复混肥分解慢,玉米不同时期对专用肥中营养比例和数量的要求也不一样,要注意与单质化肥配合使用;专用肥浓度较高,应避免与种苗直接接触;专用肥肥效长,应做底肥;还要注意根据土壤肥力施用专用肥。王俊忠等(2008)在河南省的试验结果显示,控释肥对提高玉米籽粒千粒重的效应较大,"种沟施肥+拔节期追 N+大喇叭口期追 N" 显著提高玉米籽粒产量。为了获得高产,应采用"种沟施肥+拔节期追 N+大喇叭口期追 N" 的施肥方式,而控释肥则有利于简化施肥作业,提高劳动效率。

缓释肥料又称控释肥料,指所含的 N、P、K 养分能在一段时间内缓慢释放并供植物持续吸收利用的肥料。缓释肥料具有以下优点:①使用安全。由于它能延缓养分向根域的释出速率,即使一次施肥量超过根系的吸收能力,也能避免高浓度盐分对作物根系的危害。②省工省力。肥料通过一次性施用能满足作物整个生育时期对养分的需要,不仅节约劳力,而且降低成本。③提高养分效率。缓释肥料能减少养分与土壤间的相互接触,从而能减少因土壤的生物、化学和物理作用对养分的固定或分解,提高肥料效率。④保护环境。缓释肥料可使养分的淋溶和挥发降低到最低程度,有利于环境保护。因此,缓释肥料日益引起人们的重视。当前,世界各国都在相继开发缓释肥料新品种和制肥新工艺,以求降低肥料价格,达到肥料中养分的释放速率与土壤供肥和作物需求同步。

根据生产工艺和农业化学性质,缓释肥料主要可分为化成型、包膜型和抑制剂添加型 3 种。

(2)化成型缓释肥料

① 脲甲醛(简称 U.F) 脲甲醛是全球第一个商品化生产的缓释肥料,是由尿素与甲醛缩合而成的白色、无味的粉状或粒状固体物质。主要成分是甲基脲的聚合物,含 N38%~40%,其中冷水溶性 N 占 4%~20%,冷水不溶性 N 占 20%~30%,热水不溶性 N 占 6%~25%。

② 丁烯叉二脲(CDU) 又称脲乙醛,由 2 摩的尿素在酸性条件下缩合而成。在反应过程中,2 摩的乙醛缩合成 1 摩的丁烯醛,然后再与尿素缩合形成丁烯叉二脲。丁烯叉二脲的总 N 量为 31%,其中尿素态 N 小于 3%,为白色粉状或黄色粒状物,不吸湿、不结块,室温下在水中

的溶解度仅为0.6%。热稳定性良好，在150 ℃条件下不会分解，因此，能与尿素、过磷酸钙、硫酸钾和氯化钾等肥料混合造粒。

③ 异丁叉二脲（IBDU） 异丁叉二脲为白色粉状或粒状固体，含N31%～32%，N素活化指数为96，不吸湿、不结块，在室温下的溶解度很小，100 g水中仅能溶解0.10～0.01 g氮，热稳定性好；可与其他化肥混合使用。

④ 草酰胺（OA） 草酰胺是一种白色粉状，不易吸湿结块。含N31.8%，在冷水中溶解度很低，265 ℃开始升华，290 ℃以上分解成NH_3、CO_2、双氰等。草酰胺的生产方法有多种，主要分为两步法和一步法两种。

⑤ 磷酸铵镁 磷酸铵镁是一种酸溶性的缓释N、P复合肥料。纯品为含有1个或6个结晶水的白色固体，市场上所销售的商品肥通常是磷酸铵镁一水化合物，标准品级含N8%、$P_2O_5$40%、氧化镁25%。

⑥ 硅酸钾肥 硅酸钾肥具有如下优点：硅酸钾不易被雨水溶脱，与氯化钾和硫酸钾相比，长期施用也不会造成土壤酸化、板结。同时其肥效成分（氧化钾、二氧化硅、氧化镁、氧化钙等）呈微溶性，既能被较好地平衡吸收，又能减少淋失；硅酸钾中的SiO_2能被水稻很好吸收；硅酸钾能有效地保持瓜、菜作物的新鲜度；硅酸钾比其他K肥更有利于作物根部生长。由于硅酸钾肥中的K以硅酸盐形态存在，能被作物缓慢地吸收，故能促进作物的根（块茎）良好发育。

⑦ 三缩脲 尿素缩合物三缩脲是一种理想的缓释肥料，在土壤中，三缩脲可在6～12周逐步分解而放出它的全部N量，这与一些作物生长的需要相适应。

(3) 包膜型缓释肥料 包膜型缓释肥料是在速效粒状肥料表面涂上一层疏水性的物质，形成半透水性的或难溶性薄膜，以减缓养分释放速度的肥料。常用的包膜材料有硫黄、磷酸盐、石蜡、沥青等。

① 包膜尿素 通过向普通尿素表面涂覆一层薄膜，使制得的缓释尿素溶解速度变低。这类尿素种类很多，人们主要研究如何选择具有良好阻溶性能且价格低廉的包膜材料。就工艺而言有两种，一种是在尿素颗粒固化的同时向尿素颗粒上喷涂包膜材料的溶液，借其固化热蒸发溶剂，使包膜材料附着在颗粒表面；另一种是尿素上喷包膜溶液，然后进行干燥固化。两种工艺均不需要复杂设备。按所用材料的性质可将包膜分为3类：

A. 半透水性膜 包膜物质为半透水性材料，它主要是以减少尿素与水分的接触机会来控制其溶出速度。

B. 微生物不能分解的膜 此类膜不能被微生物分解，养分只有通过膜的裂缝、微孔等渠道释放出来，而这些裂缝、微孔的多少直接取决于膜材料性质、膜的厚度及加工条件，它决定N素的溶出速度，这类包膜材料多为聚合物。

C. 微生物分解或降解的不透水性膜 这类膜能被土壤中的微生物分解，因而其有效成分的溶出取决于膜的厚度及加工工艺，同时与土壤微生物的多少、温度等因素有关。常见的这类包膜材料有硫黄、尿醛缩合物等。孙克刚（2015）研究了包膜尿素在小麦、玉米上的肥效试验，结果表明，包膜尿素可以减少N肥用量，提高肥料利用率，改善小麦、玉米的品质。

② 包膜复混肥 是以粒状速效肥料（如尿素、碳酸氢铵、硝酸铵、钾肥等）为核心，以酸溶性的钙镁磷肥（或其他类型的枸溶性磷肥）为包裹层，根据不同作物的需要，在包裹层中加入K肥、微肥及其螯合剂、N肥增效剂、农药（如杀虫剂、除草剂）等物质，以有机酸复合物和缓溶剂为黏结剂包裹而成的一种新型肥料。调节包裹层的组成、厚度和黏结剂，可制成适于多种作物

的专用型复合肥料。

中国科学院南京土壤研究所以钙镁磷肥为包膜材料，以容易挥发损失的碳酸氢铵和尿素为基质，研制成功长效碳酸氢铵和长效尿素，通过在不同土壤和气候条件下对水稻、小麦、玉米、棉花、甘蔗等多种作物进行的肥效试验表明，效果良好。

(4) 抑制剂添加型缓释肥料　N肥增效剂有硝化抑制剂、脲酶抑制剂等类型。所包含的化学物质达百余种，目前世界上有30多个国家和地区对其进行研究和使用。

N肥增效剂的使用可减少土壤微生物对施入土壤的N肥的作用，降低N素损失，增加N肥肥效。因此，推广N肥增效剂如硝化抑制剂、脲酶抑制剂是一条提高N肥利用率十分有效的途径。抑制微生物活性的N肥增效剂应具备以下条件：

① 抑制效率高和较好的选择性。能有效地抑制硝化菌和脲酶等活性，而对其他微生物的存在无影响。

② 在土壤中能缓慢地自行分解，有适宜的时效，既能保持土壤中微生物群的生态平衡，又能控制供N过程与植物需肥规律同步。

③ 长期使用安全，在土壤中无积累，不产生污染，作物和农产品中无残留、无毒害。

④ 有较好的、稳定的物化性能，易与N肥混配，使用方便。

⑤ 与各种N肥、农药等混配使用时，不改变增效剂的质量，不影响各自的有效性能。

⑥ 来源广，成本低。

4. 定位施肥　曹彩云等(2009)在长期定位试验基础上，采用以化肥为主处理、玉米秸秆为副处理的二因素裂区设计，通过对夏玉米叶面积、叶面积指数、功能叶叶绿素含量等光合特性及产量构成等的研究，探讨了秸秆与氮磷化肥配施对夏玉米光合特性及产量的影响。研究结果表明，长期施用秸秆对夏玉米增产有积极作用，但产量的增加主要靠化肥的投入，秸秆和化肥配施能更大幅度地增加夏玉米产量。从植株光合特性看，随氮磷化肥用量的增加，夏玉米叶面积和叶面积指数增大，到灌浆后期叶面积指数维持在3.5左右。长期不施肥和仅施秸秆处理玉米功能叶叶绿素含量低。长期施用秸秆促进了玉米叶面积的增加，其增产作用表现在穗粒数的增加上。化肥和秸秆配施在促进玉米生长的同时还能延缓叶片衰老，更大程度地增加穗粒数，提高千粒重，进而增加夏玉米产量。秸秆还田和氮磷化肥配施是该区较好的施肥模式。

作物吸收养分主要通过根系来完成，但叶片同样具有吸收功能。由于土壤对养分的固定，加上根系在生长后期的吸收功能衰退，因此，为了保持作物在整个生育期的养分平衡吸收，叶面施肥作为一种强化作物营养的手段逐渐在农业生产中广泛地应用。一个完整的复合叶面营养液，通常由以下几个基本部分组成。

大量营养元素一般占溶质的60%～80%，主要由尿素和硝酸铵配成，硫酸铵等一般不用做N源。微量营养元素一般加入量可占溶质的5%～30%。将微量元素用于叶面喷施，效果明显高于等量根部施肥。通用型复合营养液常加入5～8种中量元素和微肥(如B、Mn、Cu、Zn、Mo、Fe、Mg、Ca肥)；专用型复合营养液大都加入对喷施作物有肯定效果的2～5种微肥，或可对其中1～2种适当增加用量。微肥的肥效与微量营养元素的形态关系密切，微量营养元素叶面肥中必须是稳定的和可溶解的。金属络合物或螯合物可增加微量营养元素的稳定性和移动性，因此，金属螯合物比普通无机酸盐肥效高，所需用量也少得多。但是因为工业有机螯合剂价格较高，各国大多利用腐殖酸、氨基酸等天然有机物合剂制成微量营养元素螯合物，成本低，应用范围广，特别适于用做叶面喷施肥料。

植物激素有生长素(如吲哚乙酸,促进生长)、赤霉素与矮壮素(促进或控制生长)、细胞分裂素、脱落素和乙烯(促进成熟)5类。营养液中配入的激素主要是生长素和矮壮素类。由于激素虽可被叶面吸收,但不易很快转移至生理作用中心的特点,因此,必须在对拟用作物单独喷施试验确认有效的基础上配入,并须控制用量,予以说明。用于添加的维生素,最常用的是水溶性并且较稳定的维生素 B_1 和维生素 B_2,但宜慎用。加有生长素和维生素的营养液,需要注意防止发霉变质。表面活性剂是一种助剂,目的是减少营养液雾滴接触叶面时的表面张力,使其易于黏附,减少损失,增加叶面吸收。这对叶表面蜡质厚、茸毛少的叶片尤其重要,如烷基苯磺酸铵和烷基磺酰氯等。营养液中的助剂可添加在原液中,也可在稀释使用时加入,还可用少量碱性不重的普通肥皂粉作为助剂,一般 0.5 kg 原液或 50 kg 稀释液加普通肥皂粉 25~50 g。营养液中虽可加入多种组分,但通常没有必要。目前最常见的营养液由大量元素(N、P、K)、微量元素(3~5 个元素)及表面活性剂 3 部分组成。

叶面肥的种类和品种较多,可分为以下 3 类。

(1)从营养成分分　有大量元素(N、P、K)的,也有微量元素的(以微肥为主)。

(2)从产品剂型分　有固体的、液体的,也有特殊工艺制成膏状的。

(3)从产品构成看　具有复合化的特征,一般将 N、P、K、微肥与氨基酸、腐殖酸或有机络合剂复合形成多元、复合的叶面肥。

适于叶面喷施的化肥应符合下列条件:①能溶于水;②没有挥发性;③不含 Cl^- 及有害成分。适于叶面施肥的化肥有:尿素、硫酸铵、硝酸铵、硫酸钾、各种水溶性微肥,以及磷酸二氢钾和硝酸钾等。此外,还有过磷酸钙,虽然它不能全部溶解于水,但其主要成分是磷酸一钙,能溶于水,一般先配成浓度大的母液,静置后待不溶的硫酸钙沉淀下来,取上部清液,稀释后即可用于叶面喷施。

叶面喷施的溶液浓度因肥料品种和作物种类而异。通常大量元素肥料的喷施浓度为 1%~2%。对旺盛生长的作物或成年果树,尿素的浓度还可以适当加大。微量元素肥料溶液浓度为 0.01%~0.10%。

5. 水肥一体化　吕丽华等(2014)曾于 2006—2011 年进行试验研究。认为水肥是作物产量的两大限制因子。如果在作物生产中对水氮资源利用不够合理,不仅浪费水资源,而且严重威胁环境。为了探讨华北山前平原冬小麦-夏玉米轮作体系合理的水氮配合措施,在 5 年水氮定位试验基础上对周年轮作体系产量、氮吸收与利用状况进行了分析。试验为冬小麦夏玉米周年轮作种植,设置水、氮两因子,裂区试验设计,水分为主区,施氮量为副区。水分设置限水和适水两个处理,根据华北山前平原冬小麦夏玉米灌溉制度,冬小麦限水和适水下灌水次数分别为 1 水(拔节期)和 2 水(拔节+开花水),夏玉米限水和适水下灌水次数根据不同年型降水量而定(1 水为播前水,2 水为播前水+12 展叶水,3 水为播前水+12 展叶水+开花水)。周年设置 6 个施氮水平,小麦+玉米氮肥用量分别为 (0+0)、(60+60) kg/hm²、(120+120) kg/hm²、(180+180) kg/hm²、(240+240) kg/hm²、(300+300) kg/hm²。试验结果是,在供水量较高和较适宜的条件下年供水量大于 609.5 mm,水分不是氮肥肥效发挥的限制因素,氮肥对产量的贡献较大;而供水量较低的条件下,肥效受较大抑制,供水对产量贡献较大。供水量和施氮量有明显的耦合效应,限水和适水下得到最高产量的施氮量冬小麦分别为 134.8 kg/hm² 和 126.4 kg/hm²、夏玉米分别为 176.8 kg/hm² 和 127.2 kg/hm²。限水和适水下单季施氮量分别为 300 kg/hm² 和 240 kg/hm² 时,地上部总氮量达较高值,但限水和适水下夏玉米和限水下冬小麦氮量超过 60 kg/hm²、适水下冬小麦施氮量超过 120 kg/hm² 时,秸秆残留氮素明显增加,对籽粒氮的贡献变小。氮肥偏生产力随施氮量增加而降低,且随年度推移氮肥偏生产力明显降低,尤其是小麦季施氮量 60 kg/hm² 处理随年份增加降低尤为迅速。在本试验条件下周年施氮量限水 240 kg/hm²、适水 120 kg/hm² 就能保持土壤有机质和全氮含量不降低。研究结论是:限水条件下水是限制氮肥肥效发挥的主要因素,通过改善水分条件可更有效地提高氮肥肥效,因此,在干旱年型应降低施氮量。中高产田冬小麦—夏玉米轮作体系限水和适水下得到最高产量的施氮量分别为 311.6 kg/hm² 和 253.6 kg/hm²,此时最佳产量可分别达 16127.5 kg/hm² 和 17272.9 kg/hm²。

王建东等(2016)介绍,基于 2 年田间试验,研究了滴灌下秸秆覆盖和追肥措施对华北典型区(北京)夏玉米耗水量、生理指标、产量及水分利用效率的影响。结果表明,秸秆覆盖减缓了土壤水分下降速度,一定程度上提高了土壤蓄水能力;秸秆覆盖对叶面积指数的变化存在显著影响,而追肥措施对株高和叶面积指数变化没有显著影响;充分滴灌下,相比不覆盖处理,秸秆覆盖并没有显著减少夏玉米生育期耗水量,但对作物产量和水分利用效率变化存在显著影响。基于 100 kg/hm² 追肥量和 6000 kg/hm² 秸秆覆盖措施下,夏玉米产量和水分利用效率分别显著提高了 11% 和 13%($P<0.05$)。

李格等(2019)介绍了他们于 2017—2018 年的研究。通过研究华北地区中低产土壤条件下不同氮、磷、钾肥施用量在滴灌夏玉米上的肥料效应,从而优化滴灌施肥系统,为夏玉米高效滴灌施肥提供理论依据,推进水肥一体化技术。通过两年田间试验,以郑单 958 为供试品种,滴灌带设置为一管带两行,氮、磷、钾分别设 4 个处理,其中氮肥处理为 0、144 kg/hm²、180 kg/hm²、216 kg/hm²(记为 N0、N1、N2、N3),磷肥处理为 0、72 kg/hm²、90 kg/hm²、108 kg/hm²(记为 P0、P1、P2、P3),钾肥处理为 0、72 kg/hm²、90 kg/hm²、108 kg/hm²(记为 K0、K1、K2、K3),氮、磷、钾肥料分 4 次滴施,以研究不同处理对夏玉米产量及不同生育时期干物质积累的影响,分析不同处理下肥料的利用率。结果是:①华北地区中低产田条件下夏玉米产量随施氮、磷肥的用量呈抛物线性变化,当施氮量为 180 kg/hm²、施磷量为 90 kg/hm² 时,作物产量最高;当氮、磷肥施用量超过最高产量施肥量时,作物产量随施氮、磷用量的提高呈下降趋势,但氮肥处理的下降程度差异不显著,而磷肥施用量超过 90 kg/hm² 时,作物产量随施磷量的提高显著下降($P<0.05$);在本处理中,夏玉米产量随施钾量的提高,均呈增加趋势。②不同施肥处理对夏玉米生育前期干物质积累几乎没有影响,在灌浆期与收获期时干物质积累与施氮量、施磷量均呈抛物线性变化,变化趋势与产量基本相同。③不同处理的氮、磷、钾肥利用率不同,分别为 33.39%~58.44%、14.15%~28.88%、54.70%~65.75%,当夏玉米产量最高时的氮、磷、钾肥利用率两年平均为 51.21%、28.88%、65.75%;在最高产量条件下,氮、磷、钾肥的平均农学效率分别为 8.08 kg/kg、11.41 kg/kg、8.83 kg/kg;偏生产力分别为 59.88 kg/kg、119.75 kg/kg、100.65 kg/kg。试验结论是,在华北地区中低产土壤滴灌施肥条件下,最适宜的氮、磷施用量分别为 180 kg/hm²、90 kg/hm²,当施氮量超过 180 kg/hm²、施磷量超过 90 kg/hm² 时,夏玉米产量会出现下降,但随施钾量的提高,产量有增加的趋势。滴灌施肥可获得较高的氮、磷、钾肥利用率,分别为 51.21%、28.88%、65.75%。

宁东峰等(2019)于 2016 年为寻找滴灌夏玉米最佳施氮量,在测坑—防雨棚设施条件下进行了试验。设置 2 个灌水定额,分别为 50 mm(WH 为充分灌溉)、25 m(WL 为限水灌溉);4 个氮肥水平,即 0、90 kg/hm²、180 kg/hm²、270 kg/hm²,分别以 N0、N1、N2 和 N3 表示。采用完全区组设计,共计 8 个处理,3 次重复。研究了滴灌施肥条件下,灌水定额和氮肥互作对土壤水分消耗、NO_3^-—N 运移积累以及夏玉米产量和水氮利用效率的影响。结果是,灌水、氮肥及其交互作用均显著影响夏玉米地上部干物质量、籽粒产量和水氮利用效率。限水灌溉条件下,玉米拔节期—灌浆初期发生中轻度水分亏缺,对后期产量形成产生显著影响,但限水灌溉显著提高了土壤贮水的消耗量和水分利用效率。在2种灌溉水平下,施氮量与产量均成抛物线关系,充分灌溉条件下施氮量264.3 kg/hm²时为转折点,限水灌溉条件下施氮量176.9 kg/hm²为转折点。充分灌溉条件下,随着施氮量的增加氮肥农学利用率呈增加趋势;但在限水灌溉条件下,随着施氮量的增加氮肥农学利用率表现出降低的趋势。随着施氮量的增加,各土层土壤硝态氮量显著增加,且60～100 cm土层硝态氮累积所占比例增加。与充分灌溉相比,限水灌溉作物吸氮量降低,各生育期土壤中硝态氮残留增加。研究结论是,玉米产量对氮素的响应与供水量相关,水分亏缺下,产生最大产量需要的氮素用量随之降低。因此,生产中应根据土壤含水率调整施氮量,以实现最高产量和水肥利用效率。

李昊儒(2018)为明确不同灌溉施肥措施下夏玉米—冬小麦轮作农田N_2O的排放特征,寻求既能减少N_2O排放又保证粮食产量的灌溉施肥方法,以华北地区夏玉米—冬小麦轮作农田为研究对象,利用静态暗箱—气相色谱法对土壤N_2O排放特征进行了周年(2015年6月15日至2016年6月12日)观测,探讨了常规施氮量(夏玉米:205.5 kg/hm²,冬小麦:250.0 kg/hm²)下传统灌溉施肥(FP100%)、滴灌+传统施肥(DN100%)、滴灌水肥一体化(FN100%)以及滴灌水肥一体化下不同施氮量,减氮60%(FN40%)、减氮30%(FN70%)、常规氮量(FN100%)和增氮30%(FN130%)下农田N_2O排放特征及土壤温湿度对农田N_2O排放的影响,另设滴灌+不施氮肥(CK)为对照。结果表明,在夏玉米—冬小麦轮作体系中小麦季农田土壤N_2O排放通量高于玉米季,夏玉米季土壤N_2O阶段排放峰值出现在拔节期和抽雄期;而冬小麦季土壤N_2O阶段排放峰值出现在冬前苗期和拔节期。与FP100%处理相比,FN40%处理在夏玉米和冬小麦季的N_2O平均排放通量分别降低了70.8%和66.7%,N_2O排放总量分别减少了58.7%和66.3%;整个轮作季周年产量没有显著减少,N_2O排放总量显著降低了62.9%($P<0.05$),FN40%处理夏玉米季和冬小麦N_2O排放系数分别为0.06和0.01,显著低于其他施肥处理($P<0.05$)。土壤温湿度均影响农田N_2O排放,但不同处理在夏玉米和冬小麦生长季与土壤温度和土壤湿度的相关性并不相同。综合考虑N_2O排放量和作物产量,研究认为,在华北地区夏玉米—冬小麦轮作系统下,若采用滴灌,则根据作物需肥规律同时采用水肥一体化方式进行施肥才既有增产,又减少农田N_2O排放的效果,并且在滴灌水肥一体化技术下,减少60%施氮量在保障粮食产量的同时,可以有效地减少N_2O排放,是兼顾作物产量及大气环境的推荐管理措施。

刘见等(2020)为优化井灌区田间水肥管理,于2018年6—9月在河南省许昌灌溉试验站进行试验,以当地主栽玉米品种登海3737(P1)和豫单9953(P2)为试验材料,设置3种施肥调控方式,分别为当地传统施肥模式CK($N、P_2O_5、K_2O$施量分别为315 kg/hm²、75 kg/hm²、75 kg/hm²,全部基施),优化模式F1($N、P_2O_5、K_2O$施量分别为225 kg/hm²、75 kg/hm²、75 kg/hm²,40%三叶期和60%拔节期追肥),优化模式F2($N、P_2O_5、K_2O$施量分别为225 kg/hm²、75 kg/hm²、75 kg/hm²,30%三叶期、30%拔节期和40%大喇叭口期追肥),研究了喷灌水肥一体化下氮肥减量后移对不同品种夏玉米生长发育、产量和水分利用效率的影响。结果增加施肥频次和施肥时间后移可提高玉米叶面积系数(LAI)和延缓叶片衰老,增加玉米干物质累积量以及最大生长速率。喷灌水肥一体化(F1、F2处理均值)较传统施肥籽粒产量提高7.8%,耗水量降低11.9%,水分利用效率(WUE)提高22.2%,籽粒氮肥偏生产力(PFP_Y)提高51.1%,生物量氮肥偏生产力提高49.2%。登海3737干物质累积、最大生长速率、WUE和

PFPY 的均值较豫单 9953 分别增加 2.8%、7.7%、8.5% 和 8.6%，最大生长速率出现的时间没有差异。豫单 9953 干物质积累快，增期持续时间比登海 3737 增加 5.3 d。不同品种之间产量和构成要素差异极显著。登海 3737 平均产量为 11319 kg/hm²，较豫单 9953 增产 8.4%，其中穗长、百粒质量对产量贡献较大，分别提高 22.5%、18.2%。本研究中，F2 处理为最佳施肥模式，即 N、P_2O_5、K_2O 施量分别为 225 kg/hm²、75 kg/hm²、75 kg/hm²，施肥配比为 30% 三叶期、30% 拔节期、40% 大喇叭口期。

郭丽等（2018）指出，河北山前平原夏玉米高产区施肥不合理现象普遍存在，农业面源污染严重。研究华北山前平原水肥一体化条件下夏玉米适宜的氮肥运筹，可为该区氮素优化施用技术及提高氮肥利用效率提供依据。本研究以郑单 958 玉米品种为材料，于 2014—2015 年 2 个玉米生长季，在滴灌条件下设置 4 个施氮水平（N0：不施氮；N1：120 kg/hm²；N2：240 kg/hm²；N3：360 kg/hm²），研究滴灌水肥一体化下施氮量对玉米氮素吸收利用和土壤硝态氮含量的影响。结果表明，N0 处理的玉米干物质重及产量较其他处理显著降低，N1、N2 和 N3 处理间无显著差异；N1 处理的玉米氮含量和氮累积量较 N0 处理显著增加，施氮量在 N1~N3 范围内，不同年份间玉米植株氮含量和氮累积量存在一定差异，总体表现为随施氮量的增加而上升的趋势，但随施氮量的增加，植株氮含量和氮累积量上升幅度逐渐降低。N2 处理的氮肥收获指数最高。随氮量的增加，氮肥当季回收利用率、氮肥农学效率、氮肥生产效率和氮肥利用效率显著降低；2014 年，在 0~100 cm 土层范围内，4 种施氮处理的土壤硝态氮含量均表现为随土层加深逐渐降低；2015 年 N2 和 N3 处理的土壤硝态氮在 80~100 cm 土层达到累积峰，经过 2 年种植后，年施氮量超过 240 kg/hm² 的处理，土壤硝态氮淋洗加剧。利用一元二次方程拟合产量与施氮量之间的关系，明确了玉米最高产量的施氮量为 199~209 kg/hm²，经济施氮量为 174~187 kg/hm²。综合考虑经济效益和生态效益，该条件下夏玉米滴灌水肥一体化的适宜施氮量为 174~187 kg/hm²。

蔡晓（2020）采用滴灌灌水方式，于 2018—2019 年研究了不同补灌处理（目标湿润土层深度分别为 0~10 cm、0~20 cm、0~30 cm 和 0~40 cm，依次记为 W_{10}、W_{20}、W_{30} 和 W_{40}；补灌时期均为播种时及拔节期和抽雄期开始时，补灌目标含水率为田间持水量）和不同施氮量处理（施氮量分别为 0、120 kg/hm²、180 kg/hm²、240 kg/hm² 和 300 kg/hm²，依次以 N_0、N_{120}、N_{180}、N_{240} 和 N_{300} 表示；施氮与灌水时期一致）相组合对土壤水氮分布以及夏玉米形态生长指标、生理生态指标、产量构成和水氮利用效率的影响，2 年研究结果表明：①滴灌水肥一体化条件下，夏玉米同一生长期不同水氮处理 0~100 cm 土层土壤水分与硝态氮剖面分布特征基本一致，随灌水量和施氮量的增加，0~40 cm 土层含水率总体呈降低的趋势，40 cm 以下土层差异较小；土壤硝态氮含量呈现了随施氮量增加而增大、随灌水量增加而减小的趋势。不同生长时期，各处理土壤剖面水分和硝态氮含量差异较大，其中，0~40 cm 土层含水率和硝态氮含量均在拔节初期最大，成熟期最小。夏玉米收获时，0~100 cm 土层硝态氮残留量有随施氮量增加而增大、随灌水量增加而减小的趋势，与 W_{40} 条件下各施氮处理硝态氮残留量均值相比，W_{10}、W_{20} 和 W_{30} 处理分别增大 45.21%、33.73% 和 20.90%；与 N_{300} 水平下各灌水处理硝态氮残留量均值相比，N_{120}、N_{180} 和 N_{240} 处理分别减少 30.42%、17.35% 和 5.67%。②滴灌水肥一体化条件下，夏玉米株高、叶面积指数、地上部干物质量等生长指标随灌水量和施氮量的增加均呈增大趋势，但灌水量和施氮量达到一定限度后其促进效应减弱，具体表现为各灌水处理下 N_{240} 和 N_{300} 处理及各施氮处理下 W_{30} 和 W_{40} 处理间差异基本不显著。Logitic 函数可对不同水氮处理夏玉米地上部干物质积累过程进行较好的模拟，结果显示，增加灌水量和施氮量有助于增大夏玉米地上部干物质快速生长期平均生长速率及最大生长速率,但不利于延长快速积累期持续时间。③抽雄吐丝期,W_{20}灌水处理下夏玉米穗位叶叶绿素含量、光合速率、蒸腾速率和气孔导度等指标的变化规律基本一致,均随施氮量的增加而增大,但施氮量达到一定程度后增加效应减小。光合有效辐射截获率随施氮量的增加呈先增大后减小趋势,光合有效辐射透射率随施氮量的增加呈先减小后增大趋势,两者均在N_{240}处理处取得极值。④滴灌水肥一体化条件下,增加灌水量和施氮量可在一定程度上提高夏玉米籽粒产量,且施氮量对产量的影响效应大于灌水量和水氮互作。与高水高氮处理($W_{40}N_{300}$)夏玉米的产量相比,$W_{20}N_{240}$(2018年)和$W_{20}N_{180}$处理(2019年)无显著差异,但节约施氮量20%~40%,减少灌水量46.71%~53.36%;与传统灌溉处理(CK1)相比,二者增产0.74%~5.22%,施氮量降低20%~40%,灌水量减少33.36%~45.51%。⑤与高水高氮处理($W_{40}N_{300}$)相比,$W_{20}N_{240}$(2018年)和$W_{20}N_{180}$(2019年)处理耗水量减少17.39%~18.16%,WUE和IWUE分别提高14.40%~16.39%和75.63%~106.11%,NPFP和NAE分别提高20.17%~55.98%和67.84%。与传统灌溉处理(CK1)相比,$W_{20}N_{240}$(2018年)和$W_{20}N_{180}$(2019年)处理耗水量减少11.95%~18.02%,WUE、IWUE和NPFP分别提高14.53%~28.35%、51.18%~108.10%和31.52%~67.90%。⑥综合考虑灌水量、施氮量、产量、耗水量、WUE、NAE和NPFP,试验区夏玉米滴灌水肥一体化条件下适宜的水氮运筹方案为:补灌目标湿润土层为0~20 cm,施氮量为180~240 kg/hm²,补灌/施氮时期为播种时及拔节期和抽雄期开始时,目标含水率为田间持水量,施氮比例为1:1:1。本研究结果有助于减少区域夏玉米生长季的水氮施用量,对于指导制定夏玉米高效灌溉与施肥制度具有重要意义。

王红军(2017)为寻找适宜的水肥模式,通过大田试验,研究大水漫灌+肥料撒施、喷灌+肥料撒施和滴灌水肥一体化处理对夏玉米田土壤酶活性、产量及其构成因素的影响。结果表明,随着生育进程的推进,不同处理下土壤酶活性均呈现先升高后降低的趋势,土壤脲酶和土壤过氧化氢酶活性在散粉期达到最大值,而土壤碱性磷酸酶和土壤蔗糖酶活性在灌浆期达到最大值;各指标在不同处理之间表现为滴灌水肥一体化>喷灌+肥料撒施>大水漫灌+肥料撒施>对照,滴灌水肥一体化处理能够显著提高生育后期的土壤酶活性。滴灌水肥一体化处理产量最高,显著高于其他处理,分别较对照、大水漫灌+肥料撒施、喷灌+肥料撒施处理提高40.03%、18.34%、9.32%。

闫振兴(2017)以华北地区夏玉米为研究对象,结合不同的灌溉方式,探讨不同的水肥施加量及灌溉时期对夏玉米产量和水分利用效率(WUE)的影响,通过各项指标分析,对相应的结果进行机理性探讨,以期为华北地区夏玉米种植提供理论依据。实验在山东农业大学农学实验基地进行,在3 m×80 m(宽×长)的长条畦田中完成。实验设置3组变量,分别为:A. 两种灌水方式:畦灌(M,75mm),2.60%水量喷灌(P,45 mm);B. 3种不同的施氮肥方式:①传统尿素施肥(FPN),315 kgN/hm²(40%苗期),②与传统相同施氮量的水肥一体化施肥(100%N),315 kgN/hm²(40%苗期),③减少20%施氮量的水肥一体化施肥(80%N),252 kgN/hm²(40%苗期);C. 两种不同追施肥时期:①全次施肥(Q):60%大喇叭口期(V12),②分次施肥(F):30%大喇叭口期(V12)+30%灌浆期(R2)。玉米品种为郑单958,种植密度为67500株/hm²,株距和行距分别为25cm和60cm。在夏玉米生长季,测定和计算土壤水分含量、不同生育期干物质积累量、降雨量、农田蒸散量及最终测产考种时的穗数、穗行数、行粒数、千粒重、籽粒产量等一系列指标,探讨水肥施加量及施加时期对夏玉米籽粒产量和水分利用特性等的影响。结果表明,施加尿素的处理相比于其他各施肥处理,喷灌和畦灌条件下其WUE均达到最高值,分别为 2.62 kg/m³ 和 2.31 kg/m³;在施加尿素的处理中,分次施肥的产量在喷灌时达到最高值,为 1.33 kg/m³,畦灌时则与最高产处理无显著差异,因此分次施肥可作为尿素施肥的一种有效高产节水的方法。研究发现液态肥在这些处理中更易被作物吸收利用,从而提高了氮肥的利用效率。在施加液态肥进行水肥一体化灌溉时,喷灌的 WUE 为 2.52 kg/m³,显著高于畦灌处理的 2.16 kg/m³,同时喷灌处理籽粒产量为 1.23 kg/m²,高于畦灌处理的 1.20 kg/m²,因此,在采用水肥一体化时应当采用喷灌措施。在喷灌条件下,相比于施加尿素处理,施加 80%水溶肥的处理在减少 20%氮肥用量及减少 40%灌溉水量的情况下得到了与施加尿素处理无显著差异的籽粒产量及较高的 WUE 值,该处理达到了节水省肥的效果,而施加 100%水溶肥的产量在喷灌下反而最低,因此在节水、省肥、稳产上施加 80%水溶肥更具优越性。结果同时表明,灌溉水量一定时,灌溉次数增多会导致蒸散量(ET)增大,因此,相对于分次施肥的高 ET,全次施肥更利于减少土壤水分的蒸散。施加 80%水溶肥的处理,在喷灌和畦灌条件下,无论是产量还是 WUE,最高值均出现在全次施肥处理,因此当施加 80%水溶肥时,应当采用全次施肥的方式。喷灌时施加 80%液态肥处理的籽粒产量高于施加 100%液态肥处理,同时两者的 WUE 无显著差异。因此,在液态肥用量的选取上,应采用 80%液态肥用量。

上述研究结果表明,处理 80PQ(喷灌水量 45 mm,大喇叭口期施 80%的水溶肥)的 WUE 较其他处理显著提高,而其籽粒产量与其他处理无显著差异,为本实验所推荐的夏玉米节水省肥模式。

郑丽萍等(2020)探讨在水肥一体化条件下,干旱地区不同栽植密度对玉米生长的影响。结果表明,在生育前期各处理间的生育期差异不显著,而在喇叭口期之后,低密度处理所对应的生育期出现了提前的情况,且差异显著;随着种植密度的进一步提升,株高和穗位高都在一定程度上增加;7.5 万株/hm² 栽植密度所得到的理论产量(14010 kg/hm²)和实际产量(12243 kg/hm²)均最高。7.5 万株/hm² 为最佳栽植密度。

崔吉晓等(2017)设置漫灌常规施肥(CK)、微喷灌常规施肥(MC)以及微喷灌减肥 20%(MR)3 个处理,研究 3 种不同水肥处理对华北地区夏玉米营养生长和生殖生长以及最终产量的影响。结果表明,常规施肥量情况下,微喷灌能够促进玉米灌浆期生物量的积累,MC 处理比 CK 处理显著提高 9.58%,成熟期没有显著性差异;微喷灌减肥 20%没有造成生物量积累的减少。常规施肥量情况下,微喷灌能够显著促进玉米籽粒的灌浆速率,达最大灌浆速率时的天数比 CK 处理高 1d,灌浆速率最大时的生长量 W_{max} 比 CK 高 9.99%,灌浆活跃期比 CK 高 7.20%;微喷灌减肥 20%处理,与 CK 处理相比达最大灌浆速率时的天数比 CK 处理高 1.6 d,灌浆速率最大时的生长量 W_{max} 比 CK 高 10.59%,灌浆活跃期比 CK 高 14.83%,最大灌浆速率低于 CK 处理。MC 处理玉米产量最高,分别比 CK 处理与 MR 处理提高 6.70%与 5.68%($P<0.05$);MR 处理与 CK 处理没有显著性差异。

王德宽(2019)研究以夏玉米为试验材料,通过微喷灌水肥一体化技术进行灌溉施肥处理。试验于 2018 年 6 月至 10 月在山东省泰安市国家科技示范园内进行田间试验,以夏玉米为试验材料,灌水设 2 个灌水水平,分别为 W1(灌水下限为 75%田间持水量,灌水上限为 90%田间持水量)、W2(灌水下限为 60%田间持水量,灌水上限为 80%田间持水量)。每个灌水处理设置高氮、中氮、低氮 3 个施肥水平,分别为 N1(270 kg/hm²)、N2(180 kg/hm²)、N3(90 kg/hm²)。研究微喷灌水肥一体化对夏玉米生长、植株氮素吸收、土壤氮素分布、耗水特征及其产量的影响,以期探究最佳水氮处理,为实现增产、水肥高效利用及减少环境污染提供技术支持。

主要结论概括如下:①灌水量和施肥量对夏玉米株高和叶面积指数影响显著($P<0.05$)。夏玉米株高随灌水量和施肥量的增加而逐渐增加,在灌浆期达到最大值。W1灌水水平较W2灌水水平高7.13%,N1、N2施肥水平较N3施肥水平高5.50%、5.06%。拔节期至灌浆期,夏玉米茎粗随生育期的推进而逐渐增加;灌浆期至成熟期,茎粗逐渐减小。交互作用下,灌水施肥对拔节期茎粗影响极显著。夏玉米叶面积指数与生育期呈抛物线关系,顶点出现在抽雄期。抽雄期至成熟期,叶面积指数呈现逐渐减小的趋势。夏玉米各生育期地上部干物质积累量与灌水施肥量成正比。成熟期玉米各处理的地上部分总干物质达到最大,各器官干物质累积分配比例均表现为穗>茎>叶。T3处理(W1灌水水平和N1施肥水平)为最有利于夏玉米生长的水肥组合。②各灌溉施肥处理的夏玉米地上部分氮素积累量随着生育期的推进而逐渐增加。拔节期,茎氮素积累量较叶氮素积累量高41.53%。抽雄期,各器官氮素积累量表现为茎>叶>穗。灌浆期,各器官氮素积累量表现为茎>叶>籽粒>穗。在成熟期,玉米植株各器官氮素积累量中,从大到小排序为籽粒>茎>叶>穗,分别约占植株氮素积累总量的56%、20%、14%、10%。灌水施肥促进夏玉米植株对氮素的吸收与利用。③灌水水平显著影响土壤硝态氮含量的分布。土壤硝态氮含量受施肥水平的影响显著($P<0.05$),硝态氮含量随着生育期的推进出现向下运移的现象。N3处理的土壤硝态氮含量在全生育期内和各土层间基本无明显变化。土壤中铵态氮含量在夏玉米各生育期内的累积和分布较为均匀,增加灌水量对夏玉米收获前土壤中铵态氮含量并无特别显著的影响,但过多灌水量抑制成熟期土壤中铵态氮含量。④夏玉米产量及其构成随灌水施肥量的增加而增加,呈显著相关。夏玉米的穗长、穗宽、穗行数和行粒数与灌水施肥量成正比,N1施肥水平对夏玉米产量增加效果优于N2、N3施肥水平。夏玉米产量最大值出现在T3处理。在灌水水平和施肥水平的相互作用下,WUE最大值为T2处理(22.41 kg/m³),最小值为T3处理(20.08 kg/m³),最大值比最小值高11.6%。本试验结果表明T3处理即W1灌水水平和N1施肥水平是最有利于夏玉米生长增产增效的水肥组合,为本试验所推荐的水肥管理模式。

刘彩彩等(2019)为了探明晋南地区冬小麦—夏玉米轮作区适宜的节水减氮管理模式,采用田间试验,研究分析了5个水氮组合模式对夏玉米氮素积累特征、籽粒产量、品质和氮肥利用率的影响。结果表明,与大水漫灌、传统撒施肥料(CK)相比,微喷水肥一体化处理的夏玉米籽粒产量提高12.05%~45.40%,其中以微喷灌4次(出苗水+小喇叭口水+大喇叭口水+抽雄水)、施纯氮227.5 kg/hm²、氮肥后移、追氮2次处理(WN3)的籽粒产量和蛋白质含量最高,籽粒氮素积累量、总氮素积累量分别较施纯氮227.5 kg/hm²时,追氮1次处理(WN2)提高6.8%、14.26%,且与微喷灌、施纯氮300 kg/hm²(WN1)和WN2相比,WN3处理的氮肥利用率分别提高41.81%、23.14%,氮肥农学利用效率分别提高47.45%、49.01%。综上所述,晋南冬小麦—夏玉米一年两熟区,采用微喷水肥一体化可替代漫灌实现节水减氮高产栽培,推荐微喷灌溉4次、氮肥后移处理(基肥45.5 kg/hm²+小喇叭口期追肥136.5 kg/hm²+抽雄期追肥45.5 kg/hm²)作为晋南地区夏玉米灌水施氮适宜的运筹方式,该模式相比CK减少灌水量50%、减施氮肥24.16%,提高氮肥利用效率的效果最好,实现了节水减氮的效果。

张孟妮等(2017)于2015—2016年度在山西省临汾市尧都区韩村农场进行田间试验,研究了微喷条件下水肥一体化对冬小麦—夏玉米生长、土壤水氮分布、氮素吸收、耗水特征及其水氮利用效率的影响,以期探究最佳水氮处理,达到增产、提高水氮利用率及减少环境污染提供技术支持和理论依据。主要结论概括如下:① 冬小麦季,与CK相比,微喷水肥一体化可提高生育后期的土壤含水量,其中W2显著提高抽穗期0~60 cm土壤含水量,灌浆期0~100 cm

土壤含水量最高,同时土壤水分也向土壤深层下渗。夏玉米季,CK 处理明显提高 0～100 cm 土壤含水量,土壤水分有下渗趋势。小喇叭口追氮条件下,W2 处理的土壤含水量高于 W1,且大喇叭口期追氮处理的土壤含水量高于小喇叭口期。②冬小麦季,微喷条件下,N1 较 N2 和 N3 处理的土壤 NO_3^--N 含量过早地在土壤中间层积累,随生育期的推移,提高了抽穗期至灌浆期 0～100cm 土壤 NH_4^+-N 含量,土壤 NO_3^--N 含量逐渐向土壤深层下移。随灌水时期的增加,对土壤 NH_4^+-N 含量无显著影响,但土壤 NO_3^--N 向深层运动,优化施氮提高灌浆期有效根系土层的土壤 NO_3^--N 含量,减少收获期土壤深层 NO_3^--N 含量。夏玉米季,漫灌降低了整个生育期的 0～100 cm 土壤 NH_4^+-N 含量。W2 加剧了土壤 NO_3^--N 向土壤深层移动,但减少了完熟期土壤 NH_4^+-N 含量;与小喇叭口期追氮相比,大喇叭口期追氮提高了大喇叭口期到抽雄期 0～60 cm 土壤 NO_3^--N 含量,且减少土壤 NO_3^--N 在土壤深层的累积。③冬小麦季,W2 和 W3 条件下 N3 处理的干物质总积累量均高于 N1 和 N2 处理,分别提高了 17.60%～22.17% 和 17.27%～26.17%。W2N3 可提高干物质总积累量和籽粒干物质积累量,利于提高籽粒氮素积累和籽粒氮素及总积累量。小喇叭口期追氮条件下,夏玉米的干物质总积累量呈 W1＞W2,氮素总积累量则相反;W2 条件下小喇叭口期追氮处理的籽粒干物质积累量的均值高于大喇叭口期追氮处理,但氮素总积累和籽粒氮素累积效果优于小喇叭口期,W2N6 处理的籽粒氮素积累量显著提高,较 N4 和 N5 分别提高了 8.73% 和 9.99%,氮素积累效果最佳。④冬小麦季,与微喷处理相比,漫灌提高了叶片和茎鞘转运量。W2 各施氮处理的茎鞘和颖壳＋穗轴的转运量均值较 W1 和 W3 分别提高了 14.02%、9.78% 和 3.04%、4.86%,同时叶片氮素转运量对籽粒氮素积累的贡献率均值较 W1 和 W3 分别提高了 19.64% 和 23.40%。夏玉米季,W2 条件下,N6 处理的叶片转运量较 N4 和 N5 提高了 14.66% 和 67.30%。⑤冬小麦季,W2 和 W3 条件下,均以 N3 处理的产量和水分利用效率最高,以 W3N3 处理的产量最高,但与 W2N3 处理无显著差异,二者较 CK 分别提高了 11.21% 和 9.36%;W2 处理的氮肥利用率均高于 W1 和 W3,其中 W2N3 处理的氮肥利用率及氮素吸收效率最高。夏玉米季,相同施氮量下,CK 产量低于微喷水肥一体化处理;W2 条件下,在大喇叭口期追氮的各处理的产量和水分利用效率无显著差异,均以大喇叭口追氮的产量和水分利用效率最高,优化施氮显著提高了水分利用效率,且 N4、N5、N6 处理的氮肥利用率较 N1、N2、N3 分别提高了 37.45%、24.94%、24.66%。⑥微喷降低了花前耗水比例,提高了花后耗水比例,其中 W2 各处理花后的耗水量、耗水强度、耗水模系其均值较 W1 和 W3 分别提高了 18.52%、18.29%、16.63% 和 50.64%、50.56%、108.12%。夏玉米季,与漫灌相比,微喷可降低小喇叭口期—大喇叭口期的耗水量、耗水强度和耗水模系,提高抽雄期—完熟期的耗水量、耗水强度和耗水模系。

综上所述,冬小麦季,微喷水肥一体化组合中以 W2N3(越冬水＋拔节水＋孕穗水＋灌浆水,施纯 N225 kg/hm²,底:拔:灌＝6:3:1)为最佳灌水施肥模式。夏玉米季,以 W2N6(播种后＋小喇叭口期＋大喇叭口期＋孕穗期,施纯 N227.5 kg/hm²,种肥:大喇叭口期:孕穗肥(抽雄期)＝1:3:1)为最佳灌水施肥模式,表现为减少土壤深层氮素的残留,使氮素和水分集中在 0～60 cm 土层范围内,提高干物质积累量,延长绿叶面积,促进作物对氮素和水分的吸收,从而实现增产和提高水氮利用效率。

(三)节水补充灌溉

1. 灌溉水源 在季节性天然降水的条件下,在玉米生长发育的关键需水时期进行补充灌溉,是获得丰产的关键措施之一。

杜玲(2017)介绍,河北省平原区属半干旱、半湿润气候带,暖温带大陆性季风气候,光热资源丰富,四季变化明显,雨热同季。冬季寒冷干燥,夏季高温多雨。年平均气温 11.5～12.5 ℃,积温 4100～5300 ℃·d,无霜期 176～205 d,年降水量 500～800 mm,降雨季节性分布不均,主要集中在夏季。该地区粮食作物以冬小麦、夏玉米为主,一年两熟。

河北省是中国水资源严重短缺的省份之一,全省多年平均降水量 541 mm,各地降水量不均匀,而且年际变化较大,年内分配也不均衡。2013 年河北省年降水量 531.2 mm,地表水资源 76.83 亿 m^3,全国倒数第五位,不到全国地表水资源的 1/10,地下水资源量 138.82 亿 m^3,水资源总量 175.86 亿 m^3,列全国倒数第六位(国家统计局,2014)。1991—2013 年间,河北省水资源总量较高的年份超过 200 亿 m^3,而较低的年份不足 100 亿 m^3,年际间变化较大,河北省水资源总量多年平均为 164.4 亿 m^3,1997 年开始已经连续 15 年水资源总量不足河北省多年平均水平,2012 年和 2013 年因降雨量增加,水资源总量有回升。

河北省自 1991 年以来水资源的使用量有较大的变化。1998 年水资源使用量高达 226.3 亿 m^3,到 2004 年下降到 194.4 亿 m^3,之后有一定的波动,但总体趋势是下降的,至 2013 年使用量为 191.3m^3,与 1998 年相比下降了 15.5%。河北省水资源具体使用情况,其中农业用水比例始终是最大,在 1991—1993 年间农业用水比例均达到 80% 以上,1993 年以后,农业用水比例平均为 76.3%,总体为下降趋势,2013 年该比例已下降至 71.9%。

从河北省农业用水看,河北省自 1994 年以来用于农田灌溉的用水量整体是下降趋势,2013 年农田灌溉用水量是 1994 年的 79.4%。而农田灌溉用水中,来自地下水的用水量从数值上看近 20 年来没有太大变化,但是来自地下水的农田灌溉用水比例显著提高,1994 年农田灌溉用水中的地下水比例为 67%,到了 2013 年该比例提高到 76.8%,地下水的大力开采使得河北省地下漏斗区域面积剧增。

河北省农田灌溉用水量中大部分都用于水浇地,且用水比例在不同年份有所变化,1994 年的水浇地灌溉用水比例达到 83.6%,随后该比例逐年下降,在 2006 年该比例下降至最低点,水浇地灌溉用水比例为 70%,之后,该值又逐年增加,2013 年该值恢复至 76%。

夏玉米生育期内各项气象因子的变化趋势。近 35 年来,夏玉米生育期内最低气温呈显著上升趋势,增幅为 0.22 ℃/10 a;最高气温也呈上升趋势,增幅为 0.02 ℃/10 a;受最高和最低气温的不对称增温影响,平均气温呈上升趋势,但不显著,增温幅度为 0.04 ℃/10 a,介于最低气温和最高气温的增加幅度之间。夏玉米生育期内降雨总量在 204.3 mm(2002)～686.3 mm(2010),年际波动较大,年份最高降雨量是年份最低降雨量的 3.4 倍。近 35 年来夏玉米生育期内降雨总量呈增加趋势,每 10 年增加 5.5 mm。夏玉米生育期内日均太阳辐射和日照时数变化趋势大致相同,均是不显著下降趋势,日均太阳辐射的减幅为 0.35 MJ/(m^2·10 a),日均日照时数的减幅为 0.25 h/10 a。而夏玉米生育期内日均相对湿度和平均风速均呈不显著上升趋势,日均相对湿度的增幅为 0.72%/10 a,日均平均风速的增幅为 0.03(m/s)/10 a。

夏玉米生育期内需水量在各年代的均值无显著差异,其中以 1990 年均值最高(319.42 mm),2010 年均值最低(308.63 mm)。而有效降雨量却在灌浆—成熟阶段最少,仅为 49.95 mm,最终导致夏玉米灌浆—成熟阶段的降水耦合度最低。而在播种—拔节阶段夏玉米降水耦合度最高,各年代的降水耦合度均值均达 100%,主要是由于夏玉米在播种—拔节阶段的多年平均有效降雨量最高,为 210.75 mm,显著高于抽穗—开花和灌浆—成熟两个生育阶段。

水资源严重短缺的同时,河北省地下水超采严重,水资源利用率低,产业结构较不合理,地表水外调供应京津,水体质量差、水污染严重这些问题都加剧了河北省水资源危机。缺水对于河北不仅仅是单纯的资源问题,更是涉及生态问题、民生问题和社会问题,乃至河北发展的根本问题。

2. 灌溉时期 在夏玉米生长的关键时期发生季节性干旱,需进行补充灌溉。

党红凯等(2014)于2011—2012年玉米生长季节,采用3个高产玉米品种,在乳熟后期分期设9月20日、9月25日、9月30日3个水平,不灌水为对照,分别用I9-20、I9-25、I9-30和CK表示,进行灌溉单因素试验。结果表明,各灌水处理与CK相比,成熟期1 m土体土壤含水率提高2.92%~14.14%。不同灌水处理农田蒸散量变幅为380.67~434.91 mm,处理间由小到大为I9-25、I9-20、I9-30、CK。不同处理影响干物质积累转移,CK和I9-30处理提高了吐丝前营养器官同化物向籽粒的转化效率,I9-20和I9-25处理则提高了吐丝后营养器官同化物的转化效率,而最终产量以I9-20与I9-25处理较高。不同处理籽粒水分生产率为21.94~26.53 kg/m^3,以CK最高或较高。表明乳熟后适期灌溉,虽然降低了水分利用率,但提高了籽粒产量。结合本研究地区小麦—玉米一体化生产,乳熟后灌水建议在9月20—25日期间进行。

3. 灌溉方式

(1)畦灌 是通用的灌溉方式。高剑民等(2018)介绍了他们在2017年的试验研究。通过田间夏玉米畦灌试验,分析畦灌液施方式对作物生长和土壤水氮的影响,评价不同处理下的灌溉施肥质量和水分利用效率,探究适宜的畦灌液施方式。在畦田试验中选择不同畦宽、施肥时机和改水成数,采用正交设计选取最优的液施组合。结果表明,不同畦灌处理对土壤水氮存储效率影响不显著,但对水氮均匀度产生显著影响,土壤水分存储效率(59%~63%)略低于氮素存储效率(61%~64%),而均匀度(95%~99%)略高于氮素均匀度(85%~94%)。畦宽、施肥时机和改水成数显著影响夏玉米产量和水分利用效率。综合各项指标考虑,畦宽为1.5 m、改水成数为95%和灌溉到畦长1/2时施肥的畦灌灌水施肥方式下具有较高的土壤水氮储存效率(63.36%和64.01%)和均匀度(98.71%和94.42%),为作物高效吸收利用提供较为均匀的土壤状态,从而获得较高产量(9886.1 kg/hm^2)和水分利用效率(2.62 kg/hm^2/mm)。

(2)调亏灌溉 李彪等(2018a)在2013—2014年以夏玉米为试验材料,采用防雨棚下桶栽土培方法,进行调亏灌溉(Regulated deficit irrigation, RDI)对根、冠生长的影响研究,旨在寻求适宜的水分调亏阶段和调节亏水度,为建立节水高产、优质高效作物RDI模式提供技术参数。试验采用二因素随机区组设计,设置4个水分调亏阶段:三叶—拔节(Ⅰ)、拔节—抽穗(Ⅱ)、抽穗—灌浆(Ⅲ)、灌浆—成熟(Ⅳ)。每个调亏阶段设置3个水分调亏度:轻度调亏(L)、中度调亏(M)和重度调亏(S),土壤相对含水率分别为60%~65% FC(Field capacity)、50%~55% FC和40%~45% FC;设全生育期保持适宜土壤水分(75%~80% FC)作为对照(CK)。分别在水分调亏期间和复水后测定各处理根系参数和地上干物质质量。结果表明,玉米生长中、后期水分调亏具有促进根系发育和减缓根系衰亡的"双重效应",反映出玉米根系在生育后期比生育前期对水分适应能力强的特性。玉米根冠比(R/S)受水分影响最大的阶段是三叶—拔节期,受水分影响最小的阶段是灌浆期;拔节—抽穗期水分调亏期间能显著增大R/S,复水后分配到冠层与根系的物质比较平衡,维持较为适宜的R/S,表明此阶段为通过RDI调控玉米R/S的适宜阶段。玉米三叶—拔节期水分调亏改善了穗部性状,表明在作物营养生长阶段的适度水分调亏有利于作物生殖生长。RDI可以有效地调控根/冠生长关系,提高经济产量。

李彪等（2018b）还介绍了他们于2016—2017年的试验研究。为了解垄栽模式下隔沟调亏灌溉对冬小麦—夏玉米光合特性和产量的影响及其机理，在移动式防雨棚下测坑内进行试验，设置3种灌溉方式，即常规畦灌、隔沟交替灌溉、隔沟调亏灌溉，分别在冬小麦返青—拔节期、拔节—抽穗期、抽穗—灌浆期以及夏玉米苗期—拔节期、拔节—抽雄期、抽雄—灌浆期进行水分调控，冬小麦和夏玉米各有5个处理，并测定了作物各生育期净光合速率、蒸腾速率、产量和WUE等指标。结果是冬小麦返青期和夏玉米苗期隔沟调亏灌溉处理虽然在调亏时期内降低了光合作用，但复水后的光合补偿效应有利于实现稳产。在保证底墒充足的情况下，冬小麦、夏玉米采取隔沟调亏灌溉是可行的措施，冬小麦返青—拔节期适度水分胁迫和夏玉米苗期—拔节期的适度水分胁迫，能够保证作物在不大幅减产的情况下，具有最高的水分利用效率。

（3）时空交替间隔灌溉　王同朝等（2013）介绍了他们在2009年的试验研究。为了给夏玉米有效灌溉提供科学依据，研究了夏玉米不同生育时期和不同根区实施交替补灌对农田蒸散、夏玉米产量形成以及水分利用效率的影响，共设9个处理：拔节期和抽穗期充分供水（T1N1）、拔节期充分供水＋抽穗期中度水分亏缺（T1N2）、拔节期充分供水＋抽穗期重度水分亏缺（T1N3）、拔节期中度水分亏缺＋抽穗期充分供水（T2N1）、拔节期中度水分亏缺＋抽穗期中度水分亏缺（T2N2）、拔节期中度水分亏缺＋抽穗期重度水分亏缺（T2N3）、拔节期重度水分亏缺＋抽穗期充分供水（T3N1）、拔节期重度水分亏缺＋抽穗期中度水分亏缺（T3N2）、拔节期重度水分亏缺＋抽穗期重度水分亏缺（T3N3）。结果表明，各处理在全生育期内的棵间土壤蒸发量变化趋势均呈脉冲状，且各生育阶段棵间土壤蒸发量占阶段蒸散量比例在播种—灌浆—成熟阶段均表现出先降后升的趋势。整个生育期间棵间土壤蒸发量（E）/总蒸散量（ET）为34.89%～52.19%，并随着水分亏缺程度加剧而降低。产量表现为T1N2＞T2N1＞T1N3＞T2N2＞T2N3＞T1N1＞T3N1＞T3N2＞T3N3，其中T1N2处理产量极显著高于其他处理。T1N2处理的作物水分利用效率最高[27.08 kg/(hm^2·mm)]，分别比T3N1、T3N2、T3N3和T1N1处理高12.78%、16.90%、19.79%和26.92%，拔节期和抽穗期均为高水分的T1N1处理最低，其他处理随着总补灌量的减少逐渐下降。在黄淮海夏玉米区，采用时空交替灌溉方式：拔节期充分补灌（田间持水量的80%）和抽穗期补灌量适度减少（田间持水量的65%），有利于夏玉米产量和土壤水分高效利用的同步提升。

（4）分根区交替灌溉　程铭慧等（2018）曾为探讨玉米节水灌溉方式的理论依据，通过桶栽试验研究了分根区交替灌溉（APRI）方式下，不同生育期水分亏缺对夏玉米生长、干物质累积质量、籽粒产量、总耗水量和水分利用效率（WUE）的影响。结果表明，常规灌溉（CI）方式下，苗期和全生育期水分亏缺的株高、叶面积和总耗水量均显著低于充分灌溉，但苗期水分亏缺可以提高WUE。相同的灌水方式和亏缺时期，中度亏缺的根干物质质量、地上和总干物质质量以及籽粒产量均显著高于重度亏缺；相同的灌水方式和灌水水平，苗期水分亏缺的株高、叶面积、根干物质质量、地上和总干物质质量以及总耗水量均显著的低于灌浆期，但籽粒产量和WUE均显著高于灌浆期；相同的灌水水平和亏缺时期，APRI的根干物质质量和总耗水量均显著低于CI的，但APRI的籽粒产量和水分利用效率均显著高于CI的。本研究结果表明，APRI在苗期进行中度亏缺有利于营养生长的调控，并达到节水高产，提高WUE的目的。

（5）其他灌溉方式　Uzokwe等（2013）为了探索依据水面蒸发量确定灌溉定额的可行性，在防雨棚下测坑中进行了夏玉米灌溉试验。结果表明，从总耗水量看，畦灌略高于沟灌，而沟灌又略高于滴灌，但差别不是很大。畦灌条件下植株发育快，滴灌次之，沟灌最慢。畦灌和滴灌下产量均以中等灌溉定额处理最高,而沟灌下产量以最大灌溉定额处理最高。总体上,滴灌条件下水分利用效率高于其他 2 种灌溉方式。干旱条件下,畦灌下以 E601 蒸发皿蒸发量(PE)作为夏玉米灌溉定额,每次灌水 60 mm;滴灌下以 2/3PE 作为灌溉定额为宜,灌水定额为 20 mm。

吕丽华等(2017)为了筛选限水灌溉条件下较优的灌溉集成模式,明确其高产的植株生长特点,2015—2016 年在河北藁城采用密度×灌溉施肥方式×收获期三因子裂区试验,研究了 2 个密度条件下微喷灌和管灌 2 种集成节水模式对夏玉米产量和植株性状的影响。结果表明,微喷灌节水技术模式明显优于管灌模式,该模式少量多次的灌水施肥使玉米干物质积累量和产量较高,产量较管灌 2 年平均高 3.4%～6.5%,并且收获期越晚玉米微喷灌模式的增产效应越明显;该模式较高的产量主要来自花后的光合物质积累量,而其生育后期茎叶物质运转率明显低于管灌。微喷灌模式少量多次灌溉施肥使玉米植株生长较快,随生育进程其展开叶位与管灌模式差距变大,导致其总叶片数较管灌多一片,株高、穗位高较管灌分别高13.6 cm、14.8 cm;抽雄和吐丝的日期均提前 1～2 d,籽粒灌浆期得到延长。微喷灌模式少量多次的施肥灌溉,明显增加了茎秆的强度和抗倒伏指数。因此,表明微喷灌模式明显优于管灌模式。

贾建明等(2010)研究了 3 种种植形式下 2 种灌溉方式对夏玉米生长发育及产量的影响结果表明,灌溉方式和种植形式对玉米产量性状及产量影响不大,采用沟播沟灌方式,可以用较少灌水量取得与常规畦灌同样的产量,说明沟播沟灌是一种有效的节水途径。综合考虑产量和节水因素,认为采用 60 cm 等行距种植效果较好,采用 50～70 cm 大小行沟播沟灌效果次之。

王鹏翔(2018)认为,灌溉试验是保障农业水资源合理开发、高效利用、优化配置及农业用水科学管理的一项基础性工作。灌溉试验成果在灌溉工程规划、设计及管理中发挥了重要作用。但各地节水灌溉试验布设方式不统一,研究结果的代表性、可比性差,因此,科学合理地确定适宜试验小区规格,对于经济、高效的获取具有较高精度和代表性的试验数据具有重要意义。本研究以滴灌、地面灌冬小麦、地面灌夏玉米为研究对象,以提出灌溉试验小区适宜规格确定方法为目标,综合考虑土壤水分的空间分布、作物边行效应以及边际土壤水分入渗的影响,确定了试验小区适宜的布设方案。取得的主要结论如下:①确定了冬小麦、夏玉米典型灌溉方式下核心区适宜规格:冬小麦地面灌,1 水平、1 重复下试验小区用于确定作物蒸发蒸腾量、灌溉效益等,适宜面积为 60～80 m²;水平、处理间差异大于 15%时,可布设为 2 重复,每重复40 m²,或 3 重复,每重复 20 m²;处理间差异 10%～15%时,可布设为 2 重复,每重复 80 m²,或 3 重复,每重复 30 m²。小区形状宜布设为沿水流推进方向,长宽比在 5∶1～7∶1 的长方形。冬小麦滴灌 1 水平、1 重复下的试验小区适宜面积为 60～80 m²,2 水平、处理间差异大于15%时,可布设为 2 重复,每重复 80 m²,或 3 重复,每重复 40 m²;处理间差异在 10%～15%时,可布设为 2 重复,每重复 150 m²,或 3 重复,每重复 60 m²。小区形状宜布设为沿滴灌带铺设方向,长宽比在 4∶1～5∶1 的长方形。夏玉米地面灌 1 水平、1 重复下的试验小区适宜面积为 70～90 m²,2 水平、处理间差异大于 15%时,可布设为 2 重复,每重复 70 m²,或 3 重复,每重复 30 m²;处理间差异在 10%～15%时,可布设为 2 重复,每重复 150 m²,或 3 重复,每重复 50 m²。小区形状宜布设为沿水流推进方向,长宽比在 5∶1～10∶1 的长方形。水平数增加时对应试验小区面积可相应减小。②确定了豫北地区典型土壤冬小麦、夏玉米地面灌的侧渗范围:冬小麦灌水后,垄内土壤水分侧渗发生在 0～60 cm 土层,影响垄外 60 cm、地面下 60 cm 内土壤。夏玉米灌水后,垄内土壤水分侧渗发生在 20～60 cm 土层,影响垄外 60 cm、地面下 60 cm 内土壤。因此,小区间距应大于 60 cm,或在田埂中心线垂直埋设 60 cm 深隔水板,避免处理间灌水侧渗影响。③分析了冬小麦和夏玉米的边际效应:冬小麦、夏玉米株高、叶面积的边际效应主要作用于拔节期,影响范围均为边 3 行,产量的边际效应表现在边 2 行。④确定了豫北地区灌溉试验小区适宜规格:以试验小区核心区规格为基础,综合考虑边际效应和土壤水分侧渗影响范围,确定适宜试验小区规格。冬小麦试验适宜小区规格为核心区对应规格加 0.6 m 宽保护区。夏玉米适宜试验小区规格为核心区对应规格加 1.8 m 宽保护区。

阳晓原(2009)研究发现,地面灌溉作为一种传统的灌水技术,是目前应用最广泛、最主要的一种灌溉方法,也是世界上许多国家,特别是发展中国家广泛采用的一种灌水方法,地面灌溉约占全世界灌溉面积的 90% 以上,中国灌溉面积的 97% 仍为地面灌溉,而且在相当长的时间内,地面灌溉仍将占主导地位。在地面节水灌溉技术方面,由于工程设施配套不完备、管理粗放、与农艺节水措施结合不够等原因,灌溉定额偏高,造成灌溉水利用系数普遍偏低。为了降低灌溉定额,提高地面灌溉水的利用效率,本文通过田间畦灌试验,分析了解地面灌溉过程中灌溉水在畦田中的水流推进过程以及灌溉后灌溉水在田间土壤中的分布状况,对不同畦田规格条件下,灌溉水在田间的推进规律、水分在土壤中的分布规律以及对夏玉米生长和产量的影响进行了探讨,得出了以下结论:①在田面坡度为 1.5‰ 左右的中壤土地,一定的流量控制下,要想到达较低的灌溉定额,畦宽不宜太宽。单宽流量在 3～6 L/(s·m) 范围内时,畦宽不宜超过 3.5 m,以 2～3 m 为宜;畦长不宜过长,一般控制在 50 m 以内,可以实现较高灌水效率和灌水均匀度,实际灌水定额将不超过设计灌水定额。满足作物水量需求,基本实现畦田的低定额灌溉。②入畦单宽流量为 3～6 L/(s·m) 时,畦田宽度在 4 m 以内时,各处理小区的土壤平均含水量无显著性差异,畦田内土壤水分分布差异显著。入畦单宽流量大于 6 L/(s·m) 时,畦首到沿畦长方向 1 m 左右出现田面冲刷现象;畦长为 70 m 时,畦田纵剖面存在一定的深层渗漏。当畦宽 2～3 m、畦长 50 m 时,可达到较高灌水效率($E_a>80\%$)和灌水均匀度($DU>80\%$)。③灌水定额对玉米拔节-抽雄期株高、作物产量和水分利用效率影响显著,以畦长 50 m、畦宽 2.8 m 的处理小区的玉米产量和水分生产效率最高。

梁哲军等(2016)在大田条件下,设置小麦、玉米不同灌溉量和灌溉时期的组合模式,对低压微喷条件下冬小麦、夏玉米产量、周年水分利用效率、经济效益进行分析。结果表明,与传统漫灌相比,低压微喷灌溉可以提高水分利用效率、灌溉水分利用效率和作物千粒质量,延缓灌浆后期叶片 SPAD 值的下降速度;测墒补灌结合低压微喷模式(S3)作物周年产量与对照间差异不显著($P>0.05$),但水分利用效率较对照显著提高 32.8%($P<0.05$),灌溉水分生产效率较对照显著提高 54.8%($P<0.05$),经济效益比对照提高 10.5%。在此试验条件下,测墒补灌结合低压微喷(S3)为最优灌溉模式。

王晓迪等(2014)试验于 2013 年在山东农业大学农学实验站完成,设 1 种灌水处理方式:无灌水处理(W_0)、传统沟灌(W_1)、"小白龙"灌溉(W_2)以及管道均匀移动精准灌溉(W_3)。研究了管道均匀移动精准灌溉较其他 3 种处理对夏玉米土壤水分动态变化、水分利用效率(WUE)、夏玉米生理特性变化和农田产量的影响。结果表明,W_3 处理水分利用效率最高,较 W_0 处理提高 10.5%,较 W_1 处理提高 16.8%,较 W_2 处理提高 7.5%;W_3 处理灌溉水分利用效率最高,较 W_1 处理提高 39.2%,较 W_2 处理提高 6%,且 W_3 处理的土体贮水量较高,灌水均匀度最好;W_3 处理下玉米产量为 9758.70 kg/hm²,比 W_2 处理高 6%,比 W_1 处理高 11.4%,

比 W_0 处理高 22.1%。试验表明，管道均匀移动精准灌溉是实现夏玉米高产、节水的有效手段之一，并能显著提高 WUE。

马海燕等（2012）采用膜沟灌溉方式研究了夏玉米的生长状况及产量、水分利用效率。结果表明，膜沟灌溉在一定程度上抑制了棵间蒸发，促进了夏玉米早期植株生长；与普通沟灌相比，膜沟灌溉的绿叶覆盖地面时间较早，植株叶面积高峰期前移且稳定期较长；膜沟灌溉在降低耗水量的同时，可以使水分利用效率提高约18%而不会降低产量。综合分析夏玉米的产量、水分利用效率、株高、穗长及百粒重等因素，结果表明膜沟灌溉优于普通沟灌。

郑孟静等（2020）为研究微喷灌对夏玉米产量和水分利用效率（WUE）的影响，本试验在旱棚条件下以郑单958为试验材料，设置2种灌水方式：微喷灌 P（灌水定额：38 mm/次）和畦灌 Q（灌水定额：75 mm/次），3种灌水次数：1次（W_1）、2次（W_2）和3次（W_3），采用土壤水分测定仪实时监测整个夏玉米生长季多土层（0～200 cm）土壤体积含水量的动态变化。结果表明，在2种灌水模式下，随着灌水次数的增加（总灌水量增加），夏玉米产量呈增加趋势；相同灌水次数下，微喷灌处理的产量均低于畦灌。与 QW_1 相比，PW_2 灌水量相同，灌水次数较多，产量提高5%；与 QW_2 相比，PW_3 灌水量减少24%，灌水次数增加，产量提高14.3%。与 QW_1 和 QW_2 相比，PW_3 植株具有较高的穗位叶光合速率和干物质积累量，且增加了粒重和产量。进一步分析微喷灌（PW_2）和畦灌（QW_2）的耗水特性发现，与 QW_2 相比，PW_2 叶面积指数、穗位叶蒸腾速率、阶段耗水量、耗水强度、灌水后日蒸散量及对0～100 cm 土层水分的消耗均降低，而深层尤其是100 cm 以下土壤水分的利用比例增加，进而 PW_2 全生育期总蒸散量降低10.8%，WUE 提高10.3%。综上所述，在华北地区夏玉米足墒播种前提下，采用微喷灌控水方式，灌水定额38 mm、灌水2～3次，可在保障产量的前提下，提高 WUE。本研究对华北缺水地区压采地下水、实现节本增效具有重要的理论指导意义。

（四）应对环境胁迫

主要是应对温度胁迫、水分胁迫、盐碱胁迫、灾害性天气等。具体见第二节。

防病、治虫、除草具体见第六章。

七、适期收获

适时收获和晾晒是提高粒重和品质的关键措施。玉米的适宜收获期为完熟期，其标志为籽粒基部形成黑层，乳线消失。如苞叶变白即收，往往会减产10%左右。要等到玉米真正成熟后收获。研究证明：当果穗达到生理成熟时，也就是籽粒灌浆乳线消失、基部出现黑层时为成熟时的标志，此时为最佳收获期，千粒重最高，商品性最好。收获后放在场上的玉米棒子要及时薄摊开，厚度不超过10 cm，严禁大堆堆放，发热霉变。每天勤翻晒，变换位置，有利于通风散湿，尽快脱水。同时在翻晒过程中要挑净杂穗、霉烂穗、病虫穗。做到白天翻晒，晚上盖，严防露水和雨水的浸湿，使其种子含水量晾晒至安全水分水平。玉米种子的胚是一个生命体，因此，它的生活需要一定的环境条件，尤其是在收获时应注意保持其生命的活力。适时收获是主要措施之一。收获过晚，易受冻害；收获过早，种子成熟度不好，含水量增加影响芽率，以致影响种子质量。一般经验是适时晚收，能获得较优的种子。目前，全球气候变暖，为玉米制种区适时晚收提供了可能。适时晚收有利于增加粒重，增加种子的饱满度，同时有利于提高制种产量，有利于降低种子含水量，增加种子活力和提高芽率。

当蜡熟期籽粒变硬、籽粒表面有光泽、用指甲不易划破、乳线消失时，为适期收获期。收获后的母本果穗,不同组合要分场晾晒,分场堆放。要及时进行一次穗选去杂。在穗选过程中,把果穗上的苞叶、花柱去掉,全部清理干净后再将黑尖去掉,将霉粉剔除,防止病菌污染,把不符合母本标准特征的杂穗剔除。要根据穗型、粒型、穗行数、粒色、轴色等特征淘汰不符合原自交系的典型穗。同时将成熟不良、籽粒异常、病穗、畸形穗剔除。对于正常穗上的个别杂粒、病粒、霉粒或发芽粒一次性剔除干净。

在我国,玉米种子收获后,气温已下降,秋风较大。一般选择在通风和透光良好的条件下风干、晾晒。在晾晒期间,要进行翻晒 2～3 次,使籽粒的含水量降到 13%～14%。安全越冬种子所含的水分以 13% 以下为好。通常所用的晾晒方法如下。

(一)田间晾晒

1. 站秆扒皮 进入 9 月 20 日左右,多数制种田进入蜡熟期时应进行站秆扒皮。站秆扒皮的好处,一是可以降低种子水分;二是有助于后期干物质的积累,增加种子田产量。但站秆扒皮时应注意同一地块要集中在 1～2 d 内将制种田母本果穗剥完,以缩小同一地块种子含水量的差异。不同地块成熟度不同,可分期分批扒皮,分期分批收获。必须把果穗外苞叶全部扒到果穗基部,防止雨水灌入造成种子发霉。站秆扒皮持续时间一般在 15～20 d。采取此办法还需考虑当地气候,如近期降雨多则不能采取此种办法。

2. 弯头晾晒 弯头晾晒是指在站秆扒皮中后期把穗位上的茎秆砍掉,把果穗扒得头向下,这样可以切断或减少果穗与植株间的水分流动,加快果穗脱水。不小心扒掉的果穗要及时带回家中单摆晾晒。

3. 高茬晾晒 高茬晾晒是指在玉米种子进入完熟期时,根据植株的高度、强度留 60～80 cm高茬,把掰下来的玉米果穗扒掉外部苞叶,用留下来的内苞叶将 3～5 个果穗系在一起挂于茬上晾晒。2～3 d 转动一次,使每穗的各面均匀脱水,直至达到标准水分为止。这种晾晒通风透光好,脱水快,是一种较常用的晾晒办法。

(二)收获后的晾晒法

1. 分级晾晒法 一般玉米制种常因早春气温的影响,出苗有早有晚,或因地力不均导致秋季成熟期不一,收获的玉米果穗含水量不一样。因此,要采取分级晾晒的方法,把水分大体一致的果穗单独存放晾晒,然后分级脱粒。

2. 搭风干架 在离地面 50 cm 以上用木棍搭起风干架,架高不超过 1 m,架宽不超过 60 cm。把收获的果穗松散地放在风干架内晾晒,有利于风干。

3. 装尼龙网袋或小栈子晾晒法 玉米制种田收获后,首先将果穗表面的花柱、苞叶及污物全部清理干净,防止病菌感染。然后通过分级晾晒法或一分为二晾晒法,在采光及通风良好的干净地面上单摆浮搁晾晒 7 d 左右(有条件的地方可用砖砌成通风炕面,晾晒效果更好),然后将果穗装入网袋中(每个 40 kg 左右)放高度 1 m 以上的架子上晾晒,或将果穗装入距地面 1 m 以上、40 cm 宽的小栈子上晾晒,晾晒到脱粒水分标准位置。这种方法简便易行,晾晒效果也比较好。

4. 搭架挂晒 用木棒搭成 1.5 m 高的三脚架,把有内苞叶的果穗系在架上晾晒,把无内苞叶的果穗放于架面上,厚度不超过 2 层。

5. 平面晾晒 平面晾晒是指选择水泥地面、房顶、向阳窗台,铺上塑料膜等防潮物,再将果穗摆放在上面,果穗厚度不超过 30 cm,每 2 d 翻晒一次。

6. 机械烘干　这种办法成本大，但在自然降低水分含量难度较大的情况下，采用机械烘干也是一种降低水分含量的好办法。在实际操作时应注意，无论烘穗还是烘粒，一次烘干降低水分速度不能过快，防止高温时间过长对种子活力造成伤害，导致发芽率降低。

(三)干燥方法

1. 果穗一次干燥　无论是美国、日本、德国、奥地利等世界发达国家还是国内，均采用玉米种子果穗一次干燥工艺。特别是如黑龙江、吉林、内蒙古、新疆等地的玉米种子在收获时水分较大，一般为25%～30%，高者达30%以上，不易直接脱粒（脱粒的最佳水分为18%左右）。因此，这些地区的大多数种子加工厂，均采用一次干燥工艺，即把收获后的玉米果穗经过人工选穗后，输送到果穗烘干室内进行烘干，一直烘到种子的安全水分，然后出料脱粒。这种方法不仅干燥了种子的水分，连玉米芯的水分也进行了干燥。这种烘干工艺存在干燥时间长、能耗大、干燥能力低、干燥不均等问题。同时，这些地区不仅收获期玉米种子水分高，而且一般无霜期都比较短，如果不及时进行干燥易受冻害、降低发芽率，所以要求在短时间内处理完毕。

2. 果穗干燥与籽粒干燥相结合的二次干燥　王长春等(1998)研究玉米果穗两级干燥工艺，要求将田间收获的玉米果穗经选穗后先进行第一次干燥，待果穗湿基含水率降低至18%左右时对玉米果穗进行脱粒，并经初清选，剔除杂余碎粒后，再进行玉米籽粒的第二次干燥。由于采用该工艺可以有效地提高干燥效率，具有节约能源、减少玉米果穗脱粒破碎率等特点，可降低作业成本20%～30%。张锋伟等(2010)设计了一套适用于玉米果穗和籽粒分两级干燥工艺的太阳能集热通风干燥系统，系统安装了可自卸平置式物料床，方便玉米果穗的干燥与卸载；控制系统可根据干燥仓内温度的变化实现对通风干燥系统的自动控制。试验表明，此系统可在短时间内将玉米果穗干燥，利用该太阳能集热通风干燥系统进行玉米果穗的两级干燥，干燥时间较一次干燥工艺缩短了18 h，平均脱水速率每小时比玉米果穗一次干燥提高60.8%。

(四)种子贮藏中存在的问题

主要有热害和冷害。

1. 发热　玉米是大粒大胚种子，胚占体积的30%，胚重占粒重的10%～12%。因种胚大，种子的呼吸旺盛，所以在同样的水分和温度下，比禾谷类种子的呼吸强度大，因而易发热，导致种子变质。

(1)酸败　玉米种子的脂肪含量一般为4%～5%（个别品种除外），而胚部占籽粒脂肪含量的77%～89%。因此，如果高温、高湿就易产生游离脂肪酸，使酸度升高，影响种子的生活力。

(2)霉变　玉米种子胚部含较多的可溶性糖，而种子皮又薄，如果温度较高，易生霉，造成种子变质。

2. 冷害　若霜冻较早，种子因含水量过高易受冻害。在种子的生产过程中，如果成熟期稍长、晚播、氮肥施用过多、低温年份或赶上收获季节秋雨较多等不利气候条件，常会使种子的含水量偏高，到了成熟季节含水量仍在20%～35%。调查表明，北方的一些区域，当种子含水量高于17%时容易受冻害。

3. 贮藏对策　不论受热害还是冻害，关键的问题是种子的水分没有降至合理贮藏的标准。入仓及贮藏期间，含水量要始终保持在14%以下种子方可安全越冬。如果玉米种子含水量过高,种子内部各种酶类进行新陈代谢,呼吸能力加强,严寒条件下,种子就会发生冻害,降低或丧失发芽能力。当玉米种子含水量低于14%时,室外温度在-40℃以下的条件时,不降低发芽率;当含水量在19%时,室外温度在-18～-12℃的条件下,仅8 d就丧失发芽力;当含水量在30%时,在同样的室外温度下,只2 d时间,就全部冻死。

孙红梅等(2004)将不同含水量的玉米种子分别置于50℃、35℃、20℃贮藏,研究温度对种子贮藏寿命的影响。结果表明,不同温度下玉米种子贮藏的最适含水量不同,呈现出随贮藏温度的降低而升高的趋势。50℃时的最适含水量为4.3%～5.0%,35℃时的最适含水量为5.4%～6.2%,而20℃贮藏的最适含水量变化范围较大。经过老化处理后,最适含水量种子比高含水量种子的电导率低30%,抗氧化酶活性保持较好,种子内脂质过氧化产物丙二醛的积累量减少。

贮藏对策如下。

(1)把好"两关"

① 把好种子水分关　水分是影响玉米杂交种安全贮藏的首要因素。高水分的种子在贮藏过程中,如果气温过高,则容易引起种子本身呼吸强度的增大,消耗种子内的营养物质,使种子质量变劣,活力指数下降,且易滋生霉菌,使种子发生霉变,失去种用价值;如果气温太低,则容易使种子内部细胞间隙结冰,造成细胞死亡,发生冻害。所以在种子入库前要准确测定种子的含水量。对于只越冬翌年种植的种子贮藏,要求种子含水量在15%以下;而对于越冬又度夏的粒贮种子,则要求种子含水量必须降至13.5%以下。如种子含水量达不到上述标准,则应采取日晒或烘干措施,将种子水分降至标准含水量以下后方可入库。

② 把好种子发芽率关　一般入库的玉米杂交种的发芽率应在90%以上,因贮藏时间和贮藏条件等因素的影响,要求种子发芽率要高一些。入库时如果种子的发芽率达不到此标准,则应做其他用途使用,不应作种子贮藏。

(2)选用"两宜"

① 包装物宜选用隔潮、隔热性能优良的材料　由于玉米杂交种粒大胚大,且胚部含亲水基较多,组织结构疏松,所以,玉米种子在贮藏中吸湿性强,呼吸旺盛,较易发热。针对这一特点,应选用塑料无孔编织袋包装玉米杂交种。

② 种子的堆放宜采用花垛、矮垛、行垛形式　袋与袋、垛与垛之间应留有适当的间隙,易于种子库通风干燥和贮藏期间的人工均匀采样和检查。

(3)注意"两防"

① 防鼠害　鼠害每年都会对库存种子造成一定的损失。为防鼠害,首先要对贮藏种子库房的地面和通风窗等处进行查补漏洞,防止老鼠进入库房;其次要经常在库内口角和种子堆旁投放鼠药,并隔期更换鼠药。

② 防虫害　采用樟脑球熏汽法,将樟脑球放在种子垛各间隙内,或碾碎后掺入种子中。

(4)做到"两勤"

① 勤检查种子质量　在贮藏期间,每半个月或20 d检查一次种子的发芽率。特殊气候条件下更要勤检查。

② 勤检查种子的贮藏条件　要随时注意种温的变化。一旦发现升温(超过26℃),应立即采取措施降低种温。要勤测定种子的含水量,如发现种子的含水量超过15%,应及时进行晾晒。

第二节 抗逆栽培

一、水分胁迫及其应对

(一)水分亏缺

1. 发生时期 相对于其他禾本科作物,玉米是对水分胁迫最敏感的作物之一,是旱地作物中需水量最大的,尤其在开花期对干旱胁迫反应非常敏感。生产上一般在生长发育的关键需水期发生季节性缺水,对玉米生长发育造成胁迫。研究表明,水分胁迫导致玉米籽粒产量下降,胁迫时期不同,其减产的程度也不尽相同。其中以抽雄吐丝期胁迫减产最严重,拔节期胁迫次之,苗期胁迫减产最小。抽雄吐丝期是玉米的水分临界期,水分胁迫可导致花期不遇,受精能力下降,大量合子败育,从而严重影响玉米产量。

黄淮海地区夏玉米生育期水分缺口很大。夏玉米播种时间一般为6月上中旬,水分需求量最大的时期(拔节—抽雄)在正确的农业措施和适宜的水分供给条件下,夏玉米的产量会随着降水量的增加而提高。如生长期内降水350~400 mm且降雨适时,可保证2250~3000 kg/hm²的产量水平的需求,玉米生长期至少有300 mm降水量才能维持正常生长,若生长期降水量小于250 mm,夏玉米几乎不能获得产量。

夏玉米产量除了与全生育期的降水量密切相关外,降水时间分布对玉米产量的形成也有显著的影响。在降水丰富的年份,玉米主要利用来自降水的水分,当降水较少及干旱季节,玉米将从土壤中吸收较多的水分来维持其生长发育。一般来讲,玉米生育期间从降雨中吸收的水分约占总耗水量的80%左右,而20%左右的水分来自土壤中的水分,尤其是在6月上中旬至7月上旬这段时间。

按照干旱发生时间可以将黄淮海地区玉米干旱划分为3种类型:夏旱、伏旱和秋旱。

(1)夏旱 夏季正值玉米生长发育旺盛时期,需水较多,华北地区6—7月份降水量一般偏少,雨季较晚,加之底墒不足和气候干燥,容易发生干旱,特别是在黄淮海平原春玉米正值拔节和穗分化期,夏旱造成"卡脖旱",影响雄穗抽出和雌花授粉,减产严重;同时影响套种玉米壮苗和复种玉米适时播种。

(2)伏旱 7—8月份通常是一年中降水最多的时期,但这时气温高,玉米在生长盛期需水又多,只要短期内不降透雨就会发生伏旱,若连续伏旱20~30 d就会发生大旱。伏旱发生正值玉米雌穗吐丝,严重影响玉米授粉结实,减少粒数,增加秃尖。

(3)秋旱 北方地区秋季降雨较少,但因秋季紧接在雨季之后,一般土壤墒性较好,基本上能满足玉米籽粒灌浆和成熟,故秋旱对玉米的危害相对较小。但8—9月份正是籽粒灌浆成熟阶段,如遇严重干旱,会使植株早衰、叶片枯萎,影响光合作用,致使籽粒灌浆不饱满。

曹永强等(2020)基于河北省夏玉米主产区7个气象站点1967—2017年的气象数据和生育期资料,计算作物水分亏缺指数(CWDI),并划分干旱等级,以此分析夏玉米不同生育期的干旱时空变化特征。结果表明:①在夏玉米生长季内,需水量大于降水量;②玉米生育期内轻旱发生的频率为12%~90%,中旱发生的频率为2%~72%,重旱发生的频率为2%~60%,特旱发生的频率为2%~18%;③干旱主要发生在拔节—抽雄和抽雄—成熟时期,且以轻旱和中旱为主,大多数地区都受到干旱的影响,且以石家庄、饶阳、邯郸较为严重;④1967—2017年的干旱情况大体呈下降趋势,拔节—抽雄和抽雄—成熟期间的干旱变化趋势大致相同。番聪聪等(2018)分析,河北省作为夏玉米主要生产地,由于降水时空分布不均,干旱频发,威胁粮食安全。基于1961—2014年河北省19个气象站点降水数据,计算标准化降水指数(standardized precipitation index,简称SPI),通过ArcGIS得到干旱的空间分布,并对SPI进行MK趋势检验,研究夏玉米生长季干旱特征。运用SPSS软件,对SPI与夏玉米产量进行相关性分析。结果表明,短时间尺度的SPI指数能够较好地描述河北省干旱实际情况。20世纪90年代后干旱发生次数多于20世纪90年代前。生长季内,6—9月干旱频率分别为15.8%、16.4%、16.3%和14.7%,7—8月干旱发生情况较为严重,且SPI呈下降(变干)的趋势,干旱趋势显著。在空间分布上,张家口、遵化、南宫站干旱发生频率较高,均达到17.6%以上。邢台、承德、围场则较为湿润,干旱发生频率在13.9%以下。总体来看,河北省东北部和南部干旱发生频率小,西北部和中部干旱频率较高。玉米产量与SPI在7—8月相关性显著。张文宗等(2008)分别以玉米年雨量平均值±0.5倍标准差和平均值±1.5倍标准差界定不同等级的干旱年份,以气象产量减产3%界定玉米受灾年份,分析了河北省各市玉米旱年的平均减产率及其空间分布,研究了玉米不同旱灾强度的频率分布规律。提出了玉米干旱灾害风险指数的概念和计算方法,分析了河北省玉米干旱灾害风险指数的区域分布规律,并以旱年平均减产率、干旱灾害风险指数和年降水量等因子为指标,利用地理信息技术将全省玉米区划为干旱灾害高、中、低3种风险区,并探讨了各类风险区不同旱灾年景的平均减产率和防灾减灾措施。赵玉兵等(2020)利用河北省南部8个气象站点1962—2018年的逐月气温、降水量数据,采用标准化降水蒸散指数(SPED),通过小波分析、Mann-Kendall检验等方法,分析了河北省南部夏玉米生长季(6—9月)干旱变化特征,以期为干旱灾害的监测、预报预警及防御提供理论依据。结果表明,夏玉米苗期干旱发生频率为31.5%;夏玉米穗期干旱发生频率为40.3%;夏玉米花粒期干旱发生频率为29.8%;夏玉米生长季干旱发生频率约为30%,生长季气候总体呈干旱化趋势,特别是1997年后持续干旱化,可能在1996年附近发生了气候干旱化的突变。

2. 水分胁迫对玉米生长发育和产量的影响 根据干旱对不同生育时期玉米的影响可以分为以下两种。

(1)干旱对玉米生长发育及生理生化指标的影响 玉米萌芽期和苗期耐旱相关的形态生理指标可以作为玉米早期抗旱育种的参考依据。前人研究发现,抗旱性不同的玉米无论萌芽期还是苗期经水分胁迫后生长都受到发芽率降低,叶片鲜干比明显下降,根冠比增加,丙二醛(MDA)含量和过氧化氢酶(CAT)、超氧化物歧化酶(SOD)活性均有一定程度的升高,变化幅度因玉米抗旱力的不同而有所差异。种子内贮藏的养料在干燥状态下是无法被利用的,细胞吸水后,各种酶才能活动,分解贮藏的养料,使其成为溶解状态向胚运送,供胚利用。水分胁迫使种子的充分吸水受到影响,影响了细胞呼吸和新陈代谢的进行,从而使运往胚根、胚芽及胚轴的养料少,导致出芽率降低。不同玉米自交系出芽率降低的程度不同,抗旱性强的玉米自交系受到的影响小,出芽率高且抗旱性弱的玉米自交系受到的影响大,出芽率低。SOD和CAT酶可能是玉米抵抗干旱的第一层保护系统,当对幼苗进行短期水分胁迫时,该系统在保护植株免受水分胁迫导致的氧化损伤方面起着重要作用。玉米抗旱性的大小与其抗氧化及抵抗膜脂过氧化的能力有关,抗旱性强的自交系抗氧化酶活性高,MDA含量少,说明其具有较强的自由基清除能力和抗膜脂过氧化能力。但有报道认为,此效应维持不长,受旱时间越长,受旱越重,保护酶活性越低,MDA积累就越多,说明抗氧化防御系统对膜系统的保护作用有一定的局限性。

(2)干旱对玉米籽粒发育及产量构成因素的影响 籽粒发育期是玉米需水最多的生育时期。玉米籽粒的发育分为3个时期,分别是籽粒建成期(滞后期)、干物质线性积累期(灌浆期)和干物质稳定增长期。其中,籽粒建成期决定籽粒发育的数目,是最受水分限制的时期;而灌浆期是粒重形成的关键期。关于灌浆期水分胁迫对籽粒发育的不利影响有两种不同的观点:一种是认为干旱造成同化物向籽粒运输不足;另一种认为干旱造成的粒重降低并不完全是因为同化物不足,而是因为干旱致使有效灌浆持续时间缩短,胚乳失水干燥提早成熟并限制了胚的体积。

刘永红等(2007)采用池栽模拟试验的方式对西南山地不同基因型玉米品种在花期干旱和正常浇水条件下的籽粒发育特性及过程进行了研究。结果表明,花期干旱导致玉米最大灌浆速度出现时间推迟、籽粒相对生长率和最大灌浆速度减弱、干物质线性积累期和干物质稳定增长期显著缩短,干旱胁迫结束后植株通过提高干物质线性积累期的持续时间和干重,来弥补前期干旱的损失。研究还表明,西南山地玉米籽粒发育的特点是籽粒建成能力较弱、干物质线性积累能力很强、胚乳失水成熟早。不同基因型之间存在显著差异,籽粒相对生长率低而稳定、最大灌浆速度出现早的品种能够抗逆高产。

郭旭新等(2010)研究表明,苗期—拔节期水分控制对夏玉米的正常发育生长都有影响,水分控制越严重,抑制生长发育越明显;控水结束后复水,各指标的生长速度都明显加快,形成明显的补偿效应。对于光合和蒸腾,复水后其光合的增幅要大于蒸腾的增幅,说明其光合的补偿效应要强于蒸腾。苗期—拔节期控水,不会降低产量,而会很大程度上提高水分生产效率,达到节水、高效的目的。

李瑞等(2013)通过分根法进行玉米水培试验,研究局部水分胁迫对玉米根系生长的影响。设4个水分胁迫水平:CK、0.2 MPa、0.4 MPa、0.6 MPa,在整个根系经受一定的水分胁迫之后对部分根系复水处理,测定局部供应后 0 h、6 h、12 h、1 d、3 d、5 d、7 d、9 d 等不同时期各部分根系的面积、长度及干重。结果表明,各胁迫程度均表现为,与对照相比,复水侧根区的根系面积、根长与根干重出现了明显增长,且始终显著大于持续胁迫侧根区,且随处理时间延长更加明显。不同胁迫程度下复水侧玉米根系的增长幅度不同。水分胁迫预处理后,0.2 MPa 水平下,复水侧根区根系的面积、长度与干重以及整个根系总长度、总面积均可以达到甚至高于对照水平,其他处理均显著低于对照。轻度胁迫后复水的根区根系产生明显的补偿效应。适度胁迫后复水有利于作物根系总面积增长,但对总根长、根干重无显著影响。根系补偿效应与胁迫强度及复水的时间有关。

谢倩等(2015)以郑单958为材料,在控制条件下布置盆栽试验,研究玉米播种期水分胁迫以及播后补水对玉米出苗和根系生长的影响,明确补充灌溉的缓解作用,并确定在不同土壤墒情下播种后的适宜补灌量。研究设定7个处理:正常供水,轻度水分胁迫下设定湿土点种、播后补灌 15.0 mm 和 22.5 mm 蒙头水,中度水分胁迫下设定湿土点种、播后补灌 15.0 mm 和 22.5 mm 蒙头水。结果表明:①随着土壤墒情变差,玉米出苗率下降,叶面积和生物量显著减小,根冠比增大,根系的生长受到阻碍。②播种后浇灌蒙头水是有效缓解土壤干旱带来不利影响的农艺措施之一,显著提高玉米出苗率,缩短出苗时间,促进根系生长,根条数、根层数、总根长、根表面积和根体积显著增加,与不补水相比,补灌蒙头水处理的根长增加 13.5%～146.6%,根表面积提高 22.9%～166.8%,根体积增加 32.9%～1176%。补灌蒙头水对水分胁迫越重的处理效果越显著。③补灌量越大,缓解程度越高。其中,播种时土壤墒情为田间持水量的 50%～65% 时,适宜在播种后补灌 22.5 mm 的蒙头水缓解旱情,促进幼苗根系的生长。

麻雪艳等(2018)基于2014年6个初始土壤水分梯度的夏玉米持续干旱模拟试验研究表明,随着干旱的发展,夏玉米各叶片性状均会受到影响,但不同干旱程度的影响不一致。基于水分胁迫系数及干旱持续时间提出了干旱程度的定量表达,随着干旱的发生发展,干旱程度在0~1变化。当干旱程度小于0.21时,夏玉米叶片性状不会受到显著影响;0.21~0.76时,叶片性状大小受到影响,但变化趋势不会发生改变;0.76~0.91时,新叶形成补偿不了老叶脱落,有效叶片数、叶干重、绿叶面积和叶含水量等性状提前出现下降趋势;大于0.91时,叶片生长几乎停滞。夏玉米叶片性状在干旱条件下的适应性生长本质上体现了其在快速生长与维持生存之间的权衡,但不同干旱程度下,夏玉米叶片性状生长的权衡策略不同:未发生干旱时,夏玉米倾向于维持较高的代谢活性,一旦干旱程度大于0,夏玉米就会降低叶片代谢活性;当干旱程度小于0.48时,夏玉米倾向于通过迅速增加叶面积来吸收较多的能量,以获得较大的生长速率,为生殖器官的生长及产量形成储备能量;当干旱程度大于0.48时,夏玉米会减小单叶面积以减少水分散失,倾向于资源贮存以提高其生存能力。

夏璐等(2019)于2017年为了揭示干旱半干旱区夏玉米品种对干旱胁迫的光合生理响应机制,以3个常用夏玉米品种(浚单20、津北288和迪卡667)为研究对象,分别对其实施不同程度的干旱胁迫处理(对照CK,轻度胁迫LD和重度胁迫HD),利用便携式光合作用系统Li-6400测定了叶片净光合速率—光合有效辐射强度响应(P_n—PAR)和净光合速率—细胞间隙二氧化碳浓度响应(A—C_i),并利用便携调制叶绿素荧光仪MINI-PAM测定了叶绿素荧光参数对光合有效辐射强度的响应。结果发现,3个玉米品种,P_n与气孔导度(G_s)随光合有效辐射强度增加的变化规律相似,干旱胁迫程度的增加,P_n—G_s响应关系左移;无论何种处理,P_n下降的同时C_i值不变或升高;重度胁迫(HD)显著降低了3个品种的初始羧化效率(CE)和光合能力(Amax);与对照相比,干旱胁迫(包括LD和HD)降低了浚单20和迪卡667两个品种的非光化学淬灭系数(qN)和调节性能量耗散的量子产量(Y(NPQ))2个指标的响应,增大了非调节性能量耗散的量子产量(Y(NO))的响应值;仅在重度胁迫(HD)下,津北288的光化学淬灭系数(qP)降低;与对照相比,在轻度胁迫(LD)下,津北288的最大净光合速率(P_{max})和初始量子效率(AQY)有少许提高。相对于其他2个品种,津北288在轻度干旱胁迫条件下可降低qQ,增大Y(NO)来维持高的P_{max}和AQY,这些结果不仅表明津北288具有较强的干旱胁迫耐受性,且能为作物耐旱性品系的筛选提供技术参考。

李燕等(2020)为揭示干旱对夏玉米根冠生长及产量形成的影响,2013—2015年在山东夏津、山西运城和河北固城开展夏玉米水分胁迫控制试验,研究不同干旱条件下玉米根冠及产量的变化,厘定干旱敏感时段及临界阈值。结果表明,同一干旱程度,影响玉米地上干物重、产量的关键时段为拔节—抽雄期,抽雄期最敏感,影响根系、根冠比的关键时段为出苗—拔节期,拔节期最敏感。不同干旱程度,在快速失墒阶段,不同生育时段的地上干物重、根干重、根冠比均呈下降趋势,分别较对照减少11.7%~67.8%、35.2%~85.8%、15%~62%;干旱维持阶段与快速失墒阶段相比,地上干物重呈持续下降趋势,较对照减少24.3%~89.7%,根干重、根冠比呈上升趋势或无明显差异,分别较对照减少9.7%~80.8%、9.6%~62.0%。出苗—拔节期,土壤相对湿度60%~62%为玉米地上部生长及形成合理根冠比的临界阈值;出苗—七叶期,土壤相对湿度51%~60%利于根系生长。土壤相对湿度62%为影响玉米产量的临界阈值,土壤相对湿度31%~40%,出现在拔节、抽雄等敏感期,玉米减产七成以上。土壤相对湿度50%~60%持续时间少于8 d,复水后根冠可迅速恢复生长,但对产量仍有一定程度的影响,减产1.4%~6.6%。

肖俊夫等(2001)通过防雨棚下测坑试验,研究不同生育期干旱,设轻度干旱和重度干旱对夏玉米生长状况、耗水规律、产量以及水分利用效率的影响。结果表明,不同生育期干旱均会抑制植株株高和叶面积指数增长,受旱越重,株高和叶面积指数越小。适宜水分处理的植株株高与叶面积长势优于其他处理;与适宜水分处理相比,随着干旱时期的后移,产量呈先降后升的趋势,其中,苗期轻度干旱的处理减产最少,为9.88%,抽雄期重度干旱穗粒数最少,为349.98粒,减产最多,达32.67%;夏玉米拔节期重度干旱处理的耗水量最低,为258.09 mm,任何生育阶段受旱,其日耗水量随着干旱程度的加重而降低。对各处理产量和耗水量进行分析,两者呈良好的二次曲线关系,拔节期轻度干旱处理的水分利用效率(WUE)最高,为2.202 kg/m³,其次是苗期重度干旱的处理,后期干旱处理由于减产幅度超过节水的幅度,WUE降低。通过对各处理的产量和WUE综合分析,确定了夏玉米节水高产的灌溉控制指标。

葛体达等(2005)利用大型活动式防雨旱棚,人工严格控制不同的土壤含水量,全生育期系统研究了夏玉米根冠生长对水分的响应。结果表明,干旱并不影响夏玉米根系、冠层干物质累积、株高增加、茎(基)粗增大等过程的总趋势。但随胁迫的增强,根、冠干物质积累速率、干物质累积总量降低,根条数变少、株高降低、茎(基)粗变细,但它们并不呈线性相关关系;水分供应量的减少延长了夏玉米的生育周期,随胁迫的增强,根系生物量最大值、最大根条数、冠层最大株高出现的时间延后;根冠比(R/S)随土壤水分的改变而改变;不同水分处理的夏玉米,R/S值影响最小的时期是开花—灌装盛期,最大的时期是在拔节—抽雄,此阶段充分供水处理(H)的R/S是水分胁迫处理(L)的125.77%。充分供水的处理则有最大的根冠比(R/S=0.173)。在干旱条件下,协调夏玉米根冠平衡,最大程度地发挥根系和地上部叶片的功能,才有利于提高产量。

毕建杰等(2002)选用华北地区大面积种植的夏玉米品种郑单958、承玉2号、鲁单981做试验材料,通过研究干旱胁迫条件下的玉米叶片光合、叶绿素荧光等指标随着土壤水分的动态变化规律,以期为夏玉米干旱的生理生态变化监测及水分高效利用提供理论依据。研究发现,在土壤含水量70%左右时,随着土壤相对湿度的下降,上述3个夏玉米品种仍能保持其叶片水分状态。郑单958、承玉2号、鲁单981的叶片净光合速率在土壤水分中等条件下最大,分别为39.9 $\mu molCO_2/(m^2 \cdot s)$、38.8 $\mu molCO_2/(m^2 \cdot s)$、38.4 $\mu molCO_2/(m^2 \cdot s)$;在土壤相对湿度较低时,郑单958、承玉2号、鲁单981的叶片净光合速率下降趋势明显($P<0.05$)。叶片水势变化规律为:在土壤相对湿度>90%时,对水分胁迫郑单958、承玉2号不敏感,鲁单981敏感;在土壤相对湿度<70%时,水分胁迫条件下承玉2号不敏感,而鲁单981、郑单958敏感。气孔导度(G_s)变化规律:随着水分胁迫的加剧,3个夏玉米品种气孔导度均下降,在土壤水分较高时,气孔导度变化规律不明显,在土壤水分较低时,气孔导度明显下降($P<0.01$),细胞间隙CO_2浓度(C_i)随土壤水分胁迫的加剧而上升。上述结果表明,与叶片的光合和水分状况相比,夏玉米的气孔对土壤水分的匮缺更为敏感。

3. 水分胁迫的应对措施

(1)选用抗(耐)旱玉米品种　不同的玉米品种,其株体大小、单株生产力、株型、吸肥耗水能力、生育期长短、抗旱性等均存在差异,因此,耗水量不同。全生育期间一般晚熟品种需水超过800 mm,中熟品种需水500~800 mm,早熟品种需水300~400 mm。在相同产量水平下,水分消耗总量也不同,但全生育期内不得少于350 mm。生育期短的品种叶面蒸腾量小,蒸腾持续时间相对较短,因此耗水量较少;而生育期长的品种,耗水总量则更多。品种的抗旱性也是一个重要方面,抗旱性强的,消耗水分较少,因为其叶片蒸腾速率较低。相对杂交品种而言,耐旱的农家品种耗水量较少。

刘贤德等(2004)通过对18份玉米自交系苗期耐旱性分析发现,9份耐旱系叶面积指数和叶片相对含水量较高,光合能力和干物质积累强,耐旱系数大,并能在低于6.5%土壤含水量条件下保持生长。而不耐旱系在低于6.5%的土壤含水量时出现永久萎蔫。

谷岩等(2009)比较了玉米耐旱品种和干旱敏感品种在水分胁迫下苗期叶片活性氧代谢水平,结果表明耐旱品种在水分胁迫下维持活性氧的平衡能力较强。

(2)适时灌溉

① 节水灌溉　节水灌溉(water-saving irrigation)是以最低限度的用水量获得最大的产量或收益,也就是最大限度地提高单位灌溉水量的农作物产量和产值的灌溉措施。农业上使用的工程集水、覆膜坐水、滴灌等措施,均能在一定程度上增加土壤的有效水分,减少田间土壤水分损失,增加作物产量,从而达到防旱抗旱的目的。

② 地面灌溉　一直是玉米传统的灌水方法。20世纪80年代后期,一些新的灌水方法,如水平畦(沟)灌、波涌灌、长畦分段灌、小畦灌等被用于玉米灌溉,节水效果得到很大提高。

③ 喷灌　具有输水效率高、地形适应性强和改善田间小气候的特点,且能够与喷药、除草等农业措施相配合,节水、增产效果良好。对水源不足、透水性强的地区尤为适用。喷灌的主要优点如下:第一,节水效果显著,水的利用率可达80%。一般情况下,喷灌与地面灌溉相比,1 m^3水可以当2 m^3水用。第二,作物增产幅度大,一般可达20%~40%。其原因是取消了农渠、毛渠、田间灌水沟及畦埂,增加了15%~20%的播种面积;灌水均匀,土壤不板结,有利于抢季节、保全苗;改善了田间小气候和农业生态环境。第三,大大减少了田间渠系建设及管理维护和平整土地等的工作量。第四,减少了农民用于灌水的费用和投劳,增加了农民收入。第五,有利于加快实现农业机械化、产业化、现代化。第六,避免由于过量灌溉造成的土壤次生盐碱化。

④ 滴灌　利用滴头或者其他微水器将水源直接输送到作物根系,灌水均匀度高,且能够和施肥、施药相结合,是目前最节水的灌溉技术。其缺点与喷灌基本相同,应用面积较小。

⑤ 膜下滴灌　即在滴灌带或滴灌毛管上覆盖一层地膜。这种技术是通过可控管道系统供水,将加压的水经过过滤设施滤"清"后,和水溶性肥料充分融合,形成肥水溶液,进入输水干管—支管—毛管(铺设在地膜下方的灌溉带),再由毛管上的滴水器一滴一滴地均匀、定时、定量浸润作物根系发育区,供根系吸收。

⑥ 调亏灌溉(RDI)　是非充分灌溉技术的进一步发展。调亏灌溉最早是澳大利亚农业研究所提出的,基本思想是根据植物的生理和遗传学特征,在其生长的某一阶段,人为主动地施加一定程度的水分胁迫,以影响植物体内生理和生化过程,尤其是光合作用同化物在不同组织器官间的分配,从而提高经济产量、减少营养器官的冗余,提高植物对水肥等资源利用效率。与传统节水灌溉不同的是,调亏灌溉从生物学角度出发,根据植物本身对水分的反应进行调控,是一种更科学、更有效的节水手段。调亏灌溉目前主要用于果树灌溉,已取得显著成效,而大田作物的调亏灌溉则研究较少。前人研究表明,苗期调亏灌溉可以显著减少作物需水量,而光合速率下降并不明显,复水后玉米根系和地上部分的生长速度加快,根系活力和叶片的光合速率提高,表现出明显的有限缺水效应。经过适宜的调亏灌溉处理,作物需水量大幅度降低,干物质累积总量有所下降,但经济产量并未明显减少,水分利用效率高于常规灌溉。调亏灌溉技术应用日渐成熟,已经表现出显著的节水效果。从长远看,是一项很有发展前景的节水灌溉技术。

⑦ 交替隔沟灌溉　是一种根据作物光合作用、蒸腾失水与叶片气孔开度的关系以及干旱

条件下的根系信号传递与其对气孔调节机制提出的作物根系分区交替灌溉的农田节水灌溉技术。提出该技术的理论依据是:植物的气孔开度由充分灌水逐渐过渡到亏缺状况时,蒸腾作用下降快而光合作用下降缓慢;局部干燥区域的根系可产生一种根信号,主要是脱落酸(ABA),能帮助作物改变气孔开度和调节其水分消耗;交替控制使部分根系经受一定程度的水分胁迫,从而改善土壤的通透状况并提高根系的传导能力和吸收功能。潘英华等(2000)通过对比常规灌溉、固定隔沟灌溉、交替隔沟灌溉3种不同方法,发现交替隔沟灌溉具有减少土壤水分的深层渗漏损失、降低蒸腾速率但不降低光合速率、较高产量总水分利用率的优点,是一种经济可行的方法。刘玉涛等(2011)研究发现,膜下滴灌、喷灌和隔沟灌节水灌溉方式可在半干旱地区玉米栽培上节水42.8%~78.6%,可以推广应用。

⑧雨水集蓄灌溉 是一种新型的集水农业,它能在时间和空间两个方面实现雨水富集,实现对天然降水的调控利用。集蓄雨水在作物需水关键期及水分临界期进行有限补充灌溉,可提高作物产量水平及土地生产力。近20多年来,雨水利用技术有了很大发展。在以色列、美国、德国、澳大利亚及非洲许多国家对雨水的研究和应用已取得许多有价值的成果。国内对于集雨的作用和方式也进行了大量的研究。李兴等(2007)通过集蓄雨水并配套以滴灌条件下对覆膜玉米进行有限补充灌溉的方式,研究集雨补灌对旱地玉米生长、产量及水分利用效率的影响。柴强等(2002)认为,补充灌溉可加速不同作物生长后期干物质向穗部的转移。

不同的集雨方式达到的效果也不尽相同。肖继兵等(2009)研究表明田间沟垄微集雨结合覆盖可以有效地利用垄膜的集雨和沟覆盖的蓄水保墒功能,改变降雨的时空分布,使降雨集中在沟内,明显提高降雨的利用率,特别是5 mm左右微小降雨的利用率。全地面平铺覆盖栽培最大限度地降低了土壤水分的无效蒸发,达到保墒的目的。田间沟垄微集雨技术和全地面平铺覆盖栽培技术能增加玉米产量,提高降水利用率。

(3)施肥 主要是通过施肥,以肥调水,改善生理功能。

N素和K素是作物需求量大而干旱地区土壤往往缺乏的矿质营养元素。近来的研究表明,它们除直接营养植物外,又对抗旱有一定效果,旱地作物水分利用效率和产量都与其供应有关。干旱胁迫下适量供N可增加干物质累积量、提高水分利用效率,增强抵御干旱能力。K对提高植物水分利用效率和抗旱性有明显效果。其他研究者也有类似报道。水分胁迫是干旱地区常见的现象,确定这两种营养元素的抗旱效果更具有实际意义。甜菜碱是一种季铵型水溶性生物碱,是作物细胞质中重要的渗透调节剂。据报道,作物受到水分胁迫时,甜菜碱会在细胞内积累而提高渗透压,具有极重要的"非渗透调节"功能;它还能作为一种保护物质,维持生物大分子的结构完整,保持正常生理活动,减轻干旱对酶活性的影响,有益于水分胁迫下作物的生长发育。近年不少试验表明,喷施甜菜碱可提高作物抗旱能力、水分利用效率和产量。

张立新等(2005)利用可控盆栽试验从干物质、籽粒产量、水分利用效率方面论述N、K和甜菜碱对不同基因型夏玉米抗旱性的影响。结果表明,在正常供水下N的增产原因在于其营养功能,而在干旱条件下主要在于提高作物抗旱效果。在正常供水下施K无效,而在水分胁迫下施K对干物质和籽粒产量以及水分利用效率显著提高,对水分敏感的品种效果更好。在水分胁迫下喷施甜菜碱,干物质和籽粒产量显著提高,水分利用效率也随之提高;正常供水下喷施则效果不明显,甚至出现不良效果,证明了在干旱条件下,甜菜碱具有抗旱效果。

Zn是植物生长的必需元素。研究表明,无论土壤处于干旱情况下还是水分供应充足的条件下,施Zn都能显著促进玉米植株生物量,尤其是在土壤水分供应充足时,施Zn效果更好。Zn有增强抗逆性的作用。实验证明,Zn还能提高玉米等作物抗寒、抗旱、抗盐能力。Zn肥能提高燕麦对散黑穗病,大麦对坚黑穗病的抗病力,还能防治玉米白苗病。Zn 对作物的主要作用如下:首先,Zn 能增强作物的光合作用。碳酸酐酶主要存在于叶绿体中,催化 CO_2 的水合作用,促进碳水化合物的转化,提高光合作用强度,而 Zn 是其重要组成成分。同时 Zn 也可以影响糖类代谢,并能促进和加强碳水化合物,尤其是蔗糖向繁殖器官运输。其次,Zn 元素有利于吲哚乙酸等植物生长素的形成。前人成功地证明了 Zn 在生长素合成中的作用,吲哚乙酸、色氨酸的合成均需要 Zn。Zn 含量与植物生长素吲哚乙酸的合成紧密相关,含 Zn 部位高的,生长素含量也高。因为,Zn 能促进体内丝氨酸合成色氨酸,进而合成吲哚乙酸。缺 Zn 就必然导致吲哚乙酸含量减少而使生长处于停滞状态,植物矮小。第三,Zn 有促进 N 代谢的作用。缺 Zn 植株体内的 N 素代谢容易紊乱,施 Zn 后能改善植株失绿现象,其原因就是促进了蛋白质的合成,使籽粒中蛋白质的含量提高。

李萌等(2009)采用盆栽试验研究在正常供水、轻度水分胁迫和严重水分胁迫条件下施用 Zn 肥对玉米抗旱生理反应的影响。结果表明,Zn 除了营养功能之外,还具有一定的抗旱性,可以明显增强根系活力;提高植物保护酶 POD、SOD 和 CAT 的活性;降低丙二醛(MDA)含量,有利于提高水分胁迫下玉米的抗旱性。但 Zn 的这种抗旱作用只有在水分胁迫的条件下才能表现出来,具有地区适应性,可以在干旱半干旱地区起到一定的抗旱作用。

此外,Si 是大多数高等植物生长的有益元素。研究表明,Si 能促进植物生长发育;提高作物对非生物胁迫和生物胁迫的抗性。Si 在土壤中分布极为丰富,但是由于绝大多数是以硅酸盐结晶或沉淀形式存在,所以土壤溶液中 Si 的浓度一般都比较低。许多土壤表现供 Si 不足,因此,在适宜情况下施 Si 肥能促进作物生长,提高作物产量和改良土壤性状。李清芳等(2009)利用盆栽试验研究了施 Si(K_2SiO_3)对玉米植株水分代谢的影响。结果表明:施 Si 降低了干旱胁迫下玉米植株的气孔导度,降低了干旱胁迫早期到中期的蒸腾速率,保持了干旱胁迫后期较高的蒸腾速率,从而导致施 Si 玉米植株的叶片含水量和水势高于对照。由于植株的水分状况改善,施 Si 玉米植株生物量高于对照。Si 增强玉米植株的抗旱性,而提高植株保水能力是 Si 提高抗旱性的重要原因。

(二)渍涝

渍涝由于降水过多,地面径流不能及时排除,农田积水超过作物耐淹能力,造成农业减产。渍涝分为湿害和涝害两类,后者受淹情况较为严重。

1. 渍涝对玉米生产的影响

(1)渍涝对玉米生长发育和产量的影响试验研究情况　渍涝一般发生在地势低洼农田和季节性多雨而又排水不畅的地块。

王成业(2010)曾介绍,通过人工模拟拔节期和抽雄期田间洪涝灾害,研究了其对夏玉米生长发育、产量构成因素和最终产量的影响。结果表明,洪涝灾害对夏玉米成株密度、果穗长、果穗粗、单株籽粒质量和产量的影响较明显,最终使产量降低;而对秃尖长、秃尖率和百粒重的影响不明显;对拔节期株高的影响较明显,对抽雄期的影响相对较轻,积水时间过长则影响明显。总体上,洪涝发生愈早对玉米最终产量影响愈重,因此,早期田间积水时更应及早排水,以减少产量损失。

李香颜等(2011)为定量探求洪涝灾害对玉米生长及产量的影响,于 2008 年和 2009 年在河南省驻马店地区进行以淹水日数和淹水发育期为试验因素的模拟试验。结果表明,淹水 1 d 对玉米产量影响甚微,淹水 3 d 以上减产率 40% 以上,拔节期淹水 5~7 d,抽雄期淹水 7 d,夏玉米基本绝收。淹水对夏玉米植株死亡率、果穗成穗率、单株籽粒重影响明显;对株高、果穗长和粗、百粒重和秃尖率影响较小。拔节期的淹水危害重于抽雄期。讨论了淹水日数与淹水发育期对玉米产量影响的交互作用。初步建立了淹水的玉米产量损失率评估模型。

余卫东等(2015)在2012—2013年两个生长季中以玉米品种浚单20为试验材料,采用盆栽方式,在4叶期分别设置持续淹水(3 d、5 d和7 d)和持续渍水(5 d、10 d和15 d)处理,研究苗期涝渍对夏玉米生长及产量的影响。结果表明,苗期连续淹水3 d以上或渍水15 d的产量显著降低;与对照相比,淹水3~7 d,产量下降58.8%~69.8%($P<0.05$);渍水15 d,产量下降47.8%($P<0.05$);淹水3~5 d以及渍水15 d导致产量下降的主要原因是穗粒数减少,而淹水7天减产是穗粒数减少和千粒重下降共同作用的结果;产量相对损失率与淹水天数的回归分析表明苗期淹水应控制在1 d以内;涝渍胁迫显著降低了地上部分干物质质量,其后续影响与胁迫方式、涝渍天数和生育期有关;淹水显著降低了拔节期及以后各生育期的地上干物质质量($P<0.05$),而渍水对成熟期干物质重影响不显著($P>0.05$);淹水处理可显著降低穗部占地上部分干物质的比例,淹水3~7 d,收获指数下降48.7%~64.1%($P<0.05$)。由此可判断,玉米产量随涝渍时间的延长而减少,且淹水胁迫对产量的影响大于渍水。

(2)不同生育时期渍涝胁迫对玉米生长发育的影响　土壤通气状况对玉米生长发育至关重要。玉米长时间受涝受渍,土壤孔隙几乎全部被水充满,恶化了土壤通气状况,抑制了玉米正常生长,甚至使植株枯萎死亡,导致玉米减产或绝收。玉米在抽雄期受淹对产量影响较大,随淹水历时(天数)的递增,减产幅度增大。淹水对种子萌发的抑制尤为明显,土壤湿度超过最大持水量80%以上时,玉米就发育不良,尤其在玉米苗期表现更为明显。玉米种子萌发后,涝害发生得越早受害越重,淹水时间越长受害越重,淹水越深越减产。

(3)渍涝胁迫下玉米植株的形态和生理变化　渍涝缺氧对作物形态与生长造成损害。缺氧使植株生长矮小,叶黄化,根尖变黑,叶柄偏上生长。淹水历时及是否排水对玉米后期形态长势均会产生一定影响。淹水5~7 d的玉米长势,与对照区和淹水前后形态对比,叶片及整株有不同程度的枯萎现象,叶片数减少。随淹水历时的递增,叶面积指数递减。

渍涝缺氧对代谢造成损害。淹水情况下,缺氧对光合作用产生抑制作用,可能是由于水影响了CO_2扩散,或是出现了间接的限制,如光合产物向外输出受阻,因光合产物积累而光合速率降低。缺氧对呼吸作用的影响,主要是限制了有氧呼吸,促进了无氧呼吸。渍涝引起营养失调。一是由于缺氧降低了根对离子吸收活性;二是由于缺氧和嫌气性微生物活动会产生大量CO_2和还原性有毒物质,如H_2S、CH_4、FeO等,这些物质的积累能阻碍根系呼吸和养分的释放,使根系中毒、腐烂,以致引起作物死亡。

(4)渍涝胁迫对玉米产量的影响　渍涝造成的地表径流使土壤养分严重流失,苗势较弱;长时间渍水不仅使作物光合产物及积累明显减少,而且根系缺氧窒息,易出现倒伏现象,严重影响作物的生长发育,直接影响作物的产量和质量。玉米生长后期经过淹水后,不但形态长势有明显变化,而且各处理产量及其构成因素也存在显著差异。淹水历时短,地下排水条件好,玉米的减产损失小,产量较高;淹水历时长,地下排水条件差,则减产损失大,产量较低。在排除地下水的条件下,与对照区标准产量相比,随淹水历时(天数)的增加,减产量也逐步增大。淹水历时超过5 d后,减产量明显增大。随淹水历时的增加,玉米穗长、穗粒数、百粒重都在减小,秃尖长度增加。

2. 应对措施

(1)及时排水降涝　防御涝害首先是因地制宜地搞好农田排灌设施,加速排除地面水,降低地下水和耕层滞水,保证土壤水分协调。低洼易涝地及内涝田应设置田间排水沟系,切实做到畦沟、围沟、腰沟三沟配套,保证三沟畅通,提高排水效率。

(2)中耕培土,破除板结 当积水排出、土面泛白可以下田时,应及时对玉米进行中耕培土,破除表土板结,促进深层土壤散湿,改善土壤透气状况,促进玉米根系尽快恢复,扩大生长,增强吸收能力。

(3)增施肥料 玉米受涝后及时排除田间渍水并追施肥料,可改善土壤养分供应状况,使植株迅速恢复生长。此外,增施有机肥料及田间松土等措施,也能有效地改善土壤水、肥、气、热状况,增强玉米的耐涝性。

(4)加强病害防治 玉米遭受洪涝灾害后,由于田间积水,土壤、空气湿度较高,加之玉米受损后抗性弱,易发生病害。可清洗叶片泥土,用多菌灵、甲基托布津等杀菌剂喷雾防治。

(5)补种 对受淹时间过长、缺苗严重的田块,灾后应及时重新播种或改种其他作物。

二、温度胁迫及其应对

在中原二熟区,玉米生长过程中的温度胁迫主要表现为高温胁迫。

(一)高温发生时期

一般是季节性高温和异常高温天气。

高温天气是指日最高气温达35 ℃或以上。如果连续3 d最高气温>35 ℃或1 d最高气温>38 ℃即为极端高温天气。黄淮海地区日最高气温>35 ℃年最长日数的情况是,≤5 d为10年5~6遇,6~10 d为10年2~3遇。说明黄淮海地区高温灾害天气最长连续日数有1/2的年份在5 d及其以下,一般不会对玉米造成严重危害,但是如遇到10年1~2遇的10 d以上的连续高温往往伴随着干旱发生,容易对玉米造成障碍型灾害,从而影响玉米开花授粉,导致玉米结实不良,引起严重减产。以2013年为例,进入7月份以后,黄淮海地区极端天气频发,7月下旬至8月上中旬,黄淮南部地区遭遇连续20余天的高温干旱天气,其中河南省黄河以南大部分地区旱情严重,同时由于天气炎热,农村劳动力缺乏,造成部分有灌溉条件的地区也没有及时灌溉,部分旱情严重地区玉米萎蔫死亡。

(二)高温灾害的类型

玉米是喜温作物,全生育期均要求较高的温度,但是不同生育期对温度的要求又有所不同。根据不同生育阶段和遭受高温灾害的受害机理和表现形式,可以把玉米高温灾害类型分为3种。

1. 延迟危害型 在玉米生长发育过程中,较长时间受到不同程度的高温危害,使酶活性减弱,光合作用受阻,同时呼吸作用增强;引起光合产物积累量降低,导致营养生长不良,器官建成减慢和生长发育迟滞。延迟型的高温灾害主要发生在苗期至抽穗期。

2. 障碍危害型 在玉米生殖器官分化期、孕穗抽雄至开花散粉、吐丝受精和籽粒形成阶段,遭受异常高温危害,使生殖器官受到损害,造成不育、授粉结实不良。这种危害时间较短,但受害后难以恢复正常。高温危害发生后,表现为雄穗开花授粉不良、花粉少,雌穗吐丝不畅,受精不良和籽粒败育,形成大量秃尖、缺粒、缺行,甚至不结实造成空秆,从而导致严重减产。障碍型高温灾害主要发生在孕穗期至籽粒形成期。

3. 生长不良型 玉米营养生长阶段长期受到高温危害,致使高度降低、叶片数减少,秸秆细弱,果穗变小,穗短行少,穗粒数减少,但成熟期没有明显延迟,千粒重受影响也不大。主要因为长势弱,营养体小引起穗小粒少,最终导致减产。生长不良型高温灾害在整个生育期间都可以发生,但危害程度轻,持续时间长。

(三)高温对玉米生长发育和生理活动及产量的影响

1. 高温影响试验研究情况 刘海等(2014)以玉米为试验材料,研究不同温度、不同时间处理,叶片丙二醛(MDA)含量、抗氧化酶(SOD、POD)活性、游离脯氨酸含量等生理指标的变化规律。结果表明:幼苗叶片内的丙二醛和游离脯氨酸含量随着温度的升高而增大,温度越高,其叶片内含量越多;幼苗叶片蛋白质含量随温度的升高而递减;叶片中的SOD和POD活性随着温度的升高,胁迫时间增加,呈先升后降的变化趋势,且温度越高,变化趋势越明显。建议当高温胁迫达到35 ℃时,胁迫时间超过24 h后,需对玉米进行降温措施,以确保玉米正常生长。

郭文建等(2014)介绍了他们在2013年的试验。研究了玉米在高温胁迫下叶片内叶绿素a、叶绿素b和类胡萝卜素等生理指标的变化情况。结果表明,高温胁迫下酶的活性降低,同时叶绿素的生成受抑制,因此,在高温胁迫下会导致叶绿素a、叶绿素b、叶绿素总量含量下降,且随着胁迫时间的增加这种变化愈加明显;伴随胁迫温度的升高,玉米叶片中的类胡萝卜素随着时间的延长而呈总体下降的趋势,当温度超过40 ℃时,下降趋势最为显著。

马盼盼等(2014)介绍,高温容易造成花期不遇。玉米开花授粉期要求最适宜日平均温度为25~28 ℃、相对湿度70%~85%,可使雄、雌花序协调,授粉良好。当温度高于32~35 ℃、空气湿度接近30%、土壤田间持水量低于70%时,可使雄穗开花持续时间减少,雌穗吐丝期延迟,从而导致雌、雄花序开花间隔拖长,易造成花期不遇。同时,由于高温干旱,花粉粒在散粉后1~2 h内即迅速失水(花粉含60%水分),甚至干枯,丧失生长能力;花柱也会过早枯萎,寿命缩短,严重影响授粉,而造成秃顶、缺粒。因此,及时灌水,提高土壤湿度,改善田间小气候,可以减轻高温干旱对花期的不利影响。高温还影响籽粒的同化作用。玉米籽粒灌浆期间,要求有较适宜的温度,以促进同化作用。这一时期,最适宜玉米生长的日平均温度为22~24 ℃。在此范围内,温度愈高,干物质积累速度愈快,千粒重愈高。反之,灌浆速度减慢,经历的时间也相应延长,千粒重降低。当温度高于25 ℃以上、又同时遇到干旱影响时,将使籽粒迅速脱水,出现高温逼熟现象。因此在温度高于25 ℃时,都会使籽粒秕瘦,粒重减轻,产量降低。

赵丽晓等(2014a;2014b)曾于2013年采用籽粒离体培养的方法,研究花后高温对玉米强、弱势籽粒的影响。结果表明,高温处理加快了强、弱势籽粒前期的灌浆速率,但降低了中后期的灌浆速率,导致粒重降低,且对弱势粒影响尤为显著,高温处理强、弱势粒成熟期粒重分别比对照低5.8%、17.4%;高温显著降低了籽粒不同灌浆时期的淀粉合成相关酶活性,从而使淀粉含量降低,强势粒的淀粉含量降低幅度小于弱势粒;与对照相比,高温处理后强势籽粒中的3-吲哚乙酸(IAA)和玉米素核苷(ZR)含量显著下降,赤霉素(GA3)含量则无显著差异,而弱势粒IAA、ZR含量显著降低,但GA3含量增加,可能是导致弱势粒干重受损较大的原因。

陈志兵等(2016)曾采用离体玉米花粉高温处理的方法模拟自然条件下高温对花粉的危害。首先在大田条件下种植郑单958作为材料,在散粉期采粉并对其进行高温处理。共设置3个温度处理(32 ℃、35 ℃、38 ℃),5个持续时间处理(5 min、10 min、20 min、30 min、60 min),同时设定常温对照(CK)。研究测定了花粉经高温处理后氯化三苯基四氮唑(Triphenyl tetrazolium chloride,TTC)染色率、小花受精率和总结实率,以反映高温对花粉活力的影响。结果表明,温度、处理时间及互作对花粉活力均有极显著影响,32 ℃和35 ℃情况下花粉活力持续时间较长,38 ℃和处理1 h对花粉活力的伤害均较大。随着温度的升高,小花受精率和总结实率总体上呈降低的趋势;3个温度水平下的小花受精率和总结实率均随着处理时间的延长而降低,当温度达到38 ℃或处理时间为1 h时,小花受精率和结实率都很低,反映出极端高温或持续高温对花粉活力伤害很大。

王献民等(2016)认为,高温干旱条件下,玉米花柱易枯萎,花粉易丧失活力,易导致玉米授粉结实不良的现象普遍发生。

张萍等(2017)认为,灌浆期高温会对玉米籽粒的生长和发育造成不利的影响,是影响玉米稳产和高产的重要因素之一。比较灌浆期高温对不同耐热型玉米品种籽粒形成和生长发育的影响,以期寻找相应的预防和应对措施,避免和缓解高温胁迫伤害。采用玉米籽粒离体培养技术,以耐热型品种郑单958和热敏感型品种德美亚1号为材料,研究了籽粒灌浆期(授粉后17~28 d)高温对玉米籽粒发育的影响机制。结果表明,高温加快了两品种玉米强势粒前期的灌浆速率,但降低了强、弱势粒中后期灌浆速率,总体导致灌浆持续时间缩短,籽粒千粒重下降。在授粉后40 d,郑单958强、弱势粒的干重分别比对照低10.58%、18.95%,德美亚1号强、弱势粒的干重分别比对照低24.78%、28.08%。德美亚1号籽粒干重下降幅度大于郑单958,且差异显著。籽粒灌浆期高温显著降低了玉米籽粒淀粉合成酶的活性,从而影响两品种玉米籽粒的淀粉含量。在授粉后40 d,郑单958强、弱势粒的淀粉含量较对照分别降低了5.20%、6.46%,德美亚1号强、弱势粒的淀粉含量较对照分别降低了13.68%、16.39%,均差异显著。德美亚1号强、弱势粒淀粉合酶的活性较对照分别降低了19.67%、30.03%,均差异显著,郑单958强、弱势粒的淀粉合成酶的活性分别较对照降低了13.70%、11.26%。高温处理后,两品种玉米籽粒的ABA和IAA含量均上升,ZR含量均下降,而强势粒的GA3含量均上升,弱势粒的GA3含量无明显变化。研究结论是籽粒灌浆期高温对德美亚1号强、弱势粒发育的影响均显著高于郑单958,对两品种弱势粒的影响显著高于强势粒。

2. 高温对玉米植株的直接伤害 直接伤害是高温直接影响组成细胞质的结构,在短期(几秒到几十秒)出现症状,并可从受热部位向非受热部位传递蔓延,从而出现明显的热害症状,如水渍状斑块或组织坏死,从而影响作物细胞的结构和功能。出现这样的直接伤害症状,一方面是因为高温逆境时,生物膜功能键断裂,导致膜蛋白变性,膜脂分子液化,膜结构破坏,正常生理功能就不能进行,最终导致细胞死亡;另一方面是由于高温逆境直接引起玉米植株体内的蛋白质变性和凝聚,蛋白质降解为氨基酸,代谢紊乱而致。

3. 高温对玉米生长发育的影响

(1)高温对玉米生育前期生长发育的影响 高温使玉米单株干重和叶面积变小,比叶重增大,叶片伸长速率减慢,根冠比在20~30 ℃范围内呈"V"形变化趋势。在营养生长与生殖生长共进阶段,高温使玉米生长速率(CGR)和叶面积比(LAR)增大,但净同化率(NAR)下降。

(2)高温对玉米生育后期生长发育的影响 玉米的开花期对高温非常敏感,开花期36 ℃以上的高温会使玉米的受精率急剧下降。开花后两周是籽粒胚乳细胞分裂和伸长的时期,对形成潜在的库容具有重要意义,高温会降低胚乳细胞的分裂速度,缩短分裂持续的时间,结果使胚乳细胞的数量减少,同时由于高温抑制淀粉的合成,降低了胚乳细胞的伸长速率,使胚乳细胞变小,部分籽粒败育,最终导致籽粒库容量变小,使千粒重、容重、品质和产量大幅下降。

(3)高温对玉米籽粒生长发育的影响 一般认为,玉米籽粒生长的适宜温度是25 ℃,温度每升高1 ℃,籽粒产量降低3%~4%。从高温对玉米产量构成因素的影响看,玉米粒重线性增长期间高温只影响粒重,胚乳细胞分裂期高温对粒重和粒数都有影响。

4. 高温对玉米产量和品质的影响

(1)高温对玉米产量的影响　目前研究多集中在开花以后,花后高温使玉米籽粒灌浆速率加快,但灌浆持续期缩短,灌浆速率加快对产量提高的正效应不能弥补灌浆持续期缩短对产量的负效应,因而最终产量降低。玉米于抽丝后18 d分别给以25/15 ℃、25/25 ℃、35/15 ℃、35/25 ℃的温度(昼/夜)处理,直至成熟,结果35/25 ℃处理的产量较25/15 ℃处理降低42%。

(2)高温对玉米籽粒品质的影响　高温导致玉米籽粒的粒重下降,籽粒蛋白质相对含量提高,这也是有人认为高温改善玉米籽粒品质的主要依据。但其绝对量基本没有变化,这与蛋白质合成对高温的反应不如淀粉合成敏感有关。事实上,高温既影响淀粉和蛋白质的合成速率,又影响它们的持续时间。

5. 高温对玉米生理生化的影响

(1)淀粉合成酶活性　与淀粉合成有关的酶很多,籽粒中主要有蔗糖合成酶(SS)、ADP-葡萄糖焦磷酸化酶(ADPGppase)、可溶性淀粉合成酶(SSS)、束缚态淀粉合成酶(GBSS)和分枝酶(BE)。高温抑制淀粉合成不是由于光合产物的供应不足造成的,而是由于淀粉合成过程中某些酶的失活引起的;可溶性淀粉合成酶、ADP-葡萄糖焦磷酸化酶和分枝酶都对高温非常敏感,而束缚态淀粉合成酶在高温下表现出较高的活性,至少它对高温的敏感性比其他3个酶要低,这或许是高温使玉米籽粒淀粉支/直比下降的原因之一。

(2)蛋白质代谢及脯氨酸　高温会使作物体内的蛋白质发生降解,作物体内游离氨基酸含量增加,是玉米适应高温的一种保护性适应。脯氨酸是植物体内的一种重要的渗透调节物质,它能加强高温条件下蛋白质的水合作用,有利于植物细胞结构和功能的维持,减轻高温胁迫造成的氨毒害。

(3)光合作用相关参数　高温影响叶片细胞类囊体的物理化学性质和结构组织,导致细胞膜的解体和细胞组分的降解。研究表明,高温使玉米苗期叶片叶绿素和类胡萝卜素含量降低,PSⅡ的效率(F_v/F_m)和量子产量(Yield)下降,光合强度降低,同时,气孔导度(G_s)下降,但气孔限制值(L_s)变小,表观量子效率(AQE)和羧化效率(CE)降低,胞间CO_2浓度升高,高温下叶片的光合机制遭到破坏,非气孔因素是光合降低的主要原因。

(4)激素含量　植物的生长发育并不是受某一种激素的调节,而是几种激素保持一定的平衡关系,相互作用的结果。CTK和ABA浓度平衡对玉米籽粒的正常生长发育是至关重要的。温室条件下玉米籽粒发育期间高温会使籽粒中ABA含量增加,而玉米素(Zeatin)和玉米素核苷(Zeatin riboside)的含量降低,CTK和ABA之间的平衡被打破,籽粒生长发育受到影响,粒重降低。

(5)质膜透性与酶保护系统　高温使作物质膜饱和程度下降,质膜透性增大,电解质外渗量增大,电导率升高,膜脂过氧化产物丙二醛(MDA)的含量增大。

(四)高温胁迫的应对措施

1. 选用耐热型品种　李淑君等(2019)的试验研究可供参考。在大田自然环境下,调查花期常温对照与高温逆境下64份不同玉米种质资源的籽粒产量、百粒重、结实率、结实粒数等产量性状。结果表明,高温胁迫导致玉米结实粒数减少,结实率降低,最终导致籽粒产量下降,而且种质间的耐热性存在显著差异,且年份对耐热性也有显著影响。利用主成分分析和模糊隶属函数法对所有种质的耐热性进行综合评价,结果表明,籽粒产量、结实粒数、结实率及百粒重可作为评价玉米自交系花期耐热性的主要指标。通过聚类分析筛选出5个耐热型自交系NL001、PHPR5、CR14、CLWN240和PF5411-1,可为培育耐热玉米新品种提供新的种质资源。

不同品种的耐热性有显著差异,应筛选和种植高温条件下授粉、结实良好,叶片短、直立上冲,叶片较厚,持绿时间长,光合积累效率高的耐热品种。一般含有四平头种质的品种耐热和耐湿性比较好,而部分在冷凉地区选育和含有热带种质的品种在高温易发区种植具有一定的风险。为培育耐热耐旱的自交系和杂交种,应在逆境条件下种植育种材料。

2. 其他应对措施 刘如香(2019)介绍,在极端高温天气条件下,常会导致雌雄发育不协调,影响正常的授粉、受精,减少穗粒数,最终导致减产。可在有效散粉期内采用人工辅助授粉提高结实率。还可适期喷灌水,改善农田小气候。

徐贺威等(2019)介绍,不同品种间对高温热害的抗性有一定差异,选育和推广耐热品种是降低高温热害的有效措施。另外,推广种植新模式。一是改变传统的等行距种植模式为宽窄行种植模式或"玉米+大豆"间作种植模式,做到合理密植,可以减少群体内个体之间的水肥竞争,改善田间通风透光性,使个体发育健壮,增强植株抵御高温热害的能力。二是推广玉米"1+1"种植模式,可以一定程度上弥补花期不遇的问题。还可调整播种期。在高温热害易发和常发地区,采取提前播种或推迟播种等措施,可使吐丝散粉期避开7月下旬至8月初这段最容易发生高温热害的时间,有效减弱高温热害的影响。

概括起来,应对高温,除了选用耐热型玉米品种外,还可采取以下一些措施:

(1)合理密植,采用宽窄行种植 此措施有利于改善田间通风透光条件、培育健壮植株,使得玉米耐逆性增强,从而增加对高温伤害的抵御能力。

(2)调节播期,避开高温天气 较长时间的持续高温一般集中发生在7月中旬至8月上旬,春播玉米可在4月上旬适当覆膜早播,使玉米开花授粉期避开高温天气,从而避免或减轻危害程度。

(3)苗期抗旱和耐热性锻炼 蹲苗要因地制宜,遵循"蹲湿不蹲干,蹲肥不蹲瘦"的原则,在适墒时蹲苗15 d左右。在玉米出苗10~15 d后进行20 d的抗旱和耐热性锻炼,使其获得并提高耐热性,减轻玉米一生中对高温最敏感的花期对其结实的影响。

(4)科学施肥 重视微量元素的施用,以基肥为主,追肥为辅;重施有机肥,兼顾施用化肥;注意N、P、K平衡施肥(比例为3∶2∶1)。中微量元素Zn、Cu、B等对玉米生殖器官发育有良好促进作用,特别是Zn、Cu元素能增强花柱和花药的活力及抗高温和干旱能力。微量元素可作为基肥施用,也可在喇叭口期叶面喷洒,既有利于降温增湿,又能补充作物生长发育必需的水分及营养,但喷洒时须增加用水量降低浓度。另外,叶面喷施脱落酸(ABA)也可提高植株的耐热性。

(5)中耕锄草 通过中耕除草,"锄头底下有水",改变土壤通透性,减少地面水分蒸发、流失,促进根系生长。

(6)人工辅助授粉 在高温干旱期间,玉米的自然散粉、授粉和受精结实能力均有所下降,如果在开花散粉期遇到38 ℃以上持续高温天气,建议采用人工辅助授粉提高玉米结实率,减轻高温对作物授粉受精过程的影响。

(7)施用植物生长调节剂 在玉米上施用植物生长调节剂如油菜素内酯,可以有效地减轻高温胁迫对玉米籽粒灌浆过程的不利影响,显著抑制高温胁迫条件下玉米叶片光合性能的下降,提高光合产物由源器官向库器官的分配比例,减少籽粒的退化,提高穗粒数,有效抑制高温危害。

(8)**适当降低密度** 采用宽窄行种植。在低密度条件下,个体间争夺水肥的矛盾较小,个体发育较健壮,抵御高温伤害的能力较强,能够减轻高温热害。在高密度条件下,采用宽窄行种植有利于改善田间通风透光、增加对高温伤害的抵御能力。

(9)**适期喷灌水** 适时灌水可改善田间气候,降低株间温度,增加相对湿度,可有效地减轻高温对玉米的直接伤害。可直接降低田间温度,使植株获得充足水分,增强蒸腾作用,降低冠层温度,有效降低高温胁迫,也可部分减少高温引起的呼吸消耗。有条件的可利用喷灌将水直接喷洒在叶片上,降温幅度可达1～3 ℃。

三、盐碱胁迫及其应对

(一)盐碱胁迫对玉米生长的影响

土壤盐碱化已成为导致世界范围内作物产量受损的重要原因,大约有超过20%的耕地和超过50%的水浇地由于灌溉不当而受到盐碱化的严重影响。盐碱化的日益增加将导致全球在25年内损失耕地达30%,预计21世纪中期这个数据将上升到50%。而高盐导致的高离子浓度和高渗透压可致死植物,是导致农业减产的主要因素。玉米属于盐敏感作物,土壤含盐量和酸碱度(pH值)对玉米生长发育有很大影响,可造成盐碱害。盐分中,氯离子对玉米危害最大。盐碱性土壤中可溶性盐分浓度较高,抑制玉米吸水,出现反渗透现象,产生生理脱水,造成枯萎;某些盐类抑制有益微生物对养分的有效转化而使玉米幼苗瘦弱。碱害主要由于土壤中代换性钠离子的存在,使土壤性质恶化,影响玉米根系的呼吸和养分吸收,从而影响玉米的幼根和幼芽,轻者使玉米空秆增多且易倒伏;重者缺苗断垄,同时导致Ca、Mn、Zn、Fe、B等微量营养元素固定而引发缺素症。

1. 发生地区 中国是盐碱地大国,在盐碱地面积排前10名的国家中位居第三。中国目前拥有各类可利用盐碱地资源约5.5亿亩,其中具有农业利用前景的盐碱地总面积1.85亿亩,包括各类未治理改造的盐碱障碍耕地0.32亿亩,以及目前尚未利用和新形成的盐碱荒地1.53亿亩。目前具有较好农业开发价值、近期具备农业改良利用潜力的盐碱地面积为1亿亩,集中分布在东北、中北部(内蒙古中部)、西北、滨海和华北五大区域,其中东北盐碱区3000万亩,西北盐碱区3000万亩,中北部盐碱区1500万亩,滨海盐碱区1500万亩,华北盐碱区1000万亩。从分布省(区)来看,主要集中连片分布在吉林、宁夏、内蒙古、河北、新疆、江苏等18个省、直辖市和自治区。

2. 盐胁迫对玉米的伤害作用 玉米是盐敏感作物,受到盐害后在形态上表现为植株矮小瘦弱、分蘖很少、叶片狭窄、基部黄叶多、叶色黄绿、叶梢呈紫红色,随时间的延长叶片失水萎蔫进而卷曲枯萎,严重时植株全部死亡。Munns(1993)提出盐胁迫对植物生长影响的两阶段模型,在第一阶段,玉米首先出现水分胁迫,从而导致吸水困难;第二阶段,玉米植株中吸收Na^+增多,吸收K^+、Ca^{2+}减少,从而使Na^+/K^+升高,造成以Na^+毒害为主要特征的离子失衡,光合作用变慢,渗透势下降,根伸长和茎生长受抑制。叶生长受抑制是许多胁迫(包括盐胁迫)下最早看到的现象。当玉米出现离子毒害时,则会表现出Na^+特征损害,这与Na^+在叶组织中的积累有关。Flowers等(1986)发现植物生长组织中Na^+比老叶中少,表明Na^+的转运是有选择的,并且随着叶龄的增加不断积累,其表现为老叶首先坏死,一开始是叶尖和叶缘,直至整个叶片。Zorb等(2005)认为,在盐胁迫下玉米生长受抑制是因为质膜上H^+-ATPase泵的活性下降所造成的。Pitsun 等(2009)发现,盐胁迫减轻了盐敏感玉米叶片质外体的酸化,导致质膜 ATPase 的 H^+ 泵活性下降,质外体 pH 值变大可能使松弛胞壁的酶活性下降,从而导致地上部生长受抑。

3. 盐胁迫对玉米种子萌发和幼苗生长的影响 种子不能够正常萌发是盐碱地影响植物生长的主要原因之一。高浓度盐胁迫造成玉米发芽率低,主要是由于外界溶液渗透压过高导致种子吸水不足。斯琴巴特尔(2000)用不同浓度的 NaCl 溶液及相同浓度不同比例、不同盐分的混合溶液处理玉米。实验结果表明,盐胁迫对玉米种子发芽有抑制作用,NaCl 的抑制作用最显著。混合不同盐分有一定的减轻 NaCl 对玉米种子萌发的抑制作用。盐胁迫对玉米幼苗生长有抑制作用,对地上部分生长的抑制程度大于对根生长的抑制。不同的单盐处理均出现单盐毒害现象,不同价数的阴离子之间的拮抗作用不明显。

在盐胁迫处理对玉米种子萌发的影响中除了渗透胁迫因素外,离子胁迫作用也不容忽视。苏联学者 A. A. Shahaf 认为,氯离子对植物较硫酸盐离子更为有毒。闫先喜等(1995)实验证明,在种子吸胀过程中,盐胁迫破坏细胞膜,透性增大,引起溶质外渗,导致种子萌发受阻。混合盐处理,在一定程度上都具有减轻 NaCl 的抑制作用。

针对不同浓度 NaCl 胁迫对玉米种子萌发和幼苗生长的影响,高英等(2007)通过室内培养及盆栽试验进行了研究。结果表明,$\leqslant 0.5$ g/L NaCl 处理有利于提高玉米种子萌发率、发芽率和根、芽的伸长及根数的增加。随盐胁迫浓度的增大,玉米种子萌发率、发芽率急剧下降,根芽伸长及根数极受抑制,0.5 g/L NaCl 可能是影响玉米种子发芽的临界浓度。用 $\geqslant 0.5$ g/L NaCl 的盐溶液长期灌溉会因土壤中盐分累积而使玉米生长受阻,成活率下降,幼苗在形态上表现出盐害效应。用自来水(0.1 g/L NaCl)处理的玉米幼苗在植株干重、根系干重、含水量等 5 个指标都较其他处理达显著水平,说明用低盐浓度(0.1 g/L NaCl)灌溉可促进玉米生长发育,提高产量。

植株干重、根干重和水分含量是反映作物苗期生理状态的重要指标,能直接反映作物受盐害的程度。根冠比是衡量苗期根系发育好坏的一个重要指标,根冠比较大的幼苗表现为其根系发育良好,从而有较强的吸收水分和矿物质的能力,良好的根系对植物苗期抗盐有利。高英等(2007)研究发现,随着盐浓度的增加,玉米苗期植株干重、根干重和水分含量都明显呈下降趋势。这说明高盐逆境首先伤害根部,抑制根的生长,影响根吸收水分和养分的能力,使植株含水量下降,于是抑制了地上部分的生长。

叶绿素是光合作用的关键色素,直接反映光合效率及同化能力。盐分对植物色素及其蛋白复合体的合成和代谢的抑制作用是造成植物缺绿和叶片发黄的原因。前人实验发现随盐浓度的增加,叶绿素含量逐渐下降,盐胁迫影响了玉米苗期叶片叶绿素的合成,NaCl 能促进叶绿素酶活性,使叶绿素分解。已有研究表明,植物叶绿素含量下降可能与无机元素下降和细胞膜伤害有关。此外,盐胁迫导致的水分胁迫使玉米叶绿体基质体积变小,叶绿体中过氧化物增多;由渗透胁迫导致的气孔关闭,使进入光合碳同化的 CO_2 受限,造成过剩光能增多,进而加重对玉米光合作用的抑制。玉米体内增多的过剩激发能如果不能被安全耗散,还会进一步导致玉米光合系统的不可逆破坏。在盐胁迫下,玉米叶面积首先变小,随后是叶干重和叶含水量下降。由于玉米光合作用受抑制或同化物转运至生长点的速率变慢,导致供给正在生长的茎的同化物减少,玉米茎生长受到抑制。随着盐浓度的增加,玉米总干物质明显减少。

时丽冉(2007)分别用不同浓度的 NaCl、Na_2CO_3 以及二者的混合溶液处理玉米种子,模拟中性盐、酸性盐和混合盐碱对种子萌发及一些生理指标的影响。结果表明,用单纯盐、碱、混合盐碱溶液处理的玉米种子,对其萌发均有抑制作用,种子的发芽率、发芽指数、活力指数下降,根冠比降低,丙二醛含量升高,α-淀粉酶活性降低,危害程度随着处理浓度的增大而加剧。3种处理对种子萌发的抑制程度为 Na_2CO_3>混合盐碱>NaCl。

刘春晓等(2017)曾于2016年试验,设置0(对照)、120 mmol/L、180 mmol/L、240 mmol/L、300 mmol/L 共5个 NaCl 浓度梯度胁迫处理,研究其对不同玉米种质资源萌发特性的影响,为玉米耐盐种质资源评价提供理论依据。结果表明,NaCl 胁迫对8份玉米种质的发芽具有显著的抑制作用,所有 NaCl 浓度下发芽率、发芽势、发芽指数、胚芽长度、胚芽重都显著低于对照,并且随 NaCl 浓度的升高抑制显著增强;8份玉米种质材料中,鲁系4502耐盐性最强,鲁自1504、鲁自1801、H318、M03、C79311、H06 耐盐性居中,鲁原1423耐盐性最差。

(二)盐碱胁迫的应对措施

1. 选用耐(抗)盐碱玉米品种

盐碱地一般土壤瘠薄,地势低洼,早春土壤温度回升慢。选用抗逆性强、耐盐碱、生育期适中的品种有利于提高玉米产量,减少盐碱造成的损失。

孙浩等(2016)以郑单958为对照,在盆栽条件下,对土壤进行对照(非盐碱土)、轻度盐碱(0.188%)、中度盐碱(0.268%)3种处理,对12个黄淮海地区主推夏玉米品种分别进行萌发期和苗期的盐碱耐性评价。结果表明,品种间发芽率和发芽势对盐碱胁迫敏感程度存在显著差异,其中,承玉10在中度盐碱条件下发芽率和发芽势相对值分别比郑单958高21%和43%。与对照土壤相比,在轻度盐碱和中度盐碱胁迫条件下,鲁单818根表面积、根体积、总根长均有明显地增加,金海5号、登海605、德利农318则显著下降。在中度盐碱胁迫条件下,济丰96和郑单958叶片 MDA 含量和 SOD 活性均有所下降,鲁单818的 POD 活性和可溶性蛋白相对值均最高。根据轻、中度盐碱土壤下7个指标隶属函数值综合评价,鲁单818、承玉10为早期耐盐碱品种,济丰96、德利农318、浚单20为早期不耐盐碱品种,其他为早期中等耐盐碱品种。

2. 其他措施 在低洼盐碱地块种植玉米应注意以下几个问题:

(1)加强农田基本建设 加强农田基本建设,搞好盐碱地块的改良增施优质腐熟的农肥,有条件的地区可修筑台田、条田或用磷石膏等改良土壤。

(2)适当深耕,提高整地质量 盐碱地可进行适当的深耕,防止土壤返盐,有效地控制土壤表层盐分的积累。要进行秋整地、秋起垄,翌年垄上播种。

(3)精细播种 盐碱地玉米由于受盐碱危害和虫害的影响较重,出苗率相对较低。种植时应选择盐害较轻的地块,适时晚播,适当加大播种量,并注意防治地下害虫,提高出苗率,播种时可适当深开沟将玉米种子播在盐分含量低的沟底,然后浅覆土。

(4)加强田间管理 盐碱地玉米出苗晚、生长慢、苗势弱。在田间管理上要采取早间苗、多留苗、晚定苗的技术措施。一般在2~3片叶间苗,6~7片叶定苗。及时进行中耕除草,提高地温,减少水分蒸发带来的土壤返盐现象。在降雨后要及时进行铲地,破除土壤板结,防止土壤返盐。

(5)科学施肥 复合肥做底肥时要选择硫酸钾型复合肥,不能选用氯基复合肥。玉米出苗后植株出现紫苗时要及时进行叶面喷施磷酸二氢钾,促进幼苗生长。

王宝山等(1996)研究发现,抗盐剂能明显地降低胁迫下玉米幼苗蒸腾速率,减少水分亏缺,增加束缚水/自由水比值,从而改善盐胁迫下组织水分状况,使幼苗保持较高的干物质积累和相对生长速率,为增产奠定物质基础。

王征宏等(2007)研究了 NO 信号分子对盐胁迫下玉米幼苗氮代谢产物的影响。结果表明,经 100 mmol/L NaCl 溶液处理后,玉米幼苗叶片的可溶性蛋白质含量迅速下降,游离氨基酸和脯氨酸含量迅速上升,但随着胁迫时间的延长,变化趋势趋于缓和。在同样的盐胁迫条件下,NO 供体硝普钠(SNP)诱导处理对可溶性蛋白质含量的降低有明显的抑制作用,且显著促进了游离氨基酸和脯氨酸含量的升高。表明外源 NO 供体可以调节玉米叶片脯氨酸、游离氨基酸和可溶性蛋白质的含量,增强玉米幼苗的耐盐性。

四、灾害性天气及其应对

中原二熟区玉米种植中常见和多发的灾害性天气类型包括干旱、渍涝和高温等。针对灾害性天气,应对措施主要分为两个方面:选用抗性品种和采取农艺措施。

(一)选用品种

除了采取栽培耕作方面的手段预防和挽回环境胁迫造成的产量损失外,发挥玉米增产潜力最为经济有效的措施是因地制宜选用良种。选择正确的品种是抵御非生物胁迫的关键。因地制宜主要是指依据当地的气候条件、水利条件、地力条件,选择高产、优良、抗性品种,充分利用当地的自然条件,发挥品种的最大增产潜力。

减少干旱造成的玉米产量损失,应采用耐旱性好的玉米种质,利用玉米自身的遗传特性来对抗干旱胁迫。抗旱性强的玉米种质,相比干旱敏感型种质具有更稳定的产量表现,在受到胁迫时产量明显高于敏感型品种。

针对易受高温胁迫的区域,则应选育推广耐热品种,利用品种遗传特性预防高温危害。

(二)应用综合农艺措施

1. 干旱应对措施 减少干旱造成的玉米产量损失,主要从两方面入手。一是采用耐旱性好的玉米种质,利用玉米自身的遗传特性来对抗干旱胁迫;二是采取一系列的栽培手段,减轻水分亏缺从而达到降低产量损失的目的。

除了选择耐旱性强的种质,节水灌溉、化学材料应用以及合理施用 N、K、甜菜碱也可以从一定程度减少干旱造成的损失。

(1)节水、集水措施 在半干旱区,农业上使用的工程集水、覆膜坐水、滴灌等措施,均能在一定程度上增加土壤有效水分,减少田间土壤水分损失,增加作物产量,从而达到防旱抗旱的目的。在黄淮海地区可以通过秸秆覆盖,充分利用前茬的自然降水。秸秆覆盖可以通过降低土壤温度,有效地减少地面的无效蒸发,提高土壤水转化为作物用水的比例,从而提高水分利用效率。试验表明,夏玉米种植采取垄作覆盖麦秸的方式,可实现较好的节水效果,在 7 月中下旬,0~20 cm 土层的重量含水量比平作无覆盖麦秸的处理高 5% 左右。雨水集蓄灌溉农业是一种新型集水农业,它能在时间和空间两个方面实现雨水富集,实现对天然降水的调控利用。集蓄雨水在作物需水关键期及水分临界期进行有限补充灌溉,可提高作物产量水平及土地生产力。

不同的集雨方式达到的效果也不尽相同。沙田集雨补灌是雨水利用的一种经济高效的方式。而田间沟垄微集雨结合覆盖可以有效地利用垄膜的集雨和沟覆盖的蓄水保墒功能,改变降雨的时空分布,使降雨集中在沟内,明显提高降雨的利用率,特别是 5 mm 左右微小降雨的利用率。全地面平铺覆盖栽培最大限度地降低了土壤水分的无效蒸发,达到保墒的目的。田间沟垄微集雨技术和全地面平铺覆盖栽培技术能增加玉米产量,提高降水利用率。

(2) 化学材料应用 目前应用化学调控措施提高作物抗旱性的研究也比较普遍,如土壤改良剂、保水剂、激素类和保肥类等材料的应用,对改善作物生长和生理代谢功能起重要作用。

抗旱剂能使作物缩小气孔开度、抑制蒸腾、增加叶绿素含量、提高根系活力、减缓土壤水分消耗等功能,从而增强了作物的抗旱能力。在玉米栽培中使用抗旱剂,可以通过改变玉米的生理环境,来提高玉米的抗旱能力。当玉米处于少水胁迫状态时,能减缓超氧化物歧化酶的下降幅度及丙二醛的增加幅度,控制叶片细胞中的叶绿素含量叶片的衰老速率,将玉米的光合作用和生产能力维持在一定水平,提高玉米的旱地产量。保水剂是一种高吸水性的树脂材料,具有高吸水性和保水性,其吸水量和吸水速度十分可观。在玉米地中使用保水剂,对土壤保肥、保水有促进作用。在旱地玉米种植中,保水材料可以维持一段时间玉米地干旱状态,通过缓慢释放储存的水量来满足玉米的生长需求。此外,脯氨酸具有调节渗透作用的效果,并有许多在旱地使用的优势。研究表明脯氨酸可能对叶绿素的功能恢复有促进,并且在干旱逆境环境下使植物有抵御干旱胁迫的反应。

辛小桂等(2004)通过比较保水剂、泥炭、沸石和稀土这4种化学材料对玉米生长、水分蒸发、光合作用及效率的影响,发现水分亏缺降低了玉米幼苗叶片相对含水量、叶水势、光合速率和光能转化效率,使作物生长减缓;各不同化学材料的使用可以不同程度地提高玉米的抗旱指标,如增加根冠比、提高叶片保水能力和调节光合作用。在水分胁迫时,不同化学材料对提高这些生理指标的效果有着明显差异。4种化学材料对提高玉米根冠比的能力依次是保水剂＞泥炭＞沸石＞稀土,在提高玉米相对含水量和叶水势方面,保水剂较强,在水分胁迫时,泥炭和稀土次之,沸石作用不明显;在提高玉米幼苗光合速率的能力方面依次是保水剂＞稀土＞沸石＞泥炭,泥炭虽然光合速率小但其光能转化效率较高。在正常供水条件下,稀土、沸石和保水剂对玉米的生长及生理的影响作用差别较大,说明这些化学材料更适合于干旱缺水条件下施用。

(3) 氮、钾、甜菜碱对夏玉米干旱的减缓作用 N素和K素是作物需求量大而干旱地区土壤往往缺乏的矿质营养元素。近来的研究表明,它们除直接营养植物外,又对抗旱有一定效果,旱地作物水分利用效率和产量都与其供应有关。水分胁迫是干旱地区常见的现象,确定这两种营养元素的抗旱效果更具有实际意义。甜菜碱是一种季铵型水溶性生物碱,是作物细胞质中重要的渗透调节剂。据报道,作物受到水分胁迫时,甜菜碱会在细胞内积累而提高渗透压,具有极重要的"非渗透调节"功能;它还能作为一种保护物质,维持生物大分子的结构完整,保持正常生理活动,减轻干旱对酶活性的影响,有益于水分胁迫下作物的生长发育。近年不少试验表明,喷施甜菜碱可提高作物抗旱能力、水分利用效率和产量。

2. 渍涝应对措施 在玉米生产中,为从根本上防御渍涝,应该配备基本的农田水利设施,使田间沟渠畅通,做到旱能灌、涝能排,为玉米渍涝灾害防御奠定基础。同时,应在玉米生产中改变种植方式来防止夏季雨水过多造成的渍涝,采用凸畦田台或大垄双行种植。这种种植方式的优点为:一方面,当雨量较大时,有利于雨水聚集,加速土壤沥水的过程,减少土壤耕层中的滞水;二是有利于调整玉米根系分布,改善田间土壤的通气状况,从而提高玉米根系着生和分布高度。另外,可以采取适期早播,避开芽涝,把玉米最怕渍涝的发芽出苗期和苗期安排在雨季开始以前,尽量避开雨涝季节,可有效地避免或减轻渍涝的危害。科学选择品种也能减少渍涝灾害损失。不同玉米品种的耐渍涝能力存在较大差异。在玉米的生产中选用耐渍涝的品种,由于其抗渍涝性强,在发生渍涝危害时,减产量较低,单产显著高于不耐渍品种。

发生渍涝时,淹水时间越长受害越重,淹水越深减产越重。及时排水散墒可以最大程度地减少损失。排水后还需要一系列的措施来恢复受害玉米生长,具体如下:

(1)排水散墒　被水淹、浸泡的玉米田要及时进行排水,挖沟修渠,尽早抽、排田间积水,降低水位和田间土壤含水量,确保玉米后期正常生长;灾情较轻的地块要及时挖沟排水,排水晒田,提高地温,确保正常生长;对于未过水、渍水,但有出现内涝可能的地块,也要及时挖水沟排水,预防强降雨造成内涝。

(2)及时扶立　受过雨水、强风等因素影响造成倒伏的地块,要根据具体情况及时进行处理。大雨过后,玉米茎及根系比较脆弱,扶立时要防止折断和进一步伤根,加重玉米的受灾程度。被风刮倒的玉米要及时(1~3 d内)扶起、立直,越早越好,并将根部培土踏实(尤其是风口地带),杜绝二次倒伏。

(3)适时补种　因水灾绝收的玉米地块,要及时清理田间杂物及秸秆,补种适宜、对路、好销售的晚秋作物,最大限度地减少空地面积。

(4)加强管理　受到水淹胁迫的地块在排水扶立之后还应加强管理,采取一系列措施保证后续生产过程。

① 去掉底叶　过水和渍水地块,玉米下部叶片易过早枯黄,要及时去掉黄枯叶片,减少养分损失,提高通风透光,减少病害发生,促进作物安全成熟。

② 拔除杂草　在8月末对玉米田进行放秋垄、拔大草,减少杂草与玉米争肥夺水。

③ 防治蚜虫　玉米田如发现蚜虫,用40%乐果乳油1500~2000倍药液喷雾防治,以保证正常授粉和结实。

④ 促进早熟　叶面喷施磷酸二氢钾和芸苔素内酯等,迅速补充养分,增强植株抗寒性,促进玉米成熟。

⑤ 扒皮晾晒　在玉米生长后期采取站秆扒皮晾晒,加速籽粒脱水,促进茎、叶中养分向果穗转移和籽粒脱水,降低含水量,促进玉米的成熟和脱水。

⑥ 预防早霜　要提早做好预防早霜的准备工作。尤其是水灾较重、玉米生长延迟、易受冻害、冷害影响的地区。方法可采取放烟熏的办法。在早霜来临前,低洼地块可在上风口位置,放置秸秆点燃,改变局部环境温度,人工熏烟防霜冻。

⑦ 适时晚收　提倡适时晚收,不要急于收获,适当延长后熟生长时间,充分发挥根茎储存养分向籽粒传送的作用,提高粮食产量和品质。一般在玉米生理成熟后7~10 d为最佳收获期,一般为10月5—15日。

3. 高温应对措施　为了减轻高温给玉米生产带来的损失,可以采取以下措施:

(1)调节播期,避开高温天气　春播玉米可推迟至6月播种,减少开花授粉期遭遇高温天气的受害程度。

(2)人工辅助授粉,提高结实率　在高温干旱期间,玉米的自然散粉、授粉和受精结实能力均有下降,如开花散粉期遇到38℃以上持续高温天气,建议采用人工授粉增加玉米结实率,减轻高温对授粉受精过程的影响。

(3)适当降低密度,采用宽窄行种植　在低密度条件下,个体间争夺水肥的矛盾较小,个体发育较健壮,抵御高温伤害的能力较强,能够减轻高温热害。采用宽窄行种植有利于改善田间通风透光条件、培育健壮植株,使植体耐逆性增强,从而增加对高温伤害的抵御能力。

(4)加强田间管理,提高植株耐热性　通过加强田间管理,培育健壮的耐热个体植株,营造田间小气候环境,增强个体和群体对不良环境的适应能力,可有效地抵御高温对玉米生产造成的危害。具体有如下几方面:

① 科学施肥,重视微量元素的施用　以基肥为主,追肥为辅;重施有机肥,兼顾施用化肥;

注意氮磷钾平衡施肥（3∶2∶1）。叶面喷施脱落酸（ABA）水杨酸（SA）、激动素（BA）等进行化学调控也可提高植株耐热性。

② 苗期蹲苗进行抗旱锻炼，提高玉米的耐热性　利用玉米苗期耐热性较强的特点，在出苗 10～15 d 后进行为期 20 d 的抗旱和耐热性锻炼，使其获得并提高耐热性，减轻玉米一生中对高温最敏感的花期对其结实的影响。

③ 适期喷灌水，改变农田小气候环境　高温期间或提前喷灌水，可直接降低田间温度；同时，灌水后玉米植株获得充足的水分，蒸腾作用增强，使冠层温度降低，从而有效地降低高温胁迫程度，也可以部分减少高温引起的呼吸消耗，减免高温伤害。

五、防治病虫害和防除杂草

详见第六章。

本章参考文献

毕建杰,刘建栋,叶宝兴,等,2002. 干旱胁迫对夏玉米叶片光合及叶绿素荧光的影响[J]. 气象与环境科学,2002,31(2):10-15.

边大红,刘梦星,牛海峰,等,2017. 施氮时期对黄淮海平原夏玉米茎秆发育及倒伏的影响[J]. 中国农业科学,50(12):2294-2304.

曹彩云,郑春莲,李科江,等,2009. 长期定位施肥对夏玉米光合特性及产量的影响研究[J]. 中国生态农业学报,17(6):1074-1079.

曹永强,王怡涵,冯兴兴,等,2020. 河北省夏玉米不同生育期干旱时空分析[J]. 华北水利水电大学学报（自然科学版）,41(4):1-9.

苌建峰,2007. 不同基因型玉米碳氮代谢差异研究[D]. 郑州:河南农业大学.

柴强,黄高宝,2002. 集雨补灌对冬小麦套玉米复合群体生长特性研究[J]. 干旱地区农业研究,20(4):76-79.

陈阜,逄焕成,2000 冬小麦/春玉米/夏玉米间套作复合群体的高产机理探讨[J]. 中国农业大学学报,5(5):12-16.

陈国立,刘键娜,娄麦兰,等,2006. 郑单 958 不同密度与施氮量对产量及部分植株性状研究初报[J]. 玉米科学,14:108-109.

陈颖,王绍旋,2005.玉米大豆间作体系沼液浸种的产量效应分析[J]. 种子,24(8):29-33,66.

陈玉香,周道玮,2003. 玉米—苜蓿间作的生态效应[J]. 生态环境学报,12(4):467-468.

陈志兵,陶洪斌,吴拓,等,2016. 高温对玉米花粉活力的影响[J]. 中国农业大学学报(3):25-29.

程铭慧,范军亮,张富仓,等,2018.分根区交替灌溉下水分亏缺对夏玉米生长和水分利用效率的影响[J]. 排灌机械工程学报,36(09):40-44.

崔吉晓,檀海斌,吴佳迪,等,2017. 微喷灌水肥一体化对河北夏玉米生长及产量的影响[J]. 玉米科学,25(3):105-110.

党红凯,李伟,曹彩云,等,2014. 乳熟后灌溉对夏玉米水分利用效率及干物质转运的影响[J]. 农业机械学报,45(5):131-138.

番聪聪,胡正华,黄进,等,2018. 河北省夏玉米生长季干旱时空特征及对夏玉米产量的影响[J]. 江苏农业科学,46(10):69-74.

冯海娟,张善平,马存金,等,2014. 种植密度对夏玉米茎秆维管束结构及茎流特性的影响[J]. 作物学报(8):1435-1442.

高繁,胡田田,姚德龙,等,2018. 密度和品种对夏玉米产量及水分利用效率的影响[J]. 干旱地区农业研究,36

(6):21-25.

高建胜,郭建军,崔慧妮,等,2018.黄淮海北部农田犁底层不同破除程度对夏玉米农艺性状及产量的影响[J].山东农业科学,50(3):36-40.

高剑民,邓忠,吕谋超,等,2018.畦灌液施方式对夏玉米灌溉质量和水分利用率的影响[J].水土保持学报,32(6):79-86.

高阳,段爱旺,刘祖贵,等,2008.玉米和大豆条带间作模式下的光环境特性[J].应用生态学报,19(6):1248-1254.

高英,周延安,赵营,等,2007.盐胁迫对玉米发芽和苗期生长的影响[J].中国土壤与肥料(2):30-34.

郜庆炉,张艳平,1996.不同种植方式对玉米大豆间作群体产量形成的影响[J].河南农业科学(6):6-9.

葛体达,隋方功,李金政,等,2005.干旱对夏玉米根冠生长的影响[J].中国农学通报,2(1):103-109.

谷岩,梁煊赫,王振民,等,2009.不同抗旱性玉米苗期叶片活性氧代谢对水分胁迫的响应[J].安徽农业科学,37(29):14089-14091,14117.

郭丽,史建硕,土丽英,等,2018.滴灌水肥一体化条件下施氮量对夏玉米氮素吸收利用及土壤硝态氮含量的影响[J].中国生态农业学报,26(5):668-676.

郭文建,刘海,2014.高温胁迫对玉米光合作用的影响[J].天津农业科学,20(4):86-88.

郭秀玲,2016.夏玉米全免耕机械播种栽培技术[J].农民致富之友(15):37.

郭旭新,周富彦,寇明蕾,等,2010.水分胁迫下夏玉米的生理特性及补偿效应[J].灌溉排水学报,29(3):85-88.

韩新华,马凤鸣,赵宏伟,等,2005.不同施氮量对春玉米籽粒蛋白质积累规律及产量的影响[J].东北农业大学学报(02):129-132.

郝艳茹,劳秀荣,孙伟红,等,2003.小麦/玉米间作作物根系与根际微环境的交互作用[J].生态与农村环境学报(04):18-22.

何世龙,艾厚煜,2001.玉米、马铃薯间套作模式评价[J].作物杂志,1(03):21-23.

黄寅玲,2019.安阳市夏玉米一次性施肥试验报告[J].河南农业(19):21-21.

贾建明,李志宏,张喜英,等,2010.不同种植方式沟播沟灌对夏玉米生长发育的影响[J].河北农业科学,14(12):14-15,19.

江黎明,李月梅,周银华,2014.不同播种期与种植密度对夏玉米生长发育的影响[J].现代农业科技(7):21-22.

江丽华,谭德水,李子双,等,2018.黄淮海平原夏玉米一次性施肥肥料产品的筛选与产量效应[J].中国农业科学,51(20):3876-3886.

蒋佩兰,刘隆旺,1995.不同种植方式玉米田玉米害虫及其天敌与产量关系的研究[J].江西农业大学学报,17(1):25-27.

焦念元,2008.玉米—花生间作对作物产量和光合作用光响应的影响[J].应用生态学报(05):981-985.

孔祥彬,白星焕,王同芹,2012.阴雨寡照条件下密度对夏玉米叶面积和产量的影响[J].玉米科学,20(4):64-68.

寇长林,王秋杰,2000.玉米花生间作系统优化配置模式研究[J].耕作与栽培(6):14-15.

李彪,孟兆江,段爱旺,等,2018a.调亏灌溉对夏玉米根冠生长关系的调控效应[J].干旱地区农业研究,36(5):169-175.

李彪,孟兆江,申孝军,等,2018b.隔沟调亏灌溉对冬小麦—夏玉米光合特性和产量的影响[J].灌溉排水学报,37(11):8-14.

李格,白由路,杨俐苹,等,2019.华北地区夏玉米滴灌施肥的肥料效应[J].中国农业科学,52(11):1930-1941.

李昊儒,郝卫平,梅旭荣,等,2018.不同灌溉施肥措施对夏玉米—冬小麦农田N_2O排放和产量的影响[J].农业工程学报,34(16):103-112.

李洪梅,张娟,王西芝,等,2016. 不同播期对夏玉米生育特性、灌浆特征和产量的影响[J]. 农业科技通讯(12):57-60.

李洪岐,蔺海明,梁书荣,等,2012. 密度和种植方式对夏玉米酶活性和产量的影响[J]. 生态学报,32(20):6584-6590.

李萌,陆欣春,田霄鸿,等,2009. 干旱条件下锌对玉米根系生长及叶片保护酶活性的影响[J]. 西北农林科技大学学报(自然科学版)(10):109-114.

李清芳,马成仓,季必金,等,2009. 硅对干旱胁迫下玉米水分代谢的影响[J]. 生态学报,29(8):4163-4168.

李瑞,胡田田,牛晓丽,等,2013. 局部水分胁迫对玉米根系生长的影响[J]. 中国生态农业学报,21(11):1371-1376.

李淑君,张丕辉,付忠军,等,2019. 玉米花期不同种质资源耐热性鉴定与分析[J]. 玉米科学,27(4):22-31.

李士林,2016. 夏玉米免耕直播优质高产栽培技术[J]. 现代农业科技(10):18-19.

李挺,牛春丽,王淑惠,2005. 播期对夏玉米阶段发育和产量性状的影响[J]. 安徽农业科学,33(7):1156-1158.

李伟,李絮花,李海燕,等,2012. 控释尿素与普通尿素混施对夏玉米产量和氮肥效率的影响[J]. 作物学报,38(4):699-706.

李香颜,刘忠阳,李彤霄,2011. 淹水对夏玉米性状及产量的影响试验研究[J]. 气象科学,31(1):79-82.

李燕,王志伟,霍治国,等,2020. 干旱对夏玉米根冠及产量影响试验[J]. 应用气象学报,31(1):83-94.

李艳杰,史纪明,邵金花,等,2001. 钾肥在玉米上的应用技术研究[J]. 现代化农业(12):14-16.

李兴,史海滨,程满金,等,2007. 集雨补灌对玉米生长及产量的影响[J]. 农业工程学报,4(23):34-38.

李增嘉,李凤超,赵秉强,1997. 小麦玉米间套作种植模式经济效益的分析[J]. 山东农业大学学报(04):383-390.

李振明,2008. 多元素微肥对玉米产量及构成因子影响初探[J]. 现代农业科技,479(09).

梁哲军,王玉香,董鹏,等,2016. 低压微喷对小麦、玉米产量和水分利用效率的影响[J]. 山西农业科学,44(9):1272-1275,1293.

刘彩彩,张孟妮,武雪萍,等,2019. 微喷水肥一体化氮肥后移对夏玉米氮素吸收及籽粒产量品质的影响[J]. 中国土壤与肥料(6):108-113.

刘春晓,董瑞,刘强,等,2017. 盐胁迫对不同玉米种质资源种子萌发特性的影响[J]. 山东农业科学,49(10):27-30,35.

刘广才,杨祁峰,李隆,等,2008. 小麦/玉米间作优势及地上部与地下部因素的相对贡献[J]. 植物生态学报,32(2):8.

刘海,郭建文,2014. 高温胁迫对玉米生长生理特性的影响[J]. 天津农业科学,20(3):105-107.

刘见,宁东峰,秦安振,等,2020. 氮肥减量后移对喷灌玉米产量和水氮利用效率的影响[J]. 灌溉排水学报,39(3):42-49.

刘如香,2019. 高温干旱对玉米的影响及应对措施[J]. 现代农村科技(5):22.

刘贤德,李晓辉,李文华,等,2004. 玉米自交系苗期耐旱性差异分析[J]. 玉米科学,12(3):63-65.

刘永红,何文铸,杨勤,等,2007. 花期干旱对玉米籽粒发育的影响[J]. 核农学报,21(2):181-185.

刘玉涛,王宇先,郑丽华,等,2011. 旱地玉米节水灌溉方式的研究[J]. 黑龙江农业科学(10):16-17.

吕丽华,董志强,张经廷,等,2014. 水氮对冬小麦－夏玉米产量及氮利用效率影响[J]. 中国农业科学,47(19):3839-3849.

吕丽华,贾秀领,姚海坡,等,2017. 不同灌水模式对夏玉米产量和植株性状的影响[J]. 华北农学报,32(增刊):153-159.

吕鹏,张吉旺,刘伟,等,2012. 施氮时期对高产夏玉米氮代谢关键酶活性及抗氧化特性的影响[J]. 应用生态学报,23(6):1591-1598.

麻雪艳,周广胜,2018. 干旱对夏玉米苗期叶片权衡生长的影响[J]. 生态学报,38(5):1758-1769.

马海燕,张展羽,王昕,等,2012. 膜沟灌溉条件下夏玉米生长状况及产量、水分利用效率研究[J]. 节水灌溉(9):52-54.

马杰,彭婷婷,陈若礼,等,2014. 花期高温对玉米结实的影响[J]. 安徽农学通报(1):39-40.

马盼盼,胡占菊,高岭巍,2014. 高温干旱对玉米吐丝、灌浆期的影响及应对措施[J]. 农业科技通讯(6):155-156.

倪大鹏,刘强,阴卫军,等,2007. 施钾时期和施钾量对玉米产量形成的影响[J]. 山东农业科学,2007(4):82-83.

宁东峰,秦安振,刘战东,等,2019. 滴灌施肥下水氮供应对夏玉米产量、硝态氮和水氮利用效率的影响[J]. 灌溉排水学报(9):28-35.

宁晓光,赵秋,张新建,等,2019. 不同冬闲绿肥轮作处理对玉米生长和产量指标的影响[J]. 天津农业科学,25(6):33-36.

潘英华,康绍忠,2000. 交替隔沟灌溉水分入渗特性[J]. 灌溉排水(1):1-4.

逄焕成,陈阜,1995. 玉米大豆间作复合群体光效应特征研究[J]. 耕作与栽培(4):4-7.

彭正萍,张家铜,袁硕,等,2009. 不同供磷水平对玉米干物质和磷动态积累及分配的影响[J]. 植物营养与肥料学报(04):793-798.

任伟,赵鑫,黄收兵,等,2014. 不同密度下增施有机肥对夏玉米物质生产及产量构成的影响[J]. 中国生态农业学报,22(10):1146-1155.

石德杨,李艳红,夏德军,等,2017. 种植密度对夏玉米根系特性及氮肥吸收的影响[J]. 中国农业科学,50(11):2006-2017.

石洁,王振营,2011. 玉米病虫害防治彩色图谱[M]. 北京:中国农业出版社.

时丽冉,2007. 混合盐碱胁迫对玉米种子萌发的影响[J]. 衡水学院学报,9(1):13-15.

斯琴巴特尔,吴红英,2000. 盐胁迫对玉米种子萌发及幼苗生长的影响[J]. 干旱区资源与环境,14(4):76-80.

司贤宗,2008. 大田专用缓/控释氮肥工厂化生产工艺参数及其肥效研究[D]. 郑州:河南农业大学.

隋鹏,陈阜,高旺盛,2000. 海河低平原区小麦玉米套种高产技术研究[J]. 作物杂志(2):10-12.

孙浩,张保望,李宗新,等,2016. 夏玉米品种盐碱胁迫耐受能力评价[J]. 玉米科学(1):81-87.

孙红梅,辛霞,林坚,等,2004. 温度对玉米种子贮藏最适含水量的影响[J]. 中国农业科学,37(5):656-656.

孙静,2003. 氮肥不同施用时期与玉米产量效应研究[J]. 贵州农业科学,31(0z1):47-48.

孙克刚,杜君,和爱玲,等,2015. 控释尿素对水稻产量及氮肥利用率的影响[J]. 河南农业科学,44(12):57-60.

孙雁,周天富,王云月,等,2006. 辣椒玉米间作对病害的控制作用及其增产效应[J]. 园艺学报,33(5):995-1000.

唐锦福,贾忠军,陈志国,2009. 氮肥不同施用量对玉米性状及产量的影响[J]. 现代化农业(07):9-10.

Uzokwe,李新强,高阳,等,2013. 不同灌水方式下基于水面蒸发量的夏玉米灌溉试验研究[J]. 灌溉排水学报,32(3):59-62.

王宝山,赵可夫,1996. 植物抗盐剂对盐胁迫玉米幼苗水分代谢的效应[J]. 山东师大学报(自然科学版),11(3):73-76.

王长春,冯卫东,卢贤继,1998. 两级干燥工艺在玉米种子收获中的应用研究[J]. 农业机械学报,29(002):179-180.

王川,林治安,李絮花,2011. 施肥方式对夏玉米产量和养分吸收利用的影响[J]. 湖南农业科学(03):36-37.

王成业,2010. 洪涝灾害对夏玉米生长发育及产量的影响[J]. 河南农业科学,39(8):20-21.

王德宽,2019. 微喷灌水肥一体化对夏玉米生长及产量的影响[D]. 泰安:山东农业大学.

王红静,王立静,曹娟,等,2017. 不同种植密度和行距对夏玉米产量的影响[J]. 农业科技通讯(6):86-88.

王红军,郭书亚,张艳,等,2017. 水肥管理对夏玉米田土壤酶活性的影响[J]. 江苏农业科,45(18):64-66.

王建东,张彦群,隋娟,等,2016. 滴灌下覆盖和追肥措施对夏玉米生长及产量的影响[J]. 灌溉排水学报,35

(12):1-6.

王丽君,2018. 黄淮海平原夏玉米季干旱、高温的发生特征及对产量的影响[D]. 北京:中国农业大学.

王萌,陈国强,金海燕,等,2015. 种植密度和空间布局方式对夏玉米光合日变化的影响[J]. 现代农业科技(22):23-24,29.

王娜,王靖,冯利平,等,2015. 华北平原冬小麦-夏玉米轮作区采用"两晚"技术的产量效应模拟分析[J]. 中国农业气象,36(5):611-618.

王鹏翔,2018. 大田灌溉试验小区适宜规格确定方法研究[D]. 北京:中国农业科学院.

王青才,2019. 河南省夏玉米麦后直播高产栽培技术[J]. 农业科技通讯(10):72-73.

王树立,2009. 大豆与玉米间作高产栽培配套技术[J]. 现代农业科技(4):188.

王同朝,李小艳,杜园园,等,2013. 时空交替间隔灌溉对夏玉米田水分和产量形成的影响[J]. 华北农学报,28(4):115-122.

王献民,徐学政,2016. 高温天气对玉米生产的影响[J]. 乡村科技(23):89.

王晓迪,王春堂,侯贺贺,等,2014. 管道均匀移动精准灌溉对夏玉米土壤水分变化及水分利用效率的影响研究[J]. 节水灌溉(9):22-26,29.

王孝华,阮培均,梅艳,等,2009. 玉米与菊苣不同密度间作试验[J]. 草业科学 26(8):137-140.

王宜伦,李潮海,谭金芳,等,2011. 氮肥后移对高产夏玉米产量及氮素吸收和利用的影响[J]. 作物学报,37(02).

王育红,周新,沈东风,等,2019. 播期对河南不同熟期夏玉米生长发育和产量的影响[J]. 耕作与栽培(4):6-10,14.

王征宏,吕淑芳,张亚冰,2007. 盐胁迫下外源NO对玉米叶片氮代谢产物的影响[J]. 安徽农业科学,35(17):5055-5056.

吴明泉,侯廷荣,张桂阁,等,2014. 阴雨寡照下种植密度对夏玉米产量及相关性状的影响[J]. 作物杂志(4):95-96,97.

武志杰,王仕新,张玉华,2001. 玉米和小麦间作农田水分动态变化的研究[J]. 玉米科学,9(2):61-61.

夏璐,赵蕊,王怡针,等,2019. 干旱胁迫对夏玉米光合作用和叶绿素荧光特性的影响[J]. 华北农学报,34(3):102-110.

肖登攀,齐永青,柏会子,等,2018. 河北平原区早播玉米产量潜力及气候条件分析[J]. 江苏农业科学,46(17):52-56.

肖继兵,杨久廷,辛宗绪,等,2009. 风沙半干旱区旱地玉米提高降水生产效率的栽培技术研究[J]. 玉米科学,17(5):116-120.

肖俊夫,刘战东,刘祖贵,等,2001. 不同时期干旱和干旱程度对夏玉米生长发育及耗水特性的影响[J]. 玉米科学,19(4):54-58,64.

谢倩,陈冠英,陶洪斌,等,2015. 玉米播种期水分胁迫及补水对幼苗生长的影响[J]. 中国农业大学学报,20(6):16-24.

谢世清,冯毅武,杜红莲,等,1997. 滇中甘薯玉米立体高产栽培的研究[J]. 云南农业科技(06):7-9.

辛小桂,黄占斌,朱元骏,2004. 水分胁迫条件下几种化学材料对玉米幼苗抗旱性的影响[J]. 干旱地区农业研究,3(22):54-57.

徐贺威,刘翠玲,张琦,2019. 高温热害对夏玉米的影响及应对措施[J]. 河南农业(10):33.

闫先喜,马小杰,邢树平,等,1995. 盐胁迫对大麦种子细胞膜透性的影响[J]. 植物学报,12(增刊):53-54.

闫振兴,2017. 水肥一体化节水灌溉对夏玉米水分利用的影响[D]. 泰安:山东农业大学.

阳晓原,范兴科,吴普特,等,2009. 夏玉米低定额畦灌田间试验研究[J]. 中国农学通报,25(010):282-286.

杨人震,卢济事,赵赛夫,等,1996. 玉米与大豆、花生、甘薯间作方式的研究[J]. 玉米科学,4(04):50-53.

杨岩,谭德水,江丽华,等,2018. 黄淮海夏玉米一次性施肥技术效应研究[J]. 中国农业科学,51(20):3909-3919.

余卫东,冯利平,胡程达,等,2015.苗期涝渍对黄淮地区夏玉米生长和产量的影响[J].生态学杂志,34(8):2161-2166.

于明礼,王燕,刘少坤,等,2009.氮素对不同类型饲用玉米产量及品质的影响[J].山东农业科学(004):57-60.

禹淑梅,张海芝,2018.夏玉米少耕覆盖高产节本栽培技术[J].农业科技通讯(2):167-168.

张保民,张黎黎,2008.麦田套种对玉米环境因子及生长发育影响的研究[J].山东农业大学学报:自然科学版,39(004):495-500.

张锋伟,戴飞,张克平,等,2010.基于两级干燥工艺的玉米果穗太阳能集热通风干燥系统设计[J].农业工程学报,26(008):338-342.

张华,吴士强,蒋保娟,2010.肥料类型及用量对夏玉米产量形成及氮肥效率的影响[J].中国农学通报,26(16):191-194.

张俊平,李卫欣,俞凤芳,2007.小麦玉米间套作的高产和光合性能研究[J].安徽农业科学,35(31):9874-9878.

张兰兰,李运起,李秋凤,等,2009.微肥配施对青贮玉米产量的影响[J].河北农业大学学报,032(002):6-10.

张礼军,张恩和,黄高宝,等,2005.灌溉与施磷对小麦—玉米—马铃薯间套群体作物生理特征的影响[J].甘肃农业大学学报,40(1):53-58.

张立新,李生秀,2005.氮、钾、甜菜碱对减缓夏玉米水分胁迫的效果[J].中国农业科学,38(7):1401-1407.

张孟妮,毛平平,王丽,等,2017.微喷水肥一体化提高冬小麦产量与品质[J].中国土壤与肥料(04):89-95.

张萍,陈冠英,耿鹏,等,2017.籽粒灌浆期高温对不同耐热型玉米品种强弱势粒发育的影响[J].中国农业科学,50(11):2061-2070.

张倩,张洪生,姜雯,等,2013.种植方式与密度对夏玉米碳、氮代谢和氮利用效率的影响[J].华北农学报,28(5):224-230.

张文宗,王鑫,康西言,等,2008.河北省玉米干旱风险评估及区划方法[J].华北农学报,23(增刊):367-372.

张学林,王群,赵亚丽,等,2010.施氮水平和收获时期对夏玉米产量和籽粒品质的影响[J].应用生态学报(10):2565-2572.

张勇,吕新春,黄祥川,等,2016.不同包膜缓释肥料对夏玉米生长和产量影响的研究分析[J].磷肥与复肥,31(2)50-52.

赵景云,赵宏伟,2009.钾素用量对春玉米及产量性状的影响[J].东北农业大学学报,40(008):10-13.

赵丽晓,雷鸣,王璞,等,2014a.花期高温对玉米籽粒发育和产量的影响[J].作物杂志(4):6-9.

赵丽晓,张萍,王若男,等,2014b.花后前期高温对玉米强弱势籽粒生长发育的影响[J].作物学报,40(10):1839-1845.

赵亚丽,杨春收,王群,等,2010.磷肥施用深度对夏玉米产量和养分吸收的影响[J].中国农业科学,43(23):4805-4813.

赵玉兵,孙东磊,贾秋兰,等,2020.基于SPEI指数的河北省南部夏玉米生长季干旱特征分析[J].气象科技,48(5):766-773.

郑丽萍,刘海,李作一,等,2020.水肥一体化条件下不同栽植密度对玉米生长的影响[J].山西农业科学,48(6):927-929.

郑孟静,张丽华,董志强,等,2020.微喷灌对夏玉米产量和水分利用效率的影响[J].核农学报,34(4):0839-0848.

郑星东,白种万,2006.不同施钾水平对玉米干物质及产量的影响[J].吉林水利(04):24-25.

周均湖,司明霞,周静,2011.不同生长时期的氮素分配对夏玉米产量的影响[J].河北农业科学,15(002):65-66,112.

周苏玫,马淑琴,李文,等,1998.玉米花生间作系统优势分析[J].河南农业大学学报(01):18-23.

周希增,1997. 钾肥与玉米高产试验研究报告[J]. 吉林农业科学(001):77-78.

朱红英,董树亭,胡昌浩,等,2007. 不同控释肥用量对玉米生产效应的影响[J]. 玉米科学,15(2):114-116.

朱金庆,褚田芬,1994. 玉米群体下甘薯间套作适应性研究[J]. 浙江农业科学(5):202-205.

Flowers T J, Yeo A, 1986. Ion relations of plants under drought and salinity [J]. Australian Journal of Plant Physiology,13:75-91.

Munns R,1993. Physiological processes limiting plant growth in saline soils:some dogmas and hypothesis[J]. Plant Cell and Environment,16:15-24.

Pitsun B,Schubert S,Muhling K H,2009. Decline in leaf growth under salt stress is due to an inhibition of H^+ -pumping activity and increase in apoplastic pH of maize leaves[J]. Journal Plant Nutrition Soil Science, 172:535-543.

Zorb C,Stracke B,Tranmitz B,et al,2005. Does H^+ pumping by plasmalemma ATPase limit leaf growth of maize(Zea mays)during the first phase of salt stress[J]. Journal Plant Nutrition Soil Science,168:550-557.

第五章　中纬度过渡地区玉米栽培

第一节　普通玉米常规栽培

一、环境特征和熟制

以安徽省为例,气候上属于暖温带向南亚热带过渡的中纬度地区。山地、丘陵、平川皆有。熟制上也存在由二熟制向多熟制的过渡性。农作物种类多样,春、夏、秋冬播因地皆有。玉米是主要农作物之一。

安徽省玉米种植占据两个玉米区的一部分,一个主要是安徽淮河以北的黄淮海夏玉米区,赵久然等(2012)介绍了该区属于暖温带半湿润气候,气温较高,年平均气温 $10\sim14$ ℃,无霜期从北向南 $170\sim240$ d,$\geqslant10$ ℃年积温 $3600\sim4700$ ℃·d,年辐射 $110\sim140$ kJ/cm²,年日照 $2000\sim2800$ h,年降水量 $500\sim800$ mm,并且多集中于玉米生长发育季节,自然条件对于玉米生长发育十分有利,多为小麦—玉米两熟制,即收获冬小麦后种夏玉米;另一个是安徽南部的南方丘陵玉米区,该区属于亚热带和热带湿润气候,气温较高,适合于玉米生长发育的时间在 250 d 以上,年降水量 $1000\sim1800$ mm,雨热同步,全年日照 $1600\sim2500$ h,一年四季都可以种植玉米,但主要作为秋冬季栽培。

二、玉米生产地位

安徽省主要种植区是宿州、阜阳、亳州、淮北、滁州等 6 市,沿江及皖南也有一定分布(周进宝等,2008)。根据 2015—2019 年《中国统计年鉴》农业篇为据,2014—2018 年安徽省的玉米播种面积分别为 85.24 万 hm²、88.16 万 hm²、87.64 万 hm²、116.07 万 hm² 和 113.86 万 hm²。分别占全国玉米种植面积的 2.30%、2.31%、2.38%、2.74% 和 2.70%。5 年的玉米总产量分别为 465.5 万 t、496.27 万 t、465.5 万 t、610.66 万 t 和 595.61 万 t;单产分别为 5.46 t/hm²、5.63 t/hm²、5.31 t/hm²、5.26 t/hm² 和 5.23 t/hm²。平均单产为 5.38 t/hm²。

黄淮海平原位于中国玉米带的中段,是中国最大玉米优势产区之一。安徽省作为黄淮海玉米主产区,位于黄淮海生态区南部,主要处于温暖带南部,雨热同季(刘兴舟等,2017),不同地域之间整体农业条件差异较小,水资源总体较缺乏,自然灾害较多,尤其在玉米生长季节多风雨气候。因此,玉米生产中需要根据当地的生态环境条件,筛选适宜品种;注重灌溉事业的发展,提高水分利用效率以避免水分不足对玉米生长带来的不利影响;发展适宜的机械化经营模式,形成高产高效、农机农艺紧密结合的生产方式(陈淑萍等,2013)。

三、玉米常规栽培

(一)茬口关系

以安徽省为例,玉米种植有多种茬口关系。主要接小麦茬,也可接油菜茬的夏播玉米;还有接早稻茬的免耕秋播玉米;还可因地春播玉米。

在安徽省夏玉米种植多以小麦(油菜)—夏玉米连作为主,在小麦收获后及时将玉米播种。良种是提高夏玉米产量的内在因素,是夏玉米高产的前提和基础。生产中应选用适应性广、抗病能力和抵御高温热害能力强、叶片上冲紧凑耐密、增产潜力大的品种。种植方式多为单作,在不影响下茬作物播种的前提下,夏玉米可适当晚收,达到增产目的。

春播玉米应当选择适合春播玉米生长的生态环境,根据生长条件,如气候、土壤等因素,选用产量高、生长期较长、抗病虫害能力强的玉米品种。应当选择在5~10 cm的耕作层进行播种,适宜地温保持在10~12 ℃,田地间的水分含量要不低于60%。安徽省北部的春播玉米要根据春旱夏涝的季节特点,选择在4月末到5月初的时间进行播种。

稻茬秋玉米是安徽省丘陵地区玉米主要种植方式之一。由于可用土地面积大,具有较好的发展潜力。传统的稻茬秋玉米要求低割禾兜,水稻收割后及时清理稻草,做好田间积水的排出,进行播前除草,精细整地等。由于传统稻茬秋玉米整地质量要求高,技术复杂,用工较多,与轻简化栽培的矛盾越来越突出,免耕稻草覆盖秋玉米是为了适应秋玉米轻简化种植要求而发展起来的一项秋玉米种植技术,与传统稻茬秋玉米种植相比,具有省时、省力、节本、增效等优点,已成为稻茬秋玉米种植的发展趋势。

(二)整地

一般有前茬作物收获后整地和接茬直播两种方式。

王世济等(2013a)为探明土壤深松对江淮旱地玉米生长发育和产量的影响,进行土壤深松(深松深度30 cm)与不深松田间对比试验,研究深松对玉米地上部分干物质积累、根重、产量和倒伏的影响。结果表明,深松比未深松对照显著增加玉米地上部分和根系的干物质量;显著提高玉米产量,比对照增产21.4%;深松显著降低玉米的倒伏率,倒伏率比对照下降79.4%。

何道来(2013)介绍,深松是疏松土层而不翻转土层,保持原土层的一种土壤耕作方法。深松深度一般以打破犁底层为最低深松深度标准。对于犁底层坚硬、厚度较大的地块,可分两年度深松作业来完成打破犁底层的目的,第一年深松深度可在30 cm左右,第二年增加至35 cm以上,这样既可实现深松作业目的,又可有效地降低机车油耗和作业成本,减少机具磨损。深松后旋耕,旋耕深度一般在14~18 cm。

谢国辉(2019)在深松配施控释肥提高玉米产量和氮效率的机制研究中提到,深松可以改变土壤结构,改善土壤理化特性,提高土壤温湿度,促进玉米生长发育及控释肥养分释放,进而可以对控释肥养分释放率与玉米生长发育规律进行调控。

王顺领等(2019)在夏玉米深松全层施肥免耕精量播种技术中阐述到,深松深度要在25 cm以上,深松作业后地面比较平整,无明显土块堆积与秸秆堆积。深松行距与播种行距,一般采用同一数值,均为60 cm,以便玉米收获机械作业。深松行与播种行之间采用的是对行播种,即在深松行上或旁边播种,播种深度一般在3~5 cm。

1. 深松整地方式　深松整地作业模式一般可分为4种类型。

(1)单一深松整地模式　拖拉机带动单一深松功能的深松机具进行作业,单一深松作业。此种模式主要在秋季实施。作业深度一般要求超过25 cm,拖拉机动力一般要求在80马力以上。

(2)旋耕+深松作业　拖拉机带旋耕、深松联合作业机具,深松深度一般在25~30 cm,拖拉机动力一般要求在90马力以上。

(3)灭茬+旋耕+深松3项作业或者多项复式联合作业　拖拉机带灭茬、旋耕、深松3项或多项复式作业机具(有的同时起垄、施肥一起作业)。作业深度一般要求达到25 cm以上,配套的拖拉机动力一般要求达到120马力以上。

(4)深松追肥作业模式　拖拉机带动有施肥部件的深松机,苗期在宽窄行地块进行的深松施肥联合作业,2行深松机配备的动力拖拉机应在40马力以上,4行深松机配备的动力拖拉机应在80马力以上。

2. 免耕直播的整地方式　刘丽霞(2014)介绍,夏玉米免耕直播技术是指在收获小麦后直接在麦茬地上播种玉米的种植技术,农民习惯上称之为"铁茬播种"或"贴茬播种"技术。免耕直播技术具有提高播种质量、避免人工踩踏或机械碾压伤苗,实现一播全苗,利于田间管理和生产机械化,减轻劳动强度,生态环保等优点,但需要做好小麦秸秆的处理:小麦收割要尽可能选用装有秸秆切碎和抛撒装置的收割机,或在玉米播种时选用带有灭茬功能的玉米免耕播种机,一次性完成秸秆粉碎、灭茬和玉米播种等多项作业。秸秆的粉碎长度不宜超过10 cm,麦秸抛撒要均匀。

(三)选用品种

1. 选择适宜熟期类型的品种　沈学善等(2009)曾为确定安徽省淮北地区不同夏玉米品种的产量性状和适应性,选择安隆4号、鲁单981、中科11号和蠡玉16号为试材,以郑单958为对照,在安徽省淮北地区的太和、颍上、宿州和蒙城4个地区进行了种植试验,比较其增产潜力和生态适应性。结果表明,4个试点玉米平均产量由高至低的顺序为太和试点、宿州试点、颍上试点、蒙城试点。同一品种在4个试点间的稳产性由好至差的顺序为郑单958、蠡玉16号、中科11号、安隆4号、鲁单981。同一试点不同品种间产量差异显著。太和、颍上、宿州和蒙城试点分别以安隆4号、蠡玉16号、鲁单981和安隆4号产量最高。品种特性和4个试点光照、降水量的不同是造成产量差异的重要原因。通过选用合理玉米品种以充分利用生态资源,发挥区域优势,可实现安徽省夏玉米高产稳产。

文想成等(2020)以19个夏玉米品种为试验材料,通过田间小区试验对各品种产量、光能利用率及抗倒性进行比较分析,研究适宜江淮中部的夏玉米品种类型。结果表明:①供试玉米在苗期、抽雄期的生长期相差4 d,到拔节期、灌浆期扩至7 d,而全生育期则相差8 d。②穗长、穗粒数和穗粗与产量呈显著正相关,秃尖长、株高和百粒重则与产量相关性不显著,其中秋乐368等4品种产量显著高于其他品种。③夏玉米在各生育阶段的光能利用率呈单峰趋势,最大光能利用率出现在拔节期,且拔节期、抽雄期、全生育期光能利用率与籽粒光能利用率呈极显著正相关。④拔节期出现中度倒伏,3 d后得到恢复,而抽雄吐丝期遭受重度倒伏后难以恢复;新单88等5个品种抗倒伏能力强。⑤综合产量、光能利用率和抗倒伏等因素,适宜江淮中部的夏玉米产量目标可达9000 kg/hm^{2}的水平、籽粒光能利用率为1.2%,且在全生育中期抗倒伏能力强,19个品种中较为适宜的品种为秋乐368和裕丰303。

李树岩等(2015)利用 2013 年 8 月 1 日河南省南阳地区夏玉米大风倒伏灾害的调查数据,分析抽雄期前后不同类型倒伏对夏玉米生长及产量形成的影响,研究不同品种的抗倒性差异和适播期。调查对象为 5 个播期的浚单 20 和 3 个播期的郑单 958,倒伏类型划分为根斜、根倒、茎折和折断 4 种。研究表明,各品种及播期均于抽雄前抽雄后 15 d 倒伏率较高。浚单 20 各播期的总倒伏率为 86.0%~98.5%,郑单 958 各播期的总倒伏率为 60.0%~76.4%,且播种越早的播期总倒伏率越低。浚单 20 倒伏发生时,播期ⅡⅤ的夏玉米生育时期接近抽雄,以根倒类型为主,倒伏率为 53.0%~84.3%,已过抽雄期的播期Ⅰ夏玉米以茎折倒伏为主,倒伏率为 37.5%。倒伏发生后干物质积累显著降低,各倒伏类型对干物质积累的影响总体表现为茎折>根倒>根斜,播种越晚的总干物质积累越少。倒伏对干物质分配比例影响表现为叶片和茎秆干物质比例增大,果穗干物质比例减少。根倒和茎折两种倒伏类型使穗长显著变短,穗粗显著变细,穗粒数显著减少,抽雄后发生倒伏也会使百粒重显著降低;而根斜倒伏类型对各性状的影响均不显著。倒伏后产量损失严重,不同倒伏类型中茎折类型减产最多,浚单 20 和郑单 958 平均减产率分别为 74.2%和 68.7%,尤其是茎折发生在抽雄之前难以形成产量;其次是根倒,平均减产率分别为 46.3%和 46.5%;根斜产量损失最小,平均分别为 8.4%和 13.2%。大风倒伏灾害后,浚单 20 产量平均为 4959.9 kg/hm^2,产量随播期的推迟而减少;郑单 958 平均为 6026.1 kg/hm^2,随播期变化不明显。总体上,郑单 958 品种抗倒性好于浚单 20。

程云等(2015)以玉米杂交种隆平 206 和凤玉 906 为供试材料,设 60000 株/hm^2、75000 株/hm^2、90000 株/hm^2 3 个密度处理,研究不同种植密度条件下夏玉米基部节间相关性状和倒伏之间的关系。结果表明,隆平 206 生育后期植株倒伏率随密度的增加而增大,凤玉 906 在低密度条件下倒伏率为 0,其他 2 个密度条件下倒伏率均小于 5%。随着种植密度的增加,玉米植株基部节间直径逐渐变小,茎粗系数减小,同时基部节间鲜重、干重逐渐减少,基部节间抗折力逐步降低,两个品种均表现出类似趋势。品种间比较,在同一密度处理下,虽然凤玉 906 基部节间抗折力显著低于隆平 206,但茎秆基部节间干重显著高于隆平 206,玉米茎秆基部节间干重对植株倒伏有重要影响。

2. 良种简介 良种(certified seed)是指用常规原种繁殖的第一代至第三代和杂交种达到良种质量标准的种子。良种也是供大田生产使用的种子,是种子市场交易的种子,是主要商品化种子。这里有 10 个推广应用的普通玉米优良品种,分别是登海 662、京农科 728、先玉 335、郑单 309、登海 605、蠡玉 16、郑单 958、浚单 20、伟科 702 和鲁单 981。

(1)登海 662

品种来源:登海 662 是由山东登海种业股份有限公司用品种 DH371×DH382 选育而成的玉米品种。2009 年 7 月 28 日经第二届国家农作物品种审定委员会第三次会议审定通过,审定编号:国审玉 2009010。

熟期类型及主要特征特性:中熟型品种。在黄淮海夏玉米区出苗至成熟 101 d,比郑单 958 晚熟 2 d,需有效积温 2600 ℃·d 以上。幼苗叶鞘浅紫色,叶片深绿色,叶缘绿带紫色,花药绿色,颖壳浅紫色。株型紧凑,株高 272 cm,穗位高 96 cm,成株叶片数 19~20 片。花柱浅紫色,果穗长筒形,穗长 18.8 cm,穗行数 14~16 行,穗轴红色,籽粒黄色、马齿型,百粒重 30.8 g。

抗性表现:经河北省农林科学院植物保护研究所两年接种鉴定,感大斑病、小斑病、茎腐病、矮花叶病、弯孢菌叶斑病和瘤黑粉病,高感玉米螟。经农业部谷物品质监督检验测试中心(北京)测定,籽粒容重 741 g/L,粗蛋白含量 9.33%,粗脂肪含量 3.94%,粗淀粉含量 71.22%,赖氨酸含量 0.30%。

产量表现：2007—2008年参加黄淮海夏玉米品种区域试验，两年平均亩产666.7 kg，比对照郑单958增产5.8%。2008年生产试验，平均亩产626.2 kg，比对照郑单958增产3.4%。

适宜种植地区：适宜在山东、河北中南部、山西运城、河南（周口除外）、江苏北部、安徽北部夏播种植。

(2)京农科728

品种来源：京农科728是由北京市农林科学院玉米研究中心用京MC01×京2416选育而成的玉米品种。由北京市农林科学院玉米研究中心提出申请，2017年6月29日经第三届国家农作物品种审定委员会第九次会议审定通过，审定编号：国审玉20170007。

熟期类型及主要特征特性：中熟型品种。黄淮海夏玉米区出苗至成熟100 d左右，比对照品种郑单958早熟。幼苗叶鞘深紫色，叶片绿色，花药淡紫色，花柱淡红色，护颖绿色，成株株型紧凑型，总叶片数19~20片，株高274 cm，穗位105 cm，雄穗一级分支5~9个。果穗筒形，穗轴红色，穗长17.5 cm，穗粗4.8 cm，穗行数14行，出籽率86.1%。籽粒黄色、半马齿型，百粒重31.5 g。适收期籽粒含水量26.6%。抗倒性（倒伏倒折率之和≤5%）达标点比例83%，籽粒破碎率5.9%。籽粒容重782 g/L，粗蛋白含量10.86%，粗脂肪含量3.88%，粗淀粉含量72.79%，赖氨酸含量0.37%。

抗性表现：经两年三点抗病性接种鉴定，中抗粗缩病，感茎腐病、穗腐病、小斑病，高感弯孢叶斑病、瘤黑粉病。

产量表现：2015—2016年国家黄淮海夏玉米机收组区域试验，平均亩产569.8 kg，比对照增产9.9%，增产点比例77%；2016年生产试验，平均亩产551.5 kg，比对照增产8.5%，增产点比例83%。

适宜种植地区：适宜在北京、天津和河北唐山、廊坊、沧州及保定北部地区夏播种植。

(3)先玉335

品种来源：先玉335是国家2004年审定的普通玉米品种。审定编号：2004017。2000年以自选系PH6WC为母本，PH4CV为父本组配而成。PH6WC是从PH01N×PH09B杂交组合选育而成，来源于Reid种群；PH4CV是从PH7V0×PHBE2杂交组合选育而成，来源于Lancaster种群。原代号X1132X。

熟期类型及主要特征特性：中熟型品种。在黄淮海夏玉米区出苗至成熟98 d，比对照品种早3.5 d，属普通玉米品种。幼苗绿色，叶鞘紫色，叶缘绿色，花药粉红色，颖壳绿色。株型紧凑，株高286 cm，穗位103 cm，成株叶片数19片左右。花柱紫红色，果穗筒形，穗长18.5 cm，穗行数15.8行，穗轴红色。经农业部谷物品质监督检验测试中心（北京）测定，籽粒粗蛋白含量9.55%，粗脂肪含量4.08%，粗淀粉含量74.16%，赖氨酸含量0.30%；经农业部谷物及制品质量监督检验测试中心（哈尔滨）测定，籽粒粗蛋白含量9.58%，粗脂肪含量3.41%，粗淀粉含量74.36%，赖氨酸含量0.28%。

产量表现：2002—2003年参加黄淮海夏玉米品种区域试验，平均公顷产8692.5 kg，比对照品种增产11.3%；2003年生产试验，平均公顷产7638.0 kg，比对照品种增产4.7%。

适宜种植地区：河南、河北、山东、陕西、安徽、山西运城夏播种植，叶斑病和矮花叶病重发区慎用。

(4)郑单309

品种来源：郑单309是由河南省农业科学院粮食作物研究所选育出的适合在河南种植的品种。审定编号：20190236。

熟期类型及主要特征特性:中熟型品种。夏播生育期102～104 d。芽鞘紫色,叶片绿色,第一叶椭圆形,主茎叶片数18～19片,株型紧凑,株高251～280 cm,穗位高91.6～108.0 cm;雄穗分枝7～9个,雄穗颖片绿色,花药绿色。花柱浅紫色;果穗筒形,穗长17.5～18.5 cm,穗粗4.6～4.7 cm,穗行数12～18行,行粒数32.3～34.9粒,秃尖长0.6 cm;穗轴红色,籽粒黄色、半马齿型,千粒重317.6～335.3 g,出籽率85.1%～87.7%。平均田间倒折率0.1%～1.0%,倒伏率1.1%～5.0%,空秆率0.8%～1.2%,双穗率0.5%～1.0%。

抗性表现:2015—2016年经河南农业大学植物保护学院接种鉴定,抗茎腐病,中抗穗腐病、弯孢菌叶斑病,感小斑病、瘤黑粉病,高感锈病。

产量表现:2015年参加河南省玉米区域试验(5000株/亩),12点汇总,10点增产,增产点率83.3%,平均亩产693.7 kg,比对照郑单958增产11.1%;2016年续试,11点汇总,7点增产,增产点率63.6%,平均亩产628.8 kg,比对照郑单958增产5.3%。2017年河南省玉米生产试验,12点汇总,9点增产,增产点率75.0%,平均亩产601.4 kg,比对照郑单958增产2.2%。2015年农业部农产品质量监督检验测试中心(郑州)检测,容重748 g/L,粗蛋白含量9.05%,粗脂肪含量3.67%,粗淀粉含量75.66%,赖氨酸含量0.33%。2016年农业部农产品质量监督检验测试中心(郑州)检测,容重744 g/L,粗蛋白含量9.93%,粗脂肪含量3.2%,粗淀粉含量74.35%,赖氨酸含量0.36%。

适宜种植地区:适宜在黄淮海夏玉米区的河南、山东、河北保定市和沧州市的南部及以南地区、陕西关中灌区、山西运城市和临汾市、晋城市部分平川地区及江苏和安徽两省淮河以北地区、湖北襄阳地区作为籽粒机收品种种植。

(5)登海605

品种来源:登海605是选育单位山东登海种业股份有限公司用品种DH351×DH382选育而成的玉米品种。以DH351为母本,DH382为父本选育而成。母本是以"DH158/107"为基础材料连续自交多代选育而成;父本是以国外杂交种X1132为基础材料连续自交多代选育而成。2010年9月9日经第二届国家农作物品种审定委员会第四次会议审定通过,审定编号:国审玉2010009。

熟期类型及主要特征特性:中熟型品种。在黄淮海地区出苗至成熟101 d,比郑单958晚1 d,需有效积温2550 ℃·d左右。幼苗叶鞘紫色,叶片绿色,叶缘绿带紫色,花药黄绿色,颖壳浅紫色。株型紧凑,株高259 cm,穗位高99 cm,成株叶片数19～20片。花柱浅紫色,果穗长筒形,穗长18 cm,穗行数16～18行,穗轴红色,籽粒黄色、马齿型,百粒重34.4 g。

抗性表现:经河北省农林科学院植物保护研究所接种鉴定,高抗茎腐病,中抗玉米螟,感大斑病、小斑病、矮花叶病和弯孢菌叶斑病,高感瘤黑粉病、褐斑病和南方锈病。

产量表现:2008—2009年参加黄淮海夏玉米品种区域试验,两年平均亩产659.0 kg,比对照郑单958增产5.3%;2009年生产试验,平均亩产614.9 kg,比对照郑单958增产5.5%。内蒙古自治区区试表现:2008年中晚熟组预试6点次增产,平均亩产859.2 kg,比对照郑单958增产6.3%;2009年晚熟组区试6点试验全部增产,平均亩产911.3 kg,较对照郑单958增产6.2%;2010年晚熟组生产试验6点全部增产,平均亩产903.5 kg,比对照郑单958增产9.8%,居第一位。该品种适应性好,稳产性好。田间无明显病害。2008年山东省省长指挥田攻关品种,15亩地平均亩产1028.61 kg。2009年由国家玉米育种和栽培专家组成的验收组,对超级玉米新品种登海605高产田(8亩)进行了严格的实产验收,平均亩产1041.82 kg。山东省 2 处登海 605 高产创建田亩产全部超过 1000 kg，2 处百亩示范田平均亩产达到 874.7 kg。2010 年山东省粮王大赛亩产 980 kg。经农业部谷物品质监督检验测试中心（北京）测定，籽粒容重 766 g/L，粗蛋白含量 9.35%，粗脂肪含量 3.76%，粗淀粉含量 73.40%，赖氨酸含量 0.31%。

适宜种植地区：山东、河南、河北中南部、安徽北部、山西运城地区夏播以及内蒙古适宜区域、陕西省、浙江省种植。注意防治瘤黑粉病，褐斑病、南方锈病重发区慎用。

(6) 蠡玉 16

品种来源：蠡县玉米研究所杂交育种而成。组成来源于 935×91158。2003 年通过河北省农作物品种审定委员会审定，审定编号：冀审玉 2003001。

熟期类型及主要特征特性：中熟型品种。全株叶片数 19～20 片，幼苗叶鞘紫红色，花柱绿色，花药黄色。区域试验结果：春播生育期 127 d，株高 264 cm，穗位 123 cm，倒伏率 3.7%、倒折率 0.6%。果穗筒形，穗长 18.5 cm，穗粗 5.3 cm，秃顶 0.5 cm，穗行数平均 18.1 行，穗粒数 669 粒，白轴，籽粒黄色、半马齿型，出籽率 88.1%，千粒重 338g，容重 765 g/L。

抗性表现：2012 年经河北省农林科学院植物保护研究所抗病性接种鉴定，抗小斑病，中抗大斑病，抗弯孢叶斑病，中抗茎腐病，感瘤黑粉病，高抗矮花叶病，苗期评价粗缩病为高感（依据病株率）、成株期评价为感（依据病情指数）。

产量表现：在 2009—2010 年胶东春玉米品种区域试验中，两年平均亩产 688.4 kg，比对照农大 108 增产 14.3%，11 处试点全部增产；2011—2012 年生产试验平均亩产 576.3 kg，比对照农大 108 增产 14.9%。2010 年经农业部谷物品质监督检验测试中心（泰安）品质分析，粗蛋白含量 10.8%，粗脂肪含量 4.0%，赖氨酸含量 0.39%，粗淀粉含量 72.7%。

适宜种植地区：河北、陕西、安徽、河南、北京夏玉米区。

(7) 郑单 958

品种来源：郑单 958 是河南省农科院粮作所用郑 58 为母本、昌 7-2 为父本（选）杂交选育的一代杂玉米新品种。于 2000 年 4—6 月先后通过河北省、山东省和全国农作物品种审定委员会评定，审定编号：国审玉 20000009。

熟期类型及主要特征特性：中熟型品种。幼苗叶鞘紫色，叶色淡绿，叶片上冲，穗上叶叶尖下披，株型紧凑，耐密性好。夏播生育期 103 d 左右，比掖单 4 号长 7 d，株高 250 cm 左右，穗位 111 cm 左右，穗长 17.3 cm，穗行数 14～16 行，穗粒数 565.8 粒，千粒重 329.1 g，果穗筒形，穗轴白色，籽粒黄色、偏马齿型。

抗性表现：经生产试验点 1999 年调查，大斑病为 0.1 级，小斑病为 0.6 级，粗缩病为 0.6%，青枯病为 0.2%，抗病性较好。

产量表现：1998—1999 年参加国家玉米杂交种黄淮海片区域试验，两年产量均居第一位，其中山东省 4 处试点两年平均亩产 681.0 kg，比对照鲁玉 16 号增产 11.57%；1999 年参加山东省玉米杂交种生产试验，7 处试点平均亩产 691.2 kg，比对照掖单 4 号增产 14.8%。

适宜种植地区：黄淮海夏玉米区。

(8) 浚单 20

品种来源：浚单 20 是由河南省浚县农业科学研究所所选育。母本为 9058，来源为国外材料 6JK 导入 8085 泰（含热带种质）；父本为浚 92-8，来源为昌 7-2×5237。2003 年河北省农作物品种审定委员会审定，审定编号：冀审玉 2003001。

熟期类型及主要特征特性：中熟型品种。幼苗叶鞘紫色，叶缘绿色。株型紧凑、清秀，株高

242 cm,穗位高 106 cm,成株叶片数 20 片。花药黄色,颖壳绿色。花柱紫红色,果穗筒形,穗长 16.8 cm,穗行数 16 行,穗轴白色,籽粒黄色、半马齿型,百粒重 32 g。出苗至成熟 97 d,比农大 108 早熟 3 d,需≥10 ℃有效积温 2450 ℃·d。

抗性表现:经河北省农林科学院植保所两年接种鉴定,感大斑病,抗小斑病,感黑粉病,中抗茎腐病,高抗矮花叶病,中抗弯孢菌叶斑病,抗玉米螟。

产量表现:2001—2002 年参加黄淮海夏玉米组品种区域试验,42 点增产,5 点减产,两年平均亩产 612.7 kg,比农大 108 增产 9.19%;2002 年生产试验,平均亩产 588.9 kg,比当地对照增产 10.73%。经农业部谷物品质监督检验测试中心(北京)测定,籽粒容重为 758 g/L,粗蛋白含量 10.2%,粗脂肪含量 4.69%,粗淀粉含量 70.33%,赖氨酸含量 0.33%。经农业部谷物品质监督检验测试中心(哈尔滨)测定,籽粒容重 722 g/L,粗蛋白含量 9.4%,粗脂肪含量 3.34%,粗淀粉含量 72.99%,赖氨酸含量 0.26%。

适宜种植地区:适宜在河南、河北中南部、山东、陕西、江苏、安徽、山西运城夏玉米区种植。

(9)伟科 702

品种来源:郑州伟科作物育种科技有限公司、河南金苑种业有限公司用品种 WK858×WK798-2 选育而成的玉米品种。由申请者郑州伟科作物育种科技有限公司、河南金苑种业有限公司提出申请,2012 年 12 月 24 日经第三届国家农作物品种审定委员会第一次会议审定通过,审定编号:国审玉 2012010。

熟期类型及主要特征特性:东华北春玉米区出苗至成熟 128 d,西北春玉米区出苗至成熟生育期 131 d,黄淮海夏播区出苗至成熟 100 d,均比对照郑单 958 晚熟 1 d。幼苗叶鞘紫色,叶片绿色,叶缘紫色,花药黄色,颖壳绿色。株型紧凑,保绿性好,株高 252~272 cm,穗位 107~125 cm,成株叶片数 20 片。花柱浅紫色,果穗筒形,穗长 17.8~19.5 cm,穗行数 14~18 行,穗轴白色,籽粒黄色、半马齿型,百粒重 33.4~39.8 g。

抗性表现:东华北春玉米区接种鉴定,抗玉米螟,中抗大斑病、弯孢叶斑病、茎腐病和丝黑穗病;西北春玉米区接种鉴定,抗大斑病,中抗小斑病和茎腐病,感丝黑穗病和玉米螟,高感矮花叶病;黄淮海夏玉米区接种鉴定,中抗大斑病、南方锈病,感小斑病和茎腐病,高感弯孢叶斑病和玉米螟。

产量表现:2010—2011 年参加东华北春玉米品种区域试验,两年平均亩产 770.1 kg,比对照品种增产 7.2%;2011 年生产试验,平均亩产 790.3 kg,比对照郑单 958 增产 10.3%。2010—2011 年参加黄淮海夏玉米品种区域试验,两年平均亩产 617.9 kg,比对照品种增产 6.4%;2011 年生产试验,平均亩产 604.8 kg,比对照郑单 958 增产 8.1%。2010—2011 年参加西北春玉米品种区域试验,两年平均亩产 1006 kg,比对照品种增产 12.0%;2011 年生产试验,平均亩产 1001 kg,比对照郑单 958 增产 8.8%。籽粒容重 733~770 g/L,粗蛋白含量 9.14%~9.64%,粗脂肪含量 3.38%~4.71%,粗淀粉含量 72.01%~74.43%,赖氨酸含量 0.28%~0.30%。

适宜种植地区:适宜在吉林晚熟区、山西中晚熟区、内蒙古通辽和赤峰地区、陕西延安地区、天津春播种植;河南、河北保定及以南地区、山东、陕西关中灌区、江苏北部、安徽北部夏播种植;甘肃、宁夏、新疆、陕西榆林、内蒙古西部春播种植。

(10)鲁单 981

品种来源:由山东省农科院玉米所选育而成。2002 年经山东省和河北省农作物品种审定委员会审定,2003 年通过国家和河南省农作物品种审定委员会审定,审定编号:鲁农审字

[2002]001号,冀审玉2002001,国审玉2003011,豫审玉2003005。

熟期类型及主要特征特性:中早熟型品种。夏播生育期98 d,比农大108早熟6 d,该杂交种苗期叶鞘紫色,花柱红色,花药浅紫色,株型半紧凑。生育期平均100 d,株高平均280 cm,平均穗位高118 cm。果穗筒形,穗长20.1 cm,穗粗5.2 cm,轴粗3.4 cm,秃顶1 cm,穗行数14.9行,穗粒数550粒,千粒重297.8 g,出籽率83.8%。红白轴,籽粒马齿型、黄粒(有白顶)。

抗性表现:2001年委托河北省农林科学院植保所(国家黄淮海夏玉米区域试验抗病性指定鉴定单位)进行鉴定,结果为:高抗小斑病(1级)、弯孢菌叶斑病(1级)、青枯病(病株率为0),抗大斑病(3级),中抗玉米黑粉病(病株率为7.1%)、玉米矮花叶病(5级)。对玉米螟(心叶期食叶等级3级)有一定抗性。抗倒伏(折)性较差。

产量表现:在1999—2000年山东省杂交玉米区域试验中,平均亩产635.4 kg,比对照鲁单50和鲁玉16平均增产7.82%;2001年参加生产试验,平均亩产583.9 kg,比对照鲁单50增产6.6%。2000年参加国家黄淮海夏玉米区域试验,平均亩产548.0 kg,比对照掖单19增产19.15%;2001年区域试验亩产600.6 kg,比对照农大108增产5.85%。2001年参加国家黄淮海生产试验,平均亩产568.4 kg,比对照增产7.0%。农业部谷物品质监督检验测试中心(北京)测定,容重745 g/L,粗蛋白含量10.74%,粗脂肪含量4.48%,赖氨酸含量0.29%,粗淀粉含量70.26%。

适宜种植地区:黄淮海夏玉米区及西南山地丘陵玉米区等地种植,尤其适合黄淮海地区套种和夏直播。

(四)播 种

1. 种子的播前处理

(1)精选种子　种子质量的好坏直接影响到产量的高低,选用籽粒饱满、整齐度好、完整度高、发芽率高、发芽势强的种子,是使该品种的产量潜力充分发挥的前提条件。使用符合国家标准的纯度、净度、芽率、粒重等方面合格的种子。玉米杂交种必须达到国标二级,即纯度不低于96%、净度不低于98%、发芽率不低于85%、水分不高于13%。

(2)晒种　播种前选择晴朗的天气,把种子均匀地摊在席子上,连续翻晒2～3 d。通过晒种,可以有效地杀死种子表层的病菌,促进种子后熟,增强酶的活性,提高发芽率和发芽势。

(3)拌种　为了防止和减轻玉米病虫害,用种子量0.5%的硫酸铜拌种,可减轻玉米黑粉病的发生;还可用20%的萎秀灵拌种,用药量是种子的1%,可以防治玉米丝黑穗病。防治地下害虫可用50%辛硫磷乳油拌种,药、水、种子的配比为1:(40～50):(500～600)。

(4)包衣　种衣剂一般是由内吸性杀虫剂、杀菌剂、营养元素、植物生长调节剂等科学配置而成。用种衣剂包衣,既可防治病虫,又可促进玉米生长发育,具有提高玉米产量和品质的功效,在生产上得到较快的普及和应用。当前生产上应用的玉米专用种衣剂,可以防治玉米蚜虫、蓟马、地下害虫、线虫以及由镰刀菌和腐霉菌引起的茎基腐病,防止玉米微量元素的缺乏,促进生长发育,实现增产增收。

2. 适期播种　刘萍等(2016)曾于2003—2014年以苏玉31和苏玉33为材料,设置4个播期:6月17日(A1,CK)、6月24日(A2)、7月1日(A3)和7月8日(A4),测定玉米拔节期、大喇叭口期、吐丝期、乳熟期和成熟期叶面积指数、叶片光合特征值(净光合速率、气孔导度、胞间CO_2浓度和蒸腾速率),成熟期测定产量及考察其构成因素。结果表明,随着播期的推迟,各品种播种至吐丝的时间缩短,灌浆期日平均温度、有效积温呈下降趋势;产量显著受播期影响,2013 年 A3 处理的产量最高(苏玉 31 为 11420.4 kg/hm²),2014 年 A1 处理的产量最高(苏玉 31 为 12782.7 kg/hm²,苏玉 33 为 11619.3 kg/hm²),其他处理产量降低主要表现在穗粒数和籽粒质量下降明显;各品种叶面积指数、叶片净光合速率、气孔导度和蒸腾速率均随着生育进程呈单峰曲线,在吐丝期达到最大值,2013 年 A3 处理、2014 年 A1 处理各指标值在吐丝期最大,并在吐丝后保持了较慢的下降速率,而叶片胞间 CO_2 浓度的变化则与上述情况相反。研究结论是中熟夏玉米适期播种(6 月底至 7 月上旬)有利于形成高光效群体和提高产量。

韩慧敏等(2020)在 2018 年选用了黄淮海地区 18 个主栽品种为材料,进行 3 个播期处理,播期分别为 6 月 3 日、6 月 13 日、6 月 23 日,探讨黄淮海地区夏玉米生长发育和产量形成对播期的响应。结果表明,随着播期的推迟,夏玉米生育期缩短,株高、穗位高、穗 3 叶叶面积和单株干物重均呈降低趋势。不同玉米品种的百粒重和穗粒数随播期的推迟而降低,产量下降。不同播期条件下各种指标变动小的品种适应性强,适播期长,这些品种通过保持相对稳定的生育期、较大的光合叶面积,从而保证了较高的干物质积累,最终获得较稳定的产量。因此,适时早播有利于提高产量。在无法满足早播时,可以选择抗逆性强、适播期较长的联创 825 或产量优势强的迪卡 653 等品种,以避免高温或晚播造成的减产。

王育红等(2019)为探讨不同播期对河南夏玉米生长发育和产量形成的影响,曾在 2018 年以早熟品种(JNK728、DH618)和中晚熟品种(XY335、ZD958)为材料,设置 6 个播期处理,分别为 6 月 1 日(T1)、6 月 6 日(T2)、6 月 11 日(T3)、6 月 16 日(T4)、6 月 21 日(T5)和 6 月 26 日(T6)进行试验。结果表明,在本试验设置的 6 个播期中,早熟品种均能安全成熟,而中晚熟品种 6 月 26 日以后不能正常成熟。随播期的推迟,夏玉米生育期延长,主要延长了籽粒灌浆期,播期每推迟 5 d,灌浆期平均延长 1.2 d 以上;早熟品种产量先升高后降低,播期 T1～T4 处理产量差异不显著,中晚熟品种产量持续下降,T3 播期后减产达显著水平。株高随播期推迟呈先增高后降低的趋势,穗位高随播期推迟呈波动性变化。早熟品种 JNK728 和 DH618 完熟时所需的≥10 ℃有效积温为 2700～2800 ℃·d,中晚熟品种 ZD958 和 XY335 完熟时所需的≥10 ℃有效积温为 2800～3000 ℃·d。本地区夏玉米适期早播利于高产形成,过晚播种减产达极显著水平。

张镇涛等(2018)曾依据夏玉米生长季积温和降水将华北夏玉米区分为 8 个气候亚区,在每个气候亚区内基于 1981—2015 年气候资料、农业气象观测站夏玉米种植资料和土壤资料,对农业生产系统模型(APSIM-Maize)进行调参验证,选用决定系数($R2$)、D 指标、均方根误差(RMSE)和归一化均方根误差(NRMSE)等指标来评价模型调参验证结果。在此基础上设置不同播期,利用调参验证后模型模拟各气候亚区不同播期夏玉米产量,采用高稳系数并综合考虑下茬作物冬小麦的播期,明确各气候亚区冬小麦—夏玉米两熟系统下充分灌溉和雨养条件夏玉米适宜播期,并分析与实际播期相比适宜播期下的夏玉米增产幅度。结果表明,模型适应性评价指标中决定系数($R2$)均在 0.75 以上,D 指标均在 0.80 以上,归一化均方根误差(NRMSE)均在 7% 以下,表明调参后的 APSIM-Maize 模型在华北平原夏玉米生育期和产量模拟方面具有较好的模拟效果,可用于华北平原夏玉米生育期和产量模拟研究;充分灌溉条件下,第一气候亚区夏玉米推荐适宜播期主要在 6 月下旬,第二气候亚区到第七气候亚区,主要在 6 月中下旬,第八气候亚区主要在 6 月中上旬。雨养条件下,第一气候亚区主要在 6 月下旬和 7 月上旬,第二、三 A、四、五、六气候亚区主要在 6 月中下旬,第三 B、七气候亚区适宜播期范围较广,6 月均可播种,第八气候亚区在 6 月上中旬;在充分灌溉和雨养条件下,与实际播期相比,适宜播期在各气候亚区的增产幅度为第一气候亚区到第五气候亚区增产幅度最大,平均在4%~10%;第六气候亚区到第七气候亚区次之,平均在2%~5%;第八气候亚区增产幅度最小,平均在3%以下。由此可以得出华北平原夏玉米适宜播期随着纬度的升高而提前。充分灌溉和雨养条件下,随着年代的推移,夏玉米适宜播期呈现推迟趋势,自20世纪80年代到21世纪00年代,每10年推迟3 d左右。第一和第二气候亚区雨养条件下的适宜播期晚于充分灌溉条件下的适宜播期,其他气候亚区无显著差异。与实际播期相比,各气候亚区适宜播期下产量有2%~10%的提升,但雨养和充分灌溉条件下增产幅度没有明显差异,增产幅度由南到北呈现减小的趋势,第一到第五气候亚区,增产幅度较其他气候亚区大。

麦茬夏玉米,玉米播期受小麦的熟期限制,抢时早播是实现夏玉米高产的关键环节。小麦收获后要及时播种,一般安徽黄淮海地区夏玉米播种时间为6月的上中旬。而水稻茬口,秋播玉米,因为土壤及气候等条件,必须抢时播种,确保出苗、正常生长、安全成熟。在水稻收获后就应该抓住有利条件在播种适宜时期及时趁墒或制造墒情抢种,安徽省秋播玉米的适宜时期为7月中旬至8月上旬。

3. 合理密植 刘兴舟等(2017)在2014—2015年为了揭示安徽省玉米种植密度现状,提出适合安徽不同种植习惯的密度调控对策,为安徽省玉米单产的提高提供科学依据。连续2年对安徽省玉米产区7市24县区进行密度取样调查,分析其株距、行距等密度构成因子。结果表明,安徽省玉米种植平均行距0.55 m,平均株距0.32 m,平均种植密度66870株/hm^2,总体合理,但区域分布不均,主要分为6个种植习惯区,针对这6个种植习惯区提出了适度增密、推广耐密品种、调整种植行距、推广玉米播种机械4条对策。

丁相鹏等(2020)为了探明不同密度下扩行缩株(扩行距缩株距)栽培模式对黄淮海夏玉米产量和群体结构的调控效应,在2018—2019年以密植高产玉米品种郑单958为试验材料,设置3种行距,即60 cm(B1)、80 cm(B2)、100 cm(B3)等行距;2个种植密度,即67500株/hm^2(D1)和82500株/hm^2(D2),采用裂区设计形成不同的栽培模式。结果得出,与D1密度相比,D2密度能显著提高夏玉米群体叶面积和光合势,改善群体的光能利用,增加群体的干物质积累量,促进产量的增加。不同种植密度条件下,扩行缩株对夏玉米群体结构的影响存在差异。在67500株/hm^{2}密度下,扩行缩株对产量的影响不显著,在82500株/hm^{2}密度下,B2处理较B1和B3处理2年平均增产9.45%和11.48%,主要是由于行粒数增加引起的穗粒数增加。在此密度下,B2处理较B1处理显著提高花后群体叶面积指数(LAI),显著延缓中下部叶片衰老,增加花后夏玉米群体光合势,茎叶夹角增大,叶向值减小,穗位叶层和底层透光率明显增加,消光系数减小,花后干物质积累量增加,花后干物质转移量降低。表明高密度条件下,80 cm扩行的等行距模式有利于构建高效的光合群体结构,延缓叶片衰老,增加夏玉米群体干物质生产与积累,从而提高产量。并得出结论,黄淮海平原夏玉米通过增加种植密度并适当扩行缩株可实现光能资源高效利用和产量协同提高,本试验条件下,推荐82500株/hm^{2}密度搭配80 cm等行距种植模式。

张慧等(2020)于2011—2012年选用平展型品种鲁单981和紧凑型品种鲁单818为供试材料,通过设置30000株/hm^2(D1)、60000株/hm^2(D2)、90000株/hm^2(D3)3个种植密度,研究了密度对不同株型夏玉米产量、叶面积持续期(LAD)、叶面积指数(LAI)、群体净同化率(NAR)的影响。结果表明,鲁单981在D2时产量最高,为11452 kg/hm^2,鲁单818在D3时最高,为13024 kg/hm^2。在D3下,紧凑型品种鲁单818的LAD[452(m^2·d)/m^2]及花后比例(50%)、穗位叶LAI以及全生育期NAR[6.87 g/(m^2·d)]更高。上述研究结果表明,紧凑型品种冠层结构紧凑,中下层受光充足,LAD延长,有利于干物质积累,产量上升,更适合高密度栽培。

乔江方等(2018)为明确不同密度夏玉米冠层特征与灌浆过程籽粒含水率的关系,在2016年以籽粒含水率变化差异较大的品种为材料,设置 52500 株/hm^2、67500 株/hm^2、82500 株/hm^2 共3个不同的密度处理,研究了玉米不同密植群体下的籽粒建成期、乳熟期和完熟期冠层特征、籽粒含水率、叶绿素含量变化,并对冠层特征参数与籽粒含水率进行了相关分析。结果表明,随着密度的增加,叶面积指数呈上升趋势,无截取散射呈下降趋势,品种间基因型差异较明显,3个时期蠡玉16穗位叶面积指数较先玉335品种3个时期分别高0.88%、10.59%、26.72%。叶绿素含量变化与叶面积指数变化趋势一致,先玉335籽粒建成期呈下降趋势,而蠡玉16峰值出现在乳熟期。蠡玉16各时期籽粒含水率均高于先玉335(分别高出3.97、5.93、2.47个百分点),67500 株/hm^2 密度处理籽粒含水率较高。籽粒含水率与冠层特征参数密切相关,其中,与基部叶面积指数呈极显著正相关($r=0.634**$),与基部无截取散射和平均叶倾角均呈极显著负相关($r=-0.631**$;$r=-0.711**$)。

合理密植是夏玉米获得高产的关键因素之一。要根据当地气候条件和品种的特征特性,控制好种植密度,防止过稀、过密,保证植株具备良好通风透光条件。麦茬夏播玉米,平展型或半紧凑大穗型品种以3500株/亩左右为宜;紧凑中等大穗型品种以4000株/亩为宜;紧凑中小穗型品种以4500~5000株/亩为宜。在上述适宜密度范围内,上下幅度不宜超过200株/亩,肥水条件好宜选择上限,肥水条件差宜选择下限。稻茬秋玉米,普通玉米种植密度一般为52500~60000 株/hm^2。

4. 播种方式方法 以麦茬为例,一般有麦收后免耕直播和贴茬播种。一般规格有等行距种植和宽窄行种植。

(1)麦茬免耕直播技术的优点 麦茬免耕直播实现了农机与农艺的有机结合,不仅减轻了农民劳作强度、提升了种植效率,而且在保护环境、蓄水保墒等方面也有一定作用,符合当前提倡的"绿色农业"理念。相比于传统的玉米栽培技术,免耕机械直播栽培的优势主要体现在以下几个方面。

① 短播种时间,提高播种质量 麦茬免耕直播由于在小麦联合收割之后的当天,就可以开展夏玉米的播种作业,可使玉米生育期延长十几天。同时,由于整个过程全部使用机械作业,在人工调整机械设备参数的情况下,可以保持行距、株距的稳定性,有利于保证田间栽培密度的科学合理,既可以防止密度过大,后期省了间苗的麻烦,又能够避免缺苗、少苗等问题。

② 机械化程度高,减轻劳动强度 以往夏玉米栽培需要人工刨坑、撒种、覆土,效率较低且劳动强度较大,而使用免耕机械直播技术,劳动强度显著减轻,整个播种周期缩短。

③ 有利于田间管理 直接在麦茬上播种作业,可以防止水分、养分流失,土地生产能力较强。后期玉米苗的长势良好、植株健壮,降低了病虫害发生率,对减轻田间管理压力也有显著作用。

(2)夏玉米麦茬免耕直播的技术措施 6月上旬小麦成熟后,需要选择具备秸秆粉碎与抛撒功能的小麦联合收割机,人为调整机械的运行参数,保证小麦收割后留茬高度在10 cm左右,粉碎后的秸秆平均长度控制在5~8 cm,同时保证粉碎后的秸秆被机械均匀地抛撒在田间。小麦秸秆沤肥可以改善大田的土壤肥力,为玉米的生长创造良好的立地条件。但麦秸和麦茬对夏玉米播种质量及幼苗的生长均会产生一定影响,小麦留茬过高,遮光会严重影响玉米幼苗的生长发育,植株长势弱,并容易形成高脚苗,抗倒伏能力降低。小麦收割要尽可能选用装有秸秆切碎和抛撒装置的小麦联合收割机作业,将粉碎后的麦秸均匀的抛撒在地表并形成覆盖,如采用没有秸秆切抛装置的收割机作业小麦秸秆常会成堆或成垄堆放,对玉米播种质量影响较大。因此,在播种前需要人工将秸秆挑散并铺撒均匀,或将麦秸清理出农田,对留茬较高的地块播种前可用灭茬机械先进行一次灭茬作业,然后再播种玉米。

如果当年的雨水较少,麦田的土壤干硬,免耕直播时可以选择气吸式免耕施肥播种机、多功能灭茬播种机等机械设备,可以一次性完成破土、开沟、播种等工序,可以极大地减轻人力和节约时间。

麦收后抢时早播,行距 60 cm 左右,也可采取 80 cm+40 cm 宽窄行种植方式,要做到深浅一致。有条件的地方,可选用单粒点播机械进行精量播种,保证苗全、苗齐、苗壮。

播种时播种机速度一般不超过 4 km/h,以防漏播,保证播种质量。黄淮海南部在 6 月 10 日前播种,中北部地区在 6 月 15 日完成播种。播种后视土壤墒情浇蒙头水,以保证正常出苗。

(3)贴茬播种 贴茬播种指小麦收获后不整地,直接在麦茬地上趁墒播种夏玉米,在播种后再中耕灭茬、施肥,采用贴茬播种技术可实现早播,减少农耗时间,减轻劳动强度,有利于机械化作业。

夏玉米生育期短,贴茬播种时要抢时、抢墒早播。为争时间,夏播玉米宜采用早、中熟品种。结合前茬小麦浇好麦黄水,为播种玉米蓄好底墒,播种后干旱时浇好蒙头水。

选种时,要选择适应性广、抗逆性强的高产杂交包衣品种,播种深度一般控制在 3~5 cm,施肥深度一般为 8~10 cm,每亩密度以 4500~5000 株为宜。

(五)种植方式

1. 单作

单作是主要的种植方式。单作种植方式包括等行距和宽窄行种植。

(1)等行距种植 玉米等行距种植是大田生产普遍种植方式,其种植规格多种多样,存在行距有 50 cm、55 cm、60 cm、65 cm、70 cm、75 cm、80 cm 等多种规格。其中,玉米株距为 18~25 cm,每亩株数为 4000~6500 株。在国内,玉米种植以 60 cm 行距为主,主要原因是:玉米生产过程中,玉米适宜栽培的行距与玉米品种、种植环境及当地的种植模式息息相关,如果随意调整玉米栽培的方式,反而降低机械作业效率。此外,行距为 60 cm 时,玉米田间通过性较好,机械的行走速度较快,机械化收获效率高,产量损失较小,通用性强。

(2)宽窄行种植 玉米宽窄行种植能够利用作物生长的边行优势,提高作物光能利用率,改善作物对土壤水肥利用率,减少病虫害的发生,挖掘土壤增产能力,减少农村劳动力和农田资本投入,实现玉米单产的最大化。其种植规格多种多样,主要包括:宽窄行距为 60 cm+80 cm,平均行距 67 cm,株距为 23~25 cm,单粒下种,每亩理论株数 4000~4285 株;宽窄行距为 40 cm+60 cm、40 cm+70 cm、40 cm+80 cm、45 cm+75 cm、50 cm+70 cm;宽窄行距为 110 cm+50 cm,一穴 3 株种植方式等。缩行宽带种植方式包括三行一带模式(2 个相等小行距 50 cm,加一带宽 100 cm),四行一带模式(3 个相等小行距 50 cm,加一带宽 120 cm),五行一带模式(4 个相等小行距 50 cm,加一带宽 140 cm)。

刘兴舟等(2017)对安徽省玉米生产区 7 市 24 县根据行距和株距分为 6 个种植习惯区:①泗县—灵璧县—埇桥区—濉溪县—萧县种植习惯区,主要位于皖北玉米主产区的东北部,该区域种植密度多在 70000 株/hm^2 上下,是传统的玉米生产区,平均行距 0.507 m,该区域种植习惯基本合理。②颍泉区—阜南县—颍上县—临泉县—界首市种植习惯区,该区域位于安徽省玉米主产区西部,与前一个区域同为安徽省玉米高产区域,该区域种植密度多在 65000 株/hm^2,平均行距 0.573 m,是 6 个种植习惯区中密度结构最为合理的区域。③谯城区—涡阳县—萧县种植习惯区,该区域位于安徽省西北部,平均种植密度为 55956 株/hm^2,平均行距为 0.559 m,在种植密度上还有较大的提高空间。④固镇县—怀远县—五河县—蒙城县种植习惯区,该区域位于安徽省中北部,这 4 个县互相接壤,主要为沿淮河以北的玉米种植区,该区域平均种植密度为 57198 株/hm^2,但其平均行距达到 0.762 m,行距明显偏高,4 县平均行距分别为 0.676 m、0.780 m、0.772 m、0.819 m,该区域农户种植习惯相似,行距极大,光热资源浪费较严重。⑤太和县—金安区—肥东县—肥西县—长丰县种植习惯区,该区域除太和县位于安徽省西北部外,其他 4 县均位于沿江丘陵玉米种植区,其平均种植密度为 59649 株/hm^2,但其平均行距 0.455 m,平均株距 0.388 m,密度结构较不合理,这里之所以把这 4 个县区归为一类,主要原因是长丰县、肥东县和肥西县均位于沿江丘陵玉米区,玉米地块多中低产田,农户多按照水稻种植行距间隔 1 行来种植玉米,故其行距多在 0.5 m 以下,太和县位于安徽玉米主产区西部,根据调查,该县农户多按照小麦种植行距间隔 1 行来种植。⑥凤阳县—明光市种植习惯区,该区域位于淮河南岸玉米种植区,与同处淮河流域的固镇县—怀远县—五河县—蒙城县区域种植习惯不同,该区域平均行距 0.454 m,平均株距 0.355 m,种植习惯与上一个区域有些类似,但其种植密度为 75736 株/hm^2,较上个区域大幅度提高,如能优化其密度结构,预期对于改善田间通风条件、充分利用光热资源、提高其单产具有较好的效果。

2. 间套作 间套作是常见的种植方式。

廖华俊等(2011)介绍了江淮地区马铃薯—稻(瓜类、玉米)—菜周年三熟制高效栽培模式。茬口安排合理,作物种类和品种选用恰当,复种指数提高,经济效益高,农田多次耕作,土壤肥力提高。经过多年的推广示范实践证明,马铃薯—稻(瓜类、玉米)—菜周年三熟制栽培模式在江淮地区及其周边是可行的,完全可以满足作物的温度、光照和安全生育时期的需要。周年三熟制在实际生产中,虽然季节性强,农事操作相对紧张,但通过提前育苗、科学间作、套种,可有效缓解农忙与季节不等人的矛盾,实现丰产丰收的目标。

张学武(2016)介绍了在淮北较为盛行的小麦—玉米—冬瓜一年三熟间作套种高效栽培模式。选择优良适宜的小麦、玉米和冬瓜品种,采用适宜的田间配置,选择恰当的时期播种育苗,肥料运筹,病虫害防治,适时早收。此模式综合玉米、冬瓜新品种的推广和地膜覆盖技术的普及,提高了田间的综合经济效益。

周翔等(2012)阐述了安徽省涡阳县义门镇多年生产实践总结而出的春薹干—玉米—秋薹干间套作种植模式取得了较好的经济效益。春薹干—玉米—秋薹干一年三熟制种植模式下,春薹干产量 1800 kg/hm^2,玉米产量 7500 kg/hm^2,秋薹干产量 1500 kg/hm^2,薹干均价 28 元/kg,玉米均价 1.8 元/kg。该种植模式每年产值为 10.5 万元/hm^2 左右。通过间作套种,实现一年多熟,既提高了自然资源的利用率、土地复种指数,又增加了单位面积的产值和效益,是农业产业结构调整和农民增收的重要技术措施。

赵德强等(2020)通过设置 4 种不同行比的玉米大豆间作(6M6S、6M3S、3M6S、3M3S)为研究对象,设置 2 种作物的单作(CKM、CKS)为对照,采用每一行(依次从玉米和大豆的交接行向内记为第Ⅰ行、第Ⅱ行和第Ⅲ行)取样的方法,分析干物质积累分配规律、间作系统产量和生物量组成。结果表明在 2 年试验中,4 个间作处理的玉米单株干物质积累量均高于 CKM,其中 6M6S、3M6S 处理的大豆单株干物质积累量高于 CKS。间作提高了玉米全生育期和大豆分枝前期、分枝后期、鼓粒期、成熟期时的干物质积累速率。玉米和大豆间作提高了作物干物质积累量和产量,提高了茎叶干物质输出量,提高了土地当量比,其中玉米的贡献大于大豆。不同行比配置对间作的边际效应有影响,间作玉米中Ⅰ、Ⅱ、Ⅲ行的干物质积累量和产量依次降低,间作大豆则依次升高。相比于其他间作处理,3M6S处理土地当量比最高,是最有利于发挥间作优势、提高土地利用率的间作模式。

赵建华等(2013)通过设置蒜苗、甘蓝、豌豆、大豆、胡麻、小麦与玉米间套作,研究不同作物与玉米间作对玉米产量及生物量累积的影响。结果表明,除大豆‖玉米间作模式外,其他模式土地当量比(LER)均大于1,表现出明显的间作产量优势,不同作物与玉米的共生期越短,其模式的LER越大;相对于单作玉米,与蒜苗、甘蓝、豌豆间作的玉米穗粒数和百粒重均显著提高;与大豆间作的玉米百粒重虽显著提高,但穗粒数提高不显著,与胡麻和小麦间作的玉米各产量构成因素均有提高,但不显著。玉米的生物量累积符合logistic增长模型,相比单作玉米,与蒜苗、甘蓝间作的玉米在播后66~86 d生物量累积高于单作,与大豆间作,共生期玉米生物积累量始终低于单作;与豌豆、小麦、胡麻间作,间作玉米的生物积累量转折点分别为玉米播后106 d、86 d、75 d。

(六)田间管理

1. 中耕 中耕松土是指作物生育期中在株行间进行表土耕作,是玉米田间管理的一项重要措施。中耕松土有如下好处:可以疏松土壤,流通空气,及时中耕松土,有利于根系下扎,促进幼苗生长健壮;同时有益于土壤微生物活动,加速有机质的分解,提高土壤有效成分,改善营养条件;调节水分,防旱保墒,促进玉米生长。中耕松土以后,破除土壤板结,截断毛细管,防止松土层以下水分蒸发,达到蓄水保墒作用。当土壤水分过多时,中耕松土又可使土壤水分蒸发,使玉米生长良好;中耕还可以防除杂草,玉米行间较宽,易生杂草,结合中耕松土可清除杂草,利于作物生长。

玉米中耕的时间和次数应该根据土壤、气候等条件而定,一般雨后不久就要进行中耕。夏玉米一般在苗期和封行前进行中耕,在全生育期间,深度一般掌握浅—深—浅的原则。即苗期根系分布较浅,中耕亦宜浅以免伤根;生育中期加深中耕深度有促进根系发育的效果;在生育后期作物将封行时,植株繁茂,以破除土壤板结为主,深度又可略浅。中耕的次数以保墒、除草为原则,土质黏、干旱、草多应勤中耕。

2. 科学施肥

(1)一次性施肥 姜超强等(2017)于2015年在安徽省太和县(TH)和东至县(DZ)研究了氮肥一次穴施深度对夏玉米产量、养分积累量以及氮肥利用率的影响,以探讨夏玉米一次施肥的适宜深度,为夏玉米机械化精准一次施肥提供依据。试验设对照(CK)、深6 cm(D6)、深9 cm(D9)、深9 cm+12 cm[D(9+12)]、深12 cm(D12)、深12 cm+15 cm[D(12+15)]、深15 cm(D15)一次穴施7个处理,肥料养分施用量为N 180 kg/hm^2、P_2O_5 135 kg/hm^2、K_2O 180 kg/hm^2。太和与东至点不同深度穴施尿素处理下夏玉米的产量结果表明,同等施氮条件下太和的产量为东至的1.3~1.5倍;两个试验点尿素12 cm深施(D12)比6 cm深施(D6)和15 cm深施(D15)夏玉米产量分别增加12.6%和6.7%。植株氮素积累量均以D12处理为最高,并且东至点D12处理玉米植株氮素积累量显著高于D6和D15处理。施肥深度对氮肥农学利用率和表观利用率有显著影响,两个试验点的结果表明,12 cm深施氮肥表观利用率比6 cm和15 cm深施分别提高9.6%和10.4%。安徽夏玉米尿素一次施用的适宜深度为12 cm左右。

姜超强等(2018)为了明确氮肥一次施用对作物产量和肥料利用率的影响,探寻夏玉米全生育期一次性施氮技术,通过2年(2015—2016年)在安徽省太和县砂姜黑土和东至县红黄壤的田间试验,研究了农民习惯分次施氮(SSB)、一次性根区穴施尿素(RZF)和一次性条施尿素(BDP)对夏玉米产量、氮磷钾养分吸收和利用的影响。结果表明,各处理玉米产量的顺序为RZF>SSB≈BDP>CK,RZF比SSB和BDP分别显著增产8.8%和9.8%。RZF的氮、磷、钾素积累均为各处理最高,氮肥表观利用率为50.1%~58.9%,比SSB和BDP分别提高8.3和12.4个百分点,并且氮肥农学利用率和偏生产力均最高。RZF的磷肥表观利用率为17.5%,比SSB和BDP分别显著提高18.1%和27.2%。同一施氮水平下,太和点的产量、生物量和氮素积累量比东至点分别高31.5%、25.2%和46.3%。一次性根区穴施尿素提高了氮肥在耕层土壤的集中度,降低了氮素释放速度,达到缓控释肥的效果,能够显著增加玉米产量、提高氮肥利用率。可见,一次根区施肥能够替代当前习惯的分次施肥,实现作物高产稳产,对于化学氮肥减量施用、提高肥料利用率具有很大的潜力和空间,值得进一步研发施肥机械和推广应用。

冀保毅等(2018)介绍,为探索提高肥料利用效率的施肥方法,根据夏玉米生长发育对不同养分的需求量,把单株玉米生长所需的氮、磷、钾肥料与土壤混匀后装入一次性塑料杯,将装有肥料和土壤的杯子置于耕层土壤中适宜的位置完成一次施肥,减少夏玉米的施肥次数。采用大田试验,在河南省南阳研究单株限域定量施肥和常规分次施肥对夏玉米产量、生长后期植株体内氮代谢水平、养分积累量和氮肥利用效率等指标的影响。单株限域定量施肥比常规分次施肥处理夏玉米产量增加1.7%,氮肥农学效率提高0.5 kg/kg,氮肥利用率提高2.1百分点,生育后期叶片硝酸还原酶活性、谷氨酰胺合成酶活性分别比常规分次施肥处理提高8.01%、3.40%。单株限域定量施肥处理植株氮磷钾养分积累量、干物质量、谷氨酰胺合成酶和硝酸还原酶活性与常规分次施肥效果相当,夏玉米产量和氮素利用效率均有所提高,表明该施肥方法能够实现一次性施肥兼顾高产的预期目标。

玉米一次性施肥技术是指选取适宜的肥料,采用种肥同播,即作物播种时,使用播种施肥机,通过设置适宜的种子和肥料距离,安全有效地将种子和肥料一次性播入土壤的方式,一次施肥为玉米提供全生育期所需养分,不再追肥,达到省工省时、高效稳产的施肥技术。

谭德水(2019)提出一种适用于黄淮平原的夏玉米一次性施肥方法,包括步骤如下:①于黄淮平原地区小麦-玉米轮作制度下小麦收获后的地块,采用带有条带旋耕刀的玉米播种施肥机进行操作;②玉米播种施肥机的旋耕刀旋耕出旋耕条带,开沟器开出种子沟和施肥沟,种子沟与施肥沟错开,施肥沟深度为9~15 cm,播种沟深度为3~5 cm,种子与肥料同时施下,随即覆土盖种盖肥,完成播种施肥一次性操作,后期不再进行追肥;旋耕条带的宽度12~15 cm,条带旋松土壤深度为9~15 cm,肥料横向距离玉米种子8~10 cm,纵向距离种子6~12 cm,播种时进行单粒播种,播种密度在3800~4500株/亩,行距在60~75 cm,出苗后无须间苗定苗;所述的肥料为氮肥、磷肥、钾肥和硫酸锌,所述的氮肥根据控释氮肥氮素释放期选用以下之一:a.全部施用玉米专用生物可降解控释氮肥。b.全部施用玉米专用稳定性缓释肥料;所述的玉米专用稳定性缓释肥料为加入脲酶抑制剂、氮肥抑制剂等添加剂的缓释肥,添加剂的添加比例为1.5%~3%,百分比是以纯氮总养分量为基数,质量比计,氮肥效期稳定在60~75 d。c.全部施用无机包裹型控释氮肥;所述的无机包裹型控释氮肥的氮肥释放期≥60 d;无机包裹型控释氮肥为硫包膜。

玉米一次性施肥时应选择适宜的土壤类型。土层深厚、土质黏重、中性或微酸性的土壤,保水保肥效果好,适宜玉米一次性施肥。而土壤瘠薄、沙性土壤、盐碱土等不适合采取一次性施肥,因为瘠薄沙性土壤,渗漏性强,保水保肥效果差,肥效短;盐碱土,氮肥易挥发、肥效不长,不适宜进行一次性施肥。

(2)常规施肥

① 平衡施肥　李录久等(2008)曾介绍,根据多年平衡施肥试验结果,结合玉米需肥规律和当地土壤养分状况及气候条件,拟定江淮丘陵黄褐土地区夏玉米高产高效平衡施肥技术方案。中等肥力地块,玉米产量 7500 kg/hm², 在施用 22.5 t/hm² 腐熟有机肥的基础上,适宜施肥量,纯 N 为 135~180 kg/hm², P_2O_5 为 75~105 kg/hm², K_2O 75~120 kg/hm², 折合尿素(含 N 量 46%)300~390 kg/hm², 普通过磷酸钙(P_2O_5 含量 12%)600~900 kg/hm²(或者 P_2O_5 含 46% 的磷酸二铵 165~225 kg/hm²), 氧化钾(K_2O 含量 60%)120~180 kg/hm²。土壤肥力低、缺乏有机肥时,可考虑应用较高的施肥量;反之,土壤肥力高,地力基础好时,可适当减少施肥量。玉米高产品种或高产栽培时,可适当加大施肥量。缺锌的土壤可基施硫酸锌肥 15 kg/hm², 或苗期叶面喷施 0.05%~0.10% 硫酸锌溶液 1~2 次。

陈祥等(2008)在海拔 534 m、年均温度 13~15 ℃、当年降水量 675 mm、属暖温带半湿润气候、肥力水平中等的试验地进行试验。试验设 6 个施肥处理,分别为 NPK:N、P、K 平衡施肥;PK:施 P、K 肥;NK:施 N、K 肥;NP:施 N、P 肥;FP:农民习惯施肥;CK:不施肥(对照)。NPK、PK、NK、NP 4 种处理所用氮肥为尿素,磷肥为过磷酸钙,钾肥为氯化钾,磷、钾肥作为基肥一次施用,氮肥 2/3 作为基肥,喇叭口期追施 1/3;FP 处理(农民习惯)所用肥料为碳铵,于拔节期一次施入;具体施肥量如表 5-1 所示。

表 5-1　夏玉米氮、磷、钾配比施肥量(kg/hm²)(陈祥等,2008)

处理	肥料施用量		
	N	P_2O_5	K_2O
NPK	314	69	150
PK	—	69	150
NK	314	—	150
NP	314	69	—
FP	361	—	—
CK	—	—	—

② 施氮　王世济等(2013b)为了解施氮量对玉米产量的影响,2012 年以隆平 206 为材料,采用不同的施氮水平处理玉米植株,研究施氮量对玉米产量、穗粒数、千粒重、干物质积累量、收获指数、产出投入比和氮农学效率的影响。结果表明,0、75 kg/hm²、150 kg/hm²、225 kg/hm²、300 kg/hm²、375 kg/hm² 施氮量下玉米产量差异显著,在 0~375 kg/hm² 施氮量范围内,在 0~225 kg/hm² 施氮量阶段,玉米的产量随着施氮量的增加而显著增加,0、75 kg/hm²、150 kg/hm²、225 kg/hm² 施氮量水平下的玉米产量分别为 7354.0 kg/hm²、9462.5 kg/hm²、10847.3 kg/hm²、11352.6 kg/km²;施氮量超过 225 kg/hm² 后,增施氮肥对玉米产量增加影响不显著。施氮量与玉米产量存在线性加平台关系,氮肥用量和玉米产量数学模拟方程为 $y=23.37x+7475$, 当 $x<169$ 时; $y=11426$, 当 $x>169$ 时($R^2=0.97**$, $n=18$),江淮旱地的推荐施氮量为 169 kg/hm²。

史文娟等(2010)研究氮肥运筹对饲用玉米农艺性状和产量的影响,2009 年以饲用玉米"瑞德 2 号"为材料,设置设施氮量(C)和基追比例(D)两个因素,施入的氮肥为尿素。施氮量

(C)分 3 个水平,即 C1 300kg(N)/hm²、C2 450 kg(N)/hm²、C3 600 kg(N)/hm²;基追比例(D)分 3 个水平,D1 基追比为 7∶3,D2 基追比为 6∶4,D3 基追比为 5∶5。结果表明,当施氮肥量为 600 kg(N)/hm² 条件下的植株株高极显著高于其他施肥处理,且增加施氮总量可显著增加植株叶片的宽度和茎粗,有利于饲用玉米生物产量的提高。"瑞德 2 号"在抽雄期和乳熟期,饲用玉米的植株鲜物质产量和干物质产量基本表现为基追比 5∶5 处理＞6∶4 处理＞7∶3 处理,表明氮肥后移使饲用玉米的鲜物质产量和干物质产量增加。

③ 施磷　李川等(2019)研究了不同磷肥处理条件下 6 个玉米品种地上部干物质积累量、根部干物质积累量、根冠比、地上部及根部磷素积累量、产量构成因素之间的差异,以期解释磷肥施用量对黄淮海地区不同玉米品种生长发育的影响。以黄淮海地区主要推广玉米品种郑单 958、浚单 20、蠡玉 16、桥玉 8 号、伟科 702、郑黄糯 2 号为供试材料,在标准大田条件下设置 5 个不同磷肥处理水平:分别为 P0(施磷量 0)、P2(施磷量 30 kg/hm²)、P4(施磷量 60 kg/hm²)、P6(施磷量 90 kg/hm²)、P8(施磷量 120 kg/hm²)。播种前整地时将磷肥(磷素二胺,含 53% P_2O_5)作为底肥一次性全部施入土壤覆盖。同时将 30%的氮肥(尿素,含 46%N)以及全部钾肥(硫酸钾,含 34%K_2O)也作为底肥施入。剩余 50%、20%的氮肥分别于大喇叭口期、抽雄吐丝期隔行开沟追肥,钾肥、氮肥用量同标准大田管理,分别为 120 kg/hm²、180 kg/hm²。结果表明,随着磷肥施用量的增加不同玉米品种干物质积累量整体增加,并且整体随着生长发育进程的推进而递增,在蜡熟期达到最高值。本试验中施磷量在 90 kg/hm² 条件下最有利于地上部干物质和根部干物质积累,过量施肥反而达不到增产的效果。

陈书强等(2011)以驻玉 309 为试材,设 P_2O_5 施用量 0(不施用磷肥,CK)、37.5 kg/hm²、75.0 kg/hm² 和 112.5 kg/hm² 计 4 个处理,磷肥作底肥一次性施入。研究了不同施磷水平下产量构成因素、产量、根系干重、叶面积指数、干物质积累以及籽粒品质的变化。结果表明,磷肥施用量在 37.5～75.0 kg/hm²,可以提高根系的吸收性能,延缓叶片衰老时间且降低衰老速度,有助于提高光能利用率和促进地上部干物质积累,并提高籽粒产量和品质。在试验土壤肥力条件下,施磷量为 75 kg/hm² 时,穗长、穗行数、行粒数和千粒重均最大,根系干重、叶面积指数、地上干物重以及籽粒品质较好,玉米产量最高为 7313.0 kg/hm²。

④ 施钾　王允青等(2005)试验结果表明,杂交玉米每公顷施用 K 150kg 时产量最高,达 7065 kg/hm²,比对照增产 9.9%。钾肥经济效益也以每公顷施 K 150 kg 最高,比对照增收 892 元/hm²,产投比为 2.2∶1。钾肥施用量在 K 150.0 kg/hm² 以下时,土壤中的钾素亏损,不能保持土壤中钾素平衡。

许海涛等(2009)通过设置 4 个不同钾肥(硫酸钾)水平:T1 75 kg/hm²、T2 150 kg/hm²、T3 225 kg/hm²、T4 300 kg/hm²,对玉米干物质生产及籽粒产量影响研究。结果表明,玉米叶、叶鞘干物质重与施用钾肥有关,在乳熟期达到最大值,蜡熟期叶、叶鞘干物质重均呈下降趋势;茎秆和地上部干物质总重量与钾肥施用水平有关,干物重随生育进程推进而增加;钾肥用量在 75～225 kg/hm²,玉米产量随钾肥用量增加而提高,当钾肥用量达 300 kg/hm² 水平时玉米产量则下降。在试验土壤肥力条件下,225 kg/hm² 施钾水平玉米产量最高。

(3)缓(控)释肥的施用　刘良武等(2019)以迪卡 517 为试验材料,研究不同种植密度条件下缓控释肥和常规肥。结果表明,缓控释肥处理有效延长夏玉米花后灌浆时间。随着密度的增加,产量和氮肥农学效率也增加。与常规施肥相比,缓控释肥处理的夏玉米产量有所增加,却未达到显著水平,但是经济效益均显著提高。

高鹏等(2019)在关中中部的武功县进行了玉米缓控释肥增产机理的研究表明:缓控释肥

有显著的增产作用,能有效降低化肥肥效损失,节肥保肥,在玉米生长的中后期,缓控释肥可显著提高玉米叶面积指数和延缓叶片衰老,显著提高玉米的光合势和叶绿素含量,灌浆期保持了较高的绿叶面积持续时间,促进根系生长,有效改善果穗经济性状,使玉米的百粒重提高,穗粒数增加,最终提高了玉米的产量,缓控释肥较传统速效化肥增产增效。

张小微等(2019)通过田间试验,以遵义地区主推玉米新品种新中玉801和中单901为试验材料,设计传统施肥和缓控释肥2种不同处理,研究缓控释肥对玉米产量及经济效益的影响。试验结果表明,一次性机械化缓控释肥显著提高了玉米的产量和经济效益。缓控释肥处理后,新中玉801和中单901的折合每亩产分别增加4.7%和4.8%,纯收入分别增加93.74%和79.12%;缓控释肥处理下,两品种之间比较,中单901的产量和经济效益更高,分别达545.53 kg/亩和266.06元/亩。由此可见,一次性机械化缓控施肥能够增加玉米产量,并节约投入成本、减少劳动力从而提高经济效益。

高鹏等(2019)研究了玉米缓控释肥的产量效应,分 $N-P_2O_5-K_2O$ 不同用量的4个处理和两种不同的施肥方式,采用随机区组排列,重复3次。试验结果表明,处理1即施入缓控释肥的玉米671 kg/亩,较处理2(等量传统化肥作对照)每671 kg/亩增产7.7%且达显著水平;较处理3(传统化肥习惯施肥1)基本平产,较处理4(传统化肥习惯施肥2)增产5%,未达显著水平。缓控释肥保肥节肥,具有省肥省工防止"烧苗"增加粒重和行粒数的效果。

许海涛等(2018)以普通氮肥为对照,研究了氮肥减量缓释对夏玉米驻玉216农艺指标、产量性状及氮肥利用效率的影响。结果表明,与同量普通氮肥(T2处理)相比,缓释氮肥减量10%、20%时株高增加1.22%~3.32%,穗位高增加6.67%~10.56%,茎粗增加10.27%~15.14%,基部茎节间长度增加4.55%~10.23%,地上总干物质量增加1.26%~7.66%,氮素营养总量提高6.89%~12.70%。氮肥减量缓释对玉米产量构成因素无明显影响,但提高了氮肥表观利用效率、氮肥农学效率;减量过度(30%,T6处理)会显著降低玉米地上干物质的积累和氮素营养含量。

姜雯等(2013)为了探明缓释肥施肥量对夏玉米氮积累利用和籽粒产量的影响,以夏玉米品种郑单958为材料,在不同种植密度水平(6.75万株/hm²、8.25万株/hm²)下,以当地传统施肥量(750 kg/hm²)为对照,增加缓释肥施肥量(975 kg/hm²)进行比较研究。结果表明,缓控释肥施肥量对夏玉米各器官及全株氮含量、氮利用效率均无显著影响;增加缓释肥施肥量明显降低了玉米空秆率(其均值较对照施肥量降低了20%),尤其是在高密度下空秆率比同密度低肥量处理降低了27%,单穗重也增加12.4%。缓控释肥施肥量对产量影响虽然未达到显著水平,但高密度下增施缓/控释肥处理比对照产量增加15%,比同密度低肥量处理增加19.4%,经济效益也比对照增加12.3%。因此,在高密度种植(8.25万株/hm²)下适量增加缓释肥(975 kg/hm²)更有利于挖掘夏玉米增产潜力,实现夏玉米节本增产增效。

许海涛等(2012)研究表明,施用缓控释肥有助于夏玉米叶面积指数增大和根条数增多,单株干物质积累快,改善玉米的产量性状,明显提高千粒重和产量;可有效提高土壤蛋白酶活性以及速效氮、速效磷和速效钾含量。施用缓控释肥能够促进夏玉米生长发育、延缓叶片衰老,改善玉米主要产量性状,明显提高土壤速效养分含量,最终显著提高产量。在相同施肥量条件下,施用缓控释肥较施用普通化肥增产4.59%~8.81%。

3. 节水补充灌溉 节水灌溉是以最低限度的用水量获得最大的产量或收益,也就是最大限度地提高单位灌溉水量的农作物产量和产值的灌溉措施。

(1)灌溉水源 安徽省是一个水资源比较紧缺的省份,年径流量923亿 m³,总量为

675亿 m^3，居全国第14位，其中淮北地区为134亿 m^3，江淮之间为268亿 m^3，江南地区为274亿 m^3（李典友，2003）。人均、亩均水资源占有量分别为1100 m^3和1000 m^3，均不足全国平均水平的一半。由于特殊的地理位置和复杂的气候条件，水资源的地域分布极不均衡，降水南多北少，皖北地区旱涝频率由南往北呈递减趋势，皖南地区旱涝频率高但差异小，江淮区域西部干旱频率明显高于东部（唐宝琪等，2016），年际年内分布也极不均衡。

安徽省的河流主要分属长江水系和淮河水系。长江径流资源丰富，在安徽省境内大通站过境流量为30400 m^3/s，年径流总量约9576亿 m^3，等于全省地表年径流总量的12.7倍，是安徽省最可靠的水源。其次是淮河干流在安徽省蚌埠的平均流量为852 m^3/s，年径流总量约为269亿 m^3。

过去50年数据（孙朋等，2020），安徽省年平均降水深度为1175.6 mm。自皖南山区到江淮丘陵再到淮北平原降水呈梯度减少，皖南山区夏季降水量变化区间为550~1000 mm，江淮丘陵夏季降水量主要集中在500~550 mm，淮北平原夏季降水量主要集中在400~500 mm，可见不同区域降水量差别明显。

(2) 灌溉时期　玉米是需水较多的作物，从种子发芽、出苗到成熟的整个生育期间，除了苗期应适当控制土壤水分进行蹲苗外，自拔节至成熟都必须适当地满足玉米对水分的要求，才能使其正常生长发育。因此，必须根据降水情况和墒情，及时灌溉及排水，使玉米各个生育阶段处在一个适宜的土壤水分条件下，再配合其他栽培技术措施，才能获得玉米的高产稳产。

① 造墒水　播种时，良好的土壤墒情是实现苗全、苗齐、苗壮、苗匀的保证。若土壤墒情不足或不匀进行播种，势必造成缺苗断垄，或玉米苗大小参差不齐，弱小株多，空秆率高。玉米播种适宜的土壤水分为田间持水量的65%~75%，播种时若土壤含水量低于田间持水量的65%，必须造墒后播种，夏玉米也可播后浇蒙头水。

② 拔节水　玉米苗期植株较小，耐旱、怕涝，适宜的土壤水分为田间持水量的60%~65%，一般情况下可以不浇水。但玉米拔节后，植株生长旺盛，雄穗和雌穗开始分化，需水量增加，拔节时若土壤含水量低于田间持水量的65%就要浇水，一般每亩浇水量55 m^3左右，浇拔节水利于茎叶和雌穗生长以及小花分化，可以减少空秆，增加穗粒数。

③ 抽穗水　玉米抽雄开花期前后，叶面积大，温度高，蒸腾蒸发旺盛，是玉米一生中需水量多、对水分敏感的时期。这时适宜的土壤含水量为田间持水量的70%~80%，低于70%就要浇水，每亩浇55~60 m^3。这时灌溉，可以提高玉米花粉和花柱的生活力，有利授粉结粒；可以延长叶片的功能期，提高光合能力，增加干物质生产。有利于籽粒灌浆，减少籽粒败育，增加穗粒数和提高千粒重。灌抽穗水一定要及时、灌足，不能等天靠雨，若发现叶片萎蔫再灌水就晚了。据试验，抽雄前后短期干旱，引起叶片萎蔫1~2 d再灌水的，也会减产20%。

④ 灌浆水　籽粒灌浆期间仍需要较多的水分。适宜的土壤含水量为田间持水量的70%~75%，低于70%就要灌水，一般情况下每亩灌水55 m^3左右。这时灌溉，可以防止植株早衰，保持较多的绿叶数，维持较高的光合作用；可以延长籽粒灌浆时间和提高灌浆速度，有利于提高粒重。

(3) 灌溉方式方法

① 渠道输水　渠道输水是中国农田灌溉的主要输水方式。传统的土渠输水渠系水利用系数一般为0.4~0.5，大部分水都渗漏和蒸发损失掉了。渠道渗漏是农田灌溉用水损失的主要方面。采用渠道防渗技术后，一般可使渠系水利用系数提高到0.60~0.85，比原来的土渠提高50%~70%。渠道防渗还具有输水快、有利于农业生产抢季节、节省土地等优点，是当前

中国节水灌溉的主要措施之一。根据所使用的材料,渠道防渗可分为:三合土护面防渗、砌石(卵石、块石、片石)防渗、混凝土防渗、塑料薄膜防渗(内衬薄膜后再用土料、混凝土或石料护面)等(李安国,2000)。

② 管道输水 管道输水是利用管道将水直接送到田间灌溉,以减少水在明渠输送过程中的渗漏和蒸发损失。发达国家的灌溉输水已大量采用管道。中国北方井灌区的管道输水推广应用也较快。常用的管材有混凝土管、塑料硬(软)管及金属管等。管道输水与渠道输水相比,具有输水迅速、节水、省地、增产等优点,其效益为:水的利用系数可提高到0.95,节电20%~30%,省地2%~3%,增产幅度10%。在有条件的地方应结合实际积极发展管道输水。但是,管道输水仅仅减少了输水过程中的水量损失,而要真正做到高效用水,还应配套喷、滴灌等田间节水措施。尚无力配套喷、滴灌设备的地方,对管道布设及管材承压能力等应考虑今后发展喷、滴灌的要求,以避免造成浪费。

③ 喷灌 喷灌是借助水泵和管道系统或利用自然水源的落差,把具有一定压力的水喷到空中,分散成细小水滴,均匀地喷洒到田间,对作物进行灌溉。主要优点如下:省水,由于喷灌可以控制喷水量和均匀性,避免产生地面径流和深层渗漏损失,使水的利用率大为提高,一般比漫灌节省水量30%~50%;省工,喷灌便于实现机械化、自动化,可以大量节省劳动力,喷灌还可以结合施入化肥和农药,又可以省去不少劳动量;提高土地利用率,采用喷灌时,无须田间的灌水沟和畦埂,比地面灌溉更能充分利用耕地,一般可增加耕种面积7%~10%;适应性强,喷灌对各种地形适应性强,在坡地和起伏不平的地面均可进行喷灌,且喷灌不仅适用于所有大田作物,对各种经济作物、蔬菜、草场都可以获得很好的经济效果。喷灌也存在如下缺点:投资费用大,受风速和气候影响较大。

喷灌按水流获得的压力方式可分为机压式、自压式和提水蓄能式喷灌系统;按喷灌设备的形式可分为管道式和机组式喷灌系统;按喷洒方式可分为定喷式和行喷式喷灌系统。喷灌系统按照喷灌作业过程中可移动的程度分为下列3类:

A. 固定式喷灌系统 除喷头外,各组成部分在长年或灌溉季节均固定不动。干管和支管多埋设在地下,喷头装在由支管接出的竖管上。操作方便,效率高,占地少,也便于综合利用(如结合施肥、喷农药等)和实现灌溉的自动控制。但需要大量管材,单位面积投资高,适用于灌溉频繁的经济作物区(如蔬菜种植区)和高产作物地区。

B. 半固定式喷灌系统 喷灌机、水泵和干管固定,而支管和喷头则可移动。移动的方式有人力搬移、滚移式,由拖拉机或绞车牵引的端拖式,由小发动机驱动作间歇移动的动力滚移式、绞盘式以及自走的圆形及平移式等。其投资比固定式喷灌系统少,喷灌效率较移动式喷灌系统高,常用于大田作物。

C. 移动式喷灌系统 除水源外,动力机、水泵、干管、支管和喷头等都是可以移动的,因而可在一个灌溉季节里在不同地块轮流使用,提高了设备利用率,并可节省单位面积投资,但工作效率和自动化程度低。常用的类型中,有的是动力机和水泵装在手推车或手架上的轻、小型喷灌机,其喷头装在轻便三脚架上,通过软管同水泵连接;有的是将水泵同喷头装在手扶拖拉机上的小型喷灌机,由手扶拖拉机的动力输出装置驱动水泵作业;有的是装在大、中型拖拉机上的双悬臂式喷灌机。移动式喷灌系统适用于灌溉次数较少的大田作物和小块地段。此外,在有条件的地区,还可发展自压喷灌。其优点是可以利用水的自然落差,不需动力机和水泵,设备简单,操作方便,使用成本低。

④ 微喷 微喷又称雾滴喷灌,是新发展起来的一种喷灌形式。它是利用折射式、旋转式

或辐射式微型喷头将水喷洒到作物枝叶等区域的灌水形式。微喷技术比喷灌更为省水,由于雾滴细小,其适应性比喷灌更大,农作物从苗期到成长收获期全过程都适用。它利用低压水泵和管道系统输水,在低压水的作用下,通过特别设计的微型雾化喷头,把水喷射到空中,并散成细小雾滴,洒在作物枝叶上或树冠下地面的一种灌水方式,简称为微喷。微喷既可增加土壤水分,又可提高空气湿度,起到调节小气候的作用。

郑孟静等(2020)研究表明,与畦灌大水、少次灌溉相比,采用微喷灌方式,减少灌水定额、增加灌水次数,可降低夏玉米叶片蒸腾、增加干物质积累,同时可高效吸收利用深层土壤水分,在保障夏玉米产量的前提下,减少总耗水量,提高水分利用效率。崔吉晓等(2017)研究表明,微喷灌处理相比于传统的漫灌处理,能够精准地控制灌水量,提高灌水分布均匀系数,所用设施相对简单、廉价,易于收放。微喷灌能够实现水肥一体化,从而提高水分与肥料的利用率。同喷灌相比,由微喷带组成的灌溉系统简单,成本为普通滴灌系统的1/3,运行压力低,节省能源。另外,微喷灌还能减少劳动力,对于提高中国农业机械化水平、精准农业的实现也是一个重要的贡献。

⑤ 滴灌 是利用塑料管道将水通过直径约10 mm毛管上的孔口或滴头送到作物根部进行局部灌溉。它是干旱缺水地区最有效的一种节水灌溉方式,其水的利用率可达95%。滴灌是按照作物需水要求,通过管道系统与安装在毛管上的灌水器,将水和作物需要的水分和养分一滴一滴均匀而又缓慢地滴入作物根区土壤中的灌水方法。滴灌不破坏土壤结构,土壤内部水、肥、气、热经常保持适宜于作物生长的良好状况,蒸发损失小,不产生地面径流,几乎没有深层渗漏,是一种省水的灌水方式。较喷灌具有更高的节水增产效果,同时可以结合施肥,提高肥效一倍以上。其不足之处是滴头易结垢和堵塞,因此应对水源进行严格的过滤处理。

根据滴灌工程中毛管在田间的布置方式、移动与否以及进行灌水的方式不同,滴灌可分地面固定式、地下固定式和移动式3种类型。

A. 地面固定式滴灌 毛管布置在地面,在灌水期间毛管和灌水器不移动,应用在果园、温室、大棚和少数大田作物的灌溉中。这种系统的优点是安装、维护方便,也便于检查土壤湿润和测量滴头流量的变化情况,缺点是毛管和灌水器易于损坏和老化,对田间耕作有影响。

B. 地下固定式滴灌 是将毛管和灌水器全部埋入地下的系统。目前仍然在不断改进中,应用面积不多。与地面固定式相比,它的优点是免除了毛管在作物种植和收获前后安装和拆卸的工作,不影响田间耕作,延长了设备的使用寿命;缺点是不能检查土壤湿润和测量地头流量变化的情况,发生问题维修也很困难。

C. 移动式滴灌 是在灌水期间,毛管和灌水器在灌溉完成后由一个位置移向另一个位置进行灌溉的系统,此种系统应用较少,与固定式系统相比,它提高了设备的利用率,降低了投资成本,常用于大田作物和灌溉次数较少的作物,但操作管理比较麻烦,管理运行费用较高,适合于干旱缺水、经济条件差的地区使用。

康爱林等(2020)研究表明,滴灌较常规漫灌处理减少46%的灌溉水用量,在相同施肥量(600 kg/hm²)的条件下,作物产量、偏生产力和表观氮素利用率均无显著差异,但水分利用效率和灌溉水利用率显著增加了32.4%和115.8%。经示范研究表明(孙晓周等,2019),玉米滴灌水肥一体化示范区较常规浇水追肥田块增产率达25.9%,浇水时间缩短15d,节水15%~20%,节肥20%~30%,节约用工280个。具有"省工、省时、省水、省肥、省心"等优点,解决了玉米生育中后期浇水追肥用工难的问题,增加了产量,改进了品质,提高了经济效益;从资源利用方面看,提高了水肥利用效率和土地产出率;从环保方面看,降低了化肥用量,减少了面源污染,社会效益、生态效益均明显提高,是灌溉区玉米生产的一次革命,是一项值得大面积推广的实用新技术。

⑥膜上灌溉　用地膜覆盖田间的垄沟底部,引入的灌溉水从地膜上面流过,并通过膜上小孔渗入作物根部附近的土壤中进行灌溉,这种方法称作膜上灌,在新疆等地已大面积推广。采用膜上灌,深层渗漏和蒸发损失少,节水显著,在地膜栽培的基础上不需再增加材料费用,并能起到对土壤增温和保墒的作用。

⑦膜下滴灌　在中国水资源较匮乏地区可将滴灌管放在膜下,或利用毛管通过膜上小孔进行灌溉,这称作膜下滴灌。这种灌溉方式既具有滴灌的优点(提高水的利用率),又具有地膜覆盖的优点(提高积温),尤其在北方节水增产效果更好。

祁鸣笛等(2020)研究表明,在玉米生长初期和后期,覆膜能够显著降低耗水量,将更多的耗水量(76.02%)集中于快速生长期与生长中期;全生育期覆膜和不覆膜处理的耗水量分别为401.1 mm和446.72 mm,覆膜显著减少了10.21%的耗水量。李霞等(2020)研究表明,温泉县选用的膜下滴灌玉米水肥一体化技术模式较常规栽培模式增产率达到17.6%。

4. 应对环境胁迫　主要是应对温度胁迫、水分胁迫、盐碱胁迫、灾害性天气等。
具体见第二节。
防病、治虫、除草具体见第六章。

(七)适期收获

1. 成熟时期和标准　玉米成熟期的标准为90%籽粒出现成熟黑层的日期。
生理成熟的指标:
玉米籽粒生理成熟的主要标志有两个:一是籽粒基部黑色层形成。玉米成熟时是否形成黑色层,不同品种之间差别很大。有的品种成熟以后再过一定时间才能看到明显的黑色层。玉米籽粒黑色层形成受水分影响极大,不管是否正常成熟,籽粒水分降低到32%时都能形成黑色层,所以黑色层形成并不完全是玉米正常成熟的可靠标志。另一个指标是乳线消失。玉米籽粒顶部冠层物质固化后与下面乳汁状物质间有一条明显的分界线,这就是乳线。乳线随着干物质积累不断向籽粒的尖端移动,直到最后消失。乳线消失时玉米才真正成熟。这就是最佳的收获期。

2. 机械收获方法
(1)半机械化收获法
①用割晒机或人工割倒秸秆,晾晒7~8 d,一般籽粒湿度降到20%~22%后,便可摘穗、剥皮,将玉米棒子拉到场上脱粒。
②在玉米生长状态下,用摘穗机或人工摘穗,然后拉到场上,用剥皮机剥皮、脱粒,或直接脱粒。

(2)联合收获机收获法
①用玉米联合收获机,可直接一次完成摘穗、剥皮、脱粒、割倒秸秆等工作。或将玉米拉到场上,晾干后再脱粒。
②将联合收获机换上玉米割台,一次完成摘穗、剥皮、秸秆切碎还田等工作。
③将玉米割倒,呈八字形放置,晾晒几天后,用装有拾禾器的联合收获机捡拾秸秆,完成脱粒。

3. 晾晒

(1)站秆扒皮晾晒　一般在玉米进入蜡熟期(9月上中旬)进行。这时籽粒含水量在40%以上,正是降低种子水分的大好时机。方法是,在秸秆上把果穗包叶扒开,扒到底,使果穗充分通风透光,以便快速降低水分。这种方法简便易行,容易操作,降水速度快。但要注意:①一定要把玉米苞叶拉到基部,以免拉到半腰形成"杯"状,造成雨水聚集,使种子发霉。②要掌握好扒皮的时间。扒早了种子成熟度不够,将影响种子质量;扒晚了低温易使种子受冻害,一般在玉米蜡熟期为宜。

(2)地面晾晒　玉米种子收获后在庭院地面上(最好是水泥地)将扒掉包叶的玉米果穗薄薄摊一层,每天翻一两次,以免下面的果穗受潮籽粒发霉。

(3)场院搭架晾晒　如果农户的院内不是水泥地,也可以用木棍搭架,木板垫底,底部距地面1 m左右。将收获的玉米果穗摆放在木头架子上,阴雨天架子顶部要用塑料布覆盖,晴天将塑料布拿掉。一般一个多月可降至安全水分。

(4)网袋晾晒　将收回的果穗剥皮去掉花柱,整齐地装入网袋中,然后一个个码放在通风透光良好的水泥台、木架或房顶上,两三天翻动一次。应注意的是,每个网袋中玉米果穗不要放得太多,以半袋为宜;各个网袋之间不要太挤,以免影响晾晒效果。

(5)脱粒晾晒　当收获的果穗籽粒水分降低至18%左右时即可脱粒。将脱下的籽粒放在地面上薄薄铺上一层,随时翻动,也是一种有效的晾晒方法。应该注意的是,要保持地面干爽,铺层不要太厚。

4. 脱粒

(1)纯手工脱粒　用两个玉米相互搓,这样可以脱粒,但比较费力;利用螺丝刀对着玉米起出一条条小缝,然后再用手剥,完成脱粒工作。手工器械脱粒:用解放鞋绑在凳子上,然后人坐在另一端,将玉米放在解放鞋上轻轻地磨即可脱粒,效率可提高一些。

(2)半机械脱粒　玉米的种植都是大面积的,而且玉米的产量也是不断地增加,因此,剥玉米的时间就会持续很长,为了缩短时间,人们也是不断地去摸索制作出一种半机械的器械。

(3)手摇式脱粒器械　只要把玉米放入然后用手摇动把手就能进行脱粒了。

(4)机械脱粒　将玉米堆放在一起,用自动化脱粒机完成脱粒工作,效率非常高。

5. 贮藏(穗藏或粒藏)

玉米的贮藏分穗藏和粒藏,穗贮期间必须加强温度、水分检验,注意不同部位有无果穗生霉现象。贮藏方法主要有露天贮藏、机械通风贮藏与自然低温贮藏。玉米贮藏期间的管理侧重点因地理位置而异,一般是北方防霉、南方防虫。

露天贮藏要选择地势高、干燥通风的场所,长期贮藏的基础垫高不得低于40 cm,低洼地的垫高要高出汛期的最高水位以上,主要有袋装、围包散堆与圆囤散堆3种形式。

机械通风贮藏是通过风机和通风管道不断置换粮堆内的湿热空气,降低粮温或粮食水分,主要有露天机械通风、房式仓机械通风和立筒仓机械通风等。

自然低温贮藏是中国北方玉米产区主要贮藏玉米的方法。通常是将含水量14%左右(或16%以下)的玉米在入库后充分利用自然低温冷冻,即采用仓外薄摊冷冻、皮带输送机转仓冷冻、仓内机械通风或敞开门窗翻扒粮面通风等方法,使粮温降低到0 ℃以下,然后用干河沙、麦糠、稻壳、席子、草袋或麻袋片等覆盖粮面进行密闭贮藏,长时间使玉米保持处于低温或准低温状态,确保安全贮藏。

第二节　抗逆栽培

一、水分胁迫及其应对

（一）水分亏缺

张建军等（2014）为分析淮河流域夏玉米关键期水分盈亏状况及其变化特征，为政府决策部门和农业生产者及时合理地开展田间管理和农业生产提供科学依据，利用淮河流域121个站点1971—2010年的气象资料，通过对夏玉米关键期的需水量和有效降水量的估算，采用水分盈亏指数分析了淮河流域各夏玉米种植区的水分盈亏特征。结果表明，淮河流域各种植区夏玉米关键期的需水量呈显著下降趋势，下降速度呈现出南部高于北部、平原高于山区的特点；多年平均的夏玉米关键期需水量表现出明显的纬向空间分布特征，由北向南增加。各种植区夏玉米关键期的降水量不显著增加，多年平均的夏玉米关键期降水量大致呈现南部多于北部、山区多于平原的空间分布特点；各种植区有效降水量与降水量的空间分布特点一致。各种植区夏玉米关键期均存在不同程度的水分亏缺，但水分盈亏指数呈不明显的增加趋势，水分亏缺的程度有缓和的趋势；多年平均的水分盈亏指数空间分布特征为自西南向东北增加，中部平原区大部分地区水分亏缺严重。

张玉芳等（2011）为评估四川盆地玉米生育期干旱状况，并为相关部门制定相应的防灾减灾措施提供科学依据，通过综合考虑降水量、同期作物需水量，利用基于水分亏缺原理的玉米干旱监测模型，对比分析典型年份干旱指数与相应干旱资料，确定了四川盆地玉米干旱等级指标，利用 Arc GIS 分析了近50年四川盆地玉米不同生育期、不同强度干旱发生频率的时空分布特征。结果表明，从不同生长阶段看，四川盆地玉米生育期干旱频率较高的时段主要为拔节—乳熟阶段，且发生面积最广。按空间分布特征把盆地划分为三大干旱区，其中大巴山以南、涪江及沱江流域在玉米全生育阶段出现干旱的频率最高，普遍都在50%以上。

吴立峰等（2017）为揭示亏水对苗期玉米生理特性的影响，对不同水分处理下苗期玉米叶片光合荧光特性、生理伤害及保护机制的变化规律进行了分析。结果表明，亏水造成的ABA积累能够有效地诱导叶片收缩，并进一步引起光合速率降低；轻、中度水分亏缺还会导致水分利用效率的显著升高，但重度亏水条件下水分利用效率又降至对照水平。同时，轻度亏水条件下，叶片能够通过消耗多余的激发能来维持其最大光化学效率；但中、重度亏水处理后，光保护能力会被光能过剩所超越，从而导致最大光化学效率的降低。此外，水分亏缺还会诱导叶片活性氧（H_2O_2）的大量生成；玉米在轻度亏水处理后会通过增强叶片抗氧化酶（SOD与CAT）活性与非酶渗透调节物质（脯氨酸与可溶性糖）抗氧化能力来减轻亏水造成的生理伤害。但中、重度亏水条件下，活性氧的积累超出了叶片酶与非酶系统的抗氧化能力，玉米叶片膜脂过氧化程度加剧，可为依据玉米生理特性优化其水分利用提供理论指导。

邢英英等（2010）通过玉米盆栽试验，设置了全生育期土壤充分灌水、苗期亏水、拔节期亏水、灌浆期亏水、成熟期亏水5个水分处理和施氮量分别为0、0.1 g/kg、0.30 g/kg、5 g/kg的4个施氮水平，依次以N0、N1、N2、N3表示。研究了不同生育期水分亏缺和氮营养对夏玉米生长的影响。结果表明，在不同施氮条件下，不同生育期亏水均对玉米的生长产生不同程度的抑制作用，其中对茎叶的抑制作用大于根系，根冠比增加。苗期亏水抑制了株高、叶面积和地上部物质的生长,复水后补偿效应明显;拔节期是缺水敏感期,拔节期亏水对株高、叶面积及干物质累积的影响差异极显著,复水后补偿效应不明显;灌浆期亏水对株高影响不明显,但对叶面积及干物质影响明显;成熟期亏水对玉米生长的各个指标没有显著的影响。施氮对玉米的生长及地下干物质的累积有一定的影响,在试验的土壤肥力水平下,表现为施纯氮 0.1 g/kg 的施氮水平对盆栽玉米的生长和发育最好,是适宜的施氮水平。水氮交互作用在拔节期和灌浆期对玉米地上部干重、根干重影响极显著,对根冠比分别达到极显著和显著水平,苗期和成熟期对各指标均无显著性影响。

(二)渍涝

周自强等(2013)曾采用沙培培养方法,比较研究淹水和不同氮形态(铵态氮、硝态氮以及铵态氮:硝态氮为1:1)对苗期玉米根、茎鞘和叶的糖、氮代谢底物——可溶性糖、还原糖、硝态氮和游离氨基酸等物质含量的影响。结果表明,当淹涝胁迫持续 7 天时,在非淹涝胁迫条件下,铵态氮处理的根、茎鞘和叶的可溶性糖及游离氨基酸含量均显著高于硝态氮处理($P<0.05$);在淹涝胁迫条件下,硝态氮处理的根、茎鞘和叶的生物量干重显著低于铵态氮处理($P<0.05$),其根和叶的生物量干重也显著低于铵态氮、硝态氮混合处理($P<0.05$)。与非淹涝条件相比,在淹涝胁迫条件下,硝态氮处理的根系和叶的硝态氮含量显著降低($P<0.05$),降低幅度分别高达 62.6% 和 30.0%;此外,与非淹涝条件相比,在淹涝胁迫条件下,铵态氮处理的根的可溶性糖、还原糖以及游离氨基酸含量,茎鞘的可溶性糖和还原糖含量以及叶的可溶性糖和游离氨基酸含量均显著升高($P<0.05$),而硝态氮处理仅根、茎鞘和叶的还原糖含量以及叶的游离氨基酸含量显著升高($P<0.05$)。因此,在本试验条件下,由于糖、氮代谢底物含量充足,铵态氮处理的苗期玉米具有相对较强的耐淹涝胁迫能力。

吕凯(2014a)介绍了玉米遭受洪涝灾害后的挽救措施:①及时排水,防止渍害。提前疏通沟渠并做到及时排水。密切关注天气变化,提前疏通田间排水沟。对已经发生积水的地块,要尽早将田间积水排出,降低田间湿度,防止出现渍害。对地势低洼,积水难以排出的,可架设抽水泵强制排水,尽量缩短玉米根系渍涝时间。对受灾严重的地块,要及时清理田内排水沟,做到尽快排除地面积水,保证玉米正常生长发育和成熟。②及时扶正植株,减少损失。对发生根倒的地块,要尽早扶起倒伏植株并培土固牢;对发生弯倒的地块,尽可能利用植株自身能力恢复直立,避免由于人工扶直导致茎秆断折,造成更大损失。并喷水清洗苗叶片,增加叶片透光,同时及时用尿素 0.5%+磷酸二氢钾 0.2% 叶面喷施,一般连续 2 次,间隔 7 天。作业时一定要保尿素和磷酸二氢钾完全溶解混匀,以免局部浓度过高而致外叶灼烧,加剧灾害程度。③进行田间清理,恢复生长。涝灾后田间杂草易旺长,土壤易板结,要抓紧中耕除草,破除板结,为后期生长创造适宜的环境条件。待田间明水排净且能下地时,要尽快组织人力下地割除玉米受损害的植株部分,特别是灌有淤泥的植株顶尖,以利于植株尽快恢复直立生长,帮助新叶尽快抽出。同时,要尽可能多地保留植株体和绿色叶片。对发生根倒的地块,要尽早扶起倒伏植株并适当培土固牢;对发生弯倒的地块,尽可能利用植株自身能力恢复直立,避免由于人工扶直导致茎秆断折,造成更大损失;对病苗、弱苗及已折断无保留价值的玉米植株,要及时砍掉抱出田外,减少植株养分的损失;同时清理掉叶片上残存的淤泥、杂物。④中耕施肥,及时散墒。由于洪涝灾害土壤养分流失严重,应及时增肥,保证玉米对养分的需求。对于田间积水已经排净或未形成明显积水的地块,要结合增施氮肥,如大喇叭口期的玉米,可追施尿素 225～300 kg/hm²。及时进行中耕松土散墒和培土,破除土壤板结,改善土壤通透性,提高地温,尽快恢复根系活力,增强植株抗倒伏能力。可适当喷施一些0.5%的磷酸二氢钾,有条件的地方也可补充适量的微肥。⑤加强监测,防控病虫。由于田间积水,植株损伤,土壤水分较大,空气湿度大,易引起各种病虫害如茎腐病、穗腐病、叶斑病以及玉米螟等虫害的发生,要加强监测预警,密切关注田间病虫发生动态,适时开展防治,减少病虫害损失。其中玉米茎腐病属于土壤传播的病害,病菌主要以菌丝体在土壤中的病残体和种子上越冬。种子带菌率很高,而且种皮比内部带菌率高。越冬后的病菌借风、雨、灌溉水、机械和昆虫传播,通过根部或茎基部的伤口或从表皮直接进入,逐渐蔓延扩展,引起地上部症状。到后期,病菌可侵染穗部(穗茎叶、穗尖或玉米螟幼虫带菌通过蛀孔传染),造成穗腐,最终造成种子带菌。玉米茎腐病在自然条件下为成株期病害,在玉米灌浆期开始发病,乳熟末期至蜡熟期为显症高峰期。

张桂香等(2017)为了定量评估江淮地区夏玉米渍涝灾害和揭示其时空分布特征,基于1961—2013年91个观测站点的日雨量数据,耦合夏玉米生育期和渍涝灾情数据,统计夏玉米不同生育时段、不同渍涝等级的灾害样本,采用偏相关分析、多元线性回归、正态性检验、区间估计等方法,构建了基于有效降雨量的夏玉米分生育时段渍涝灾害的等级指标,并验证了指标的合理性;分析了区域1961—2010年夏玉米渍涝灾害的时空分布和风险分布。结果表明,夏玉米渍涝灾害等级与当前渍涝过程降雨量和前2旬逐旬降雨量呈显著正相关;同一等级渍涝灾害,拔节—抽雄期的指标阈值最高,抽雄—成熟期的次之,出苗—拔节期的最低;20世纪70年代渍涝灾害的发生有所减少,80年代后又逐渐增多;渍涝灾害的多发区主要分布在沿江、沿淮、沿湖和沿海地区,且随着生育进程的增加,多发区总体随雨带北移;近50年来出苗至抽雄阶段渍涝灾害的发生总体上呈增加趋势,抽雄至成熟阶段则以减少趋势为主;随着生育进程的增加,渍涝灾害风险指数的高值区逐渐由西南向东北移动。

1. 玉米渍涝的灾害性

(1)氧气问题 当玉米田土壤被水淹以后,空气被隔绝,玉米根系就会缺乏氧气,而呼吸受到限制。玉米不同于水稻,属于旱生作物的根系,在渍涝的时候,通常得不到地上植株通过体内通气腔道扩散下来氧气,因此,植株会陷入窒息困境。

(2)毒害问题 当土壤微生物缺氧以后,会产生发酵物,对玉米的根系产生毒害,使得玉米的根系无法执行它正常的功能活动。所以,当玉米根系泡在渍涝中时间长了,地上植株部分会因为缺水而出现茎叶枯死现象。

(3)倒伏问题 同时,由于渍涝的浸泡,玉米根系于土壤中更加疏松,无论是经过水流或者大风,都会使得玉米植株容易倒伏,从而造成次生灾害减产或者绝收。

2. 玉米渍涝灾害的应对措施

(1)预防措施 在耕种的时候,就要选择好排水性良好的地块。如果耕种的地中间有低洼地带,需要把地整平。通常情况下,在雨水丰沛的地区,玉米田播种的田地,以中间高、四周稍微低一些,有一个非常缓慢的坡度更加利于排水,这就可以预防玉米田发生涝渍的问题。

(2)补救措施 玉米幼苗期发生涝害要看自然灾害时间的长短。如果洪水很快退却,要及时清除田间积水,扶正幼苗,对于过于枯弱的苗,进行补苗,合理追肥,让幼苗复壮,让损失降至最低,快速恢复生产。如果渍涝时间长,玉米幼苗受到了严重的生理性伤害,枯黄瘦弱,就要考虑重新耕种作物;玉米生育旺期遇到渍涝,这个时期玉米植株比较高大,抗逆性比较强,植株有较强的自我调整能力。通常在短时间的渍涝下去以后,对玉米的生产影响不会太严重。此时,种植户除了尽快排泄玉米田的积水,还要预防玉米倒伏。可以用一些木棍等,帮扶固定玉米植株,以防大风带来的倒伏问题,只要玉米植株不倒伏,渍涝退却以后,合理追肥,虽然玉米植株会受到一些生理伤害,造成一定的减产,还是有一定的收成的。玉米成熟期遇到渍涝,这个时期玉米基本成熟,如果成熟的火候差不多了,就要抢收,预防玉米植株由于穗过大根部泥土松软而倒伏,遭受虫害而大量减产。欲使玉米接着灌浆成长,要根据渍涝时间的长短来判断,如果渍涝时间比较长,玉米植株老化的时候,其生理受到不可逆转的伤害,灌浆意义就不大了;如果渍涝时间比较短,要加固玉米植株,主要防倒伏。

二、温度胁迫及其应对

一般表现为一定季节、玉米一定生育时段的高温胁迫。

吕凯(2014b)介绍了玉米高温灾害的种类。根据不同生育阶段和遭受高温灾害的受害机理与表现形式,一般分为3种:①延迟型危害。指在玉米生长发育过程中,较长时间受到不同程度的高温危害,使酶活性减弱,光合作用受阻,导致营养生长不良、器官形成变慢和生长发育迟缓。多发生在苗期至抽雄期。②障碍型危害。指在玉米生殖器官分化期,孕穗抽雄至开花期散粉、吐丝受精和籽粒形成阶段,遭受异常高温危害,使生殖器官受到损害,造成不育、不孕,授粉结实不良。这种危害时间较短,但受害后难以恢复正常,形成大量秃顶、缺粒、缺行等,甚至果穗不结实而造成空秆。多发生在玉米的孕穗期至籽粒形成期。③生长不良型危害。指玉米在营养生长阶段长期受到高温危害,致使高度降低、叶片数减少,秸秆细弱、果穗变小,穗短行少、穗粒数减少,但成熟期没有明显延迟,千粒重也影响不大。主要因为长势弱,引起穗小粒少,导致减产。此危害在全生育期都可发生,但通常危害程度较轻。

关于玉米高温热害指标,有关研究认为,在35 ℃的环境下,玉米苗期的生长高度、干物重都受到明显影响。玉米抽雄期当温度高于32 ℃,授粉将受影响;后期温度高于25 ℃,如又遇干旱将出现高温逼熟。

吕凯(2014)提出,关于高温胁迫的应对措施如下:①做好播种前准备。玉米播种时正值一年中最干热的季节,耕作层十分干旱,结合上茬作物后期浇水,在播种前备足底墒,适当深播(6~7 cm),盖严和镇压,是争取一次全苗的重要措施。对于套种玉米,为了减轻共生期间小麦的遮阴,麦收前后必须再浇一水防旱保苗和促进壮苗早发。②选用耐高温品种。不同的玉米品种抗高温灾害的能力有很大差别,在生产中选用抗高温灾害的品种,推广早熟、高产、抗逆性强的紧凑型玉米杂交种,是预防高温灾害最有效的方法。③及时浇水灌溉。高温往往与干旱紧紧相伴,在遭遇持续高温灾害时,适时灌水可改善田间小气候,及时浇水灌溉,提高土壤湿度,可使玉米田间温度降低2~3 ℃,同时增加玉米叶片的蒸腾量,增加相对湿度,降低玉米叶面的温度,有效地削弱高温对作物的直接伤害,减轻高温造成的危害。④进行辅助授粉。⑤根外喷肥。⑥综合防治病虫害。

陈翔等(2020)基于当前研究现状,综述近年来黄淮海地区玉米季气候变化规律及高温热害发生特点,基于源库理论与产量形成特点,进一步分析玉米花期高温危害特点及其影响机理。还从品种选择、种植方式、耕作方式与水肥管理等方面综述当前高温热害的栽培技术防控措施。玉米花期高温发生常伴有干旱特点,加大了危害程度与危害机理研究难度,从而影响对玉米花期高温的有效防控。因此,花期高温与干旱叠加危害机理及其防控措施研究将是未来黄淮海地区玉米丰产、稳产的研究重点。关于高温胁迫的应对措施,陈翔等(2020)提出:①用耐高温品种。不同玉米品种对花期高温的反应各不相同,选用耐高温品种是缓解玉米花期高温的有效途径之一。研究表明,耐热基因型玉米受高温影响较小,高温下其花粉活力比常规品种低10%左右,而热敏感基因型玉米受高温影响较大,高温下其花粉活力比常规种要低28%

左右。黄淮海地区耐热品种有:郑单958、德单121、中种8号、良硕88、鼎鑫918、隆玉369、豫安3号、郑单1002、伟科702、圣瑞999、新单29、隆平206等。②调整播期。不同生育时期的玉米对高温的耐热性也不相同,通过调整播期可使玉米花期避开高温,从而减轻高温热害对玉米关键生育期的影响。

葛均筑等(2017)报道,玉米提前播种可延长生育期,有利于对光热资源的利用和干物质积累,从而为玉米高产奠定基础。前茬作物收获后,在墒情合适的情况下,夏玉米一定要抢墒播种,最好是当天收获当天播种,促进玉米早发。因此,调整播期使玉米花期避开高温热害,是促进黄淮海玉米高产的有效途径之一。合理调整种植密度。不同品种所适用的种植密度存在差异,耐热性强的品种种植密度较大,约为67500株/hm^2;耐热性适中的品种种植密度适中,约为60000株/hm^2;而耐热性差的品种种植密度则较小,约为57000株/hm^2。不同地区玉米种植密度也不同,对于高温热害的易发区,应适当降低玉米种植密度。不同的土壤结构、肥力状况和灌溉条件等也会影响种植密度。若土壤结构适宜,肥力中上等,灌溉条件良好,可以适当增加种植密度。黄淮海夏玉米区,以宽窄行种植为主,即以70 cm宽行、50 cm窄行为主,等行距种植以60 cm行距居多。因此,要根据品种特性,栽培技术和当地的光温水等自然资源来确定合理的种植密度,从而实现群体与个体的统一,增强玉米抗逆能力,提高玉米产量。

优化水肥管理。水肥调控对玉米的产量结构有着重要影响。科学的水肥管理能提高植株对高温干旱环境的适应能力,满足不同时期对水肥的需求,营造适宜的田间小气候环境,可有效抵御高温对玉米花期造成的危害。中耕松土可疏松土壤,流通空气,调节水分,改善土壤的水肥条件,增强玉米的抗旱性。当土壤水分过少时,能切断表土毛细管,减少水分蒸发防旱保墒;水分过多时,又可促使水分蒸发,促进玉米的生长发育。有机肥配施化肥能更好地提供作物生长所需的营养,施用有机肥不仅能增加土壤有机质含量,还能提高土壤水肥调节能力,改善蓄水、保水和供水能力,从而提高土壤的抗旱能力,减轻玉米旱灾损失。此外,在玉米不同生育时期添加适宜的微量元素具有明显的调控作用。因此,通过适宜的水肥管理也是提高黄淮海平原夏玉米耐热性的一条途径。

还可喷施外源物质。化调技术是减轻玉米高温热害的一种有效手段,应用外源化学物质能有效地缓解高温热害对玉米生长发育的影响。叶面喷施外源化学物质能补充作物生长发育必需的水分及营养,提高抗旱能力,但施用时须控制水和试剂比例。在玉米喇叭口期叶面喷洒微量元素,可增强耐热性。叶面喷施水溶性肥料如磷酸二氢钾、腐殖酸、尿素等,既能补充营养,又能降低植株温度,李永生等(2020)研究发现,外源喷施10%蔗糖和0.01%硼酸溶液,可提高高温下花粉的萌发率,加快花粉管生长。花期对玉米茎秆注射10.6 mol/L氯化钙溶液也可增强植株的抗高温能力。此外,喷施清水不仅可满足玉米本身对水分的需要,而且水分蒸发也可以加快冠层散热改变田间小气候,降低田间温度,维持叶片功能稳定,促使养分从源向库运输,达到高产目的。

王丽君(2018)研究分析了黄淮海平原夏玉米生长季的干旱、高温发生的时空分布特征。结果表明,黄淮海区域1981—2015年夏玉米季在播种(S)、拔节(J)、开花(F)、成熟(M)等不同生育阶段高温发生天数(EHD)的空间分布规律为由东北向西南呈增加趋势,营养生长阶段高温出现频率较高。研究区域内夏玉米季高温累积度日(EDD)的空间分布特征表现为由东向西逐渐增加的趋势,夏玉米全生育期不同年代的EDD在2011—2015年最高,播种期到拔节期EDD占全生育期的56.5%。黄淮海平原EDD变化趋势整体表现为增温趋势,夏玉米全生育期大部分地区增温显著,播种到拔节期和开花到成熟期,极端高温显著升高区域主要分布在黄淮海区域北部和东部地区,拔节期到开花期东北部和东南部局地高温有显著升高趋势。不同生育阶段干旱、高温复合胁迫的发生规律表现为拔节至开花＞播种至拔节＞播种至成熟＞开花至成熟,比较不同年代复合胁迫发生率得到 2006—2015 年干旱、高温复合胁迫的发生风险要高于 1981—1990 年。

刘哲等(2015)以黄淮海地区为研究区域,以日高温时长为玉米花期热害指标,计算得到黄淮海地区玉米花期高温热害强度,分析 2013 年热害的空间分布规律;利用历史气象数据和日高温时长概率分布函数计算黄淮海各县区玉米花期出现高温热害风险的概率和空间分布规律。结果表明,2013 年黄淮海地区夏播玉米散粉期高温热害胁迫较重的地区主要位于河南省平顶山市、信阳市等地,高温热害程度严重。如果这些热害重灾区提前 7 天左右播种,将显著减少玉米花期与高温时期的耦合,降低因花期高温热害造成的产量损失。

三、盐碱胁迫及其应对

朱成立等(2018)的试验研究可资借鉴。滨海垦区典型土壤,使用 3 种不同矿化度(1 g/L、3 g/L、5 g/L)的微咸水在夏玉米 3 个不同生育期(壮苗期、拔节抽雄期、灌浆成熟期)进行咸淡交替灌溉(咸淡淡、淡咸淡、淡淡咸)盆栽试验。结果表明,微咸水灌溉后土壤上层积盐明显,夏玉米叶片的净光合速率(P_n)、气孔导度(G_s)减小,胞间 CO_2 浓度(C_i)由于气孔限制而减小,但随着矿化度的增大,非气孔限制引起 C_i 增大。微咸水灌溉后夏玉米叶片中过氧化氢(H_2O_2)和丙二醛(MDA)含量增加,同时伴随着超氧化物歧化酶(SOD)、过氧化物酶(POD)和过氧化氢酶(CAT)酶活性的增强。高矿化度咸淡水交替灌溉抑制了玉米的生长和生产,拔节抽雄期夏玉米耗水量大幅增加,导致微咸水灌溉量增加,盐分胁迫最强烈,致使"淡咸淡"的灌溉方式表现最差。夏玉米在灌浆成熟期的抗性增强,此时微咸水灌溉对各生理指标影响较弱。在滨海垦区进行夏玉米种植,可在壮苗期采用较低矿化度的微咸水进行灌溉,而较高矿化度的微咸水仅适合在灌浆成熟期进行。

刘赵月等(2020)为探究京尼平苷(Geniposide,GD)对盐碱胁迫下玉米种子萌发及玉米幼苗形态、生理特性变化的影响,以吉龙 2(耐盐碱)和欣煊 58(不耐盐碱)为材料,采用营养液水培法培养玉米幼苗,探讨 150 mmol/L 盐碱胁迫($NaCl:Na_2SO_4:NaHCO_3:Na_2CO_3=1:9:9:1$,摩尔浓度比)条件下,GD 对玉米种子萌发、幼苗生长形态、根系抗坏血酸-谷胱甘肽循环(AsA-GSH 循环)中抗氧化酶(APX、GR、MDHAR、DHAR)活性及抗氧化物(AsA、GSH)含量的影响。结果表明,在盐碱胁迫下,GD 处理能有效缓解盐碱胁迫对玉米种子萌发和玉米幼苗生长的抑制程度;促进吉龙 2 和欣煊 58 根系可溶性蛋白质和可溶性糖含量增加,使渗透物质积累保持渗透调节平衡;提高抗氧化酶活性、抗氧化物含量以及 AsA/DHA 和 GSH/GSSG。表明 GD 能提高植物细胞内的 AsA-GSH 循环运转效率和玉米幼苗的抗盐碱胁迫能力。

张春宵等(2019)以耐盐碱郑 58 和盐碱敏感昌 7-2 为亲本,构建包含 151 份 F2:5 重组自交系(RILs)群体。基于对郑 58、昌 7-2 及其 F2:5 家系进行基因型分析,构建了包含 1407 个 SNP 分子标记的高密度遗传连锁图谱。该图谱的各染色体标记数在 84~191,标记间的平均距离为 0.81 cm。胁迫液为 200 mmol/L NaCl 和 100 mmol/L Na_2CO_3,对照液为蒸馏水或霍格兰营养液,对盐、碱胁迫和自然条件下玉米的发芽率(GP)、株高(PH)、植株干、鲜重(FW、DW)、幼苗组织含水量(TWS)、植株地上部分钠含量(SNC)、钾含量(SKC)、钠/钾含量比(NKR)、苗期耐盐率(STR)、耐碱率(ATR)10 项指标,采用 3 种不同的作图方法同时定位研究,对加性QTL定位采用复合区间作图法(CIM)和完备区间作图法(ICIM),对加性QTL与环境互作联合分析采用混合线性模型的复合区间作图法(MCIM)。结果表明:①与对照条件下各性状表型值相比,耐碱相关性状的降低较耐盐相关性状明显,说明玉米对碱胁迫更加敏感和碱胁迫对玉米的伤害更严重。碱与盐胁迫下SKC相当而SNC差异较大,表明Na^+、K^+的吸收和运输是相互独立的两个过程,玉米盐、碱胁迫可能是两种性质不同的胁迫。②在自然、盐和碱胁迫条件下,运用CIM分别检测到27个、28个、40个加性QTL;运用ICIM分别检测到28个、23个、17个加性QTL;运用MCIM共检测到11个耐盐加性QTL、4个环境互作QTL以及11个耐碱加性QTL、3个环境互作QTL。③盐胁迫条件下的qPH-9、qSTR-8、qNKR-6、qNKR-7和碱胁迫条件下的qPH-9、qATR-3能被3种作图方法重复检测到。

田礼欣等(2017)为了探讨施加外源海藻糖对盐胁迫下玉米幼苗根系生长及生理特性的影响,以玉米品种郑单958为材料,采用水培法,利用1/2Hoagland营养液配制不同浓度海藻糖,分析150 mmol/L NaCl胁迫条件下玉米幼苗根系的变化。结果表明,盐胁迫下,玉米幼苗根系鲜质量、干质量、根总长度、根表面积和根体积均显著下降,与对照相比,分别下降37.21%、35.71%、35.78%、34.33%和40.42%。不同浓度海藻糖处理后,幼苗根系生长量、相对含水量和根系活力显著提高,MDA含量、H_2O_2含量以及O_2^-产生速率显著降低。其中以10 mmol/L藻糖处理效果最好。说明适宜浓度的海藻糖可以提高盐胁迫下玉米幼苗根系的抗盐性,缓解盐胁迫对玉米幼苗的伤害。

汤菊香等(2015)采用水培方法研究外源水杨酸对盐胁迫下新单29玉米幼苗根系、叶片抗氧化特性及相对含水量的影响。结果表明,盐胁迫显著提高了根系和叶片的膜透性、丙二醛含量及超氧化物歧化酶(SOD)、过氧化物酶(POD)、过氧化氢酶(CAT)、根系抗坏血酸过氧化物酶(APX)活性,但显著降低了根系和叶片的相对含水量。由此说明,盐胁迫加剧了新单29的氧化胁迫,并破坏了其水分平衡;同时新单29也通过增强根、叶相应的抗氧化酶活性来抵抗盐胁迫造成的伤害;外源0.9 mmol/L水杨酸处理可以显著提高盐胁迫下根系、叶片的POD、SOD、APX活性及相对含水量,并显著降低其膜透性和丙二醛含量,但却显著抑制了根系、叶片的CAT活性。综合研究结果可知,水杨酸可以提高新单29幼苗的抗氧化特性和相对含水量,从而抵御盐胁迫造成的伤害。

张红等(2011)对近年来玉米耐盐机理的研究进展作了概述,论述了盐胁迫对玉米生长的影响、玉米对盐胁迫的生理响应及抗盐策略,从渗透调节、拒盐和离子选择性吸收、清除活性氧和激素调节4个方面综述了玉米在盐胁迫下的生理响应机制,对玉米耐盐研究的意义和前景进行了展望。他们指出,提高玉米耐盐的策略有传统育种方法、转基因策略和施加外源物质提高玉米抗盐性。

王明华等(2016)为了研究盐碱胁迫下改良剂——石膏、粉煤灰和聚丙烯酰胺(PAM)对玉米生长的保护机制及适宜配比,对盆栽玉米郑单958幼苗的离子含量、抗氧化酶活性、叶绿素含量等生理指标进行了分析。结果表明,添加改良剂后,玉米幼苗体内Na^+含量显著降低,Ca^{2+}和K^+含量则显著增加($P<0.01$);SOD、POD、CAT活性均有所增加($P<0.05$);MDA、脯氨酸和可溶性糖含量下降($P<0.05$);叶绿素a明显增加,荧光参数F_0和F_m也明显增加;总根长、根总表面积、根体积、根尖数、生物量和株高($P<0.05$)也显著增加。相关分析表明,Na^+含量与CAT活性(-0.60)、MDA含量(0.79)和叶绿素含量(-0.59)显著相关,Na^+含量、MDA含量和CAT活性与玉米幼苗茎叶及根系生长相关显著。石膏与PAM配合[(12 g石膏+0.75 g PAM)/kg土]的效果最好。

张磊等（2018）在总结前人研究的基础上，阐述了盐碱胁迫对植物的伤害机制，从种子萌发、生长发育、基因表达等方面分析了植物对盐碱胁迫的响应机制。提出了提高植物耐盐碱性的措施，即培养耐盐碱性强的植物品种、利用化学调控手段和合理的养分管理。盐碱胁迫对植物的伤害可以大致分为快速的渗透胁迫和此后缓慢的离子毒害。前者主要表现为类似于根系干旱所引起的渗透吸水困难，植株水势下降，造成植株生理干旱，植物为限制水分消耗、减少蒸腾，气孔关闭，使CO_2的扩散阻力增加，限制了叶片的光合速率。而离子毒害则是由于盐中Na^+和Cl^-在叶片中大量积累造成的毒害，使植株新叶生长受阻，生物量积累减少，并由此引起氧化破坏作用和活性氧类物质的产生。大量的Na^+在光合细胞中积累，造成非气孔限制，使植株光合能力下降。但盐碱胁迫与单纯的盐胁迫具有较大的差异性，盐分中的碱性盐是盐碱胁迫较盐胁迫不同的主要因素。盐碱胁迫对植物的伤害既具有盐胁迫的特点，还有与盐胁迫不同的特点，即碱性盐具有高的pH，往往在8以上，有些土壤甚至达到10以上，因此，盐碱胁迫对植物的伤害要远远大于盐胁迫。除渗透胁迫和离子毒害外，高pH胁迫也是盐碱胁迫危害植物的机制。高pH胁迫对植物根部的影响是巨大的，水稻幼苗在碱性溶液中根部会立即变黄，植物根系周围的高pH会引起金属离子和磷的积累沉淀，损害根部组织结构，导致根系活力降低，根系吸收功能减弱，植物不能从根部正常吸收水分和营养，表现为根系细胞死亡、变黄，进而叶片萎蔫，植株不能正常进行光合作用，从而失去正常的生理功能。同时，高pH还会导致土壤中营养元素如铁和磷凝结成块，植物不能正常吸收，影响植物生长。提高植物耐盐碱的方法有：①培育耐盐碱性强的植物品种。②利用化学调控手段提高植物耐盐碱性。③改善盐碱地作物养分管理，提高作物耐盐碱性。

四、灾害性天气及其应对

白鹏（2015）研究认为，安徽玉米主产区气温、地温、空气湿度、降雨量等气象因子间的差异并不大，但降雨量在各地区的时空分布则存在着较大的不同，而降雨量在不同时间内对玉米生长发育的影响显著。对于同一地区，其气象条件、施肥情况、土壤肥力等的差别不大，然而，玉米品种的不同，对产量影响显著，产量的差异也显著。对于同一玉米品种，其在不同的区域，产量有所不同，这是由该地区的气象条件、施肥情况、土壤肥力等直接影响所致。

李侠芳（2019）针对皖北地区暴雨洪涝、高温干旱、大风等自然灾害对夏玉米的影响进行了归类分析，总结了这些灾害对当地夏玉米栽培造成的危害与影响，并介绍了夏玉米防灾御灾高产栽培技术，包括选择良种、适时播种、配方施肥、适时排灌、化控防倒、病虫草害防治、适时收获等方面内容。

刘冰（2019）认为，暴雨、冰雹、大风等强对流天气是引起玉米倒伏的天气原因。暴雨易形成洪涝灾害，玉米田地积攒过多水分，引起玉米植株根茎腐烂，降低玉米产量。冰雹易使玉米植株受损，叶片撕裂，不利于开花授粉，光合作用降低，对玉米生长发育不利，造成玉米植株折断，大面积倒伏，严重时整片玉米田地绝收。同时提出灾害性天气的防御对策：①加强玉米气象灾害预警预报服务，气象部门要充分做好气象服务于农业生产工作，在灾害性天气多发点加强气象观测网点建设，24 h不间断地收集天气要素信息，并及时上传。提高气象预警预报的准确性，充分利用电视、广播、报纸、网络等多渠道发布灾害天气预警信息，为农民群众做好防御气象灾害提供充足的时间。②组建气象服务队伍，增强农民防御灾害能力，气象部门组建乡镇、村气象宣传服务队伍，举办多形式气象灾害宣传活动，提高农民对气象灾害的认知。培养气象信息员，宣传气象知识和气象预警信息，同时收集气象灾害信息，反馈气象服务需求。

③强化人工影响天气作业的力度,加大地方财政投入,优化人工影响天气业务布局,提高人工影响天气科技水平、作业能力和服务效益,打造高素质人工影响天气作业队伍。加快地面作业点基础设施标准化建设,建设人工影响天气综合监测网,提高动态监测能力,并对人影作业效果进行客观评估,形成科学管理、协调运转的管理体系和结构合理的人才保障体系。④掌握气候规律,合理搭配优良玉米品种,根据当地多年来玉米生长期气候数据,气象部门可邀请农业专家进行知识讲座。应选择质优、抗倒伏品种中的早熟品种,降低农业生产成本的同时,保证玉米生长期免于灾害性天气造成倒伏损失。

乔江方等(2014)为明确近年来河南省夏玉米产量变化及其与生长季(6—9月)灾害性天气发生规律的关系,统计了2001—2012年河南省农作物受灾面积,夏玉米总产、单产和种植面积,同时利用河南省不同纬度18个台站2001—2013年地面气候资料日值数据,分析了夏玉米生长季6—9月不同气象因子变化规律。结果表明,河南省近年来主要的灾害性天气为干旱、渍涝和风灾;玉米生长期,特别是灌浆期(8月)遭受阴雨寡照(低温)、高温干旱是造成玉米单产降低的主要原因之一;倒伏导致减产主要是在玉米灌浆中后期(8—9月)遇到大风灾害性天气。加强在玉米抵御自然灾害性天气能力方面的研究,是提高玉米单产和全面提升玉米生产能力的重要举措。

杨正海(2014)研究认为,夏玉米灾害天气有干旱(初夏旱、伏旱、秋旱)、洪涝灾害、大风、冰雹和花期阴雨、高温,同时指出不同灾害的减灾措施。①抗旱减灾措施:在玉米生育期间出现旱灾,除严格执行灌溉指标、控制灌溉水量外,还可大力推广沟灌、畦灌、喷灌,有条件的地方可使用滴灌、地下浸灌,扩大灌溉面积,解除旱象,获得丰收。②防洪涝、高温措施:一是及时疏通河渠道,清除排水主干道堆积物,提高除涝能力,挖好厢沟、墒沟、腰沟、地头沟,沟沟相通,及时排除田间积水,消除涝渍害;二是加强田间管理,降低灾害对玉米的影响。玉米开花授粉期间如遇连续阴雨或极端高温,要合理施肥,做到有机肥与化肥相结合,并补施微肥。遇高温干旱天气及时浇水,满足雌、雄穗对水分的需要。采取拉绳人工授粉等补救措施,切实提高结实率,努力增加穗粒数。③防冰雹减灾措施:玉米遭受冰雹灾害后,植株生长受到严重影响,尤其是低洼地块,应及时开沟降低田间土壤湿度。视玉米苗生长情况要及时培土、中耕、破除板结、改善土壤通透性,使植株根系尽早恢复正常的生理活动。剪去枯叶和被冰雹打碎的烂叶,以促进恢复的叶片尽快生长。根据受灾程度,增施速效氮肥,每亩酌情追施7~10 kg尿素,以促进幼苗恢复生长。④应对强降雨、大风造成倒伏减灾措施:出现茎折、严重根倒等情况的,玉米基本绝收,应尽快把植株清除出田间以免腐烂,可将倒折玉米植株割除作为青饲料,可以挽回一些损失。出现弯倒、轻度根倒等情况的,一是抓紧时间抢扶培土。玉米倒伏后最好在第2天中午前,组织人工边扶正边培土。操作时抓住玉米植株较上部位轻轻拉起。可3~4株绑在一起,不要先扶压在下面的植株,防止茎秆折断。操作过程中要尽量保护叶片完整,一旦拖延时间则不必再扶,依靠其自身一定的恢复能力生长。二是结合培土补施肥料,扶起后一般每亩施5~6 kg尿素和喷施一些速效叶面肥健壮素,以补充营养,促进根生长。

荣云鹏等(2017)研究发现,7月下旬的强降雨天气可造成夏玉米授粉不良、穗粒数降低,夏玉米"秃尖"现象偏重;8月中旬的连续性降雨天气造成田间积水和夏玉米青枯病大面积发生,影响玉米灌浆,千粒重降低;9月中旬的风雨冰雹天气造成夏玉米严重倒伏,影响灌浆,且对夏玉米收获不利,增加了生产成本。

成林等(2014)以河南省夏玉米为例,利用9个代表站点1981—2010年作物发育期观测资料,1961—2010年产量资料、逐日气象观测资料,构建日照持续不足、连续降水以及两者组合的6种不同阴雨日数类型并分别进行统计。通过对夏玉米减产率序列的提取、减产年份不同类型阴雨日数的筛选，分析夏玉米生长中后期连阴雨日数与减产率的关系。将高频出现的连阴雨日数与均值对比，建立阴雨日数与减产率间的多元线性回归方程，最终确定夏玉米花期和灌浆期连阴雨气象灾害等级指标及其可能造成的产量损失。结果表明，在划分的不同等级减产率区间中，各类型阴雨日数与5%~20%减产率序列正相关关系明显，其中，持续日照不足指标与5%~10%减产率的相关性整体较高，持续降水日指标则与15%~20%减产率相关性较高；相对于灌浆期而言，夏玉米花期持续降水或日照不足与减产率的相关性更强；连阴雨气象灾害指标以最长连续无日照日数(N1)、最长连续日照不足2h日数(N3)、最长连续降水日数(P1)、最长连续降水和无降水日日照小于2h的组合日数(P3)为因子，指标分为轻、重两个等级，花期和灌浆期遇轻度灾害的平均减产率分别为10.4%和8.5%。

五、防病治虫除草

详见第六章。

本章参考文献

白鹏,2015.安徽玉米主产区气象因子对玉米新组合产量影响的研究[J].科技展望(20):93-94.

陈翔,鲍杨俊,李庆,等,2020.黄淮海夏玉米花期高温发生特点、危害机理与防控措施综述[J].安徽农业大学学报,47(2):304-308.

陈祥,同延安,杨倩,2008.氮磷钾平衡施肥对夏玉米产量及养分吸收和累积的影响[J].中国土壤与肥料(6):19-22.

陈淑萍,卜俊周,岳海旺,等,2013.黄淮海地区玉米高产高效发展趋势分析[J].河北农业科学(3):13-17.

陈书强,许海涛,段翠平,2011.施磷量对玉米生长发育产量构成因子及品质的影响[J].河北农业科学,15(2):62-64,95.

成林,刘荣花,2014.夏玉米生长中后期连阴雨灾害指标研究[J].中国农业气象,35(2):221-227.

程云,王枟刘,杨静,等,2015.种植密度对夏玉米基部节间性状与倒伏的影响[J].玉米科学,23(05):112-116.

崔吉晓,檀海斌,吴佳迪,等,2017.微喷灌水肥一体化对河北夏玉米生长及产量的影响[J].玉米科学,25(3):105-110.

丁相鹏,白晶,张春雨,等,2020.扩行缩株对夏玉米群体冠层结构及产量的影响[J].中国农业科学,53(19):3915-3927.

高鹏,张睿,2019.玉米缓控释肥的产量效应研究[J].陕西农业科学,65(2):15-16,20.

葛均筑,徐莹,袁国印,等,2017.气象因素对玉米果穗建成影响[J].玉米科学,25(02),86-93.

韩慧敏,张磊,孙淼,等,2020.黄淮海不同夏玉米品种生长发育及产量对播期的响应[J].玉米科学,28(2):106-114.

何道来,2013.安徽省玉米高产优质栽培技术[J].农技服务,30(9):917-918.

冀保毅,程琴,李跃伟,等,2018.单株限域定量施肥实现夏玉米一次性施肥的可行性[J].江苏农业科学,46(10):59-61.

姜超强,卢殿军,王世济,等,2017.夏玉米普通尿素一次施肥位点优化研究[J].中国农业科学,53(3):505-507.

姜超强,王火焰,卢殿君,等,2018.一次性根区穴施尿素提高夏玉米产量和养分利用效率[J].农业工程学报,34(12):146-153.

姜雯,张倩,张洪生,2013.不同种植密度下缓/控释肥施肥量对夏玉米氮利用和籽粒产量影响[J].中国农学通报,29(27):111-115.

康爱林,孟凡乔,李虎,等,2020.滴灌施肥对华北地区冬小麦—夏玉米作物产量及水氮利用效率的影响[J].土壤通报,51(4):958-968.

廖华俊,江芹,董玲,等,2011.江淮地区马铃薯—稻(瓜类、玉米)—菜周年三熟制高效栽培模式[J].中国蔬菜(13):53-55.

李安国,2000.我国渠道防渗工程技术综述[J].水利与建筑工程学报,6(1):1-4.

李川,乔江方,朱卫红,等,2019.不同磷肥处理对夏玉米干物质积累量及磷素吸收量的影响[J].江苏农业科学,47(12):107-114.

李典友,2003.水资源可持续开发利用中存在的问题与对策——以安徽省为例[J].皖西学院学报(2):63-66.

李录久,许圣君,孙义祥,等,2008.江淮丘陵地区玉米高产高效平衡施肥技术[J].现代农业科技(8):152.

李树岩,王宇翔,胡程达,等,2015.抽雄期前后大风倒伏对夏玉米生长及产量的影响[J].应用生态学报,26(8):2405-2413.

李侠芳,2019.皖北地区夏玉米防灾御灾高产栽培技术[J].现代农业科技(17):36-37.

李永生,2020.玉米种植现状与新技术应用的效率探究[J].农家参谋(04):57.

李霞,孙爱玲,2020.温泉县玉米膜下滴灌水肥一体化栽培技术[J].农村科技(5):17-19.

刘冰,2019.遂平县灾害性天气对玉米倒伏的影响及防御对策[J].现代农业科技(1):47-48.

刘京宝,刘祥晨,王晨阳,等,2014.中国南北过渡带主要作物栽培[M].北京:中国农业科学技术出版社.

刘丽霞,2014.夏玉米铁茬直播栽培技术[J].河南农业(11):38-38.

刘良武,汤彬,李涵,等,2019.密度和缓控释肥对夏玉米迪卡517产量和经济效益的影响[J].湖南农业科学(11):21-24.

刘萍,徐顺飞,杜庆平,等,2016.播期对夏玉米产量与光合特性的影响[J].南京农业大学学报,39(5):722-729.

刘兴舟,张健,王五洲,等,2017.安徽省玉米种植密度现状及调控对策[J].农学学报,7(7):1-5.

刘赵月,李蕊彤,李晶,等,2020.盐碱胁迫下京尼平苷对玉米种子萌发及根系AsA-GSH循环的影响[J].江苏农业学报,36(04):842-850.

刘哲,乔红兴,赵祖亮,等,2015.黄淮海夏播玉米花期高温热害空间分布规律研究[J].农业机械学报,46(7):272-279.

吕凯,2014a.玉米洪涝灾害发生原因及减灾措施[J].农业灾害研究,4(10):74-77.

吕凯,2014b.高温灾害对皖北地区玉米的影响及防御对策[J].农业灾害研究(10):78-81.

祁鸣笛,张彦群,王卫杰,等,2020.覆膜滴灌对玉米田间水热传输及耗水的影响[J].排灌机械工程学报,38(7):731-737.

乔江方,刘京宝,夏来坤,等,2014.2001—2012年河南省夏玉米产量变化及生长季气象因子分析[J].中国农学通报,30(36):85-90.

乔江方,朱卫红,李川,等,2018.不同密度夏玉米群体冠层特征与籽粒含水率的关系[J].河南农业科学,47(5):12-15,35.

荣云鹏,戴京笛,王锡久,等,2017.2016年度灾害性天气对桓台县夏玉米产量影响分析[J].安徽农业科学,45(29):184-185,220.

沈学善,李金才,屈会娟,等,2009.淮北地区不同夏玉米品种的产量性状和适应性分析[J].河北科技师范学院学报,23(4):12-15.

史文娟,董召荣,汪本忠,等,2010.施氮对江淮地区饲用玉米产量形成的调控研究[J].中国生态农业学报,18(3):674-676.

孙朋,金燕婷,郭忠臣,等,2020.1959—2017年安徽省夏季降水的时空变化及其影响因素研究[J].灌溉排水学报,39(2):101-108.

孙晓周,李钦梅,杨丙俭,等,2019. 玉米滴灌水肥一体化技术研究[J]. 基层农技推广,7(12):20-22.
谭德水,刘兆辉,林海涛,2019. 一种适用于黄淮平原的夏玉米一次性施肥方法[P]. 山东省 CN106385926B,2019-11-29.
唐宝琪,延军平,曹永旺,等,2016. 安徽省气候变化特征与旱涝区域响应[J]. 中山大学学报(自然科学版),55(5):127-134.
田礼欣,李丽杰,刘旋,等,2017. 外源海藻糖对盐胁迫下玉米幼苗根系生长及生理特性的影响[J]. 江苏农业学报,33(4):754-759.
汤菊香,赵元增,单长卷,2015. 水杨酸对盐胁迫下新单 29 玉米幼苗生理特性的影响[J]. 江苏农业科学,43(6):93-95.
王丽君,2018. 黄淮海平原夏玉米季干旱、高温的发生特征及对产量的影响[D]. 北京:中国农业大学.
王明华,李明,高祺,等,2016. 改良剂对苏打盐碱土玉米幼苗生长和生理特性的影响[J]. 生态学杂志,35(11):2966-2973.
王世济,陈洪俭,阮龙,等,2013a. 江淮旱地土壤深松对玉米生长发育和产量的影响研究初报[J]. 安徽农学通报,19(23):21,27.
王世济,韩坤龙,李强,等,2013b. 江淮旱地玉米氮肥适宜用量研究[J]. 中国农学通报,29(21):47-50.
王顺领,杨国峰,2019. 夏玉米深松全层施肥免耕精量播种技术[J]. 河南农业(16):56.
王育红,周新,沈东风,等,2019. 播期对河南不同熟期夏玉米生长发育和产量的影响[J]. 耕作与栽培(4):6-10,14.
王允青,刘英,况晶,等,2005. 江淮丘陵地区玉米钾肥效应研究[J]. 中国农学通报,21(5):269-271.
王征宏,吕淑芳,张亚冰,2007. 盐胁迫下外源 NO 对玉米叶片氮代谢产物的影响[J]. 安徽农业科学,35(17):5055-5056.
文想成,袁宏伟,唐婉莹,等,2020. 江淮中部夏玉米品种产量性状及光能利用率差异研究[J]. 安徽农业大学学报,47(1):141-147.
吴立峰,杨秀霞,燕辉,2017. 水分亏缺对苗期玉米生理特性的影响[J]. 排灌机械工程学报,35(12):1069-1074.
谢国辉,于晓芳,高聚林,等,2019. 深松配施控释肥对玉米光合特性及产量的影响[J]. 北方农业学报,47(05):54-59.
邢英英,张富仓,王秀康,2010. 不同生育期水分亏缺灌溉和氮营养对玉米生长的影响[J]. 干旱地区农业研究,28(6):1-6,11.
许海涛,班新河,许波,2009. 钾肥施用对玉米干物质生产及籽粒产量影响研究[J]. 中国土壤与肥料(3):48-50.
许海涛,王成业,刘峰,等,2012. 缓控释肥对夏玉米创玉 198 主要生产性状及耕层土壤性状的影响[J]. 河北农业科学,16(10):66-70.
许海涛,许波,王友华,等,2018. 氮肥减量缓释对夏玉米农艺指标、产量性状及氮肥利用效率的影响[J]. 河南科技学院学报(自然科学版),46(5):11-16.
杨正海,2014. 安阳市夏玉米灾害天气减灾措施[J]. 河南农业(13):59.
张春宵,李淑芳,金峰学,等,2019. 用 3 种方法定位玉米萌发期和苗期的耐盐和耐碱相关性状 QTL[J]. 作物学报,45(04):508-521.
张桂香,霍治国,杨建莹,等,2017. 江淮地区夏玉米涝渍灾害时空分布特征和风险分析[J]. 生态学杂志,36(3):747-756.
张建军,王晓东,2014. 淮河流域夏玉米关键期水分盈亏时空变化分析[J]. 中国农学通报,30(21):100-105.
张红,董树亭,2011. 玉米对盐胁迫的生理响应及抗盐策略研究进展[J]. 玉米科学,19(1):64-69.
张慧,钱欣,高英波,等,2020. 种植密度对不同株型夏玉米产量和冠层特性的影响[J]. 中国农学通报,36(4):23-29.

张磊,侯云鹏,王立春,2018.盐碱胁迫对植物的影响及提高植物耐盐碱性的方法[J].东北农业科学,43(04):11-16.

张小微,陈小翠,童琳,等,2019.玉米一次性机械化缓控释肥效应研究[J].农业与技术,39(5):6-8.

张学武,2016.小麦—玉米—冬瓜一年三熟间作套种栽培技术[J].现代农业科技(11):41.

张玉芳,王锐婷,陈东东,等,2011.利用水分盈亏指数评估四川盆地玉米生育期干旱状况[J].中国农业气象,32(04):615-620.

张镇涛,杨晓光,高继卿,等,2018.气候变化背景下华北平原夏玉米适宜播期分析[J].中国农业科学,51(17):3258-3274.

赵德强,李彤,侯玉婷,等,2020.玉米大豆间作模式下干物质积累和产量的边际效应及其系统效益[J].中国农业科学,53(10):1971-1985.

赵建华,孙建好,陈伟,2013.不同作物与玉米间套作对玉米产量和生物量累积的影响[J].作物杂志(04):120-125.

赵久然,王荣焕,陈传永,2012.玉米生产技术大全[M].北京:中国农业出版社.

中华人民共和国国家统计局,2015.中国统计年鉴[M].北京:中国统计出版社.

中华人民共和国国家统计局,2016.中国统计年鉴[M].北京:中国统计出版社.

中华人民共和国国家统计局,2017.中国统计年鉴[M].北京:中国统计出版社.

中华人民共和国国家统计局,2018.中国统计年鉴[M].北京:中国统计出版社.

中华人民共和国国家统计局,2019.中国统计年鉴[M].北京:中国统计出版社.

郑孟静,张丽华,董志强,等,2020.微喷灌对夏玉米产量和水分利用效率的影响[J].核农学报,34(4):839-848.

周进宝,杨国航,孙世贤,等,2008.黄淮海夏播玉米区玉米生产现状和发展趋势[J].作物杂志(2):4-7.

周翔,侯其林,邓勇,2012.蕓干间作套种高效栽培技术[J].现代农业科技(17):83-84.

周自强,王福友,陈建飞,等,2013.淹涝胁迫和氮形态对苗期玉米糖、氮代谢底物量的影响[J].中国生态农业学报,21(6):715-719.

朱成立,强超,黄明逸,等,2018.咸淡水交替灌溉对滨海垦区夏玉米生理生长的影响[J].农业机械学报,49(12):253-261.

第六章 防病治虫除草

第一节 病害及防治

一、病害种类

王晓鸣等(2018)介绍,真菌、细菌、病毒等引起的病害是玉米生产的重要威胁。在中国,玉米种植地域广,种植区生态类型多,病害种类复杂,常见病害有30余种。

(一)病毒性病害

常见有玉米矮花叶病、红叶病、粗缩病等。

1. 玉米矮花叶病

(1)病原 病原为玉米矮花叶病毒(Maize dwarf mosaic virus,MDMV),属马铃薯Y病毒组。病毒粒体线状,长度约为750 nm,病毒致死温度55~60 ℃,稀释终点100~1000倍,体外存活期(20 ℃)1~2 d,可用汁液摩擦接种。

(2)危害症状 玉米矮花叶病在玉米整个生育期均可发病,以苗期受害最重,抽雄前为感病阶段,抽穗后发病的受害较轻。病苗最初在心叶基部叶脉间出现许多椭圆形褪绿小点或斑驳,沿叶脉排列成断续的长短不一的条点,随着病情的进一步发展,症状逐渐扩展至全叶,在粗脉之间形成几条长短不一、颜色深浅不同、较宽的褪绿条纹。叶脉间叶肉失绿变黄,叶脉仍保持绿色,形成黄绿相间的条纹症状,尤以心叶最明显,故称花叶条纹病。随着玉米的生长,病情逐渐加重,叶绿素减少,叶片变黄,组织变硬,质脆易折断,从叶尖、叶缘开始逐渐出现紫红色条纹,最后干枯。一般第一片病叶失绿带沿叶缘由叶基向上发展成倒"八"字形,上部出现的病叶待叶片全部展开时,即整个成为花叶。病株黄弱瘦小,生长缓慢,株高常不到健株的一半,多数不能抽穗而提早枯死,少数病株虽能抽穗,但穗小,籽粒少而秕瘦。有些病株不形成明显的条纹,而呈花叶斑驳,并伴有不同程度的矮化。重病株早期心叶扭曲成畸形,叶片不能展开,植株明显矮小,抽雄后雄穗不发达,分支减少甚至退化,果穗变小,秃顶严重不结实。

(3)传播途径 玉米矮花叶病毒主要在雀麦、牛鞭草等寄主上越冬,是该病主要的初侵染来源,带毒种子发芽出苗后也可成为发病中心。玉米矮花叶病毒源主要借助于蚜虫吸食叶片汁液而传播,枝叶摩擦和种子也有传毒作用。生产上有大面积种植的感病玉米品种和对蚜虫活动有利的气候条件时,蚜虫从越冬带毒的寄主植物上获毒,迁飞到玉米上取食传毒,发病后的植株成为田间毒源中心,随着蚜虫的取食活动将病毒传向全田,并在春玉米、夏玉米和杂草上传播危害,玉米收获后蚜虫又将病毒传至杂草上越冬。

(4)发生时期和条件 玉米矮花叶病在整个生育期都可感病,以幼苗期到抽雄前较易感病,侵染后有7~15 d的潜育期。感病后的植株表现不同程度的矮化,早期感病植株矮化严重,后期感病植株矮化较轻,一般较正常植株矮化10%~30%,感病较重植株矮化50%。矮花叶病源为病毒。毒源来源有两个：一是种子带毒，二是越冬杂草上寄生。玉米矮花叶病毒主要是借助于蚜虫在植株与植株、田块与田块之间传播。

病害的流行，取决于品种抗性、毒源和介体发生量及气候和栽培条件等。品种抗病力差、毒源和传毒蚜虫量大、苗期"冷干少露"、幼苗生长较差等都会加重发病程度。冬暖春旱，有利于蚜虫越冬和繁殖，发病重；蚜虫发生为害高峰期正与春玉米易感病的苗期相吻合，发病重；田间管理粗放，草荒重，易发病；偏施氮肥，少施微肥，可加重病情。

2. 玉米红叶病

(1)病原　玉米红叶病是一种病毒病。王晓明(2018)提出，普遍认为大麦黄矮病毒(Barley yellow dwarf virus，BYDV)引起玉米红叶病，但近年通过对致病病毒的测序，明确了多种病毒和株系是该病的病原。在中国，引起玉米红叶病的为马铃薯卷叶病毒属(*Polerovirus*)的小麦黄矮病毒-GPV(Wheat yellow dwarf virus-GPV)和玉米黄矮病毒-RMV(Maize yellow dwarf virus-RMV)。

(2)危害症状　在甘肃省、陕西省中南部以及类似条件地区有发生，有的品种受害较重。病株从下部第四、第五叶片开始，向上逐渐发病。叶片多由叶尖沿叶缘向基部变紫红色(个别品种变金黄色)，病叶光亮，质地略硬。发病早的植株矮小，茎秆细瘦，叶片狭小。

(3)传播途径　该病毒由蚜虫以循回型持久性方式传播，传毒蚜虫主要有禾谷缢管蚜、麦二叉蚜、麦长管蚜、麦无网蚜和玉米蚜等。蚜虫不能终生传毒，也不能通过卵或胎生若蚜传至后代。传毒蚜虫在夏玉米、自生麦苗或禾本科杂草上为害越夏，秋季迁回麦田为害。传毒蚜虫以若虫、成虫或卵在麦苗和杂草基部或根际越冬。翌年春季又继续为害和传毒。秋、春两季是黄矮病传播侵染的主要时期，春季更是主要流行时期。麦田发病重，传毒蚜虫密度高，玉米发病也加重。

(4)发生时期和条件　玉米叶片出现红叶主要在两个时期：一是在苗期，主要是气温低，土壤养分释放慢，土壤中的有效磷供应不足，叶尖或叶缘出现暗红色；二是在蜡熟期，由玉米螟为害所致。

3. 玉米粗缩病

(1)病原　玉米粗缩病病原为水稻黑条矮缩病毒(Rice black-streaked dwarf virus，RBSDV)，属植物呼肠孤病毒属。病毒粒体球形，直径60~70 nm，钝化温度为80 ℃。在半提纯情况下，20 ℃可以存活37 d。该病毒寄主范围广泛，可侵染50多种禾本科植物。自然条件下主要由灰飞虱传播，在中国引起玉米粗缩病的病毒为水稻黑条矮缩病毒(RBSDV)和南方水稻黑条矮缩病毒(Southern rice blackstreaked dwarf virus，SRBSDV)。

(2)危害症状　苗期和成株期均可受害。幼苗在5~6叶期，病株叶色深绿，宽短质硬，呈对生状，重病株严重矮化，仅为正常植株的1/2~1/3，多不能抽穗。成株期感病，植株下部膨大，茎秆基部粗短，节间缩短，心叶中脉两侧的叶片上出现透明的褪绿小斑点，逐渐扩展至全叶呈细线条状，背面侧脉上出现长短不等的蜡白色突起物，粗糙明显，又称脉突。有时叶鞘、果穗苞叶上具蜡白色条斑，病株分蘖多，根系少，不发达易拔出。轻者虽抽雄，但半包被在喇叭口里，雄穗败育或发育不良，花丝不发达，结实少，重病株多提早枯死或无收。

(3)传播途径　玉米粗缩病毒主要在小麦和杂草上越冬，也可在传毒昆虫体内越冬。该病毒主要靠灰飞虱传播，灰飞虱成虫和若虫在田埂地边杂草丛中越冬，翌春迁入玉米田。此外冬小麦也是该病毒越冬场所之一。春季带毒的灰飞虱把病毒传播到返青的小麦上，当玉米出苗后，小麦和杂草上的带毒灰飞虱迁飞至玉米上取食传毒，引起玉米发病。当玉米生长后期，病毒再由灰飞虱携带向高粱、谷子等晚秋禾本科作物及马唐等禾本科杂草传播,秋后再传向小麦或直接在杂草上越冬,完成病害循环。玉米5叶期前易感病,10叶期抗性增强,该病发生与带毒灰飞虱数量及栽培条件相关,玉米出苗至5叶期如与传毒昆虫迁飞高峰期相遇易发病,套种田、早播田及杂草多的玉米田发病重。大、小麦和禾本科杂草看麦娘、狗尾草等是粗缩病毒越冬的主要寄主。

(4)发生时期和条件　玉米粗缩病发生的轻重与玉米生育期、生态环境、灰飞虱的暴发期、玉米品种的抗病性等因素有关。玉米整个生育期都可感染发病,以苗期受害最重。玉米粗缩病感染后多数不能抽穗,对玉米生长发育和产量影响很大,严重时可造成大幅度减产甚至绝收。玉米4～5叶期以前是对粗缩病最敏感的时期,套种玉米出苗早,幼苗的感病高峰期与一代灰飞虱的迁飞高峰期相遇,灰飞虱随高空气流远距离传播,主要来自南方的小麦和水稻田向北迁飞。粗缩病主要由灰飞虱传播,病毒主要在冬小麦和灰飞虱体内越冬,初侵染源相对较少、传播途径单一。春播、套种和大豆、大蒜茬玉米田发病重;田间、田埂杂草多,生产管理粗放的玉米田发生较重;前茬小麦丛矮病发生重的地块发病重。

(二)细菌性病害

段海明等(2018)采用田间人工土壤埋接法,测定了安徽59个玉米新杂交组合对禾谷镰孢菌茎腐病的抗性。结果表明,59个玉米组合中,有11个组合表现为高抗(HR),23个组合表现为抗(R),18个组合表现为中抗(MR),1个组合表现为感病(S),6个组合表现为高感(HS);玉米杂交组合接种禾谷镰孢菌后,其穗重、粒重和出籽率均降低。分析玉米组合的抗病性和穗重、粒重,认为抗(R)组合245×249的利用价值较高。

刘俊等(2018)曾选取中国北方生产主栽玉米品种和常用自交系,通过人工接种的方法进行玉米鞘腐病的抗性鉴定。结果表明,139份玉米杂交种中,免疫品种3份,高抗品种124份,抗病品种12份,无感病品种,表明目前生产上推广的玉米杂交种对鞘腐病的抗性较好,鞘腐病的发率病与病情指数正在逐年上升。供试12份自交系的平均抗性水平明显低于杂交种,发病率明显高于杂交种。测产结果表明,产量损失同玉米鞘腐病发病程度呈正比。

刘泉城等(2018)为了明确玉米根际细菌群落结构特征并从中筛选玉米病害生防资源,采用培养法从玉米根际分离得到1584株细菌,分别属于变形菌门、厚壁菌门、放线菌门和拟杆菌门,其中变形菌门为优势菌群。在属水平上,假单胞菌为优势菌群。以玉米大斑菌为靶标菌,通过平板对峙方法,筛选出162株具有抑菌效果的菌株,其中1株抑菌效果最强,根据形态学与分子生物学结合的方法,将其鉴定为解淀粉芽孢杆菌。该菌对4种玉米病害病原菌具有广谱的抑菌效果,且含有脂肽类抗生素合成基因,其脂肽类物质粗提液对病原菌的抑制率高达81.56%。总体来看,该菌株具有较大的生防潜力,可作为生防菌防治玉米病害。

杨洋等(2018)介绍,腐霉茎腐病($Pythium\ stalk rot$)是玉米生产上的重要病害。2013—2016年对1213份玉米种质资源进行了抗肿囊腐霉($Pythium\ inflatum$)茎腐病的鉴定与评价。在1213份玉米种质中,鉴定出高抗肿囊腐霉茎腐病的材料207份,占鉴定总数的17.1%,主要来自中国的内蒙古、河北、山西及美国等地。抗性材料159份,占鉴定材料数的13.1%,主要由源自中国的内蒙古、云南、山西和美国等地的种质构成。由此可见,玉米种质中存在较为丰富的抗腐霉茎腐病资源,且抗性水平与地理来源有关。自交系和农家种中对肿囊腐霉茎腐病表现高抗的种质分别占鉴定种质总数的18.7%和10.6%,表明自交系中高抗肿囊腐霉茎腐病资源较农家种更为丰富。

陈晓旭等(2019)曾对50份外来群体(其中美国群体20份、加拿大群体30份)进行了玉米茎基腐病抗性鉴定与分析。玉米茎基腐病接种方法采用根埋法人工接种。鉴定结果表明,在供试的50份国外种质群体中,高抗群体为4份,占8%;抗病群体为5份,占10%;中抗群体为7份,占14%;感病群体为13份,占26%;高感群体为21份,占42%。具有抗性的玉米种质,对中国抗玉米茎腐病育种有直接的应用和指导作用。

玉米的细菌性病害有茎腐病、褐斑病、细菌性条斑病、叶斑病(国内发生很少)、枯萎病(国内发生很少)等。

1. 玉米细菌性茎腐病

(1)病原　病原为玉米迪基氏菌(*Dickeya zeae* Samson et al.)。玉米迪基氏菌革兰氏反应阴性;菌体为杆状,两端钝圆,大小为$(0.5\sim0.8)\mu m\times(0.8\sim3.2)\mu m$,无荚膜和芽孢,鞭毛周生68根;在肉汁蛋白胨蔗糖培养基上,菌落圆形,乳白色。

(2)危害症状　玉米细菌性茎腐病主要发生在玉米生育中期,发病节位较高,易从病节折断。但有时在拔节期也有发生。在拔节期,叶片基部出现严重腐烂,病斑黄褐色、不规则,腐烂部位有大量黏液,有时心叶可从中部腐烂处拔出。在玉米吐丝灌浆期,首先在穗位下方的茎秆表面出现水渍状、圆形或不规则形、边缘红褐色的病斑,病健交界处有明显的水渍状腐烂,发病节位以上的叶片呈灰绿色萎蔫;病害进一步发展,导致发病茎节组织崩解,茎秆倒折,从腐烂组织中溢出大量腐臭的菌液。而由卵菌引起的腐霉茎腐病发生在玉米生长后期,腐烂发生在茎基部2~3节位,后期植株倒伏。

(3)传播途径　当玉米高度达到60 cm时,由于植株的组织柔嫩很容易发生该病害。病菌存于土壤和病残体上越冬,属土传病害。在田间可借风雨、灌溉水、机械和昆虫传播。病原菌主要在土壤中或田间遗留的病残体上越冬,翌年从气孔或伤口处侵入,可随气流和风雨传播。发病植株倒折,直接将病残体遗留在田间。

(4)发生时期和条件　玉米连作地块田间菌量积累多,发病重。属高温高湿性病害,温度低于20 ℃时病菌停止发育,当30~35 ℃时为最适宜发病温度,尤其是连续高温干旱突遇大雨时,田间相对湿度超过80%,病情扩展迅速,易暴发流行。

2. 玉米细菌性褐斑病

(1)病原　病原为玉蜀黍节壶菌(*Physoderma maydis* Miyabe.),属壶菌门节壶菌属,是一种专性寄生菌,寄生在薄壁细胞内,主要侵染玉蜀黍属植物。休眠孢子囊壁厚,近圆形至卵圆形或球形,大小$(22\sim45)\mu m\times(18\sim30)\mu m$,黄褐色,略扁平,有囊盖,萌发时囊盖打开,内有乳头状突起的无盖排孢,从盖的孔口处释放出游动孢子。游动孢子有单尾鞭毛,大小$(5\sim7)\mu m\times(3\sim4)\mu m$。

(2)危害症状　主要发生在玉米叶片、叶鞘和茎秆上,先在顶部叶片的尖端发生,以叶和叶鞘交接处病斑最多,常密集成行,最初为黄褐色或红褐色小斑点,病斑为圆形或椭圆形到线形,隆起附近的叶组织呈红色,小病斑常汇集在一起,严重时叶片上出现几段甚至全部布满病斑,在叶鞘上和叶脉上出现较大的褐色斑点,发病后期病斑表皮破裂,叶细胞组织呈坏死状,病组织细胞瓦解,并显出脓疱状突起,散出褐色粉末为病原菌的休眠孢子囊。在茎秆上病斑多发生于茎节的附近,叶鞘受害的茎节,常在发病中心折断。

(3)传播途径　病菌以休眠孢子囊在土壤或病残体中越冬,第二年靠气流传播到玉米植株上,遇到合适条件萌发产生大量的游动孢子,游动孢子在寄主表皮水滴中移动,并形成侵染丝,常于喇叭口期侵害玉米的幼嫩组织。侵入时产生假根进入寄主细胞吸取养料,寄主外部的菌体发育成薄壁的孢子囊。孢子囊成熟时释放出游动孢子,这种游动孢子的个体较休眠孢子囊所产生的小,可以直接侵入寄主,也可以作为配子。两个游动配子配合形成合子侵入寄主,在侵染后的16~20 d在寄主组织内形成膨大的、具细胞壁的营养体,膨大的细胞之间有丝状体相连。以后膨大细胞的壁加厚,转变为休眠孢子囊,膨大细胞壁间的丝状体随之消失。由于玉米褐斑病菌的游动孢子是在白天数小时内侵入寄主组织,夜晚黑暗下不侵染,因而形成叶部组织的感染和未感染呈黄绿交互带。休眠孢子(囊)需要叶片上有水滴和温度23~30 ℃时才能萌发。休眠孢子(囊)在干燥的土壤和寄主组织中可以存活3年以上,品种间对该病的抗性差异不明显。

(4)发生时期和条件　玉米褐斑病是玉米上常见的一种真菌性病害,一般在玉米生长的中后期发病,在叶鞘和叶脉上形成大小不一的圆形或近圆形紫色斑点。因为害不很严重,对产量影响较小而不被重视。但在菌源充足和环境条件适宜的情况下也可提早到心叶期发病,在叶片上形成连片病斑,严重时叶片枯死,对玉米生长构成严重威胁。该病在中国南方发生较重,空气温度高、湿度大。北方则在7—8月份,若阴雨天多,发病更严重。在土壤瘠薄的地块,叶色发黄、病害发生严重,一般在玉米8~10片叶时易发生病害,12片叶以后一般不会再发生此病害。

3. 玉米细菌性条斑病

(1)病原　病原菌为燕麦噬酸菌燕麦亚种 *Acidovorax avenae* subsp. *Avenae*。症状主要表现为沿叶脉纵向扩展形成细长的黄色至黄褐色条形病斑,长度从几厘米到几十厘米不等,宽度0.2~1.0 cm。

(2)危害症状　有两种类型叶部病斑,但在中国已发现的病斑类型为圆形至椭圆形,病斑在叶脉间发展,中央灰褐色,边缘深褐色,周围有水浸状褪绿晕圈,大小(3~4)mm×2 mm。另一种病斑类型为在叶脉间出现水浸状深绿色或黄褐色条斑,边缘规则。在茎和叶鞘上,病斑为水浸状,长形,橄榄色,逐渐变为淡黄色。

(3)传播途径　从寄主叶片的气孔侵入,病情在温暖、潮湿条件下发展迅速。病原细菌在病组织中越冬。翌春经风雨、昆虫或流水传播,从伤口或气孔、皮孔侵入,病菌深入内部组织引起发病。

(4)发生时期和条件　高温多雨季节、地势低洼、土壤板结易发病,伤口多,偏施氮肥发病重。

4. 玉米细菌性枯萎病(国内发生很少)

(1)病原　病原菌是原核生物界薄壁菌门的斯氏泛菌(*Pantoea stewartii*)革兰氏阴性菌,好气性短杆菌。病菌单细胞杆状,无鞭毛,革兰氏阴性反应,菌落灰白色至黄白色。

玉米细菌性枯萎病菌是一种黄色的、不运动、厌氧杆菌,大小为(0.4~0.7) μm×(0.9~2.0) μm,以单个或短链形式存在。在营养琼脂培养基上菌落小圆形,生长慢,黄色,表面平滑。在营养琼脂上划线培养,其菌苔的变化为:从薄、黄色、湿润、滑落到薄、橙黄色、干燥、不滑落。在肉汤培养液中生长微弱,形成灰色环和黄色沉淀物。

玉米细菌性枯萎病是维管束型病害,受害后植株矮缩或枯萎,对玉米特别是甜玉米能造成极大危害。甜玉米最易感病,马齿种玉米抗性较强。在甜玉米的幼苗至成株期均可受侵染,典型症状是在幼叶上有长条形边缘波纹状的条斑,表面有菌脓溢出。在马齿种的叶片上,只有小型病斑。

(2)危害症状　在甜玉米上,感病的杂交种很快造成枯萎,在叶片上形成淡绿色到黄色、具有不规则的或波状边缘的条斑,与叶脉平行,有的条斑可以延长到整个叶片的长度,病斑干枯后成褐色。雄穗过早抽出并变成白色,在植株停止生长以前枯萎死亡。雌穗大多不孕。重病株在接近土壤表层附近的茎秆的髓部可以形成空腔。在苞叶里面和外面出现小的、不规则的水渍状斑点,然后变干变黑。切开苞叶的维管束,可以看到从切口处渗出的细菌液滴。感病较轻的植株能正常结出果穗,但病菌可以从维管束中通过果穗而达到籽粒内部,据测定,病菌多在种子内的合点部分和糊粉层,但达不到胚上。有的果穗苞叶也能产生病斑,苞叶上的病菌可沾到籽粒上,籽粒感染病斑后通常表现为表皮皱缩和色泽加深。

在马齿玉米上,杂交种一般抗枯萎,在抽雄以后的叶片上,病斑大多从玉米跳甲(*Chaetocnema puliearia*)取食处开始,向上、下扩展而形成短到长、不规则的、淡绿色到黄色条斑,然后逐渐变为褐色。形成条斑的区域,有时甚至整个叶片都变成淡黄色。

(3)传播途径 病菌通过病种子进行远距离传播,病区通过玉米叶甲和杂草寄主传播并越冬。

(4)发生时期和条件 玉米的各个生长阶段都能够受到玉米细菌性枯萎病菌的侵染,典型的症状是矮缩和枯萎。病株在苗期可导致枯萎死亡,如果在植株生长后期被感染,植株可以长到正常大小。

(三)真菌性病害

马永光(2014)介绍,玉米弯孢菌叶斑病是近年来北京、河北、河南、山东、辽宁、吉林等北方玉米产区新发生的重要病害之一。其主要病原菌为新月弯孢菌 *Curvularia lunata*(Wakker) Boed。研究了辽宁省部分玉米杂交种和自交系的抗病性差异,结果表明,玉米杂交种间以及自交系间抗病性差异明显:C8605-2、A801、沈151、沈152、沈3336等一批主栽杂交种的亲本自交系均为感病类型(S~HS);而具有热带或亚热带血缘的78599类、沈137、沈135等一些外来种质资源均为抗病类型(R~HR)。杂交种之间抗性也有很大不同。

王丽娟等(2014)介绍,2012—2013年采用田间人工接种的方法对新引进的164份国外玉米种质和122份国内常用玉米种质资源进行了玉米弯孢菌叶斑病的抗性鉴定与评价。鉴定结果表明,玉米种质对弯孢菌叶斑病的抗性表现存在差异,总体对弯孢菌叶斑病的抗病能力较低,表现抗病的种质较少,仅有57份,且抗性种质以中等抗病为主,其余229份种质表现感病或高度感病;新引进的国外玉米种质对弯孢菌叶斑病的抗病能力高于国内常用玉米种质的抗病能力,从新引进的国外玉米种质中筛选出了37份抗性种质,为抗病育种提供了重要基础材料。

郭成等(2018)为明确不同玉米种质资源对丝黑穗病的抗性差异,于2012—2015年采用人工接种法对1164份玉米种质进行了田间抗性鉴定。结果表明,38份材料03GEM00041、07GEM02289、07GEM02902等表现高抗,占鉴定种质的3.26%;61份材料W6、478、4619、A580等表现抗病,占比5.24%;W22、W216、W286等140份表现中抗,占比12.03%;其余566份和359份分别表现感病和高感,分别占总鉴定材料的48.63%和30.84%。经过对比发现,不同地区玉米种质抗性强弱以及抗性多样性存在较大的差异,来自云南和广东的种质其抗性水平明显低于内蒙古和黑龙江。通过聚类分析发现,41份材料可划分为5类。在系谱图上,抗病性相同的品种大致划分在同一个类中,但也存在一定的偏差。研究结果同时表明,0~10 cm的土壤温度在15.8~17.9 ℃,病株率在85%以上,为适宜发病温度,其中15.8 ℃为最佳发病温度;接菌量为0.3%时的病株率明显高于接菌量为0.1%和0.2%的病株率。

王慧慧等（2016）从玉米大斑病的发生与危害、玉米大斑病菌生理小种的分化、玉米大斑病抗性基因的研究进展和抗性材料的筛选等方面阐述了关于玉米大斑病的相关研究进展，并对存在的问题进行分析和展望。大斑病的发生对玉米产量影响严重，一般减产20%左右，严重时减产可达50%。在中国玉米大斑病主要发生在东北、华北春玉米区和西南部分春玉米区。近年来，由于新小种出现和品种等原因，玉米大斑病呈现加重的趋势，引起了广大育种工作者的高度重视。2002年以来，玉米大斑病的发生表现为明显加重的趋势，给玉米生产造成严重损失。2004年山西省北部地区忻府、定襄、原平、五台、代县、繁峙等地发病面积为种植面积的60%以上，减产约4.95万kg。2006年乌兰浩特市玉米大斑病发病面积为种植面积的80%以上。2011—2012年山西省连续两年玉米大斑病大发生，2011年发病面积为75万hm^2，2012年达88.53万hm^2。统计结果表明，2012年全国玉米大斑病发病面积达到568.1万hm^2，近年来发病呈持续加重趋势。

中国北方玉米田的真菌性病害常见种类有瘤黑粉病、丝黑穗病、大斑病、小斑病、弯孢叶斑病、穗腐病、纹枯病等。

1. 玉米瘤黑粉病

（1）病原　王晓鸣（2018）提出，玉米瘤黑粉病病原无论是形态学和分子生物学都有别于 *Ustilago* 属物种的特征，已恢复其名称为1912年命名的 *Mycosarcoma maydis* (DC.) Bref.（玉蜀黍瘿黑粉菌），曾被广为采用的 *Ustilago maydis* (DC.) Corda（玉蜀黍黑粉菌）成为异名；属真菌担子菌亚门黑粉菌属。冬孢子球形或椭圆形，暗褐色，厚壁，表面有细刺状突起。冬孢子萌发时产生有4个细胞的担子（无菌丝），担子顶端或分隔处侧生4个无色梭形的担孢子。担孢子还能以芽殖的方式形成次生担孢子，担孢子和次生担孢子均可萌发。冬孢子萌发的温度是5~38℃，适温为26~30℃，在水中和相对湿度98%~100%条件下均可萌发。担孢子和次生担孢子的萌发适温为20~26℃，侵入适温为26~35℃。冬孢子无休眠期，自然条件下，分散的冬孢子不能长期存活，但集结成块的冬孢子，无论在土表或土内存活期都较长。在干燥条件下经过4年仍有24%的萌发率。担孢子和次生担孢子对不良环境忍耐力很强，干燥条件下5周才死亡，对病害的传播和再侵染起着重要作用。病菌冬孢子没有休眠期，成熟后即可萌发侵染。玉米瘤黑粉菌有生理分化现象，存在多个生理小种。

（2）危害症状　此病为局部侵染性病害，在玉米全生育期，植株地上部分的任何幼嫩组织如气生根、茎、叶、叶鞘、腋芽、雄穗、雌穗等均可受害。一般苗期发病较少，抽雄前后迅速增加，症状特点是玉米被侵染的部位细胞增生，体积增大，由于淀粉在被侵染的组织中沉积，使感病部位呈现淡黄色，稍后变为淡红色的疱状肿斑，肿斑继续增大，发育而成明显的肿瘤。病瘤的形状和大小变化较大，肿瘤近球形、椭球形、角形、棒形或不规则形，有的单生，有的串生或叠生，小的直径不足1 cm，大的长达20 cm以上。病瘤初呈银白色，有光泽，内部白色，肉质多汁，成熟后变灰黑色，坚硬，外面被有由寄主表皮细胞转化而来的白色薄膜，后变为灰白色薄膜，有时略带淡紫红色。玉米瘤黑粉病的肿瘤是病原菌的冬孢子堆，内含大量黑色粉末状的冬孢子，随着病瘤的增大和瘤内冬孢子的形成，质地由软变硬，颜色由浅变深，薄膜破裂，散出大量黑色粉末状的冬孢子。拔节前后，叶片或叶鞘上可出现病瘤，叶片上肿瘤多分布在叶片基部的中脉两侧，以及相连的叶鞘上，病瘤小而多，大小如豆粒或米粒，常串生，病部肿厚突起，成泡状，其反面略有凹入，内部很少形成黑粉。茎秆上的肿瘤多发生于各节的基部，多数是腋芽被侵染后，组织增生，形成肿瘤而突出叶鞘，病瘤较大，不规则球状或棒状，常导致植株空秆。气生根上的病瘤大小不等，一般如拳头大小。雄穗上大部分或个别小花感病形成长囊状或角状的小型肿瘤,几个至十几个,常聚集成堆,在雄穗轴上,肿瘤常生于一侧,长蛇状。雌穗被侵染后多在果穗上半部或个别籽粒上形成病瘤,形体较大,突破苞叶而外露,此时仍能结出部分籽粒,严重的全穗形成大的畸形病瘤。玉米病苗茎叶扭曲畸形,生长发育受阻,矮缩不长,茎基部可产生小病瘤,严重时病株提早枯死。

(3)传播途径 玉米瘤黑粉病的病原菌主要以冬孢子在土壤中或在病株残体上越冬,成为翌年的侵染菌源。混杂在未腐熟堆肥中的冬孢子也可以越冬传病,黏附于种子表面的冬孢子也是初侵染源之一,但不起主要作用。越冬后的冬孢子,在适宜的温、湿度条件下萌发产生担孢子和次生担孢子,不同性别的担孢子结合,产生双核侵染菌丝,以双核菌丝直接穿透寄主表皮或从伤口侵入叶片、茎秆、节部、腋芽和雌雄穗等幼嫩分生组织,或者从伤口侵入。冬孢子也可直接萌发产生侵染丝侵入玉米组织,特别是在水分和湿度不够时,这种侵染方式可能很普遍。侵入的菌丝只能在侵染点附近扩展,在生长繁殖过程中分泌类似生长素的物质刺激寄主的局部组织增生、膨大、形成病瘤。越冬菌源在整个生育期中都可以起作用,生长早期形成的肿瘤内部产生大量黑粉状冬孢子,随风雨传播,进行再侵染,从而成为后期发病的菌源。瘤黑粉病菌的冬孢子、担孢子主要通过气流和雨水分散传播,也可以被昆虫携带而传播,病原菌在玉米体内虽能扩展,但通常扩展距离不远,在苗期能引起相邻几节的节间和叶片发病。

(4)发生时期和条件 玉米瘤黑粉病又称普通黑粉病,广泛分布于世界各玉米产区。在中国,该病发生历史较久,分布普遍,危害严重,是玉米生产上的重要病害之一。雌穗发病可部分或全部变成较大肿瘤,叶上发病则形成密集成串小瘤。玉米瘤黑粉病菌的冬孢子没有明显的休眠现象,成熟后遇到适宜的温、湿度条件就能萌发。冬孢子萌发的适温为26~30 ℃,最低为5~10 ℃,最高为35~38 ℃,在水滴中或在98%~100%的相对湿度下都可以萌发。在北方,冬、春干燥,气温较低,冬孢子不易萌发,从而延长了侵染时间,提高了侵染效率;而在温度高、多雨高湿的地方,冬孢子易于萌发失效。

该病在玉米的生育期内可进行多次侵染,玉米抽穗前后一个月为该病盛发期。玉米抽雄前后遭遇干旱,抗病性受到明显削弱,此时若遇到小雨或结露,病原菌得以侵染,就会严重发病。玉米生长前期干旱,后期多雨高湿,或干湿交替,有利于发病。遭受暴风雨或冰雹袭击后,植株伤口增多,也有利于病原菌侵入,发病趋重。玉米螟等害虫既能传带病原菌孢子,又造成虫伤口,因而虫害严重的田块,瘤黑粉病也严重。病田连作,收获后不及时清除病残体,施用未腐熟农家肥,都使田间菌源增多,发病趋重。种植密度过大,偏施氮肥的田块,通风透光不良,玉米组织柔嫩,也有利于病原菌侵染发病。耐旱的品种、果穗苞叶长而紧裹的品种和马齿型玉米较抗病,甜玉米较感病,早熟玉米比晚熟品种发病轻。

(5)对玉米生长和产量的影响 玉米瘤黑粉病是玉米的重要病害之一,广泛分布于玉米各栽培区,以北方发生较普遍而严重,主要危害玉米植株各部位的幼嫩组织:叶、秆、雄穗及果穗等,在病部产生大小不等的瘤状物,瘤状物发生的部位、多少、大小对玉米产量造成的损失不同,一般可减产30.9%~80.0%,甚至高达100%。大田发病株率为5%~10%,严重发病田可达70%~80%,减产率约为病株率的1/3。近年来由于玉米种植面积增大,玉米瘤黑粉病危害呈趋重发生态势,严重影响了玉米产量。

2. 玉米丝黑穗病

(1)病原 王晓鸣(2018)提出,基于 *Sporisorium* 属与 *Sphacelotheca* 在寄主科选择上的差异以及对玉米丝黑穗病致病菌的形态学、寄主病害特征和多基因序列分析的结果,*Sporisorium reilianum*(J. G. Kühn)Langdon & Fullerton.(丝孢堆黑粉菌)被确定为玉米丝黑穗病病原的正确名称,而 *Sphacelotheca reiliana* (J. G. Kühn) Clinton 成为异名之一。由于 *Sporisorium reilianum* 种内存在对玉米和高粱的致病性分化,玉米致病菌又可称为 *Sporisorium reilianum* f. sp. zeae(丝孢堆黑粉菌玉米专化型);属真菌担子菌门团散黑粉菌属。病组织中散出的黑粉为冬孢子,冬孢子黄褐色、暗褐色或赤褐色,球形或近球形,直径 $7\sim 15~\mu m$,表面有细刺。冬孢子间混有不育细胞,近无色,球形或近球形,直径 $7\sim 16~\mu m$。冬孢子未成熟前集合成孢子球并由菌丝组成的薄膜所包围,成熟后分散。成熟的冬孢子在适宜条件下萌发,产生有分隔的担子,侧生担孢子。担孢子无色,单胞椭圆形,担孢子又可芽生次生担孢子,担孢子萌发后侵入寄主。

(2)危害症状 玉米丝黑穗病是苗期侵入的系统侵染性病害,一般在穗期表现典型症状,主要危害雌穗和雄穗。受害严重的植株,在苗期可表现各种症状,幼苗分蘖增多呈丛生形,植株明显矮化节间缩短,叶片颜色暗绿挺直,有的品种叶片上出现与叶脉平行的黄白色条斑,有的幼苗心叶紧紧卷在一起弯曲呈鞭状。病株的果穗较健株果穗短、基部大、端部尖,整个果穗变成一个大灰包,内部充满黑粉,黑粉内有一些丝状的维管束组织,故称丝黑穗病。有时果穗苞叶变狭,簇生畸形。雄穗花序被害时,全部或部分雄花变成黑粉。病株矮小,往往雄性花序与果穗同时发病,但也有只有果穗被害的。病菌亦可侵染玉米幼苗,危害严重的幼苗表现矮化。

(3)传播途径 玉米丝黑穗病菌主要以冬孢子散落在病穗、土壤中越冬,有些则混入粪肥或黏附在种子表面越冬,成为翌年初侵染源。冬孢子在土壤中能存活 $2\sim 3$ 年,也有报道认为能存活 $7\sim 8$ 年,结块的冬孢子较分散的冬孢子存活时间长。种子带菌是远距离传播的主要途径,带菌的种子是病害的初侵染来源之一,但带菌土壤的传病作用更重要。用病残体和病土沤粪而未经腐熟,或用病株喂猪,冬孢子通过牲畜消化道并不完全死亡,施用带菌的粪肥可以引起田间发病,这也是一个重要的来源。冬孢子在玉米雌穗吐丝期开始成熟,且大量落到土壤中,部分则落到种子上。玉米播种后,冬孢子萌发产生担孢子,担孢子萌发形成侵染丝,一般在种子发芽或幼苗刚出土时侵染胚芽或胚根,并很快扩展到茎部且沿生长点生长,有的在 $2\sim 3$ 叶期也发生侵染,$4\sim 5$ 叶期以后侵染较少,7 叶期以后不能再侵入,为病菌侵入的终止期。有时由于玉米生长锥生长较快,菌丝扩展较慢,未能进入植株茎部生长点,这就造成有些病株只在雌穗发病而雄穗无病的现象。

(4)发生时期和条件 当土壤温度在 $21\sim 28$ ℃、湿度 $15\%\sim 25\%$ 时,最适于侵染幼苗。幼芽出土前是病菌侵染的关键阶段,由此,幼芽出土期间的土壤温湿度、播种深度、出苗快慢、土壤中病菌含量等,与玉米丝黑穗病的发生程度关系密切。土壤冷凉、干燥有利于病菌侵染。促进幼芽快速出苗、减少病菌侵染概率,可降低发病率。田间病害多以玉米果穗及植株茎秆发病为主。播种时覆土过厚、保墒不好的地块,发病率显著高于覆土浅和保墒好的地块。玉米不同品种以及杂交种和自交系间的抗病性差异明显。从中国来看,以北方春玉米区、西南丘陵山地玉米区和西北玉米区发病较重。

(5)对玉米生长和产量的影响 玉米丝黑穗病普遍发生于玉米种植过程中,一般年份发病率在 $2\%\sim 5\%$,个别地块发病率达 $20\%\sim 30\%$,有的地方病株率达到 30% 以上,严重影响了玉米的正常生长。丝黑穗病是玉米生产的主要病害之一,若防治不及时,造成玉米减产。

3. 玉米大斑病

(1)病原 病原无性态为玉米大斑凸脐蠕孢菌 *Exserohilum turcicum* (Pass.) Leonard et Suggs,属无性孢子类凸脐蠕孢属,有性态为大斑刚毛球腔菌 *Setosphaeria turcica* (Luttr.)

Leonard et Suggs,属子囊菌门球腔菌属,是真菌性病害。玉米大斑病菌的分生孢子梗从气孔伸出,单生或 2～6 根束生,褐色不分枝,2～6 个隔膜,基部细胞膨大,色深,向顶端渐细,色较浅,顶端呈屈膝状,并有孢子脱落留下的痕迹。分生孢子梭形或长梭形,榄褐色,直或略向一方弯曲,中部最粗,向两端渐细,顶端细胞钝圆或长椭圆形,基细胞尖锥形,脐点明显,突出于基细胞外部,分生孢子具 2～8 个隔膜,大小为 $(45～126)\mu m \times (15～24)\mu m$。自然条件下一般不产生有性世代,但人工培养时可产生子囊壳,成熟的子囊壳黑色,椭圆形至球形,大小为 $(359～721)\mu m \times (345～497)\mu m$,外层由黑褐色拟薄壁组织组成,子囊壳壳口表皮细胞产生较多短而刚直、褐色的毛状物,内层膜由较小透明细胞组成。子囊从子囊腔基部长出,夹在拟侧丝中间,圆筒形或棍棒形,具短柄,一般含 2～4 个子囊孢子,大小为 $(176～249)\mu m \times (24～31)\mu m$。子囊孢子纺锤形,直或略弯曲,无色透明,老熟呈褐色,多为 3 个隔膜,隔膜处缢缩,大小为 $(42～78)\mu m \times (13～17)\mu m$。

(2) 危害症状　玉米整个生育期均可感病,但在自然条件下,苗期很少发病,通常到玉米生长中后期,特别是抽穗以后,病害逐渐严重。此病主要危害玉米叶片,严重时也能危害叶鞘和苞叶。最明显的特征是在叶片上形成大型的梭形病斑,一般下部叶片先发病,病斑的大小、形状、颜色和反应型因品种抗性的不同而有差异。病斑一般长 5～10 cm,宽 1 cm 左右,在感病品种上有的长达 15～20 cm,宽 2～3 cm。病斑初期为水渍状青灰色小斑点,随后沿叶脉向两端扩展,形成边缘暗褐色、中央淡褐色或青灰色的大斑,后期病斑常纵裂,严重时病斑常汇合连片,叶片变黄枯死,潮湿时病斑上产生大量灰黑色霉状物,即病菌的分生孢子梗和分生孢子。病斑能结合连片,使植株早期枯死。

(3) 传播途径　病原菌主要以菌丝或分生孢子在田间病残体上越冬,成为翌年初侵染来源。田间传播发病的初侵染菌源主要来自玉米秸秆上越冬病组织重新产生的分生孢子。孢子借风雨和气流传播。此外含有未腐烂病残体的粪肥及种子也能带少量病菌。越冬病组织里的菌丝在适宜的温、湿度条件下产生分生孢子,借风雨、气流传播到玉米叶片上,在适宜条件下,孢子萌发从表皮细胞直接侵入,少数从气孔侵入,叶片正反面均可侵入,侵入后 5～7 d 可形成典型的病斑,10～14 d 在病斑上可产生分生孢子,借气流传播进行再侵染。

(4) 发生时期和条件　玉米大斑病的流行除与玉米品种感病程度有关外,还与当时的环境条件关系密切。温度 20～25 ℃、相对湿度 90% 以上利于病害发展。气温高于 25 ℃ 或低于 15 ℃,相对湿度小于 60%,持续几天,病害的发展就受到抑制。从拔节到出穗期间,气温适宜,又遇连续阴雨天,病害发展迅速,易大流行。土壤肥力差,玉米孕穗、出穗期间氮肥不足发病较重。低洼地、密度过大、连作地易发病。品种间抗病性差异很大。

(5) 对玉米生长和产量的影响　近年来玉米大斑病频发,遍及世界上的很多玉米产区,中国发生总面积约 6900 万亩,在东北、华北、西南大部分地区为中等发生,东北部分地区高感品种偏重发生。在大发生年份,玉米一般减产 15%～20%,有时甚至会减产 50% 以上。

4. 玉米小斑病

(1) 病原　病原无性态为玉蜀黍平脐蠕孢菌 *Bipolaris maydis* (Nisik. et Miyake) Shoemaker,属无性孢子类平脐蠕孢属,有性态为异旋孢腔菌 *Cochliobolus heterostrophus* (Drechsler) Drechsler,属子囊菌门旋孢腔菌属。无性态的分生孢子梗散生在病叶上病斑两面,从叶片气孔或表皮细胞间隙伸出,2～3 根束生或单生,榄褐色至褐色,直立或呈曲膝状弯曲,基部细胞稍膨大,顶端略细色较浅,下部色深较粗,上端有明显孢痕。分生孢子在分生孢子梗顶端或侧方长出,长椭圆形,褐色,两端钝圆,多向一端弯曲,中间粗两端细,具 3～13 个隔膜,一般

6～8个,大小为(80～156)μm×(5～10)μm,脐点凹陷于基细胞之内,分生孢子多从两端细胞萌发长出芽管,有时中间细胞也可萌发。子囊壳可通过人工诱导产生,偶尔也可在枯死的病组织中发现,子囊壳黑色,近球形,大小为(357～642)μm×(276～443)μm,子囊顶端钝圆,基部具短柄,大小为(124.6～183.3)μm×(22.9～28.5)μm,每个子囊内大多有4个子囊孢子,子囊孢子长线形,彼此在子囊里缠绕成螺旋状,通常有5～9个隔膜,大小为(146.6～327.3)μm×(6.3～8.8)μm,萌发时每个细胞均可长出芽管。玉米小斑病菌有明显的生理分化现象,根据病原菌对不同型玉米细胞质的专化性,已报道的小斑病菌生理小种有3个:T小种、C小种和O小种,T小种对T型细胞质的雄性不育系专化侵染,C小种对C型细胞质的雄性不育系专化侵染,O小种无这种专化性。3个小种在中国均有,国外也报道了S型细胞质菌株。

(2)危害症状　从苗期到成株期均可发生,但苗期发病较轻,通常到玉米生长中后期,特别是抽雄以后发病逐渐加重。此病主要危害玉米叶片,严重时也可危害叶鞘、苞叶,对雌穗和茎秆的致病力也较强,可造成果穗腐烂和茎秆断折。叶片发病常从下部开始,逐渐向上蔓延,发病初期,在叶片上出现半透明水渍状褐色小斑点,后扩大为椭圆形或纺锤形病斑,病斑褐色到暗褐色,有些品种上病斑为黄色或灰色,边缘赤褐色,轮廓清楚,病斑大小一般在(5～16)mm×(2～4)mm,感病品种上病斑常相互联合致使整个叶片萎蔫,严重株提早枯死,天气潮湿或多雨季节,病斑上出现大量暗黑色霉状物为分生孢子梗和分生孢子。在抗病品种上病斑为坏死小斑点,黄褐色,周围具有黄褐色晕圈,病斑一般不扩展。

(3)传播途径　病原菌主要以休眠菌丝体和分生孢子在残留于地表和堆放在地头、村边的玉米植株病残体上越冬,成为翌年发病初侵染源。翌年春天,当环境条件适宜时,休眠菌丝和分生孢子从未腐烂的病残体中开始生长并产生新的分生孢子,形成初侵染源。分生孢子借风雨、气流传播,侵染玉米,在病株上产生分生孢子进行再侵染。病菌侵染需要高的大气湿度和叶片表面存在游离水得到条件,一般当环境中相对湿度达到90%～100%时,病菌能够完成侵染。病菌孢子在叶片水膜中萌发并穿过表皮气孔侵染叶片组织,形成病斑并从病斑上产生新的分生孢子,开始第二次侵染循环。如果环境温度在20～30 ℃、多雨高湿,病菌完成一个侵染循环只需5～7 d。因此,不断地再侵染,极易导致在种植感病品种的条件下,形成田间小斑病的流行。一般情况下,玉米种子上所带小斑病菌的比率较低,对病害流行不会产生明显影响。

(4)发生时期和条件　玉米小斑病是以叶片上产生小型病斑为主的病害。发病适宜温度26～29 ℃,产生孢子最适温度23～25 ℃,孢子在24 ℃下,1 h即能萌发,遇充足水分或高温条件,病情迅速扩展。玉米孕穗、抽穗期降水多、湿度高,容易造成小斑病的流行,低洼地、过于密植荫蔽地、连作田发病较重。

(5)对玉米生长和产量的影响　如果天气潮湿,斑点上会生出暗黑色霉状物(分生孢子盘),里面的分生孢子是造成玉米小斑病的罪魁祸首。玉米叶片受害严重,导致叶绿组织受损,叶绿素减少,削弱了玉米的光合作用,最终造成玉米减产。一般小斑病的发生可使玉米减产15%～20%,严重时可使玉米减产50%以上,最严重的会导致绝收。由此可见,小斑病对玉米生产的危害较大。

5. 玉米弯孢叶斑病

(1)病原　玉米弯孢叶斑病,又称拟眼斑病、黑霉病。病原无性态为新月弯孢霉 *Curvularia lunata* (Walker) Boedijn,属无性孢子类弯孢霉属,有性态为新月旋孢腔菌 *Cochliobolus lunatus* Nelson et Haasis,属子囊菌门旋孢腔菌属。引起弯孢叶斑病的病原还有不等弯孢霉

C. inaeguacis、苍白弯孢霉 *C. pallescens*、画眉草弯孢霉 *C. eragrostidis*、棒状弯孢霉 *C. clavata* 和中隔弯孢霉 *C. intermedia* 等。分生孢子梗褐色至深褐色,单生或簇生,较直或弯曲,大小为 $(52\sim116)\mu m\times(4\sim5)\mu m$。分生孢子花瓣状聚生在梗端,分生孢子暗褐色,弯曲或呈新月形,大小为 $(20\sim30)\mu m\times(8\sim16)\mu m$,有3个隔膜,大多4胞,中间两个细胞极不对称,膨大,尤以中央上部的细胞特别大,其中第3个细胞最明显,两端细胞稍小,浅褐色。

(2)危害症状　玉米弯孢叶斑病主要危害叶片,有时也侵染叶鞘、苞叶。叶部病斑初为水渍状褪绿小斑点,逐渐扩展为圆形至椭圆形褪绿透明斑,中间灰白色至黄褐色,边缘暗褐色,外围有浅黄色晕圈,大小为 $(0.5\sim4)mm\times(0.5\sim2)mm$,大的可达 $7\ mm\times3\ mm$。潮湿条件下,病斑正、反两面均可产生灰黑色霉状物,即病原菌的分生孢子梗和分生孢子,以背面居多。在不同品种上该病症状差异较大,可分为抗病型、中间型和感病型3种病斑类型。抗病型病斑小,圆形、椭圆形或不规则形小病斑,中间灰白色至浅褐色,边缘无褐色环带或环带很细,外围具狭细半透明晕圈;中间型病斑小,$1\sim2\ mm$,圆形、椭圆形或不规则形,中央灰白色或淡褐色,边缘具窄或较宽的褐色环带,外围褪绿晕圈明显;感病型病斑较大,圆形、椭圆形、长条形或不规则形,中央苍白色或黄褐色,有较宽的褐色环带,外围具较宽的半透明黄色晕圈,有时多个斑点可沿叶脉纵向汇合而形成大个病斑,叶片局部或全部枯死。此外,在有些自交系和杂交种上只产生一些白色或褐色小点。

(3)传播途径　玉米弯孢叶斑病菌主要以菌丝体在玉米病株残体上越冬,也可以分生孢子越冬。在干燥条件下,潜伏在病残体中的病菌菌丝体和分生孢子可以大量存活。因此,遗弃在田间的病残体,玉米田和村庄附近的秸秆垛成为翌年田间的初侵染源。靠近秸秆垛的玉米植株首先发病,且发生严重,成为田间病害进一步扩散的基础。也能通过黏附在种子表面或以菌丝潜伏在种子内部传播,但这种方式的传播对田间病害流行的作用不明显。

(4)发生时期和条件　属于成株期高温高湿型病害,发生轻重与降雨多少、时空分布、温度高低、播种早晚、施肥水平关系密切。发生期在玉米生育中后期,病斑也多在玉米 $9\sim13$ 叶期开始出现,发生高峰期在玉米抽雄至灌浆期,发病初期病斑多发生在中、下部叶片,后逐渐向上蔓延,严重时叶片布满病斑,叶片自下往上相继干枯,提早枯死,果穗变小,结实率降低,籽粒不饱满,导致产量损失,一般于玉米抽雄后遇到高温、高湿、降雨较多的条件有利于发病,低洼积水田和连作地块发病较重。

(5)对玉米生长和产量的影响　近年来,玉米弯孢叶斑病发生流行逐渐加重,并造成较大的损失,一般减产 $20\%\sim30\%$,严重时可减产 50% 以上。特别是在其生产过程中,主要栽培品种的抗病性差,加之气候条件适宜,病原菌大量积累,农民防病意识弱,大量从外地调种等原因加剧了玉米弯孢叶斑病传播、蔓延,导致了玉米弯孢叶斑病的发生流行。

6. 玉米穗腐病

(1)病原　玉米穗腐病(*Fusarium graminearum* Schw),又称玉米穗粒腐病,在各玉米产区都有发生,属世界性病害,是玉米生长后期的重要病害之一。为多种病原菌侵染引起的玉米果穗或籽粒霉烂的总称。主要有:玉米镰孢穗腐病,禾谷镰孢穗腐病(*Fusarium graminearum* Schwabe),拟轮枝镰孢穗腐病(*F. verticillioides*);玉米黄曲霉穗腐病(*Aspergilllus flavus* Link:Fr.);层出镰刀菌(*Fusarium proliferatum*);青霉穗腐病致病菌为草酸青霉菌(*Penicillium oxalicum* Currie Thom);黑曲霉穗腐病致病菌为黑曲霉(*Aspergillus niger* Tiegh);木霉穗腐病致病菌为绿色木霉(*Trichoderma viride* Pers. exFr.)等近20多种霉菌。

(2)危害症状　果穗及籽粒均可受害,被害果穗顶部或中部变色,并出现粉红色、蓝绿色、黑灰色或暗褐色、黄褐色霉层,即病原的菌体、分生孢子梗和分生孢子。病粒无光泽,不饱满,质脆,内部空虚,常为交织的菌丝所充塞。果穗病部苞叶常被密集的菌丝贯穿,黏结在一起贴于果穗上不易剥离,仓储玉米受害后,粮堆内外则长出疏密不等、各种颜色的菌丝和分生孢子,并散出发霉的气味。

(3)传播途径　玉米镰孢穗腐病通过多种方式越冬,包括在土壤中腐生,在作物和杂草的病残体上以菌丝或厚垣孢子的方式存活,以及通过在玉米种子表面附着或在种子内部寄生而存活。在土壤或病残体中越冬的镰孢病菌不会因外界的低温和冰雪覆盖影响越冬质量和数量。

在春季,镰孢菌可以直接通过玉米种子的携带而进入玉米的幼苗组织内部并通过维管束系统向上扩展;也可以通过在土壤中的菌丝生长到达玉米根系,然后侵染并在玉米植株内扩展。这两种越冬方式后的侵染,也可以在玉米植株内到达穗轴组织,从内部侵染籽粒,也可以通过引起根腐病、茎腐病等方式增大病菌群体,为后期通过气流或风雨的作用侵染雌穗创造条件。

黄曲霉穗腐病主要在植物病残体上和土壤中以菌丝和分生孢子的形式越冬,也可以通过种子内外的携带越冬。病菌具有较强的腐生能力。

越冬后,病菌通过在植株病残体上的腐生生长产生大量的分生孢子并释放到空气中,通过气流和风雨的作用进行传播,当玉米雌穗受到各种机械损伤、害虫咬食后,病菌就可以通过伤口侵染玉米籽粒,直到引起穗腐病。玉米收获后,残存在病残体和土壤中的病菌再次越冬。

(4)发生时期和条件　该病从玉米吐丝到收获均可发病,但发病盛期为从吐丝到吐丝后3周内,随着玉米籽粒含水量的减少,发病机会逐渐减少。鸟和昆虫的蛀食以及玉米籽粒的生理性破裂和人为造成的籽粒破裂均促进病菌侵染,并由此向周围蔓延。大多数真菌在残留在田间的植株病残体中越冬,成为翌年初侵染源。

在气候因素中,日照时数对发病和产量损失影响较大。同一气候条件下感病系比抗病系产量损失高52%～82%。感病品种因穗腐病造成的玉米产量损失比不利的气候因素更为严重。

(5)对玉米生长和产量的影响　在一般年份,其发病率为10%～20%,严重年份可达30%～40%,感病品种的发病率高达50%左右。穗粒腐病不仅使玉米产量遭受严重的损失,而且其病原菌产生的多种毒性次生代谢物对人畜具有严重的毒副作用。

7. 玉米纹枯病

(1)病原　玉米纹枯病(Rhizoctoni asolani)的病原菌有立枯丝核(*Rhizoctoni-asolani*)、玉蜀黍丝核菌(*R. zeae*)和禾谷丝核菌(*R. cerealis*)等3种侵染引起的土传病害,其中玉蜀丝核菌常危害果穗导致穗腐。玉米纹枯病菌为多核的立枯丝核菌,具3个或3个以上的细胞核,菌丝直径6～10 μm。菌核由单一菌丝尖端的分枝密集而形成或由尖端菌丝密集而成。该菌在土壤中形成薄层蜡状或白粉色网状至网膜状子实层。担子桶形或亚圆筒形,较支撑担子的菌丝略宽,上具3～5个小梗,梗上着生担孢子;担孢子椭圆形至宽棒状,基部较宽,大小为(7.5～12)$\mu m \times$(4.5～5.5)μm。担孢子能重复萌发形成2次担子。

(2)危害症状　玉米纹枯病从苗期至生长后期均会发病,但主要发生在抽雄期至灌浆期,主要侵害叶鞘、茎秆,其次是叶片、果穗及苞叶。发病严重时,能侵入坚实的茎秆。最初多由近地面的1～3节叶鞘发病,后侵染叶片并向上蔓延。其症状为在叶片和叶鞘上形成典型的呈暗绿色水浸状的同心斑、椭圆形或不规则形斑,中央灰褐色,常多个病斑扩大汇合成云纹状斑块,包围整个叶鞘直至使叶鞘腐败,并引起叶枯。病斑向上扩展至果穗受害,苞叶上同样产生褐色云纹状病斑,内部籽粒、穗轴均变褐色腐烂。环境高温多雨时,病斑上长出稠密白色菌丝体,病部组织内或叶鞘与茎秆间常产生褐色不规则颗粒状菌核,成熟的菌核多为扁圆形,大小不一,一般似萝卜种子大小;菌核在29~33 ℃时形成最多,极易脱离寄主,遗落田间。

(3)传播途径 病菌以菌丝和菌核在病残体或在土壤中越冬。翌春条件适宜,菌核萌发产生菌丝侵入寄主,后病部产生气生菌丝,在病组织附近不断扩展。菌丝体侵入玉米表皮组织时产生侵入结构。再侵染是通过与邻株接触进行的,该病是短距离传染病害。病株上的菌丝经越冬后仍能存活,为其初侵染源和多侵染源的来源之一。通过病株上存活的菌丝接触寄主茎基部表面而发病。发病后,菌丝又从病斑处伸出,很快向上,向左右邻株蔓延,形成第二次和多次病斑。病株上的菌核落在土壤中,成为第二次侵染源。形成病斑后,病菌气生菌丝伸长,向上部叶鞘发展,病菌常透过叶鞘而危害茎秆,形成下陷的黑色斑块。湿度大时,病斑长出很多白霉状菌丝和孢子。孢子借风力传播而造成再次侵染。也可以侵害与病部接触的其他植株。

(4)发生时期和条件 玉米纹枯病是世界上玉米产区广泛发生、危害严重的世界性病害之一。特别在西南玉米种植地区,由于玉米生长期气温高、湿度大,纹枯病已经成为玉米第一大病害。

播种过密、施氮过多、湿度大、连阴雨多易发病。主要发病期在玉米性器官形成至灌浆充实期。苗期和生长后期发病较轻。

(5)对玉米生长和产量的影响 玉米纹枯病(corn sheath blight)在中国最早于1966年在吉林省有发生报道。20世纪70年代以后,由于玉米种植面积的迅速扩大和高产密植栽培技术的推广,玉米纹枯病发展蔓延较快,已在全国范围内普遍发生,且危害日趋严重。一般发病率在70%~100%,造成的减产损失在10%~20%,严重的高达35%。由于该病害危害玉米近地面几节的叶鞘和茎秆,引起茎基腐败,破坏输导组织,影响水分和营养的输送,因此造成的损失较大。

8. 玉米茎腐病 也叫茎基腐病,是指发生在玉米根系、茎或茎基部腐烂,并导致全株迅速枯死症状的一类病害。它是由多种真菌和细菌单独或复合侵染引起的,在中国以真菌性茎腐病为主,本部分以真菌性茎腐病进行介绍。玉米茎基腐病,又称青枯型,是世界各玉米产区普遍发生的一种重要土传病害。

(1)病原 玉米茎腐病主要由腐霉菌和镰刀菌侵染引起,不同地区腐霉菌和镰刀菌种类不完全相同,有单独侵染也有复合侵染的。镰刀菌主要有禾谷镰刀菌 *Fusarium graminearum* Schawbe,属无性孢子类镰刀菌属,有性态为玉蜀黍赤霉菌 *Gibberella zeae*(Schw.)Petch,属子囊菌门赤霉菌属;串珠镰刀菌 *F. moniliforme* Sheldon,属无性孢子类镰刀菌属,有性态为藤仓赤霉菌 *Gibberella fujikuroi*(Saw.)Wollenw.,属子囊菌门赤霉菌属。腐霉菌主要有瓜果腐霉菌 *Pythium aphanidermatum*(Eds.)Fitzp.、肿囊腐霉菌 *Pythium inflatum* Matth. 和禾生腐霉菌 *Pythium graminicola* Subram,均属卵菌门腐霉属。关于中国玉米茎腐病病原菌研究的报道,不同地区不同学者报道结果不完全相同,主要有3种,一是以肿囊腐霉菌、瓜果腐霉菌等腐霉菌为主要致病菌;二是以禾谷镰刀菌、串珠镰刀菌为主要致病菌;三是以瓜果腐霉菌和禾谷镰刀菌为主的复合侵染。各地病原菌报道不一可能与分离方法、分离时期、发病时期、地域差别或气候条件不同等多种因素相关。禾谷镰刀菌在高粱或麦粒上易产生大型分生孢子,分生孢子镰刀形,无色透明,多数3~5个隔膜,不产生小型分生孢子和厚垣孢子,在麦粒上可产生黑色球形的子囊壳,子囊棒形,子囊孢子纺锤形,双列斜向排列,1~3个隔膜。串珠镰刀菌小型分生孢子容易产生,量大,卵圆形或纺锤形,暗色或无色,单胞或有1个分隔,成串珠状或聚成假头状,着生于孢子梗顶端,用麦粒培养基经光照处理,可促进产生镰刀形大型分生孢子,两端尖,3～5个隔膜。瓜果腐霉菌菌丝发达,无分隔,白色棉絮状,游动孢子囊丝状,不规则膨大,小裂瓣状,孢子囊萌发产生泄管,其顶端生一泡囊,泡囊破裂释放出游动孢子,藏卵器平滑,卵孢子球形、平滑,不充满藏卵器内腔。肿囊腐霉菌菌丝纤细,游动孢子囊呈裂瓣状膨大,形成不规则或球形突起,卵孢子球形,光滑,满器或近满器,内含一个贮物球和一个发亮小体。禾生腐霉菌菌丝宽,不规则分枝,游动孢子囊由菌丝状膨大或不规则的复合体组成,顶生或间生,卵孢子球形,光滑,满器,无色或淡褐色。其中镰刀菌生长的最适温度为25～30℃,腐霉菌生长的最适温度为23～25℃,在土壤中腐霉菌生长要求湿度条件较镰刀菌高。

(2)危害症状 玉米茎腐病在自然条件下以成株期受害为主,在玉米灌浆期开始发病,乳熟末期至蜡熟期为显症高峰期。受害植株主要表现青枯和黄枯两类症状。青枯型也称急性型,发病后叶片自下而上迅速枯死,呈灰绿色,水烫状或霜打状,特点是发病快、历期短,从始见青枯病叶到全株枯萎,一般5～7 d,发病快的仅需1～3 d,长的可持续15 d以上。玉米茎腐病在乳熟后期,常突然成片萎蔫死亡,枯死植株呈青绿色,田间80%以上属于这种类型,这类症状常与病原菌致病力强、品种比较感病、环境条件适宜有关。黄枯型也称慢性型,发病后叶片自下而上,或自上而下逐渐变黄枯死,显症历期较长,一般见于抗病品种或环境条件不利于发病的情况。玉米茎腐病多数病株明显发生根腐,最初病菌在毛根上产生水渍状淡褐色病变,逐渐扩大至次生根,直到整个根系呈褐色腐烂,根囊皮松脱,髓部变为空腔,须根和根毛减少,整个根部易拔出。病部逐渐向茎基部扩展蔓延,茎基部1～2节处开始出现水渍状梭形或长椭圆形病斑,随后很快变软下陷,内部空松,一掐即瘪,手感明显,剖茎检视组织腐烂,维管束呈丝状游离,可见白色或玫瑰红色的菌丝,以后在产生玫瑰红色菌丝的残秆表面可见蓝黑色的子囊壳。茎秆腐烂自茎基第一节开始向上扩展,可达第二节、第三节甚至全株,病株极易倒折。发病后期果穗苞叶青干,呈松散状,穗柄柔韧,果穗下垂,不易掰离,穗轴柔软,籽粒干瘪,脱粒困难。据报道,引起茎腐的镰刀菌和腐霉菌有潜伏侵染的特性,病害的发生程度主要取决于生育前期的侵染,因为前期侵染对玉米根系生长影响早,危害持续时间长,而后期侵染则主要起加速病程的作用。

(3)传播途径 禾谷镰刀菌以菌丝和分生孢子、腐霉菌以卵孢子在病残体及土壤中越冬。镰刀菌的种子带菌率很高,因此田间残留的病茬、遗留于田间的病残体及种子是该病发生的主要侵染来源。越冬后的病菌借风雨、灌溉水、机械、昆虫传播。镰刀菌主要从胚根、腐霉菌主要从次生根和须根侵染,从伤口或表皮直接侵入,病菌侵入后逐渐蔓延扩展,引起地上部症状。到后期禾谷镰刀菌和串珠镰刀菌借风雨传播侵染穗部或玉米螟幼虫带菌通过蛀孔传染,造成穗腐,从而导致病穗种子带菌。玉米60 cm高时组织柔嫩易发病,害虫为害造成的伤口利于病菌侵入。此外,害虫携带病菌同时起到传播和接种的作用,如玉米螟、棉铃虫等虫口数量大则发病重。高温高湿利于发病,地势低洼或排水不良、密度过大、通风不良、施用氮肥过多、伤口多发病重。

(4)对玉米生长的影响 玉米茎腐病感病植株不能正常成熟,主要表现为籽粒不饱满、千粒重降低。病株可导致茎秆破损和倒伏,提早枯死,严重的在苗期可造成死苗。此外,该病不仅使当年玉米减产,且对翌年产量有影响。从病株收获的种子发芽势、发芽率和幼苗活力下降,病株后代千粒重和穗粒重降低。

(5)对玉米产量的影响 玉米茎腐病在中国玉米栽培地区均有发生,一般年份发病率在

10%～20%，严重时可达50%～60%，产量损失因发病时期而不同，一般在20%左右，重者甚至绝收。

二、病害防治措施

玉米整个生长过程中，病害发生的种类很多，根据病害发生危害及传播特点，主要划分为土传或种传类病害（丝黑穗病、瘤黑粉病、茎腐病、根腐病等）、气传类病害（大斑病、小斑病、弯孢霉叶斑病、褐斑病、锈病、灰斑病等）和介体传播的病毒病。由于各种病害的病原不同，发生危害规律差异很大，防治技术也各不相同。同时，不同玉米种植区生态条件变化很大，病害发生的种类、发生规律及其危害程度也会有很大差异。在预测预报的基础上，以当地主要病害为防治对象，科学合理地制定综合防治技术方案。

杨庆锋等（2018）采用田间试验研究了生物种衣剂对玉米出苗率、病害及产量等性状的影响。结果表明，使用生物种衣剂、杀虫型生物种衣剂包衣的玉米出苗率分别比常规种衣剂提高2.4、2.8个百分点；对玉米病害的防效分别提高6.2、5.8个百分点；玉米产量分别提高1.1%、3.5%。

（一）土传类病害防治

玉米土传类病害包括危害根茎部和穗部两类。危害根茎部的主要有玉米纹枯病、根腐病和茎腐病，危害穗部的主要有玉米丝黑穗病和瘤黑粉病。这类病害均以土壤传播为主，防治的重点是清除初侵染源和进行种子处理，并辅以其他农业措施。瘤黑粉病处理土壤，用80%A式多菌灵可湿粉1 kg（或50%多菌灵可湿粉1.5～2.0 kg）土壤处理。

1. 清除初侵染源 在玉米生长期对田间的丝黑穗和瘤黑粉病株及时清除，避免病瘤成熟后黑粉菌散落田间。适时收获玉米，提高秸秆粉碎质量，及时整地，翻耕与旋耕结合，将碎秸秆全部翻埋在土下，利于加速病残体的腐烂，同时清除田间和地头的大段病残体，集中处理。

2. 种子处理 土传类病害病原菌通常可混在种子中，化学药剂处理种子是减轻病害发生的重要措施。播种前采用25 g/L咯菌腈悬浮种衣剂、35 g/L咯菌·精甲霜悬浮种衣剂或3.5%满适金水悬浮种衣剂按推荐药种比进行种子包衣，对玉米根腐病、茎腐病防治效果较好。采用14%克福唑醇悬浮种衣剂、20%丁硫福戊悬浮种衣剂、2%立克秀干拌剂等含三唑类药物成分的种衣剂拌种包衣对玉米黑粉病防治效果较好。播种前，可用6%戊唑醇悬浮种衣剂按照药种比1∶400比例拌种，或11%精甲·咯·嘧菌悬浮种衣剂按照药种比1∶200比例进行拌种，将种衣剂均匀包裹在种子表面，均可有效预防瘤黑粉病的发生，持效期长，效果好。

3. 合理轮作 对土传类病害发生较重的地块实行轮作是最有效的防病措施。与非寄主植物实行2～3年轮作，有条件的地方实行水旱轮作，防病效果更好。

4. 加强栽培管理 施足基肥，氮、磷、钾肥合理配合施用，避免偏施氮肥和追肥过晚，增施钾肥和锌肥，对玉米土传根病效果较好；中耕培土，促进气生根提早形成，促进玉米健壮生长，增强植株的抗病能力，以减轻病害发生。

5. 喷雾防治瘤黑粉病 上年发病较重的田块，在玉米出苗后和拔节期各用药一次。可用40%苯醚甲环唑悬浮剂2000～3000倍液，或43%戊唑醇悬浮剂3000～4000倍液，或用50%克菌丹可湿性粉剂200倍液等药剂喷雾防治，预防效果也很好，同时还能兼防玉米丝黑穗病、玉米大小斑病。

(二)气传类病害防治

玉米气传类病害是主要危害叶部的一类病害。包括玉米大斑病、小斑病、弯孢霉叶斑病、褐斑病、锈病、灰斑病、圆斑病等。气传病害多数病原物都能在病残体上越冬(夏),条件适宜时,病原菌萌发产生孢子侵入寄主,引起初侵染,在病部产生的病原通过气流传播,在田间不断进行再侵染,引起病害发生流行。根据这类病害的发生特点,防治上应重点搞好田间卫生,减少初侵染来源,加强栽培管理,改进栽培措施和及时药剂防治的综合措施。

1. 搞好田间卫生,减少初侵染来源 危害玉米叶部的气传类病害在玉米整个生育期均可发生危害。结合田间管理,应及时摘除田间的病叶、老叶,以降低再侵染频率。玉米收获后,及时清除遗留在田间的病残体和杂草,带出田外烧毁;同时应注意不用病残体作肥料返田,通过不同途径加快病残体的充分腐烂,促进病菌死亡,压低初侵染源基数。

2. 加强栽培管理 良好的栽培管理,合理的栽培措施,不仅有利于玉米的生长发育,增强抗病性,而且可以改善田间小气候环境条件,对控制气传类病害具有明显的作用。

(1)适期播种 根据当地病害发生的情况、气候条件和品种的生育期等综合考虑,选择适宜的时期播种,做到既有利于玉米快速出苗,健壮生长,又能有效减少前期的初侵染,同时应注意提高播种质量,覆土深浅适宜,过深不利于出苗,往往会加重苗期病害的发生。

(2)科学施肥 施足基肥,增施有机肥,氮、磷、钾肥配合施用,不偏施、不重施氮肥,控制玉米旺长。及时追肥,尤其避免拔节和抽穗期脱肥早衰,保障植株健壮生长,减轻病害发生危害。

(3)合理密植 种植密度过大,田间通透性差,小气候环境湿度大,有利于病菌生长繁殖和病情加重。玉米田实行间作或套作,可增加田间的通风透光,降低田间湿度,对控制叶部病害的发生危害具有较好的效果。

(4)中耕除草 及时中耕除草,搞好田间清沟排渍,也是防病控病的重要田间管理环节。

3. 及时药剂防治 药剂是防治气传类病害的有效措施。中国不同的玉米产区,危害叶部的气传类病害发生的种类不同,危害的情况也不一致,但是搞好病情监测,掌握施药时期和施药次数,针对不同的病害,选用不同的药剂,及时施药保护,对控制玉米气传类病害具有很好的效果。因此,玉米种植产区,应根据当地历年病害发生危害情况,定期搞好田间病情监测,一旦出现病情或玉米抽雄前,及时喷药进行防治,根据病情发展情况,决定施药次数,两次施药间隔7~10 d。选择药剂种类时,应根据不同的病害,选用不同的农药品种,通常50%多菌灵、70%甲基托布津、40%福星、70%代森锰锌、75%百菌清、45%大生、25%戊唑醇、25%丙环唑等杀菌剂对大多数叶部病均有较好的防效。

徐爱清(2019)从种子选择和处理、适期播种、合理施肥,采用50%百菌清、50%多菌灵、70%甲基托布津400~500倍液等方面介绍了对斑病的防治。可采用75%代森锰锌等药剂500~800倍液,喷施要每周1次,喷施要连续2~3次。针对玉米青枯病的防治,注意栽培过程中的排水。同时在播种前还要选用抗病能力较强的玉米种子,可有效防治玉米病害。

4. 抗病品种的选择利用 选用玉米抗病品种是控制玉米叶斑病的最经济有效的措施。但是生产上各地推广玉米品种的种类以及品种对不同叶部病害的抗性也存在明显差异,因此,应根据各地气传类病害的主要发生种类及当地品种的抗性水平进行抗病品种的选择利用。

(三)病毒类病害防治

玉米病毒病主要有粗缩病和矮花叶病,都是通过昆虫介体传播,且玉米品种间抗病性存在明显差异。因此,防治的重点应采取选用抗病品种为主、加强治虫防病、切断毒源、辅以农业措施的综合防治策略。

1. 选用抗病良种 选取优质抗病品种,用种衣剂对种子进行拌种处理,能有效避地下病虫,隔离病毒感染,加强呼吸强度,提高种子发芽率和出苗率。中国玉米品种繁多,不同玉米产区种植的品种不完全相同,病毒病的发生危害也不一致,有些地区有的品种玉米粗缩病严重发生,有的则是矮花叶病发生较为普遍。根据当地种植的玉米品种和病毒病发生危害情况,选用适合当地种植的抗病优良品种可有效控制病毒病的发生。

2. 治虫防病 玉米粗缩病和玉米矮花叶病分别通过灰飞虱和蚜虫传播。玉米收获后,病毒可在昆虫介体和某些杂草上越冬,翌年当玉米播种出苗后,带毒介体迁飞到玉米上吸食传毒,引起发病。在病毒病发生玉米种植区,应及时对毒源寄主和玉米田间的传毒介体进行药剂防治,以切断毒源,同时,应铲除田间和周围的杂草,减少虫源基数。田间药剂治虫应掌握在传毒介体迁飞率高峰期施药,以降低传毒介体吸毒传毒频率,减轻病害发生。

蚜虫防治可用10%吡虫啉可湿性粉剂3000~5000倍液喷雾防治。对田间及地块周围喷药防治灰飞虱,苗期药剂可用40%氧化乐果乳油或5%锐劲特悬浮剂30 mL或10%吡虫啉15 g,兑水30~40 kg喷雾;也可用4.5%高效氯氰菊酯30 mL或48%毒死蜱60~80 mL,兑水30~40 kg喷雾,也可在灰飞虱传毒为害期,尤其是玉米7叶期前喷洒2.5%扑虱蚜乳油1000倍液。喷药力求均匀周到,隔7 d再防治1次,以确保防治效果。另外,采用植物生长调节剂在苗后早期喷施植病灵、83-增抗剂、菌毒清等药剂,每隔6~7 d喷1次,连喷2~3次,对促进幼苗生长、减轻发病也有一定作用。用内吸杀虫剂吡虫啉等拌种或70%噻虫嗪(锐胜)种衣剂包衣对玉米粗缩病有部分防治效果。

3. 加强田间管理 针对不同地区发生的病毒病种类,调整播期,适期播种,尽量避开灰飞虱和蚜虫的传毒迁飞高峰。河北省和山东省可提前至4月份,夏玉米在麦收前一周播种,使苗期提前,减少蚜虫传毒的有效时间;结合田间间苗定苗,及时拔除病株,以减少病株和毒源,严重发病地块及早改种其他作物;合理施肥、灌水,加强田间管理,使幼苗生长健壮,提高玉米抗病力,降低病害发生概率;在播种前深耕灭茬,彻底清除田间及地头、地边杂草,精耕细作,及时除草,减少侵染来源;同时避免品种的大面积单一种植,避免与蔬菜、棉花等间作。

第二节 虫害及防治

一、玉米害虫种类

地下害虫常见种类有蛴螬、金针虫、地老虎类、蝼蛄等。

地上害虫常见种类有飞虱、蓟马、红蜘蛛、玉米螟、蚜虫、二点委夜蛾、甜菜夜蛾、草地贪夜蛾等。

赵荣华等(2014)于2010—2013年在山西省11个地市68个玉米种植县调查了山西省玉米地下害虫的优势种群和防治措施。结果表明,蛴螬类、金针虫类、蝼蛄类、地老虎类、委夜蛾类、根蚜类和根蟥类7大类18种为山西省玉米地下害虫的主要优势种群,且不同地区优势种群的分布有所不同;使用 5 g/kg、10 g/kg 的 8%氟虫腈种衣剂和 6 g/kg 的 70%噻虫嗪包衣防治蛴螬,防效分别为 90.9%、95.5% 和 86.36%;使用 2.5%高效氟氯氰菊酯水乳剂(150 g/hm²、225 g/hm²、300 g/hm²),12 天防治小地老虎的防效为 89.81%～97.22%;使用 4%高氯·甲维盐微乳剂 600 g/hm²、675 g/hm²,12 天防治小地老虎的防效均为 93.52%。

尤凤芝(2015)介绍,辽宁省玉米地下害虫中的地老虎类有小地老虎、黄地老虎、大地老虎;蛴螬类有华北大黑鳃金龟、东北大黑鳃金龟、铜绿丽金龟和黄褐丽金龟等。金针虫类有沟金针虫、细胸金针虫、宽背金针虫、褐纹金针虫;蝼蛄类有华北蝼蛄、东方蝼蛄等。

常雪等(2017)于 2014—2016 年对吉林省 9 个地市、44 个县(市/区)、424 个地点的玉米苗期害虫进行系统调查,分析新的耕作栽培制度和气候变暖条件下吉林省玉米苗期害虫种类、分布及发展趋势。结果表明,吉林省玉米苗期害虫有 20 余种,隶属 5 个目 13 个科,其中,鳞翅目和鞘翅目种类最多,共涉及 8 个科 16 种害虫,占害虫种类的 70%以上;新发现吉林省玉米苗期害虫 3 种。蛴螬和金针虫是苗期主要害虫,平均有虫田率分别为 24.90%和 27.76%,有虫田率从西部到东部递减,中部平原区有虫田被害株率高于西部和东部地区。随着吉林省玉米长年连作和秸秆还田、免耕等新耕作方式推广,蛴螬和金针虫 2 种害虫的发生数量和危害程度呈逐年加重趋势;其余害虫的有虫田率均在 5%以下,未对玉米生产造成威胁。

朱照华(2017)介绍,山东省玉米主要地上害虫除蛴螬、金针虫、地老虎类、蝼蛄类之外,还有二点委夜蛾、麦根蝽象、玉米耕荧粉介等。

徐丽娜等(2017)于 2015 年系统调查了安徽省不同地区、玉米不同生育期害虫种类及发生危害情况。调查发现,安徽省全境玉米适生期长,玉米种植结构复杂,北部地区以连片种植夏玉米为主,南部地区以插花式播种春玉米为主。与危害夏玉米的害虫相比,南部春玉米害虫种类更为多样。亚洲玉米螟 *Ostrinia furnacalis*(Guenee)是全省玉米的主要害虫,其中铜陵地区春玉米苗期受亚洲玉米螟危害最重,被害株率达 25.6%。蜗牛在夏玉米穗期和春玉米苗期危害严重,部分田块被害株率达 100%。桃蛀螟 *Connogethes punctiferalis*(Guenee)是春、夏玉米穗期的另一主要害虫,常与亚洲玉米螟、棉铃虫 *Helicoverpa armigera*(Hubner)和黏虫 *Mythimna separata*(Walker)混合发生,但在淮北地区玉米秸秆中未发现冬后存活的桃蛀螟幼虫。

覃芳等(2019)通过调查与查阅文献,整理了辽宁省区域范围内玉米(*Zea mays* L.)主要害虫种类名录。包括昆虫纲总计 4 目 37 科 101 种,其中直翅目 13 种,半翅目 32 种,鳞翅目 26 种,鞘翅目 30 种;蛛形纲蜱螨目叶螨科 3 种。并列出了危害情况以及在辽宁省的分布。

(一)地下害虫

常见种类有蛴螬、金针虫、地老虎类、蝼蛄等。
蛴螬类:如华北大黑鳃金龟、铜绿丽金龟、暗黑鳃金龟等。
金针虫类:如细胸金针虫、褐纹金针虫、沟金针虫等。
地老虎类:如小地老虎、黄地老虎等。
蝼蛄类:如华北蝼蛄、非洲蝼蛄等。

1. 华北大黑鳃金龟

(1)分类与危害　华北大黑鳃金龟(*Holotrichia oblita* Faldermann)属鞘翅目,鳃金龟科,分布在中国东北、华北、西北等区。成虫取食多种果树和林木叶片,幼虫危害阔、针叶树根部及玉米、棉花、花生等作物种子或幼苗。与其习性和形态近似种有东北大黑鳃金龟

($H.\ diomphalia$ Bates)、华南大黑鳃金龟($H.\ gebleri$ Faldermann)、四川大黑鳃金龟($H.\ szechuanensis$ Chang)。成虫、幼虫均能进行为害,成虫取食叶片,将叶片咬食成缺刻状,幼虫栖息在土壤中,取食萌发的种子,造成缺苗断垄,将根茎、根系咬断,使植株枯死,且伤口易被病菌侵入,引起其他病害的发生。

(2)形态特征 成虫为长椭圆形,体长 21～23 mm、宽 11～12 mm,黑色或黑褐色有光泽。胸、腹部生有黄色长毛,前胸背板宽为长的 2 倍,前缘钝角、后缘角几乎成直角。每鞘翅 3 条隆线。前足胫节外侧 3 齿,中后足胫节末端 2 距。雄虫末节腹面中央凹陷、雌虫隆起。卵为椭圆形、乳白色。幼虫体长 35～45 mm,肛孔 3 射裂缝状,前方着生一群扁而尖端成钩状的刚毛、并向前延伸到肛腹片后部 1/3 处。蛹黄白色、椭圆形,尾节具突起 1 对。

(3)生活史 西北、东北和华东 2 年 1 代,华中及江浙等地 1 年 1 代,以成虫或幼虫越冬。在河北省越冬成虫约 4 月中旬左右出土活动直至 9 月份入蛰,前后持续达 5 个月,5 月下旬至 8 月中旬产卵,6 月中旬幼虫陆续孵化,为害至 12 月,以第 2 龄或第 3 龄越冬;第二年 4 月越冬幼虫继续发育为害,6 月初开始化蛹,6 月下旬进入盛期,7 月始羽化为成虫后即在土中潜伏,相继越冬,直至第三年春天才出土活动。东北地区的生活史则推迟约半月余。

(4)生活习性和发生规律 成虫白天潜伏土中,黄昏活动,8—9 时为出土高峰,有假死及趋光性;出土后尤喜在灌木丛或杂草丛生的路旁、地旁群集取食交尾,并在附近土壤内产卵,故地边苗木受害较重;成虫有多次交尾和陆续产卵习性,产卵次数多达 8 次,雌虫产卵后约 27 d 死亡。多喜散产卵于 6～15 cm 深的湿润土中,每雌产卵 32～193 粒,平均 102 粒,卵期 19～22 d。幼虫 3 龄,均有相互残杀习性,常沿垄向及苗行向前移动为害,在新鲜被害株下很易找到幼虫;幼虫随地温升降而上下移动,春季 10 cm 处地温约达 10 ℃时幼虫由土壤深处向上移动,地温约 20 ℃时主要在 5～10 cm 处活动取食,秋季地温降至 10 ℃以下时又向深处迁移,越冬于 30～40 cm 处。土壤过湿或过干都会造成幼虫大量死亡(尤其是 15cm 以下的幼虫),幼虫的适宜土壤含水量为 10.2%～25.7%,当低于 10%时初龄幼虫会很快死亡;灌水和降雨对幼虫在土壤中的分布也有影响,如遇降雨或灌水则暂停为害下移至土壤深处,若遭水浸则在土壤内作一穴室,如浸渍 3 d 以上则常窒息而死,故可灌水减轻幼虫的为害。老熟幼虫在土深 20 cm 处筑土室化蛹,预蛹期约 22.9 d,蛹期 15～22 d。

2. 细胸金针虫

(1)分类与危害 细胸金针虫($Agriotes\ subrittatus$ Motschulsky),属于鞘翅目,叩甲总科叩甲科。在国内主要分布于黑龙江、吉林、内蒙古、河北、陕西、宁夏、甘肃、陕西、河南、山东等省区。危害麦类、玉米、马铃薯、豆类等作物,对麦类、玉米危害最重。该虫主要危害作物的幼芽及种子,也可危害出土的幼苗。幼苗长大后便钻到根茎部取食,被害部位不完全被咬断、断口不整齐,有时也可钻入大粒种子,从而使病菌入侵而引起腐烂,被害作物逐渐枯黄而死。

(2)形态特征 成虫体长 8～9 mm,宽约 2.5 mm。体形细长扁平,被黄色细卧毛。头、胸部黑褐色,鞘翅、触角和足红褐色,光亮。触角细短,第一节最粗长,第二节稍长于第三节,基端略等粗,自第四节起略呈锯齿状,各节基细端宽,彼此约等长,末节呈圆锥形。前胸背极长稍大于宽,后角尖锐,顶端多少上翘;鞘翅狭长,末端趋尖,每翅具 9 行深的封点沟。卵呈乳白色,近圆形。幼虫:淡黄色,光亮。老熟幼虫体长约 32 mm,宽约 1.5 mm。头扁平,口器深褐色。第一胸节较第二、三节稍短。1～8 腹节略等长,尾圆锥形,近基部两侧各有 1 个褐色圆斑和 4 条褐色纵纹,顶端具 1 个圆形突起。蛹体长 8～9 mm,浅黄色。

(3)生活史 细胸金针虫在东北约需 3 年完成 1 个世代。在内蒙古河套平原 6 月见蛹,蛹多在 7~10 cm 深的土层中。6 月中、下旬羽化为成虫,成虫活动能力较强,对禾本科草类刚腐烂发酵时的气味有趋性。6 月下旬至 7 月上旬为产卵盛期,卵产于表土内。在黑龙江克山地区,卵历期为 8~21 d。幼虫要求偏高的土壤湿度;耐低温能力强。在河北 4 月平均气温 0 ℃时,即开始上升到表土层为害。一般 10 cm 深土温 7~13 ℃时为害严重。黑龙江 5 月下旬 10 cm深土温达 7.8~12.9 ℃时为害,7 月上、中旬土温升达 17 ℃时即逐渐停止为害。

(4)生活习性和发生规律　成虫取食小麦、玉米苗的叶片边缘或叶片中部叶肉,残留叶表皮和纤维状叶脉。被害叶片干枯后呈不规则残缺,成虫嗜食麦叶和刚腐烂的禾本科杂草,而且对稍萎蔫的杂草有极强的趋性,喜欢在草堆下栖息活动和产卵,白天多潜伏在地表、土缝中、土块下或作物根丛中,黄昏后出土在地面上活动,具有负趋光性和假死性。

3. 褐纹金针虫

(1)分类与危害　褐纹金针虫(*Melanotus caudex* Lewis),属鞘翅目,叩甲科。主要分布华北及河南、东北、西北等地,寄主禾谷类作物、薯类、豆类、棉、麻、瓜等。成虫在地上取食嫩叶,幼虫危害幼芽和种子或咬断刚出土幼苗。其对玉米的危害特点同细胸金针虫。

(2)形态特征　成虫体长 9 mm,宽 2.7 mm,体细长被灰色短毛,黑褐色,头部黑色向前凸密生刻点,触角暗褐色,2、3 节近球形,4 节较 2、3 节长。前胸背板黑色,刻点较头上的小后缘角后突。鞘翅长为胸部 2.5 倍,黑褐色,具纵列刻点 9 条,腹部暗红色,足暗褐色。长 0.5 mm,椭圆形至长卵形,白色至黄白色。末龄幼虫体长 25 mm,宽 1.7 mm,体圆筒形,棕褐色具光泽。第 1 胸节、第 9 腹节红褐色。头梯形扁平,上生纵沟并具小刻点,体背具微细刻点和细沟,第 1 胸节长,第 2 胸节至第 8 腹节各节的前缘两侧均具深褐色新月斑纹。尾节扁平且尖,尾节前缘具半月形斑 2 个,前部具纵纹 4 条,后半部具皱纹且密生大刻点。幼虫共 7 龄。

(3)生活史　西北地区 3 年发生 1 代,以成、幼虫在 20~40 cm 土层里越冬。翌年 5 月上旬平均土温 17 ℃、气温 16.7 ℃,越冬成虫开始出土,成虫活动适温 20~27 ℃,下午活动最盛,把卵产在麦根 10 cm 处,成虫寿命 250~300 d,5—6 月进入产卵盛期,卵期 16 d。第 2 年以 5 龄幼虫越冬,第 3 年 7 龄幼虫在 7 月、8 月于 20~30 cm 深处化蛹,蛹期 17 d 左右,成虫羽化,在土中即行越冬。

(4)生活习性和发生规律　在华北地区常与细胸金针虫混合发生,其分布特性相似,以水浇地发生较多。成虫昼出夜伏,夜晚潜伏于 10 cm 土中或土块、枯草下等处,亦有伏在叶背、叶腋或小穗处过夜。成虫具伪死性,多在麦株上部叶片或麦穗上停留。成虫多在麦株或地表交配,呈背负式。褐纹金针虫的发生与土壤条件有关,适宜发生于湿润疏松、pH7.2~8.2、有机质 1‰ 的土壤。碱土、有机质低的土壤较少,土壤干燥、有机质很低的碱性土壤对其极不适宜。

4. 沟金针虫

(1)分类与危害　沟金针虫(*Pleonomus canaliculatus*)属鞘翅目,叩甲总科叩甲科的一种昆虫,幼虫别名铁丝虫、姜虫、金齿耙等,成虫则称叩头虫。在中国主要分布于辽宁、河北、内蒙古、山西、河南、山东、江苏、安徽、湖北、陕西、甘肃、青海等省区,属于多食性地下害虫。在旱作区有机质缺乏、土质疏松的粉沙壤土和粉沙黏壤土地带发生较重。其危害特点同细胸金针虫。

(2)形态特征　成虫态时,雌虫体长 14~17 mm,宽约 5 mm;雄虫体长 14~18 mm,宽约 3.5 mm。体扁平,全体被金灰色细毛。头部扁平,头顶呈三角形凹陷,密布刻点。雌虫触角短粗 11 节,第 3 至第 10 节各节基细端粗,彼此约等长,约为前胸长度的 2 倍。雄虫触角较细长,12 节,长及鞘翅末端;第 1 节粗,棒状,略弓弯;第 2 节短小;第 3 至第 6 节明显加长而宽扁;第 5、6 节长于第 3、4 节;自第 6 节起,渐向端部趋狭略长,末节顶端尖锐。雌虫前胸较发达,背面呈半球状隆起,后绿角突出外方;鞘翅长约为前胸长度的4倍,后翅退化。雄虫鞘翅长约为前胸长度的5倍。足浅褐色,雄虫足较细长。卵近椭圆形,长径0.7 mm,短径0.6 mm,乳白色。幼虫初孵时乳白色,头部及尾节淡黄色,体长1.8~2.2 mm。老熟幼虫体长25~30 mm,体形扁平,全体金黄色,被黄色细毛。头部扁平,口部及前头部暗褐色,上唇前线呈三齿状突起。由胸背至第8腹节背面正中有1明显的细纵沟。尾节黄褐色,其背面稍呈凹陷,且密布粗刻点,尾端分叉,各叉内侧各有1小齿。

(3)生活史　沟金针虫长期生活于土中,约需3年左右完成1代,第1年、第2年以幼虫越冬,第3年以成虫越冬。受土壤水分、食料等环境条件的影响,田间幼虫发育很不整齐,每年成虫羽化率不相同,世代重叠严重。老熟幼虫从8月上旬至9月上旬先后化蛹,化蛹深度以13~20 cm土中最多,蛹期16~20 d,成虫于9月上中旬羽化。越冬成虫在2月下旬出土活动,3月中旬至4月中旬为盛期。成虫交配后,将卵产在土下3~7 cm深处。卵散产,一头雌虫产卵可达200余粒,卵期约35 d。雄虫交配后3~5 d即死亡;雌虫产卵后死去,成虫寿命约220 d。成虫于4月下旬开始死亡。卵于5月上旬开始孵化,卵历期33~59 d,平均42 d。初孵幼虫体长约2 mm,在食料充足的条件下,当年体长可达15 mm以上;到第三年8月下旬,老熟幼虫多于16~20 cm深的土层内做土室化蛹,蛹历期12~20 d,平均16 d。9月中旬开始羽化,当年在原蛹室内越冬。

(4)生活习性和发生规律　成虫白天躲藏在土表、杂草或土块下,傍晚爬出土面活动和交配。雌虫行动迟缓,不能飞翔,有假死性,无趋光性;雄虫出土迅速、活跃,飞翔力较强,只做短距离飞翔,黎明前成虫潜回土中(雄虫有趋光性)。由于该虫雌虫不能飞翔,行动迟缓,且多在原地交配产卵,因此其在田间的虫口分布很不均匀。幼虫的发育速度、体重等与食料有密切关系,尤以对雌虫影响更大。取食小麦、玉米、荞麦等的沟金针虫生长发育速度快;取食油菜、豌豆、棉花、大豆的生长发育较为缓慢;取食大蒜和蓖麻则发育迟缓或停滞,部分幼虫体重下降。沟金针虫在雌虫羽化前一年取食小麦的,产卵量也最多,则发生危害较重。

5. 小地老虎

(1)分类与危害　小地老虎(*Agrotis ypsilon* Rottemberg)属昆虫纲鳞翅目,夜蛾科,别名黑地蚕、切根虫、土蚕。在中国各地都有分布,是玉米苗期生长中一种重要的地下害虫,食性杂。对玉米等作物危害主要是以切断幼苗近地面的茎部,使整株死亡,造成缺苗断垄,甚至毁种。

(2)形态特征　成虫体长17~23 mm、翅展40~54 mm。头、胸部背面暗褐色,足褐色,前足胫、跗节外缘灰褐色,中后足各节末端有灰褐色环纹。前翅褐色,前缘区黑褐色,外缘以内多暗褐色;基线浅褐色,黑色波浪形内横线双线,黑色环纹内一圆灰斑,肾状纹黑色具黑边,其外中部一楔形黑纹伸至外横线,暗褐色波浪形中横线,褐色波浪形外横线双线,不规则锯齿形亚外缘线灰色,其内缘在中脉间有3个尖齿,亚外缘线与外横线间在各脉上有小黑点,外缘线黑色,外横线与亚外缘线间淡褐色,亚外缘线以外黑褐色。后翅灰白色,纵脉及缘线褐色,腹部背面为灰色。

幼虫头部呈暗褐色,侧面有黑褐斑纹,体黑褐色稍带黄色,密布黑色小圆突,腹部末端肛上板有一对明显黑纹,背线、亚背线及气门线均黑褐色,不很明显,气门长卵形,黑色。卵呈扁圆形,花冠分三层,第一层菊花瓣形,第二层玫瑰花瓣形,第三层放射状菱形。蛹呈黄褐至暗褐色,腹末梢延长,有一对较短的黑褐色粗刺。

(3)生活史　西北地区及长城以北一般1年2~3代,长城以南黄河以北1年3代,黄河以南至长江沿岸1年4代。无论年发生代数多少,在生产上造成严重危害的均为第一代幼虫。南方越冬代成虫2月份出现,全国大部分地区羽化盛期在3月下旬至4月上、中旬,宁夏、内蒙古为4月下旬。成虫的产卵量和卵期在各地有所不同,卵期随分布地区及世代不同的主要原因是温度高低不同所致。高温和低温均不适于地老虎生存、繁殖。在温度为30 ℃左右或5 ℃以下时,小地老虎1~3龄幼虫会大量死亡。平均温度高于30 ℃时成虫寿命缩短,一般不能产卵。冬季温度偏高,5月份气温稳定,有利于幼虫越冬、化蛹、羽化,促使第一代卵的发育和幼虫成活率增高,危害加重。

(4)生活习性和发生规律 小地老虎的寄主和危害对象有棉、玉米、高粱、粟、麦类、薯类等以及多种蔬菜。多种杂草常为其重要寄主。3龄前幼虫多在土表或植株上活动,昼夜取食叶片、心叶、嫩头、幼芽等部位,食量较小。3龄后分散入土,白天潜伏土中,夜间活动为害,常将作物幼苗齐地面处咬断。玉米主茎硬化后该虫还可爬到上部为害生长点,造成缺苗断垄。

成虫小地老虎白天潜伏于土缝中、杂草间、屋檐下或其他隐蔽处,夜出活动、取食、交尾、产卵,以晚上7—10时最盛,在春季傍晚气温达8 ℃时,即开始活动,温度越高,活动的数量与范围亦越大,大风夜晚不活动。成虫具有强烈的趋化性,喜吸食糖蜜等带有酸甜味的汁液,作为补充营养,故可用糖、醋、酒混合液诱杀。小地老虎在北方的严重危害区多为沿河、沿湖的滩地或低洼内涝地以及常年灌区。成虫盛发期遇有适量降雨或灌水时常导致大发生。土壤含水量在15%~20%的地区有利于幼虫生长发育和成虫产卵。在黄淮海地区,前一年秋雨多、田间杂草也多时,常使越冬基数增大,翌年发生危害严重。其他因素如前茬作物、田间杂草或蜜源植物多时,有利于成虫获取补充营养和幼虫的转移,从而加重为害发生。

6. 黄地老虎

(1)分类与危害 黄地老虎 *Agrotis segetum* (Denis et Schiffermüller),属昆虫纲鳞翅目,夜蛾科,危地夜蛾属的另一个重要物种,别名土蚕、地蚕、切根虫、截虫。该虫为多食性害虫,危害各种农作物、牧草及草坪草。主要以第一代幼虫危害春播作物的幼苗最严重,常切断幼苗近地面的茎部,使整株死亡,造成缺苗断垄,甚至毁种。黄地老虎分布也相当普遍,以北方各省较多。主要危害地区在雨量较少的草原地带,如新疆、华北、内蒙古部分地区,甘肃河西以及青海西部常造成严重危害。

(2)形态特征 黄地老虎成虫体长14~19 mm,翅展32~43 mm,灰褐至黄褐色。额部具钝锥形突起,中央有一凹陷。前翅黄褐色,全面散布小褐点,各横线为双条曲线但多不明显,肾纹、环纹和剑纹明显,且围有黑褐色细边,其余部分为黄褐色;后翅灰白色,半透明。卵扁圆形,底平,黄白色,具40多条波状弯曲纵脊,其中约有15条达到精孔区,横脊15条以下,组成网状花纹。幼虫体长33~45 mm,头部黄褐色,体淡黄褐色,体表颗粒不明显,体多皱纹而淡,臀板上有两块黄褐色大斑,中央断开,小黑点较多,腹部各节背面毛片,后两个比前两个稍大。蛹体长16~19 mm,红褐色,第5~7腹节背面有很密的小刻点9~10排,腹末生粗刺1对。

(3)生活史 黄地老虎在黑龙江、辽宁、内蒙古和新疆北部1年发生2代,甘肃河西地区2~3代,新疆南部3代,陕西3代。一般以老熟幼虫在土壤中越冬,越冬场所为麦田、绿肥、草地、菜地、休闲地、田埂以及沟渠堤坡附近。一般田埂密度大于田中,向阳面田埂大于向阴面。3—4月间气温回升,越冬幼虫开始活动,陆续在土表3 d左右深处化蛹,蛹直立于土室中,头部向上,蛹期20~30 d。4—5月为各地蛾羽化盛期。幼虫共6龄。陕西(关中、陕南)第一代幼虫出现于5月中旬至6月上旬,第二代幼虫出现于7月中旬至8月中旬,越冬代幼虫出现于8月下旬至翌年4月下旬。卵期6 d。1~6龄幼虫历期分别为4 d、4 d、3.5 d、4.5 d、5 d、9 d、幼虫期共 30 d。卵期平均温度 18.5 ℃,幼虫期平均温度 19.5 ℃。产卵前期 3~6 d。产卵期 5~11 d。甘肃(河西地区)4月上、中旬化蛹,4月下旬羽化。第一代幼虫 54~63 d,第二代幼虫期 51~53 d,第二代后期和第三代前期幼虫 8 月末发育成熟,9月下旬起进入休眠。

(4)生活习性和发生规律 成虫昼伏夜出,在高温、无风、空气湿度大的黑夜最活跃,有较强的趋光性和趋化性。产卵前需要丰富的补充营养,能大量繁殖。黄地老虎喜产卵于低矮植物近地面的叶上。每雌虫产卵量为 300~600 粒。卵期长短,因温度变化而异,一般 5~9 d,如温度在 17~18 ℃时为 10 d 左右,28 ℃时只需 4 d。1~2 龄幼虫在植物幼苗顶心嫩叶处昼夜危害,3 龄以后从接近地面的茎部蛀孔食害,造成枯心苗。3 龄以后幼虫开始扩散,白天潜伏在被害作物或杂草根部附近的土层中,夜晚出来为害。幼虫老熟后多在翌年春上升到土壤表层做土室化蛹。在黄淮地区黄地老虎发生比小地老虎晚,危害盛期相差半个月以上。黄地老虎严重危害地区多系比较干旱的地区或季节,如西北、华北等地,但十分干旱的地区发生也很少,一般在上年幼虫休眠前和春季化蛹期雨量适宜才有可能大量发生。新疆大田发生严重与否与播期关系很大,春播作物早播发生轻,晚播重;秋播作物则早播重,晚播轻。其原因主要决定于播种灌水期是否与成虫发生盛期相遇,南疆墨玉地区经验,5月上旬无雨,是导致春季黄地老虎严重发生的原因之一。

7. 蝼蛄

(1)分类与危害 蝼蛄是多种地栖性节肢动物门昆虫纲直翅目蝼蛄科昆虫的总称,俗名耕狗、拉拉蛄等,在中国记载的有 6 种,其中以东方蝼蛄(*Gryllotalpa orientalis*)和华北蝼蛄(*Gryllotalpa unispina*)为主。东方蝼蛄在中国广泛分布,华北蝼蛄是中国北方的主要蝼蛄种类。蝼蛄以成虫和若虫在土中咬食刚播下的玉米种子,特别是刚发芽的种子,也咬食幼根和嫩茎,造成缺苗。咬食作物根部使其成乱麻状,幼苗枯萎而死。在表土层穿行时,形成很多隧道,使幼苗根部与土壤分离,失水干枯而死。因而,不怕蝼蛄咬,就怕蝼蛄跑。

(2)形态特征 蝼蛄体长圆形,淡黄褐色或暗褐色,全身密被短小软毛。雌虫体长约 3 cm 余,雄虫略小。头圆锥杉,前尖后钝,头的大部分被前胸板盖住。触角丝状,长度可达前胸的后缘,第 1 节膨大,第 2 节以下较细。复眼卵形,黄褐色;复眼内侧的后方有较明显的单眼 3 个。口器发达,咀嚼式。前胸背板坚硬膨大,呈卵形,背中央有 1 条下陷的纵沟,长约 5 mm。翅 2 对,前翅革质,较短,黄褐色,仅达腹部中央,略呈三角形;后翅大,膜质透明,淡黄色,翅脉网状,静止时蜷缩折叠如尾状,超出腹部。足 3 对,前足特别发达,基节大,圆形,腿节强大而略扁,胫节扁阔而坚硬,尖端有锐利的扁齿 4 枚,上面 2 个齿较大,且可活动,因而形成开掘足,适于挖掘洞穴隧道之用。后足腿节大,在胫节背侧内缘有 3~4 个能活动的刺,腹部纺锤形,背面棕褐色,腹面色较淡,呈黄褐色,末端 2 节的背面两侧有弯向内方的刚毛,最末节上生尾毛 2 根,伸出体外。华北蝼蛄体型比东方蝼蛄大,体长 36~55 mm,黄褐色,前胸背板心形凹陷不明显,后足胫节背面内侧仅 1 个距或消失。卵椭圆形,孵化前呈深灰色。若虫共 13 龄,形态与成虫相似,翅尚未发育完全,仅有翅芽。5~6 龄后体色与成虫相似。

(3)生活史 华北蝼蛄在华北地区 3 年完成 1 代,均以成虫及若虫在土下 150 cm 深处越冬。东方蝼蛄在华中及南方每年发生 1 代,华北、西北和东北约需 2 年发生 1 代。以成虫和若虫越冬。在土下 40~60 cm 深处越冬。两种蝼蛄的全年活动大致可分为 6 个阶段:冬季休眠阶段约从 10 月下旬开始到次年 3 月中旬;春季苏醒阶段约从 3 月下旬至 4 月上旬,越冬蝼蛄开始活动;出窝转移阶段从 4 月中旬至 4 月下旬,此时地表出现大量弯曲虚土隧道,并在其中留有一个小孔,蝼蛄已出窝为害;猖獗为害阶段在 5 月上旬至 6 月中旬,此时正值春播作物和北方冬小麦返青,这是一年中第一次为害高峰;产卵和越夏阶段在6月下旬至8月下旬,气温增高、天气炎热,两种蝼蛄潜入30~40 cm以下的土中越夏;秋季为害阶段为9月上旬至9月下旬,越夏虫又上升到土面活动补充营养,为越冬做准备,这是一年中第二次为害高峰。

(4)生活习性和发生规律　蝼蛄是最活跃的地下害虫种类,杂食性,危害多种作物。蝼蛄昼伏夜出,晚9—11时为活动取食高峰。初孵若虫有群集性,怕光、怕风、怕水。东方蝼蛄多在沿河、池埂、沟渠附近产卵;华北蝼蛄多在轻盐碱地内的缺苗断垄、无植被覆盖的干燥向阳、地埂附近或路边、渠边和松软土壤里产卵。盐碱地虫口密度大,壤土地次之,黏土地最小,水浇地虫口密度大于旱地,华北蝼蛄喜潮湿土壤,含水量为22%~27%时最适生存。前茬作物是蔬菜、甘蓝、薯类时,虫口密度较大。在春、秋季,当旬平均气温和20 cm土温达16~20 ℃左右时,是蝼蛄猖獗为害时期。在一年中,可形成两个为害高峰,即春季为害高峰和秋季为害高峰。夏季当气温达28 ℃以上时,它们则潜入较深层土中,一旦气温降低,它们再上升至耕作层活动。

(二)地上害虫

地上害虫常见有灰飞虱、蓟马、玉米螟、蚜虫、二点委夜蛾、草地贪夜蛾等。一般分为三大类,刺吸类害虫:如玉米蚜、蓟马、灰飞虱、耕葵粉蚧等。钻蛀性害虫:如玉米螟、桃蛀螟、棉铃虫、二点委叶蛾等。食叶类害虫:如黏虫、蝗虫、草地贪夜蛾等。

1. 玉米蚜虫

(1)分类与危害　玉米蚜 *Rhopalosiphum maidis* (Fitch),属同翅目,蚜科。主要危害玉米、谷子、高粱、麦类等禾本科作物及多种禾本科杂草。苗期在心叶内或叶鞘与节间为害,抽穗后危害穗部,吸食汁液,影响生长,还能传播病毒,引发病毒病。蚜虫密度大时分泌大量蜜露,叶面上会形成一层黑霉,影响光合作用,造成玉米生长不良,从而减产。该虫主要分布在华北、东北、华东、西南、华南等地。

(2)形态特征　玉米蚜可分为无翅孤雌蚜和有翅孤雌蚜两型。

无翅孤雌蚜:体长1.2~2.5 mm,翅展5.6 mm。活虫深绿色,披薄白粉,附肢黑色,复眼红褐色。腹部第7节毛片黑色,第8节具背中横带,体表有网纹。触角、喙、足、腹管、尾片黑色。触角6节,长短于体长1/3。喙粗短,不达中足基节,端节为基宽1.7倍。腹管长圆筒形,端部收缩,腹管具覆瓦状纹。尾片圆锥状,具毛4~5根。

有翅孤雌蚜:长卵形,体长1.5~2.5 mm,头、胸黑色发亮,腹部黄红色至深绿色,腹管前各节有暗色侧斑。触角6节比身体短,长度为体长的1/3,触角、喙、足、腹节间、腹管及尾片黑色。腹部2~4节各具1对大型缘斑,第6、7节上有背中横带,8节中带贯通全节。其他特征与无翅型相似。卵椭圆形。

(3)生活史　玉米蚜在中国从北到南1年发生10~20代,在河南省以无翅胎生雌蚜在小麦苗及禾本科杂草的心叶里越冬。4月底至5月初是春季繁殖高峰,产生大量有翅蚜,并向春玉米、高粱迁移,在华北5—8月为危害严重期。玉米蚜在长江流域1年发生20多代,冬季以成、若蚜在大麦心叶或以孤雌成、若蚜在禾本科植物上越冬。翌年3—4月开始活动为害,4—5月大麦、小麦黄熟期产生大量有翅迁移蚜,迁往春玉米、高粱、水稻田繁殖为害。在江苏,6月中下旬玉米出苗后,有翅胎生雌蚜在玉米叶片背面为害、繁殖,虫口密度升高以后,逐渐向玉米上部蔓延,同时产生有翅胎生雌蚜向附近株上扩散,到玉米大喇叭口末期蚜量迅速增加,扬花期蚜量猛增,在玉米上部叶片和雄花上群集为害,条件适宜为害持续到9月中下旬玉米成熟前。植株衰老后,气温下降,蚜量减少,后产生有翅蚜飞至越冬寄主上准备越冬。一般8—9月份玉米生长中后期,均温低于28 ℃,适其繁殖,此间如遇干旱、旬降雨量低于20 mm,易造成猖獗为害。

(4)生活习性和发生规律　玉米蚜有匿居于玉米心叶群集为害的习性。随着心叶的展开,玉米蚜也随着陆续向新生的心叶集中为害,在展开的叶面上可见到密集的蚜虫空壳。当玉米抽雄后,可扩散到雄穗上繁殖为害,尤其在扬花期,由于气温适宜,营养丰富,蚜量猛增,影响授粉,对玉米的危害也最重。此后叶片、叶鞘以至雌雄穗均布蚜虫,蚜虫以刺吸式口器刺吸玉米汁液后,排泄大量的蜜露,这些覆盖在叶面上的蜜露易引起霉菌寄生,于叶面上形成一层黑色霉状物,影响光合作用,使被害植株长势衰弱,发育不良,若果穗部受害,可使百粒重下降,影响产量。此外玉米蚜还能传播玉米矮花叶病毒病。

2. 蓟马

(1)分类与危害　玉米蓟马属昆虫纲(Isecta)缨翅目,蓟马科。别称:蓟虫。主要包括玉米黄呆蓟马 *Anaphothrips obscurus* (Müller)、禾蓟马 *Frankliniella tenuicornis* (Uzel)和稻管蓟马 *Haplothrips aculeatus* (Fabricius)等。其中玉米黄呆蓟马是玉米田蓟马的优势种,也是玉米苗期的重要害虫。在玉米苗期,玉米蓟马主要危害玉米叶片,以成虫、幼虫在叶背吸食汁液,受害后玉米叶片的边缘出现断续的银灰色小斑条,严重时造成叶片干枯。蓟马主要在玉米心叶内发生为害,同时释放出黏液,致使心叶不能展开,随着玉米的生长,玉米心叶形成"鞭状",叶片不能正常生长,影响光合作用,形成弱苗、小苗,导致玉米减产。严重时,玉米心叶难以长出,或生长点被破坏,分蘖丛生,形成多头玉米,甚至毁种重种。该虫在华北、新疆、甘肃、宁夏、江苏、四川、西藏、台湾等地均有分布。

(2)形态特征(以玉米黄呆蓟马为例)　雌成虫长翅型,体微小,体长1.0~1.2 mm,很少超过7 mm;黑色、褐色或黄色;头略呈后口式,口器锉吸式;触角6~9节,线状,略呈念珠状,一些节上有感觉器;翅狭长,边缘有长而整齐的缘毛,脉纹最多有两条纵脉;足的末端有泡状的中垫,爪退化;雌性腹部末端圆锥形,腹面有锯齿状产卵器,或呈圆柱形,无产卵器。主要以雌成虫进行孤雌生殖,偶有两性生殖,极难见到雄虫。卵长约0.3 mm,宽约0.13 mm,肾形,乳白色至乳黄色。卵散产于叶肉组织内,每雌产卵22~35粒。初孵若虫小如针状,头胸部肥大,触角较短粗。二龄后体色为乳黄色,有灰色斑纹。触角末节灰色。体鬃很短,仅第9~10节鬃较长。中、后胸及腹部表皮皱缩不平,每节有数横排隆脊状颗粒构成。第9腹节上有4根背鬃略呈节瘤状。

(3)生活史　蓟马一年四季均有发生。雌成虫寿命8~10 d。卵期在5—6月份为6~7 d。若虫在叶背取食到高龄末期停止取食,落入表土化蛹。春、夏、秋三季主要发生在露地,冬季主要在温室大棚中,危害茄子、黄瓜、芸豆、辣椒、西瓜等作物。在玉米上发生2代,5月底、6月初在春玉米上出现第一代若虫高峰,6月中旬出现第一代成虫高峰,危害春玉米和套种夏玉米。第二代若虫孵化盛期在6月中下旬,6月上旬为若虫高峰期,7月上旬出现成虫高峰,主要危害套种夏玉米和夏玉米。蓟马喜欢温暖、干旱的天气,其适温为23~28 ℃,适宜空气相对湿度为40%~70%;湿度过大不能存活,当湿度达到100%、温度达31 ℃时,若虫全部死亡。在雨季,如遇连阴多雨,叶腋间积水,能导致若虫死亡。大雨后或浇水后致使土壤板结,使若虫不能入土化蛹和蛹不能孵化成虫。

(4)生活习性和发生规律　蓟马较喜干燥条件,在低洼窝风而干旱的玉米地发生多,在小麦植株矮小稀疏地块中的套种玉米常受害重。一年中5—7月份的降雨对蓟马发生程度影响较大,干旱少雨有利于发生。一般来说,在玉米上的发生数量,依次为春玉米＞中茬玉米＞夏玉米。中茬套种玉米上的单株虫量虽较春玉米少,但受害较重,在缺水肥条件下受害就更重。该虫行动缓慢,多在叶反面为害,造成不连续的银白色食纹并伴有虫粪污点,叶正面相对应的部分呈现黄色条斑。成虫在取食处的叶肉中产卵,对光透视可见针尖大小的白点。为害多集中在自下而上第2至第4或第2至第6叶上,即使新叶长出后也很少转向新叶为害。

3. 灰飞虱

(1) 分类与危害　灰飞虱 *Laodelphax striatellus*(Fallen)属昆虫纲半翅目(同翅目),飞虱科,灰飞虱属。主要分布区域,南自海南岛,北至黑龙江,东自台湾省和东部沿海各地,西至新疆均有发生,以长江中下游和华北地区发生较多。成、若虫常群集于玉米心叶内,以刺吸式口器刺吸玉米汁液,致使玉米叶片失绿,甚至干枯。灰飞虱是玉米粗缩病的最主要的传毒媒介,会使粗缩病大量流行,造成玉米减产甚至绝产,因此,其传播病毒造成的损失远远大于刺吸危害造成的损失。玉米一旦染病,几乎无法控制,轻者减产30%以上,严重的绝收,因此,玉米粗缩病又称为玉米的癌症。

(2) 形态特征　成虫长翅型,体长(连翅)雄虫3.5 mm,雌虫4.0 mm;短翅型雄虫2.3 mm,雌虫2.5 mm。头顶与前胸背板黄色,雌虫则中部淡黄色,两侧暗褐色。前翅近于透明,具翅斑。胸、腹部腹面雄虫为黑褐色,雌虫色黄褐色,足皆淡褐色。卵呈长椑圆形,稍弯曲,长1 mm,前端较细于后端,初产乳白色,后期淡黄色。若虫共5龄。第1龄若虫体长1.0～1.1 mm,体乳白色至淡黄色,胸部各节背面沿正中有纵行白色部分。2龄体长1.1～1.3 mm,黄白色,胸部各节背面为灰色,正中纵行的白色部分较第1龄明显。3龄体长1.5 mm,灰褐色,胸部各节背面灰色增浓,正中线中央白色部分不明显,前、后翅芽开始呈现。4龄体长1.9～2.1 mm,灰褐色,前翅翅芽达腹部第1节,后胸翅芽达腹部第3节,胸部正中的白色部分消失。5龄体长2.7～3.0 mm,体色灰褐增浓,中胸翅芽达腹部第3节后缘并覆盖后翅,后胸翅芽达腹部第2节,腹部各节分界明显,腹节间有白色的细环圈。越冬若虫体色较深。

(3) 生活史　灰飞虱1年发生4～8代,华北地区发生4～5代,东北地区3～4代,世代重叠。主要以3～4龄若虫在麦田、禾本科杂草、落叶下和土缝等处越冬。翌年3—4月份羽化为成虫。长翅型成虫趋光性较强,尤喜嫩绿茂密的玉米和禾本科杂草,因此长势好的春玉米、套种夏玉米和早播夏玉米以及杂草丛生的地块虫量最大,玉米粗缩病发生会比较严重。成虫寿命8～30 d,在适温范围内随气温升高而缩短,一般短翅型雌虫寿命长,长翅型较短。雌虫羽化后有一段产卵前期,发育适温为15～28 ℃,冬暖夏凉有利于发生,夏季高温对其发育不利,在33 ℃的高温下卵内的胚胎发育异常,孵化率降低,成虫寿命缩短,产卵量大量减少,每雌虫产卵量100余粒,越冬代最多可达500粒左右。

(4) 生活习性和发生规律　灰飞虱属于温带地区的害虫,耐低温能力较强,对高温适应性较差,其生长发育的适宜温度在28 ℃左右,冬季低温对其越冬若虫影响不大,在辽宁盘锦地区亦能安全越冬,不会大量死亡,在−3 ℃且持续时间较长时才产生麻痹冻倒现象,但除部分致死外,其余仍能复苏。当气温超过2 ℃无风天晴时,又能爬至寄主茎叶部取食并继续发育,在田间喜通透性良好的环境,栖息于植物植株的部位较高,并常向田边移动集中,因此,田边虫量多,成虫翅型变化较稳定,越冬代以短翅型居多,其余各代以长翅型居多,雄虫除越冬外,其余各代几乎均为长翅型成虫。成虫喜在生长嫩绿、高大茂密的地块产卵。雌虫产卵量一般数十粒,越冬代最多,可达500粒左右,每个卵块的卵粒数,由1～2粒至10余粒,大多为5～6粒,能传播玉米粗矮病、小麦丛矮病及条纹矮缩病等多种病毒病。

4. 玉米耕葵粉蚧

(1) 分类与危害　玉米耕葵粉蚧(*Pseudaulacaspis pentagona* 或是 *Trionymus agrostis* Wang et Zhang)属昆虫纲同翅目,粉蚧科。主要分布在辽宁、河北、山东等省。该虫是近几年来危害禾本科作物的新害虫,主要为害玉米根部,茎叶变黄干枯,初生根变褐腐烂。其危害主要以若虫和雌成虫群集于表土下玉米幼苗根节周围刺吸植株汁液,以4～6叶期为害最重,茎基部和根尖被害后呈黑褐色,严重时茎基部腐烂,根茎变粗畸形,气生根不发达;被害株细弱矮小,叶片由下而上变黄干枯。后期则群集于植株中下部叶鞘危害,严重者叶片出现干枯。

(2) 形态特征　玉米耕葵粉蚧雌成虫体长3.0～4.2 mm,宽1.4～2.1 mm,扁平长椭圆形,两侧缘近于平行,红褐色,全体覆白色蜡粉。眼椭圆形,发达。触角8节,末节长于其余各节。喙短。足发达,具1个近圆形腹脐。肛环发达椭圆形,有肛环孔和6根肛环刺。臀瓣不明显,臀瓣刺发达。雄成虫小,深黄褐色,3对单眼紫褐色,触角10节,口器退化,胸足发达。卵长椭圆形,长0.49 mm,初橘黄色,孵化前浅褐色。卵囊白色,棉絮状。若虫共2龄,1龄若虫体长0.6 mm,无蜡粉;2龄若虫体长0.9 mm,体表有蜡粉。雄蛹长1.15 mm,宽0.35 mm,长形略扁,黄褐色。

(3) 生活史　玉米耕葵粉蚧在河北省中部1年发生3代,以卵在卵囊中依附在残留在田间的玉米根茬上或土壤中残存的秸秆上越冬。越冬期6～7个月。每个卵囊中有100多粒卵,每年9—10月雌成虫产卵越冬。翌年4月中下旬,气温17 ℃左右开始孵化,孵化期半个多月,初孵若虫先在卵囊内活动1～2 d,以后向四周分散,寻找寄主后固定下来为害。1龄若虫活泼,没有分泌蜡粉,进入2龄后开始分泌蜡粉,在地下或进入植株下部的叶鞘中为害。雌若虫共2龄,老熟后羽化为雌成虫。雄若虫4龄。1代雄虫在6月上旬开始羽化。交尾后1～2 d死亡。雌成虫寿命20 d左右,交尾后2～3 d把卵产在玉米茎基部土中或叶鞘里,每雌产卵120～150粒,该虫主要营孤雌生殖,但各代也有少量雄虫。河北省一代发生在4—6月中旬,以若虫和雌成虫危害小麦,6月上旬小麦收获时羽化为成虫,第二代发生在6月中旬至8月上旬,主要危害夏播玉米。6月中旬末,夏玉米出苗卵孵化为若虫,然后爬到玉米上危害,第三代于8月上旬至9月中旬危害玉米或高粱。一代卵期约205 d,一龄若虫25 d,二龄若虫35 d;二代卵期13 d,一龄若虫8～10 d,二龄若虫22～24 d;三代卵期11 d,一龄若虫7～9 d,二龄若虫19～21 d。雄虫前蛹期约2 d,蛹期6 d。保定地区一代雄成虫发生在5月下旬至6月上旬,二代7月下旬至8月上旬,三代8月下旬至9月中旬。该虫在小麦、玉米二熟制地区得到积累,尤其当小麦收获后,经过一个世代的增殖,种群数量迅速增加,第二代孵化时正值玉米2～3叶期,有利玉米耕葵粉蚧的增殖和为害。

(4) 生活习性和发生规律　该虫主要危害夏播玉米幼苗。夏玉米出苗后,卵开始孵化为若虫,而后迁移到夏玉米的主茬根处和近地面的叶鞘内,进行为害。1龄若虫活泼,没有分泌蜡粉保护层,是药剂防治的最佳时期,2龄后开始分泌蜡粉,在地下或进入植株下部的叶鞘中为害。雌若虫老熟后羽化为雌成虫,雌成虫把卵产在玉米茎基部土中或叶鞘里。受害植株茎叶发黄,下部叶片干枯,矮小细弱,降低产量,重者根茎部变粗,全株枯萎死亡,不能结实。由于若虫群集在根部取食,所以根部有许多小黑点,肿大,根尖发黑腐烂。玉米耕葵粉蚧危害玉米植株下部,在近地表的叶鞘内、茎基部和根上吸取汁液。受害植株下部叶片、叶鞘发黄,叶尖和叶缘干枯;茎基部变粗、色泽变暗,根系松散细弱、变黑腐烂或肿大;植株生长缓慢、矮小细弱,平均株高只有健株的1/2～3/4,严重受害的植株不能结实,甚至全株枯死。

5. 玉米螟

(1) 分类与危害　玉米螟属昆虫纲鳞翅目，螟蛾科，俗称钻心虫，是玉米上重要蛀食性害虫。其种类主要有亚洲玉米螟 *Ostrinia furnacalis*(Guenee)和欧洲玉米螟 *Ostrinia nubilalis*(Hübner)。

中国主要是亚洲玉米螟，是优势种，分布最广，从东北到华南各玉米产区都有分布。尤以北方春玉米和黄淮平原春、夏玉米区发生最重，西南山地丘陵玉米区和南方丘陵玉米区次之。欧洲玉米螟在国内分布局限，常与亚洲玉米螟混合发生。一般发生年春玉米可减产10%、夏玉米减产20%～30%，大发生年可超过30%。玉米螟以幼虫为害，心叶期取食叶肉、咬食未展开的心叶，造成"花叶"状。抽穗后蛀茎食害，蛀孔处通风折断对产量影响更大。还可直接蛀食雌穗嫩粒，并招致霉变降低品质。欧洲玉米螟仅在新疆伊宁一带发生，河北的张家口、内蒙古的呼和浩特及宁夏等地为欧洲玉米螟和亚洲玉米螟的混发区。

(2) 形态特征　玉米螟成虫为中型蛾，体色淡黄或黄褐。前翅有2条暗褐色锯齿状横线和不同形状的褐斑，后翅淡黄，中部也有2条横线和前翅相连。雌蛾较雄蛾色淡，后翅翅纹不明显。卵略呈椭圆形，扁平。初产时乳白色，渐变黄。卵粒呈鱼鳞状排列成块。幼虫圆筒形，体色黄白至淡红褐。体背有3条褐色纵线，腹部1～8节，背面各有2列横排毛片，前4后2，前大后小。蛹纺锤形，褐色，末端有钩刺5～8根。

(3) 生活史　玉米螟1年发生代数，从北向南为1～7代。可划分为6个世代区，即一代区：北纬45°以北，东北、内蒙古和山西北部高海拔地区；二代区：北纬40°～45°，北方春玉米区、吉林、辽宁及河北北部、内蒙古大部地区；三代区：黄淮平原春、夏玉米区及山西、陕西、华东和华中部分省区；四代区：浙江、福建、湖北北部、广东和广西西北部；五至六代区：广西大部、广东曲江及台北；六至七代区：广西南部和海南。无论哪个世代区，都是以末代老熟幼虫在寄主秸秆、根茎或穗轴中越冬，尤以茎秆中越冬的虫量最大。春玉米在一代区仅心叶期受害，在二代区穗期还受第二代危害。第一代在心叶期初孵幼虫取食造成"花叶"，其后在玉米打苞时就钻入雄穗中取食，雄穗扬花时部分4龄、5龄幼虫就钻蛀穗柄或雌穗着生节及附近茎秆内蛀食并造成折断。第二代螟卵和幼虫盛期多在抽丝盛期前后，到4龄、5龄时又可蛀入雌穗穗柄、穗轴及着生节附近茎秆内为害，影响千粒重和籽粒品质。夏玉米在三代区，心叶期受第二代危害，穗期受第三代危害，夏玉米上第三代螟虫的数量比春玉米穗期的第二代多，危害程度大。小麦行间套种玉米，因播期晚于春玉米早于夏玉米，心叶期可避开第一代危害，但到打苞露雄时正好与第二代盛期相通，抽穗期又遇第三代初盛期孵化的幼虫危害，双重影响雌穗。

(4) 生活习性和发生规律　玉米螟幼虫有趋糖、趋醋、趋温习性，共5龄，3龄前多在叶丛、雄穗苞、雌穗顶端花柱及叶腋等处为害，4龄后就钻蛀为害。在棉花上初孵幼虫集中嫩头、叶背取食，2～3龄蛀入嫩头、叶柄、花蕾为害，3龄、4龄蛀入茎秆造成折断，5龄能转移为害蛀食棉铃。玉米螟成虫趋光，飞行能力强，卵多产在叶背中脉附近，产卵对株高有选择性，50 cm以下的植株多不去产卵。玉米螟各虫态发生的适宜温度为15～30 ℃，相对湿度在60%以上。降雨较多也有利于发生。

6. 桃蛀螟

(1) 分类与危害　桃蛀螟 *Dichocrocis punctiferalis*(Guenee)为昆虫纲鳞翅目，螟蛾科，又名桃斑螟，俗称桃蛀心虫、桃蛀野螟。主要蛀食雌穗，取食玉米粒，并能引起严重穗腐，且可蛀茎，造成植株倒折。在中国分布北起黑龙江、内蒙古，南至台湾、海南、广东、广西、云南南缘，东接俄罗斯东境、朝鲜北境，西面自我国山西、陕西西斜至宁夏、甘肃后，折入四川、云南、西藏。

寄主包括高粱、玉米、粟、向日葵、棉花、桃、柿、核桃、板栗等。桃蛀螟寄主复杂,是一种多食性害虫,除危害高粱、玉米、粟等杂粮作物外,还是一种重要的果树害虫。危害玉米时,主要蛀食雌穗,也可蛀茎。

(2)形态特征　成虫黄色至橙黄色,体长11～13 mm,翅展22～26 mm,身躯背面和翅表面都有许多黑斑,前翅有25～26个,后翅有14个或15个,胸背有7个;腹部第1节和第3～6节背面各有3个黑斑,第7节只有1个黑斑,第2节、第8节无黑斑,雌蛾腹部较粗,雄蛾腹部较细,末端有黑色毛丛。卵扁平,椭圆形,长0.6 mm,宽0.4 mm,表面粗糙,有细微圆点,初产卵为乳白色,渐变为淡黄色。孵化前桃红色,卵粒中央呈现黑头。幼虫共5龄,体长可达20～30 mm,体色多变,头部黑色,前胸盾深褐色,胸腹颜色多变,有淡褐、浅灰、浅灰蓝、暗红等色。各体节毛片明显,灰褐至黑褐色,背面的毛片较大,中、后胸和腹部第1～8节各有黑褐色毛片8个,排成2排,前排6个,后排2个。气门椭圆形,围气门片黑褐色突起。腹足趾钩不规则的3序环。蛹黄褐色或红褐色,纺锤形,体长15～18 mm,腹末梢尖,腹部背面第5至第7节前缘各有一列小齿,腹部末端有臀次一丛。蛹体外包被灰白色丝质薄茧。

(3)生活史　桃蛀螟在中国北方1年发生2～3代,辽宁1年发生1～2代,河北、山东、陕西3代,河南4代,长江流域4～5代。均以老熟幼虫在玉米、向日葵、蓖麻等残株内结茧越冬。华北地区越冬幼虫于翌年4月中旬开始化蛹,4月下旬进入化蛹盛期,5月上中旬至6月上旬成虫羽化。第一代幼虫于在5月下旬至7月中旬发生,主要危害桃、李、杏果实;第二代幼虫7月中旬至8月中下旬发生,可危害春高粱穗部、玉米茎秆、向日葵等;第三代幼虫6月中下旬发生期,可严重危害夏高粱。在河南等地还发生第四代幼虫,危害晚播夏高粱和晚熟向日葵,10月中下旬老熟幼虫进入越冬。在长江流域,第二代幼虫可危害玉米茎秆。在不种植果树的地方,长年危害玉米、高粱及向日葵等农作物。

(4)生活习性和发生规律　桃蛀螟为杂食性害虫,寄主植物多,发生世代复杂。危害玉米时,把卵产在雄穗、雌穗、叶鞘合缝处或叶耳正反面,百株卵量高可达1729粒。初孵幼虫从雌穗上部钻入后,蛀食或啃食籽粒和穗轴,造成直接经济损失。钻蛀穗柄常导致果穗瘦小,籽粒不饱满。蛀孔口堆积颗粒状粪渣,一个果穗上常有多头桃蛀螟为害,也有与玉米螟混合为害,严重时整个果穗被蛀。桃蛀螟成虫昼伏夜出,有趋光性和趋糖蜜性。羽化后的成虫需补充营养方能产卵。卵多散产在寄主的花、穗或果实上。幼虫主要蛀食果实和种子,老熟后就近结茧化蛹。桃蛀螟喜湿,多雨高湿年份发生重,少雨干旱年份发生轻。

7. 红蜘蛛

(1)分类与危害　玉米红蜘蛛又称玉米叶螨,属蛛形纲蜱螨目叶螨科,俗称火蜘蛛、红砂火龙等。玉米田叶螨种类很多,但优势种主要有截形叶螨[*Tetranychus truncatus*(Ehara)]、二斑叶螨[*Tetranychus urticae*(Koch)]和朱砂叶螨[*Tetranychus cinnabarinus*(Boisduval)]3种。玉米红蜘蛛可危害玉米、高粱、向日葵、豆类、棉花、蔬菜、果树等多种作物,以成、若螨群聚玉米叶片背面吸取汁液,被害处呈现失绿斑点,危害严重发生时,叶片完全变白、干枯,影响光合作用,籽粒秕瘦,造成减产,严重影响玉米产量和品质。

(2)形态特征　成螨:雌成螨深红色,体两侧有黑斑,椭圆形。卵:越冬卵红色,非越冬卵淡黄色较少。幼螨:越冬代幼螨红色,非越冬代幼螨黄色。越冬代若螨红色,非越冬代若螨黄色,体两侧有黑斑。

(3)生活史　玉米红蜘蛛繁殖能力强,6～7 d即可繁殖1代,1年可繁殖10～14代,在前期偏轻发生的情况下,持续5 d以上的高温干旱天气,玉米红蜘蛛就可达到中等发生程度;持续7 d以上的高温干旱天气,玉米红蜘蛛就可达到中等偏重发生程度;持续10 d以上的高温干旱天气,玉米红蜘蛛就有大发生的可能。

(4)生活习性和发生规律　玉米叶螨喜高温低湿环境,一般情况下重发年份为间断性,随着近几年先玉335种植面积的扩大,玉米红蜘蛛成为仅次于玉米螟、玉米黏虫的重大玉米害虫,由次要害虫上升为主要害虫,尤以高温干旱年份发生严重。

玉米红蜘蛛以雌成螨在作物、杂草根际或土缝里越冬。春季(4月上旬)气温达7~12 ℃以上产卵孵化,以若螨和成螨在杂草和玉米上为害。4月中下旬至5月上旬(1~3代)主要在地面杂草上繁殖为害,5月下旬(4代以后)则转移到玉米上为害,以成、若螨刺吸玉米叶背组织汁液,被害处呈失绿斑点,影响光合作用。7—8月进入为害盛期,年发生10~12代。危害严重时,叶片变白、干枯、籽粒秕瘦,一般可造成减产15%~50%。玉米红蜘蛛喜高温干旱的环境条件,干旱少雨年份或季节发生较重,气候条件对玉米红蜘蛛的发生至关重要。

8. 二点委夜蛾

(1)分类与危害　二点委夜蛾 Athetis lepigone (Moschler)属昆虫纲鳞翅目,夜蛾科。2005年在河北省始发现该虫危害夏玉米幼苗,并陆续在黄淮海玉米种植区发现其危害夏玉米。该虫主要以幼虫躲在玉米幼苗周围的碎麦秸下或在2~5 cm的表土层危害玉米苗,一般一株有虫1~2头,多的达10~20头。在玉米幼苗3~5叶期的地块,幼虫主要咬食玉米茎基部,形成3~4 mm圆形或椭圆形孔洞,切断营养输送,造成地上部玉米心叶萎蔫枯死。在玉米苗较大(8~10叶期)的地块,幼虫主要咬断玉米根部,包括气生根和主根,造成玉米倒伏,严重者枯死。

(2)形态特征　二点委夜蛾卵馒头状,上有纵脊,初产黄绿色,后土黄色。直径不到1 mm。成虫体长10~12 mm,翅展20 mm,雌虫体长会略大于雄虫。头、胸、腹灰褐色。前翅灰褐色,有暗褐色细点;内线、外线暗褐色,环纹为一黑点;肾纹小,有黑点组成的边缘,外侧中凹,有一白点;外线波浪形,翅外缘有一列黑点。后翅白色微褐,端区暗褐色。腹部灰褐色。雄蛾外生殖器的抱器瓣端半部宽,背缘凹,中部有一钩状突起;阳茎内有刺状阳茎针。老熟幼虫体长20 mm左右,体色灰黄色,头部褐色。幼虫1.4~1.8 cm长,黄灰色或黑褐色,比较明显的特征是各体节有一个倒三角的深褐色斑纹,腹部背面有两条褐色背侧线,到胸节消失。蛹长10 mm左右,化蛹初期淡黄褐色,逐渐变为褐色,老熟幼虫入土做一丝质土茧,在包被内化蛹。

(3)生活史　二点委夜蛾在黄淮海流域玉米种植区1年发生4代,以老熟幼虫在表土层或附着于植物残体,吐丝粘着土粒、碎植物组织等结茧越冬。从3月上旬化蛹至11月中旬作茧越冬,历时8个多月的活动期在不同作物田转移栖息,相邻世代间各虫态均有重叠现象。3月上旬二点委夜蛾越冬幼虫就可以陆续化蛹,4月上旬即可羽化并迁入麦田产卵,第1代幼虫主要取食麦类作物、春玉米、杂草等植物,危害不明显。小麦收获后,有麦秸覆盖的玉米田为二点委夜蛾创造了适宜的生存环境。第一代成虫多将卵散产于田间散落的麦秸上,近地表温、湿度适宜,遮光性好,第二代幼虫虫量迅速积累并与夏玉米苗期相遇,咬食玉米茎基部及地上根造成死苗、倒伏等明显且严重的被害症状。之后7月下旬羽化出的第二代成虫,除在麦茬玉米田继续产卵外,还分散转移到棉花、甘薯、豆类、花生等较为阴凉郁闭的作物田。由于此间作物布局变化不大,8月底9月初的第三代成虫还会继续在此类作物田产卵繁殖,同时田间环境类似的瓜类、豆类等蔬菜地也是适宜其生存的场所。因此,第三、四代幼虫也主要在以上地块取食植物叶片、茎秆或者收获后遗留在田间的枯枝、败叶。由于此类作物枝叶茂密、田间密植数量大或者已到达生育末期根茎粗壮,所以被害症状均不明显。第四代幼虫可以取食至11月中旬,幼虫老熟后陆续结茧越冬。

(4)生活习性和发生规律 二点委夜蛾幼虫在棉田倒茬玉米田比重茬玉米田发生严重,麦糠麦秸覆盖面积大比没有麦秸麦糠覆盖的严重,播种时间晚比播种时间早的严重,田间湿度大比湿度小的严重。二点委夜蛾主要在玉米气生根处的土壤表层处危害玉米根部,咬断玉米地上茎秆或浅表层根,受危害的玉米田轻者玉米植株东倒西歪,重者造成缺苗断垄,玉米田中出现大面积空白地。危害严重地块甚至需要毁种。二点委夜蛾喜阴暗潮湿,畏惧强光,一般在玉米根部或者湿润的土缝中生存,遇到声音或药液喷淋后呈"C形"假死,高麦茬厚麦糠为二点委夜蛾大发生提供了主要的生存环境,二点委夜蛾比较厚的外皮使药剂难以渗透是防治的主要难点,世代重叠发生是增加防治次数的主要原因。

近几年据河北省安新、曲周、正定、藁城、栾城、辛集、宁晋、临城、内丘、深州、晋州等地调查,该虫在河北省部分夏玉米,尤其以小麦套播的玉米田发生重,主要以幼虫躲在玉米幼苗周围的碎麦秸下或在 2~5 cm 的表土层危害玉米苗,一般 1 株有虫 1~2 头,多的达 10~20 头。在玉米幼苗 3~5 叶期的地块,幼虫主要咬食玉米茎基部,形成 3~4 mm 圆形或椭圆形孔洞,切断营养输送,造成地上部玉米心叶萎蔫枯死。在玉米苗较大(8~10 叶期)的地块幼虫主要咬断玉米根部,包括气生根和主根,造成玉米倒伏,严重者枯死。危害株率一般在 1%~5%,严重地块达 15%~20%。由于该虫潜伏在玉米田的碎麦秸下危害玉米根茎部,一般喷雾难以奏效。

9. 黏虫

(1)分类与危害 黏虫 *Mythimna separate*(Walker)属昆虫纲鳞翅目,夜蛾科。又名行军虫、剃枝虫,俗名五彩虫、麦蚕。分布广泛,是农作物的主要害虫之一。黏虫具有多食性和暴食性。主要危害玉米、高粱、谷子、麦类等禾本科作物和杂草。黏虫大发生时常将叶片全部吃光,并能咬断麦穗、稻穗和啃食玉米雌穗花柱及籽粒,对产量和品质影响很大。

(2)形态特征 黏虫成虫体长 15~17 mm,翅展 36~40 mm。头部与胸部灰褐色,腹部暗褐色。前翅灰黄褐色、黄色或橙色,变化很多;内横线往往只现几个黑点,环纹与肾纹黄褐色,界限不显著,肾纹后端有一个白点,其两侧各有一个黑点;外横线为一列黑点;亚缘线自顶角内斜;缘线为一列黑点。后翅暗褐色,向基部色渐淡。卵粒馒头形,有光泽,直径约 0.5 mm,表面有网状脊纹,初为乳白色,渐变成黄褐色,将孵化时为灰黑色。卵粒单层排列成行或重叠成堆。老熟幼虫体长 38 mm。头红褐色,头盖有网纹,额扁,两侧有褐色粗纵纹,略呈八字形,外侧有褐色网纹。体色由淡绿至浓黑,变化甚大(常因食料和环境不同而有变化);在大发生时背面常呈黑色,腹面淡污色,背中线白色,亚背线与气门上线之间稍带蓝色,气门线与气门下线之间粉红色至灰白色。腹足外侧有黑褐色宽纵带,足的先端有半环式黑褐色趾钩。蛹长约 19 mm;红褐色;腹部 5~7 节背面前缘各有一列齿状点刻;尾端臀棘上有刺 4 根,中央 2 根较为粗大,其两侧各有细短而略弯曲的刺一根。

(3)生活史 每年发生世代数全国各地不一,从北至南世代数为:东北、内蒙古 1 年发生 2~3 代,华北中南部 3~4 代,江苏淮河流域 4~5 代,长江流域 5~6 代,华南 6~8 代。以长江流域为例,越冬代成虫盛期在 3 月中旬至 4 月中旬,第一代幼虫孵化盛期一般在 4 月中旬,3 龄幼虫盛期一般在 4 月下旬至 5 月初。第一代各虫态历期大致为:卵期 8~10 d;第一龄幼虫期 6~7 d;第二至五龄幼虫期各为 3 d 左右;第六龄幼虫期 6~7 d;前蛹期约 3 d,蛹期约 10 d;成虫产卵前期约 5 d;成虫寿命约 12 d。

(4)生活习性和发生规律 黏虫多在降水过程较多、土壤及空气湿度大等气象条件下大发生。玉米受害株率达到 80%左右。它是一种迁飞性害虫,因此具有偶发性和暴发性的特点。

黏虫以幼虫暴食玉米叶片，严重发生时，短期内吃光叶片，造成减产甚至绝收。危害症状主要以幼虫咬食叶片。1～2龄幼虫取食叶片造成孔洞，3龄以上幼虫危害叶片后呈现不规则的缺刻，暴食时，可吃光叶片。大发生时将玉米叶片吃光，只剩叶脉，造成严重减产，甚至绝收。当一块田玉米被吃光，幼虫常成群列纵队迁到另一块田为害，故又名"行军虫"。一般地势低、玉米植株高矮不齐、杂草丛生的田块受害重。

黏虫抗寒力不强，在中国北方不能越冬。在北纬32°以南如湖南、湖北、江西、浙江一带，能以幼虫或蛹在稻桩、杂草、绿肥、麦田等处的表土下或土缝里过冬。在北纬27°以南的华南地区，黏虫冬季仍可继续为害，无越冬现象。南方的越冬代黏虫及第一代黏虫于2—4月间羽化后，向北迁飞，到江苏、安徽、山东、河南等地，成为这些地区的第一代虫源，主要危害冬小麦。这些地区第一代成虫于5—6月间又向北迁飞到东北、华北等地，危害春麦、谷子、高粱、玉米等。夏秋季，黏虫成虫又逐步迁回华南，在晚稻、冬麦上为害或越冬。迁飞的黏虫主要是羽化后卵巢尚未发育成熟的成虫，如果羽化后遇到恶劣条件，影响及时迁飞，待卵巢发育成熟后，便留在原地不再迁飞。因此，各地大发生世代，成虫羽化后，大多数向外地迁飞，但也有少数留在原地继续繁殖。

10. 蝗虫

(1) 分类与危害　蝗虫属于直翅目昆虫。其种类很多，主要分为飞蝗和土蝗两类。危害玉米的飞蝗主要是东亚飞蝗 *Locusta migratoria manilensis*(Meyen)。土蝗则种类繁多，因种类、环境、地域而异，在中国华北、西北等地常见的土蝗有大垫尖翅蝗 *Epacromius coerulpes*(Ivanov)、苯蝗 *Haplotropis brunneriana*(Saussure)、花胫绿纹蝗 *Ailopus thalasisinus tamulus*(Fabricious)和黄胫小车蝗 *Oedaleus infernalis*(Sauss)等。均以成虫、若虫取食玉米茎叶呈缺刻状，大发生时可将玉米吃成光秆。

(2) 形态特征　蝗虫的种类很多，其共同特征是全身通常为绿色、灰色、褐色或黑褐色，头大，触角短；前胸背板坚硬，像马鞍似的向左右延伸到两侧，中、后胸愈合不能活动。足发达，后腿的肌肉强劲有力，外骨骼坚硬，善跳跃，胫骨还有尖锐的锯刺，是有效的防卫武器。产卵器没有明显的突出，是它和螽斯最大的分别。头部除有触角外，还有一对复眼，是主要的视觉器官，同时还有3个单眼，主管感光。头部下方有1个口器，是蝗虫的取食器官。蝗虫的口器是由上唇(1片)、上颚(1对)、舌(1片)、下颚(1对)、下唇(1片)组成的。它的上颚很坚硬，适于咀嚼，因此，这种口器叫作咀嚼式口器。在蝗虫腹部第一节的两侧，有1对半月形的薄膜，是蝗虫的听觉器官。在左、右两侧排列得很整齐的1行小孔，就是气门。从中胸到腹部第8节，每1个体节都有1对气门，共有10对。雄虫以左右翅相摩擦或以后足腿节的音锉摩擦前翅的隆起脉而发音。有的种类飞行时也能发音。某些种类长度超过11 cm。

(3) 生活史　以东亚飞蝗为例，该虫在北京、渤海湾、黄河下游、长江流域1年生2代，少数年份发生3代；广西、广东、台湾1年生3代，海南可发生4代。无滞育现象，全国各地均以卵在土中越冬。山东、安徽、江苏等二代区，越冬卵于4月底至5月上中旬孵化为夏蝗，经35～40 d羽化，羽化后经10 d交尾7 d后产卵，卵期15～20 d，7月上中旬进入产卵盛期，孵出若虫称为秋蝻，又经25～30 d羽化为秋蝗。生活15～20 d又开始交尾产卵，9月份进入产卵盛期后开始越冬。个别高温干旱的年份，于8月下旬至9月下旬又孵出3代蝗蝻，多在冬季冻死，仅有个别能羽化为成虫产卵越冬。

(4) 生活习性和发生规律　幼虫只能跳跃，成虫可以飞行，也可以跳跃。植食性，大多以植物为食物。喜欢吃肥厚的叶子，如甘薯、空心菜、白菜等。飞蝗密度小时为散居型，密度大了以后，个体间相互接触，可逐渐聚集成群居型。群居型飞蝗有远距离迁飞的习性，迁飞多发生在羽化后 5~10 d，性器官成熟之前。迁飞时可在空中持续 1~3 d。至于散居型飞蝗，当每平方米有虫多于 10 只时，有时也会出现迁飞现象。群居型飞蝗体内含脂肪量多、水分少、活动力强，但卵巢管数少，产卵量低。而散居型则相反。飞蝗喜欢栖息在地势低洼、易涝易旱或水位不稳定的海滩或湖滩及大面积荒滩或耕作粗放的夹荒地上、生有低矮芦苇、茅草或盐篙、莎草等嗜食的植物上。遇有干旱年份，这种荒地随天气干旱水面缩小而增大时，利于蝗虫生育，宜蝗面积增加，容易酿成蝗灾，因此每遇大旱年份，要注意防治蝗虫。

11. 棉铃虫

(1) 分类与危害　棉铃虫 Helicoverpa armigera (Hübner) 属昆虫纲鳞翅目，夜蛾科。该虫是一种杂食性害虫，取食 200 余种植物，严重危害棉花、茄科蔬菜等作物，近年对玉米等旱粮作物的危害有明显加重的趋势。该虫主要取食玉米叶片，并对玉米茎和穗部进行钻蛀为害。

(2) 形态特征　棉铃虫成虫为黄褐色（雌）或灰褐色（雄）的中型蛾，体长 15~20 mm，翅展 27~40 mm，复眼球形，绿色（近缘种烟青虫复眼黑色）。雌蛾赤褐色至灰褐色，雄蛾青灰色。棉铃虫的前后翅，可作为夜蛾科成虫的模式，其前翅，外横线外有深灰色宽带，带上有 7 个小白点，肾纹、环纹暗褐色。后翅灰白，沿外缘有黑褐色宽带，宽带中央有 2 个相连的白斑。后翅前缘有 1 个月牙形褐色斑。卵呈馒头形或半球形。直径 0.5~0.8 mm，表面有纵横隆纹，交织成长方格，纵棱 12 条。顶部微起，底部较平，初产时白色，后变成黄白色，近孵化时灰黑色或红褐色。幼虫共有 6 龄，有时 5 龄（取食豌豆苗、向日葵花盘时），老熟 6 龄虫长 40~50 mm，头黄褐色有不明显的斑纹，幼虫体色多变，分 4 个类型：体色淡红，背线、亚背线褐色，气门线白色，毛突黑色；体色黄白，背线、亚背线淡绿，气门线白色，毛突与体色相同；体色淡绿，背线、亚背线不明显，气门线白色，毛突与体色相同；体色深绿，背线、亚背线不太明显，气门淡黄色。气门上方有一褐色纵带，是由尖锐微刺排列而成（烟青虫的微刺钝圆，不排成线）。幼虫腹部第 1、2、5 节各有 2 个毛突特别明显。蛹长 17~20 mm，纺锤形，赤褐至黑褐色，腹末有 1 对臀刺，刺的基部分开。气门较大，围孔片呈筒状突起较高，腹部第 5~7 节的点刻半圆形，较粗而稀（烟青虫气孔小，刺的基部合拢，围孔片不高，第 5~7 节的点刻细密，有半圆，也有圆形的）。

(3) 生活史　棉铃虫发生的代数因年份因地区而异。在华北每年发生 4 代，9 月下旬成长幼虫陆续下树入土，在苗木附近或杂草下 5~10 cm 深的土中化蛹越冬。立春气温回升 15 ℃以上时开始羽化，4 月下旬至 5 月上旬为羽化盛期，成虫出现第一代在 6 月中下旬，第二代在 7 月中下旬，第三代在 8 月中下旬至 9 月上旬，至 10 月上旬仍有棉铃虫出现。棉铃虫发生的最适宜温度为 25~28 ℃，相对湿度 70%~90%。第二代、第三代危害最为严重，严重地片虫口密度达 98 头/百叶，虫株率 60%~70%，个别地片达 100%，受害叶片达 1/3 以上，影响产量 20% 以上。

(4) 生活习性和发生规律　成虫有趋光性，羽化后即在夜间闪配产卵，卵散产，较分散。每头雌蛾一生可产卵 500~1000 粒，最高可达 2700 粒。卵多产在叶背面，也有产在正面、顶芯、叶柄、嫩茎上或农作物、杂草等其他植物上。幼虫孵化后有取食卵壳习性，初孵幼虫有群集取食习性。3 龄前的幼虫食量较少，较集中，随着幼虫生长而逐渐分散，进入 4 龄食量大增，可食光叶片，只剩叶柄。幼虫 7—8 月为害最盛。棉铃虫有转移为害的习性，一只幼虫可危害多株玉米。各龄幼虫均有食掉蜕下旧皮留头壳的习性，给鉴别虫龄造成一定困难，虫龄不整齐。

12. 草地贪夜蛾

(1) 分类与危害　草地贪夜蛾 (Spodoptera frugiperda)，又称秋行军虫、秋黏虫、草地夜蛾、伪黏虫，属昆虫纲鳞翅目，夜蛾总科，是夜蛾科夜盗蛾属的一种蛾。原产于美洲热带和亚热带地区，广泛分布于美洲大陆，是当地重要的农业害虫。草地贪夜蛾现已入侵到撒哈拉以南的

44个非洲国家以及亚洲的印度、孟加拉、斯里兰卡、缅甸相继发现危害,2019年首次侵入我国并迅速蔓延,目前全国有14个省区市发生此虫害。主要危害玉米、甘蔗、高粱等作物。

对玉米来说,其危害可以贯穿整个生育期,在没有防治的玉米田,最严重情况下,会有100%的植株被害,心叶被咬烂。幼虫取食叶片可造成落叶,其后转移为害。有时大量幼虫以切根方式为害,切断种苗和幼小植株的茎,造成很大损失。种群数量大时,幼虫如行军状,成群扩散。在玉米上,1~3龄幼虫通常在夜间出来为害,多隐藏在叶片背面取食,取食后形成半透明薄膜"窗孔"。低龄幼虫还会吐丝,借助风扩散转移到周边的植株上继续为害。4~6龄幼虫对玉米的危害更为严重,取食叶片后形成不规则的长形孔洞,也可将整株玉米的叶片取食光,严重时可造成玉米生长点死亡,影响叶片和果穗的正常发育。此外,高龄幼虫还会蛀食玉米雄穗和果穗。某些玉米品系在叶片受损时,可合成一种能抑制草地贪夜蛾幼虫生长的蛋白酶抑制剂,而对其具有部分抗性。草地贪夜蛾的成虫则以多种植物的花蜜为食。

(2)形态特征 成虫:翅展32~40 mm。前翅灰色至深棕色,雌虫灰色至灰棕色;雄虫前翅深棕色,具黑斑和浅色暗纹,翅痣呈明显的灰色尾状突起。后翅灰白色,翅脉棕色并透明。雄虫外生殖器抱握瓣正方形。抱器末端的抱器缘刻缺。雌虫交配囊无交配片。

卵:卵呈圆顶型,直径0.4 mm,高为0.3 mm,通常100~200粒卵堆积成块状,卵上有鳞毛覆盖,初产时为浅绿或白色,孵化前渐变为棕色。

幼虫:6个龄期,偶为5个。初孵时全身绿色,具黑线和斑点。生长时,仍保持绿色或成为浅黄色,并具黑色背中线和气门线。老熟幼虫体长35~50 mm,在头部具黄白色倒Y形斑,黑色背毛片着生原生刚毛(每节背中线两侧有2根刚毛)。腹部末节有呈正方形排列的4个黑斑。如密集时(种群密度大,食物短缺时),末龄幼虫在迁移期几乎为黑色。幼虫共6龄,体色和体长随龄期而变化,低龄幼虫体色呈绿色或黄色,体长6~9 mm,头呈黑或橙色。高龄幼虫多呈棕色,也有呈黑色或绿色的个体存在,体长30~50 mm,头部呈黑、棕或者橙色,具白色或黄色倒"Y"形斑。幼虫体表有许多纵行条纹,背中线黄色,背中线两侧各有1条黄色纵条纹,条纹外侧依次是黑色、黄色纵条纹。草地贪夜蛾幼虫最明显的特征是其腹部末节有呈正方形排列的4个黑斑,头部呈明显的倒"Y"形纹。

蛹:蛹呈椭圆形,红棕色,长14~18 mm,宽4.5 mm。老熟幼虫落到地上借用浅层(通常深度为2~8 cm)的土壤做一个蛹室,土沙粒包裹的蛹茧在其中化蛹。亦可在为害寄主植物如玉米穗上化蛹。

(3)生活史 成虫具有趋光性,一般在夜间进行迁飞、交配和产卵,卵块通常产在叶片背面。成虫寿命可达两至三周,在这段时间内,雌成虫可以多次交配产卵,一生可产卵900~1000粒。在适合温度下,卵在2~4 d即可孵化成幼虫。幼虫有6个龄期,高龄幼虫具有自相残杀的习性。

适生广泛性。草地贪夜蛾的适宜发育温度为11~30 ℃,在28 ℃条件下,30 d左右即可完成一个世代,而在低温条件下,需要60~90 d。草地贪夜蛾的生活史在夏季可在1个月内完成,春季与秋季需2个月,冬季则需3个月左右。一年中可繁衍的世代数受到气候影响,一只雌虫一年可产卵大约1500颗。雌蛾准备交配时,会停栖在植株的上方,并分泌性费洛蒙以吸引数只雄蛾前来交配,雌蛾一晚只交配一次,数只雄虫会发生肢体碰撞以争取交配权。在温暖的环境下,草地贪夜蛾每年可继续繁殖产生5代左右,气候凉爽的话,繁殖仅有2代左右。若温度不断下降,将会停止繁育。

(4)传播途径 草地贪夜蛾是一种域外入侵物种害虫,原产南美洲、北美洲以及美国东北部害虫,传播途径是以迁徙和携带虫源为主要方式。草地贪夜蛾是夜蛾科灰翅夜蛾属的蛾类害虫,危害植物时在植物叶片顶部产卵100多粒,一只正常雌蛾能产正常有效虫卵1000余粒,在气温25℃左右时,经过3天时间就可出幼虫,2~10 h后,就能开始危害禾本科等植物的幼嫩叶片或心叶,幼虫大约经过15 d化蛹,在一年中最热的时候需要10~12 d转化为成虫,成虫寿命约为12 d。草地贪夜蛾整个生理周期从卵到成虫死亡一共为30 d。

寄主广泛性。草地贪夜蛾传播最主要途径是迁徙,一只成虫一夜之间能迁徙100 km,一个世代向周围扩散迁徙500 km,传播速度非常快。草地贪夜蛾危害植物多。幼虫食性广,能危害75个植物科,350个植物种类,主要以禾本科、菊科、豆科等最为常见。目前,对我国危害最为严重的是玉米、水稻、甘蔗和大豆等农作物。草地贪夜蛾有同类相食的习惯,当幼虫能为害时以后,体形大的幼虫咬食体形小的幼虫,虫口密聚的时候,同类相残非常严重,有很大程度上同类通过互相残杀,减少虫口数量,减轻幼虫为害程度,对农作物保护是一种好处。

迁飞扩散性。草地贪夜蛾成虫可在几百米的高空中借助风力进行远距离定向迁飞,每晚可飞行100 km。成虫通常在产卵前可迁飞100 km,如果风向风速适宜,迁飞距离会更长,有报道称草地贪夜蛾成虫在30 h内可以从美国的密西西比州迁飞到加拿大南部,长达1600 km。

(5)生活习性和发生规律　草地贪夜蛾喜欢凉爽湿润的气候和伴随着越冬地区温暖潮湿的天气,这些有利于该物种的生存和繁殖,使其能够逃脱天敌的压制。因此,虽然草地贪夜蛾有很多天敌,但很少有足够的行动来防止作物受伤。

危害严重性。草地贪夜蛾以危害玉米最为严重。据统计,在美国佛罗里达州,草地贪夜蛾危害可造成玉米减产20%。在一些经济条件落后的地区,其危害造成的玉米产量损失更为严重,比如在中美洲的洪都拉斯,其危害可造成玉米减产40%,在南美的阿根廷和巴西,其危害可分别造成72%和34%的产量损失。2017年9月,国际农业和生物科学中心报道,仅在已被入侵的非洲12个玉米种植国家中,草地贪夜蛾危害可造成玉米年减产830万~2060万t,经济损失高达24.8亿~61.9亿美元。

生态多型性。草地贪夜蛾分为玉米品系和水稻品系两种单倍型,前者主要取食危害玉米、棉花和高粱,后者主要取食危害水稻和各种牧草。这两种单倍型外部形态基本一致,但在性信息素成分、交配行为以及寄主植物范围等方面具有明显差异。草地贪夜蛾完成一个世代要经历卵、幼虫、蛹和成虫4个虫态,其世代长短与所处的环境温度及寄主植物有关。

二、防治措施

(一)农艺防治

农艺防治也称为农业防治,是指为防治农作物病、虫、草害所采取的农业技术综合措施,用于调整和改善作物的生长环境,以增强作物对病虫害的抵抗力,创造不利于病原物和害虫生长发育或传播的条件,以控制、避免或减轻病虫害的危害。针对玉米害虫的农业措施主要有:选用抗虫品种、调整品种布局、选留健康种苗、轮作、深耕灭茬、调整播期、合理施肥、及时灌溉排水、搞好田园卫生等。农业防治如能同物理、化学防治等配合进行,可取得更好的效果。

陈明贵等(2017)介绍,害虫的发生与玉米的生育时期、生长状况及玉米品种相关,发生的轻重与田间湿度以及天敌数量也有关系。因此,选择抗性较高的玉米品种,以及通过专业化的水肥管理提高玉米的生长情况,都有助于提高植株自身的抗性并减少害虫的生存环境。另外,进行轮作以及深翻土壤,可以大大降低害虫的基数以及改变其寄主作物,可减少其食物来源,降低害虫种类及数量。

郭芳等(2019)指出,近几年玉米红蜘蛛在临汾地区玉米田呈逐年加重态势,还总结了近几年临汾市玉米红蜘蛛发生规律、发生特点、重发年份增多原因,并提出玉米红蜘蛛综合防治技术。

1. 种植制度

(1)轮作　对寄主范围狭窄、食性单一的有害生物,如玉米蚜,轮作非禾本科作物可恶化其营养条件和生存环境,或切断其生命活动过程的某一环节。此外,轮作还能促进有颉颃作用的微生物活动,抑制病原物的生长、繁殖,如轮作一些豆类作物,还可提高土壤氮素含量,提高土壤肥力。

(2)间作或套作　合理选择不同作物实行间作或套作,辅以良好的栽培管理措施,也是防治害虫的途径。如小麦、玉米套可使麦蚜天敌如瓢虫等顺利转移到玉米苗上,从而抑制玉米蚜等苗期害虫的发展,并可由于小麦的屏障作用而阻碍有翅棉蚜的迁飞扩展。高矮秆作物的配合也不利于喜温湿和郁闭条件的有害生物发育繁殖。但是如间、套作不合理或田间管理不好,反会促进病、虫、杂草等有害生物的危害。

(3)作物布局　合理的作物布局,在一定范围内采用一熟或多熟种植,调整春、夏播面积的比例,均可控制有害生物的发生消长。如适当压缩春播玉米面积,可使玉米螟食料和栖息条件恶化,从而减低早期虫源基数等。但是,如果作物和品种的布局不合理,则会为多种有害生物提供各自需要的寄主植物,从而形成全年的食物链或侵染循环条件,使寄主范围广的有害生物获得更充分的食料。此外,种植制度或品种布局的改变还会影响有害生物的生活史、发生代数、侵染循环的过程和流行。

2. 耕翻整地　耕翻整地和改变土壤环境,可使生活在土壤中和以土壤、作物根茬为越冬场所的有害生物经日晒、干燥、冷冻、深埋或被天敌捕食等而被治除。冬耕、春耕或结合灌水常是有效的防治措施。对生活史短、发生代数少、寄主专一、越冬场所集中的害虫,防治效果尤为显著。

(1)播种　包括调节播种期、密度、深度等。调节播种期,可使作物易受害的生育阶段避开害虫发生盛期。如华北地区适当推迟玉米的播种期,可减轻灰飞虱传播的粗缩病的发生等。此外,适当的播种深度、密度和方法,结合种子、苗木的精选和药剂处理等,可促使苗齐苗壮,影响田间小气候,从而控制苗期害虫危害。

(2)田间管理　包括水分调节、合理施肥以及清洁田园等措施。灌溉可使害虫处于缺氧状况下窒息死亡;采用地膜方法,可明显减少地下害虫的发生;施用腐熟有机肥,可杀灭肥料中的虫卵;合理施用氮、磷、钾肥,可减轻害虫为害程度。此外,清洁田园对灰飞虱、蚜虫等防治也有重要作用。

3. 植物抗性的利用　农作物对病虫的抗性是植物一种可遗传的生物学特性。通常在同一条件下,抗性品种受病虫为害的程度较非抗性品种为轻或不受害。植物的抗虫性根据抗性机制可分为3个主要类型:①排趋性(无偏嗜性),如某些玉米品种因缺乏能刺激玉米象取食的化学物质而能抗玉米象;②抗虫性,表现为作物受虫害后产生不利于害虫生活繁殖的反应,从而抑制害虫取食、生长、繁殖和成活。如有的玉米品种心叶内,含有高浓度的丁布能抗玉米螟第一代为害;③耐虫性,表现为害虫虽能在作物上正常生活取食,但不致严重为害。

选择较抗虫品种种植,加强栽培管理,提高抵抗力。由于农业防治措施的效果是逐年积累和相对稳定的,因而符合预防为主、综合防治的策略原则,而且经济、安全、有效。但其作用的综合性要求有些措施必须大面积推行才能收效。

4. 一些害虫的农艺防治

(1)金针虫防治　秋季进行深翻地:使越冬的地下害虫(幼虫、卵)置于土壤浅层破坏其越冬环境。因为浅层土壤冬季温度较低,幼虫或虫卵容易冻死,再者地下害虫的天敌(鸟类)容易捕食幼虫或虫卵;使用充分腐熟的农家肥;及时清除田间杂草和秸秆。

(2)蛴螬防治　加大预测预报力度,做到及时准确掌握蛴螬的越冬基数,监测土壤温、湿度,准确掌握其在土壤中的活动规律,使农户及时采取措施进行防治。及时清除杂草,不施用未腐熟的农家粪肥,秋季深翻土壤,破坏蛴螬的越冬环境。

(3)灰飞虱防治　玉米重要传毒昆虫灰飞虱,可传播玉米粗缩病,严重时造成玉米减产,甚至绝收。对该虫可采取如下农艺防治措施:适当调整播期,推迟播种7 d左右即可有效地减少该虫的为害;清洁田园,切断灰飞虱传播途径;清除杂草,消灭病毒寄主。田间路边杂草是灰飞虱和病毒的越冬越夏寄主,也是病毒流行的基本条件,清除杂草在一定程度上可减轻玉米粗缩病的危害。因此,夏、秋收获之后要及时灭茬,清除田间杂草,同时注意清除村庄、路旁、地边杂草;选用品种:选用耐病品种;合理布局,避开单一抗源品种的大面积种植;适期播种:在适期范围内尽量晚播,使玉米苗期避开第一代灰飞虱成虫的活动盛期,套种期宜掌握在6月上旬,小麦玉米共生期不能超过7~10 d;加强田间管理:田间管理要注意及时进行中耕除草,适当多下种,早间苗,晚定苗,发现病株后要立即拔除,带出田外;及时追肥浇水,促进玉米生长发育健壮,提高抗病能力。如果田间病株率超过50%,则应毁种。

(4)蓟马防治　合理密植,适时灌溉施肥,加强田间管理,及时清理地头杂草,促进玉米早发快长,可显著减轻蓟马的危害。

(5)玉米耕葵粉蚧防治　此虫发生重的地区合理轮作豆类和棉花。玉米、小麦收获后翻耕灭茬,注意把根茬携出田外集中烧毁。在玉米耕葵粉蚧严重地区不宜采用小麦—玉米二熟制栽培法。及时中耕除草,尤其要注意清除禾本科杂草,可减少寄主,减少虫源。

(6)红蜘蛛防治　应采取"预防为主,综合防治"的植保方针。秋季进行深翻土地,将玉米红蜘蛛翻入深土中,降低越冬虫源基数;春季及时彻底消除田间、地头、渠边的杂草,减少玉米红蜘蛛的食料和滋生场合,降低虫源基数,并避免其转入田间;种植抗耐害品种,避免玉米与豆类、蔬菜作物间作套种,阻止其相互转移为害。

(7)草地贪夜蛾防治方法　草地贪夜蛾具有随季风气候迁飞的特点,入夏以来,西南季风逐步加强,为草地贪夜蛾继续向北迁移提供了有利条件。根据分区治理对策,因地制宜制定相应措施,重点防范玉米、甘蔗、高粱等作物受害,同时密切关注水稻和其他作物害虫发生情况。通过间套作技术提高生物多样性,为天敌提供栖息场所,来减少虫源基数。

(二)物理防治

物理防治是利用简单工具和各种物理因素,如光、热、电、温度、湿度和放射能、声波等防治病虫害的措施。如人为升高或降低温、湿度,是指超出病虫害的适应范围,如晒种、热水浸种或高温处理竹木及其制品等。利用昆虫趋光性灭虫自古就有。近年黑光灯和高压电网灭虫器应用广泛,用仿声学原理和超声波防治虫等均在研究、实践之中。原子能治虫主要是用放射能直接杀灭病虫,或用放射能照射导致害虫不育等。随着近代科技的发展,物理防治技术也将会有更广阔的发展前途。

1. 杀虫灯 杀虫灯是根据昆虫具有趋光性的特点,利用昆虫敏感的特定光谱范围的诱虫光源,诱集昆虫并能有效杀灭昆虫,降低病虫指数,防治虫害和虫媒病害的专用装置。如玉米田重要害虫棉铃虫、二点委夜蛾等鳞翅目害虫和铜绿丽金龟、暗黑鳃金龟等鞘翅目害虫成虫无不具有较强的趋光性,可利用特定波段光谱范围的杀虫灯对这些害虫进行有效防治。

采用灯光诱虫物理防治技术,既能控制虫害和虫媒病害,也不会造成环境污染和环境破坏。有人担心,益虫也被诱杀了,其实没有必要。灯光诱虫与化学农药防治不同,灯光诱虫不会破坏原有的生态平衡,害虫、益虫都不会被完全诱杀;杀虫灯只是通过降低害虫基数,把病虫指数降到防治标准以下,并没有破坏原生态平衡。如果只诱害虫,益虫没有了食物,部分益虫也会被饿死,这就是生态平衡。

杀草地贪夜蛾最为高效的是高频黑光灯,利用草地贪夜蛾的趋光性诱杀成虫,高效无药无污染,绿色环保,非常适用,是防治草地贪夜蛾的最佳方法。使用诱杀式黑光灯诱杀玉米地草地贪夜蛾成虫。目前黑光灯品种繁多,不管哪种产品,对杀灭草地贪夜蛾成虫都非常有效。一只草地贪夜蛾成虫能产卵数千粒甚至上万粒,繁殖快,造成幼虫密度大,虫口多,危害大。所以,利用草地贪夜蛾的趋光性特点,使用夜光灯诱杀成虫,是防治草地贪夜蛾的最佳最理想的防治方法,防治效率高,效果好,不会污染环境,破坏环境,绿色环保,经济实惠,方便快捷,省时省力。

2. 诱虫色板 诱虫色板是利用害虫对某种颜色趋性诱杀农业害虫的一种物理防治技术,它绿色环保、成本低,全年应用可大大减少用药次数。采用色板上涂粘虫胶的方法诱杀昆虫,可以有效减少虫口密度,不造成农药残留和害虫抗药性,可兼治多种虫害。可防治蚜虫、叶蝉、蓟马等小型昆虫,如配以性诱剂可扑杀多种害虫的成虫。

王凤龙等(2015)介绍,金针虫喜欢吃马铃薯、红薯、山药和萝卜,将切成片状的马铃薯、红薯、山药和萝卜放置金针虫发生较重的田块,挖坑埋好,地上做好标记,能够大量地诱来金针虫的幼虫,两天清理一次进行捕杀。

查绒淇(2020)介绍,黏虫的幼虫主要啃食玉米叶,从而导致玉米减产。采取物理措施进行防治,重点是把虫口压低。其一是放置黑光灯、糖醋盆等方式大量把成虫诱杀。其二是喷洒药物防治。其三是使用生物方式防治,把其产卵的习惯进行深入的分析,然后使用化学农药大量杀死。

(三)化学防治

主要是选择高效农药,须掌握准确的剂量和施用时期及方法。

王合生(2019)介绍了利用防治玉米田害虫。食诱剂利用夜蛾科成虫羽化后急需补充营养完成代际繁殖的取食的特性,吸引棉铃虫及玉米田常见的其他夜蛾科害虫,兼治蛴螬成虫、金针虫成虫等,再利用其添加的微量化学农药将害虫集中灭杀。对玉米田主要靶标害虫诱杀比例占80%以上,降低了虫口基数,对下代发生的玉米田害虫数量有明显的控制作用,防治效果较为明显。生物食诱剂使用简便,且对环境友好,大大降低了化学农药投放量,具有大面积推广应用前景。

姚永祥等(2019)明确60%吡虫啉FS+6%戊唑醇FS、27%苯醚·咯·噻虫FS及29%噻虫·咯·霜灵FS 3种种衣悬浮剂对玉米田地下害虫和茎腐病的田间防效,以及对玉米产量、果穗性状的影响。2018年在凤城草河、大堡2个地点同时进行田间药效试验。根据2个试验点的调查结果,3种药剂对玉米生长安全无药害,对玉米地下害虫和茎腐病均有一定防效,能不同程度地提高玉米产量。从防虫效果看,60%吡虫啉 FS 2.4 g/kg+6%戊唑醇 FS 0.09 g/kg和29%噻虫·咯·霜灵 FS 1.16 g/kg对地下害虫的平均防效可达60%以上,显著高于27%苯醚·咯·噻虫 FS 1.08 g/kg。对茎腐病的防效,29%噻虫·咯·霜灵 FS 1.16 g/kg对茎腐病的防效超过65%,显著优于其他2种药剂。研究结果表明,使用29%噻虫·咯·霜灵 FS 1.16 g/kg既能有效防治地下害虫,又能控制茎腐病的发生,起到一药多效的效果,成为玉米种衣剂的理想选择。

马春红等(2016)认为,有机磷农药毒死蜱、辛硫磷对二点委夜蛾防治效果较好,校正死亡率分别为83.3%、86.7%;高效氯氰菊酯处理防治效果最差,校正死亡率仅为33.3%;阿维菌素和高效氯氰菊酯混合处理校正死亡率为66.7%。从用药方式方面来讲,主要方法有喷雾、毒饵、毒土、灌药等,其中,喷雾的效果仅仅次于田间大水浇灌灭虫,显著高于对根部喷药的方式。田间试验表明,50%辛硫磷 15 kg/hm² 随蒙头水浇灌、50%辛硫磷毒土围棵撒施及空白对照6个处理的结果表明,50%辛硫磷随水浇灌和毒土围棵撒施的处理效果好,在两地均未见新增的枯心苗。48%毒死蜱乳油 1000 倍液全区喷雾、5%高效氯氰菊酯 1000 倍液全区喷雾、1.8%阿维菌素 1500 倍液+5%高效氯氰菊酯 1500 倍液混合全区喷雾处理均有新增的枯心苗。1.8%阿维菌素 1500 倍液+5%高效氯氰菊酯 1500 倍液混合喷雾,平均虫口减退率为64%;48%毒死蜱乳油 1000 倍液及5%高效氯氰菊酯 1000 倍液喷雾处理,平均虫口减退率为52%。室内筛选和田间试验均证明了有机磷农药辛硫磷和毒死蜱防治二点委夜蛾效果好,而高效氯氰菊酯单独使用效果差,使用时应与阿维菌素混用,可提高防治效果。因此,在重发田可采用随水浇灌50%辛硫磷 15 kg/hm²,防治效果最好;采用播种后出苗前辛硫磷毒土播种沟内撒施,保苗效果较好。播后发生危害,可采用毒土、毒饵围棵保苗或有机磷类药剂围棵喷灌保苗,效果好过全田喷雾,药剂用量较少,对环境友好。

1. 刺吸式害虫防治

(1)蚜虫防治　玉米苗期蚜虫防治较易,成株期后由于植株高大,田间郁闭,农事操作困难,防治较难。清除田间地头杂草,减少早期虫源。

种子包衣或拌种:用70%噻虫嗪(锐胜)种衣剂包衣,或用10%吡虫啉可湿性粉剂拌种,对苗期蚜虫防治效果较好。

喷雾防治:直接用25%噻虫嗪水分散粉剂 6000 倍液,或40%乐果乳油、10%吡虫啉可湿性粉剂 1000 倍液,或50%抗蚜威可湿性粉剂 2000 倍液等喷雾。

(2)蓟马防治　繁殖较快,见虫即应防治。早春清除田间杂草和枯枝残叶,集中烧毁或深埋,消灭越冬成虫和若虫。

种子包衣或拌种:用含有内吸性杀虫剂成分的种衣剂直接包衣,或用10%吡虫啉可湿性粉剂拌种。

喷雾防治:用10%吡虫啉可湿性粉剂、40%毒死蜱乳油、20%灭多威 1000~1500 倍液、1.8%阿维菌素乳油或者25%噻虫嗪水分散粒剂 3000~4000 倍液均匀喷雾,重点为心叶和叶片背面。

(3)灰飞虱防治　播种时,可选择内吸性强的新烟碱类杀虫剂拌种处理,控制苗期灰飞虱的种群密度和危害,如35%噻虫嗪悬浮种衣剂,制剂用量 400~600 g,70%吡虫啉种子处理剂,制剂用量 500~800 g,拌种 100 kg 种子。在玉米苗期、灰飞虱发生较重时,也可选择如下药剂喷雾处理:100 g/L 乙虫腈悬浮剂 30~40 mL/亩、25%噻嗪酮可湿性粉剂 20~30 g/亩、2.5%联苯菊酯乳油用量 10~20 mL/亩;用10%吡虫啉可湿性粉剂 1000~1500 倍液、40%乐果乳油1000倍液、25%吡蚜酮可湿性粉剂2000~2500倍液等药剂喷雾杀虫。

(4)玉米耕葵粉蚧防治　主要是采取种子处理和灌根处理。2龄前为防治最佳时期,2龄后若虫体表覆盖一层蜡粉,耐药性较强,防治效果较差。

种子包衣或药剂拌种:用70%噻虫嗪(锐胜)或含有机磷成分的种衣剂直接包衣、50%辛硫磷乳油或48%毒死蜱乳油拌种。

药剂灌根:用50%辛硫磷乳油1000倍液、10%吡虫啉可湿性粉剂2000倍液或48%毒死蜱乳油1500倍液灌根,然后浇一遍水。可在播种时,采用35%丁硫克百威种子处理剂制剂用量1000~2000g,拌种100kg种子。也可在6月下旬至7月上旬,玉米苗期,粉蚧孵化后及1龄若虫期,及时浇灌40%辛硫磷乳油或48%毒死蜱乳油1500倍液即可。

(5)玉米红蜘蛛防治

① 田间喷药　选用1.8%阿维菌素、20%哒螨灵乳油2000倍液喷雾防治。尽量将药液喷在玉米叶片背面,重发田块,每10d喷洒1次,连喷2~3次。因为雨水本身对红蜘蛛有一定的冲刷作用,所以打药的时候叶片正、反两面都要打湿润,这样对玉米红蜘蛛的防治才是最有效的。

② 烟雾防治　在专业技术人员的指导下,可选用哒螨灵乳油、阿维菌素乳油,使用烟雾机于早晨或傍晚气压低时进行烟雾防治。需特别注意的是:在玉米红蜘蛛严重发生时,玉米植株较高,天气炎热,通风条件差,防治人员要严格遵守农药使用操作技术规程,严禁喷施高毒农药。上午10时后,下午5时前严禁施药,以确保人、畜安全。

2. 钻蛀性害虫防治

(1)玉米螟、桃蛀螟防治　在心叶内撒施化学颗粒剂:用3%广灭丹颗粒剂。每亩1~2kg;或用0.1%或0.15%氟氯氰颗粒剂,每株用量1.5g;或用14%毒死蜱颗粒剂、3%丁硫克百威颗粒剂,每株1~2g;或用3%辛硫磷颗粒剂,每株2g;或50%辛硫磷乳油按1:100配成毒土混匀撒入喇叭口,每株撒2g。防治玉米螟虫的最佳时间是心叶末期(剥去心叶丛外面的绿色叶片,仅有2~3片黄白色嫩叶包着尚未抽出的幼嫩雄穗),此时是低龄幼虫最大限度地潜伏在心叶丛中为害的时刻。每亩用50%巴丹100g兑水100kg喷雾或灌于心叶内。还可用25%增效杀虫双水剂1kg加水5kg加细沙土25kg配制成颗剂,每亩10kg施于心叶。

(2)棉铃虫防治　苗期棉铃虫防治的最佳时期在3龄前,叶面喷洒2.5%氯氟氰菊酯乳油2000倍液、5%高效氯氰菊酯乳油1500倍液等化学农药。6月下旬在玉米心叶中撒施杀虫颗粒剂,药剂及使用方法同玉米螟。

(3)二点委夜蛾防治　幼虫3龄前为防治最佳时期。

撒毒饵:亩用克螟丹150g加水1kg拌麦麸4~5kg,顺玉米垄撒施。亩用4~5kg炒香的麦麸或粉碎后炒香的棉籽饼,与兑少量水的90%晶体敌百虫,或48%毒死蜱乳油500g拌成毒饵,于傍晚顺垄撒在玉米苗边。

毒土:亩用80%敌敌畏乳油300~500mL拌25kg细土,于早晨顺垄撒在玉米苗边,防效较好。

灌药:随水灌药,亩用50%辛硫磷乳油48%毒死蜱乳油1kg,在浇地时灌入田中。

喷雾:使用4%高氯甲维盐稀释1000~1500倍喷雾,或10~20mL/15kg水进行喷雾。

施药要点:水量充足。一般每亩地用水量为30kg(两桶水),全田喷施,对玉米幼苗、田块表面进行全田喷施,着重喷施。喷施农药时,要对准玉米的茎基部及周围着重喷施。

开展毒饵诱杀:每亩用炒香的麦麸或棉籽饼10kg拌药100g。药液灌根可用2.5%高效氯氟氰菊酯或农喜3号1500倍液,适当加入敌敌畏会提高效果。或毒砂熏蒸(用25 kg细沙与敌敌畏200～300 mL加适量水拌匀,于早晨顺垄施于玉米苗基部)的方法,有一定防治效果。如果虫龄较大,可适当加大药量。喷灌玉米苗,可以将喷头拧下,逐株顺茎滴药液,或用直喷头喷根茎部,药剂可选用48%毒死蜱乳油1500倍液、30%乙酰甲胺磷乳油1000倍液,或4.5%高效氟氯氰菊酯乳油2500倍液。药液量要大,保证渗到玉米根围30cm左右的害虫藏匿的地方。

3. 食叶类害虫防治 黏虫、蝗虫防治时,在早晨或傍晚黏虫在叶面上活动时,喷洒速效性强的药剂。用4.5%高效氯氰菊酯乳油1000～1500倍液、48%毒死蜱乳油1000倍液、3%啶虫脒乳油1500～2000倍液等杀虫剂喷雾防治;麦茬地要在玉米出苗前用化学药剂杀灭地面和麦茬上的害虫。

对于草地贪夜蛾防治,中国农科院植保所已经完成了21种常用化学农药对草地贪夜蛾的防治效果评价,筛选出了一批高效低毒的化学农药用于应急防治。在玉米上,5%种苗断茎,20%幼小植株叶丛(生长前30d)受害,就需要化学防治。草地贪夜蛾药剂防治,要选择低毒高效、残留少、残留时间短、无公害的农药为首选。药剂防治方法是,在玉米地草地贪夜蛾卵刚刚孵化成幼虫阶段:①使用10%氯氰菊酯乳油1200～1600倍溶液在玉米叶面均匀喷雾。②使用5%高效氯氰菊酯乳油1200～1600倍溶液在玉米植株茎叶均匀喷雾。③使用25%灭幼脲3号悬浮液药剂1600～2000倍溶液在玉米叶面喷雾。④使用25%噻嗪酮可湿性粉剂1500～2000倍溶液在玉米在玉米叶面喷雾。⑤使用10%吡虫啉可湿性粉剂4000倍溶液叶面喷雾。⑥使用90%晶体敌百虫1000～2000倍溶液在玉米叶面上均匀喷雾。⑦使用2.5%溴氰菊酯乳油3000～4000倍溶液在玉米叶面喷雾。

4. 地下害虫防治

(1)地老虎类防治 防治最佳时期在1～3龄,此时幼虫对药剂抗性较差,并在寄主表面或幼嫩部位取食。3龄后潜伏在土表中,不易防治。药剂拌种有一定效果:用50%辛硫磷乳油拌种,用药量为种子重量的0.2%～0.3%;或用3%好年冬颗粒播种时沟施。3龄以下幼虫用48%毒死蜱乳油或40%辛硫磷乳油1000倍液灌根或傍晚茎叶喷雾;选择氰菊酯乳油2000倍液在地面均匀喷洒。毒土、毒饵诱杀大龄幼虫:用50%辛硫磷乳油每亩50 g,拌炒过的棉籽饼或麦麸5 kg,傍晚撒在作物行间。

(2)蛴螬、金针虫防治 药剂包衣或拌种。用种衣剂克百威或30%氯氰菊酯(帅苗)直接包衣,包衣后的种子避免阳光直射;或者用40%辛硫磷乳油0.5 L加水20 L,拌种200 kg。用48%毒死蜱乳油2000倍液或40%辛硫磷乳油1000倍液灌根处理。

生长期发生金针虫,选用50%辛硫磷在距离受害植株根部10 cm处用树枝捅个小洞,将药剂施入沟内,可有效趋避金针虫的为害。

种子与50%～75%辛硫磷2000倍液按1:10拌种或20%甲基乙硫磷乳油1 kg拌种250～500 kg防治蛴螬。用辛硫磷和甲基乙硫磷,在播种前将药剂均匀喷撒地面,然后翻耕或用药剂与土壤混匀;或播种时将颗粒药剂与种子混播,或药肥混合后在播种时沟施,或将药剂配成药液顺垄浇灌或围灌防治幼虫。蛴螬成虫金龟子盛发期时,25%西维因粉、10%吡虫啉乳油800～1000倍液喷雾或15%的乐果粉1000～1500倍液。

(四)生物防治

生物防治是指利用自然界有益生物或其他生物来控制有害生物种群数量的防治方法。保护和利用天敌是害虫生物防治中的重要工作之一。

贾彦华等(2010)利用夏玉米田研究了撒施白僵菌、田间释放赤眼蜂和田间释放中红侧沟茧蜂3种生物防治技术对夏玉米主要害虫的防治效果。结果表明,田间释放赤眼蜂45万头/hm^2防治玉米螟效果较好,田间释放中红侧沟茧蜂7500头/hm^2对棉铃虫有一定防效,而在玉米心叶期撒施白僵菌900 g/hm^2对玉米螟和棉铃虫防效不明显。生产上采用田间释放赤眼蜂和中红侧沟茧蜂控制夏玉米虫害,具有方法简便、无农药残留、对害虫持续控制效果好等优点,可以在夏玉米田大面积推广。

吕文秀(2019)介绍,利用微生物界中的拮抗关系,采用微生物制剂,达到控制一些病害的发生,如枯草芽孢杆菌、苏云金芽孢杆菌、白僵菌等。白僵菌在农业应用中被称作"地下害虫专杀剂",对多种虫害都有很好的效果,如蛴螬、金针虫、地老虎、蝼蛄等鞘翅目、鳞翅目、直翅目地下害虫。

1. 利用微生物防治 常见的有应用真菌、细菌、病毒和能分泌抗生物质的抗生菌,如应用白僵菌、苏云金杆菌各种变种制剂、病毒粗提液和微孢子虫等防治玉米田棉铃虫、黏虫、玉米螟等重要害虫。

2. 利用寄生性天敌防治 最常见的有赤眼蜂防治玉米螟、中红侧沟茧蜂防治棉铃虫等多种害虫。

3. 利用捕食性天敌防治 这类天敌很多,玉米田节肢动物中捕食性天敌除有瓢虫、螳螂等昆虫外,还有蜘蛛和螨类。

4. 例1:玉米螟的生物防治 玉米螟的成虫在白天大多潜伏在茂密的作物中,或隐藏在杂草中,夜间会出来活动。并且玉米螟在玉米心叶期、抽雄期以及雌穗抽丝初期会成群为害。除此之外,在雨水充沛且均匀的季节,发生玉米螟的概率会大大增加。在新种植玉米的地区,玉米螟也会加重为害。以上这些因素都增加了治理玉米螟的难度。利用传统的喷洒农药的防治方式,不仅不能完全去除玉米螟成虫和卵,而且需要投入大量的人力物力和财力。重要的是,会产生残余农药,影响玉米质量。

玉米螟的生物防治方式是利用赤眼蜂、苏云金杆菌以及白僵菌等来防治。具体生物防治方法如下:在玉米螟卵孵化的初盛期,设放蜂点,利用赤眼蜂蜂卡放蜂15万~45万头,可以在玉米心叶中期每株玉米使用2 g孢子含量范围在50亿~100亿/g的白僵菌粉,按1:10的比例配置成颗粒剂使用即可;或可以用苏云金杆菌进行生物防治;用含菌量为100亿/g的BT乳油或BT-781DZ,每亩玉米地用10倍的颗粒剂在心叶末期使用效果佳。因为纬度、海拔的不同,玉米螟每年发生1~6代,利用生物防治的方法可以高效地解决玉米螟这一玉米虫害。

5. 例2:玉米蚜的生物防治 玉米蚜的繁殖代数非常多,适应温度范围广,适应能力强,所以往往玉米蚜1年可以繁殖20代左右。玉米蚜寄主范围非常广,传播能力强,并且会集中在新形成的心叶内为害,尤其在适合玉米生长的时期为害严重。但是玉米蚜天敌众多,可以利用生物防治的方法抑制其危害玉米的活动。例如,可以选择草间小黑蛛、隆背微蛛、瓢虫类和食蚜蝇等作为天敌品种。1个玉米心叶中只需要1头草间小黑蛛就能抑制玉米蚜的发生。草间小黑蛛的日捕食量为15~25头。在进行生物防治过程中,要注意保护和利用天敌。但是当在玉米抽雄株率到5%、有蚜株率10%以上时,生物防治不能完全解决玉米蚜的发生,这时需要进行相应的药剂防治。

6. 例3:草地贪夜蛾生物防治 我国有10种寄生蜂,可以遏制草地贪夜蛾的发展,可以采取放养寄生蜂,如赤眼蜂,能在一定的程度上起到防治作用。

第三节 杂草防除

一、中国杂草区系

中国位于欧亚大陆东部,东西跨越的经度有60°以上,相距约5200 km;南北跨越的纬度50°,南北相距5500 km。东起太平洋西岸,西至亚洲大陆腹部,南北跨热带、亚热带、暖温带、温带和寒温带。自然条件复杂多样,以大兴安岭、阴山、贺兰山至青藏高原东部为界,东南半部属于季风气候,比较湿润,季节化分明。西南部还受印度洋季风的影响,夏季西南季风盛行,并沿横断山脉长驱直入,但背风坡产生"焚风",形成干热河谷。西半部则为干旱的荒漠和草原气候。其南面的青藏高原为高寒的高原气候,与周围形成明显对比。中国地形多样,类型齐全,并有平原少、山地多、陆地高低悬殊的特点。中国地势分成三级巨大的阶梯,具有自西向东下降的趋势,决定着长江、黄河、珠江等大江的基本流向,也间接影响植物的分布。如此复杂的气候和地形使中国具有了丰富多彩的植物区系和植被类型。

李扬汉(1998)研究了中国主要杂草区系概况,可分为寒温带主要杂草区系;温带主要杂草区系;温带草原主要杂草区系;暖温带主要杂草区系;亚热带杂草区系;热带杂草区系;温带荒漠杂草区系;青藏高原高寒杂草区系。

中国杂草种类繁多,与其他植物强烈争夺营养、水分、光照和生存空间,同时又是农作物多种病虫害的中间寄主或越冬寄主,对玉米的产量和品质影响很大。对杂草的区系分析有助于人们了解一个地区杂草的种类组成、生物学特性及危害程度等,为杂草的综合防除提供依据。此外还可以为杂草植物资源的开发利用提供科学依据。

根据李扬汉《中国杂草志》的记载,中国种子植物杂草有90科571属1412种。其中裸子植物1种,被子植物1411种,隶属于89科570属。中国种子植物杂草的科、属、种分别占中国种子植物的37.22%、20.79%、5.93%。

二、杂草的生物学特性

全世界范围内杂草总数共计5万余种,属于农田杂草分类的就高达8200多种,在危害农业作物方面的有近300种。其中有近100种杂草对作物产量产生的影响较为严重,近20种所带来的危害极为严重,被称为恶性杂草。在中国被列入杂草名录的农田杂草有700余种,对中国的农业生产造成重要危害的农田杂草有70多种。杂草不但与耕地上的农作物争夺生长资源,进而影响农作物的生长,更为甚者,一部分杂草还是虫害的寄主。

李香菊(2001)介绍河北省夏播玉米田主要杂草有:马唐、马齿苋、铁苋菜、牛筋草、反枝苋、小藜、香附子、稗草、狗尾草、苍耳等,另外也有一些局部发生的杂草,如葎草、苘麻、鳢肠、鸭跖草以及田旋花、打碗花等旋花科杂草。

俞天辉(2002)从杂草发生期、杂草发生量、杂草出苗深度、杂草生长速率、杂草繁殖能力等方面介绍了杂草的生物学特性。

方永生(2013)从10个方面介绍了杂草的生物学特性:多种传粉途径;多实性、连续结实性和落粒性;多种传播方式;种子的长寿性;出苗持续不一;C_4光合途径;杂合性;可塑性;生态适应性和抗逆性强;对作物的拟态性。

三、玉米田常见杂草种类

曹瑛等(2010)根据2007—2009年对西安市夏玉米田杂草的系统调查和分析结果,明确了西安市夏玉米田的18科43种常见杂草及不同生态条件下的杂草群落结构,并通过各种杂草的田间均度、田间密度、频率、相对多度等量化参数,确定了反枝苋等9种杂草为西安市夏玉米田杂草优势种群,为制定科学合理的夏玉米田杂草综合治理技术方案,最大限度地控制杂草危害提供科学依据。

李秉华等(2014)介绍了2012年的调查结果。采用改良的倒"W"9点取样法对河北省夏玉米田的杂草群落进行调查,比较了杂草的相对优势度和杂草群落物种多样性指数,通过系统聚类分析对杂草群落进行相似性测度,采用主成分分析对杂草间相关性和分化方向进行分析。结果表明,夏玉米田的优势杂草主要是马唐等禾本科杂草,杂草群落可分为马唐+狗尾草+牛筋草+反枝苋+铁苋菜+打碗花和马唐+狗尾草+牛筋草+铁苋菜+马齿苋两类,分别属于冀中南山前平原和黑龙港地区两个地理区域。对杂草群落的生物多样性进行分析表明,黑龙港地区杂草群落中优势杂草的相对优势度高于冀中南山前平原,杂草群落结构的复杂程度和物种分布的均匀度低于冀中南山前平原。主成分分析表明,冀中南山前平原的各杂草种在群落中的分布比较均匀,黑龙港地区的各草种在群落中的分布则比较集中,且优势杂草间的相关性较高。

樊翠芹等(2014)介绍了2006—2012年期间的研究情况。为了研究"小麦一玉米"一年两熟制农田,连续免耕对玉米田杂草群落演替及对玉米产量的影响,进行了田间小区试验,采用倒置"W"取样法调查不同耕作方式玉米田杂草种类和数量,用生测法测杂草鲜重,玉米成熟后测产。结果表明,免耕覆盖麦秸和免耕玉米田的杂草种类由12种增加到13种,旋耕玉米田杂草种群构成没有变化,有11种杂草。连续免耕5年,免耕覆盖麦秸的杂草数量低于旋耕玉米田,但随免耕年限的增加杂草降低幅度呈减少趋势,免耕6~7年,二者杂草发生数量差异不大。免耕1~4年,免耕玉米田的杂草数量与旋耕田相比互有消长,从第5年开始免耕田杂草数量一直比旋耕田多;免耕覆盖麦秸的玉米田牛筋草所占比率明显降低,而马唐所占比率呈增加趋势。连续免耕3年后,免耕覆盖和免耕田玉米产量均下降,前者的降低幅度低于后者。免耕覆盖麦秸能减少玉米田杂草发生数量,而随免耕年限的延长抑制效果下降;免耕年限越长玉米田杂草发生越严重。

潘思杨(2015)利用田间调查的方法对黑龙江省哈尔滨、黑河、牡丹江、齐齐哈尔、绥化、大庆、佳木斯地区玉米田优势杂草的发生、分布、危害情况进行了系统的调查研究,确定黑龙江省不同地区玉米田的优势杂草群落。黑龙江省主要玉米产区的优势杂草有11科22种,分布广危害大的主要杂草为稗、藜、问荆。不同地区优势杂草有一定差别,哈尔滨地区为大蓟、龙葵、苍耳,黑河地区为小蓟,牡丹江地区为铁苋菜、狗尾草,绥化地区主要杂草为鸭跖草、小蓟、猪毛蒿,齐齐哈尔地区为反枝苋、狗尾草、猪毛蒿,大庆地区主要优势杂草为马唐、龙葵、苘麻,佳木斯地区为反枝苋、苘麻、蓼。

李津(2016)2015年对河北省昌黎县冬小麦田及春夏玉米田中杂草种类、数量进行了调查。结果表明,春夏玉米田间杂草共有18科31种,相似度90%以上。其中春玉米田杂草共有16科26种,主要杂草有马唐、旋花科(田旋花、牵牛花、打碗花)、反枝苋。夏玉米有13科24种,主要杂草有马唐、附地菜、稗草。不同地点、不同种植环境条件下春玉米田中杂草的种类高度相似,优势种不同;不同地点的春玉米杂草优势种主要是以马唐、反枝苋为主。不同种植环境条件下优势种主要是以饭包草为主。覆膜春玉米与不同作物间作,杂草种类高度相似,优势种不同,主要是以马唐、铁苋为主。覆膜与不覆膜对春玉米田杂草发生影响并不显著。不同地块的夏玉米田杂草调查中,共有的杂草优势种为马唐,其他杂草种类差异较为显著。不同前茬对于夏玉米田杂草发生的影响不显著。

王丽英等(2019)为明确玉米田杂草发生群落概况和制定科学合理的玉米田杂草农药化学防除技术,开展了山西省玉米田杂草种类调查及其防除技术研究。调查研究表明,山西省玉米田杂草种类主要约为17科65种,以马唐、狗尾草、苍耳、画眉草、稗草、田旋花、苣荬菜、藜、马齿苋、反枝苋为优势种群。

四、中国北方玉米田常见杂草简介

(一)禾本科

1. 马唐(*Digitaia Sanguinalis* L. Scop.) 禾本科马唐属,一年生杂草。马唐是玉米田的恶性杂草。发生数量、分布范围在旱地杂草中均具首位,以玉米生长的前中期危害为主。

形态特征:一年生草本。秆直立或下部倾斜,秆膝曲上升,高可达80 cm,无毛或节生柔毛。叶鞘短于节间,叶片线状披针形,基部圆形,边缘较厚,微粗糙,总状花序;穗轴直伸或开展,两侧具宽翼,边缘粗糙;小穗椭圆状披针形,第一颖小,短三角形,无脉;第二颖披针形,第一外稃等长于小穗,中脉平滑,两侧的脉间距离较宽,第二外稃近革质,灰绿色,顶端渐尖,等长于第一外稃;6—9月开花结果。

生活习性:在中国分布于西藏、四川、新疆、陕西、甘肃、山西、河北、河南及安徽等地。生于路旁、田野。在野生条件下,马唐一般于5—6月出苗,7—9月抽穗、开花,8—10月结实并成熟。人工种植生育期约150 d。马唐的分蘖力较强。一株生长良好的植株可以分生出8~18个茎枝,个别可达32枝之多。故在放牧或刈割的情况下,其再生力是相当强的。据湖南省畜牧兽医研究所的资料,在生长期内能刈割3~4次,刈割青草应留茬10 cm以上,留茬太低,降低其再生力。

繁殖方式:马唐的种子传播快,繁殖力强,植株生长快,分枝多。因此,它的竞争力强,广泛生长在田边、路旁、沟边、河滩、山坡等各类草本群落中,甚至能侵入竞争力很强的狗牙根、结缕草等群落中。

2. 牛筋草(*Eleusine indica* (L.) Gaertn.) 禾本科䅟属,一年生草本植物。

形态特征:一年生草本。根系极发达。秆丛生,基部倾斜。叶鞘两侧压扁而具脊,松弛,无毛或疏生疣毛;叶舌长约1 mm;叶片平展,线形,无毛或上面被疣基柔毛。穗状花序2~7个指状着生于秆顶,很少单生;小穗长4~7 mm,宽2~3 mm,含3~6朵小花;颖披针形,具脊,脊粗糙。囊果卵形,基部下凹,具明显的波状皱纹。鳞被2,折叠,具5脉。花果期6—10月。

生活习性:分布于中国南北各省区及全世界温带和热带地区。多生于村边、旷野、田边荒芜之地及道路旁。牛筋草在中国农田分布广泛,繁殖能力强,根系发达,适应性强,生存竞争能力强,对玉米等农田作物危害严重。

繁殖方式:大多数杂草种子为抵抗不良环境条件均存在一定的休眠特性,当种子由休眠状态转变为萌动状态时,需要有适宜的外界环境条件,如温度、光照、水分、氧气、土壤类型及土层深度。当进入生长季节时,种子也开始萌发生长,在环境条件不适宜萌发时,种子休眠,在土壤中多年,仍有活力。牛筋草杂草可通过有性和无性方法繁殖和增加。有性繁殖通过种子繁殖无性繁殖通过根、茎、叶或根茎、匍匐茎、块茎、球茎和鳞茎等器官繁殖。杂草可以通过营养繁殖器官散布传播,但主要是通过种子到处散布传播。杂草种子主要是借助自然力如风吹、流水及动物取食排泄传播,或附着在机械、动物皮毛或人的衣服、鞋子上,通过机械、动物或人的移动而到处散布传播。

3. 稗草(*Echinochloa crusgalli*(L.)Beauv.) 禾本科稗属一年生草本植物。稗草与农田作物共同吸收养分,因此,稗草属于玉米田恶性杂草。

形态特征:一年生草本。稗子和稻子外形极为相似。秆直立,基部倾斜或膝曲,光滑无毛。叶鞘松弛,下部者长于节间,上部者短于节间;无叶舌;叶片无毛。圆锥花序主轴具角棱,粗糙;小穗密集于穗轴的一侧,具极短柄或近无柄;第一颖三角形,基部包卷小穗,长为小穗的1/3~1/2,具5脉,被短硬毛或硬刺疣毛,第二颖先端具小尖头,具5脉,脉上具刺状硬毛,脉间被短硬毛;第一外稃草质,上部具7脉,先端延伸成一粗壮芒,内稃与外稃等长。形状似稻但叶片毛涩,颜色较浅。稗子与稻子共同吸收稻田里养分,因此稗子属于恶性杂草。

生活习性:稗子长在稻田里、沼泽、沟渠旁、低洼荒地。生于湿地或水中,是沟渠和水田及其四周较常见的杂草。

繁殖方式:平均气温12 ℃以上即能萌发。最适发芽温度为25~35 ℃,10 ℃以下、45 ℃以上不能发芽,土壤湿润,无水层时,发芽率最高。土深8 cm以上的稗籽不发芽,可进行二次休眠。在旱作土层中出苗深度为0~9 cm,在0~3 cm出苗率较高。东北、华北稗草于4月下旬开始出苗,生长到8月中旬,一般在7月上旬开始抽穗开花,生育期76~130 d。在上海地区5月上、中旬出现一个发生高峰,9月还可出现一个发生高峰。

4. 狗尾草(*Setaria viridis*(L.)Beauv.) 禾本科狗尾草属,一年生草本植物。

形态特征:一年生草本。根为须状,高大植株具支持根。秆直立或基部膝曲,高10~100 cm,基部径达3~7 mm。叶鞘松弛,无毛或疏具柔毛或疣毛,边缘具较长的密绵毛状纤毛;叶舌极短,缘有长1~2 mm的纤毛;叶片扁平,长三角状狭披针形或线状披针形,先端长渐尖或渐尖,基部钝圆形,几呈截状或渐窄,长4~30 cm,宽2~18 mm,通常无毛或疏被疣毛,边缘粗糙。

圆锥花序紧密呈圆柱状或基部稍疏离,直立或稍弯垂,主轴被较长柔毛,长2~15 cm,宽4~13 mm(除刚毛外),刚毛长4~12 mm,粗糙或微粗糙,直或稍扭曲,通常绿色或褐黄到紫红或紫色;小穗2~5个簇生于主轴上或更多的小穗着生在短小枝上,椭圆形,先端钝,长2~2.5mm,铅绿色;第一颖卵形、宽卵形,长约为小穗的1/3,先端钝或稍尖,具3脉;第二颖几与小穗等长,椭圆形,具5~7脉;第一外稃与小穗第长,具5~7脉,先端钝,其内稃短小狭窄;第二外稃椭圆形,顶端钝,具细点状皱纹,边缘内卷,狭窄;鳞被楔形,顶端微凹;花柱基分离;叶上下表皮脉间均为微波纹或无波纹的、壁较薄的长细胞。染色体$2n=18$,颖果灰白色。花果期5—10月。

生活习性:产于中国各地;生于海拔4000 m以下的荒野、道旁,为旱地作物常见的一种杂草。狗尾草喜长于温暖湿润气候区,以疏松肥沃、富含腐殖质的沙质壤土及黏壤土为宜。狗尾草危害麦类、谷子、玉米、棉花等旱作物。发生严重时可形成优势种群密被田间,争夺肥水,造成作物减产。且狗尾草是叶蝉、蓟马、蚜虫、小地老虎等诸多害虫的寄主,生命力顽强。对玉米危害极大。

繁殖方式:一年生晚春性杂草。以种子繁殖,一般4月中旬至5月种子发芽出苗,发芽适温为15~30 ℃,5月上、中旬为大发生高峰期,8—10月为结实期。种子可借风、流水与粪肥传播,经越冬休眠后萌发。

5. 画眉草 *Eragrostis pilosa* (L.) Beauv. 为禾本科画眉草属,一年生草本植物。

形态特征:一年生草本,秆丛生,直立或基部膝曲,高 20~60 cm,径 1.5~2.5 mm,通常具 4 节,光滑。叶鞘松裹茎,长于或短于节间,扁压,鞘缘近膜质,鞘口有长柔毛;叶舌退化为 1 圈纤毛,长约 0.5 mm;叶片线形,长 6~20 cm,宽 2~3 mm,扁平或内卷,背面光滑;表面粗糙。圆锥花序较开展,长 15~25 cm,分枝腋间具长柔毛,小穗成熟后,暗绿色或带紫黑色,长 3~10 mm,有 4~14 朵小花;颖披针形,先端钝或第二颖稍尖,第一颖长约 1 mm,常无脉,第二颖长 1.0~1.5 mm,有 1 脉;外稃侧脉不明显,第一外稃广卵形,长 1.5~2.0 mm,先端尖,具 3 脉,内稃作弓形弯曲,长约 1.5 mm,脊上有纤毛,迟落或宿存;雄蕊 3,花药长约 0.3 mm。颖果长圆形,长约 0.8 mm。花、果期 8—11 月。

生活习性:生于荒芜田野草地上。喜光,抗干旱,适应性强,对气候和土壤要求均不严。种子很小但数量多,靠风传播,常见于路边及荒芜草地,多混生在旱地作物或棉田中。产于全国各地;分布全世界温暖地区。

繁殖方式:种子繁殖。

(二) 苋科

1. 反枝苋 (*Amaranthus retroflexus* L.) 苋科苋属,一年生草本植物。反枝苋也是小地老虎、美国盲草牧蝽、玉米螟的田间寄主,对玉米危害极大。

形态特征:一年生草本,高 20~80 cm,有时达 1 m 多。茎直立,粗壮,单一或分枝,淡绿色,有时具带紫色条纹,稍具钝棱,密生短柔毛。叶片菱状卵形或椭圆状卵形,长 5~12 cm,宽 2~5 cm,顶端锐尖或尖凹,有小凸尖,基部楔形,全缘或波状缘,两面及边缘有柔毛,下面毛较密;叶柄长 1.5~5.5 cm,淡绿色,有时淡紫色,有柔毛。圆锥花序顶生及腋生,直立,直径 2~4 cm,由多数穗状花序形成,顶生花穗较侧生者长;苞片及小苞片钻形,长 4~6 mm,白色,背面有一龙骨状突起,伸出顶端成白色尖芒;花被片矩圆形或矩圆状倒卵形,长 2.0~2.5 mm,薄膜质,白色,有一淡绿色细中脉,顶端急尖或尖凹,具凸尖;雄蕊比花被片稍长;柱头 3 枚,有时 2 枚。

胞果扁卵形,长约 1.5 mm,环状横裂,薄膜质,淡绿色,包裹在宿存花被片内。种子近球形,直径 1 mm,棕色或黑色,边缘钝。5 月初出苗,花期 7—8 月,果期 8—9 月。

生活习性:生于农田、路边或荒地。反枝苋不耐阴,在密植田或高秆作物中生长发育不好。反枝苋喜湿润环境,亦耐旱,适应性极强,到处都能生长,是旱作物地及菜园、果园、荒地和路旁常见杂草,局部地区危害重。主要危害北方玉米种植区及黄淮海玉米种植区玉米田。

繁殖方式:种子发芽适温 15~30 ℃,土层内出苗深度 0~5 cm。黑龙江 5 月上旬出苗,一直持续到 7 月下旬,7 月初开始开花,7 月末至 8 月初种子陆续成熟。成熟种子无休眠期。

2. 凹头苋 (*Amaranthus lividus* L.) 苋科苋属,一年生草本植物。别名:野苋。

形态特征:一年生草本,高 10~30 cm,全体无毛;茎伏卧而上升,从基部分枝,淡绿色或紫红色。叶片卵形或菱状卵形,长 1.5~4.5 cm,宽 1~3 cm,顶端凹缺,有一芒尖,或微小不显,基部宽楔形,全缘或稍呈波状;叶柄长 1.0~3.5 cm。花成腋生花簇,直至下部叶的腋部,生在茎端和枝端者成直立穗状花序或圆锥花序;苞片及小苞片矩圆形,长不及 1 mm;花被片矩圆形或披针形,长 1.2~1.5 mm,淡绿色,顶端急尖,边缘内曲,背部有一隆起中脉;雄蕊比花被片稍短;柱头 3 枚或 2 枚,果熟时脱落。胞果扁卵形,长 3 mm,不裂,微皱缩而近平滑,超出宿存花被片。种子环形,直径约 12 mm,黑色至黑褐色,边缘具环状边。幼苗子叶 1 对,长椭圆形,先端钝圆,基部连合。下胚轴发达,上胚轴短。初生叶阔卵形,先端平截,具凹陷,叶基阔楔形,有长柄。后生叶除叶缘略呈波状外,与初生叶相似。成株肉质肥厚,有光泽无毛,绿色带紫色。株高 10~30 cm,茎圆柱形,倾斜或匍匐生长,由茎部分枝。单叶,对生,有时互生,矩圆形或倒卵形,全缘,顶端内凹。花 3~8 朵,簇生于小枝顶端,黄色,具凹头,下部结合;雄蕊 8~12 枚;花柱 4~6 枚,细长,伸出雄蕊之上,柱头 4~5 裂。籽实胞果椭圆形,每果内有种子 50 多粒。种子肾状扁圆形,黑色或褐色。花期 7—8 月,果期 8—9 月。

生活习性:种子随风、雨水或灌溉水及收获物进行传播。牲畜食用带有种子的苋菜,经消化道排出仍有发芽能力。多生于农田、地埂、路边、荒地和湿润的地方。除内蒙古、宁夏、青海、西藏外,全国广泛分布。

繁殖方式:种子繁殖。

3. 马齿苋($Portulaca\ oleracea$ L.) 马齿苋科马齿苋属,一年生草本植物。

形态特征:一年生草本,全株无毛。茎平卧,伏地铺散,枝淡绿色或带暗红色。叶互生,叶片扁平,肥厚,似马齿状,上面暗绿色,下面淡绿色或带暗红色;叶柄粗短。花无梗,午时盛开;苞片叶状;萼片绿色,盔形;花瓣黄色,倒卵形;雄蕊花药黄色;子房无毛。蒴果卵球形;种子细小,偏斜球形,黑褐色,有光泽。4 月下旬出苗,花期 5—8 月,果期 6—9 月。

生活习性:中国南北各地均产。性喜肥沃土壤,耐旱亦耐涝,生命力强,生于菜园、农田、路旁,为夏季田间常见杂草。黄淮海夏玉米田及长江流域玉米田危害较重。生于田野路边及庭园废墟等向阳处。马齿苋适应性非常强,耐热、耐旱,无论强光、弱光都可正常生长,比较适宜在温暖、湿润、肥沃的壤土或沙壤土中生长,其实无论在哪种土壤中马齿苋都能生长,能储存水分,既耐旱又耐涝。其发芽温度为 18 ℃,最适宜生长温度为 20~30 ℃。和其他杂草一样,马齿苋的生命力非常强。马齿苋在玉米田中形成优势群后,与玉米争夺大量土壤养分,对玉米后期生长造成影响。

(三)藜科

1. 藜($Chenopodium\ album$ L.) 藜科藜属,一年生草本植物。别名灰菜等。

形态特征:一年生草本,高 30~150 cm。茎直立,粗壮,具条棱及绿色或紫红色色条,多分枝;枝条斜升或开展。叶片菱状卵形至宽披针形,长 3~6 cm,宽 2.5~5.0 cm,先端急尖或微钝,基部楔形至宽楔形,上面通常无粉,有时嫩叶的上面有紫红色粉,下面多少有粉,边缘具不整齐锯齿;叶柄与叶片近等长,或为叶片长度的 1/2。花两性,花簇于枝上部排列成或大或小的穗状圆锥状或圆锥状花序;花被裂片 5 片,宽卵形至椭圆形,背面具纵隆脊,有粉,先端或微凹,边缘膜质;雄蕊 5 枚,花药伸出花被,柱头 2 个。果皮与种子贴生。种子横生,双凸镜状,直径 1.2~1.5 mm,边缘钝,黑色,有光泽,表面具浅沟纹;胚环形。3 月中旬出苗,花果期 5—10 月。

生活习性:分布于全球温带及热带地区,中国各地可见,生长于海拔 50~4200 m 的地区,见于路旁、荒地及田间,尚未由人工引种栽培。生于农田、菜园、村舍附近或有轻度盐碱的土地上。

繁殖方式:藜会分泌一些化学物质影响到玉米的正常生长,在形成优势群后也会与玉米争夺养分,而且它还是多种害虫的寄主,所以也是玉米田的恶性杂草。在黄淮海地区及西北地区玉米田危害较重。

2. 小藜（*Chenopodium serotinum* L.）　藜科藜属,一年生草本植物。俗称:苦落藜。

形态特征:幼苗子叶线形,肉质,基部紫红色,有短叶柄。初生叶线形,先端钝,基部楔形,全缘,叶下面略呈紫红色,有短柄。下胚轴与上胚轴均较发达,玫瑰红色。后生叶披针形,常于基部有2个较短的裂片,叶缘具波状齿。成株株高20～50 cm。茎直立,有分枝,有绿色纵条纹,幼茎常密被粉粒。叶互生,有柄,长圆状卵形,长2～5 cm,宽1～3 cm,先端钝,边缘有波状齿,下部的叶近基部有2个较大的裂片,两面疏生粉粒。花和籽实花序穗状或圆锥状,腋生或顶生。花两性。花被片5片,先端钝,淡绿色。雄蕊5枚,长于花被。柱头2个,线形。胞果包于花被内,果皮膜质。种子直径约1 mm,圆形,边缘有棱,黑色,有光泽,表面有明显的蜂窝状网纹。早春萌发,花期4—6月,果期5—7月。

生活习性:除西藏以外,全国都有分布。适应性和生命力很强,具有抗寒、耐盐碱和抗旱、抗风沙能力,因而对气候、土壤、水分等有着广泛的适应能力。在适宜条件下可长成大株丛,而在不良环境下,虽然植株矮小瘦弱,但可正常开花结实。

繁殖方式:种子繁殖,繁殖力很强,几乎植株上每个枝端都能形成花序,开花、结实、种子小而多。

（四）旋花科

1. 打碗花（*Calystegia hederacea* Wall.）　打碗花属旋花科,一年生草本植物。又名打碗碗花、小旋花、面根藤、狗儿蔓、蓄秧、斧子苗、喇叭花。中国各地均有分布。

形态特征:一年生草本,全体不被毛,植株通常矮小,高8～40 cm,常自基部分枝,具细长白色的根。茎细,平卧,有细棱。基部叶片长圆形,长2.0～5.5 cm,宽1.0～2.5 cm,顶端圆,基部戟形,上部叶片3裂,中裂片长圆形或长圆状披针形,侧裂片近三角形,全缘或2～3裂,叶片基部心形或戟形;叶柄长1～5 cm。花腋生,1朵,花梗长于叶柄,有细棱,苞片宽卵形,长0.8～1.6 cm,顶端钝或锐尖至渐尖,抱萼;萼片长圆形,长0.6～1.0 cm,顶端钝,具小短尖头,内萼片稍短;花冠淡紫色或淡红色,钟状,长2～4 cm,冠檐近截形或微裂;雄蕊近等长,花丝基部扩大,贴生花冠管基部,被小鳞毛;子房无毛,柱头2裂,裂片长圆形,扁平。蒴果卵球形,长约1 cm,宿存萼片与之近等长或稍短。种子黑褐色,长4～5 mm,表面有小疣。花期5—8月。

生活习性:打碗花喜欢温和湿润气候,也耐恶劣环境,适应沙质土壤。打碗花由于地下茎蔓延迅速,常成单优势群落,对农田危害较严重,在有些地区成为恶性杂草,不仅直接影响玉米生长,而且能导致玉米倒伏,有碍机械收割。是小地老虎的寄主。生长于海拔100～3500 m的地区,多生长于农田、平原、荒地及路旁。

繁殖方式:以根芽和种子繁殖。目前尚未由人工引种栽培,田间以无性繁殖为主,地下茎质脆易断,每个带节的断体都能长出新的植株。

2. 田旋花（*Convolvulus arvensis* L.）　旋花科旋花属,多年生草质藤本。

形态特征:多年生草质藤本,近无毛。根状茎横走。茎平卧或缠绕,有棱。叶柄长1～2 cm;叶片戟形或箭形,长2.5～6.0 cm,宽1.0～3.5 cm,全缘或3裂,先端近圆或微尖,有小突尖头;中裂片卵状椭圆形、狭三角形、披针状椭圆形或线性;侧裂片开展或呈耳形。花1～3朵腋生;花梗细弱;苞片线性,与萼远离;萼片倒卵状圆形,无毛或被疏毛;缘膜质;花冠漏斗形,粉红色、白色,长约2 cm,外面有柔毛,褶上无毛,有不明显的5浅裂;雄蕊的花丝基部肿大,有小鳞毛;子房2室,有毛,柱头2个,狭长。蒴果球形或圆锥状,无毛;种子椭圆形,无毛。田旋花对玉米危害表现在大发生时,常成片生长,密被地面,缠绕向上,强烈抑制玉米生长,造成玉米倒伏。它还是小地老虎第一代幼虫的寄主。

生活习性:多年生根蘖杂草,喜潮湿肥沃的黑色土壤,常生长于农田内外、荒地、草地、路旁沟边,枝多叶茂,相互缠绕,根平伸或斜行在50~60 cm的土壤中,于夏、秋间在近地面的根上产生新的越冬芽,5—8月开花,8—9月成熟。

繁殖方式:田旋花可通过根茎和种子繁殖、传播。种子可由鸟类和哺乳动物取食进行远距离传播。

(五)菊科

1. 苍耳(*Xanthium sibiricum* Patrin)　菊科苍耳属,一年生草本植物。

形态特征:一年生草本,高20~90 cm。根纺锤状,分枝或不分枝。茎直立不分枝或少有分枝,下部圆柱形,直径4~10 mm,上部有纵沟,被灰白色糙伏毛。

叶三角状卵形或心形,长4~10 cm,宽5~12 cm,近全缘,或有3~5片不明显浅裂,顶端尖或钝,基部稍心形或截形,与叶柄连接处成相等的楔形,边缘有不规则的粗锯齿,有3基出脉,侧脉弧形,直达叶缘,脉上密被糙伏毛,上面绿色,下面苍白色,被糙伏毛;叶柄长3~11 cm。

雄性的头状花序球形,直径4~6 mm,有或无花序梗,总苞片长圆状披针形,长1.0~1.5 mm,被短柔毛,花托柱状,托片倒披针形,长约2 mm,顶端尖,有微毛,有多数的雄花,花冠钟形,管部上端有5宽裂片;花药长圆状线形;雌性的头状花序椭圆形,外层总苞片小,披针形,长约3 mm,被短柔毛,内层总苞片结合成囊状,宽卵形或椭圆形,绿色,淡黄绿色或有时带红褐色。

在瘦果成熟时变坚硬,连同喙部长12~15 mm,宽4~7 mm,外面有疏生的具钩状的刺,刺极细而直,基部微增粗或几不增粗,长1.0~1.5 mm,基部被柔毛,常有腺点,或全部无毛;喙坚硬,锥形,上端略呈镰刀状,长2.5 mm,常不等长,少有结合而成1个喙。瘦果2枚,倒卵形。4—5月萌发,花期7—8月,果期9—10月。

生活习性:中国各地广布。苍耳喜温暖稍湿润气候。耐干旱瘠薄。种子易混入农作物种子中。根系发达,入土较深,不易清除和拔出。苍耳自然生长在平原、丘陵、低山、荒野、路边、沟旁、田边、草地、村旁等处。

繁殖方式:苍耳的种子要求不高,只需将种子清洗,然后进行风干即可播种。苍耳喜生长在土质松软深厚、水源充足及肥沃的地块上,pH值5左右。提高土壤的通透性,增强土壤的肥力,促进苍耳种子发芽及营养吸收。

2. 苣荬菜(*Sonchus brachyotus* D C.)　菊科苦苣菜属,多年生草本植物。又名败酱草(北方地区名),黑龙江地区又名小蓟,山东地区也有称作苦苣菜、取麻菜、曲曲芽。

形态特征:多年生草本。根垂直直伸,茎直立,高30~150 cm,有细条纹,上部或顶部有伞房状花序分枝,花序分枝与花序梗被稠密的头状具柄的腺毛。基生叶多数,叶片偏斜半椭圆形、椭圆形、卵形、偏斜卵形、偏斜三角形、半圆形或耳状,顶裂片稍大,长卵形、椭圆形或长卵状椭圆形,头状花序在茎枝顶端排成伞房状花序。总苞钟状,苞片外层披针形,舌状小花多数,黄色。瘦果稍压扁,长椭圆形,冠毛白色,1—9月开花结果。

生活习性:生长于海拔200~2300 m的荒山坡地、林间草地、潮湿地或近水旁、村边或河边石滩等地。主要分布于中国西北、华北、东北等地野生。

繁殖方式:苣荬菜主要靠地下匍匐茎繁殖,也有靠种子播种繁殖的。

3. 鳢肠(*Eclipta prostrata* L.) 菊科鳢肠属。一年生草本植物。

形态特征：一年生草本，茎直立，高可达 60 cm，叶片长圆状披针形或披针形，无柄或有极短的柄，两面被密硬糙毛。头状花序，有细花序梗；总苞球状钟形，总苞片绿色，草质，长圆形或长圆状披针形，外围的雌花，舌状，舌片短，花冠管状，白色，花柱分枝钝，花托凸，托片中部以上有微毛；瘦果暗褐色，雌花的瘦果三棱形，两性花的瘦果扁四棱形，6—9月开花。

生活习性：生于河边、田边或路旁。喜湿润气候，耐阴湿。鳢肠喜生于湿润之处，见于路边、田边、塘边及河岸，亦生于潮湿荒地或丢荒的水田中，常与马齿苋(*Portulaca oleracea*)、白花蛇舌草(*Hedyoftis diffusa*)、千金子(*Leptochloa chinensis*)等伴生。

繁殖方式：耐阴性强，能在阴湿地上良好生长。用种子繁殖。春季4月按行距 30 cm，开条沟、深 2～3 cm，将种子均匀播入，薄覆细土，以不见种子为度，稍加镇压，浇水。经 15 d 左右出苗。以潮湿、疏松肥沃，富含腐殖质的沙质坟土或壤土栽培为宜。

(六)其他科杂草

1. 铁苋菜(*Acalypha australis* L.) 大戟科铁苋菜属铁苋菜种，一年生草本植物。

形态特征：一年生草本，高 0.2～0.5 m，小枝细长，被贴毛柔毛，毛逐渐稀疏。叶膜质，长卵形、近菱状卵形或阔披针形，长 3～9 cm，宽 1～5 cm，雌雄花同序，花序腋生，稀顶生，长 1.5～5.0 cm，花序梗长 0.5～3.0 cm，花序轴具短毛，花梗长 0.5 mm；雄花：花蕾时近球形，无毛，花萼裂片 4 枚，卵形，长约 0.5 mm，雄蕊 7～8 枚；雌花：萼片 3 枚，长卵形，长 0.5～1.0 mm，具疏毛。蒴果小，直径 4 mm，钝三棱形，表面有毛，毛基部有瘤状突起。种子卵形，种皮平滑，假种阜细长。

生活习性：生于山坡、沟边、路旁、田野。中国几乎都有分布，长江流域尤多。是旱作物地常见的杂草，常成优势杂草。花期 5—7 月，果期 7—8 月。

繁殖方式：铁苋菜的种子较小，播种掺些细沙或细土可以使播种均匀。

2. 葎草(*Humulus scandens* (Lour.) Merr.) 葎草属桑科葎草种，多年生缠绕草本植物，匍匐或缠绕。别称：蛇割藤、割人藤、拉拉秧、拉拉藤、五爪龙。

形态特征：多年生缠绕草本，茎、枝、叶柄均具倒钩刺。叶片纸质，肾状五角形，掌状，基部心脏形，表面粗糙，背面有柔毛和黄色腺体，裂片卵状三角形，边缘具锯齿；雄花小，黄绿色，圆锥花序，雌花序球果状，苞片纸质，三角形，子房为苞片包围，瘦果成熟时露出苞片外。花期春夏，果期秋季。

生活习性：常生于沟边、荒地、废墟、林缘边。葎草耐寒、抗旱、喜肥、喜光。适应能力非常强，适生幅度特别宽，年均气温 5.7～22.0 ℃，年降水 350～1400 mm，土壤 pH 值在 4.0～8.5 的环境均能生长。葎草喜欢生长于肥土上，但贫瘠之处也能生长，只是肥沃土地上生长更加旺盛。葎草的雌雄株花期不一致，雄株 7 月下旬开花，而雌株在 8 月中旬开花，开花后生长缓慢；9 月下旬种子成熟，葎草生长也停止。在北方环境中，3 月下旬至 4 月上旬葎草出芽，5 月底以前缓慢生长，直到高温多雨的 6 月才快速生长。中国除新疆、青海、西藏外，其他各省区均有分布。

繁殖方式：葎草种子产量很高，1 株可产数万粒，主要以风和鼠虫类为媒介传播。当年种子除土壤深层的以外，次年基本都能发芽。另外，葎草的分枝和再生能力也很惊人，每株分枝数个至十几个分枝，如留茬刈割，再生能力也很强。用种子繁殖时，一般 9—10 月采收种子。

3. 鸭跖草(*Commelina communis* L.) 鸭跖草科鸭跖草属鸭跖草种，一年生披散草本植物。别名碧竹子、翠蝴蝶、淡竹叶等。

形态特征：一年生披散草本，鸭跖草叶形为披针形至卵状披针形，叶序为互生，茎为匍匐茎，花朵为聚花序，顶生或腋生，雌雄同株，花瓣上面两瓣为蓝色，下面一瓣为白色，花苞呈佛焰苞状，绿色，雄蕊有6枚。蒴果椭圆形，长5～7 mm，2室，2瓣裂，有种子4颗。种子长2～3 mm，棕黄色，一端平截、腹面平，有不规则窝孔。茎下部匍匐生根，长可达1 m。花期6—9月。

生活习性：鸭跖草常见生于湿地，田边、菜园常有生长。鸭跖草属寒温带杂草，耐低温，出土时间早而持续出土时间长，发生密度大，为黄淮海地区北部春玉米田主要杂草之一，对玉米苗期危害较严重。适应性强，在全光照或半阴环境下都能生长。但不能过阴，否则叶色减褪为浅粉绿色，易徒长。喜温暖，湿润气候，喜弱光，忌阳光暴晒，最适生长温度20～30 ℃，夜间温度10～18 ℃生长良好，冬季不低于10 ℃。对土壤要求不严，耐旱性强，土壤略微有点湿就可以生长，如果盆土长期过湿，易出现茎叶腐烂。

繁殖方式：鸭跖草用种子繁殖。

4. 苘麻（*Abutilon theophrasti* Medicus） 锦葵科苘麻属苘麻种，一年生亚灌木状草本。又称椿麻、塘麻、青麻、白麻、车轮草等。

形态特征：一年生亚灌木草本，高达1～2 m，茎枝被柔毛。叶：互生，圆心形，长5～10 cm，边缘具细圆锯齿，两面均密被星状柔毛；叶柄被星状细柔毛；托叶早落。花：单生于叶腋，花梗长1～13 cm，被柔毛；花萼杯状，裂片卵形；花黄色，花瓣倒卵形。蒴果半球形，直径约2 cm，种子肾形，褐色，被星状柔毛。花期6—8月，果期8—9月。

生活习性：苘麻在中国除青藏高原不产外，其他各省区均产，常见于路旁、荒地和田野间。苘麻形成优势群后对玉米后期生长影响很大，苘麻高度可与玉米抽雄前相当，争夺土壤养分，对玉米造成危害。为东北及黄淮海地区玉米田常见杂草，轻度危害。

繁殖方式：有栽培的，常散落为野生的。

5. 蓼草（*Polygonum Lapathifolinm* L.） 柳叶菜科丁香蓼属，一年生草本植物。别名：丁子蓼、红豇豆、喇叭草、水冬瓜、水丁香、水苴仔、水黄麻、水杨柳、田蓼草。

形态特征：一年生草本，全株较光滑，高40～60 cm。须根多数；幼苗平卧地上，或作倾卧状，后抽茎直立或下部斜升，多分枝，有纵棱，略红紫色，无毛或微被短毛。叶互生；叶柄长3～8 mm；叶片披针形或长圆状披针形，长2～8 cm，宽1～2 cm，全缘，近无毛，上面有紫红色斑点。花两性，单生于叶腋，黄以，无柄，基部有小苞片2片；萼筒与子房合生，萼片4片，卵状披针形，长2.5～3.0 mm，外略被短柔毛；花瓣4片，稍短于花萼裂片，雄蕊4枚，子房下位，花柱短，柱头单一，头状。蒴果线状四方形，略具4棱，长1～4 cm，宽约1.5 mm，稍带紫色，成熟后室背不规则开裂；种子多数，细小，光滑，棕黄色。花期7—8月，果期9—10月。

生活习性：生于田间、水边、沟畔湿处及沼泽地。分布于江苏、安徽、湖北、湖南、四川、贵州等地。

6. 问荆（*Equisetum arvense* L.） 木贼科木贼属问荆种，地上茎一年生，中小型蕨类植物。

形态特征：地上茎一年生，根茎斜升，直立和横走，黑棕色，地上枝当年枯萎。枝二型。高可达35 cm，中部直径3～5 mm，节间长2～6 cm，黄棕色，鞘筒栗棕色或淡黄色，栗棕色，狭三角形，孢子散后能育枝枯萎。不育枝后萌发，鞘齿三角形，宿存。侧枝柔软纤细，扁平状，孢子囊穗圆柱形，顶端钝，成熟时柄伸长。

生活习性：生于溪边或阴谷，海拔0～3700 m。常见于河道沟渠旁、疏林、荒野和路边，潮湿的草地、沙土地、耕地、山坡及草甸等处。对气候、土壤有较强的适应性。喜湿润而光线充足的环境,生长适温白天为 18~24 ℃,夜间为 7~13 ℃,要求中性土壤。

繁殖方式:以根茎繁殖为主,也可进行孢子繁殖。孢子繁殖:从孢子囊穗上采下成熟的孢子囊,将孢子播种于土壤表面,稍覆土,浇水保持湿润,即可萌发。根茎繁殖:早春或秋季将根茎分成 6 cm 长小段,栽于土壤中,覆土 5~6 cm,浇水易成活。

五、防除措施

玉米田杂草发生危害期较长,玉米苗期受杂草危害严重,中后期的杂草对玉米生长影响不大。玉米苗期受杂草危害易产生植株矮小、秆细叶黄等症状,经常导致玉米中后期生长不良,空秆率提高,穗粒数和粒重明显下降,造成玉米减产严重。同时,由于杂草存在会严重消耗玉米生长所必需的各种自然资源,使玉米生长发育受到阻碍;另外,病虫常在杂草中寄生过冬,对第二年新生长玉米形成转移危害,因此杂草危害已成为影响玉米优质高产的重要问题。

(一)农艺防除

1. 常用除草方式

(1)合理轮作　各种作物常有其各自的伴生杂草或寄生杂草,这些杂草之所以能够与某种作物伴生,其原因主要是它们在长期生长发育过程中形成的生态习性以及其所需的生态环境与某种作物相似。例如马唐、牛筋草、狗尾草等旱生型杂草,抗旱能力较强,常生长在较为干旱的环境条件下,与玉米所需的生态条件相似,因而逐渐成为玉米的伴生杂草。在玉米的生产过程中如能做到科学合理地与其他作物轮作换茬,改变其生态和环境条件,便可明显减轻此类杂草的危害。用犁、耙、中耕机等农具,在不同时间和季节进行耕作,对杂草有杀除作用。

(2)精选种子和品种　杂草种子的主要扩散途径之一是随作物种子传播。在玉米播种前应进行种子精选,清除已混杂在玉米种子中的杂草种子,减轻危害。同时挑选抑草品种可在一定程度上防治杂草。

(3)清洁玉米田周边环境　田间施用的有机肥包括家畜粪便,路旁、沟边、林地中的草皮,各种饲料残渣,粮食、油料加工的废料,各种作物的秸秆等,其中或多或少均带有不同种类与数量的杂草种子。因此,堆厩肥料必须要经过 50~70 ℃高温堆沤处理,"闷死"或"烧死"混在其中的杂草种子,然后才能施用。要及时除去玉米田周围和路旁、沟边的杂草,防止向田内扩散蔓延。

(4)合理密植,加强田间管理　玉米科学合理的密植栽培,可加速封行进程,利用其自身的群体优势抑制中后期杂草的生长。种植半紧凑型玉米品种对田间杂草总数量和生物量的抑制作用要大于紧凑型玉米品种。增加玉米种植密度,导致玉米与杂草之间的种间竞争加剧,杂草的生存资源减少,使杂草的发生量减少,但要注意品种可承受种植密度上限。

(5)植物检疫　杂草检疫工作是防除杂草的重要预防措施之一。在农产品进出口及玉米种子调运过程中,要遵照执行国家颁布的"植物检疫条例",制定切实可行的检疫措施,防止危险性杂草的传播与扩散。

2. 其他农艺措施　周青等(2005)介绍,安阳市麦垄套种玉米田主要杂草种类共有 16 种,隶属 11 科,多为一年生杂草。在未中耕灭茬的玉米田,以马唐、狗尾草、莎草、牛筋草为主要优势种杂草,在中耕灭茬的玉米田以马唐、狗尾草、马齿苋、牛筋草、反枝苋为主要优势种杂草。针对生产实际,经过多年的试验研究,筛选了一批高效、安全的除草剂品种及混用配方,探索出一套以农业防除为基础、化学除草为主要手段的防除对策。

杨继芝等(2011)介绍,通过对玉米田杂草的调查,研究了不同密度和品种对玉米田杂草种类和生物量变化及玉米产量的影响。结果表明,在玉米全生育期内共发现以稗草(*Echinochloa colonum*(Linn.)Link)、水花生(*Alternanthera philoxeroides*)、水芹(*Lepidium sativum*)等为主的21种杂草,以水芹的重要值最高;随密度的增加杂草的总数量和鲜质量减少;半紧凑型品种对杂草数量和生物量的抑制作用大于紧凑型品种,且产量高出了21.99%。密度对玉米产量的影响差异不显著,以B3(57000株/hm^2)产量最高,比常规密度B1(42000株/hm^2)和高密度B4(64500株/hm^2)的产量提高了14.17%和0.6%。可见,应根据玉米的品种类型,因地制宜地确定适宜的种植密度,以利于杂草防除和高产稳产。

郭满平等(2014)试验观察了不同覆膜栽培方式对玉米田间杂草的防效。结果表明,以全膜双垄沟播栽培的株防效、鲜重防效、优势种杂草鲜重防效最高,较半膜、露地栽培株防效分别提高31.6%、45.2%,鲜重防效分别提高39.7%、74.6%,优势种杂草种类分别减少4种、8种,优势种杂草鲜重防效分别提高41.8%、68.2%。

韩菊红(2017)为了确定杂草防除适期,在陇东旱塬区生态条件下研究了玉米苗后无杂草持续时间对露地玉米生长发育的影响。结果表明,随玉米苗后无杂草持续时间的延长,玉米主要农艺性状呈逐渐改善、产量呈逐渐递增的态势。其中,玉米株高、株高整齐度、果穗长、穗粒数、果穗粗及产量随苗后无杂草持续时间的延长而递增的幅度均以0~10 d的最大,10~20 d的次之;百粒重随玉米苗后无杂草持续时间的延长而呈持续较快的递增态势;果穗秃顶长随苗后无杂草持续时间的延长呈持续缓慢递减态势。可见,玉米全生育期不除草(玉米苗后0 d无草)对玉米主要农艺性状和产量等均有十分明显的负面影响,玉米减产幅度接近70%;玉米苗后20 d内及时彻底清除田间杂草对于改善玉米主要农艺性状、确保玉米高产稳产具有十分重要的作用,玉米减产幅度可控制在5.85%以内。生产上宜将陇东旱塬区露地玉米田杂草的防除适期掌握在玉米苗后20 d以内。

王宇等(2017)为了明确春玉米田杂草防治关键期,2013年和2014年通过不同时间除草对春玉米产量影响的田间小区试验,对黑龙江省哈尔滨市春玉米田杂草防治关键期进行了研究。结果表明,田间杂草以稗草、藜、苘麻为主,发生密度在100株/m^2。出苗后21 d之前除草玉米产量与无草对照没有显著差异,出苗后28 d除草玉米产量和无草对照差异显著,可造成较大的产量损失。根据试验结果,春玉米杂草防治关键期为玉米出苗后21~28 d。为了将产量损失率控制在5%以内,最好在玉米出苗后21 d之前对杂草进行防治。

李香菊等(2001)论述了河北省夏播玉米田杂草群落的组成、翻耕和免耕两种不同种植方式的玉米田杂草的发生及消长规律,并就不同种植方式的玉米田提出了相应的化学防除药剂及施用技术:在翻耕玉米田,以喷施乙阿合剂做播后苗前土壤处理为主;免耕贴茬玉米田,在作物播后苗前喷施农达混用乙阿合剂;麦垄套种的玉米田,在小麦收获后立即喷施玉农乐或玉农乐与阿特拉津混用做茎叶处理;采用克芜踪行间定向喷雾防除玉米生育后期的杂草。通过调查,河北省夏播玉米田杂草共有23个科、77个种,其中出现频率高、密度大、危害严重的杂草有10种。夏玉米田杂草以晚春性杂草为主。一般在日平均气温15 ℃左右(冀中南地区4月25日左右)开始出土;至日平均气温25 ℃(7月初)达出苗高峰,以后随着气温升高及降雨量加大,杂草出苗数增加;至日平均气温30 ℃(7月20日左右)达最高值。

(二)化学防除

中国三大农药产品(杀虫剂、杀菌剂、除草剂)中,除草剂所占比例为25%,种类丰富,其中以稻田、麦田、大豆田、玉米田除草剂的品种较多。其中,土壤处理除草剂(乙草胺、异丙甲草胺等酰胺类除草剂)与茎叶处理除草剂(烟嘧磺隆、硝磺草酮等)对夏玉米田杂草防治效果显著。中国玉米田苗后除草剂品种主要为烟嘧磺隆、单嘧磺隆、硝磺草酮、阿特拉津和百草枯等(李艳霞等,2010;胡运霞,2010)。

玉米播种前灭生性除草:播种前利用除草剂进行灭生性除草适用于复播玉米,在玉米播种前杂草可能会出现较多的地方,由于上一茬口留下的杂草比较多、比较大,因此,可选用灭生性除草剂进行稀释后喷雾茎叶使用,清除杂草。每亩用20%百草枯水剂150 mL,10%草甘膦水剂500~700 mL等灭生性除草剂均可达到良好的除草效果。

播后苗前土壤处理:利用除草剂处理土壤及将除草剂兑水进行搅匀后,喷洒到土壤表面或用细土拌匀撒施到田间,在土壤表面形成药膜,杀死萌发出土的杂草幼苗。苗前土壤处理具有使用方便、操作简单、对作物较为安全的特点。另外,由于除草剂残效期较长,控制杂草时期较长。目前使用较多的土壤处理除草剂的种类有:

① 50%乙草胺150 mL/亩,兑水40~50 kg进行喷雾。

② 40%阿特拉津EC 175~250 mL/亩,兑水10 kg进行低容量喷雾,这类除草剂主要防除像稗草、狗尾草等一年生禾本科杂草,也可以防除龙葵、灰藜等一年生小粒种子的阔叶草。为了扩大杀草谱,可以将阿特拉津与乙草胺、异丙甲草胺、甲草胺除草剂等混用,进行苗前封闭除草(用药量分别减半)。

③ 施用72%的异丙甲草胺EC 100~150 mL/亩,或48%的甲草胺EC 200~300 mL/亩,兑水30~45 kg进行播种前的土壤表层喷雾处理。同时,播后苗前可以用苄嘧磺隆、乙草胺,2,4-D丁酯、莠去津等多种除草剂进一步防除。

一般来说,玉米在苗期阶段受杂草影响较为严重,玉米田化学防除杂草的方式通常为播前除草、播后芽前除草、苗后除草。化学除草方式和常用药剂选择主要有以下几种(表6-1)。

表6-1 玉米田杂草防除常用药剂

化学除草方式	适用种植区	使用药剂
播前除草	一年一熟,春玉米、留种地制种玉米、油菜玉米轮作区	百草枯、草甘膦
播后芽前	一年一熟,春玉米	乙草胺、乙莠、2,4-D丁酯、甲草胺、异丙草胺、异丙甲草胺、丁草胺、莠去津等
苗后除草	一年二熟或三熟,夏玉米,或小麦、玉米、水稻轮作或者套作	烟嘧磺隆、磺草酮、硝磺草酮、甲基磺草酮、莠去津、砜嘧磺隆等

1. 不同种植方式玉米田化学防除技术

(1)免耕玉米田的防除 麦垄套种玉米田在麦收后玉米已经出苗,小麦收获时麦茬较高,同时有部分杂草已经出土,用40%乙·莠悬乳剂等土壤处理剂除草效果不理想,而且天气干旱时玉米易发生药害。所以,此类玉米田以施用茎叶处理剂为主,或用茎叶处理剂与土壤处理剂混用,施药剂量适当比其单用时减少。选用的药剂为:4%玉农乐悬浮剂75 mL/亩单用或4%玉农乐悬浮剂50 mL/亩桶混40%乙·莠悬乳剂100 mL/亩(或其他土壤处理剂)。玉农乐不但能防除玉米田主要杂草,对近几年日渐增加的落粒高粱、野黍和小麦自生苗也有理想防除作用。2.25%康施它(Cornstar)悬乳剂80～100 mL/亩对玉米田苗后杂草的防效也非常理想,可作为玉农乐的替换品种使用。"贴茬"玉米田如果收麦后田间杂草较多,除草剂可选用克芜踪、草甘膦等灭生性、触杀型药剂桶混40%乙·莠悬乳剂等土壤封闭型药剂,在玉米播后苗前使用。具体用量为41%农达水剂150 mL/亩桶混40%乙·莠悬乳剂200 mL/亩,在玉米播种后出苗前喷雾杂草上。农达的替代药剂为10%草甘膦水剂400 mL/亩、20%克芜踪水剂150 mL/亩、33%草甘膦可湿性粉剂150 g/亩等;40%乙·莠悬乳剂的替代药剂为等剂量都·阿合剂、玉草净悬浮剂等。如果收麦后田间基本无杂草,可在玉米播后苗前直接喷施土壤封闭型药剂40%乙·莠悬乳剂200 mL/亩或同等剂量都·阿合剂、玉草净等。值得注意的是,由于联合收割机的使用,小麦收获后田间麦秸碎段较多,截获了一部分药剂,降低了药效。这时,应比常规情况下增加喷液量。

(2)大叶龄杂草的防除 在免耕及翻耕玉米田常会出现播后苗前土壤处理剂防效不理想,没能很好控草,造成玉米出苗后杂草较多的情况。这时可选用玉农乐及康施它等苗后除草剂。相对来讲,它们对玉米苗后较大叶龄的杂草有良好的防除效果。用药时期以玉米田杂草5叶左右、玉米3～5叶期为宜。施药剂量为4%玉农乐悬乳剂75 mL/亩或2.25%康施它悬乳剂100 mL/亩。如果玉米生育早期没来得及喷施玉农乐、康施它等选择性茎叶处理剂,或虽然喷施了除草剂但除草效果不佳,生育后期田间杂草较多,可用20%克芜踪水剂150～200 mL/亩加保护罩在玉米行间进行喷雾。在施药技术上,要做到药量准确、喷药均匀;药剂用药前摇匀并最好配成母液;3级以上风力时,最好停止用药,以防药液漂移到附近农田,危害敏感作物;土壤处理剂用药前做到土地平整、土壤湿润、干旱情况下浇水,促使杂草早出苗,干旱多风地区可进行浅耙混土;茎叶处理剂施用时在用药后24 h应无降雨,最好避免中午或气温较高时用药,以免药液蒸发太快、作物叶片药剂浓度升高造成作物药害;喷药时严禁重喷漏喷,注意安全作业。

(3)合理使用除草剂 除草剂的混用是预防和应对杂草抗性的重要手段。有目的地轮换使用除草剂是有效预防杂草抗药性的方法。主要是适时、适量使用化学除草剂。直播田芽期封闭除草剂可用苄嘧·丙草胺(加安全剂)、吡嘧·丙草胺(加安全剂)、丙草胺(加安全剂)等,可防治稗草、千金子等禾本科、莎草科和阔叶杂草。具体用法:催芽播后2～4 d,兑水30～45 kg均匀喷雾,在施药前和施药后3～5 d内保持田坂湿润,后恢复正常田间管理。

(4)杂草化学防除的试验研究列举

闫晗等(2017)为明确48%乙草胺·莠去津悬乳剂等6种除草剂防除玉米田杂草的效果,采用田间小区试验的方法,观察其对玉米田主要杂草的控制作用和对玉米产量的影响。结果表明,48%乙草胺·莠去津悬乳剂200 mL/亩、300 mL/亩处理,53%乙·莠·滴丁酯悬乳剂300 mL/亩、400 mL/亩处理,40%丁草胺·莠去津悬浮剂350 mL/亩、400 mL/亩处理,40%甲·乙·莠悬乳剂350 mL/亩、400 mL/亩处理对玉米田稗草、马唐、反枝苋、藜等杂草均有较好的防治效果。

王建平等(2018)介绍,为科学、安全、高效地应用除草剂进行玉米田除草,采用田间小区试验方法,研究了40 g/L烟嘧磺隆可分散油悬浮剂45 g/hm^2、3%甲酰氨基嘧磺隆可分散油悬浮剂45 g/hm^2、30%苯唑草酮可分散油悬浮剂36 g/hm^2、10%硝磺草酮悬浮剂180 g/hm^2、38%莠去津悬浮剂1425 g/hm^2、90%2甲4氯异辛酯乳油405 g/hm^{2}和200 g/L氯氟吡氧乙酸乳油180 g/hm^2 7种除草剂对河北省夏玉米田主要杂草防效及作物安全性的影响。结果表明,甲酰氨基嘧磺隆和烟嘧磺隆处理对禾本科杂草防效以及杂草合计防效均较好,莠去津处理对阔叶杂草防效最好,硝磺草酮处理对马唐防效最好,甲酰氨基嘧磺隆和苯唑草酮处理对牛筋草防效较好,苯唑草酮处理对狗尾草防效最好,烟嘧磺隆、甲酰胺基嘧磺隆、硝磺草酮和莠去津处理对反枝苋防效最好,甲酰胺基嘧磺隆、莠去津和氯氟吡氧乙酸处理对铁苋菜防效最好,硝磺草酮、莠去津和2甲4氯异辛酯处理对藜防效最好。在实际生产中,可根据各除草剂的优势杀草谱,依照田间杂草的实际发生情况,对不同的除草剂进行合理复配或混配。本研究条件下,玉米田施用除草剂后,苯唑草酮、莠去津、氯氟吡氧乙酸和2甲4氯异辛酯处理的玉米均生长正常;甲酰氨基嘧磺隆、硝磺草酮和烟嘧磺隆处理的玉米虽然出现了药害症状,但均未对产量造成不良影响。

刘鹤天等(2019)介绍,为明确26%烟·硝·莠去津可分散油悬浮剂等6种茎叶除草剂防除玉米田杂草的效果及产量的影响,采用田间小区试验的方法,观察其对玉米田的主要杂草的防除作用和对玉米田产量的影响。结果表明,26%烟·硝·莠去津可分散油悬浮剂80 mL/亩、120 mL/亩,22%烟嘧·莠去津悬浮剂100 mL/亩、140 mL/亩,35%硝磺草酮·莠去津悬浮剂剂130 mL/亩、150 mL/亩,28%烟嘧磺隆·莠去津·氯氟吡氧乙酸可分散油悬浮剂110 mL/亩、130 mL/亩对玉米田稗草、马塘、反枝苋、藜等杂草均有较好的防治效果,并能显著提高玉米产量。

倪萌(2010)等人报道:200 g/L氯氟吡氧乙酸乳油对马齿苋、铁苋菜有良好的防效,对莎草防效不明显,对玉米生长安全,推荐使用量为$900 g/hm^2$。

在玉米田杂草的化学防控中,杂草的发生和危害程度常常与玉米的质量和产量相关,常用的玉米田除草剂有以下几类:

酰胺类除草剂:大多数的酰胺类除草剂通常应用于芽前土表处理,常见品种有异丙甲草胺、乙草胺、甲草胺等。双子叶植物对药液吸收的主要部位有胚轴、幼茎及根,而单子叶植物一般通过幼芽来吸收药液的有效成分。

三氮苯类除草剂:对杂草活性较高的三氮苯类除草剂有扑草净、异戊净、莠去津、特丁津等。其作用机制为抑制杂草的光合作用,该类除草剂对阔叶杂草的防除效果较好。

苯氧羧酸类除草剂:使用较为广泛的苯氧羧酸类除草剂品种有2甲4氯钠盐、2,4-D丁酯等。该类除草剂主要通过杂草的叶片和根来吸收,具有植物生长素的作用。在实际操作中经常用作茎叶处理,对玉米田常见杂草马齿苋(*Portulaca oleracea* L.)、田旋花(*Convolvulus arvensis* L.)、藜(*Chenopodium album* L.)、苍耳(*Xanthium sibiricum* Patr.)、香附子(*Cyperus rotundus* L.)等均有较好的防效。

磺酰脲类除草剂:该类除草剂的常见品种主要有噻吩磺隆、烟嘧磺隆、砜嘧磺隆等。这类除草剂具有内吸传导性,可以在植物体内进行传导。对莎草科杂草、禾本科杂草以及部分阔叶杂草具有较好的防除效果。

2. 几种杂草的化学防除

马唐化学防除:20%克芜踪水剂在马唐等杂草高10~15 cm时施药,适宜剂量为150~200 mL/亩,兑水量为30 kg/亩。施药后1 h降雨不影响药效。由于克芜踪是灭生性除草剂,施药时必须对杂草定向喷洒,避免药液的雾滴飘移到果树的绿色叶片和嫩枝嫩芽上,否则会产生药害。必须用清洁水而不用污水或泥浆水配制药液,否则会影响药效。

10%草甘膦水剂或41%农达水剂或74.7%农民乐水溶性粒剂,这3种除草剂的活性成分(有效成分)相同,但活性成分的含量以及它们的加工剂型不同。适宜的用药量分别为草甘膦900~1200 mL/亩;农达150~200 mL/亩;农民乐100~150 g/亩,兑水量都是30 kg/亩。这3种除草剂除了可高效地灭除马唐外,还可灭除几乎所有的一、二年生杂草以及多年生宿根性杂草。为了增加杂草对这3种除草剂的吸收量以提高药效,应选择在杂草的茎叶已经长得很茂盛,但植株尚未开花前施药。稀释时必须用清洁水而不用污水或泥浆水配制药液才能保证药效。这3种除草剂也是灭生性除草剂,也必须定向喷洒杂草的茎叶,防止药液雾滴飘移到果树的叶片及嫩枝和嫩芽上,以免发生药害。施药后8 h下雨,不影响药效。用喷雾法施药,可高效地灭除禾本科杂草,对苗木安全,但对阔叶杂草无效。

稗草防除:苗前用50%的乙草胺、50%的扑草净、甲草胺、施田补等除草剂进行苗前土壤封闭,玉米出苗后,早期可以用玉农乐等苗后除草剂进行茎叶处理。

反枝苋防除:苯达松、阿特拉津、异噁唑草酮、使它隆、2,4-D丁酯、扑草净、利谷隆对反枝苋都有良好的防效。另外,在不同作物田的防除上要选择最佳防除期,如在玉米4叶1心期以前喷施50%乙草胺乳油1500 mL/亩具有较好的防除作用。乙羧氟草醚乳油对大豆田反枝苋防效优良。小麦生长的任何生育期都可用48%苯达松水剂130～180 mL/亩。

小藜防除:使用苯磺隆+氯氟吡氧乙酸、苯磺隆+2甲4氯、苯磺隆+2,4-D丁酯、噻磺隆+氯氟吡氧乙酸有良好的效果。

狗尾草防除:玉米田狗尾草较多的田块,建议使用烟嘧磺隆+莠去津(安全剂型)(对禾本科杂草效果较佳),或苯唑草酮+莠去津(对马唐效果不理想),也可用克芜踪、拉索、扑草净、敌草隆等除草剂防除。

铁苋菜防除:从生产情况看,铁苋菜草龄增长后抗药性会增强,草龄较长时用灭草松等药防除效果会明显下降,应尽量在草龄较短时施药。另外,铁苋菜为旱生杂草,不耐湿,田间尽早建立水层,有利于抑制这种杂草的发生和生长;施药后田间及时建立水层,有利于提高除草效果。可用吡虫啉或避蚜雾喷雾除治。

本章参考文献

曹瑛,范变娥,冯渊博,等,2010.西安市夏玉米田常见杂草种类及优势种群调查研究[J].杂草科学(3):33-36.

常雪,周淑香,丁岩,等,2017.吉林省玉米苗期害虫种类及发生趋势分析[J].玉米科学(1):160-166.

陈明贵,戴长庚,徐榜勤,等,2017.玉米主要害虫及综合防治技术[J].湖北植保(1):50-51.

陈晓旭,王作英,左青,等,2019.外来玉米种质群体茎基腐病抗性鉴定与分析[J].农业科技通讯(7):82-84.

段海明,王永福,余利,等,2018.59个安徽玉米新组合对茎腐病的抗性分析[J].湖南农业大学学报(自然科学版)(1):66-70.

樊翠芹,王江浩,李秉华,等,2014.免耕玉米田杂草群落消长初探[J].中国农学通报,30(27):119-126.

方永生,2013.杂草的生物学特性分析[J].现代农业科技(7):170,174.

郭成,赵瑞丽,王春明,等,2018.玉米种质对丝黑穗病的抗性分析及发病条件研究[J].湖南农业科学(6):1-4.

郭芳,尹祥杰,朱艳天,等,2019.临汾市玉米红蜘蛛发生规律探讨及防治对策[J].农业科技通讯(9):189-191.

郭满平,刘生瑞,白宏鹏,等,2014.起垄覆膜方式对玉米田杂草的防效[J].甘肃农业科技(2):15-16.

韩菊红,2017.陇东旱塬区露地玉米田杂草防除适期研究[J].现代农业科技(10):110-111.

胡运霞,2010.新型除草剂单嘧磺隆防除夏玉米田间杂草试验[J].农药,49(2):150-151.

贾彦华,陈秀双,陆子云,等,2010.3种生物防治技术对夏玉米害虫的防治效果[J].河北农业科学,14(8):121-123.

李秉华,张宏军,段美生,等,2014.河北省夏玉米田杂草群落数量分析[J].植物保护(4):60-64,83.

李津,2016.昌黎地区小麦和玉米田间杂草调查[D].秦皇岛:河北科技师范学院.

李香菊,王贵启,吕德滋,2001.河北省夏播玉米田杂草的发生及化学防除[J].农药科学与管理(增刊):48-49,52.

李艳霞,郭和平,戴争,等,2010.4%烟嘧磺隆防除夏玉米田间杂草效果及适期试验[J].山东农业科学(8):84-85.

李扬汉,1998.中国杂草志[M].北京:中国农业出版社.

刘鹤天,王丽娟,董怀玉,等,2019.几种茎叶除草剂对玉米田杂草的防除效果及产量影响[J].辽宁农业科学(1):26-30.

刘俊,许苗苗,王平安,等,2018.玉米品种对鞘腐病的抗性评价及产量损失研究[J].玉米科学(1):29-36.

刘泉城,张茜茜,田雪亮,等,2018.玉米根际细菌群落特征及生防菌筛选[J].中国生物防治学报,34(5):771-778.

吕文秀,2019.玉米病虫害的综合防控技术[J].吉林农业(9):70.

马春红,高占林,张海剑,2016.玉米抗逆减灾技术[M].北京:中国农业科学技术出版社.

马永光,2014.部分玉米种质资源抗玉米弯孢菌叶斑病鉴定研究[J].吉林农业(7):22-23.

倪萌,杨爱国,2010.200g/L氯氟吡氧乙酸乳油防除夏玉米田杂草试验[J].杂草科学(2):53-54.

潘思杨,2015.黑龙江省玉米田主要杂草调查及对除草剂敏感性的研究[D].哈尔滨:东北农业大学.

覃芳,王剑锋,王京,2019.辽宁省玉米主要害虫种类名录[J].湖北农业科学,58(5):56-60.

王凤龙,王守宇,2015.北方玉米地下害虫综合防治技术[J].中国农业信息(19):64.

王合生,2019.生物食诱剂防治玉米害虫示范试验[J].农业工程技术(2):31-32.

王慧慧,张文忠,芦明,等,2016.玉米大斑病的研究进展[J].天津农业科学,22(12):133-136.

王建平,刘小民,许贤,等,2018.7种除草剂对夏玉米田杂草的防除及安全性研究[J].河北农业科学,22(1):50-53.

王丽娟,董怀玉,刘可杰,等,2014.玉米种质资源对弯孢叶斑病抗性鉴定与评价[J].作物杂志(6):72-75.

王丽英,董燕飞,郭芳,等,2019.山西省玉米田杂草种类调查及其防除技术研究[J].农业科技通讯(8):87-90.

王晓鸣,2018.六种重要玉米病害病原名称的厘定[J].中国农业科学,51(18):3497-3507.

王晓鸣,王振营,2018.中国玉米病虫草害图鉴[M].北京:中国农业出版社.

王宇,黄春艳,郭玉莲,等,2017.春玉米田杂草防治关键期[J].黑龙江农业科学(6):33-36.

徐爱清,2019.玉米病害及高效防治技术研究[J].农家参谋(10):77-77.

徐丽娜,周子燕,胡飞,等,2017.安徽省玉米主要害虫种类与发生为害初探[J].植物保护,43(2):152-155,171.

闫晗,王丽娟,董怀玉,2017.六种除草剂对玉米田杂草的防除效果[J].辽宁农业科学(2):64-67.

杨继芝,龚国淑,张敏,等,2011.密度和品种对玉米田杂草及玉米产量的影响[J].生态环境学报,20(6-7):1037-1041.

杨庆锋,宋玉宝,张亚平,等,2018.生物种衣剂对玉米病害及产量的影响[J].现代化农业(12):7-8.

杨洋,陈国康,郭成,等,2018.玉米种质资源抗腐霉茎腐病鉴定[J].作物学报,44(8):1256-1260.

姚永祥,刘晓馨,白向历,等,2019.3种种衣剂对玉米田地下害虫及茎腐病的防治效果[J].农药(8):612-615.

尤凤芝,2015.玉米地下害虫的发生规律及防治技术[J].现代农业(12):46-47.

俞天辉,2002.玉米田杂草主要优势种生物学特性初步研究[J].耕作与栽培(2):56-57.

查绒淇,2020.玉米常见虫害及综合防治要点[J].新农业(2):36-37.

赵荣华,董晋明,陈俊姣,等,2014.山西省玉米地下害虫优势种群及防治[J].山西农业科学,42(7):729-732,741.

周青,李茜,范阳,等,2005.麦垄套种玉米田主要杂草的发生及防除对策[J].陕西农业科学(5):132-133.

朱照华,2017.玉米主要地下害虫的综合防治措施[J].现代农业(4):34.